Rudolf Steiner Taschenbücher
aus dem Gesamtwerk

RUDOLF STEINER

Landwirtschaftlicher Kurs

Geisteswissenschaftliche Grundlagen
zum Gedeihen der Landwirtschaft

Teil I: Landwirtschaftlicher Kurs

Acht Vorträge und vier Fragenbeantwortungen
Koberwitz bei Breslau vom 7. bis 16. Juni 1924

Teil II: Gründung des Landwirtschaftlichen Versuchsringes

Notizen zu Gesprächen vor dem 11. Juni 1924,
Verlesung der Resolution
und Ansprache vom 11. Juni 1924
Koberwitz und Breslau

RUDOLF STEINER VERLAG

Nach vom Vortragenden selbst nicht durchgesehenen Mitschriften
herausgegeben von der Rudolf Steiner Nachlassverwaltung

Ungekürzte Ausgabe nach dem gleichnamigen Band der
Rudolf Steiner Gesamtausgabe Bibliographie-Nr. 327, herausgegeben von
Hans-Christian Zehnter in Zusammenarbeit mit Rudolf Isler sowie
Ueli Hurter, Martin von Mackensen und Albrecht Römer
9., neu überarbeitete Auflage 2022

Bibliografischer Nachweis früherer Ausgaben siehe Seite 400

Taschenbuchausgabe
7. Auflage 2022

Umschlaggestaltung: Finken & Bumiller, Stuttgart
Satz: Klementz Publishing Services, Freiburg
Printed in Germany by Beltz, Bad Langensalza
ISBN 978-3-7274-6401-0

www.steinerverlag.com

Zu den Veröffentlichungen aus dem Vortragswerk von Rudolf Steiner

Rudolf Steiner hat seine Vorträge stets frei, also ohne Manuskript, gehalten. Viele seiner Vorüberlegungen hielt er lediglich in Stichworten, manchmal auch in kurzen Sätzen, Schemata oder Skizzen in seinen Notizbüchern fest, ohne dass er sie weiter schriftlich ausgearbeitet hätte. Nur in ganz wenigen Fällen liegen vorbereitete schriftliche Zusammenfassungen vor, die für Übersetzer bestimmt waren. Er hat jedoch der Veröffentlichung von Mitschriften seiner Vorträge zugestimmt, auch wenn er selbst nur einige wenige für den Druck vorbereiten konnte.

Die in der Rudolf Steiner Gesamtausgabe veröffentlichten Vorträge basieren in der Regel auf Übertragungen stenografischer Aufzeichnungen, die während des Vortrags von Zuhörern oder hinzugezogenen Fachstenografen angefertigt wurden. Verschiedentlich – dies gilt vor allem für die Anfangsjahre seiner Vortragstätigkeit, etwa bis 1905 – dienen auch Notizen und Referate von Zuhörern als Textgrundlage. Für die Drucklegung werden die Übertragungen in Langschrift oder die Zuhörernotizen von den Herausgebenden einer eingehenden Prüfung unterzogen, insbesondere hinsichtlich Sinn, Satzbau und Genauigkeit der Wiedergabe von Zitaten, Eigennamen oder Fachbegriffen. Bei auftretenden Komplikationen, wie zum Beispiel nicht entschlüsselbaren Satz- und Wortgebilden oder Lücken im Text, werden, soweit vorhanden, die Originalstenogramme zur Abklärung hinzugezogen.

Spezifisches zur Textgestalt und Textredaktion sowie zur Entstehungsgeschichte findet sich am Schluss des Bandes.

Die Herausgeber

INHALT

TEIL I: LANDWIRTSCHAFTLICHER KURS

TEIL II: GRÜNDUNG DES LANDWIRTSCHAFTLICHEN VERSUCHSRINGS

ANHANG

TEIL I

LANDWIRTSCHAFTLICHER KURS

ERSTER VORTRAG

Koberwitz, Samstag, 7. Juni 1924

[Meine lieben Freunde!]
Mit tiefem Danke sehe ich auf die Worte zurück, die eben der Herr Graf Keyserlingk gesprochen hat. Denn es ist ja durchaus nicht bloß die Empfindung des Dankes derjenigen, die aus der Anthroposophie etwas entgegennehmen können, berechtigt, sondern es ist sozusagen auch wirklich der Dank der anthroposophischen Sache, der in unserer heutigen schwierigen Zeit allen Teilnehmern an anthroposophischen Interessen gezollt werden muss, ein solcher, den man tief empfinden kann. Und so möchte ich gerade aus dem Geiste anthroposophischer Gesinnung heraus in allerherzlichster Weise danken für die eben ausgesprochenen Worte.

Es ist ja eine tiefbefriedigende Tatsache, dass es möglich ist, diesen landwirtschaftlichen Kursus gerade hier im Hause des Grafen und der Gräfin Keyserlingk abhalten zu können. Aus meinen früheren Besuchen weiß ich, welch wunderschön wirkende Atmosphäre, ich meine vor allem auch die geistig-seelische Atmosphäre, es hier in Koberwitz gibt, und wie gerade dasjenige, was hier an geistig-seelischer Atmosphäre lebt, ja die schönste Vorbedingung ist für dasjenige, was innerhalb dieses Kurses gesprochen werden soll.

Wenn der Graf darauf aufmerksam gemacht hat, dass es für den einen oder den anderen – in diesem Falle waren es die Eurythmiedamen, es können ja auch andere Besucher von auswärts davon betroffen sein – vielleicht manches Unannehmliche geben kann, so muss auf der anderen Seite in Bezug auf das, was uns eigentlich zusammengebracht hat, doch gesagt werden: Ich glaube, wir könnten für diesen landwirtschaftlichen Kursus kaum irgendwo besser untergebracht sein als gerade inmitten einer so ausgezeichneten und so musterhaft betriebenen Landwirtschaft. Zu allem, was auf anthroposophischem Felde zutage tritt, gehört ja das, dass man auch sozusagen in der nötigen Empfindungsumgebung drinnen stecken kann. Und das wird für die Landwirtschaft ganz sicher hier der Fall sein können.

Nun, das alles veranlasst mich, dem Hause des Grafen Keyserlingk den allertiefgefühltesten Dank auszusprechen, dem ja gewiss auch Frau Doktor Steiner beistimmen wird dafür, dass wir diese Festes-, ich denke, es werden auch Arbeitstage sein, gerade hier werden verleben können. Ich muss ja dabei bedenken, dass, ich möchte sagen, gerade dadurch, dass wir hier in Koberwitz sind, ein schon mit der anthroposophischen Bewegung verbundener landwirtschaftlicher Geist in diesen Festestagen walten wird. War es doch der Graf Keyserlingk, der von Anfang den Bestrebungen, die wir, ausgehend vom «Kommenden Tag», für die Landwirtschaft in Stuttgart entwickelten, mit Rat und Tat und aufopferungsvoller Arbeit zur Seite stand, der ja seinen aus einem so gründlichen Zusammengewachsensein mit der Landwirtschaft herangezogenen Geist in dem walten ließ, was wir in Bezug auf die Landwirtschaft tun konnten. Es war schon, ich möchte sagen, aus dem Innersten unserer Bewegung dadurch etwas an Kräften waltend, die wie mit einer gewissen Selbstverständlichkeit uns hierher zogen nach Koberwitz in dem Augenblicke, wo uns der Graf hier haben wollte. Deshalb kann ich auch versichern, dass ich glauben kann, dass jeder eigentlich gerne hier nach Koberwitz für die Abhaltung dieses Kursus gegangen ist. Das begründet, dass wir, die wir gekommen sind, ebenso tief unseren Dank dafür auszusprechen haben, ihn sehr gerne aussprechen dafür, dass das Haus Keyserlingk sich bereit erklärt hat, uns mit diesen Bestrebungen in diesen Tagen aufzunehmen.

Was mich betrifft, so ist dieser Dank allerherzlichst gefühlt, und ich bitte das Haus Keyserlingk, ihn von mir ganz besonders entgegenzunehmen. Ich weiß, was es heißt, durch längere Tage hindurch in einer solchen Weise, wie ich es fühle, dass es geschehen wird, so viele Besucher aufzunehmen, und kann, glaube ich, daher auch in diesen Dank die nötige Nuance legen, und bitte auch, diese durchaus so aufzunehmen, dass ich auch die Schwierigkeiten durchaus bedenken kann, die der Abhaltung einer solchen Veranstaltung in einem Hause, das weit abliegt von der Stadt, entgegenstehen. Ich bin überzeugt davon, dass – wie auch jene Unannehmlichkeiten, von denen Graf Keyserlingk als in diesem Fall Vertreter selbstverständlich nicht der inneren, sondern der auswärtigen Politik der hiesigen Vortragsveranstaltungen gesprochen hat, sich ausnehmen werden – unter allen Umständen jeder von uns befriedigt hinweggehen wird, was anbetrifft die Bewirtung und die Aufnahme hier.

Nun, ob Sie ebenso befriedigt hinweggehen können von dem Kursus selber, das ist natürlich durchaus die Frage, die wahrscheinlich immer diskutabler werden wird, trotzdem wir ja alles tun wollen, um uns auch in den späteren Tagen in allerlei Diskussionen über das Gesagte zu verständigen. Denn Sie müssen bedenken, es ist ja, obzwar von vielen Seiten ein lang gehegter Wunsch nach einem solchen Kursus bestand, zum ersten Mal, dass ich aus dem Schoß des anthroposophischen Strebens heraus einen solchen Kursus übernehme. Ein solcher Kursus erfordert gar mancherlei, denn er wird uns selber zeigen, wie die Interessen der Landwirtschaft nach allen Seiten hin mit dem größten Umkreise des menschlichen Lebens verwachsen sind und wie eigentlich es kaum ein Gebiet des Lebens gibt, das nicht zu der Landwirtschaft gehört. Von irgendeiner Seite, aus irgendeiner Ecke gehören alle Interessen des menschlichen Lebens in die Landwirtschaft hinein. Wir können selbstverständlich hier nur das zentrale Gebiet des Landwirtschaftlichen berühren. Allein, das wird uns wie von selbst führen zu manchem Seitenwege, der vielleicht gerade deshalb – weil das, was hier gesagt ist, durchaus auf anthroposophischem Boden gesagt werden soll –, sich gerade dadurch als notwendig ergibt. Insbesondere werden Sie mir verzeihen müssen, wenn die heutige Einleitung zunächst so weit hergeholt werden muss, dass vielleicht nicht jeder gleich sieht, welche Verbindung zwischen der Einleitung bestehen wird und dem, was wir speziell landwirtschaftlich zu verhandeln haben. Trotzdem wird aber dasjenige, was da aufgebaut werden soll, auf diesem heute zu Sagenden, scheinbar etwas ferner Liegenden, fußen müssen.

Gerade die Landwirtschaft ist ja auch in einer gewissen Weise betroffen, in ernstlicher Weise betroffen worden durch das ganze neuzeitliche Geistesleben. Sehen Sie, dieses ganze neuzeitliche Geistesleben hat ja insbesondere in Bezug auf [den] wirtschaftlichen Charakter zerstörerische Formen angenommen, deren zerstörerische Bedeutung von vielen Leuten heute noch kaum geahnt wird. Und solchen Dingen hat entgegenarbeiten wollen dasjenige, was in den Absichten lag der wirtschaftlichen Unternehmungen aus unserer anthroposophischen Bewegung heraus. Diese wirtschaftlichen Unternehmungen sind von Wirtschaftern und Kommerziellen geschaffen worden, allein sie haben es nicht vermocht, dasjenige, was eigentlich ursprüngliche Intentionen waren, nach allen Seiten hin zu verwirklichen, einfach auch schon aus dem Grunde nicht, weil in unserer Gegenwart allzu viele widerstrebende Kräfte da sind, um das rechte Verständnis für eine solche Sache hervorzurufen. Der einzelne Mensch ist vielfach den wirksamen Mächten gegenüber machtlos, und dadurch ist eigentlich nicht einmal bis jetzt das Allerursprünglichste in diesen wirtschaftlichen Bestrebungen, die aus dem Schoße der anthroposophischen Bewegung hervorgegangen sind, es ist das Allerwesentlichste nicht einmal zur Diskussion gekommen. Denn um was hat es sich praktisch gehandelt?

Ich will es an dem Beispiel der Landwirtschaft einmal erörtern, damit wir nicht im Allgemeinen, sondern im Konkreten sprechen. Es gibt heute zum Beispiel allerlei sogenannte nationalökonomische Bücher und Vorträge, die haben auch Kapitel über die Landwirtschaft vom sozialökonomischen Standpunkt aus. Man denkt nach, wie man die Landwirtschaft gestalten soll aus sozialökonomischen Prinzipien heraus. Es gibt Schriften heute, die handeln von den sozialökonomischen Ideen, wie man die Landwirtschaft gestalten soll. Das Ganze, sowohl das Abhalten von nationalökonomischen Vorträgen wie das Schreiben von solchen Büchern, ist ein offenbarer Unsinn. Aber offenbarer Unsinn wird heute in weitesten Kreisen geübt. Denn selbstverständlich sollte jeder erkennen, dass man über die Landwirtschaft nur sprechen kann, auch in ihrer sozialen Gestaltung, wenn man die Sache der Landwirtschaft zuerst als Unterlage hat, wenn man wirklich weiß, was Rübenbau, Kartoffelbau, Getreidebau bedeuten. Ohne das kann man auch nicht über die nationalökonomischen Prinzipien sprechen. Diese Dinge müssen aus der Sache heraus, nicht aus irgendwelchen theoretischen Erwägungen festgestellt werden. Wenn man so etwas spricht heute vor denjenigen Menschen, die an der Universität eine Anzahl von Kollegs gehört haben über Nationalökonomie in Bezug auf die Landwirtschaft, dann kommt ihnen das ganz absurd vor, weil ihnen die Sache so festzustehen scheint. Das ist aber nicht der Fall; über die Landwirtschaft kann nur derjenige urteilen, der sein Urteil vom Feld, vom Wald, von der Tierzucht hernimmt. Es sollte einfach alles Gerede aufhören über Nationalökonomie, das nicht aus der Sache selber herausgenommen ist. Solange man das nicht einsehen wird, dass es ein bloßes Gerede ist, was über den Dingen schwebend in nationalökonomischer Beziehung gesagt wird, solange wird es zu nichts Aussichtsvollem kommen, nicht auf diesem landwirtschaftlichen, nicht auf anderem Gebiete.

Dass es so ist, dass man glaubt, aus den verschiedensten Gesichtspunkten her über die Dinge reden zu können, [...] das kommt nur davon her, dass man wiederum innerhalb der einzelnen Lebensgebiete selber nicht auf die Grundlagen zurückgehen kann. Dass man eine Rübe ja als eine Rübe ansieht – gewiss, sie schaut so und so aus, lässt sich leichter oder schwerer schneiden, hat diese Farbe und diese oder jene Bestandteile in sich –, das alles kann man sagen. Aber damit ist die Rübe noch lange nicht verstanden und vor allen Dingen nicht das Zusammenleben der Rübe mit dem Acker, mit der Jahreszeit, in der sie reift und so weiter, sondern man muss sich über Folgendes klar sein:

Ich habe öfters einen Vergleich gebraucht, um auf anderen Lebensgebieten das klarzumachen. Ich sagte: Man sieht eine Magnetnadel, man entdeckt, dass diese Nadel immer mit dem einen Ende nahezu nach Norden, mit dem anderen nach Süden zeigt. Man denkt nach, warum das ist, man sucht die Ursache dazu nicht in der Magnetnadel, sondern in der ganzen Erde, indem man ihrer einen Seite den magnetischen Nordpol, ihrer anderen den magnetischen Südpol gibt. Würde jemand in der Magnetnadel selber die Ursache suchen, dass sie sich in einer so [eigensinnigen] Weise hinstellt, so würde er einen Unsinn reden. Denn in ihrer Lage kann man die Magnetnadel nur verstehen, wenn man weiß, in welcher Beziehung sie zur ganzen Erde steht.

Alles das, was für die Magnetnadel als ein Unsinn erscheint, das gilt für viele andere Dinge den Menschen als Sinn. Wenn Sie die Rübe in der Erde wachsen haben: Sie so zu nehmen, wie sie ist, in ihren engen Grenzen, ist in dem Augenblick ein Unding, wenn die Rübe in ihrem Wachstum vielleicht abhängig ist von unzähligen Umständen, die gar nicht auf der Erde, sondern in der kosmischen Umgebung der Erde vorhanden sind. Und so erklärt man heute vieles, so richtet man vieles im praktischen Leben ein, als ob man es nur zu tun hätte mit den eng umgrenzten Dingen und nicht mit den Wirkungen, die aus der ganzen Welt kommen. Die einzelnen Lebensgebiete haben furchtbar darunter gelitten und würden diese Leiden viel mehr zeigen, wenn nicht, ich möchte sagen, trotz aller Wissenschaft der neueren Zeit, noch ein gewisser Instinkt vorhanden wäre aus derjenigen Zeit, wo man mit dem Instinkt und nicht mit der Wissenschaft gearbeitet hat. Wenn diejenigen Menschen, die von ihren Ärzten verschrieben haben, wie viel Gramm Fleisch sie essen sollen, wie viel Kohl, damit das zur richtigen menschlichen Physiologie stimmt – es haben manche Leute neben sich eine Waage und wiegen sich alles das zu, was da auf den Teller kommt –, das ist ja schön, selbstverständlich, man soll so etwas wissen, aber ich muss immer wieder denken: Es ist doch gut, dass der Betreffende auch den Hunger spürt, wenn er mit dem Zugewogenen noch nicht genug hat, dass noch dieser Instinkt vorhanden ist.

So war der Instinkt eigentlich allem zugrunde liegend, was Menschen tun mussten, bevor eine Wissenschaft auf diesem Gebiete da war. Und diese Instinkte haben manchmal ganz sicher gewaltet, und man kann heute noch immer außerordentlich überrascht sein, wenn man in solchen alten Bauernkalendern die Bauernregeln liest, wie ungeheuer weise und verständlich das ist, was sie ausdrücken. Denn, um in solchen Dingen nicht abergläubisch zu sein, dazu hat doch auch der instinkthaft sichere Mensch die Möglichkeit. Ebenso wie man für die Sache außerordentlich tiefsinnige Aussprüche hat, die für die Aussaat und Ernte gelten, findet man […] Firlefanzereien, solche Aussprüche wie: «Kräht der Hahn auf dem Mist, so regnet es, oder es bleibt, wie es ist.» Der nötige Humor ist auch in diesem Instinkthaften überall darinnen, um Abergläubische abzuweisen.

Es handelt sich, wenn hier vom anthroposophischen Gesichtspunkte aus gesprochen wird, wirklich darum, nicht zurückzugehen zu den alten Instinkten, sondern aus einer tieferen geistigen Einsicht heraus das zu finden, was die unsicher gewordenen Instinkte immer weniger geben können. Dazu ist notwendig, dass wir uns einlassen auf eine starke Erweiterung der Betrachtung des Lebens der Pflanzen, der Tiere, aber auch des Lebens der Erde selbst, auf eine starke Erweiterung nach der kosmischen Seite hin.

Es ist ja doch so, dass gewiss von einer Seite her es ganz richtig ist, Regenwitterung in trivialer Weise nicht mit den Mondphasen in Beziehung zu bringen, aber auf der anderen Seite besteht auch wiederum das, was sich einmal zugetragen hat. Ich habe es schon öfter in anderen Kreisen erzählt, dass in Leipzig zwei Professoren tätig waren, wovon der eine, Gustav Theodor Fechner, ein in geistigen Dingen mit so manchen sicheren Einblicken behafteter Mann, aus äußeren Beobachtungen heraus nicht so ganz nur mit Aberglauben hinblicken konnte darauf, dass gewisse Epochen des Regnens und Nichtregnens doch wiederum mit dem Monde und seinem Gange um die Erde zusammenhängen. Es hat sich das für ihn als eine Notwendigkeit aus statistischen Untersuchungen ergeben. Aber sein Kollege, der berühmte Professor Schleiden, der stellte in einer Zeit, in der man über solche Dinge hinwegsah, aus wissenschaftlichen Vernunftgründen alles das in Abrede. Nun hatten die beiden Professoren an der Leipziger Universität auch Frauen. Und Gustav Theodor Fechner, der ein etwas humorvoll angelegter Mensch war, sagte: Es sollen mal unsere Frauen entscheiden. Nun war damals in Leipzig noch eine gewisse Sitte. Es war das Wasser, das man zum Waschen der Wäsche brauchte, nicht so leicht zu erhalten. Man musste es weit herholen. Man stellte also die Krüge und Bottiche auf und fing das Regenwasser auf. Das tat sowohl die Frau Professor Schleiden wie die Frau Professor Fechner. Aber sie hatten nicht genügend Platz, um gleichzeitig die Bottiche aufzustellen. Da sagte der Professor Fechner: Wenn das ganz gleichgültig ist, wenn mein verehrter Kollege recht hat, dann soll einmal die Frau Professor Schleiden ihre Bottiche in der Zeit aufstellen, in der nach meinen Angaben nach der Mondphase weniger Regen kommt, und meine Frau wird den Bottich aufstellen in der Zeit, in der nach meiner Berechnung mehr Regenwasser kommt. Wenn das alles Unsinn ist, wird die Frau Professor Schleiden das ja gerne tun. – Und siehe da, die Frau Professor Schleiden ließ sich das nicht gefallen, sondern sie richtete sich lieber nach den Angaben von Professor Fechner als nach ihrem eigenen Gatten.

So ist es schon einmal. Die Wissenschaft kann ja richtig sein, aber die Praxis kann sich auf dieses Richtige der Wissenschaft nicht einlassen. Wir wollen nicht in dieser Weise sprechen, wir wollen ja ernsthaft sprechen. Es sollte das nur gesagt sein, um uns darauf hinzuweisen, dass man etwas weitersehen muss, als man heute gewohnt ist zu sehen, wenn man nach dem hinschaut, das dem Menschen das physische Leben auf der Erde allein möglich macht, und das ist doch die Landwirtschaft.

Ich kann nicht wissen, ob dasjenige, was heute schon aus Anthroposophie heraus gesagt werden kann, uns wird nach allen Seiten befriedigen können. Aber es soll versucht werden, das zu sagen, was aus Anthroposophie heraus für die Landwirtschaft gegeben werden kann.

Damit möchte ich einleitungsweise beginnen, hinzuweisen auf Wichtigstes in unserem irdischen Dasein für die Landwirtschaft. Wir haben ja heute so die Gewohnheit, wenn wir von etwas reden, den hauptsächlichsten Wert zu legen auf die chemisch-physikalischen Bestandteile. Nun wollen wir einmal nicht ausgehen von den chemisch-physikalischen Bestandteilen, sondern wollen einmal ausgehen von etwas, was hinter den chemisch-physikalischen Bestandteilen steht und doch von einer ganz besonderen Wichtigkeit ist für das Leben der Pflanze auf der einen Seite, des Tieres auf der anderen Seite. Sehen Sie, wenn wir das Leben des Menschen betrachten und in einem gewissen Grade auch das Leben des Tieres betrachten, so haben wir eine starke Emanzipation des menschlichen und tierischen Lebens von der äußeren Welt zu verzeichnen. Je mehr wir zum Menschen heraufkommen, eine umso stärkere Emanzipation haben wir zu verzeichnen. Wir finden Erscheinungen im menschlichen und tierischen Leben, die uns zunächst heute ganz unabhängig erscheinen von der außerirdischen oder auch den unmittelbar die Erde umgebenden atmosphärischen und dergleichen Einflüssen. Das scheint nicht nur so, sondern ist sogar in Bezug auf vieles im menschlichen Leben außerordentlich richtig. Gewiss, wir wissen, dass durch gewisse atmosphärische Einflüsse die Schmerzen gewisser Krankheiten stärker werden. Wir wissen schon weniger, dass gewisse Krankheiten im Menschen so ablaufen, oder auch sonstige Lebenserscheinungen so ablaufen, dass sie in ihren Zeitverhältnissen nachbilden äußere Naturvorgänge. Aber sie stimmen in Anfang und Ende nicht mit diesen Naturvorgängen überein. Wir brauchen uns ja nur daran zu erinnern, dass eine der allerwichtigsten Erscheinungen, die weiblichen Menses, in ihrem Verlaufe zeitlich Nachbildungen sind des Verlaufes der Mondphasen, allein in Anfang und Ende stimmen sie nicht damit überein. Es gibt zahlreiche andere feinere Erscheinungen, sowohl im männlichen wie im weiblichen Organismus, welche Nachbildungen sind von natürlichen Rhythmen.

Wenn man viel intimer auf die Dinge eingehen würde, würde man zum Beispiel vieles, was sich im sozialen Leben abspielt, besser verstehen, wenn man die Periodizität der Sonnenflecken richtig verstehen würde. Man sieht aber auf solche Dinge nicht hin, weil das, was im menschlichen sozialen Leben der Periodizität der Sonnenflecken entsprechen kann, nicht dann anfängt, wenn die Sonnenflecken anfangen, und dann aufhört, wenn die Sonnenflecken aufhören, sondern weil es sich davon emanzipiert hat. Es zeigt dieselbe Periodizität, es zeigt denselben Rhythmus, aber nicht das zeitliche Zusammenfallen. Es hält innerlich fest die Periodizität und den Rhythmus, aber macht diese Periodizität und diesen Rhythmus selbstständig, emanzipiert sich davon. Es kann nun jeder kommen, dem man sagt: Das menschliche Leben ist ein Mikrokosmos, es ahmt nach den Makrokosmos, und kann sagen: Das ist ja ein Unsinn. Wenn man nun behauptet, es gibt für gewisse Krankheiten eine siebentägige Fieberperiode, so könnte er einwenden: Dann müsste ja, wenn irgendwelche äußeren Erscheinungen eintreten, auch das Fieber erscheinen und den äußeren Erscheinungen parallel laufen und dann aufhören, wenn die äußeren Erscheinungen aufhören. – Das tut das Fieber zwar nicht, aber es hält den inneren Rhythmus fest, wenn auch nicht der zeitliche Anfang und das zeitliche Ende mit den äußeren Erscheinungen zusammenfallen.

Diese Emanzipation ist für das menschliche Leben fast vollständig im Kosmos durchgeführt. Für das Tierische schon etwas weniger, aber das Pflanzliche ist zu einem hohen Grade noch durchaus drinnenstehend im allgemeinen Naturleben auch [des Außerirdischen]. Und daher wird es ein Verständnis des Pflanzenlebens gar nicht geben können, ohne dass bei diesem Verständnis berücksichtigt wird, wie alles das, was auf der Erde ist, eigentlich nur ein Abglanz dessen ist, was im Kosmos vor sich geht. Beim Menschen kaschiert sich das nur, weil er sich emanzipiert hat. Er trägt nur den inneren Rhythmus in sich. Beim Pflanzlichen ist es noch im eminentesten Sinne der Fall. Und darauf möchte ich in diesen Einleitungsworten heute hinweisen.

Sehen Sie, die Erde ist zunächst umgeben im Himmelsraum von dem Mond und dann den anderen Planeten unseres Planetensystems. Man hat in einer alten instinktiven Wissenschaft, in der man die Sonne zu den Planeten gerechnet hat, diese Reihenfolge gehabt: Mond, Merkur, Venus, Sonne, Mars, Jupiter, Saturn. Nun möchte ich ohne alle astronomischen Auseinandersetzungen auf das planetarische Leben hinweisen, auf das, was zusammenhängt in diesem planetarischen Leben mit dem Irdischen. Da haben wir zunächst, wenn wir hinschauen auf das irdische Leben im Großen, die Tatsache zu berücksichtigen, wie in diesem irdischen Leben im Großen wiederum eine denkbar größte Rolle spielt alles das, was ich nennen möchte das Leben der Kieselsubstanz in der Welt. Kieselsubstanz finden Sie ja zum Beispiel in unserem schönen Quarz in die Gestalt des Prismas und der Pyramide eingeschlossen. Sie finden diese Kieselsubstanz, verbunden mit Sauerstoff, in unseren Quarzkristallen; wenn man sich den Sauerstoff wegdenkt, der im Quarz mit dem Kiesel verbunden ist, das sogenannte Silicium. So haben wir diese Substanz, die die Chemie heute zu den Elementen – Sauerstoff, Stickstoff, Wasserstoff,

Schwefel und so weiter – zählt, dieses Silicium, das sich mit dem Sauerstoff verbindet, so haben wir den Kiesel als ein chemisches Element. Aber wir dürfen nicht vergessen, dass das, was da im Quarz als Silicium lebt, zu siebenundzwanzig bis achtundzwanzig Prozent auf unserer Erdoberfläche verbreitet ist. Alle anderen Substanzen sind in weniger Prozent vorhanden, nur der Sauerstoff in siebenundvierzig bis achtundvierzig Prozent. Es ist ungeheuer viel Silicium vorhanden. Nun gewiss, dieses Silicium, wenn es sich findet in solchen Gesteinen wie dem Quarz, so tritt es in einer solchen Form auf, die, wenn man das äußere Materielle, den Erdboden betrachtet mit seinem Pflanzenwachstum – den vergisst man eben –, keine große Bedeutung zeigt. Denn es ist nicht löslich im Wasser. Es ist wasserundurchgängig. Also mit den allgemeinen banalen, trivialen Lebensbedingungen scheint es zunächst nicht viel zu tun zu haben. Wenn Sie aber wiederum nehmen den Ackerschachtelhalm, das *Equisetum*, so haben Sie in ihm zu neunzig Prozent Kieselsäure drin, dasselbe, was im Quarz ist, in sehr feiner Verteilung. Aus alledem können Sie ersehen, welch ungeheure Bedeutung der Kiesel, das Silicium, haben muss. Es ist ja fast die Hälfte dessen, dem wir auf der Erde begegnen, aus Kiesel bestehend.

Nun liegt das Merkwürdige vor, dass dieser Kiesel so wenig bemerkt wird, dass er sogar von den Dingen, in denen er außerordentlich wohltätig wirken kann, heute noch so ziemlich ausgeschlossen ist. In der aus der Anthroposophie hervorgehenden Medizin bildet die Kieselsubstanz einen wesentlichen Bestandteil sehr vieler Heilmittel. Ein ganzer Trakt von Krankheiten wird durch inneres Eingeben oder Baden mit Kieselsäure behandelt, weil fast alles das, was sich in Krankheitsfällen in abnormen Zuständen der Sinne zeigt, was nicht in den Sinnen selber liegt, sondern in den Sinnen zeigt, auch in den inneren Sinnen, was da oder dort in den Organen Schmerzen hervorruft, weil alles das in merkwürdiger Weise beeinflusst wird gerade von Silicium. Silicium spielt aber auch überhaupt in dem, was man – man hat ja dieses althergebrachte Wort – den Haushalt der Natur nennt, die denkbar größte Rolle. Denn das Silicium ist nicht nur da vorhanden, wo wir es finden, im Quarz oder in anderem Gestein, das Silicium ist in außerordentlich feiner Verteilung auch in der Atmosphäre, es ist überall eigentlich vorhanden. Die Hälfte der uns zur Verfügung stehenden Erde ist ja eigentlich Kiesel, denn achtundvierzig Prozent sind es. Sehen Sie: Was tut denn dieser Kiesel? Ja, das müssen wir uns fragen in einer hypothetischen Form.

Nehmen wir einmal an, wir hätten nur die Hälfte von Kiesel in unserer Erdenumgebung, da würden wir Pflanzen haben, die alle mehr oder weniger pyramidale Formen hätten. Die Blüten würden alle verkümmert sein, und wir würden etwa die für uns so abnorm erscheinenden Kakteenformen fast in allen Pflanzen haben. Die Getreideformen würden ganz komisch ausschauen: Die Halme würden nach unten dick, sogar fleischig werden, die Ähren verkümmern, wir würden keine vollen Ähren haben.

Nun sehen Sie, das ist auf der einen Seite. Wir finden auf der anderen Seite, dass, wenn auch nicht so ausgebreitet wie die Kieselsubstanz, Kalksubstanz und Verwandtes wiederum überall in der Erde sich finden muss, Kalk, Kali, Natriumsubstanz sich finden muss. Wären diese wiederum weniger vorhanden, als sie sind, dann würden wir bekommen Pflanzen mit ausschließlich dünnem Stängel, Pflanzen, die etwa zum großen Teil gewundene Stängel hätten, wir würden lauter Schlingpflanzen bekommen. Die Blüten würden zwar auseinandergehen, aber sie würden taub sein; sie würden auch keine besonderen Nährstoffe liefern. Nur in dem Equilibrium, in dem Zusammenwirken dieser beiden Kräfte – wenn ich zwei Substanzen herausgreife –, in dem Zusammenwirken von kalkähnlichen und kieselähnlichen Substanzen gedeiht das Pflanzenleben in der Form, wie wir es heute sehen.

Nun aber wiederum weiter. Sehen Sie, das alles, was im Kieseligen lebt, hat Kräfte, die nicht von der Erde stammen, sondern von den sogenannten sonnenfernen Planeten: Mars, Jupiter, Saturn. Dasjenige, was ausgeht von diesen Planeten, wirkt auf dem Umwege durch das Kieselige und Verwandtes auf das Pflanzenleben. Aber von all demjenigen, was erdennahe Planeten sind: Mond, Merkur, Venus, wirken die Kräfte auf dem Umwege des Kalkigen auf das Pflanzliche, auch auf das tierische Leben der Erde herein. So können wir sprechen jedem Acker gegenüber, der bebaut ist: Da drinnen wirkt Kieseliges und wirkt Kalkiges. Im Kieseligen wirken Saturn, Jupiter, Mars, im Kalkigen Mond, Venus, Merkur.

Nun schauen wir uns demgegenüber die Pflanzen selber an. Zweierlei müssen wir am Pflanzenleben beobachten. Das Erste ist dasjenige, dass das ganze Pflanzenwesen und auch die einzelne pflanzliche Art in sich selber sich erhält, die Reproduktionskraft, die Fortpflanzungskraft entwickelt, dass also die Pflanze ihresgleichen hervorbringen kann und so weiter. Das ist das eine. Das andere ist, dass die Pflanze als ein Wesen eines verhältnismäßig niederen Naturreiches den Wesen der höheren Naturreiche zur Nahrung dient. Diese zwei Strömungen im Werden der Pflanze haben zunächst wenig miteinander zu tun. Denn in Bezug auf den Vorgang der Entwicklung von der Pflanzenmutter zur Pflanzentochter, Enkel und so weiter kann es den Bildekräften der Natur ganz gleichgültig sein, ob wir die Pflanze essen und uns dadurch ernähren oder nicht. Es sind zwei ganz verschiedene Interessen, die sich da drinnen äußern, und [zwar] wirken in dem Kräftezusammenhange des Natürlichen die Dinge so, dass alles dasjenige, was mit der inneren Reproduktionskraft, mit dem Wachstum zusammenhängt, was dazu beiträgt, dass Pflanzengeneration auf Pflanzengeneration folgt, in dem wirkt, was von Mond, Venus, Merkur auf dem Umwege des Kalkigen vom Kosmos auf die Erde hereinwirkt. Schauen wir einfach das an, was bei solchen Pflanzen zutage tritt, die wir nicht essen, die sich einfach immer erneuern, so sehen wir so hin, als ob uns nur interessieren würde das kosmische Hereinwirken durch die Kräfte von Venus, Merkur, Mond; die sind beteiligt an dem, was auf der Erde im Pflanzenwesen sich reproduziert.

Aber wenn Pflanzen im eminentesten Sinne Nahrungsmittel werden, wenn sie sich so entwickeln, dass sich in ihnen die Substanzen zum Nahrungsmittel ausgestalten für Tier und Mensch, dann sind daran beteiligt Mars, Jupiter, Saturn auf dem Umwege des Kieseligen. Das Kieselige schließt auf das Pflanzenwesen in die Weltenweiten hinaus und erweckt die Sinne des Pflanzenwesens so, dass aufgenommen wird aus allem Umkreise des Weltenalls dasjenige, was diese erdenfernen Planeten ausgestalten; daran sind beteiligt Mars, Jupiter, Saturn. Aus dem Umkreise von Mond, Venus, Merkur hingegen wird dasjenige aufgenommen, was die Pflanze zur Fortpflanzung fähig macht. Nun, das erscheint zunächst nur wie ein Gegenstand des Wissens. Aber solche Dinge, die von einem etwas weiteren Horizont hergenommen sind, führen ganz von selbst vom Erkennen auch zum Praktischen hin.

Sehen Sie, wir müssen uns nun fragen, da von Mond, Venus, Merkur Kräfte auf die Erde hereingehen und diese Kräfte zur Wirksamkeit kommen im Pflanzenleben: Wodurch wird das befördert oder mehr oder weniger gehemmt? Wodurch wird befördert, dass der Mond oder der Saturn auf das Pflanzenleben wirkt, und wodurch wird es gehemmt?

Wenn man beobachtet den Lauf des Jahres, so verläuft dieses ja so, dass es Regentage und Nichtregentage gibt. Der Physiker von heute untersucht ja eigentlich am Regen nur dasjenige, dass eben beim Regen mehr Wasser auf die Erde fällt als beim Nichtregnen. Und das Wasser ist ihm ein abstrakter Stoff, bestehend aus Wasserstoff und Sauerstoff, und er kennt das Wasser nur als dasjenige, was aus Wasser- und Sauerstoff besteht. Wenn man das Wasser durch die Elektrolyse zerlegt, zerfällt es in zwei Stoffe, von denen sich der eine so, der andere so betätigt. Aber damit hat man noch nichts Umfassendes über das Wasser gesagt. Das Wasser birgt vieles andere noch als bloß dasjenige, was dann chemisch als Sauerstoff und Wasserstoff erscheint. Wasser ist im eminentesten Sinne dazu geeignet, denjenigen Kräften, die zum Beispiel vom Monde kommen, die Wege zu weisen im Erdenbereiche, sodass das Wasser die Verteilung der Mondenkräfte im Erdenbereiche bewirkt. Zwischen Mond und Wasser auf der Erde besteht eine gewisse Art von Zusammenhang. Nehmen wir also an, es sind eben Regentage vergangen, auf diese Regentage folgt Vollmond. Ja, mit den Kräften, die vom Monde kommen in Vollmondtagen, geht ja auf der Erde etwas Kolossales vor. Die schießen herein in das ganze Pflanzenwachstum. Sie können nicht hereinschießen, wenn die Regentage nicht vorangegangen sind. Wir werden also zu sprechen haben davon, ob es eine Bedeutung hat, wenn wir Samen aussäen, nachdem in einer gewissen Beziehung Regen gefallen ist und darauf

Vollmondschein kommt, oder ob man gedankenlos zu einer jeden Zeit aussäen darf. Gewiss, herauskommen wird auch dann etwas, aber die Frage ist aufgeworfen: «Ist es gut, sich zu richten mit der Aussaat nach Regen und Vollmondschein?» – weil eben dasjenige, was der Vollmond tun soll, bei gewissen Pflanzen wuchtig und stark nach Regentagen, schwach und spärlich nach Sonnenscheintagen vor sich geht. Solche Dinge lagen in den alten Bauernregeln. Da sagte man einen Spruch und wusste, was zu tun ist. Sprüche sind heute alter Aberglaube, und eine Wissenschaft über diese Dinge gibt es noch nicht, zu der will man sich nicht bequemen.

Weiter: Wir finden um unsere Erde herum die Atmosphäre. Ja, die Atmosphäre hat vor allen Dingen außer demjenigen, dass sie luftartig ist, die Eigentümlichkeit, manchmal wärmer, manchmal kälter zu sein. Zu gewissen Zeiten zeigt sie eine beträchtliche Wärmeanhäufung, die sich dann sogar, wenn die Spannung zu stark ist, in Gewittern entlädt. Nun, wie ist es denn mit der Wärme? Da zeigt die geistige Beobachtung, dass, während das Wasser keinen Bezug zum Kiesel hat, diese Wärme dennoch einen ungeheuer starken Bezug zum Kiesel hat, geradezu diejenigen Kräfte, die durch das Kieselige wirken können, zu besonderer Wirksamkeit bringt, und das sind die Kräfte, die von Saturn, Jupiter, Mars ausgehen. Diese Kräfte, die von Saturn, Jupiter, Mars ausgehen, müssen in einem ganz anderen Stile betrachtet werden als die Kräfte des Mondes. Denn wir müssen bedenken: Der Saturn braucht dreißig Jahre in seiner Umdrehung um die Sonne, der Mond nur dreißig oder achtundzwanzig Tage zu seinen Phasen. Saturn ist also nur fünfzehn Jahre sichtbar. Er muss in ganz anderer Weise zusammenhängen mit dem Pflanzenwachstum. Nun allerdings, er ist nicht bloß wirkend, wenn er auf die Erde herunterscheint, er ist auch wirksam, wenn seine Strahlen durch die Tafel 1
Erde durchgehen müssen.

Wenn er in dreißig Jahren so langsam herumgeht, so werden wir, wenn wir die Sache zeichnen, da den Saturn[um]gang haben und finden, dass er zuweilen direkt auf einen Fleck Erde scheint; aber dann auch durch die Erde hindurch diesen Fleck bearbeiten kann. Da ist es immer abhängig von dem Wärmezustand in der Luft, wie stark die Saturnkräfte an das Pflanzenleben der Erde herankönnen. Bei kalter Luft können sie nicht heran, bei warmer Luft können sie heran. Und dasjenige, was sie tun, worin sehen wir das im Pflanzenleben? Das sehen wir, wenn nun nicht einjährige Pflanzen entstehen, die im Jahreslaufe entstehen und wiederum vergehen, nur Samen hinterlassen, sondern was der Saturn tut mit Hilfe der Wärmekräfte unserer Erde, das sehen wir, wenn Dauerpflanzen entstehen. Denn diese Kräfte, die auf dem Umwege durch die Wärme ins Pflanzliche gehen, deren Wirkungen sehen wir in der Rinde und der Borke der Bäume, in alledem, was die Pflanze zu einer Dauerpflanze macht.

Das rührt davon her, weil eben zusammenhängt das einjährige Leben der Pflanze und das Beschränktsein der Pflanze auf kurze Lebensfrist mit den Planeten, die kurze Umlaufzeiten haben. Dagegen dasjenige, was sich herausreißt aus diesem Vorübergehenden, was die Bäume mit Borke, mit Rinde umgibt, was sie dauernd macht, das hängt zusammen mit den Planetenkräften, die auf dem Umwege mit den Kräften von Wärme und Kälte wirken und die eine lange Umlaufzeit haben, wie der Saturn dreißig, der Jupiter zwölf Jahre. Es ist daher schon von Bedeutung, wenn einer einen Eichbaum pflanzen will und er sich gut versteht auf Marsperioden. Denn ein Eichbaum, richtig angepflanzt in der entsprechenden Marsperiode, wird ja anders gedeihen, als wenn man ihn gedankenlos, einfach wenn es einem passt, in die Erde hineinversetzt. Oder haben Sie Anlagen von Nadelholzwäldern, wo die Saturnkräfte eine so große Rolle spielen, [dann] wird [dort] ganz anderes entstehen, wenn man in einer sogenannten Aufgangsperiode des Saturn oder in einer anderen Periode den Nadelwald anpflanzt. Und derjenige, der solche Dinge durchschaut, der kann ganz genau sagen, in den Dingen, die wachsen wollen oder nicht wachsen wollen, ob man das mit dem Verständnis des Kräftezusammenhanges gemacht hat oder nicht. Denn dasjenige, was nicht so offen fürs Auge zutage tritt, das tritt in den intimeren Verhältnissen des Lebens doch recht zutage.

Nehmen wir zum Beispiel an, wir verwenden Holz von Bäumen, die unverständig in Bezug auf die Weltperioden auf die Erde gepflanzt sind, zum Brennen, so gibt uns das keine so gesunde Wärme, als wenn wir Hölzer verwenden, die mit Verständnis gepflanzt sind. Gerade in den intimeren Verhältnissen des täglichen Lebens, in das diese Dinge so hineinspielen, gerade da zeigt sich die ungeheuer große Bedeutung einer solchen Sache, aber das Leben ist heute für die Leute schon fast ganz gedankenlos geworden. Man ist froh, wenn man an solche Dinge nicht zu denken braucht. Man denkt sich, die ganze Sache muss so vor sich gehen wie eine Maschine; da hat man die entsprechenden Vorrichtungen, zieht man die Maschine auf, so geht sie. So stellt man sich vor – nach materialistischer Art –, dass es in der ganzen Natur auch geht. Aber dadurch kommt man schon zu solchen Dingen, die sich dann im praktischen Leben ungeheuerlich ausmachen. Da kommen dann die großen Rätsel.

Warum ist es heute unmöglich, solche Kartoffeln zu essen, wie ich sie noch in meiner Jugend gegessen habe? Es ist so, ich habe dies überall probiert. Man kann nicht mehr solche Kartoffeln essen, auch da nicht, wo ich sie damals gegessen habe. Es ist im Laufe der Zeit manches durchaus zurückgegangen in seiner inneren Nährkraft. Die letzten Jahrzehnte zeigen das im eminentesten Sinne. Weil man gar nicht mehr versteht die intimeren Wirkungen, die im Weltenall wirkend sind und die doch wiederum gesucht werden müssen auf einem solchen Wege, wie ich ihn heute einleitend nur angedeutet habe. Ich wollte nur hinweisen, wo Fragen sind, die weit über heutige Gesichtskreise hinausgehen. Wir werden das nicht nur fortsetzen, sondern auch vertieft auf die Praxis anwenden.

ZWEITER VORTRAG

Koberwitz, Dienstag, 10. Juni 1924

[Meine lieben Freunde!]
Wir werden in den ersten Stunden das zusammentragen aus der Erkenntnis der Bedingungen zum Gedeihen der Landwirtschaft, was an solcher Erkenntnis notwendig ist, um daraus dann die wirklichen praktischen Schlüsse zu ziehen, die in der unmittelbaren Anwendung eben verwirklicht werden sollen und nur in dieser unmittelbaren Anwendung ihre Bedeutung haben. Sie werden also schon in den ersten Stunden sich damit befassen müssen, hinzuschauen, wie dasjenige, was landwirtschaftlich hervorgebracht wird, eigentlich entsteht und wie es im gesamten Gebiete der Welt drinnen lebt.

Nun, eine Landwirtschaft erfüllt eigentlich ihr Wesen im besten Sinne des Wortes, wenn sie aufgefasst werden kann als eine Art Individualität für sich, eine wirklich in sich geschlossene Individualität. Und jede Landwirtschaft müsste eigentlich sich nähern – ganz kann das nicht erreicht werden, aber sie müsste sich nähern – diesem Zustand, eine in sich geschlossene Individualität zu sein. Das heißt, es sollte die Möglichkeit herbeigeführt werden, alles dasjenige, was man braucht zur Hervorbringung, innerhalb der Landwirtschaft selbst zu haben, wobei zur Landwirtschaft der entsprechende Viehstand selbstverständlich hinzugerechnet werden muss. Im Grunde genommen müsste eigentlich dasjenige, was in die Landwirtschaft hereingebracht wird an Düngemitteln und Ähnlichem von auswärts, das müsste in einer ideal gestalteten Landwirtschaft angesehen werden schon als ein Heilmittel für eine erkrankte Landwirtschaft.

Eine gesunde Landwirtschaft müsste dasjenige, was sie selber braucht, in sich selber eben auch hervorbringen können. Wir werden sehen, warum dies ein Natürliches ist. Solange man die Dinge nicht ihrer Wesenheit und ihrer Wirklichkeit nach ansieht, sondern nur äußerlich stofflich, solange kann in ganz berechtigter Weise die Frage entstehen: Ist es nun nicht einerlei, ob man den Kuhmist von der Nachbarschaft, oder ob man ihn aus der eigenen Landwirtschaft entnimmt? – Wie gesagt, die Dinge können nicht in dieser Weise streng durchgeführt werden, aber man muss doch einen Begriff haben von dem notwendigen Geschlossensein einer Landwirtschaft, wenn man eigentlich die Dinge sachgemäß ordnen will.

Dass diese eben aufgestellte Behauptung eine gewisse Berechtigung hat, wird Ihnen hervorgehen aus einer Betrachtung auf der einen Seite der Erde, aus der unsere Landwirtschaft aufsprießt, und auf der anderen Seite desjenigen, was von außerhalb unserer Erde auf diese Erde hereinwirkt. Da spricht man ja eigentlich heute zumeist in recht abstrakter Weise von den Dingen, die von außerhalb der Erde auf die Erde hereinwirken. Man ist sich ja dessen bewusst, dass Sonnenlicht und Sonnenwärme und alles das, was meteorologisch mit Sonnenwärme und Sonnenlicht in Verbindung steht, einen gewissen Bezug hat zu einer gewissen Gestaltung des mit Produkten bewachsenen Bodens. Aber wie die Dinge genauer liegen, darüber kann die heutige Anschauung einen wirklichen Aufschluss gar nicht geben, weil sie nicht in die Realitäten, in die Tatsachen eindringt.

Gehen wir heute einmal – wir werden auch von anderen Gesichtspunkten die Dinge zu betrachten haben – von dem Gesichtspunkt aus, der zunächst den Blick wirft darauf, dass wir zur Grundlage der Landwirtschaft den Erdboden haben. Dieser Erdboden – ich will ihn hier schematisch durch diesen Strich anzeigen – wird gewöhnlich angesehen als etwas bloß Mineralisches, in den höchstens dadurch, dass sich Humus bildet, oder dadurch, dass Dünger in ihn versenkt wird, etwas Organisches hineinkommt, sodass der Erdboden als solcher nicht nur so ein gewisses Leben in sich hat[. D]ass er schon von selbst etwas Pflanzenhaftes in sich birgt und dass sogar etwas astralisch Wirksames im Erdboden ist[, d]as ist ja etwas, was heute nicht einmal bedacht, viel weniger irgendwie zugegeben wird. Und wenn man gar dann weitergeht und darauf sieht, wie dieses innere Leben des Erdbodens in feiner, ich möchte sagen, Dosierung ganz verschieden ist im Sommer und im Winter, dann kommt man auf Gebiete, die zwar für die Praxis von einer ungeheuren Bedeutung sind, die aber heute eben gar nicht berücksichtigt werden. Man muss

Tafel 2, horizontaler weißer Strich

schon, wenn man von der Betrachtung des Erdbodens ausgeht, sein Augenmerk darauf lenken, dass der Erdboden eine Art Organ ist in dem Organismus, der sich im Naturwachstum überall zeigt, wo eben ein solches Naturwachstum ist.

Der Erdboden ist ein wirkliches Organ, er ist ein Organ, das wir etwa vergleichen können, wenn wir wollen, mit dem menschlichen Zwerchfell. Und wir bekommen eine richtige Vorstellung von demjenigen, was da eigentlich vorliegt – es ist nicht ganz genau gesprochen, sondern es soll nur verdeutlichen und genügt dazu –, wir gelangen zu einer Vorstellung, wenn wir uns sagen: Über dem Zwerchfell sind beim Menschen gewisse Organe, vor allem der Kopf und dasjenige, was ihn aus Atmung und Zirkulation heraus versorgt, und unter dem Zwerchfell sind andere Organe. Wenn wir nun von diesem Gesichtspunkte aus vergleichen sozusagen den Erdboden mit dem menschlichen Zwerchfell, so müssen wir sagen: Der Kopf ist dann unter dem Erdboden für diejenige Individualität, die da in Betracht kommt, und wir mit allen Tieren zusammenleben im Bauch dieser Individualität. Das, was über der Erde ist, ist eigentlich durchaus dasjenige, was zum Eingeweide der – um ein Wort zu haben – landwirtschaftlichen Individualität gehört. Auf einer Landwirtschaft gehen wir eigentlich im Bauche der Landwirtschaft herum, und die Pflanzen wachsen in den Bauch der Landwirtschaft herauf. Also wir haben es durchaus mit einer Individualität zu tun, die auf dem Kopfe steht und die wir auch nur richtig anschauen, wenn wir sie als auf dem Kopfe stehend betrachten, auch auf dem Kopfe stehend in Bezug auf den Menschen. In Bezug auf das Tier werden wir im Laufe der Vorträge sehen, ist das etwas [anders]. Nun, warum sage ich das, dass die landwirtschaftliche Individualität auf dem Kopfe steht?

Ich sage es aus dem Grunde, weil alles dasjenige, was in unmittelbarer Nähe der Erde ist, an Luft, an Wasserdünsten, auch an Wärme, wo wir drinnen sind, wo wir selber drinnen atmen, wo das herkommt, wovon die Pflanzen mit uns diese Außenwärme, Außenluft, auch ihr Außenwasser bekommen, in der Tat entspricht demjenigen, was im Menschen Unterleibsorgan ist. Dagegen alles dasjenige, was im Innern der Erde, unter der Oberfläche der Erde geschieht, wirkt auf das gesamte Pflanzenwachstum so, wie unser Kopf auf unseren Organismus namentlich in der Kindheit, aber auch während des ganzen Lebens wirkt. Wir haben eine fortwährende, eine ganz lebendige Wechselwirkung von Über-der-Erde und Unter-der-Erde, und das über der Erde befindliche Wirken ist abhängig zugleich – betrachten Sie es zunächst als Lokalisierung des Wirkens – unmittelbar von Mond, Merkur, Venus, welche die Sonne in ihrer Wirkung unterstützen und modifizieren, sodass also die sogenannten erdennahen Planeten ihre Wirksamkeit entfalten mit Bezug auf alles dasjenige, was über der Erde ist, dagegen die fernen Planeten, die außerhalb des Umkreises der Sonne herumgehen, auf alles dasjenige wirken, was unterhalb der Erde ist, und die Sonne unterstützen in denjenigen Wirkungen, die sie von unterhalb der Erde ausübt. Sodass wir sozusagen mit Bezug auf unser Pflanzenwachstum den fernen Himmel in seiner Wirksamkeit unter der Erde, die nähere Erdumgebung über der Erde zu suchen haben.

Tafel 2, Planetenzeichen über und unter dem horizontalen weißen Strich

Alles dasjenige also, was gerade aus den Weiten des Kosmos in das Pflanzenwachstum hereinwirkt, das wirkt nicht direkt, wirkt nicht durch unmittelbare Bestrahlung, sondern wirkt dadurch, dass es zunächst von der Erde aufgenommen wird und von der Erde zurückgestrahlt wird nach oben. Was also von dem Erdboden an für das Pflanzenwachstum wohltätigen oder schädlichen Wirkungen von unten herankommt, das ist eigentlich das zurückgestrahlte Kosmische. Was direkt wirkt unmittelbar in Luft und Wasser, die über der Erde sind, die direkte Bestrahlung, wird *da* gelagert und wirkt von da aus. Damit hängt dann zusammen, wie der Erdboden in seiner inneren Beschaffenheit, sagen wir, zunächst auf das Pflanzenwachstum wirkt. Wir müssen es dann auch auf die Tiere ausdehnen.

Wenn wir den Erdboden nehmen, so haben wir in ihm zunächst alles das noch als Wirkung, was von den äußersten Fernen des Kosmos, die für die Erdenwirkung in Betracht kommen, abhängt. Das ist das, was man gewöhnlich Sand und Gestein nennt. Sand und Gestein, das Wasserundurchlässige, dasjenige, was, wie man im gewöhnlichen Leben sagt, keinerlei Nährstoffe enthält, was aber nicht weniger als das andere, was noch in Betracht kommt, außerordentlich wichtig ist für die Entfaltung des Wachstums, das hängt ab durchaus von den Wirkungen fernster kosmischer Kräfte. Und auf dem Umwege – so sehen wir – des kieselhaltigen Sandes kommt ja vorzugsweise – so unwahrscheinlich es zunächst erscheint – in den Erdboden hinein, um dann bei der Rückstrahlung zu wirken, dasjenige, was wir ansprechen können als das Lebensätherische des Erdbodens und das chemisch wirksame des Erdbodens. Wie der Erdboden selber innerlich lebendig wird, wie der Erdboden einen eigenen Chemismus ausübt, das hängt durchaus ab davon, wie der sandige Teil dieses Erdbodens beschaffen ist. Und dasjenige, was die Wurzeln der Pflanzen erleben im Erdboden, ist zum gar nicht geringen Teil eben davon abhängig, inwiefern das kosmische Leben und der kosmische Chemismus auf dem Umwege durch das Gestein – was daher auch durchaus in gewissen Tiefen der Erde sein kann – aufgefangen werden. Man müsste sich also bei jeder Gelegenheit, die in Betracht kommt, um Pflanzenwachstum zu studieren, ganz klar sein über die geologische Grundlage, über der sich das Pflanzenwachstum aufrichtet, und man sollte unter keinen Verhältnissen außer Acht lassen, dass man für Pflanzen, bei denen man auf das [Wurzelwachstum] sieht, im Grunde einen kieseligen Boden, wenn auch nur in Tiefen, nicht entbehren kann.

Nun ist ja, man möchte sagen, Gott sei Dank, Kiesel in Form von Kieselsäure und anderen Kieselverbindungen eben zu siebenundvierzig bis achtundvierzig Prozent auf der Erde verbreitet, und man kann für die Mengen, die man braucht, fast überall auf die Wirkung des Kiesels rechnen. Nun handelt es sich aber auch darum, dass dasjenige, was auf diese Art durch den Kiesel mit dem Wurzelhaften zusammenhängt, dass das auch durch die Pflanze nach oben geleitet werden kann. Es muss ja nach oben strömen, es muss eine fortwährende Wechselwirkung da sein dessen, was aus dem Kosmos durch den Kiesel hereingeholt wird, mit dem, was sich oben – verzeihen Sie – im «Bauche» abspielt und mit dem unten der «Kopf» versorgt werden muss. [Denn: Der Kopf muss zwar versorgt werden aus dem Kosmos, das aber muss in wirklicher Wechselwirkung stehen mit demjenigen, was sich oben über dem Erdboden, im Bauche, abspielt.]

Es muss immer dasjenige, was aus dem Kosmos herein von unten aufgefangen wird, nach aufwärts strömen können. Und dazu, dass das nach aufwärts strömen kann, dazu ist da im Boden das Tonige. Alles Tonige ist eigentlich das Förderungsmittel der kosmischen Entitätswirkungen im Erdboden von unten nach aufwärts.

Das schon wird uns dann, wenn wir zu den praktischen Dingen übergehen, eine Handhabe dafür geben, wie wir uns zu einem tonigen, zu einem kieseligen Boden zu verhalten haben, je nachdem wir mit der einen oder mit der anderen Pflanzenform den tonigen oder kieseligen Boden zu bebauen haben. Aber zuerst muss man wissen, was da eigentlich geschieht. Wie man auch sonst den Ton beschreibt, wie man ihn sonst bearbeiten muss, damit er überhaupt tragfähig wird, das alles kommt gewiss in zweiter Linie außerordentlich stark in Betracht. Aber was man erst wissen muss, ist, dass er der Förderer der kosmischen Aufwärtsströmung ist.

Nun muss aber nicht nur vorhanden sein dieses Nach-aufwärts-Strömen des Kosmischen, sondern es muss auch – und ich will das andere das Terrestrische, das Irdische nennen –, es muss auch dasjenige, was noch im Bauche gewissermaßen einer Art äußerer Verdauung unterliegt – auch alles dasjenige, was durch Sommer und Winter in der Luft vor sich geht über dem Erdboden, ist eben für das Pflanzenwachstum durchaus eine Art Verdauung –, alles, was in dieser Weise durch eine Art von Verdauung vor sich geht, das muss wiederum hineingezogen werden in den Erdboden, sodass tatsächlich eine Wechselwirkung entsteht. Dasjenige, was durch Wasser, Luft, die über der Erde sich befinden, an Kräften erzeugt wird, auch an feinen homöopathisch ausgebildeten Substanzen erzeugt wird, das wird nun hereingezogen in den Boden durch den größeren oder geringeren Kalkgehalt des Bodens. Der Kalkgehalt des Bodens und die Zerstreuung der Kalksubstanzen in homöopathischer Dosis unmittelbar über dem Boden, das alles ist dazu da, um wiederum das unmittelbare Terrestrische dem Erdboden zuzuführen.

Sehen Sie, diese Dinge werden einmal, wenn man über sie eine wirkliche Wissenschaft haben wird, nicht bloß das wissenschaftliche Gefasel von heute, sich eben ganz anders ausnehmen. Man wird exakte Angaben darüber machen können. Man wird dann auch zum Beispiel wissen, dass ein großer, gewaltiger Unterschied ist zwischen der Wärme, die über dem Erdboden ist, also der Wärme, die im Bereiche von Sonne, Venus, Merkur und Mond steht, und derjenigen Wärme, die innerhalb des Erdbodens sich geltend macht, die also unter dem Einfluss von Jupiter, Saturn und Mars steht. Diese zwei Wärmen, wovon wir die eine auch bezeichnen können als die Blüten- und Blattwärme für die Pflanzen, die andere als die Wurzelwärme für die Pflanzen, diese zwei Wärmen sind durchaus voneinander verschieden, und zwar so voneinander verschieden, dass wir ganz gut die Wärme über der Erde tot, die Wärme unter der Erde lebendig nennen können. Die Wärme unter der Erde hat durchaus etwas an sich, und zwar im Winter am allermeisten, von demjenigen, was ein innerliches Lebensprinzip, etwas Lebendiges ist. Würde dieselbe Wärme, die in der Erde wirkt, von uns Menschen erlebt werden müssen, dann würden wir alle riesig dumm werden, weil wir, um gescheit zu sein, tote Wärme an unsere Körper herangeführt haben müssen. Aber in dem Augenblick, wo durch den Kalkgehalt des Erdbodens die Wärme in die Erde hineingezogen wird, wo durch die anderen Substanzialitäten der Erde diese Wärme hereingezogen wird, wo überhaupt übergeht äußere Wärme in innere Wärme, geht die Wärme in einen gewissen Zustand leiser Lebendigkeit über. Man weiß heute, dass ein Unterschied ist zwischen der Luft, die über der Erde ist, und der Luft, die unter der Erde ist. Aber man berücksichtigt nicht, dass schon ein Unterschied ist zwischen der Wärme über der Erde und der Wärme unter der Erde. Man weiß, dass die Luft unter der Erde mehr Kohlensäure, die Luft über der Erde mehr Sauerstoff enthält. Aber man weiß wiederum nicht, was der Grund dafür ist. Der Grund dafür ist derjenige, dass die Luft wiederum mit einem leisen Zug von Lebendigkeit durchzogen ist, wenn sie in die Erde hinein absorbiert und aufgesogen wird. So ist es mit Wärme und Luft. Sie bekommen einen leisen Zug von Lebendigkeit, wenn sie in die Erde hinein aufgenommen werden.

Anders ist es mit dem Wasser und mit dem Erdigen, Festen selber. Die werden in der Erde toter noch, als sie außen sind, mehr tot. Die verlieren etwas von ihrem äußeren Leben, aber gerade nun dadurch werden sie fähig, ausgesetzt zu werden den kosmischen fernsten Kräften. Und die mineralischen Substanzen müssen sich emanzipieren von demjenigen, was unmittelbar über dem Erdboden ist, wenn sie den fernsten kosmischen Kräften ausgesetzt sein wollen. Sie können sich am leichtesten emanzipieren von der Erdnähe und in den Einfluss des fernsten Kosmischen in der Erde drinnen kommen, in unserem heutigen Weltalter, man könnte sagen, in der Zeit zwischen dem 15. Januar und 15. Februar, also in dieser Winterzeit. Das sind eben Dinge, die man einmal als exakte Angaben anerkennen wird. Und das ist die Zeit, wo in der Erde die größte Kristallisationskraft, die größte Formkraft entwickelt werden kann für die mineralischen Substanzen. Die ist mitten im Winter. Da ist es dem Innern der Erde eigentümlich, von sich selbst am wenigsten abhängig zu sein in ihren Mineralmassen, und unter den Einfluss der kristallbildenden Kräfte, die in den Weiten des Kosmos sind, zu kommen.

Nun denken Sie, das liegt also vor: Wenn der Januar zu Ende geht, haben die mineralischen Substanzen der Erde die größte Sehnsucht, kristallisiert zu werden, und je tiefer man kommt, desto mehr haben sie diese Sehnsucht, kristallisch rein zu werden im Haushalte der Natur. Für das Pflanzenwachstum ist das am meisten neutral, was da mit den Mineralien geschieht. Da sind die Pflanzen am meisten sich selbst hingegeben in der Erde, am wenigsten den mineralischen Substanzen ausgesetzt; dagegen eine Zeit lang vorher und nachher, wenn sozusagen die Mineralien sich eben anschicken – namentlich vorher – in das Gestaltete, Kristallinische überzugehen, da sind sie von einer ganz besonderen Wichtigkeit für das Pflanzenwachstum. Da strahlen sie die Kräfte aus, die für das Pflanzenwachstum ganz besonders wichtig sind. Sodass wir sagen können: Etwa im Monat November bis Dezember gibt es einen Zeitpunkt, wo das unter der Erdoberfläche ganz besonders wirksam wird für das Pflanzenwachstum. Da ergibt sich dann die Forderung: Wie können wir das für das Pflanzenwachstum wirklich ausnützen? Denn man wird einmal sehen, wie die Ausnützung von solchen Dingen ganz besonders wichtig ist, um das Pflanzenwachstum dirigieren zu können.

Ich will gleich hier bemerken, wenn wir es zu tun haben mit einem Boden, der nicht durch sich selbst das leicht nach oben trägt, was in dieser Winterszeit eben nach oben wirken soll, so ist es gut, diesem Boden in einer entsprechenden Dosierung, die ich später noch angeben werde, etwas Ton beizubringen. Damit macht man den Boden dann bereit, dasjenige, was schon gesehen werden kann an kristallischer Kraft, wenn man einfach hinsieht auf den sich kristallisierenden Schnee – aber diese Kristallisationskraft wird intensiver, stärker, je weiter man ins Innere der Erde kommt –, das, was noch nicht an seinem Ende angekommen ist – das wird erst im Januar, Februar sein –, dieses, was zunächst im Erdboden ist, nun hinaufzutragen über die Erde, sodass es innerhalb des Pflanzenwachstums Verwendung finden kann.

Sehen Sie, auf diese Art ergeben sich gerade aus den scheinbar abgelegensten Erkenntnissen die allerpositivsten Winke, die einem radikal helfen, währenddem es sonst eben durchaus bei einem bloßen Probieren bleibt. Wir müssen uns überhaupt darüber klar sein, dass das landwirtschaftliche Gebiet mit dem zusammen, was unterhalb des Erdbodens liegt, durchaus eine auch in der Zeit fortlebende Individualität darstellt und dass das Leben der Erde ein besonders starkes gerade zur Winterzeit ist, während es zur Sommerzeit in einer gewissen Weise erstirbt.

Nun handelt es sich darum, gerade für die Bebauung des Bodens ein Allerwichtigstes zu durchschauen. Sehen Sie, dieses Allerwichtigste – ich habe es ja unter Anthroposophen oftmals erwähnt – besteht darinnen, dass man weiß, unter welchen Bedingungen der Weltenraum mit seinen Kräften auf das Irdische wirken kann. Gehen wir, um das einzusehen, einmal aus von der Samenbildung. Den Samen, aus dem sich das Embryonale entwickelt, sieht man gewöhnlich an als ein außerordentlich kompliziertes molekulares Gebilde. Und man legt den größten Wert darauf, diese Samenbildung aufzufassen in ihrer komplizierten Molekularstruktur. Man sagt sich: Moleküle haben eine gewisse Struktur, bei den einfachen Molekülen eine einfache; dann wird es immer komplizierter, bis man heraufkommt in die ungeheuer komplizierte Struktur des Eiweißmoleküles. Man steht nun bewundernd und staunend vor demjenigen, was man sich da denkt als die komplizierte Struktur des Eiweißes im Samen, weil man sich ja Folgendes denkt:

Man denkt sich, wenn da das Eiweißmolekül ist, so muss das ungeheuer kompliziert sein. Denn aus dieser Kompliziertheit heraus wächst ja der nächste Organismus. Und dieser nächste Organismus ist ungeheuer kompliziert, war schon veranlagt in der embryonalen Samenanlage, also muss diese mikroskopische oder hypermikroskopische Substanz auch ungeheuer kompliziert aufgebaut sein. Das ist in gewissem Grade zunächst der Fall. Indem sich das irdische Eiweiß aufbaut, wird auch die Molekularstruktur bis zur höchsten Kompliziertheit getrieben. Aber aus dieser höchsten Kompliziertheit würde niemals ein neuer Organismus hervorgehen, niemals.

Denn der Organismus geht eben nicht auf die Art aus den Samen hervor, dass sich dasjenige, was sich als Samen gebildet hat, aus der Mutterpflanze oder dem Muttertier nur fortsetzt in demjenigen, was als Kinderpflanze oder Kindertier entsteht. Das ist eben gar nicht wahr. Wahr ist vielmehr, dass, wenn nun dieses Komplizierte des Aufbaues aufs Höchste getrieben ist, so zerfällt dies, und man hat zuletzt in demjenigen, was erst im Bereiche des Irdischen zu größter Kompliziertheit getrieben worden ist, ein kleines Chaos. Es zerfällt, man könnte sagen, in den Weltenstaub, und wenn dasjenige, was da in den Weltenstaub zerfällt, wenn der Same bis zur höchsten Kompliziertheit gebracht, in den Weltenstaub zerfallen ist und das kleine Chaos da ist, dann beginnt das ganze umliegende Weltenall auf den Samen zu wirken und drückt sich in ihm ab und baut aus dem kleinen Chaos das auf, was von allen Seiten durch die Wirkungen aus dem Weltenall in ihm aufgebaut werden kann. Und wir bekommen in dem Samen ein Abbild des Weltenalls. Jedes Mal wird der irdische Organisationsprozess in der Samenbildung zu Ende geführt bis zum Chaos. Jedes Mal baut sich in dem Samenchaos aus dem ganzen Weltenall heraus der neue Organismus auf. Der alte Organismus hat nur die Tendenz, den Samen in diejenige Weltenlage hineinzubringen, durch seine Affinität zu dieser Weltenlage, dass aus den richtigen Richtungen her die Kräfte wirken, und dass aus einem Löwenzahn nicht eine Berberitze, sondern wieder ein Löwenzahn wird.

Tafel 2, roter Kreis links Aber, was in der einzelnen Pflanze abgebildet wird, ist immer das Abbild irgendeiner kosmischen Konstellation, wird aus dem Kosmos heraus aufgebaut. Wenn wir überhaupt den Kosmos zur Wirkung bringen wollen in seinen Kräften innerhalb unseres Irdischen, dann ist dazu notwendig, dass wir das Irdische möglichst stark ins Chaos hineintreiben. Überall, wo wir den Kosmos zur Wirkung bringen, müssen wir das Irdische möglichst stark ins Chaos hineintreiben. Für das Pflanzenwachstum besorgt das in einer gewissen Beziehung schon die Natur selber. Aber es ist allerdings notwendig, dass wir, weil ja jeder neue Organismus aus dem Kosmos heraus aufgebaut wird, im Organismus dieses Kosmische solange erhalten, bis wiederum die Samenbildung da ist.

Sagen wir, wir pflanzen einen Samen irgendeiner Pflanze in die Erde herein, so haben wir in diesem Samen den Abdruck, die Ausprägung des ganzen Kosmos von irgendeiner Weltrichtung her. Darin kommt die Konstellation zur Wirkung, dadurch bekommt er seine bestimmte Form. Und in dem Augenblicke, wo er in das Erdgebiet verpflanzt wird, wirkt das Äußere der Erde sehr stark auf ihn ein, und er ist in jenem Augenblick von der Sehnsucht durchdrungen, das Kosmische zu verleugnen, zu wuchern, nach allen möglichen Richtungen auszuwachsen, denn dasjenige, was über der Erde wirkt, will diese Form eigentlich nicht festhalten. Es ist die Notwendigkeit da gegenüber dem Ins-Chaos-Treiben – den Samen müssen wir bis zum Chaos treiben –, wenn nun aus dem Samen schon die erste Pflanzenanlage sich entwickelt und die weiteren Sprossen, das Irdische, gegenüber dem Kosmischen, das als Form der Pflanze im Samen lebt, in die Pflanze hineinzubringen. Wir müssen die Pflanze der Erde annähern in ihrem Wachstum. Das aber kann nur dadurch geschehen, dass wir wirklich das schon auf der Erde vorhandene Leben, das also noch nicht in das völlige Chaos hineingekommen ist, das nicht bis zur Samenbildung vorgedrungen ist, sondern in der Organisation der Pflanze vorher aufgehört [hat], bevor es zur Samenbildung gekommen ist, dass wir das auf der Erde befindliche

Leben doch in das Pflanzenleben hineinbringen. Und da kommt ja wiederum in den Gegenden, die vom Glücke besonders begünstigt sind, die reiche Humusbildung im Haushalte der Natur dem Menschen sehr zugute. Denn der Mensch kann im Grunde genommen dasjenige, was die Erde an Fruchtbarkeit leisten kann durch eine natürliche Humusbildung, künstlich doch nur mangelhaft ersetzen.

Aber worauf beruht diese Humusbildung? Sie beruht darauf, dass dasjenige, was aus dem Pflanzenleben kommt, aufgenommen wird von dem Naturprozess. Das noch nicht bis zum Chaos Gekommene, das weist zurück in einer gewissen Weise das Kosmische. Wird das mitverwendet im Pflanzenwachstum, dann halten wir das eigentlich Irdische in der Pflanze drinnen fest, und es wirkt das Kosmische nur in dem Strom, der dann wiederum hinaufgeht bis zur Samenbildung. Dagegen wirkt das Irdische in der Blatt- und Blütenentfaltung und so weiter. In das alles strahlt nur das Kosmische seine Wirkungen herein. Das kann man eigentlich recht genau verfolgen.

Nehmen Sie an, Sie haben eine Pflanze, die aus der Wurzel heraufwächst. Am Ende des Stängels bildet sich das Samenkörnchen. Es breiten sich aus die Blätter, die Blüten. Nun sehen Sie: Im Blatt und in der Blüte ist dasjenige irdisch, was Gestaltung, was auch eine Ausfüllung mit irdischer Materie ist, sodass der Grund, warum ein Blatt oder ein Korn sich dick entwickelt, die inneren Substanzialitäten aufnimmt und so weiter, in demjenigen liegt, was wir als Irdisches der Pflanze beibringen, was noch nicht bis zum Chaos gekommen ist. Dagegen der Same, der seine ganze Kraft durch den Stängel, aber in vertikaler Richtung, nicht im Umkreis entwickelt, der durchstrahlt Pflanzenblatt und Pflanzenblüte mit der Kraft des Kosmos. Das kann man unmittelbar sehen. Tafel 2, oben rechts

Denn schauen Sie sich die grünen Pflanzenblätter an. Die grünen Pflanzenblätter tragen in ihrer Form, in ihrer Dicke, in ihrer grünen Farbe Irdisches. Sie würden aber nicht grün sein, wenn nicht in ihnen auch die kosmische Kraft der Sonne lebte. Kommen Sie zur gefärbten Blüte, dann lebt nicht nur die kosmische Kraft der Sonne, sondern jene Unterstützung, die die kosmischen Kräfte der Sonne durch die fernen Planeten Mars, Jupiter, Saturn erhalten. Nur wenn man in dieser Beziehung das Pflanzenwachstum sieht, dann schaut man sich die Rose an, und in ihrer roten Farbe schaut man die Marskraft. Man schaut sich die gelbe Sonnenblume an: Sie wird nicht ganz mit Recht Sonnenblume genannt, sie wird nur wegen ihrer Form so genannt, wegen ihrer Gelbheit müsste sie eigentlich genannt werden Jupiterblume, denn die Kraft des Jupiter, die die kosmische Sonnenkraft unterstützt, bringt in den Blüten die weiße und die gelbe Farbe hervor. Treten wir an eine Wegwarte, die Zichorie mit ihrer bläulichen Farbe heran, so müssen wir in dieser bläulichen Farbe die Saturnwirkung [sehen], die die Sonnenwirkung unterstützt. Wir haben also die Möglichkeit, durchaus in der roten Blüte den Mars zu sehen. Wir haben die Möglichkeit, in der weißen, in der gelben Blüte den Jupiter zu sehen, und wir sehen in der blauen Blüte den Saturn, und in dem grünen Blatt sehen wir die eigentliche Sonne.

Tafel 2, oben links

Das aber, was da in der Färbung der Blüte erscheint, das wirkt als Kraft nun ganz besonders stark in der Wurzel. Denn da wirkt dieses in den fernen Planeten Lebende, Kraftende, eben wiederum in dem Erdboden darinnen. Es ist durchaus so, dass wir uns sagen müssen: Reißen wir eine Pflanze aus der Erde, haben unten die Wurzel, so ist in der Wurzel das Kosmische, in der Blüte ist am meisten das Irdische, nur in der feinsten Nuancierung mit der Farbe wäre das Kosmische.

Dagegen, wenn das Irdische in der Wurzel leben soll, wenn stark in der Wurzel leben soll das Irdische, dann schießt es in die Form. Denn die [Wurzel] hat ihre Form von demjenigen, was im irdischen Bereiche entstehen kann. Das, was die Form *ausbreitet*, ist irdisch. Wenn [also] die Wurzel zerteilt, verzweigt wird als Wurzel, sich ausbildet, so wirkt, wie in der Farbe das Kosmische nach oben wirkt, das Irdische nach unten. Sodass wir gerade kosmische Wurzeln haben in denjenigen Wurzeln, die einheitlich gestaltet sind. Dagegen in den verzweigten Wurzeln haben wir ein Hereinwirken des Irdischen in den Erdboden, so wie wir in dem Farbigen ein Heraufwirken des Kosmischen in die Blüten haben, und das Sonnenhafte steht mitten drinnen. Das Sonnenhafte wirkt vorzugsweise in dem grünen Blatte, und es wirkt in der Wechselbeziehung zwischen Blüte und Wurzel mit allem, was dazwischen ist. Das Sonnenhafte also ist eigentlich das, was als dieses Zwerchfell dem Erdboden selber zugeordnet ist, während das Kosmische dem Innern der Erde zugeordnet ist und heraufwirkt in das Obere der Pflanze. Das Irdische aber über dem Erdboden wirkt auch herunter und wird in die Pflanze mithilfe des Kalkigen heruntergezogen. Schauen Sie sich daher die Pflanzen an, bei denen das Irdische durch das Kalkige stark bis in die Wurzel gezogen wird: Es sind Pflanzen, welche ihre Wurzel zweigförmig nach allen Seiten schießen lassen wie etwa die guten Futterkräuter – nicht die Rüben –, wie etwa die Esparsette; sodass wir sagen können, man muss es der Form der Pflanze ansehen, wenn man die Pflanzen verstehen will, der Form und der Blütenfarbe der Pflanze ansehen, wie weit in ihnen das Kosmische und das Irdische wirken.

Nun nehmen Sie an, wir erreichen durch irgendetwas, dass in der Pflanze das Kosmische aufgehalten wird, stark zurückgehalten wird; dann wird es nicht sehr sich offenbaren, in Blüte schießen, sondern sich in etwas Stängeligem ausleben. Ja, worinnen lebt denn nach den gemachten Angaben das Kosmische in der Pflanze? Es lebt im Kieseligen. Nun schauen Sie sich einmal die *Equisetum*-Pflanze an: Die hat die Eigentümlichkeit, dass sie gerade das Kosmische heranzieht an sich, sich mit dem Kieseligen durchsetzt. Sie hat ja neunzig Prozent Kieselsäure in sich drin. In dieser *Equisetum*-Pflanze ist sozusagen das Kosmische in einem ungeheuren Übermaße vorhanden, aber so vorhanden, dass es nicht in die Blüte hinein sich offenbart, dass es gerade im unteren Wachstum zum Vorschein kommt.

Nehmen wir etwas anderes. Nehmen wir an, dass wir dasjenige, was hinauf will, in das Blatt durch den Stängel hinauf will, zurückhalten wollen im Wurzelhaften bei einer Pflanze. Nicht wahr, für unsere heutige Erdenzeit kommt ja das nicht mehr so stark in Betracht, weil wir schon so festgelegt haben durch die verschiedenen Verhältnisse die Gattungen der Pflanzen. In früheren Zeiten, in Urzeiten war das anders, wo man noch leicht eine Pflanze in die andere hat verwandeln können. Damals kam das sehr stark in Betracht. Heute kommt es auch noch in Betracht, weil man die Bedingungen aufsuchen muss, die günstig sind einer bestimmten Pflanze.

Worauf haben wir denn heute zu sehen, wie müssen wir hinschauen auf eine Pflanze, bei der wir wollen, dass nicht die kosmische Kraft ganz hinaufschießt in das Blütenhafte und in das Fruchtende, sondern unten bleibt, dass gewissermaßen Stamm- und Blattbildung in der Wurzelbildung aufgehalten werden, was müssen wir dann tun? Wir müssen eine solche Pflanze in einen sandigen Boden geben. Denn im kieseligen Boden wird das Kosmische zurückgehalten, geradezu aufgefangen. Man wird daher die Kartoffel, bei der wir ja das erreichen müssen, dass wir unten in der Kartoffel selber aufhalten die Blütenbildung, dass wir sie zurückhalten – denn die Kartoffel ist ein Wurzelstock, da wird die blatt- und stängelbildende Kraft in der Kartoffel selber festgehalten, die Kartoffel ist nicht die Wurzel, sondern [eine zurückgehaltene Blattbildung] –, man wird die Kartoffel in einen sandigen Boden hineinbringen müssen, sonst erreichen wir das nicht, dass die kosmische Kraft in ihr zurückgehalten wird.

Nun, aus alledem geht hervor, dass für die Beurteilung des ganzen Pflanzenwachstums sozusagen das Abc dieses ist, dass man immer [sieht]: Was ist an einer Pflanze kosmisch, was ist an einer Pflanze terrestrisch, irdisch? Wie kann man den Erdboden durch seine besondere Beschaffenheit geneigt machen, das Kosmische, ich möchte sagen, dichter zu machen und es dadurch mehr [in] der Wurzel und [im] Blatte zu erhalten? Wie kann man es dünner machen, sodass es in seiner Dünnheit hinaufgesogen wird bis in die Blüten und diese färbt oder bis in die Fruchtbildung und diese mit einem feinen Geschmack durchzieht? Denn wenn Sie Aprikosen oder Pflaumen mit feinem Geschmack haben, so ist dieser feine Geschmack, ebenso wie die Farbe der Blüten, das bis in die Frucht heraufgekommene Kosmische. Im Apfel essen Sie tatsächlich den Jupiter, in der Pflaume essen Sie tatsächlich den Saturn.

Und wenn die Menschheit mit ihrer heutigen Kenntnis vor die Notwendigkeit versetzt wäre, aus mancherlei, aber wenigen Pflanzen der irdischen Urzeit die Mannigfaltigkeit unserer Obstsorten zu erzeugen, sie würde nicht weit kommen, wenn die Formen unserer Obstsorten nicht schon vererbt wären und erzeugt worden wären in einer Zeit, wo man aus einer instinktiven Urweisheit in der Menschheit noch etwas gewusst hat über die Erzeugung der Obstsorten aus primitiven Sorten, die da waren. Wenn man nicht die Obstsorten schon hätte und sie immer wieder durch Vererbung fortpflanzte, heute würde man, wenn man mit der heutigen Gescheitheit in dieselbe Lage käme [, in der die Menschheit einmal war,] und das noch einmal nachmachen sollte, in Bezug auf die Erzeugung der Obstsorten nicht viel ausrichten können. Denn man macht ja alles durch Probieren, man dringt nicht rationell in den Prozess ein. Das ist aber nun die Grundbedingung, die sich wiederum ergeben muss, wenn wir auf der Erde überhaupt fortwirtschaften wollen.

Es war ganz außerordentlich treffend, was unser Freund Stegemann gesagt hat, dass zu konstatieren ist ein Minderwertigwerden der Produkte. Dieses Minderwertigwerden hängt nämlich – nehmen Sie mir meinetwegen die Bemerkung übel oder nicht – ebenso wie die Umwandlung der menschlichen Seelenbildung mit dem Ablauf des Kali Yuga im Weltenall zusammen in den letzten Jahrzehnten und in den Jahrzehnten, die kommen werden. Wir stehen auch vor einer großen Umwandlung des Innern der Natur. Das, was aus alten Zeiten zu uns herübergekommen ist, was wir auch immer fortgepflanzt haben, sowohl an Naturanlagen, an naturvererbten Kenntnissen und dergleichen, wie auch dasjenige, was wir von Heilmitteln herüberbekommen haben, verliert seine Bedeutung. Wir müssen wiederum neue Kenntnisse erwerben, um in den ganzen Naturzusammenhang solcher Dinge hineinzukommen. Die Menschheit hat keine andere Wahl, als entweder auf den verschiedensten Gebieten aus dem ganzen Naturzusammenhang, aus dem Weltenzusammenhang heraus wieder etwas zu lernen, oder die Natur ebenso wie das Menschenleben absterben, degenerieren zu lassen. Wie in alten Zeiten es notwendig war, dass man Kenntnisse hatte, die wirklich hineingingen in das Gefüge der Natur, so brauchen auch wir heute wieder Kenntnisse, die wirklich hineingehen in das Gefüge der Natur.

Der Mensch weiß heute notdürftig, wie sich die Luft – ich habe ja davon gesprochen – im Innern der Erde benimmt, aber er weiß fast gar nichts davon, wie sich das Licht im Innern der Erde benimmt. Er weiß nicht, dass das, was gerade das kosmische Gestein, das Kieselige ist, das Licht aufnimmt in die Erde und da das Licht zur Wirksamkeit bringt, dagegen dasjenige, was dem Irdisch-Lebendigen nahesteht, die Humusbildung, das Licht nicht aufnimmt, nicht zur Wirkung bringt in der Erde und daher lichtloses Wirken erzeugt. Aber das sind Dinge, die gewusst werden, durchschaut werden müssen.

Nun aber dasjenige, was auf der Erde als Pflanzenwachstum ist, ist noch nicht alles, sondern zu einem bestimmten Erdgebiete gehört ebenso ein bestimmtes Tierisches. Vom Menschen können wir aus Gründen, die auch noch zutage treten werden, absehen. Aber vom Tierischen können wir nicht absehen; denn es besteht das Eigentümliche, dass die beste, wenn ich so sagen soll, [kosmisch-quantitative] Analyse sich selber vollzieht im Zusammenleben eines gewissen mit Pflanzen bewachsenen Gebietes mit dem, was an Tieren in diesem Gebiete lebt. Es besteht das Eigentümliche – und ich wäre froh, wenn die Dinge eben nachgeprüft würden, weil die Nachprüfung ja sicher die Bestätigung ergeben würde –, es besteht die Beziehung, dass, wenn man das richtige Maß von Kühen, Pferden und anderen Tieren auf irgendeiner Landwirtschaft hat, diese Tiere alle miteinander gerade so viel Mist geben, als man braucht für die Landwirtschaft, als man braucht, um dem Chaosgewordenen noch etwas dazuzusetzen. Und zwar, wenn man die rechte Anzahl Pferde, Kühe, Schweine hat, so ist auch das Mischungsverhältnis im Mist das Richtige. Das hängt zusammen damit, dass die Tiere das richtige Maß dessen, was ihnen da kommt vom Pflanzenwachstum, verzehren, fressen, weil die Tiere das richtige Maß dessen, was die Erde hergeben kann an Pflanzen, fressen. Aus dem Grunde entwickeln sie auch im Verlaufe ihres organischen Prozesses so viel Mist, als notwendig ist, um wieder der Erde zurückgegeben zu werden. Eigentlich gilt da das – man kann es nicht ganz durchführen, aber in idealem Sinne ist das richtig –, dass man, wenn man genötigt ist, irgendwelchen Mist von außen zu beziehen, diesen nur zu benutzen, zu behandeln hat als ein Heilmittel für eine schon erkrankte Landwirtschaft. Gesund ist sie nur insofern, als sie sich den Mist durch ihren Tierbestand selber gibt. Das erfordert natürlich, dass man eine richtige Wissenschaft davon entwickelt, wie viel Tiere man von einer gewissen Sorte in einer bestimmten Landwirtschaft braucht.

Aber das wird sich, sobald nur wieder überhaupt Kenntnisse da sind von den inneren Kräften, die da wirken, das wird sich schon ergeben. Denn natürlich gehört zu dem, was wir angeführt haben über das Bauchsein über dem Erdboden, das Kopfsein unter dem Erdboden, gehört wiederum auch das Verstehen des tierischen Organismus. Der tierische Organismus lebt ja im ganzen Zusammenhang des Naturhaushalts drinnen. Sodass er mit Bezug auf seine Form- und Farbengestalt, auch mit Bezug auf die Struktur und Konsistenz seiner Substanz von vorne nach hinten zu, also von der Schnauze gegen das Herz zu, die Saturn-, Jupiter-, Marswirkungen hat, in dem Herz die Sonnenwirkung und hinter dem Herzen, gegen den Schwanz zu, die Venus-, Merkur-, Mondenwirkungen. In dieser Beziehung sollten eigentlich diejenigen, die interessiert sind an diesen Dingen, in Zukunft nun wirklich die Erkenntnisse nach dem Anschauen der Form hin ausbilden.

Denn diese Ausbildung der Erkenntnisse nach der Form, nach dem Anschauen der Form, ist von einer ungeheuren Bedeutung. Gehen Sie einmal in ein Museum und schauen Sie sich das Skelett von irgendeinem Säugetier an, und gehen Sie mit dem Bewusstsein hin: In der Kopfbildung ist vorzugsweise wirkend in der Gestaltung die Sonnenbestrahlung, wie sie so ins Maul hineinströmt, die direkt strahlende Sonnenwirkung; und je nachdem aus anderen Untergründen heraus, wie wir auch hier besprechen werden – das Tier sich so oder so der Sonne exponiert – ein Löwe exponiert sich anders als ein Pferd –, je nachdem ist der Kopf gestaltet und dasjenige, was sich unmittelbar an den Kopf anschließt. So haben wir es beim Vorne des Tieres mit der direkten Sonnenbestrahlung zu tun, und damit der Ausbildung des Kopfes. Tafel 2, unten rechts

Nun denken Sie, das Sonnenlicht kommt noch auf einem anderen Wege in den Umkreis der Erde hinein, indem es vom Monde zurückgeworfen wird. Und wir haben es nicht nur mit dem Sonnenlicht zu tun, sondern wir haben es mit dem vom Mond zurückgeworfenen Sonnenlicht zu tun. Dieses vom Mond zurückgeworfene Sonnenlicht ist ganz unwirksam, wenn es auf den Kopf eines Tieres scheint. Da entfaltet es keine Wirkung. Diese Dinge gelten namentlich für das

Embryonalleben. Aber das vom Monde zurückgestrahlte Licht entwickelt seine höchste Wirkung, wenn es auf den hinteren Teil des Tieres fällt. Und sehen Sie sich die Skelettbildung im hinteren Teil an, in ihrer eigentümlichen Beziehung zu der Kopfbildung. Entwickeln Sie ein Formgefühl für diesen Gegensatz, für die Art und Weise, wie da die Schenkel sich ansetzen, wie der Verdauungsauslauf da gestaltet ist im Gegensatz zu dem, was ganz als Gegenpol vom Kopf herein gestaltet wird. Dann haben Sie beim Vorderen und Hinteren des Tieres den Gegensatz von Sonne und Mond. Und wenn Sie weitergehen, so finden Sie, dass die Sonnenwirkung bis zum Herzen geht, vor dem Herzen zurückbleibt, dass für die Kopf- und Blutbildung Mars, Jupiter, Saturn wirken, dass dann vom Herz weiter zurück unterstützt wird die Mondenwirkung durch die Merkur- und Venuswirkung, sodass, wenn Sie das Tier so aufstellen, drehen und derart aufrichten, dass es den Kopf in die Erde steckt und das Hintere nach oben streckt, Sie dann die Einstellung haben, die unsichtbar die landwirtschaftliche Individualität hat.

Damit haben Sie die Möglichkeit, jetzt aus dieser Formgestalt des Tieres heraus eine Beziehung zu finden zwischen demjenigen, was das Tier an Mist zum Beispiel liefert im Verhältnis zu demjenigen, was die Erde braucht, deren Pflanzen das Tier frisst. Denn Sie müssen ja wissen, dass zum Beispiel die kosmischen Wirkungen, die in einer Pflanze zur Geltung kommen, die vom Innern der Erde herauskommen, hinaufgeleitet werden. Ist also eine Pflanze besonders reich an solchen kosmischen Wirkungen und frisst diese ein Tier, das nun seinerseits gleichzeitig Mist liefert aus seiner Organisation heraus auf Grundlage eines solchen Futters, so liefert dieses Tier den besonders geeigneten Mist für diesen Boden, wo die Pflanze wächst.

Sie sehen also, durchschaut man formhaft die Dinge, dann kommt man auf alles, was gebraucht wird in dieser in sich geschlossenen Individualität, die eine Landwirtschaft ist. Nur muss man den Tierstand dazurechnen.

DRITTER VORTRAG

Koberwitz, Mittwoch, 11. Juni 1924

[Meine lieben Freunde!]
Die Kräfte der Erde und des Kosmos, von denen ich Ihnen gesprochen habe, sie wirken ja innerhalb des Landwirtschaftlichen durch die Stoffe der Erde. Und es wird daher nur möglich sein, zu allerlei praktischen Gesichtspunkten in den nächsten Tagen den Übergang zu finden, wenn wir heute uns auch mit der Frage etwas genauer noch beschäftigen: Wie wirken durch die Stoffe der Erde die Kräfte, von denen wir gesprochen haben? Nun werden wir da gewissermaßen einen Exkurs machen müssen in die Tätigkeit der Natur überhaupt.

Eine der allerwichtigsten Fragen, welche aufgeworfen werden können, wenn es sich um die Produktion auf landwirtschaftlichem Gebiete handelt, war schon diejenige nach der Bedeutung und dem Einflusse des Stickstoffes auf die gesamte landwirtschaftliche Produktion. Allein gerade diese Frage nach dem Wesen der Wirksamkeit des Stickstoffs ist ja heute in eine große Verwirrung hineingeraten. Man sieht sozusagen überall, wo Stickstoff tätig ist, nur die Ausläufer seiner Wirkungen, das Alleroberflächlichste, worin er sich äußert. Man sieht aber nicht hinein in die Naturzusammenhänge, in denen der Stickstoff wirkt, und das kann man auch nicht, wenn man innerhalb eines Naturgebiets stehen bleibt; das kann man nur, wenn man [über] die Weiten des Naturgebiets hinausschaut und sich um die Betätigung des Stickstoffs im Weltenall dabei bekümmert. Man kann sogar sagen – und das wird aus meinen Ausführungen hervorgehen –, der Stickstoff als solcher spielt vielleicht nicht einmal die allererste Rolle im pflanzlichen Leben; allein seine Rolle kennenzulernen, ist dennoch in erster Linie notwendig für das Verständnis des pflanzlichen Lebens.

Der Stickstoff hat aber, indem er wirkt im Naturwesen, ich möchte sagen, vier Geschwister, deren Wirkungen man zugleich kennenlernen muss, wenn man seine Funktionen, seine Bedeutung im sogenannten Haushalte der Natur begreifen will. Und diese vier Geschwister sind diejenigen, die mit ihm verbunden sind auf eine ja auch heute der äußeren Wissenschaft noch geheimnisvolle Weise, verbunden sind in dem pflanzlichen und tierischen Eiweiß. Es sind die vier Geschwister: Kohlenstoff, Sauerstoff, Wasserstoff und Schwefel.

Wenn man die vollständige Bedeutung des Eiweißes kennenlernen will, so darf man nämlich nicht bloß unter den bedeutenden Ingredienzien des Eiweißes aufführen Wasserstoff, Sauerstoff, Stickstoff und Kohlenstoff, sondern man muss den für das Eiweiß in einer tiefbedeutsamen Weise tätigen Stoff, den Schwefel, mit anführen. Denn der Schwefel ist gerade dasjenige innerhalb des Eiweißes, was den Vermittler darstellt zwischen dem überall in der Welt ausgebreiteten Geistigen, zwischen der Gestaltungskraft des Geistigen und dem Physischen. Und man kann schon sagen, wer eigentlich in der materiellen Welt die Spuren verfolgen will, die der Geist zieht, der muss die Tätigkeit des Schwefels verfolgen. Wenn auch diese Tätigkeit nicht so offen liegt wie diejenige anderer Stoffe, so ist sie darum doch gewiss von der allergrößten Bedeutung, weil auf dem Wege des Schwefels der Geist in das Physische der Natur hereinwirkt, Schwefel ist geradezu der Träger des Geistigen. Er hat seinen alten Namen Sulfur, der ja verwandt ist mit dem Namen Phosphor; er hat seinen alten Namen, weil man in älteren Zeiten in dem Licht, in dem sich ausbreitenden Licht, dem sonnenhaften Lichte sah auch das sich ausbreitende Geistige. Und man nannte deshalb diese Stoffe, die mit dem Hereinwirken des Lichts in die Materie zu tun haben, wie Schwefel und Phosphor, die Lichtträger.

Nun wird uns aber gerade deshalb – weil die Tätigkeit des Schwefels im Haushalt der Natur eine so feine ist, am besten dadurch, dass wir die anderen vier Geschwister, Kohlenstoff, Wasserstoff, Stickstoff, Sauerstoff, einmal ins Auge fassen und nun wirklich verstehen lernen – vor Augen treten, was eigentlich diese Stoffe im ganzen Weltenwesen sind. Denn der Chemiker weiß ja heute nicht viel von diesen Stoffen. Er weiß, wie sie äußerlich ausschauen, wenn er sie im Laboratorium hat, er kennt aber die innere Bedeutung dieser Stoffe im Ganzen der Weltenwirksamkeiten eigentlich gar nicht. Und die Kenntnis, die man heute durch die Chemie hat von diesen Stoffen, ist eigentlich keine viel größere als diejenige, die man von einem Menschen hat, den man seiner äußeren Gestalt nach beim Vorbeigehen auf der Straße gesehen hat, den man vielleicht abgeknipst hat mit einem fotografischen Apparate, und an den man sich erinnert mithilfe des fotografischen Bildes. Denn was die Wissenschaft tut mit diesen Stoffen, deren tieferes Wesen man eben kennen muss, ist nicht viel mehr als ein Abknipsen mit dem fotografischen Apparat, und was in unseren Büchern steht, in unseren Vorträgen vorkommt über diese Stoffe, das enthält eigentlich nicht viel mehr.

Gehen wir daher – die Anwendung auf das Pflanzliche wird sich schon ergeben – zunächst von dem Kohlenstoff aus. Dieser Kohlenstoff, sehen Sie, der ist ja [ein] aus einer sehr aristokratischen Position in der neuen Zeit [heruntergesunkener Gott], – diese Wege haben ja dann später viele andere Weltenwesen gemacht – zu einer sehr, sehr plebejischen Situation. Man sieht halt in dem Kohlenstoff dasjenige, was man in die Öfen tut, die Kohle. Man sieht in dem Kohlenstoff dasjenige, womit man schreibt, den Graphit. Man schätzt ja eine bestimmte Modifikation des Kohlenstoffes noch immer als aristokratisch, den Demant; aber man kann ihn ja nicht mehr sehr schätzen, weil man ihn nicht kaufen kann. Und so ist dasjenige, was über den Kohlenstoff gewusst wird, eigentlich gegenüber der ungeheuren Bedeutung des Kohlenstoffs im Weltall ein außerordentlich Geringes. Dieser – sprechen wir ihn als Kerl an – schwarze Kerl galt nämlich bis vor einer verhältnismäßig sehr kurzen Zeit, bis vor ein paar Jahrhunderten, als dasjenige, was man mit einem sehr edlen Namen bezeichnete, mit dem Namen des «Steins der Weisen».

Man hat ja viel herumgeschwätzt über dasjenige, was der Stein der Weisen sein soll; aber aus diesem Herumschwätzen ist nicht viel herausgekommen. Denn wenn die alten Alchemisten und dergleichen Leute vom Stein der Weisen gesprochen haben, meinten sie den Kohlenstoff in seinen verschiedenen Vorkommnissen. Und sie hielten seinen Namen nur deshalb für so geheim, weil ja, wenn sie diesen nicht geheim gehalten hätten, eigentlich jeder den Stein der

Weisen natürlich gehabt hätte. Aber es war schon der Kohlenstoff. Und warum war es der Kohlenstoff?

Wir können dabei beantworten mit einer älteren Anschauung zugleich etwas, was man heute aber wissen sollte vom Kohlenstoff. Sehen Sie, wenn man absieht von der zerbröckelten Form, in der wir durch gewisse Vorgänge, durch die er durchgegangen ist, den Kohlenstoff in der Natur haben als Steinkohle oder auch als Grafit, wenn wir den Kohlenstoff auffassen in seiner lebendigen Tätigkeit, wie er durchgeht durch den Menschen, durch den Tierkörper, wie er aufbaut aus seinen Verhältnissen heraus den Pflanzenkörper, so erscheint uns das Amorphe, Gestaltlose, das man sich als Kohlenstoff vorstellt, nur als der letzte Ausläufer, als der Leichnam desjenigen, was die Kohle, der Kohlenstoff, im Haushalte der Natur eigentlich ist.

Der Kohlenstoff ist nämlich der Träger aller Gestaltungsprozesse in der Natur. Was auch gestaltet werden mag, ob die verhältnismäßig kurz bleibende Gestalt der Pflanze, ob die in ewigem Wechsel begriffene Gestalt des tierischen Organismus ins Auge gefasst wird, der Kohlenstoff ist da der große Plastiker, der nicht bloß seine schwarze Substanzialität in sich trägt, sondern der, wenn er in voller Tätigkeit, in innerer Beweglichkeit ist, die gestaltenden Weltenbilder, die großen Weltenimaginationen überall in sich trägt, aus denen alles dasjenige, was in der Natur gestaltet wird, eben hervorgehen muss. Ein geheimer Plastiker waltet in dem Kohlenstoff, und dieser geheime Plastiker, indem er die verschiedensten Formen aufbaut, die in der Natur aufgebaut werden, bedient sich dabei des Schwefels. Sodass wir anschauen müssen, wenn wir auf den Kohlenstoff in der Natur hinschauen wollen im richtigen Sinne, wie die Geisttätigkeit des Weltenalls sozusagen sich mit dem Schwefel befeuchtet, als Plastiker tätig ist, und mithilfe des Kohlenstoffs die festere Pflanzenform aufbaut, dann aber auch wiederum die im Entstehen schon vergehende Form des Menschen aufbaut, der gerade dadurch Mensch ist, nicht Pflanze, dass er die eben entstehende Form immer wiederum sogleich vernichten kann, indem er den Kohlenstoff, als Kohlensäure an den Sauerstoff gebunden, absondert. Eben weil der Kohlenstoff im menschlichen Körper uns Menschen zu steif, zu fest formt, wie eine Palme macht – er schickt sich an, uns so fest zu machen –, da baut die Atmung sogleich ab, reißt diesen Kohlenstoff aus der Festigkeit heraus, verbindet ihn mit dem Sauerstoff, befördert ihn nach außen, und wir werden so gestaltet in einer Beweglichkeit, die wir als Menschenwesen brauchen. Aber in der Pflanze ist er so drinnen, dass er in einer gewissen Weise in einer festen Gestalt auch bei den einjährigen Pflanzen in einem gewissen Grade festgehalten wird.

Ein alter Spruch sagt in Bezug auf den Menschen: «Blut ist ein ganz besonderer Saft», und man muss mit Recht sagen, dass das menschliche Ich im Blute pulsiert, auf physische Weise sich äußert. Aber eigentlich ist es im Genaueren gesprochen der webende, waltende, sich gestaltende und seine Gestalt wieder auflösende Kohlenstoff, auf dessen Bahnen, befeuchtet mit dem Schwefel, dieses Geistige des Menschen im Blute sich bewegt, das wir Ich nennen, und so wie das menschliche Ich als der eigentliche Geist des Menschen im Kohlenstoff lebt, so lebt wiederum gewissermaßen das Welten-Ich im Weltengeist auf dem Umwege durch den Schwefel in dem sich gestaltenden und immer wieder auflösenden Kohlenstoff.

Es ist so, dass in früheren Epochen unserer Erdentwicklung der Kohlenstoff dasjenige war, was überhaupt abgeschieden worden ist. Erst später kam dann dasjenige dazu, was zum Beispiel das Kalkige ist, das der Mensch dann benützt, um als Unterlage nun auch ein Festeres zu schaffen, ein festeres Gerüste für sich zu schaffen. Damit dasjenige, was im Kohlenstoff lebt, bewegt sein kann, schafft der Mensch in seinem kalkigen Knochengerüste ein unterliegendes Festes, das Tier auch, wenigstens das höhere Tier. Damit hebt sich der Mensch heraus in seiner beweglichen Kohlenstoffbildung aus der bloß mineralischen, festen Kalkbildung, die die Erde hat, und die er auch sich eingliedert, um feste Erde in sich zu haben. Im Kalk, in der Knochenbildung hat er die feste Erde in sich.

Nun sehen Sie: Dabei können Sie die Vorstellung haben, dass allem Lebendigen ein entweder mehr oder weniger festes oder mehr oder weniger fluktuierendes, kohlenstoffartiges Gerüste zugrunde liegt, auf dessen Bahnen sich das Geistige bewegt durch die Welt.

Lassen Sie mich das nur ganz schematisch einmal hinzeichnen, damit wir die Sache recht anschaulich haben. Ich will so ein Gerüste, das der Geist mithilfe des Schwefels irgendwie aufbaut, so hinzeichnen. Das ist also entweder fortwährend wechselnder Kohlenstoff, der in dem Schwefel in sehr feiner Dosierung sich bewegt, oder es ist auch wie bei den Pflanzen ein mehr oder weniger fest gewordenes, mit
Tafel 3 anderen Substanzen, Ingredienzien [vereinigt], festgewordenes Kohlenstoffgerüst.

Nun sehen Sie: Wenn wir den Menschen oder auch schließlich ein anderes Lebewesen betrachten, so muss – das ist ja gerade in unserem Zusammensein schon des Öfteren hervorgehoben worden – dieses Lebendige von einem Ätherischen, das der eigentliche Träger des Lebens ist, durchzogen sein. Das also, was da darstellt das kohlenstoffartige Gerüste eines Lebendigen, das muss durchzogen sein von dem Ätherischen wiederum, sodass sich das Ätherische an diesen Gerüstbalken mehr still festhält, oder dass es mehr oder weniger fluktuierend in Bewegung ist. Aber es muss das Ätherische ganz ausgebreitet sein, wo das Gerüste ist. Wir können also sagen: Ein Ätherisches muss überall da sein, wo dieses Gerüste ist.

Nun, dieses Ätherische, das würde etwas sein, was zunächst als Ätherisches innerhalb unserer physischen Erdenwelt nicht existieren könnte, wenn es für sich bliebe. Es würde sozusagen wie ein Nichts überall hindurchschlüpfen, würde nicht angreifen können dasjenige, was es anzugreifen hat in der physisch-irdischen Welt, wenn es nicht einen physischen Träger hätte. Das ist ja das eigentümliche bei allem, was wir auf der Erde haben, dass das Geistige immer physische Träger haben muss. Die Materialisten nehmen dann nur die physischen Träger und vergessen das Geistige. Sie haben immer recht, weil ja das Nächste, was uns entgegentritt, der physische Träger ist. Aber sie lassen eben durchaus außer Acht, dass Geistiges überall einen physischen Träger haben muss. Und dieser physische Träger des Geistigen, das im Ätherischen wirkt – wir können sagen, im Ätherischen wirkt das niederste Geistige –, dieser physische Träger, der von dem Ätherischen durchzogen wird, also so durchzogen wird, dass der Äther sich gewissermaßen wiederum befeuchtet mit dem

Schwefel und nun in das Physische hineinführt dasjenige, was es nun nicht in Gestaltung, nicht im Gerüste-Bauen, sondern in einer ewigen Beweglichkeit, Lebendigkeit, in dieses Gerüstwesen hineinzutragen hat, dieses Physische, das da aus dem Äther mithilfe des Schwefels die Lebenswirkungen hineinträgt, das ist der Sauerstoff. Sodass Sie also dasjenige, was ich hier grün skizziert habe, sich auch vorstellen können, wenn Sie es als physischen Aspekt betrachten, dass das den Sauerstoff und auf dem Wege des Sauerstoffs die wallende, vibrierende, webende Wesenheit des Ätherischen darstellt.

Auf diesem Wege des Sauerstoffes bewegt sich das Ätherische mithilfe des Schwefels. Dadurch wird der Atmungsprozess erst sinnvoll. Wir nehmen durch den Atmungsprozess den Sauerstoff auf. Der heutige Materialist spricht nur von diesem Sauerstoff, den er in der Retorte hat, wenn er die Elektrolyse von Wasser macht. Aber in diesem Sauerstoff lebt überall das niederste Übersinnliche, das Ätherische, wenn es nicht daraus getötet ist, wie es in der Luft getötet sein muss, die wir um uns haben. In der Atmungsluft ist das Lebendige des Sauerstoffs getötet, damit wir nicht ohnmächtig werden durch den lebendigen Sauerstoff. Wir werden, wenn sich ein höheres Lebendiges in uns hineinbegibt, dadurch ohnmächtig. Schon eine gewöhnliche Wachstumswucherung, die in uns auftritt, wenn sie lebt an einem Orte, wo es nicht sein soll, macht uns ohnmächtig und noch viel mehr als das. Und so würden wir, wenn wir von einer lebendigen Luft, in der lebendiger Sauerstoff ist, umgeben wären, ganz betäubt herumgehen. Der Sauerstoff um uns herum muss getötet sein. Aber ich möchte sagen, von Geburt an ist er der Träger des Lebens, des Ätherischen. Er wird auch hier gleich der Träger des Lebens, wenn er aus der Aufgabensphäre herauskommt, die ihm zugeteilt ist dadurch, dass er uns Menschen äußerlich um die Sinne herum umgeben muss. Kommt er durch die Atmung in uns hinein, [von draußen, wo er tot sein muss], so wird er [in uns] wiederum lebendig. Es ist nicht derselbe Sauerstoff, der da in uns zirkuliert, wie er äußerlich ist, wo er uns umgibt. Er ist in uns lebendiger Sauerstoff, und so wird er auch gleich lebendiger Sauerstoff, wenn er aus der Atmungsluft in den Erdboden hineindringt, wenn auch sein Leben da ein geringergradiges ist wie in uns Menschen oder [in den] Tieren. Aber er wird da lebendiger Sauerstoff. Der Sauerstoff unter der Erde ist nicht derselbe wie derjenige, der über der Erde ist.

Es ist ja schwer, sich über diese Sache mit den Physikern, den Chemikern zu verständigen. Denn nach den Methoden, die sie anwenden, muss immer schon der Sauerstoff herausgezogen werden aus dem Irdischen; daher haben Sie nur toten Sauerstoff vor sich. Es kann gar nicht anders sein. Aber dem ist ja jede Wissenschaft ausgesetzt, die nur auf das Physische gehen will. Sie kann nur Leichname verstehen. In Wirklichkeit ist der Sauerstoff der Träger des lebendigen Äthers, und dieser lebendige Äther bemächtigt sich des Sauerstoffs, beherrscht ihn, indem er das auf dem Umwege durch den Schwefel tut.

Nun aber habe ich jetzt – gewissermaßen noch nebeneinander – auf der einen Seite das Kohlenstoffgerüst, in dem das Höchste auf Erden uns zugängliche Geistige seine Wirksamkeit zeigt, das menschliche Ich, oder das in den Pflanzen wirkende Weltengeistige. Und wir haben, wenn wir auf den menschlichen Prozess hinschauen, die Atmung, den in dem Menschen auftretenden lebendigen Sauerstoff, der den Äther trägt; und dann das Gerüst aus Kohlenstoff, das da dahintersteht und beim Menschen bewegt ist. Die müssen zueinander. Der Sauerstoff muss sich auf die Wege begeben können, die durch das Gerüst vorgezeichnet sind, und muss dahin gehen können, wo irgendeine Linie oder so etwas hingezeichnet ist vom Kohlenstoff, vom Geiste des Kohlenstoffs, und überall in der Natur muss das Ätherisch-Sauerstoffliche den Weg finden können zu dem Geistig-Kohlenstofflichen. Wie macht es das? Wer ist da der Vermittler?

Da ist der Vermittler der Stickstoff. Der Stickstoff leitet das Leben hinein in die Gestaltung, die im Kohlenstoff verkörpert ist. Überall, wo der Stickstoff auftritt, hat er die Aufgabe, das Leben zu vermitteln mit dem Geistigen, das zunächst geformt ist im Kohlenstofflichen. Die Brücke zwischen dem Sauerstoff und dem Kohlenstoff wird überall im Tier-, im Pflanzenreich, auch im Innern der Erde bewirkt durch den Stickstoff. Und diejenige Geistigkeit, die wiederum mithilfe des Schwefels da im Stickstoff herumwirtschaftet, diese

Geistigkeit ist dieselbe, die wir als die astralische bezeichnen. Es ist die astralische Geistigkeit im menschlichen Astralleibe, es ist die astralische Geistigkeit im Umkreis der Erde, wo ja auch das Astralische wirkt im Leben der Pflanzen, im Leben der Tiere und so weiter.

Und so haben wir, geistig gesprochen, zwischen den Sauerstoff und Kohlenstoff hineingestellt das Astralische, aber dieses Astralische prägt sich im Physischen dadurch aus, dass es den Stickstoff benützt, um physisch wirken zu können. Überall, wo Stickstoff ist, breitet sich Astralisches aus. Denn das Ätherisch-Lebendige würde wolkenartig überall hinfluten, würde gar nicht berücksichtigen dieses Kohlenstoffgerüst, wenn der Stickstoff nicht eine so ungeheure Anziehung zu dem Kohlenstoffgerüst hätte. Überall, wo Linien und Wege gebahnt sind im Kohlenstoff, da schleppt der Stickstoff den Sauerstoff, da schleppt das Astralische im Stickstoff das Ätherische hin. Das ist der große Schlepper, dieser Stickstoff, des Lebendigen Tafel 3
zu dem Geistigen hin.

Daher ist dieser Stickstoff im Menschen das Wesentliche für das Seelische im Menschen, das ja der Vermittler ist zwischen dem bloßen Leben und dem Geiste. Dieser Stickstoff ist eigentlich etwas sehr Wunderbares. Wenn wir seinen Weg im menschlichen Organismus verfolgen, so ist er wieder ein ganzer Mensch. Es gibt so einen Stickstoffmenschen. Könnten wir ihn herausschälen, so würde er das schönste Gespenst sein, das es geben könnte. Denn er ahmt vollständig nach dasjenige, was im festen Gerüst des Menschen ist. Auf der anderen Seite verfließt er auch gleich wieder in das Leben. Da sehen Sie hinein in den Atmungsprozess. [Da nimmt der Mensch durch den Atmungsprozess den Sauerstoff auf, in das ätherische Leben in sich auf.] Da kommt der innere Stickstoff, der nun den Sauerstoff hinschleppt überall da, wo Kohlenstoff, das heißt Gestaltetes, webendes, wandelndes Gestaltetes ist; da bringt er den Sauerstoff hin, damit er sich dieses Kohlige holt und hinausbefördert. Aber der Stickstoff ist doch derjenige, der das vermittelt, dass aus Sauerstoff Kohlensäure wird, die Kohlensäure ausgeatmet wird.

Dieser Stickstoff umgibt uns überall. Es ist ja nur ein geringer Teil Sauerstoff, das heißt Lebensträger, um uns herum, und ein großer

Teil astralischer Geistträger, Stickstoff. Bei Tage ist für uns ungeheuer notwendig der Sauerstoff, bei Nacht auch, der Sauerstoff in der Umgebung. Wir respektieren bei Tag und Nacht vielleicht weniger den Stickstoff, weil wir meinen, dass wir – ich meine den Stickstoff der Atmungsluft – ihn weniger brauchen. Aber der Stickstoff ist dasjenige, was einen geistigen Bezug zu uns hat. Sie könnten folgendes Experiment machen.

Sie könnten einmal versuchen, mit dem Menschen, der in einem gewissen Luftraume ist, zu experimentieren, und könnten der Luft, die in diesem Raume ist, entziehen ein kleines Quantum Stickstoff, sodass die Luft um den Menschen herum etwas stickstoffärmer wäre, als in gewöhnlicher Weise die Luft um den Menschen herum ist. Sie würden sich überzeugen, wenn das Experiment vorsichtig ausgeführt werden könnte: Der Stickstoff ersetzt sich sogleich wiederum, wenn auch nicht von außen, sondern es zeigt sich, dass er sich ersetzt vom Innern des Menschen. Der Mensch muss abgeben seinen Stickstoff, um den Stickstoff wieder in denjenigen quantitativen Zustand zurückzuführen, den er eben gewöhnt ist. Wir sind als Menschen darauf angewiesen, das richtige Prozentverhältnis herzustellen zwischen unserem ganzen inneren Wesen und dem uns umgebenden Stickstoff; es geht gar nicht, dass der Stickstoff außen weniger ist. Er würde zwar noch immer taugen, wir brauchen ja nicht den Stickstoff zu atmen, er würde ja noch immer hinreichen, aber der geistige Bezug, der da ist, für den reicht nur diejenige Stickstoffmenge hin, die man in der Luft gewöhnt ist.

Sie sehen also, der Stickstoff spielt stark ins Geistige hinein, und dann werden Sie auch jetzt, ich möchte sagen, einen Gedanken, eine Vorstellung haben können, dass ja dieser Stickstoff für das Leben der Pflanzen notwendig sein muss. Die Pflanze hat ja, so wie sie zunächst auf dem Boden steht, nur ihren physischen Leib und ihren Ätherleib, nicht den astralischen Leib in sich darinnen wie das Tier; aber das Astralische von außen muss sie überall umgeben. Die Pflanze würde nicht [Pflanze sein], wenn das Astralische sie nicht von außen berührte. Sie nimmt nur nicht das Astralische auf wie das Tier und der Mensch, aber sie muss von außen davon berührt werden.

Das Astralische ist überall, und der Stickstoff, der Träger des Astralischen, ist überall, er webt in der Luft als Leichnam, aber in dem Augenblicke, wo er in die Erde kommt, wird er wiederum lebendig. Geradeso wie der Sauerstoff lebendig wird, wird der Stickstoff lebendig. Dieser Stickstoff in der Erde wird nicht bloß lebendig, sondern er ist dasjenige – was man besonders auf landwirtschaftlichem Gebiete berücksichtigen soll –, was, so paradox es heute erscheint dem materialistisch vertrackten Gehirn, was nicht bloß lebendig, sondern empfindlich wird. Er wird richtig ein Träger einer geheimnisvollen Empfindlichkeit, die über das ganze Erdenleben ausgegossen ist. Er ist derjenige, der empfindet, ob das richtige Quantum Wasser in irgendeinem Erdgebiete ist. Er empfindet das als sympathisch, er empfindet es als antipathisch, wenn zu wenig Wasser da ist. Er empfindet es als sympathisch, wenn für irgendeinen Boden die richtigen Pflanzen da sind und so weiter. Und so gießt dieser Stickstoff über alles eine Art empfindendes Leben aus.

Man kann sagen: Von alledem, was ich erzählt habe gestern und die vorigen Stunden, dass da die Planeten Saturn, Sonne, Mond und so weiter einen Einfluss haben auf die Pflanzengestalt und auf das Pflanzenleben: Ja, das weiß man nicht[, könnte man sagen, man weiß das nicht.] Ja, sehen Sie, so für das gewöhnliche Leben kann man das sagen, man weiß es nicht. Aber der Stickstoff, der überall ist, der weiß das nämlich, der weiß das ganz richtig. Der Stickstoff ist nicht unbewusst über das, was von den Sternen ausgeht und im Leben der Pflanzen und im Leben der Erde weiterwirkt. Er ist der empfindende Vermittler, wie auch der Stickstoff im menschlichen Nerven-Sinnes-System dasjenige ist, was die Empfindung vermittelt; er ist in Wahrheit derjenige, der Träger der Empfindung ist.

Nun sehen Sie, da können Sie eigentlich in das feine Leben der Natur hineinblicken, indem Sie den überall wie die fluktuierenden Empfindungen sich herumbewegenden Stickstoff ins Auge fassen. Und es wird sich uns ergeben, dass gerade in der Behandlung des Stickstoffs für das Pflanzenleben etwas ungeheuer Wichtiges liegt. Solches wird dann Gegenstand der weiteren Betrachtungen natürlich sein. Nun ist aber etwas anderes gerade noch notwendig.

Sie sehen also, dass da in einem lebendigen Zusammenwirken desjenigen, was aus dem Geiste heraus im Kohlenstofflichen Gerüstgestalt annimmt, mit demjenigen, was aus dem Astralischen heraus im Stickstoffartigen das Gerüst durchsetzt mit Leben und es empfindend macht, dass da Leben drinnen wirksam ist im Sauerstofflichen.

Das aber alles wirkt dadurch im Irdischen zusammen, dass es sich noch durchdringt mit anderem, mit etwas, was nun für die physische Welt die Verbindung herstellt mit den Weiten des Kosmos. Denn es darf natürlich nicht so sein für unser Irdisches, dass die Erde da so als Festes hinwandert im Weltenall und sich absondert von der übrigen Welt. Wenn das die Erde täte, dann wäre sie in der Lage, in der ein Mensch wäre, der innerhalb einer Landwirtschaft lebte, aber selbstständig bleiben will, das, was da draußen auf dem Acker wächst, außer sich lassen will. Das tut er vernünftigerweise nicht. Wir finden manches heute auf den Äckern. In der nächsten Zeit finden wir es in dem Magen der verehrten Herrschaften drinnen. Dann wiederum nimmt es den Weg zurück auf die Äcker in irgendeiner Weise. Wir können gar nicht sagen, dass wir uns als Menschen absondern können, sondern wir sind verbunden mit unserer Umgebung, wir gehören schließlich dazu. Ebenso, wie mein kleiner Finger zu mir gehört, so gehören die Dinge, die drum herum sind, natürlich zu dem ganzen Menschen dazu. Es muss ein fortwährender Stoffaustausch da sein. Es muss auch zwischen der Erde mit allen ihren Wesen und dem ganzen Weltenall so sein. Alles dasjenige, was auf der Erde in physischen Gestalten lebt, muss zurückgeführt werden können in das Weltenall, gewissermaßen gereinigt und geläutert werden können in dem Weltenall.

Tafel 3 Sodass wir also Folgendes haben: Wir haben zunächst dasjenige, was ich vorhin blau hingezeichnet habe: das Kohlenstoffgerüst, und was Sie da grün sehen, das ätherische Sauerstoffwesen; und wir haben dann, überall vom Sauerstoff ausgehend, durch den Stickstoff vermittelt hin zu den verschiedenen Linien dasjenige, was sich ausbildet als das Astralische, was da eben den Übergang bildet zwischen dem Kohlenstoffartigen und dem Sauerstoffartigen. Überall könnte ich zeigen, wie da in die blauen Linien hinein der Stickstoff schleppt dasjenige, was in den grünen Linien schematisch angedeutet ist.

Aber alles dasjenige, was so in den Lebewesen ganz strukturhaft in feiner Zeichnung ausgebildet ist, das muss nämlich wiederum auch verschwinden können. Nicht der Geist verschwindet, aber dasjenige, was da der Geist in den Kohlenstoff hineingebaut hat, wofür er sich das Leben aus dem Sauerstoff heranzieht. Alles das muss wieder verschwinden können. Nicht nur so weit, als es auf der Erde verschwindet, sondern es muss in den Kosmos, in das Weltenall hinaus verschwinden können. Das macht ein Stoff, der, so nahe es nur möglich ist, verwandt ist mit dem Physischen, und wiederum, so nahe es nur möglich ist, verwandt ist mit dem Geistigen, das macht der Wasserstoff, in dem eigentlich, wenn wir richtig sprechen – trotzdem er selber das Feinste ist, was physisch ist –, das Physische ganz zersplittert, vom Schwefel getragen hineinflutet in das Ununterscheidbare des Weltenalls.

Man könnte sagen: Der Geist ist ja in solchen Gebilden physisch geworden, er lebt da drinnen im Leibe astralisch, in seinem Abbild als Geist, als Ich. Da lebt er auf physische Art als ins Physische verwandelter Geist. Da ist ihm nicht wohl nach einiger Zeit. Er will sich auflösen. Er braucht jetzt, indem er sich wiederum mit dem Schwefel benetzt, wiederum einen Stoff, innerhalb dessen er nun alle Bestimmtheit, alle Struktur verlässt und ins allgemeine Unbestimmte, Chaotische des Weltenalls sich herausbegibt, wo nichts mehr von dieser oder jener Organisation ist. Und das Stoffliche, das so nahe ist dem Geistigen auf der einen Seite, so nahe dem Stofflichen auf der anderen Seite, ist der Wasserstoff. Er trägt alles dasjenige, was irgendwie gestaltetes, belebtes Astralisches ist, wiederum in die Weiten des Weltenalls hinauf, sodass es so wird, dass es aus dem Weltenall wieder aufgenommen werden kann, wie wir das beschrieben haben. Der Wasserstoff löst eigentlich alles auf.

Und sehen Sie, so haben wir diese fünf Stoffe, die eigentlich zunächst darstellen dasjenige, was da wirkt und webt im Lebendigen und auch im scheinbar Toten, das ja nur vorübergehendes Totes ist: Schwefel, Kohlenstoff, Wasserstoff, Sauerstoff, Stickstoff, alle diese

Stoffe stehen in innerer Beziehung zu einem ganz bestimmt gearteten Geistigen, sind also etwas ganz anderes als dasjenige, von dem unsere Chemie spricht. Unsere Chemie spricht nur von den Leichnamen der Stoffe. Sie spricht nicht von den wirklichen Stoffen. Die muss man als empfindende, lebendige kennenlernen. Nur just im Wasserstoff gerade, weil er zunächst der scheinbar dünnste mit dem geringsten Atomgewicht ist, ist eigentlich dasjenige, was am wenigsten Geist ist.

Sehen Sie, wenn man meditiert – ich muss das schon einfügen, damit Sie sehen, dass solche Dinge nicht im blauen Dunst des Geistes gefasst werden –, was tut man denn da eigentlich? Der Orientale hat es auf seine Art getan. Wir im mitteleuropäischen Okzident, wir machen es auf unsere Weise. Wir vollbringen eine Meditation, die sich nur mittelbar anlehnt an den Atmungsprozess, wir weben und leben in Konzentration und Meditation. Aber das alles, was wir da tun, indem wir uns den seelischen Übungen hingeben, hat doch, wenn auch nur eine ganz leise, subtile körperliche Gegenseite. Es wird immer, wenn auch nur eben in ganz subtiler Weise, durch das Meditieren der regelmäßige Gang des Atmens, dasjenige, was mit dem menschlichen Leben so eng zusammenhängt, etwas abgeändert. Wir behalten meditierend immer die Kohlensäure etwas mehr in uns als beim gewöhnlichen wachen Bewusstseinsprozess. Immer bleibt etwas mehr Kohlensäure in uns. Dadurch stoßen wir nicht so, wie man es im gewöhnlichen stierhaften Leben macht, stets immer gleich die ganze Wucht der Kohlensäure ab. Wir behalten noch etwas zurück. Wir stoßen nicht die ganze Wucht der Kohlensäure da hinaus, wo uns überall der Stickstoff umgibt. Wir behalten etwas zurück.

Nun sehen Sie, wenn Sie an etwas mit dem Schädel anstoßen wie an einen Tisch, so werden Sie nur Ihres eigenen Schmerzes dabei bewusst, wenn Sie aber sanfter reiben, werden Sie sich der Oberfläche des Tisches bewusst und so weiter. So ist es auch, wenn Sie meditieren. Sie wachsen allmählich herein in ein Erleben des Stickstoffes rings um Sie herum. Das ist der reale Vorgang beim Meditieren. Alles wird Erkenntnis, auch dasjenige, was in dem Stickstoff lebt. Denn dieser ist ein sehr gescheiter Kerl, er unterrichtet einen über dasjenige, was Merkur, Venus und so weiter tun, weil er das weiß, es eben empfindet. Alle diese Dinge beruhen auf durchaus realen Vorgängen. Und da ist dasjenige, wo nun – ich werde davon einiges noch genauer berühren – in der Tat beginnt das Geistige in dem inneren Tun schon einen gewissen Bezug zu der Landwirtschaft zu gewinnen. Da ist denn dasjenige, was insbesondere immer so das Interesse unseres lieben Freundes Stegemann erregt hat, dieses Zusammenwirken des Seelisch-Geistigen mit demjenigen, was [da] um uns herum ist. Denn, sehen Sie, es ist nun nicht schlecht, wenn derjenige, der Landwirtschaft zu besorgen hat, meditieren kann. Er macht sich dadurch empfänglich für die Offenbarungen des Stickstoffs. Er wird immer empfänglicher für die Offenbarungen des Stickstoffs. Und man geht dazu über, die Landwirtschaft in einem ganz anderen Stil und Sinne zu betreiben, wenn man sich so empfänglich gemacht hat für die Offenbarungen des Stickstoffs, als wenn man es nicht tut. Da weiß man dann allerlei plötzlich. Es taucht auf. Da weiß man allerlei von den Geheimnissen, die auf den Gütern und auf den Bauernhöfen walten.

Und sehen Sie, man kann ja das nicht wiederholen, was ich eben vor einer Stunde hier gesagt habe, aber ich kann es doch in einer gewissen Weise wiederum charakterisieren. Nehmen wir nun einen Bauern, den der Gelehrte nicht für gelehrt hält; der geht über seinen Acker. Ja, der gelehrte Mann sagt, der Bauer sei dumm, aber in Wirklichkeit ist das nicht wahr, einfach aus dem Grunde nicht wahr, weil der Bauer – verzeihen Sie, es ist das so – eigentlich ein Meditant ist. Was er in seinen Winternächten durchmeditiert, das ist sehr, sehr vieles. Und er eignet sich das schon an, was eine Art Erwerben geistiger Erkenntnis ist. Er kann es dann nur nicht aussprechen. Und das ist so, dass es plötzlich da ist. Man geht durch die Felder, und plötzlich ist es da. Man weiß etwas, man probiert es nachher. Ich habe das wenigstens in meiner Jugend immer wiederum erfahren, wo ich mit Bauern gelebt habe, durchaus, es ist so.

Und an solche Dinge muss eigentlich angeknüpft werden. Das bloß Intellektualistische macht es nicht aus. Das führt uns nicht in solche Tiefen hinein. An solche Dinge muss angeknüpft werden. Es ist schließlich das Leben und Weben in der Natur ein so feines, dass es sich mit den grobmaschigen Verstandesbegriffen nicht erfassen lässt. Diese Fehler hat in neuerer Zeit die Wissenschaft gemacht. Die will mit den grobmaschigen Verstandesbegriffen die Dinge so durchschauen, die eben viel feiner gewoben sind.

Sehen Sie, es sind alle diese Stoffe, Schwefel, Kohlenstoff, Sauerstoff, Stickstoff, Wasserstoff, nun im Eiweiß vereinigt. Und jetzt werden wir noch genauer begreifen die Samenbildung, als wir sie bisher begreifen konnten. Sehen Sie, wenn irgendwie Kohlenstoff, Wasserstoff, Stickstoff in Blatt, Blüte, Kelch, Wurzel vorkommt, so sind sie überall an andere Stoffe gebunden in irgendeiner Form. Sie sind abhängig von diesen anderen Stoffen, sind nicht selbstständig. Auf zweifachem Wege werden sie nur selbstständig, entweder indem der Wasserstoff das alles hinausträgt in die Weiten des Weltenalls und alle Besonderheit der Sache nimmt, es wegzieht, alles in einem allgemeinen Chaos aufgehen lässt, oder aber indem das Wasserstoffliche hineintreibt in die kleine Samenbildung die Eiweißurstoffe und sie dort selbstständig macht, sodass sie empfänglich werden für die Einwirkung des Kosmos. In der kleinen Samenbildung ist Chaos, und ganz im Umkreis ist wiederum Chaos. Und da muss aufeinanderwirken Chaos im Samen auf Chaos im weitesten Umkreis der Welt. Dann entsteht das neue Leben.

Und nun sehen wir uns einmal an, wie die Wirkungsweise dieser sogenannten Stoffe, die aber eigentlich Geistträger sind, in der Natur zustande kommt. Sehen Sie, auch dasjenige, was da meinetwillen im Innern des Menschen wirkt als Sauerstoff und wiederum als Stickstoff, das beträgt sich ja eigentlich ziemlich ordentlich; da drinnen leben eben die Eigenschaften des Sauerstoffes und des Stickstoffes. Man kommt nur mit der gewöhnlichen Wissenschaft nicht darauf, weil es sich eben im Innern der Natur scheinbar verbirgt. Aber die Ausläufer des Kohlenstoffartigen und des Wasserstoffartigen können sich nicht so ordentlich betragen. Nehmen wir zunächst das Kohlenstoffartige, wenn es herankommt in seiner Wirksamkeit aus dem Pflanzenreich an das Tier- und Menschenreich, da muss eben das Kohlenstoffartige erst beweglich werden, vorübergehend. Um nun die feste Gestalt darzustellen, da muss es sich auf ein tiefer liegendes Gerüste aufbauen und das ist dasjenige, was als ein ganz tiefliegendes Gerüst in unserem kalkartigen Knochengerüst enthalten ist, was aber auch enthalten ist in dem Kieseligen, das wir ja immer in uns tragen, sodass der Kohlenstoff im Menschen und auch im Tier bis zu einem gewissen Grade seine Gestaltungskraft maskiert. Er rankt sich hinauf an der Gestaltungskraft von Kalk und Kiesel. Kalk gibt ihm die irdische, Kiesel die kosmische Gestaltungskraft. Und da erklärt er sich im Menschen selber und auch im Tier nicht immer für ganz allein maßgebend, sondern er lehnt sich an an dasjenige, was Kalk und Kiesel gestalten.

Aber Kalk und Kiesel finden wir nun auch als die Grundlage des Pflanzenwachstums. Und wir müssen nun eine Erkenntnis entwickeln desjenigen, was da der Kohlenstoff im ganzen menschlichen Verdauungs-, Atmungs- und Zirkulationsprozess entwickelt im Verhältnis zum Knochenbau und zum kieseligen Bau, desjenigen, was da drinnen vorgeht, was wir gewissermaßen sehen würden, wenn wir hineinkriechen könnten, und von dem Zirkulationsprozess im Menschen uns zeigen lassen könnten, wie da ausstrahlt die Kohlenstoffgestaltung in das Kalkige und Kieselige. Diesen Blick müssen wir entfalten, wenn wir hinschauen über eine Erdfläche, die mit Pflanzen bedeckt ist und die unter sich Kalk und Kiesel hat. In den Menschen kann man nicht hineinschauen. Aber da muss man diese Erkenntnis entwickeln, da muss man hinschauen können, wie das Sauerstoffliche eingefangen wird von dem Stickstofflichen und da hinuntergetragen wird in das Kohlenstoffliche, aber in das Kohlenstoffliche, insofern es sich anlehnt an das Kalkige und an das Kieselige. Wir können auch sagen: Weil [das Sauerstoffliche] durch den Kohlenstoff nur durchgeht. Wir können auch sagen: Da muss in die Erde hineingetragen werden dasjenige, was in der Umgebung lebt, was belebt wird als Sauerstoffliches. Das muss hereingetragen werden mithilfe des Stickstoffs in die Tiefe der Erde, damit es sich dort an das Kieselige, im Kalkigen sich gestaltend, anlehnen kann.

Und dieser Prozess, der kann, wenn man überhaupt nur Empfindung und Empfänglichkeit dafür hat, in der wunderbarsten Weise beobachtet werden bei den Schmetterlingsblütlern, bei den *Leguminosen*, bei alle demjenigen, was man in der Landwirtschaft nennen kann die Stickstoffsammler, die in der Tat darauf angewiesen sind, den Stickstoff heranzuziehen, um ihn mitzuteilen demjenigen, was unter ihnen ist. Und wenn man auf diese *Leguminosen* hinschaut, so kann man schon sagen: Da unten in der Erde ist etwas, was bedürftig ist, wie etwa die menschliche Lunge des Sauerstoffs bedürftig ist, aber bedürftig ist des Stickstoffs; und das ist das Kalkige. Da unten in der Erde, das Kalkige in der Erde ist tatsächlich, man möchte sagen, ebenso auf eine Art Stickstoffeinatmung angewiesen, wie die menschliche Lunge auf die Sauerstoffeinatmung angewiesen ist. Und die Schmetterlingsblütler, diese Pflanzen stellen eigentlich dar etwas Ähnliches wie dasjenige, was auf unseren Epithelzellen geschieht. Auf dem Wege der Einatmung, da geht es herunter. Und es sind dies eigentlich im Wesentlichen die einzigen Pflanzen solcher Art. Alle anderen stehen nicht der Einatmung nahe, sondern der Ausatmung. Und so löst sich denn auseinander für unsere Betrachtung, ich möchte sagen, der gesamte Organismus der Pflanzenwelt, wenn wir das Stickstoffliche heranziehen, als eine Art Stickstoffatmung betrachten, es löst sich auseinander der gesamte Organismus der Pflanzenwelt. Denn überall da, wo wir Schmetterlingsblütler antreffen, sehen wir gewissermaßen auf die Atmungswege, und wo wir andere Pflanzen finden, sehen wir auf die anderen Organe hin, die die Atmung in viel geheimerem Sinne treiben und eigentlich andere Funktionen zur Aufgabe haben.

Das ist die Aufgabe, dass man das Pflanzenwesen so ansehen lernt, dass jede Pflanzenart hineingestellt erscheint in einen Gesamtorganismus der Pflanzenwelt, wie das einzelne menschliche Organ in den gesamten Organismus des Menschen hereingestellt erscheint. Man muss die einzelnen Pflanzen als Teile eines Ganzen ansehen können. Und wenn man diese Sache so ansieht, dann wird man eben auf die große Bedeutung gerade der Schmetterlingsblütler kommen. Man wird darauf kommen – gewiss, man kennt ja diese Dinge –, aber es ist notwendig, sie aus diesen geistigen Untergründen heraus zu erkennen, weil sonst die große Gefahr besteht, dass man demnächst, wo man noch mehr verlieren wird von der Tradition, in der Anwendung des Neuen auf ganz falsche Bahnen kommen wird.

Man kann sehen, wie diese Schmetterlingsblütler eigentlich wirken: Sie haben alle den Zug, dass sie das Fruchtende, das sich bei den anderen Pflanzen mehr nach oben hinzieht, mehr in der Region des Blattartigen erhalten. Es will fruchten, bevor es zur Blüte kommt. Sie haben überall das bei den Schmetterlingsblütlern, dass es fruchten will, bevor es zur Blüte kommt. Das rührt davon her, weil eben viel mehr der Erde zu bei diesen Pflanzen das gehalten wird, was sich im Stickstoffmäßigen auslebt – sie tragen ja das Stickstoffmäßige zur Erde hin; es lebt sich alles das Stickstoffmäßige bei diesen Pflanzen weiter der Erde zugeneigt aus als bei anderen Pflanzen, wo es sich im weiteren Abstand von der Erde entwickelt. Sie sehen, wie diese Pflanzen die Neigung haben, die Blätter nicht in dem gewöhnlichen Grün, sondern auch etwas dunkler zu färben. Sie sehen auch, wie eine Art Verkümmerung der eigentlichen Frucht bei diesen Pflanzen vorliegt, wie die Samen dieser Pflanzen nur eine kurze Zeit samenfähig sind und dann die Samenfähigkeit verlieren. Diese Pflanzen sind nämlich daraufhin organisiert, dass sie dasjenige, was die Pflanzenwelt vom Winter hat, nicht vom Sommer, dass sie das ganz besonders zur Ausbildung bringen. Daher möchte man sagen: In diesen Pflanzen liegt immer die Tendenz, auf den Winter zu warten, sie wollen eigentlich warten auf den Winter mit demjenigen, was sie entwickeln. Es wird verzögert das Wachsen, wenn sie genügend das finden, was sie eigentlich brauchen: genügenden Stickstoff in der Luft, den sie auf ihre Art nach unten befördern können.

Ja, sehen Sie, das sind so die Arten, wie man hineinschauen kann in das Werden und Leben dessen, was in und über dem Erdboden vorgeht. Und wenn Sie zu dem noch hinzunehmen das Folgende, dass das Kalkige eigentlich eine wunderbare Verwandtschaft hat mit der menschlichen Begierdenwelt, so sehen Sie ja, wie da alles organisch, lebendig wird. Der Kalk, wenn er noch sein Element, das Kalzium, ist, dann gibt er schon gar keine Ruhe, da will er durchaus sich erfühlen, Kalk werden, verbinden das Kalzium mit Sauerstoff; aber er ist dann noch immer nicht zufrieden, hat Begierde nach allem Möglichen, alle möglichen [metallischen Säuren] bis zu dem nicht mehr mineralischen Bitumen hin, will er aufnehmen. Er will alles an sich heranziehen; er entwickelt im Boden die rechte Begierdennatur. Wer eine Empfindung hat, wird den Unterschied, den man gegenüber einem anderen Stoffe hat, finden. Der Kalk saugt einen ja aus. Man hat da die deutliche Empfindung, es ist dasjenige, was wirklich Begierdennatur zeigt, überall ausgebreitet, wo das Kalkige ist, was eigentlich das Pflanzliche auch heranzieht. Denn alles das, was der Kalk haben will, lebt in dem Pflanzlichen. Es muss ihm nur immer wieder entrissen werden. Womit wird es ihm entrissen? Durch das ungeheuer Vornehme, das gar nichts mehr will.

Es gibt ein solches Vornehmes, das eigentlich gar nichts mehr will, das in sich ruht. Das ist das Kieselige. Das ist zur Ruhe in sich selber gekommen. Und wenn die Menschen glauben, sie könnten das Kieselige nur sehen in demjenigen, was feste mineralische Konturen hat, so ist das nicht so. Das Kieselige ist in homöopathischer Dosis überall herum, und das ruht in sich selber, das macht keinen Anspruch. Der Kalk beansprucht alles, das Kieselige beansprucht eigentlich gar nichts mehr. Das ist, wie unsere Sinnesorgane, die auch von sich selbst nicht wahrgenommen werden, sondern die das Äußere wahrnehmen. Das Kieselige ist der allgemeine äußere Sinn im Irdischen, das Kalkige ist die allgemeine äußere Begierde im Irdischen, und der Ton vermittelt beides. Ton steht dem Kieseligen etwas näher, aber er vermittelt doch hin nach dem Kalk.

Nun sehen Sie, das sollte man einmal so durchschauen, damit man zu einem empfindenden Erkennen kommt. Man sollte den Kalk auch wiederum fühlen als den Begierdenkerl, denn er ist derjenige, der alles gerade an sich reißen will, und den Kiesel als denjenigen vornehmen Herrn, der nun alles dasjenige, was von dem Kalk entrissen wird, ihm entreißt, hineinträgt in das Atmosphärische und die Formen der Pflanzen ausbildet. Da lebt er entweder so, dass er sich wie in einer Burg verschanzt, wie im Schachtelhalm, oder er lebt überall in einer feinen Weise, in einem schwachen Grade, wenn auch manchmal in sehr homöopathischer Dosis verteilt, und bewirkt eigentlich dasjenige, was da dem Kalk entrissen werden muss. Sehen Sie, da tritt einem auch wiederum das entgegen, was da als eine ungeheuer intime Naturwirkung vorhanden ist.

Der Kohlenstoff ist der eigentlich Gestaltende in allen Pflanzen, der Gestalter des Gerüstartigen. Aber im Laufe der Erdenentwicklung wurde ihm das schwierig gemacht. Der Kohlenstoff könnte alle Pflanzen gestalten, wenn unter ihm nur Wasser wäre. Da wäre alles gewachsen, aber nun ist der Kalk unten, der stört ihn, und darum verbindet er sich mit dem Kiesel, und Kiesel und Kohlenstoff zusammen nun im Verein mit dem Ton, sie gestalten wiederum, eben weil der Widerstand des Kalkigen überwunden werden muss. Wie lebt denn nun da drinnen eine solche Pflanze?

Da unten will mit Fangarmen das Kalkige sie ergreifen, da oben will das Kieselige sie so ganz fein und schlank und fasrig machen wie die Wasserpflanzen sind, aber mitten drinnen steht, unsere wirklichen Pflanzenformen bildend, der Kohlenstoff, der das alles ordnet. Und gerade so, wie unser astralischer Leib zwischen Ich und Ätherleib Ordnung schafft, so wirkt der Stickstoff, als das Astralische, dazwischen. Das muss man verstehen lernen, wie da der Stickstoff drinnen wirtschaftet zwischen dem Kalkigen, dem Tonigen und dem Kieseligen, und zwischen alle demjenigen, was das Kalkige sonst noch fortwährend nach unten verlangt, das Kieselige fortwährend ausstrahlen möchte nach oben.

Da entsteht die Frage, wie in der richtigen Weise das Stickstoffartige eben in die Pflanzenwelt hineinzubringen ist. Mit dieser Frage werden wir uns morgen beschäftigen und damit den Übergang finden zu den Düngungsarten.

VIERTER VORTRAG

Koberwitz, Donnerstag, 12. Juni 1924

[Meine lieben Freunde!]
Sie haben ja gesehen, es handelt sich bei der Auffindung von geisteswissenschaftlichen Methoden auch für die Landwirtschaft darum, gewissermaßen die Natur und die Wirkung des Geistes in der Natur im Großen anzuschauen, in seinem umfassenden Kreise, während die materialistisch gefärbte Wissenschaft immer mehr und mehr dazu gekommen ist, in die kleinen Kreise, in das Kleine, hineinzugehen. Wenn man es auch bei so etwas wie der Landwirtschaft nicht immer gleich mit dem Allerkleinsten, dem mikroskopisch Kleinen, zu tun hat, womit man es in den anderen Naturwissenschaften so oft zu tun hat, so hat man es doch zu tun mit demjenigen, was in kleinen Kreisen wirkt und aus der Wirkung der kleinen Kreise erschlossen werden kann. Aber die Welt, in der der Mensch und andere Erdenwesen leben, sie ist ja durchaus nicht etwas, was man nur von kleinen Kreisen aus beurteilen kann. So zu verfahren gegenüber dem, was eigentlich in Betracht kommt gerade zum Beispiel bei der Landwirtschaft, wie heute die landläufige Wissenschaft verfährt, würde ebenso sein, wie wenn man die ganze Wesenheit des Menschen erkennen wollte, sagen wir, aus seinem kleinen Finger und aus dem Ohrzipfel, und von da aus sich aufbauen wollte dasjenige, was im Großen und Ganzen in Betracht kommt. Demgegenüber müssen wir stellen wiederum – und das ist heute so notwendig wie nur irgend möglich – eine wirkliche Wissenschaft, die auf die großen Weltzusammenhänge geht.

Wie sehr stark Wissenschaft im heutigen landläufigen Sinne oder in dem landläufigen Sinn von vor einigen Jahren sich selber korrigieren muss, das geht hervor aus den wissenschaftlichen Torheiten, die vor gar nicht langer Zeit zum Beispiel in Bezug auf die Ernährung des Menschen geherrscht hatten. Die Dinge waren alle ganz wissenschaftlich, sie waren auch wissenschaftlich bewiesen, und man konnte gegen den Beweis, wenn man sich nur darauf verlegte, was da eben in Betracht gezogen wurde, auch gar nichts einwenden. Es war als wissenschaftlich bewiesen, dass ein Mensch, der da ein mittleres Körpergewicht von siebzig bis fünfundsiebzig Kilogramm hat, dass ein solcher Mensch etwa hundertzwanzig Gramm Eiweiß als Nahrung braucht. Nun, wie gesagt, das war sozusagen wissenschaftlich bewiesen. Heute glaubt kein Mensch, der wissenschaftliche Ansichten hat, mehr an diesen Satz. Denn die Wissenschaft hat sich selber korrigiert. Heute weiß jeder Mensch, dass hundertzwanzig Gramm Eiweißnahrung nicht nur nicht notwendig, sondern direkt schädlich sind, und dass der Mensch eigentlich am gesündesten bleibt, wenn er nur fünfzig Gramm täglich in sich aufnimmt. Da hat sich die Wissenschaft selber korrigiert. Heute weiß man, dass es wirklich so ist, dass, wenn überflüssiges Eiweiß aufgenommen wird, das Eiweiß im Darm Zwischenprodukte erzeugt, die Giftwirkungen haben. Und wenn man nicht nur die unmittelbaren Lebensepochen des Menschen, worin man ihm das Eiweiß verabreicht, bloß untersucht, sondern das ganze Leben des Menschen, so erkennt man, dass von diesen Giftwirkungen des überflüssigen Eiweißes hauptsächlich die Arterienverkalkung im Alter herrührt. So sind die wissenschaftlichen Untersuchungen zum Beispiel in Bezug auf den Menschen oftmals dadurch irrig, dass sie nur auf den Augenblick sehen. Aber ein Menschenleben dauert doch eben, wenn es normal ist, länger als zehn Jahre, und die schädlichen Wirkungen von den so herbeigesehnten scheinbar günstigen Ursachen, die stellen sich oftmals sehr spät ein.

Geisteswissenschaft kann in einen solchen Fehler eben weniger verfallen. Gewiss, ich will gar nicht einstimmen in die billige Kritik, die ja sehr häufig geübt wird aus dem Grunde, weil die landläufige Wissenschaft sich in solcher Art korrigieren muss, wie ich es eben ausgesprochen habe. Man kann gut einsehen, dass das nicht anders sein kann und dass es notwendig ist. Aber auf der anderen Seite ist es ebenso billig, über Geisteswissenschaft herzufallen, wenn sie ins praktische Leben eingreifen will, weil sie nun eben einmal genötigt ist, auf die größeren Zusammenhänge des Lebens zu sehen, und weil ihr da in die Augen fallen diejenigen Kräfte und Substanzen, die dann in das Geistige hereingehen, nicht bloß die grobmateriellen Kräfte und Substanzialitäten. Das gilt durchaus auch für die Landwirtschaft, und es gilt insbesondere dann, wenn in der Landwirtschaft infrage kommt die Düngungsfrage.

Schon wie so häufig, ich möchte sagen, die Worte gesetzt werden heute gerade von den Wissenschaftern, wenn die Düngungsfrage in Betracht kommt, schon das zeigt, dass man eigentlich wenig wirkliche Anschauung davon hat, was das Düngen im Haushalt der Natur eigentlich wirklich bedeutet. Man hört heute sehr oft die Phrase: Der Dünger enthalte die Futterstoffe für die Pflanzen. Nun ja, ich habe die paar Sätze, die ich vorausgeschickt habe, aus dem Grunde gesagt, um Ihnen zu zeigen, wie in Bezug auf das Futter beim Menschen gerade in der neuesten Zeit, in der unmittelbaren Gegenwart, die Wissenschaft sich korrigieren musste. Da musste sie sich korrigieren, weil sie eben von einer ganz falschen Anschauung ausgeht in Bezug auf die Ernährung irgendeines Wesens.

Sehen Sie, man glaubte nämlich, das Allerwichtigste in der Ernährung – nehmen Sie nicht übel, dass ich die Dinge so unbefangen sage – sei dasjenige, was man täglich isst. Nun, das ist schon wichtig, was man täglich isst. Aber der meiste Teil dessen, was man täglich isst, ist gar nicht dazu da, um als Substanz in den Körper aufgenommen zu werden und im Körper abgelagert zu werden. Sondern der meiste Teil ist da, damit er die Kräfte, die er in sich enthält, an den Körper abgibt, den Körper in Regsamkeit bringt. Und der meiste Teil desjenigen, was man auf diese Weise in sich aufnimmt, wird eigentlich wieder ausgeschieden, sodass man sagen muss, nicht um eine gewichtsmäßige Anordnung im Stoffwechsel handelt es sich hauptsächlich, sondern darum handelt es sich, ob wir mit den Nahrungsmitteln die Lebendigkeit der Kräfte in der richtigen Weise in uns aufnehmen können. Denn diese Lebendigkeit brauchen wir zum Beispiel, wenn wir gehen oder wenn wir arbeiten, überhaupt, wenn wir die Arme bewegen.

Dagegen dasjenige, was der Körper in der Weise braucht, um die Substanzen in sich abzulagern, um sich sozusagen zu bereichern mit Substanzen – jenen Substanzen, die man dann wiederum abstößt, wenn man alle sieben bis acht Jahre seine Körpersubstanz erneuert –, das wird zum allergrößten Teile aufgenommen durch die Sinnesorgane, durch die Haut, durch die Atmung. Sodass dasjenige, was der Körper eigentlich substanziell in sich aufnehmen, was er ablagern muss, das nimmt er in äußerst feiner Dosierung auf, fortwährend, und verdichtet es erst im Organismus. Er nimmt es aus der Luft auf, verhärtet und verdichtet dann das so weit, dass man es dann in Nägeln, Haaren und so weiter abschneiden muss. Es ist ganz falsch, die Formel aufzustellen: Aufgenommene Nahrung, Durchgang durch den Körper, Nägel- und Hautabschuppung und dergleichen, sondern man muss formulieren: Atmung, feinste Aufnahme durch die Sinnesorgane, sogar durch die Augen, Durchgang durch den Organismus, Ausstoßen. Während in der Tat dasjenige, was wir durch den Magen aufnehmen, wichtig ist dadurch, dass es innere Regsamkeit hat wie ein Heizmaterial, die Kräfte zum Willen, der im Körper wirkt, in den Körper einführt.

Nun sehen Sie: Man wird ja ganz verzweifelt, wenn man an dieses, was die Wahrheit ist, was sich einfach ergibt aus geistiger Forschung, herankommen sieht die Ansichten der heutigen Wissenschaft, die genau das Umgekehrte davon verficht. Man wird deshalb verzweifelt, weil man sich sagt, dass es so schwierig ist, mit dieser heutigen Wissenschaft in den wichtigsten Fragen sich überhaupt zu verständigen. Und ein solches Verständnis muss kommen; denn die heutige Wissenschaft würde absolut in eine Sackgasse führen gerade gegenüber dem praktischen Leben. Und sie kann auf ihren Wegen einfach gewisse Dinge, auf die sie fast mit der Nase gestoßen wird, nicht verstehen. Ich rede gar nicht von den Experimenten. Das ist in der Regel wahr, was die Wissenschaft sagt darüber. Die Experimente kann man ganz gut brauchen; was dann theoretisiert wird, ist schlimm. Aus dem gehen die praktischen Winke für die verschiedenen Gebiete des Lebens leider hervor. Wenn man auf das alles sieht, sieht man die Schwierigkeit der Verständigung. Aber auf der anderen Seite muss diese Verständigung kommen auf den allerpraktischsten Gebieten des Lebens, zu denen die Landwirtschaft gehört.

Sehen Sie, man muss schon Einsichten haben auf den verschiedensten Gebieten des landwirtschaftlichen Lebens über die Wirkungsweise des Stofflichen, der Kräfte und auch über die Wirkungsweise des Geistigen, wenn man die Dinge in der richtigen Weise behandeln will. Das Kind, solange es nicht weiß, wozu ein Kamm ist, beißt hinein, verwendet ihn ganz im stillosen, unmöglichen Sinne. Und so wird man auch die Dinge im stillosen, unmöglichen Sinne verwenden, wenn man nicht weiß, was ihr Wesen ist, wie sich eigentlich die Sache bei denen verhält, auf die es ankommt.

Betrachten wir da einmal, um zu einer Vorstellung zu kommen, einen Baum. Sehen Sie, ein Baum unterscheidet sich von einer ganz gewöhnlichen jahresmäßigen Pflanze, die bloß Kraut bleibt. Er umgibt sich mit der Rinde, mit der Borke und so weiter. Was ist nun eigentlich das Wesen dieses Baumes im Gegensatz zur einjährigen Pflanze? Vergleichen wir einmal einen solchen Baum mit einem Erdhügel, der aufgeworfen ist und der außerordentlich humusreich ist, der außerordentlich viel, mehr oder weniger in Zersetzung begriffene Pflanzenstoffe in sich hält, vielleicht auch tierische Zersetzungsstoffe in sich enthält.

Tafel 4, oben links

Nehmen wir an, das wäre der Erdhügel, in den ich eine kraterförmige Vertiefung hineinmachen will, humusreicher Erdhügel, und das wäre der Baum. Außen das mehr oder weniger Feste, und innerlich wächst das, was dann zur Ausgestaltung des Baumes führt. Es wird Ihnen sonderbar erscheinen, dass ich diese zwei Dinge nebeneinanderstelle. Aber sie haben mehr Verwandtschaft miteinander, als Sie meinen. Denn Erdiges, das in dieser Weise, wie ich es beschrieben habe, von humusartigen Substanzen durchzogen ist, die in Zersetzung begriffen sind, solches Erdiges hat Ätherisch-Lebendiges in sich. Und darauf kommt es an. Wenn wir ein solches Erdiges haben, das in seiner besonderen Beschaffenheit uns zeigt, dass es Ätherisch-Lebendiges in sich hat, so ist es eigentlich auf dem Wege, die Pflanzenumhüllung zu werden. Es bleibt nur nicht. Es kommt nicht dazu, die Pflanzenumhüllung zu werden, die sich hineinzieht in die Rinde, in die Borke des Baumes. Und Sie können sich vorstellen, es kommt in der Natur nicht dazu. Es ist so, dass einfach, statt dass ein solcher Erdhügel gebildet wird und da Humusartiges hineinkommt, das durch die besonderen charakteristischen Eigentümlichkeiten wirkt im Erdboden, die vom Ätherisch-Lebendigen ausgehen, sich einfach der Hügel in einer höheren Entwicklungsform um die Pflanze herumschließt.

Wenn nämlich für irgendeinen Ort der Erde ein Niveau, das Obere der Erde, vom Inneren der Erde sich abgrenzt, so wird alles dasjenige, was sich über diesem normalen Niveau einer bestimmten Gegend erhebt, eine besondere Neigung zeigen zum Lebendigen, eine besondere Neigung zeigen, sich mit Ätherisch-Lebendigem zu durchdringen. Sie werden es daher leichter haben, gewöhnliche Erde, unorganische, mineralische Erde, fruchtbar zu durchdringen mit humusartiger Substanz oder überhaupt mit einer in Zersetzung begriffenen Abfallsubstanz, wenn Sie Erdhügel aufrichten und diese damit durchdringen. Dann wird das Erdige selber die Tendenz bekommen, innerlich lebendig, pflanzenverwandt zu werden. Derselbe Prozess geht vor bei der Baumbildung. Die Erde stülpt sich auf, umgibt die Pflanze, gibt ihr Ätherisch-Lebendiges um den Baum herum. Warum?

Sehen Sie, ich sage das alles aus dem Grunde, um Ihnen eine Vorstellung davon zu erwecken, dass eine innige Verwandtschaft besteht zwischen demjenigen, was in die Konturen dieser Pflanze einbeschlossen ist, und demjenigen, was der Boden um die Pflanze herum ist. Es ist gar nicht wahr, dass das Leben mit der Kontur, mit dem Umkreis der Pflanze aufhört. Das Leben als solches setzt sich fort namentlich von den Wurzeln der Pflanze aus in den Erdboden hinein, und es ist für viele Pflanzen gar keine scharfe Grenze zwischen dem Leben innerhalb der Pflanze und dem Leben im Umkreise, in dem die Pflanze lebt. Vor allen Dingen muss man von diesem durchdrungen sein, muss dieses gründlich verstehen, um das Wesen einer gedüngten Erde oder einer sonstwie ähnlich bearbeiteten Erde wirklich verstehen zu können.

Man muss wissen, dass das Düngen in einer Verlebendigung der Erde bestehen muss, damit die Pflanze nicht in die tote Erde kommt und es schwer hat, aus ihrer Lebendigkeit heraus das zu vollbringen, was bis zur Fruchtbildung notwendig ist. Sie vollbringt leichter das, was zur Fruchtbildung notwendig ist, wenn sie schon ins Leben hineingesenkt wird. Im Grunde genommen hat alles Pflanzenwachstum dieses leise Parasitäre, dass es sich eigentlich auf der lebendigen Erde wie ein Parasit entwickelt. Und das muss sein. Wir müssen, da wir in vielen Gegenden der Erde nicht darauf rechnen können, dass die Natur selber genügend organische Abfälle in die Erde hineinversenkt, die sie dann so weit zersetzt, dass wirklich die Erde genügend durchlebt wird, wir müssen dem Pflanzenwachstum mit der Düngung zu Hilfe kommen in gewissen Gegenden der Erde. Am wenigsten in den Gegenden, wo sogenannte Schwarzerde ist. Denn diese ist eigentlich so, dass die Natur selber das besorgt, dass die Erde genügend lebendig ist, wenigstens in gewissen Gegenden.

Sie sehen, dass man also wirklich verstehen muss, um was es sich da handelt. Nun muss man aber noch etwas anderes verstehen, man muss verstehen – es ist ein hartes Wort –, eine Art persönliches Verhältnis zu all dem zu gewinnen, was in der Landwirtschaft in Betracht kommt, vor allen Dingen ein persönliches Verhältnis zum Dünger und namentlich zu dem Arbeiten mit dem Dünger. Das erscheint als eine unangenehme Aufgabe; aber ohne dieses persönliche Verhältnis geht es nicht. Warum? Sehen Sie, es wird Ihnen das sogleich ersichtlich sein, wenn Sie auf das Wesen irgendeines Lebendigen überhaupt eingehen können. Wenn Sie auf das Wesen eingehen, so hat das Lebendige immer eine Außenseite und eine Innenseite. Die Innenseite liegt innerhalb irgendeiner Haut, die Außenseite liegt außerhalb der Haut. Jetzt fassen Sie einmal die Innenseite ins Auge.

Die Innenseite hat nicht nur Kraftströme, die nach außen gehen, Tafel 4, unten in der Richtung dieser Pfeile, sondern das innere Leben eines Organischen hat auch Kraftströme, die von der Haut nach innen gehen, die zurückgedrängt werden. Nun ist das Organische umgeben außen von allen möglichen Kraftströmungen. Nun gibt es etwas, was in ganz exakter Weise, aber in einer Art persönlicher Weise zum Ausdruck bringt, wie sich das Organische das Verhältnis seines Inneren und Äußeren gestalten muss. Alles dasjenige, was da an Kraftwirkungen im Innern des Organischen vor sich geht und eigentlich im Innern des Organismus, also innerhalb seiner Hautkonturen, das Leben anregt und erhält, alles das muss – verzeihen Sie wieder den harten Ausdruck – in sich riechen, man könnte auch sagen stinken. Und darin besteht im Wesentlichen das Leben, dass dieses, was sonst, wenn es verduftet, den Geruch verbreitet, stattdessen zusammengehalten wird, dass die Dinge nicht nach außen zu stark ausstrahlen, die duften, sondern dass die Dinge im Innern zurückgehalten werden, die da duften. Nach außen hin muss der Organismus in der Weise leben, dass er möglichst wenig von dem, was dufterregendes Leben in ihm erzeugt, durch seine begrenzende Haut nach außen lässt, sodass man sagen könnte, ein Organisches ist umso gesünder, je mehr es im Innern und je weniger es nach außen riecht.

Denn nach außen hin ist der Organismus, namentlich der Pflanzenorganismus, dazu prädestiniert, Geruch nicht abzugeben, sondern aufzunehmen. Und wenn man durchschaut das Fördernde einer aromatisch riechenden Wiese, die von aromatisch riechenden Pflanzen durchsetzt ist, so wird man aufmerksam auf das gegenseitig im Leben sich Unterstützende. Dieses Duftende, das sich da ausbreitet und das anders ist als der bloße Lebensduft, duftet aus Gründen, die wir wohl noch werden beibringen können, und ist das, was von außen jetzt auf die Pflanze wirkt. Alle diese Dinge muss man lebendig im persönlichen Verhältnis eigentlich haben, dann steckt man drinnen in der wirklichen Natur.

Nun wird es sich darum handeln, eben einzusehen, dass das Düngen und alles Ähnliche darin bestehen muss, dem Boden einen gewissen Grad von Lebendigkeit zu erteilen, aber nicht nur einen gewissen Grad von Lebendigkeit zu erteilen, sondern ihm auch die Möglichkeit zu geben, dass in ihm auch das bewirkt werde, worauf ich gestern besonders hingedeutet habe, dass in ihm der Stickstoff sich so verbreiten kann, dass an gewisse Kraftlinien hin, wie ich es Ihnen gezeigt habe, das Leben getragen werde gerade mithilfe des Stickstoffs. Wir müssen also, wenn wir düngen, so viel Stickstoff an das Erdreich heranbringen, dass das Lebendige hingetragen werde eben zu den Strukturen, zu denen es im Erdreich, da wo Pflanzenboden sein soll, unter der Pflanze getragen werden muss. Das ist die Aufgabe nun. Diese Aufgabe muss aber in exakt sachlicher Weise verrichtet werden.

Nun sehen Sie, einen starken Fingerzeig kann das schon geben, dass Sie, wenn Sie Mineralisches, rein Mineralisches, als Dungstoff anwenden, niemals in Wirklichkeit an das Erdige herankommen, sondern im äußersten Fall an das Wässrige der Erde. Sie können eine Wirkung mit mineralischen Dungmitteln im Wässrigen der Erde erzeugen, aber Sie dringen nicht vor zur Belebung des Erdigen selber. Daher werden Ihnen Pflanzen, welche unter dem Einfluss irgendwelchen mineralischen Düngers stehen, ein solches Wachstum zeigen, das verrät, wie es nur unterstützt wird von angeregter Wässrigkeit, nicht von belebter Erdigkeit.

Wir können, wenn wir diese Dinge wirklich studieren wollen, am besten das vornehmen, dass wir uns zunächst an das anspruchsloseste Düngemittel wenden, an den Kompost, der ja sogar zuweilen verachtet wird. Da haben wir ein Belebungsmittel der Erde, in das hineinversetzt wird eigentlich alles dasjenige, was irgendwie Abfälle sind, die man wenig achtet, die von der Landwirtschaft, vom Garten herkommen, von demjenigen, was man als Gras hat verfallen lassen, bis zu demjenigen, was sich bildet aus abfallenden Blättern und dergleichen, sogar bis zu demjenigen, was von verendeten Tieren kommt und so weiter. Nun sehen Sie, man sollte solche Dinge eigentlich durchaus nicht verachten, sie enthalten noch etwas bewahrt nicht nur von Ätherischem, sondern sogar von Astralischem. Das ist wichtig. In dem Komposthaufen haben wir tatsächlich von alle demjenigen, was da hereinkommt, Ätherisches, Ätherisch-Wesendes, Lebendes, aber auch Astralisches. Und zwar haben wir ein wesendes Ätherisches und Astralisches darinnen in einem nicht so starken Grade wie im Dünger oder der Jauche, aber wir haben es gewissermaßen standhafter; es macht sich sesshaft darinnen, namentlich das Astralische macht sich sesshafter. Und es handelt sich nur darum, dass wir diese Sesshaftigkeit in entsprechender Weise berücksichtigen. Es wird das Astralische in seiner Wirkung auf den Stickstoff sogleich beeinträchtigt, wenn ein zu stark wucherndes Ätherisches vorhanden ist. Ein zu stark wucherndes Leben im Ätherischen lässt sozusagen das Astralische im Komposthaufen nicht aufkommen.

Nun gibt es ja etwas in der Natur, dessen Vorzüglichkeit für diese Natur ich Ihnen schon von den verschiedensten Gesichtspunkten angeführt habe. Das ist das Kalkige. Bringen Sie daher Kalkiges etwa in Form von Ätzkalk in den Komposthaufen, so entsteht das Eigentümliche, dass, ohne dass man zu stark wirkt auf das Verduften des Astralischen, das Ätherische aufgenommen wird von dem Ätzkalk, damit auch der Sauerstoff aufgesogen und das Astralische in einer schönen Weise zur Wirkung gebracht wird. Damit erreicht man etwas ganz Bestimmtes. Damit erreicht man, dass man, wenn man mit Kompost düngt, dem Boden etwas mitteilt, was die Neigung hat, sehr stark das Astralische mit dem Erdigen ohne den Umweg des Ätherischen zu durchdringen.

Also denken Sie sich, es wird das Astralische, ohne erst den Umweg zu machen durch das Ätherische, sehr stark eindringen in das Erdige, sodass das Erdige dadurch ganz besonders, ich möchte sagen, astralisiert wird, und auf dem Umweg des Astralisierten in der Weise durch das Stickstoffhaltige durchdrungen wird, sodass, was da entsteht, wirklich sehr ähnlich ist einem gewissen Prozess im menschlichen Organismus, der pflanzenähnlich im menschlichen Organismus ist, aber so pflanzenähnlich ist, dass er wenig Wert darauf legt, es zur Fruchtbildung kommen zu lassen, es gleichsam bei der Blattbildung, Stängelbildung bleiben lässt. Namentlich müssen wir diesen Prozess, den wir da der Erde mitteilen, deshalb in uns haben, damit wir in der entsprechenden Weise die Nahrungsmittel zu der Regsamkeit anleiten, von der ich Ihnen gesprochen habe, dass sie da sein muss. Zu dieser Regsamkeit regen wir aber auch den Boden an, wenn wir ihn in der beschriebenen Weise behandeln. Und wir bereiten dadurch den Boden so, dass er uns das erzeugen kann, bei dem es besonders gut ist, wenn es aufgezehrt wird zum Beispiel von den Tieren, sodass sie unter seiner weiteren Einwirkung innere Regsamkeit entwickeln, den Körper innerlich rege machen. Das heißt mit anderen Worten: Wir werden guttun, mit diesem Kompost unsere Wiesen und Weiden zu düngen, und werden, wenn wir das streng durchführen, dazu gelangen, gerade dadurch – namentlich dann, wenn wir die anderen Prozeduren machen, um die es sich handelt –, ein gutes Weidefutter zu erzielen, ein solches Weidefutter, das auch noch, wenn es abgesenst wird, als Trockenfutter brauchbar ist. Aber ich möchte sagen, um bei solchen Dingen in der richtigen Weise vorzugehen, muss man eben in die ganze Sache hineinsehen. Denn was man da im Einzelnen tun muss, das hängt doch vielfach vom Gefühl natürlich ab. Aber dieses Gefühl entwickelt sich, wenn man in die ganze Natur dieses Prozesses richtig hineinsieht.

Nun wiederum, wenn man den Komposthaufen einfach so lässt, wie ich es bisher beschrieben habe, so kann es sehr leicht sein, dass er sein Astrales nach allen Seiten hin verbreitet. Und es wird sich darum handeln, dass man jetzt entwickelt das persönliche Verhältnis zu diesen Dingen, dass man möglichst solch einen Haufen dazu bringt, möglichst wenig zu riechen, was man leicht dadurch erreichen kann, dass man zunächst versucht, dünne Schichten zu legen, dann etwas, sagen wir, Torfmull darauflegt, wiederum eine Schichte und so weiter. Dadurch wird zusammengehalten, was sonst verduften würde. Denn der Stickstoff ist ja wirklich dasjenige, was sehr gerne in allen möglichen Formverbindungen das Weite sucht. Der wird nun zurückgehalten. Was ich dadurch andeuten will, ist hauptsächlich das, dass man das ganze landwirtschaftliche Wesen eben mit der Überzeugung behandeln muss, dass man das Leben überallhin, ja sogar das Astralische überallhin ergießen muss, damit die ganze Sache wirke.

Nun aber von da ausgehend kann sich Ihnen etwas anderes ergeben. Haben Sie schon einmal nachgedacht, warum die Kühe Hörner haben oder gewisse Tiere Geweihe haben? Das ist eine außerordentlich wichtige Frage. Aber dasjenige, was die Wissenschaft darüber bietet, ist gewöhnlich etwas außerordentlich Einseitiges und Äußerliches. Beantworten wir uns die Frage, warum die Kühe Hörner haben. Sehen Sie, ich habe gesagt, das Organische, das Lebendige, muss nicht immer nur nach außen gerichtete Kraftströme haben, sondern kann auch nach innen gerichtete Kraftströmungen haben. Nun stellen Sie sich einmal so ein Organisches vor, das klumpig gebildet ist, nach außen gehende Kraftströmungen, nach innen gehende Kraftströmungen hat. Die Sache würde recht unregelmäßig sein, und es würde zustande kommen ja ein Organisch-Klumpiges, so ein klumpiges Lebewesen. Wir würden ganz sonderbar aussehende Kühe haben, wenn das nur der Fall wäre. Die wären alle klumpig, mit kleinen Fußansätzen, wie sie es im ersten Embryonalstadium noch sind. So würden sie bleiben, sie würden grotesk aussehen. Aber so ist die Kuh ja nicht eingerichtet, sondern die Kuh hat Hörner, hat Klauen. Was geschieht an den Stellen, wo die Klaue, das Horn wächst? Da wird ein Ort gebildet, der in besonders starker Weise die Strömungen nach innen sendet. Da wird das Äußere ganz besonders stark abgeschlossen. Da ist nicht nur die Kommunikation durch die durchlässige Haut oder das Haar [verschlossen], sondern da werden die Tore für das nach außen Strömende vollständig verschlossen. Daher hängt die Hornbildung zusammen mit der ganzen Gestalt des Tieres. Hornbildung und Klauenbildung hängen zusammen mit der ganzen Gestaltung des Tieres.

In ganz anderer Weise ist es bei der Geweihbildung. Bei der Geweihbildung handelt es sich nicht darum, dass die Ströme zurückgeführt werden in den Organismus, sondern dass gewisse Strömungen gerade ein Stück nach außen geführt werden, dass Ventile da sind, wodurch gewisse Strömungen – die müssen ja nicht immer flüssig und luftförmig sein, sondern sie können auch Kraftströmungen sein, die in dem Geweih lokalisiert sind –, dass diese da außen entladen werden. Der Hirsch ist schön dadurch, dass er eine starke Kommunikation mit seiner Umgebung dadurch hat, dass er gewisse seiner Strömungen nach außen sendet und mit der Umgebung lebt, dadurch aufnimmt alles dasjenige, was in den Nerven und Sinnen organisch wirkt. Er wird ein nervöser Hirsch. In gewisser Beziehung sind alle die Tiere, die Geweihe haben, von einer leisen Nervosität durchströmt, was man ihnen in den Augen schon ansehen kann.

Die Kuh hat Hörner, um in sich hineinzusenden dasjenige, was astralisch-ätherisch gestalten soll, was da vordringen soll beim Hineinstreben bis in den Verdauungsorganismus, sodass viel Arbeit entsteht gerade durch die Strahlung, die von Hörnern und Klauen ausgeht, im Verdauungsorganismus. Wer daher die Maul- und Klauenseuche verstehen will, also das Zurückwirken des Peripherischen auf den Verdauungstrakt, der muss diesen Zusammenhang durchschauen. Und unser Maul- und Klauenseuche-Mittel ist aufgebaut auf dem Durchschauen dieses Zusammenhanges. Nun, sehen Sie, dadurch haben Sie im Horn etwas, was durch seine besondere Natur und Wesenheit gut dazu geeignet ist, das Lebendige und Astralische zurückzustrahlen in das innere Leben. Etwas Lebenstrahlendes, und sogar Astralisch-Strahlendes haben Sie im Horn. Es ist schon so. Würden Sie im lebendigen Kuhorganismus herumkriechen können, so würden Sie, wenn Sie drin wären im Bauch der Kuh, das riechen, wie von den Hörnern aus das Astralisch-Lebendige nach innen strömt. Bei den Klauen ist das in einer ähnlichen Weise der Fall.

Tafel 4, oben rechts

Sehen Sie, das gibt nun einen Fingerzeig zu solchen Dingen, wie sie von unserer Seite empfohlen werden können, um dasjenige, was nun zum gewöhnlichen Stalldünger verwendet wird, in seiner Wirksamkeit weiter zu erhöhen. Der gewöhnliche Stalldünger, was ist er denn eigentlich? Der gewöhnliche Stalldünger ist dasjenige, was in das Tier hereingekommen ist an äußerer Nahrung, bis zu einem gewissen Grade, bis zu einem gewissen Punkte vom Organismus aufgenommen worden ist, dazu Veranlassung gegeben hat, dass Kraftwirkungen dynamisch im Organismus entstehen, aber eigentlich nicht in erster Linie zur Bereicherung mit Substanz verwendet wird, sondern wieder ausgeschieden wird. Aber es war im Organismus, es hat sich durchdrungen mit Astralischem und mit Ätherischem. Es hat sich durchzogen im Astralischen mit den Kräften, die stickstofftragend sind, im Ätherischen mit den Kräften, die sauerstofftragend sind. Mit dem hat sich die Masse, die nun als Mist erscheint, durchdrungen.

Denken Sie nun, wir nehmen diese Masse, übergeben sie der Erde in irgendeiner Form – wir werden auf die Einzelheiten noch eingehen –, wir geben ja eigentlich der Erde ein Ätherisch-Astralisches, das rechtmäßigerweise im Bauch des Tieres ist und im Bauch des Tieres da Kräfte erzeugt von pflanzlicher Art. Denn die Kräfte, die wir in unserem Verdauungstrakt erzeugen, sind von pflanzlicher Art. Wir müssen eigentlich furchtbar dankbar sein, dass der Mist übrig bleibt; denn er trägt Ätherisches und Astralisches aus dem Innern der Organe heraus ins Freie. Das bleibt daran. Wir müssen es nur in entsprechender Weise erhalten, sodass wir also im Mist vor uns haben etwas, was ätherisch und astralisch ist. Dadurch wirkt es schon belebend und auch astralisierend auf den Erdboden, im Erdigen. Nicht bloß im Wässrigen, sondern namentlich im Erdigen. Es hat die Kraft, das Unorganische des Erdigen zu überwinden.

Nun, es muss ja natürlich dasjenige, was da der Erde übergeben wird, seine ursprüngliche Form, die es hatte, ehe es aufgenommen wurde als Nahrungsmittel, verlieren, denn es muss eben durch einen inneren organischen Prozess des Stoffwechselsystems durchgegangen sein. Es wird in gewisser Beziehung in Zersetzung, in Auflösung begriffen sein. Aber am besten ist es, wenn es eben in dem Punkte ist, wo es durch sein eigenes Ätherisches und Astralisches in Auflösung begriffen ist. Da stellen sich dann die Parasiten, die kleinsten Lebewesen ein. Die haben da einen guten Nährboden. Deshalb glaubt man ja auch, dass nun diese parasitären Wesen mit der Güte des Düngers überhaupt etwas zu tun haben. Diese sind aber eigentlich nur die Anzeichen dafür, dass der Dünger in diesem oder jenem Zustande ist. Dadurch, dass sie dies anzeigen, können sie Bedeutung haben. Aber wenn wir glauben, dass wir durch Impfung mit diesen Bakterien und dergleichen den Dünger radikal besser machen können, so geben wir uns doch eben einer Täuschung hin. Das kann dem äußeren Schein nach zunächst der Fall sein, aber in Wirklichkeit ist es nicht der Fall. Ich werde darauf noch zu sprechen kommen, inwiefern diese Dinge in Wirklichkeit nicht der Fall sind. Aber gehen wir jetzt weiter.

Nehmen wir Dünger, wie wir ihn bekommen können, stopfen wir damit ein Kuhhorn aus und geben wir in einer gewissen Tiefe – ich will sagen etwa dreiviertel bis einhalb Meter tief, wenn wir einen unten nicht zu tonigen oder zu sandigen Boden haben – das Kuhhorn in die Erde. Wir können ja einen guten Boden dazu, der nicht sandig ist, auswählen. Sehen Sie, dadurch, dass wir nun das Kuhhorn mit seinem Mistinhalt eingegraben haben, dadurch konservieren wir im Kuhhorn drinnen die Kräfte, die das Kuhhorn gewohnt war, in der Kuh selber auszuüben, nämlich rückzustrahlen dasjenige, was Belebendes und Astralisches ist. Dadurch, dass das Kuhhorn äußerlich von der Erde umgeben ist, strahlen alle Strahlen in seine innere Höhlung hinein, die im Sinne der Ätherisierung und Astralisierung gehen. Und es wird der Mistinhalt des Kuhhorns mit diesen Kräften, die nun dadurch alles heranziehen aus der umliegenden Erde, was belebend und astralisch ist, es wird der ganze Inhalt des Kuhhorns den ganzen Winter hindurch, wo die Erde also am meisten belebt ist, innerlich belebt. Innerlich belebt ist die Erde am meisten im Winter. Das ganze Lebendige wird konserviert in diesem Mist, und man bekommt dadurch eine außerordentlich konzentrierte, belebende Düngungskraft in dem Inhalte des Kuhhorns.

Dann kann man das Kuhhorn ausgraben; man nimmt dasjenige, was da als Mist drin ist, heraus. Bei unseren letzten Proben in Dornach haben sich die Herrschaften selber davon überzeugt, dass, als wir den Mist herausgenommen haben, er überhaupt nicht mehr gestunken hat. Es war das ganz auffällig. Er hatte keinen Geruch mehr, aber er fing natürlich an, etwas zu riechen, als er nun wieder mit Wasser bearbeitet wurde. Das bezeugt, dass alles Riechende in ihm konzentriert und verarbeitet ist. Da ist eine ungeheure Kraft darinnen an Astralischem und an Ätherischem, die Sie brauchen können dadurch, dass Sie nun dasjenige, was Sie da aus dem Kuhhorn herausnehmen, nachdem es überwintert hat, mit gewöhnlichem Wasser, das nur vielleicht etwas erwärmt sein sollte, verdünnen. Es hat sich immer ergeben, indem ich zuerst die Fläche angeschaut habe, die da gedüngt werden sollte – man bekommt dadurch einen Eindruck über das Quantitative –, wenn man mit solchem Dünger versorgen will eine Fläche, die etwa so groß ist wie, sagen wir, von dem dritten Fenster vielleicht bis zu dem ersten Quergang, man dazu nur ein Kuhhorn braucht, dessen Inhalt man verdünnt in etwa einem halben Eimer Wasser. Dann hat man nötig, diesen ganzen Inhalt des Kuhhorns aber in eine gründliche Verbindung zu bringen mit dem Wasser. Das heißt, man muss jetzt anfangen zu rühren, und zwar so zu rühren, dass man schnell rührt am Rande des Eimers, an der Peripherie herumrührt, sodass sich im Innern fast bis zum Boden herunter ein Krater bildet, sodass das Ganze in der Tat rundherum durch Drehung in Rotierung ist. Dann dreht man schnell um, sodass das Ganze nun nach der entgegengesetzten Seite brodelt. Wenn man das eine Stunde fortsetzt, so bekommt man eine gründliche Durchdringung.

Ja, Sie müssen nur bedenken, wie wenig man braucht an Arbeit. Die Arbeitslast wird nicht sehr groß sein für diese Dinge. Außerdem könnte ich mir vorstellen, dass die sonst unbeschäftigten Mitglieder einer Landwirtschaft ein besonderes Vergnügen haben werden, gerade in dieser Weise wenigstens im Anfang dieser Sache Mist zu rühren. Wenn also die Haustöchter und Haussöhne das besorgen, so könnte es in der wunderbarsten Weise besorgt werden. Denn es ist ein sehr angenehmes Gefühl, zu entdecken, wie eben ein doch noch leise gehaltener Duft aus dem ganz Duftlosen sich herausentwickelt. Dieses persönliche Verhältnis, das Sie entwickeln können zu der Sache, hat etwas außerordentlich Wohltuendes für den Menschen, der gerne die Natur im Allgemeinen wahrnimmt, nicht nur so, wie es im Baedeker steht.

Sehen Sie, dann wird es sich nur darum handeln – bei kleinen Flächen kann man es mithilfe einer gewöhnlichen Spritze tun –, die Sache auszuspritzen über geackerten Boden, sodass es sich mit dem Erdreich vereinigt. Es ist ja selbstverständlich, dass man nötig hat, dann die Sache so zu machen, dass man für größere Flächen besondere Maschinen wird konstruieren müssen. Aber wenn man es nun dahin bringt, das gewöhnliche Düngen mit dieser Art, ich möchte sagen, «geistigem Miste» zu verbinden, dann wird man schon sehen, welche Fruchtbarkeit aus diesen Dingen hervorgehen kann. Namentlich wird man sehen, dass diese Dinge ja entwickelbar sind in einer ganz außerordentlichen Weise. Denn es kann sich gleich an diese Maßnahme, die ich eben beschrieben habe, eine andere anschließen, die in Folgendem bestehen kann:

Man nimmt wiederum Kuhhörner, füllt sie aber jetzt aus nicht mit Mist, sondern füllt sie aus mit bis zu Mehl zerriebenem Quarz oder Kiesel, oder auch [Orthoklas-Feldspat], und bildet aus diesem einen Brei, der etwa die Dicke eines ganz dünnen Teiges hat, und füllt damit das Kuhhorn aus. Jetzt, statt dass man das Kuhhorn überwintern lässt, lässt man es übersommern, nimmt es alsdann, nachdem es übersommert hat, im Spätherbst heraus, bewahrt nun den Inhalt bis zum nächsten Frühjahr, dann nimmt man heraus dasjenige, was da dem sommerlichen Leben in der Erde ausgesetzt war, und behandelt es in ähnlicher Weise, nur dass man jetzt viel geringere Quantitäten braucht. Sie können also ein erbsengroßes Stückchen verteilen durch

Rühren auf einen Eimer Wasser, vielleicht auch nur ein stecknadelkopfgroßes Stückchen. Nur muss man das auch eine Stunde lang rühren. Wenn Sie das verwenden zum äußeren Bespritzen der Pflanzen selber – es wird sich insbesondere bewähren bei Gemüsepflanzen und dergleichen –, nicht zum brutalen Begießen, sondern zu einem Bespritzen, dann werden Sie sehen, wie nun das der Wirkung, die von der anderen Seite durch den Kuhhornmist aus der Erde kommt, unterstützend zur Seite steht.

Und wenn man einmal, was ja gar nicht so, ich möchte sagen, uneben wäre, die Sache auch wirklich für Felder ausdehnen würde – warum sollte denn es nicht auch möglich sein, Maschinen zu haben, sie werden nicht so schwer herzustellen sein, die einfach über ganze Felder die ganz schwache Bespritzung, die wir brauchen, ausgießen –, dann würden Sie sehen, wie der Kuhhornmist von unten heraufstößt, das andere von oben zieht, weder zu schwach noch zu stark zieht. Und in wunderbarer Weise, gerade bei Saatfrüchten, könnte das wirken.

Sehen Sie, die Dinge werden eben, ich möchte sagen, aus einem größeren Kreis der Betrachtung herausgenommen, nicht aus demjenigen, was man gerade mit der einen Sache macht, was eben wirklich so ist, wie wenn man aus dem Finger den ganzen Menschen aufbauen wollte theoretisch; und dadurch wird ja gewiss etwas erreicht, was wirklich auch nicht zu unterschätzen ist. Sehen Sie, das, was man heute untersucht, was dem Landwirt, wie man sagt, produktiv sein kann, zuletzt kommt es doch nur darauf hinaus, dass man untersucht, wie man die Produktion finanziell am erträgnisreichsten machen kann. Es kommt auf viel anderes nicht an. Nicht wahr – gewiss, man denkt nicht immer daran, aber unbewusst liegt das doch zugrunde –, man ist dann erstaunt als Landwirt, wenn man durch irgendeine Maßnahme augenblicklich große Erfolge erzielt, große Kartoffeln hat, etwas hat, was Größe hat, was schwillt. Ja, aber man geht von da aus nicht weiter in der Untersuchung, denn das alles ist nicht das Wichtigste bei der Sache.

Das Wichtigste ist, wenn die Dinge an den Menschen herankommen, dass sie seinem Dasein am allergedeihlichsten sind. Sie können ja irgendwelche Frucht ziehen, die glänzend aussieht, auf dem Felde oder im Obstgarten, aber sie ist vielleicht für den Menschen nur magenfüllend, nicht eigentlich sein inneres Dasein organisch befördernd. Aber bis zu diesem Punkte, dass der Mensch die beste Art von Nahrung für seinen Organismus erhält, kann es ja diese Wissenschaft heute nicht bringen, weil sie dazu gar nicht den Weg findet.

Aber Sie sehen, in dem, was so gesprochen wird aus der Geisteswissenschaft heraus, liegt ja zugrunde der ganze Haushalt der Natur. Es wird aus dem Ganzen heraus gedacht; [daher ist das Einzelne, was man sagen muss, maßgebend für das Ganze.] Es kann gar nichts anderes herauskommen, wenn man so die Landwirtschaft betreibt, als dass sie für den Menschen und für die Tiere das Beste gibt. Es wird sogar überall bei der Betrachtung von dem Menschen ausgegangen, der Mensch wird zur Grundlage gemacht. Dadurch ergeben sich die Winke, die gegeben werden dafür, dass sich die Menschennatur am allerbesten unterhält. Das ist dasjenige, was diese Form von Betrachtung unterscheidet von denjenigen, die heute üblich sind.

ERSTE FRAGENBEANTWORTUNG

Koberwitz, Donnerstag, 12. Juni 1924

Geht die Verdünnung in arithmetischer Art weiter?

Rudolf Steiner: Man wird ja in Bezug darauf einiges auszusprechen haben. Die Wahrscheinlichkeit, die sich ergeben wird, ist diese, dass man mit der Zunahme der Fläche größere Wassermengen, weniger Kuhhörner brauchen wird, sodass man also mit verhältnismäßig wenigen Kuhhörnern große Flächen wird düngen können. Wir hatten in Dornach fünfundzwanzig Kuhhörner und haben davon verteilt vorläufig auf einen größeren Garten. Wir hatten dabei genommen ein Horn auf einen halben Eimer. Dann haben wir noch einmal angesetzt einen ganzen Eimer mit zwei Kuhhörnern. Dann hatten wir noch eine Fläche zu düngen, die war wesentlich größer: sieben Kuhhörner auf sieben Eimer.

Darf man zum Rühren des Mistes für größere Flächen ein Rührwerk benutzen oder ist das nicht angängig?

Das ist natürlich etwas, was entweder streng aufgefasst werden kann, oder wo man sich auch entschließen kann, allmählich in Surrogatmäßiges hineinzurutschen. Es ist schon ganz zweifellos, dass das Rühren mit der Hand doch etwas anderes bedeutet als das maschinenmäßige Rühren. Das wird der Mechanist natürlich nicht zugeben. Aber bedenken Sie nur, was für ein gewaltiger Unterschied ist, ob Sie mit der Hand wirklich rühren, dabei alle die feinen Bewegungen mit hineinbekommen in das Rühren, die die Hand ausführt, alle die Dinge, die eventuell hineinkommen, eventuell auch die Empfindungen, ob das alles hineinkommt oder ob man einfach maschinenmäßig das umrührt. Natürlich glauben ja heute die Leute das nicht, dass dieser Unterschied in Betracht komme, aber man merkt das auch durchaus im Medizinischen. Glauben Sie, dass es durchaus nicht einerlei ist, ob man irgendein Heilmittel mehr manuell oder maschinenmäßig herstellt. Der Mensch gibt den Dingen etwas mit, wenn er sie selber bearbeitet – so etwas müssen Sie nicht belächeln. Ich bin öfter befragt worden – eine Anzahl von Ihnen wird ja die Ritter'schen Heilmittel in der Medizin kennen –, was ich von den Ritter'schen Heilmitteln halte. Sie wissen ja vielleicht, dass von diesen Ritter'schen Heilmitteln die einen große Heilhymnen singen, andere verbreiten, sie haben keine besonderen Wirkungen. Die Wirkungen sind ja selbstverständlich da, aber ich bin auch fest davon überzeugt, dass, wenn gerade diese Mittel allgemein in den Handel eingeführt werden, dass sie dann ihre Wirkungen wesentlich verlieren, weil gerade bei diesen Mitteln es nicht einerlei ist, ob der Arzt selber im Besitze des Mittels ist und dieses unmittelbar dem Patienten übergibt. Der Arzt bringt nämlich, wenn er so etwas an den Patienten abgibt, wenn das alles nur in einem kleinen Kreis geschieht, einen gewissen Enthusiasmus mit. Nun werden Sie sagen, der Enthusiasmus wiegt nichts, den kann man nicht abwiegen. Aber er vibriert mit, und die Ärzte sind begeistert, wenn sie enthusiasmiert sind. Es wirkt Licht sehr stark auf die Heilmittel, warum soll nicht auch die Begeisterung auf sie wirken? Aber er vermittelt und er wirkt viel, sodass die heutigen begeisterten Ärzte große Wirkungen hervorrufen können. Das Rittermittel wirkt gerade dadurch sehr stark. Man wird große Wirkungen hervorrufen können mit der Begeisterung. Wenn Sie aber das handwerksmäßig betreiben, so wird wahrscheinlich die Wirkungsweise verdunsten. Das ist, was bei solchen Dingen in Betracht kommt, ob man irgendetwas mit all dem macht, was von der menschlichen Hand ausgeht – und es geht vieles von der menschlichen Hand aus – oder ob man es mit der Maschine macht. Aber es könnte sich nach und nach herausstellen, dass das ein großes Vergnügen ist, dieses Rühren vorzunehmen, sodass man an einen maschinenmäßigen Betrieb, wo man viele Kuhhörner braucht, gar nicht denken wird. Man wird dazu kommen, dass man das einfach an Sonntagen zum Nachtisch machen wird. Dann wird schon einfach dadurch, wenn man viele Gäste einzuladen hat, und das an Sonntagen macht, und die nötige Unterhaltung dabei hat, das Allerschönste dabei erreicht werden ohne Maschinen.

Die Verteilung eines halben Eimers Wasser auf eine Fläche von einem Drittel Morgen wird technisch schon kleine Schwierigkeiten bieten. Wenn nun die Menge der Kuhhörner gesteigert wird, so steigert sich das alles nicht allein um die Zahl der Kuhhörner, sondern weit schneller. Es würde also die Verteilung wiederum dann noch schwieriger werden. Kann man da diese Menge Wasser noch durch mehr Wasser verdünnen, oder kommt es darauf an, dieses Verhältnis (von einem halben Eimer) zu belassen, wie es ist? Dass man also ungefähr einen halben Eimer auf ein Drittel Morgen nimmt?

Das wird man schon können. Aber ich glaube, dass dann die Rührmethode sich ändern muss. Sie können es so machen, dass Sie zunächst in einem halben Eimer Wasser ein Kuhhorn fertig rühren, dann dieses im Eimer verdünnen, dann wird man wiederum rühren müssen; ich glaube aber, dass es dann schon besser wäre, dass man ausrechnet, wie viel weniger Substanz man in einem halben Eimer rühren muss, und dann halbeimerweise rührt, wenn auch weniger als ein Kuhhorn. Es kommt ungeheuer viel darauf an, dass man ein inniges Durchdringen herbeiführt. Es ist ja lange noch nicht, wenn man die Substanz ins Wasser gießt und umrührt, ein wirkliches Durchdringen da. Man muss ein inniges Durchdringen hervorrufen, und es ist immer, wenn man eine nur einigermaßen dicke Substanz hineinschüttet, oder wenn man nicht kräftig rührt, auch keine gründliche Vermischung da. Ich glaube, es ist für den Menschen leichter, wenn er möglichst viele halbe Eimer mit geringen Substanzen verrührt, als wenn er wieder rühren soll das aufgelöste Wasser.

Könnte man die Flüssigkeit, in der immer noch feste Bestandteile zurückbleiben werden, durchseihen, um sie mit einem Sprühapparat besser verteilen zu können?

Das glaube ich, wird nicht nötig sein. Denn wenn schnell umgedreht wird, dann bekommt man eine ziemlich trübe Flüssigkeit, dann wird man keine Rücksichten zu nehmen brauchen, ob da noch irgendwelche Fremdkörper drinnen sind. Der Mist wird sich richtig verteilen lassen. Reiner Kuhmist ist der beste, aber ich glaube nicht, dass man sich dieser Mühe unterziehen muss, auch wenn fremde Körper drinnen sind, extra eine Reinigung auszuführen. Wenn Fremdkörper drinnen sind, so werden sie unter Umständen, ohne dass sie eine Schädlichkeit haben vielmehr sehr günstig wirken können, weil bei der Konzentrierung und nachmaligen Verdünnung ja tatsächlich nichts anderes als die Strahlung wirkt, nicht mehr die Substanzen, nur noch das dynamische Strahlen, sodass Sie nicht der Gefahr ausgesetzt sind, an der Stelle, wo solch ein Fremdkörper versenkt würde, Kartoffeln zu kriegen, die lange Sprossen hätten und nichts dran. Diese Gefahr wird wohl nicht vorhanden sein.

Ich dachte nur an das Verwenden des Sprühapparates.

Durchseihen kann man es, das schadet nichts. Man könnte am besten gleich die Maschinen so machen, dass sie ein Sieb haben vor dem Versprühen.

Es wurde nicht gesagt, ob man die Masse aus dem Horn abwiegen sollte, um ein proportioniertes Verhältnis zu bekommen. Ist der halbe Eimer ein schweizerischer Eimer oder ist es eine Liter-Angabe?

Ich habe einen Schweizer Eimer genommen – den Melkeimer in der Schweiz –, die ganze Sache ist ausprobiert worden nach der unmittelbaren Anschauung. Jetzt müsste man es auf die Gewichtsverhältnisse bringen.

Kann man die Kuhhörner öfters gebrauchen, oder müssen sie immer von frisch geschlachteten Tieren sein?

Ich denke – wir haben diese Sache nicht ausprobiert –, dass nach dem, was man wissen kann über solche Dinge, man die Kuhhörner drei bis vier Mal hintereinander wird brauchen können, dass es aber dann nicht mehr ganz stimmen wird. Es könnte ja sein, dass unter Umständen die Möglichkeit auch bestünde, dadurch, dass man vielleicht die Kuhhörner dann, nachdem man sie drei bis vier Jahre gebraucht hat, im Kuhstall aufbewahrt, dass man sie dann für ein weiteres Jahr verwenden könnte. Ich habe aber keine Idee, wie viel einer Landwirtschaft an Kuhhörnern zur Verfügung stehen, ob man nötig hat, da besonders sparsam vorzugehen oder nicht. Eine Frage, die ich jetzt nicht entscheiden kann.

Woher kann man die Kuhhörner beziehen? Müssen die aus der osteuropäischen oder mitteleuropäischen Gegend genommen sein?

Woher man Kuhhörner nimmt, ist ganz gleichgültig, man muss sie nur nicht vom Schindacker nehmen, sie müssen möglichst frisch sein. Es ist ja allerdings das Merkwürdige, so paradox es klingt, dass westliches Leben, Leben auf der westlichen Halbkugel ganz anders ist als Leben auf der östlichen Halbkugel. Leben in Afrika, Asien, Europa bedeutet etwas anderes als Leben in Amerika. So könnte es vielleicht sein, dass unter Umständen Hörner von amerikanischem Vieh in etwas anderer Weise zur Wirksamkeit zu bringen sein werden. Vielleicht könnte sich das herausstellen, dass man bei diesen Hörnern genötigt ist, den Mist etwas zu verdicken, dichter zu machen, mehr aneinanderzuhämmern. Hörner aus der Gegend nehmen, wo man ist, das ist das allerbeste. Es ist eine ungeheuer starke Verwandtschaft zwischen den Kräften, die in den Kuhhörnern einer Gegend sind, und den Kräften, die sonst in dieser Gegend sind, während fremde Hörnerkräfte mit den Dingen, die in der Erde sind, streiten können. Nun, da muss man auch berücksichtigen, dass es ja sehr häufig so ist, dass die Kühe, die Hörner liefern werden in irgendeiner Gegend, nicht unmittelbar aus dieser Gegend stammen. Da wird man darüber hinwegkommen, [da wird man] berücksichtigen müssen, dass, wenn die Kuh etwa drei bis vier Jahre auf einem bestimmten Boden gefressen, also gelebt hat, dass sie dann zu diesem Boden gehört, wenn es nicht westliches Vieh ist.

Wie alt dürfen diese Hörner sein? Müssen sie von einer alten oder jungen Kuh sein?

Ich meine – alles dies muss durchversucht werden – nach dem Wesen der Sache, dass halbalte, im mittleren Kuhalter stehende Hörner die allerbesten sein würden.

Wie groß müssen die Hörner sein?

(Dr. Steiner zeichnet die Größe des Horns auf die Tafel – ca. 30 bis 40 cm lang. Danach ist die gewöhnliche Horngröße eines Allgäuer Viehs gemeint.) Tafel 4

Ist es nicht auch wesentlich, ob das Horn von einem Schnittochsen oder von einem männlichen oder weiblichen Tier genommen wird?

Es ist die größte Wahrscheinlichkeit vorhanden, dass von Ochsen die Sache überhaupt nicht wirkt, dass bei einem Stier sie verhältnismäßig schwach wirkt. Deshalb sage ich auch immer Kuhhörner, Kühe sind in der Regel weiblichen Geschlechts! Ich meine das weibliche Tier.

Wann sät man Getreidepflanzen, Brotkorn, am besten aus?

Nicht wahr, es wird sich die Antwort auf diese Frage genau ergeben, wenn ich die Aussaat im Vortrag bespreche. Die Aussaat ist natürlich außerordentlich wichtig, und es ist ein großer Unterschied, ob man nahe an den Wintermonaten oder ob man weniger nahe an den Wintermonaten ist. Wenn man nahe an den Wintermonaten ist, dann wird man eine starke Reproduktionsfähigkeit, wenn man weiter von den Wintermonaten ist, eine starke Nährhaftigkeit in den Getreidepflanzen bewirken.

Kann man den Kuhhornmist auch mit Sand verteilen? Hat Regen dabei eine Bedeutung?

Was sich auf den Sand bezieht, so mag man das tun. Wir haben es nicht probiert. Es ist gar nichts dagegen. Wie natürlich der Regen wirkt, das ist etwas, was man erst noch einmal versuchen müsste. Es ist anzunehmen, dass der Regen keine Veränderung dabei hervorruft, eventuell sogar eine Befestigung der Sache wird bewirken können. Aber auf der anderen Seite handelt es sich doch um eine so starke Konzentration von Kräften, dass man schon auch denken könnte, dass durch den kleinen Stoß, der ausgeübt wird beim fallenden Regentropfen, zu viel versprüht werden könnte. Es ist wirklich eine feine Wirkung, und man muss das alles in Betracht ziehen. Beim

Hinbreiten durch Sand zwischen dem Kuhmist wird nichts einzuwenden sein.

Wie sind bei der Aufbewahrung des Kuhhorns und seines Inhalts irgendwelche schädlichen Einflüsse abzuhalten?

Im Allgemeinen gilt bei solchen Dingen dieses, dass das Entfernen der sogenannten schädlichen Einflüsse in der Regel mehr Schädlichkeiten hervorruft, als wenn man sie lässt. Nicht wahr, es ist ja nun mal so, dass man in der neueren Zeit so furchtbar darauf sieht, überall zu desinfizieren. In diesen Dingen geht man zweifellos auf allen Gebieten zu weit. So hat es sich bei unseren Heilmitteln darum gehandelt, dass, wenn man absolut alle Möglichkeit der Verschimmelung verhindern will, dass man dann wieder Methoden anwenden muss, welche die eigentliche Heilkraft hemmen. Nun habe ich vor dem, was sich da ansetzt an Schädlichkeiten, gar nicht solchen Respekt. Es schadet gar nicht so viel. Es ist am besten, wenn man sich nicht viel bestrebt, Reinigungsmethoden anzuwenden, sondern wenn man sie lässt, wie sie sind. Wir haben Schweinsblasen darüber getan, damit die Erde nicht hineinfällt. Eine besonders mit den Hörnern selbst vorzunehmende Reinigung ist gar nicht besonders zu empfehlen. Man muss sich schon bekannt machen damit, dass Schmutz nicht immer «Schmutz» ist. Wenn Sie sich zum Beispiel das Gesicht mit einer dünnen Goldschichte beschmieren, so ist das Schmutz, Gold ist aber nicht Schmutz. Also Schmutz ist nicht immer Schmutz. Schmutz ist zuweilen dasjenige, was gerade konservierend wirkt.

Soll man dieses möglichst weite Ins-Chaos-Treiben des Samens durch irgendwelche Maßnahmen unterstützen?

Man könnte es unterstützen, aber es wird nicht notwendig sein. Wenn überhaupt Samenbildung eintritt, dann tritt das Maximum an Chaosbildung schon ein. Dabei wird man es nicht zu unterstützen brauchen. Man wird brauchen gerade die Unterstützung bei der Düngung. Aber bei der Samenbildung glaube ich nicht, dass sich eine Notwendigkeit einstellt, die Chaosbildung – wenn überhaupt befruchtender Same da ist, so ist vollständiges Chaos da – zu befördern.

Wird es nicht auch notwendig sein, etwas zu tun für die kosmischen Kräfte, die erhalten werden sollten bis zur neuen Pflanzenbildung?

Man könnte es natürlich dadurch, dass man den Boden mehr kieselig macht, als er ist. Denn durch den Kiesel wirkt eigentlich, was in der Erde aufgefangen wird von dem eigentlich Kosmischen. So könnte man es machen, doch glaube ich nicht, dass es notwendig ist.

Wie groß sollen die Versuchsflächen sein?

Darüber könnte man ja in der folgenden Weise Versuche machen. Es ist bei diesen Dingen immer verhältnismäßig leicht möglich, die Richtlinien anzugeben, aber die zweckmäßige Größe einer Sache muss man doch eigentlich selbst ausprobieren. Nun werden ja für diese Frage die Versuche verhältnismäßig sehr leicht anzustellen sein. Sagen wir, Sie pflanzen nebeneinander einmal auf zwei Versuchsbeeten Weizen und Esparsette. Da werden Sie dann die Möglichkeit haben, eine Pflanze, welche ihrer eigenen Neigung nach leicht zur Samenbildung treibt – beim Weizen zur dauernden Samenbildung treibt –, wenn Sie Kiesel anwenden, die Beeinträchtigung der Samenbildung finden: Bei der Esparsette werden Sie sehen, dass dort die Samenbildung wohl ganz unterdrückt wird, wohl auch, dass sie in verzögerter Weise erfolgt. Man kann immer, wenn man über diese Dinge forschen will, zum Vergleiche nehmen, was der Saatfrucht, dem Weizen, an Eigenschaften anhaftet, und wiederum, was an ähnlichen Eigenschaften bei der Esparsette, den Leguminosen gilt, und in dieser Weise über die Samenbildung sehr interessante Versuche anstellen.

Ist es gleichgültig, wann man die verdünnten Mengen auf den Acker bringt?

Das ist ganz gewiss nicht gleichgültig, wenn man aufbewahren wollte die Kuhhörner als Kuhhörner, nachdem man sie aus der Erde genommen hat. Man kann sie aber in der Regel drinnen lassen, bis man sie braucht; da werden sie, auch wenn sie überwintern sollen und noch eine Zeit lang im Sommer drinbleiben, nicht schlechter werden. Wenn man aber genötigt wäre, sie woanders aufzubewahren, da müsste man eine Kiste machen, die man innerlich mit Torfmull auspolstert, sodass allseitig Polster sind von Torfmull. Dann müsste man die Kuhhörner in das Innere hineinbringen, damit die sehr starke Konzentration erhalten bleiben kann. Dagegen das schon verdünnte Wasser aufzubewahren, das ist unter keinen Umständen zu raten. Das Rühren müsste schon besorgt werden, wenn man in nicht allzu langer Zeit danach die Sache verwenden will.

Wenn man Wintergetreide behandeln will, soll man dann die Hörner ein Vierteljahr nach dem Herausnehmen aus der Erde verwenden?

Am besten wird es immer sein – es kommt nicht darauf an –, sie, bis man sie verwenden will, drinnen zu lassen in der Erde. Wenn man sie im bevorstehenden Frühherbst verwendet, lässt man sie bis zu dem Zeitpunkte drinnen, bis man sie braucht. Der Mist wird dadurch nicht schlechter.

Werden nicht durch die feinen Zerstreuungsapparate infolge des dadurch bewirkten feinen Zerstäubens der Flüssigkeit die ätherischen und astralischen Kräfte sich verlieren?

Das ganz sicher nicht. Die sind sehr gebunden. Wie man auch überhaupt von dem Geistigen weniger zu fürchten braucht, dass es einem davonläuft – wenn man es nicht von vorneherein fortschickt –, als von dem Materiellen.

Wie behandelt man die übersommerten Kuhhörner mit den mineralischen Bestandteilen?

Denen schadet es nichts, wenn sie herausgenommen werden und irgendwo aufbewahrt werden. Die können Sie irgendwo hinwerfen auf einen Haufen. Der Substanz schadet es nichts, die übersommert hat. Die dürfen von der Sonne beschienen werden. Das kann ihnen sogar nützen.

Muss man die Hörner an der betreffenden Stelle vergraben, wo man später düngen will auf dem Felde, oder kann man sie nebeneinander an irgendeinem anderen Orte vergraben?

Es wird das einen so geringen Unterschied geben, dass man es gar nicht zu beachten braucht. Man wird es praktisch am besten so machen, dass man sich eine Stelle aussucht, die verhältnismäßig gute Erde hat, also nicht gerade stark mineralische Erde, sondern etwas humusartige Erde, und da kann man auf einem Fleck alle Kuhhörner vergraben, die man überhaupt braucht.

Wie ist es, wenn man in der Landwirtschaft Maschinen benutzt? Es wird doch gesagt, man solle keine Maschine benutzen?

Ja, natürlich, sehen Sie, das ist eine Frage, die man im Grunde genommen gar nicht einmal landwirtschaftlich beantworten kann. Es ist ja ganz zweifellos, dass man heute bei unserem gegenwärtigen sozialen Leben eine ziemlich unaktuelle Frage aufwirft, wenn man fragt, ob man Maschinen verwenden darf. Man wird ja kaum heute Landwirt sein können, ohne Maschinen zu verwenden. Es sind ja natürlich auch nicht alle Vorgänge so verwandt mit den intimsten Naturvorgängen wie gerade dieses Rühren und dergleichen. Gerade so, wie man also hier nicht herankommen sollte mit dem rein Maschinellen an einen so intimen Naturvorgang, so sorgt in Bezug auf die anderen gemeinten Elemente die Natur schon selbst dafür, dass man für das, womit die Maschinen nichts zu tun haben, mit der Maschine auch nicht viel anfangen kann. Bei der Samenbildung kann die Maschine nicht viel machen, das besorgt die Natur selber. Ich glaube doch, dass die Frage nicht sonderlich stark aktuell ist. Aber es ist schon heute so: Wie soll man heute ohne Maschine fertig werden? Aufmerksam wird nur darauf zu machen sein, dass man wiederum nicht einen ausgesuchten Maschinenfimmel zu haben braucht bei der Landwirtschaft. Es wird sich ganz gewiss herausstellen, dass, wenn irgendjemand einen solchen Maschinenfimmel hat, er bei der Landwirtschaft viel schlechter verfahren wird, selbst wenn die neue Maschine Verbesserungen bringt, als wenn er seine alte Maschine fortverwendet, bis sie nichts mehr wert ist. Das sind aber Dinge, die nicht im strengen Sinne des Wortes mehr landwirtschaftlich sind.

Kann man das angegebene Quantum von im Wasser aufgelöstem Kuhhornmist auch auf die Hälfte der angegebenen Fläche benutzen?

Dann kriegen Sie wuchernde Früchte, dann kommt das heraus, was ich vorhin bei anderer Gelegenheit angedeutet habe. Wenn Sie die Sache zum Beispiel für den Kartoffelbau verwenden oder irgendetwas anderes, dann bekommen Sie wuchernde Früchte, ausgebreitetes Stängelwerk, und dasjenige, was Sie wollen, setzt sich nicht eigentlich an. Sie bekommen dasselbe, was man geile Stellen nennt. Was man an geilen Stellen hat, das bekommen Sie dadurch, dass Sie zu viel nehmen.

Wie ist es bei Futterpflanzen, wo man das Wuchernde haben will, bei Spinat?

Ich glaube, wir werden auch da nur verwenden diesen halben Eimer mit dem einen Kuhhorn, wie wir es in Dornach auch selber getan haben für eine Fläche, die im Wesentlichen gerade Gemüsegarten ist. Man wird für Dinge, die auf größere Flächen gebaut werden, schon viel weniger brauchen. Das ist schon das Optimum.

Ist es gleichgültig, welchen Mist man braucht, ob Kuhmist oder Pferdedünger oder Schafdünger?

Das beste Material für diese Prozedur ist ja zweifellos der Kuhmist. Es könnte sich aber darum handeln, auch die Frage weiter zu untersuchen, ob man Pferdemist dazu verwenden soll. Dann wird es sich wohl darum handeln, dass man, wenn man Pferdemist in dieser Weise behandeln will, das Horn etwas mit Pferdehaaren aus der Mähne wird umwickeln müssen, um auf diese Weise dasjenige, was ja beim Pferd, das keine Hörner hat, eigentlich in der Mähne sitzt, zur Wirksamkeit zu bringen.

Soll man es vor oder nach der Aussaat machen?

Es ist das Richtige, das vor der Aussaat zu machen. Wir werden sehen, wie es wirkt. Denn wir sind dieses Jahr etwas spät an die Sache herangekommen, und es wird einiges nach der Aussaat gemacht werden. Wir werden also sehen, ob das beeinträchtigt. Aber das Selbstverständliche ist, dass man es vor der Saat macht, damit der Boden schon betroffen wird.

Kann man die Mistkuhhörner auch für das Mineralische verwenden?

Man kann das zwar; aber man kann sie auch nicht öfter verwenden als drei bis vier Mal. Ihre Kräfte verlieren sie schon nach drei- bis viermaligem Gebrauch.

Kommt es darauf an, welche Persönlichkeiten die Arbeit ausführen, oder können auch beliebige andere Persönlichkeiten die Arbeit ausführen, oder soll es ein Anthroposoph sein?

Das ist natürlich die Frage. Heute aufgeworfen, wird sie ja viel belächelt werden. Ich erinnere Sie daran, dass es Menschen gibt, bei denen Blumen, die sie an ihren Fenstern züchten, wunderbar gedeihen. Bei anderen Menschen gedeihen sie gar nicht, sondern verdorren. Solche Dinge sind nun einmal schon da. Alles dasjenige aber, was da auf eine äußerlich nicht erklärliche, innerlich aber sehr durchschaubare Weise geschieht durch den Einfluss des Menschen selber, das geschieht schon auch dadurch, dass der Mensch, sagen wir, Meditationen verrichtet und sich durch das meditative Leben vorbereitet – ich habe es gestern charakterisiert. Man lebt ja eigentlich ganz anders mit dem Stickstoff, der die Imaginationen enthält, wenn man meditiert. Dadurch versetzt man sich in eine Lage, die bewirkt, dass alles das wesentlich wirksam ist; in eine solche Lage versetzt man sich dann überhaupt gegenüber dem gesamten Pflanzenwachstum. Nur ist heute die Sache eben nicht so deutlich, als sie einmal war in Zeiten, in denen diese Dinge anerkannt waren. Und es gab solche Zeiten, da haben die Leute tatsächlich gewusst, dass sie durch gewisse Verrichtungen, die sie vorgenommen haben, sich einfach geeignet gemacht haben für die Pflege des Pflanzenwachstums. Heute, wo das nicht beachtet wird, färben die anderen Leute ab, und diese feinen subtilen Wirkungen gehen verloren, wenn man sich fortwährend unter Menschen bewegt, die so etwas nicht beachten. Deshalb ist es sehr leicht zu widerlegen, wenn man so etwas anwendet. Ich nehme daher noch etwas Anstoß, gerade über solche Dinge schon vor einer größeren Gesellschaft frei zu reden, weil sie natürlich heute aus den Lebensverhältnissen heraus sehr leicht widerlegt werden können. Es ist eine außerordentlich kitzlige Frage aufgeworfen worden bei der Besprechung im Bockschen Saale durch unseren Freund Stegemann, ob man die parasitären Wesen bekämpfen kann auf diesem Wege, auf dem Wege der, sagen wir, Konzentration und dergleichen. Es ist ganz ohne Frage, wenn Sie das in der richtigen Weise machen, dass man es kann. Wenn man insbesondere an dem Zeitpunkt, der von Mitte Januar bis Mitte Februar liegt, wo die Erde ihre größten Kräfte, welche namentlich am meisten in der Erde konzentriert sind, entfaltet, wenn man da sich sozusagen eine Festeszeit festsetzen würde und da eben solche Konzentrationen vornehmen würde, dann würden schon sich Wirkungen zeigen können. Wie gesagt, eine kitzlige Frage, aber eine Frage, die sich positiv so beantworten lässt. Nur muss man das dann im Einklang mit der ganzen Natur vollziehen. Man muss wissen, dass es etwas ganz anderes ist, ob man in der Mittwinterzeit oder in der Hochsommerzeit eine Konzentrationsübung macht.

Es ist da schon sehr vieles in manchen Volkssprüchen enthalten, was dem heutigen Menschen noch wichtige Winke geben kann. Sehen Sie, ich hätte gestern gut auch das noch anführen können, dass ich unter den vielen Dingen, die ich in der diesmaligen Inkarnation machen sollte, aber wozu es nicht gekommen ist, als ganz junger Mensch die Idee gehabt habe, eine sogenannte Bauernphilosophie zu schreiben, das Begriffsleben der Bauern in allen Dingen, von denen sie berührt werden, zu verzeichnen. Da hätte etwas ganz außerordentlich Schönes herauskommen können, es wäre die Behauptung [des] Grafen widerlegt worden, dass die Bauern dumm sind. Es würde eine subtile Weisheit herausgekommen sein, eine Philosophie, die geradezu grandios sich über Intimitäten des Naturlebens ergeht, schon in der Wortbildung. Man ist ja wirklich erstaunt über das, was der Bauer eigentlich weiß von dem, was innerhalb der Natur vorgeht. Eine solche Bauernphilosophie zu schreiben, heute ist es nicht mehr möglich; in unserer Zeit haben sich die Dinge meist gänzlich verloren. Heute ist es nicht mehr so wie vor fünfzig, vierzig Jahren. Ja, das war etwas ganz außerordentlich Bedeutsames, denn da konnte man viel mehr lernen bei den Bauern als auf der Universität. Aber es war eben eine ganz andere Zeit, man lebte mit den Bauern auf dem Lande, und wenn die Leute mit den Kalabresern kamen, die dann die heutige sozialistische Bewegung einleiteten, dann waren das Raritäten. Heute ist die Welt ganz verändert. Die jüngeren hier anwesenden Damen und Herren haben gar keine Ahnung davon, wie die Welt sich verändert hat im Laufe der letzten dreißig bis vierzig Jahre. Und da ist heute schon sehr viel verloren gegangen, was von den eigentlichen Schönheiten vorhanden war in den Volksmundarten, noch mehr verloren gegangen von der eigentlichen Bauernphilosophie, die eine Art Kulturphilosophie war. Selbst in den Bauernkalendern standen dazumal noch Sachen, die heute nicht mehr drinnenstehen. Sie schauten auch anders aus, sie waren gemütlich. Ich kannte noch Bauernkalender, wo man schlechtes Papier verwandte, aber drinnen waren die Planetenzeichen, die waren mit Farben gemacht, und außen war ein ganz kleines Zuckerl auf dem Titelblatt, dem stand man zuerst gegenüber, ein winziges Zuckerl, daran konnte man lecken immer, wenn man das Buch benutzte. Auf diese Weise wurde das Buch auch noch schmackhaft gemacht. Das haben die Leute hintereinander benutzt.

Wenn größere Flächen gedüngt werden, muss man dann das rein gefühlsmäßig machen in Bezug auf die Anzahl der zu verwendenden Kuhhörner?

Ich würde das nicht raten. In solchem Fall glaube ich, dass man doch wirklich vernünftig sein muss. Ich würde raten, dass man zunächst alles tut, um durch gefühlsmäßiges Ausprobieren die günstigsten Resultate zu erzielen, und dass man dann anfängt, um der Welt Rechnung zu tragen, die Sache in Zahlen umzusetzen, sodass man dann richtige Tabellen hat und dass die Leute dann diese Tabellen benutzen können. Ich würde raten: Wenn irgendjemand nach seiner Gesinnung dazu veranlagt ist, das gefühlsmäßig zu machen, so soll er das machen; in seinem Verhalten aber den anderen Leuten gegenüber nicht so tun, als wenn er die Tabellen nicht sehr schätzte, und es den anderen Leuten in ausrechenbaren Zahlen und Tabellen geben. Es sollte alles wirklich in durchrechenbare Zahlen und Summen verwandelt werden. Das ist dasjenige, was man heute wirklich nötig hat. Wir brauchen Kuhhörner, um die Sache durchzuführen, aber wir brauchen keine Stierhörner, um die Sache zu vertreten. Das ist gerade dasjenige, was so leicht zu Widerständen führt. Ich möchte da raten, möglichst zu Kompromissen überzugehen und möglichst die äußeren Urteile gut zu berücksichtigen.

Kann man Ätzkalkdüngung im Komposthaufen in den Prozentsätzen, wie sie heute vorgeschrieben werden, verwenden?

Das alte Verfahren wird sich schon als ein günstiges erweisen. Man wird nur etwas spezifizieren müssen, je nachdem man moorigen Boden hat oder sandigen Boden; bei Sandboden wird man etwas weniger Ätzkalk erforderlich haben, während der Moorboden einen etwas höheren Ätzkalkgehalt erfordert wegen der [Sauerstoffbindung].

Wie steht es mit dem Umgrabenlassen des Komposthaufens?

Das tut ihm nicht schlecht. Natürlich, es handelt sich nur darum, dass, wenn man umgegraben hat, man möglichst wiederum durch eine Erdlage, die man außen herum macht, die Sache schützt, dass, nachdem umgegraben ist, man noch eine Erddecke darauf tut. Es ist besonders gut, Torferde, Torfmull dafür zu verwenden.

Welche Art Kali ist gemeint, das in einer Übergangswirtschaft eventuell verwendet werden kann?

Kalimagnesia.

Wie verwendet man den übrig bleibenden Dünger am besten, nachdem die Kuhhörner gefüllt sind? Soll man diesen im Herbst auf das

Feld bringen, damit er das Wintererlebnis durchmacht, oder soll man ihn bis zum Frühjahr liegen lassen?

[Es ist am allerbesten, ihn zu vermischen mit anderem Dünger unmittelbar nachdem man ihn gewonnen hat.

Es bleibt eine Menge Dünger übrig. Ist es richtig, diesen abfallenden Dünger einzukompostieren und vielleicht immer ein Jahr erst liegen zu lassen?

Nicht liegen lassen und so benutzen, wie man ihn jetzt benutzt; aber – er ist ja denn etwas zu stark – möglichst ihn verteilen in anderem.

Es handelt sich um den überschüssigen Dünger, der übrig bleibt, nachdem die Düngung auf die neue Weise geschehen ist. Auch dieser Dünger muss doch verwendet werden?]

Sie müssen sich klar sein darüber, [dass ich heute nur die Hälfte der Vorträge gehalten habe,] dass ja diese Kuhhorndüngung nicht etwa vollständig ersetzt die Düngung überhaupt, dass man natürlich weiterdüngen muss. Es wird sich darum handeln, die neue Düngung als eine Art Extradüngung zu betrachten, welche die bisherigen Düngungsverfahren wesentlich erhöht. Dabei bleibt die andere Düngung bestehen.

FÜNFTER VORTRAG

Koberwitz, Freitag, 13. Juni 1924

[Meine lieben Freunde!]
Dasjenige, was gestern vorgebracht wurde für die Aufbesserung unseres Düngers [durch die Behandlung] in den Kuhhörnern, ist natürlich gemeint als eine Aufbesserung der Düngung. Die Düngung bleibt selbstverständlich vorhanden, und wir werden heute davon zu sprechen haben, wie man sich dieser Düngung gegenüber zu verhalten hat, wenn man eben die Anschauung haben muss, dass das Lebendige auch innerhalb des Lebendigen gehalten werden muss.

Wir haben ja gesehen, wie das Ätherisch-Lebendige eigentlich niemals verlassen soll dasjenige, was in der Region, in der Sphäre des Wachstums ist. Daher haben wir einen so großen Wert daraufgelegt, zu erkennen, wie der Erdboden, aus dem die Pflanze herauswächst, der ihre Wurzeln umgibt, eine Art Fortsetzung des Wachstums in der Erde ist, das Pflanzlich-Lebendige in der Erde selber, also etwas Lebendiges ist. Und ich habe gestern sogar darauf hingewiesen, wie man schon sich den Übergang denken kann von einem aufgeworfenen Erdhügel mit seiner durch, sagen wir, Humuseinschluss entstandenen inneren Lebendigkeit und demjenigen, was dann als Rinde, ja selbst als Borke den Baum umgibt und nach außen abschließt. Es ist ja ganz natürlich gekommen, dass im Laufe der neueren Zeit, wo man alle Einsicht verloren hat, auch verlieren musste in die großen Naturzusammenhänge, dass da eben ganz verloren gegangen ist auch diese Einsicht, wie dieses dem Erd- und Pflanzenwachstum gemeinsame Leben sich dann hinein fortsetzt in die Absonderungsprodukte des Lebens, die uns im Dünger vorliegen, und wie die Kräfte dieses alles umfassenden Lebens wirken. Dahinein musste eben auch die Einsicht mehr und mehr verloren gehen.

Nun soll Geisteswissenschaft wirklich, wie ich schon gestern in der Diskussion sagte, nicht so wirken, dass sie wie etwas turbulent Polterndes, Revolutionierendes eingreift aus einem gewissen Fanatismus heraus in dasjenige, was in den neueren Zeiten auf den verschiedensten Gebieten des Lebens hervorgebracht worden ist, sondern es soll sich darum handeln, voll anzuerkennen, was geleistet worden ist. Und nur diejenigen Dinge sollen, wenn man das so nennen kann, bekämpft werden, die eben auf ganz falschen Voraussetzungen beruhen und zusammenhängen mit der materialistischen Weltauffassung der Gegenwart; und das soll ergänzt werden, was eben gerade aus einer lebendigen Anschauung der Welt auf den verschiedensten Gebieten des Lebens erfließen kann. Ich will daher nicht darauf besonders Wert legen, darzustellen, wie man aus Stalldünger, aus Jauche heraus, aus Kompost heraus den Dünger zubereitet. In dieser Beziehung ist ja in Bezug auf die Verarbeitung von Dünger und Jauche das Mannigfaltigste geschehen. Und nach dieser Richtung kann ja vielleicht in der Diskussion heute Nachmittag manches gesagt werden. Ich will nur voraussetzen, dass allerdings die richtige Anschauung besteht, dass eigentlich Raubbau getrieben werden muss auf unseren Landwirtschaften. Dieser Raubbau muss einfach deshalb getrieben werden, weil wir mit alle demjenigen, was wir von der Landwirtschaft hinausschicken in die Welt, ja wirklich der Erde Kräfte wegnehmen, sogar der Luft Kräfte wegnehmen, die zu ersetzen sind, sodass ja in der Tat nach und nach der Düngergehalt, der in seinem Wert ja zusammenhängt mit demjenigen, was man braucht für die ärmer gewordene Erde, um sie in der richtigen Weise zu beleben, entsprechend behandelt werden muss. Nun sind da in der letzten Zeit eben gerade aus der materialistischen Weltanschauung heraus mannigfaltigste Fehlurteile aufgetreten.

Erstens: Man studiert heute in sorgfältiger Weise, wie die Bakterien, die kleinsten Lebewesen, wirken; man schreibt ja diesen kleinen Lebewesen geradezu zu, dass sie den Dünger in der richtigen Substantiierung herstellen können. Man sieht geradezu auf dasjenige hin, was die Bakterien tun im Dünger, und rechnet mit ihnen. Man hat ja in dieser Beziehung wirklich geistreiche, außerordentlich logische, aber in den meisten Fällen wenig dauerhafte, wenig nutzbringende Impfversuche des Bodens gemacht. Alles eben aus der Anschauung heraus, die sich etwa parallelisieren lässt mit der: In einem Zimmer entdeckt man außerordentlich viele Fliegen, und meint, weil so viele Fliegen da sind, ist das Zimmer schmutzig. Das Zimmer ist gar nicht schmutzig, weil so viel Fliegen da sind, sondern die Fliegen sind da, weil das Zimmer schmutzig ist. Und man wird das Zimmer auch nicht reinlicher machen, wenn man auf allerlei Methoden sinnt, wie man die Fliegen vermehren kann, weil man meint, sie müssen dann den Schmutz eher auffressen, oder wie man sie vermindern kann und dergleichen. Man wird nicht sehr viel durch solche Methoden erreichen können, sondern man wird jedenfalls mehr erreichen, wenn man direkt auf die Schmutzbekämpfung losgeht.

So handelt es sich darum, wenn tierische Ausscheidungsprodukte verwendet werden im Dünger, die kleinen Lebewesen zu betrachten als etwas, was durch die Vorgänge auftritt, die sich da oder dort in der Düngersubstanz bilden, was also für gewisse Zustände der Düngersubstanz ein außerordentlich nützliches Symptom sein kann, [was aber durchaus weder in seiner Pflanzung, noch in seiner Züchtung, noch in seiner Bekämpfung] eine große Bedeutung haben kann. Es handelt sich überall darum, innerhalb des der Landwirtschaft wichtigen Lebendigen im Großen zu bleiben und auf diese kleinen Wesen möglichst wenig eine atomistisch aussehende Betrachtungsweise anzuwenden.

Natürlich sollte man eine solche Behauptung gar nicht machen, wenn man nicht zu gleicher Zeit Mittel und Wege zeigte, wie man nun die Dinge machen soll. Gewiss, das, was ich nun bisher gesagt habe, wird von verschiedener Seite betont; aber es ist wichtig, dass man nicht nur das Richtige weiß. Denn mit diesem Richtigen kann man oftmals nichts anfangen, wenn man nicht Maßregeln hat, um, wenn das Richtige ein Negatives ist, das Positive dagegenzusetzen. Es handelt sich eben überall darum, dass man, wenn nicht positive Vorschläge gemacht werden können, die Betonung des Negativen eigentlich unterlassen soll, weil das nur verärgert.

Ein Zweites ist, dass man wiederum, herausgefordert durch die materialistisch nuancierte Anschauung, in neuerer Zeit Wert daraufgelegt hat, den Dünger in allerlei Weise mit allerlei unorganischen Substanzverbindungen oder Elementen zu behandeln. Man hat sich durch die Erfahrung überzeugt, dass das auch keinen dauernden Wert hat. Man muss sich nämlich klar darüber sein, [– ich deutete das gestern schon an –] dass, wenn man mineralisierend den Dünger veredeln, verbessern will, dass man dadurch nur wirkt auf die Belebung des Flüssigen, des Wassers, während es notwendig ist, für einen gediegenen Pflanzenbau nicht nur das Wasser [durchzuorganisieren], zu beleben. Denn vom Wasser, das so durch die Erde sickert, geht keine weitere Belebung aus.

Man muss die Erde direkt beleben, und das kann man nicht, wenn man mineralisierend vorgeht, das kann man nur, wenn man mit Organischem vorgeht, das man in eine entsprechende Lage bringt, sodass es organisierend, belebend auf das Feste, Erdige selber wirken kann. Alles das, diese Anregung gerade der Düngermasse oder der Jauchemasse zu geben – jeder Masse, die in dieser Weise verwendet wird, kann das gegeben werden, indem man innerhalb des Belebten bleibt –, das ist die Aufgabe der geisteswissenschaftlichen Anregung, die für die Landwirtschaft gegeben werden kann. Geisteswissenschaft will überall hineinschauen in die großen Wirkungen des Lebendigen und sieht ab, weil das nicht die größte Bedeutung hat, von dem Angucken des Kleinen und von Schlüssen, die vom Kleinen – das Mikroskop beachtet das –, vom Mikroskopischen aus gezogen werden. Die Beobachtung des Makrokosmischen, der weiten Kreise des Naturwirkens, das ist die Aufgabe der Geisteswissenschaft. Dazu ist es natürlich notwendig, dass man hineinschaut in diese Naturwirkungen.

Aber sehen Sie, es gibt einen Satz, den Sie heute in aller landwirtschaftlichen Literatur in der mannigfachsten Weise finden werden – er geht ja hervor aus demjenigen, was man an Erfahrungen zu haben glaubt –, der lautet etwa in der folgenden Weise: Stickstoff, Phosphorsäure, Kalk, Kali, Chlor und so weiter, Eisen sogar, sie haben alle ihren großen Wert für den Boden, auf dem Pflanzenwachstum gedeihen soll. Aber Kieselsäure, Blei, Arsen, Quecksilber – sogar Natron führt man dabei an –, die haben für das eigentliche Gedeihen der Pflanzen höchstens einen Reizwert, wie man sagt. Man kann die Pflanzen damit anregen.

Indem man diesen Satz ausspricht, dokumentiert man, dass man eigentlich ganz im Finstern tappt, und es ist nur gut, dass man – gewiss aus alten Traditionen heraus – sich den Pflanzen gegenüber nicht so toll benimmt, wie man sich benehmen würde, wenn man diesen Satz auch befolgen würde. Man kann ihn nämlich auch nicht befolgen. Denn was liegt denn vor?

Sehen Sie, in Wirklichkeit ist die Sache nur so, dass einen die große Natur nicht so gnadenlos verlässt, wenn man ihre Kieselsäure, ihr Blei, ihr Quecksilber, ihr Arsen nicht berücksichtigt, wie sie einen verlässt, wenn man Kali oder Kalk oder Phosphorsäure nicht berücksichtigt in ordentlicher Weise. Denn Kieselsäure, Blei, Quecksilber, Arsen gibt der Himmel, und der gibt sie freiwillig her [wie den] Regen. Um in der richtigen Weise Phosphorsäure, Kali, Kalk in der Erde zu haben, muss man die Erde bearbeiten, muss man in der richtigen Weise düngen. Das gibt der Himmel nicht freiwillig her. Aber dennoch, man kann allerdings durch fortgesetztes Wirtschaften die Erde verarmen. Man verarmt sie ja fortwährend. Deshalb muss man sie düngen. Und es kann nach und nach, wie es bei vielen Wirtschaften der Fall ist, die Ausgleichung durch den Dünger zu schwach sein. Dann treibt man Raubbau. Dann lässt man die Erde dauernd verarmen.

Man muss dafür sorgen, dass der eigentliche Naturprozess sich ganz richtig vollziehen kann. Was man die Reizwirkungen nennt, sind nämlich die allerwichtigsten Wirkungen. Es sind vorhanden, in feinster Dosierung um die ganze Erde herum wirkend, gerade die Stoffe, die man für unnötig hält; und die Pflanzen brauchen sie so notwendig wie das, was ihnen von der Erde zukommt. Nur saugen sie sie aus dem Weltenkreis auf: Quecksilber, Arsen, Kieselsäure, sie saugen sie aus dem Erdboden auf, nachdem die Stoffe selber in den Erdboden hineingestrahlt worden sind.

Wir Menschen können durchaus das machen, dass wir eben ganz den Erdboden verhindern würden, in der richtigen Weise hineinzustrahlen aus dem Weltenumkreis dasjenige, was die Pflanzen brauchen. Wir könnten allmählich, indem wir planlos fortdüngen, die Erde verhindern, aufzusaugen dasjenige, was an Kieselsäure, Blei,

Quecksilber, [Arsen] wirksam ist, in feinster homöopathischer Dosierung, was, wenn ich so sagen darf, aus dem Weltenumkreis herankommt und in das Pflanzenwachstum aufgenommen werden muss, damit die Pflanze, die eigentlich ihren Leib in der Gestaltung des Kohlenstoffes mithilfe desjenigen aufbaut, was in feinster Dosierung herankommt aus dem Weltenkreis, immer durch die Erde wirklich das hat, was sie braucht.

Deshalb müssen wir nicht allein so, wie ich es gestern gesagt habe, sondern auch noch mit Weiterem unseren Dünger ordentlich bearbeiten. Und da kommt es nicht darauf an, dass wir ihm bloß Substanzen zusetzen, von denen wir glauben, dass er sie haben muss, damit er sie in die Pflanzen befördert, sondern es kommt darauf an, dass wir ihm lebendige Kräfte zusetzen. Denn für die Pflanze sind viel wichtiger lebendige Kräfte als bloß die substanziellen Kräfte, als bloß die Substanzen. Wenn wir nach und nach einen Boden haben würden, der noch so reich an dieser oder jener Substanz ist, er würde dem Pflanzenwachstum doch nichts nützen, wenn wir der Pflanze nicht durch die Düngung die Fähigkeit beibringen würden, dasjenige, was der Boden enthält an Wirkungen, auch in den eigenen Leib aufzunehmen. Darum handelt es sich ja.

Nun weiß man eben heute gar nicht, wie geringe Mengen dann gerade, wenn es auf das Lebendige ankommt, außerordentlich stark wirken. Ich denke aber, seit den Untersuchungen von Frau Doktor Kolisko über die Wirkungen kleinster Entitäten, die in so glänzender Weise alles dasjenige, was bisher Tappen und Tasten in der Homöopathie war, auf eine so gründliche wissenschaftliche Basis gestellt haben, ich denke, seit der Zeit kann man es durchaus als wissenschaftlich ansehen, dass in kleinen Entitäten, in kleinen Mengen gerade die strahlenden Kräfte, die gebraucht werden in der organischen Welt, dadurch entbunden werden, dass man kleinste Mengen in entsprechender Weise verwendet.

Nun, beim Düngen wird es uns gar nicht schwer, kleinste Mengen so anzuwenden. Und wir haben gesehen, wie, wenn wir das fix und fertig zubereiten entweder vor oder nach der Düngung durch das, was wir in den Kuhhörnern zubereitet haben, wie wir dadurch dem

Dünger Wirkungen zusetzen, dasjenige zusetzen, was an Kräften beigesetzt werden muss, damit wir dem Dünger, der abgesondert von dieser homöopathischen Düngung verwendet wird, in der richtigen Weise an seine Stelle gebracht wird, in seiner Wirkung zu Hilfe kommen. Aber in der mannigfaltigsten Art und Weise muss einmal versucht werden, dem Dünger wirklich die rechte Lebendigkeit zu geben, die Konsistenz zu geben, dass er von selber so viel Stickstoff, so viel von den anderen Stoffen behält, als er braucht, ihm die Tendenz zu geben zur Lebendigkeit, die ihn dann wieder befähigt, der Erde die entsprechende Lebendigkeit zuzuführen. Und da möchte ich heute mehr richtunggebend einiges anführen, was gerade nach jener Richtung hingeht, dem Dünger selbst in kleinen Dosen dasjenige zuzusetzen, neben dem, was wir aus den Kuhhörnern zusetzen, was ihn so verlebendigt, dass er seine Lebendigkeit wiederum dem Erdboden, aus dem das Pflanzenwachstum heraus sprosst, übertragen kann.

Ich werde verschiedene Dinge dabei nennen, betone aber ausdrücklich, dass, falls das unter Umständen in der einen oder anderen Gegend schwer zu beschaffen sein sollte, eben doch durch manches andere ersetzt werden kann. Nur in einem einzigen Fall wird sich ein Ersatz nicht finden lassen, weil da dasjenige so charakteristisch ist, dass es sich kaum in einer anderen Pflanzenart in derselben Weise finden wird.

Man hat zunächst ja nach dem, was ich angeführt habe, darauf zu sehen, dass dasjenige, was im Organischen vor allen Dingen aus der Welt heraus in Betracht kommt, Kohlenstoff, Sauerstoff, Stickstoff, Wasserstoff, Schwefel, dass das in der richtigen Weise mit anderen Substanzen im Organischen zusammenkommt, also, sagen wir, gerade mit Kalisalzen zusammenkommt. Wenn wir bloß auf die Menge der Kalisalze sehen, die die Pflanze braucht zum Wachstum – gewiss, man weiß darüber einiges, man weiß, dass die Kalisalze oder das Kali überhaupt das Pflanzenwachstum mehr in diejenigen Gebiete des Pflanzenorganismus hineinbringen, die dann in zahlreichen Fällen Gerüst werden, die das Feste, Stämmige bewirken, dass zurückgehalten wird das Wachstum in dem Stämmigen durch den Kaligehalt.

Aber es handelt sich darum, diesen Kaligehalt so zu verarbeiten innerhalb desjenigen, was zwischen Erde und Pflanze geschieht, dass er in der richtigen Weise sich verhält im organischen Prozess gegenüber dem, was nun den eigentlichen Leib, das Eiweißartige der Pflanze ausmacht. Und da erreicht man etwas, wenn man Folgendes macht.

Man nimmt Schafgarbe, eine Pflanze, die man ja meistens haben kann. Wenn man sie nicht in irgendeiner Gegend haben sollte, dann kann man durchaus sie auch als Droge in derselben Weise verwenden. Diese Schafgarbe ist – eigentlich ist es ja jede Pflanze – ein Wunderwerk, aber wenn man wieder eine andere Blume anschaut, dann kommt einem das ganz besonders zu Herzen, was für ein Wunderwerk diese Schafgarbe ist; sie ist ein ganz besonderes Wunderwerk. Sie hat in sich dasjenige, wovon ich Ihnen gesagt habe, dass sich der Geist immer damit die Finger benetzt, wenn er die verschiedenen Dinge, Kohlenstoff, Stickstoff und so weiter, an seine entsprechenden organischen Orte befördern will. Diese Schafgarbe stellt sich in der Natur so dar, als wenn irgendwelcher Pflanzenschöpfer bei dieser Schafgarbe ein Modell gehabt hätte, um den Schwefel in der richtigen Weise zu den anderen Pflanzensubstanzen in ein richtiges Verhältnis zu bringen. Man möchte sagen: Bei keiner anderen Pflanze bringen es die Naturgeister zu einer solchen Vollendung, den Schwefel zu verwenden, wie bei der Schafgarbe. Und wenn man bekannt ist mit der Wirkung der Schafgarbe im tierischen und im menschlichen Organismus, wenn man weiß, wie da diese Schafgarbe wirklich alles das, wenn es in der richtigen Weise ins Biologische gebracht wird, was an einer Schwäche des astralischen Leibes liegt, ausbessern kann, so kann man sie weiterhin verfolgen in ihrer Schafgarbenhaftigkeit in dem ganzen Naturprozess des Pflanzenwachstums. Sie ist schon außerordentlich wohltätig, wenn sie in einer Gegend wild wächst an den Rändern der Äcker oder Wege, wo Getreidebau oder auch Kartoffel- oder irgendein anderer Bau getrieben wird. Man sollte die Schafgarbe durchaus nicht ausrotten. Man sollte die Schafgarbe behüten davor selbstverständlich, sich irgendwo anzusiedeln, wo sie lästig ist – schädlich ist sie eigentlich nirgends, lästig kann sie werden –, aber wie manche sympathische Menschen in der Gesellschaft durch ihre bloße Anwesenheit wirken nicht durch das, was sie sprechen, so wirkt die Schafgarbe in einer Gegend, wo sie viel wächst, schon durch ihre Anwesenheit außerordentlich günstig.

Nun kann man gerade mit der Schafgarbe Folgendes machen: Man nimmt genau dasselbe, was man bei der Schafgarbe auch medizinisch verwendet, die Blütenstände oben, diese schirmartigen Blütenstände. Man kann sie, wenn man die Schafgarbe frisch hat, möglichst auch frisch abpflücken und dann nur kurz trocknen lassen. Man braucht sie eigentlich gar nicht einmal viel trocknen zu lassen. Kann man die Schafgarbe nicht frisch haben, kann man sie nur als Droge haben, dann versuche man, bevor man sie verwendet, aus den Blättern der Schafgarbe auszupressen den Saft, den man selbst noch aus den dürren Blättern durch Abkochen gewinnen kann, und begieße ein wenig den Blütenstand mit diesem Saft. Dann nehme man – sehen Sie, wie hier überall im Lebendigen geblieben wird –, nachdem man eine oder zwei hohle Handvoll von einer solchen Schafgarbe etwas stark zusammendrückt, eine Blase von einem Edelwild und versuche zu umschließen diese Schafgarbensubstanz mit dieser Blase vom Edelwild, binde sie wieder zu und hat nun eine ziemlich konsistente Schafgarbenmasse in der Blase vom Edelwild. Diese Schafgarbenmasse hänge man jetzt an einem möglichst von der Sonne beschienenen Ort während des Sommers auf. Wenn dann der Herbst kommt, dann nehme man sie herunter, lege sie nicht sehr tief in die Erde während des Winters. Man hat also ein Jahr hindurch die in der Edelwildblase eingeschlossene Schafgarbenblüte – es kann auch schon die Frucht veranlagt sein – zum Teil über der Erde, zum Teil unter der Erde, den Wirkungen ausgesetzt, denen sie ausgesetzt werden kann. Man wird finden, dass sie während des Winters eine sehr eigentümliche Konsistenz annimmt.

Wenn man dann – nun, jetzt kann man sie ja in dieser Art aufheben, solange man will – einem Misthaufen, der so groß sein kann wie ein Haus, zusetzt diese Substanz, die man aus der Blase herausgenommen hat, und sie darin verteilt – man braucht gar nicht einmal viel Arbeit aufzuwenden –, wenn man sie einfach verteilt, wirkt die Strahlung. Es ist eine solch außerordentlich strahlende Kraft darin

– und an strahlende Kräfte wird der Materialist ja glauben, da er vom Radium spricht –, wenn man es nur überhaupt hereinbringt, wenn man es auch [nicht] so weit verteilt, es wirkt auf die Dung- und Jauchemasse und auf die Kompostmasse.

Es wirkt diese Masse, die aus der Schafgarbe gewonnen ist, tatsächlich so belebend, erfrischend, wenn man nun diesen so bearbeiteten Dünger weiter einfach in der Art, wie man heute Dünger verarbeitet, verwendet, dass man dann viel von dem, was sonst Raubbau wird, ausbessert. Man gibt dem Dünger die Möglichkeit zurück, die Erde so zu beleben, dass die weiteren kosmischen Stoffmengen, das, was in feinster homöopathischer Dosierung als Kieselsäure, Blei und so weiter herankommt auf die Erde, aufgefangen werden. Nun, darüber müssten wiederum die Mitglieder des landwirtschaftlichen Ringes ihre Versuche machen; sie werden schon sehen, dass es gelingen wird.

Sehen Sie, die Frage ist diese jetzt – denn man soll ja mit Einsicht und nicht mit Uneinsicht arbeiten: Die Schafgarbe haben wir kennengelernt, ihr sehr homöopathischer Schwefelgehalt, der da wirklich in musterhafter Weise mit Kalium in Verbindung ist, wirkt so großartig von der Schafgarbe aus selber, und das bewirkt, dass die Schafgarbe fähig ist, auch ihre Wirkungen weiter über größere Massen auszustrahlen. Aber warum gerade in der Blase von einem Edelwild?

Das hängt zusammen mit einer Einsicht in den ganzen Prozess, der eben im Zusammenhang mit der Blase vor sich geht. Edelwild ist ein tierisches Geschöpf, das in einem ganz besonders intimen Zusammenhange steht mit nicht so sehr der Erde, als mit der Umgebung der Erde, mit dem, was in der Umgebung der Erde kosmisch ist; daher Edelwild das Geweih hat, das die gestern auseinandergesetzte Aufgabe hat. Nun wird aber gerade dasjenige, was in der Schafgarbe ist, im menschlichen und tierischen Organismus ganz besonders konserviert durch den zwischen der Niere und der Blase sich abspielenden Prozess, und dieser Prozess ist wiederum von der substanziellen Beschaffenheit der Blase abhängig. Dadurch hat man in der Blase des Edelwildes wiederum, wenn sie noch so dünn ist in ihrer Substanz, doch die Kräfte, die nicht etwa wie beim Rind – die sind wieder ganz anders – mit dem Innern zusammenhängen, sondern mit den Kräften des Kosmos, die Edelwildblase ist fast ein Abbild des Kosmos. Dann geben wir der Schafgarbe die Möglichkeit, die Kräfte, die sie schon hat zur Verbindung des Schwefels mit den anderen Substanzen, wesentlich zu erhöhen. Wir haben daher in dieser Bearbeitung der Schafgarbe, die ich angegeben habe, etwas ganz Fundamentales zur Aufbesserung des Düngers und bleiben innerhalb des Lebendigen, gehen nicht heraus aus dem Lebendigen, gehen nicht in die unorganische Chemie hinein. Das ist das Wichtige.

Nehmen wir ein anderes Beispiel. Es handelt sich darum, wenn wir dem Dünger die Möglichkeit geben wollen, so viel Leben in sich aufzunehmen, dass er dieses Leben auf die Erde übertragen kann, aus der die Pflanze herauswächst, den Dünger auch fähig zu machen, noch mehr zusammenzubinden diejenigen Stoffe, die für das Pflanzenwachstum nötig sind, außer dem Kali auch noch das Kalzium, Kalkverbindungen. In der Schafgarbe haben wir es vorzugsweise mit den Kaliwirkungen zu tun. Wollen wir auch noch die Kalziumwirkungen einfangen, so brauchen wir wiederum eine Pflanze, die zwar nicht einen in Begeisterung versetzt wie Schafgarbe, die aber doch auch, in einer homöopathischen Dosis verteilt, Schwefel enthält, um vom Schwefel aus die übrigen der Pflanze notwendigen Stoffe heranzuziehen und in einen organischen Prozess hineinzuziehen. Das ist die Kamille, *Chamomilla officinalis*.

Man darf nicht etwa bloß sagen, die Kamille zeichne sich dadurch aus, dass sie Kali und Kalzium stark hat, sondern es ist so: Die Schafgarbe entwickelt vorzugsweise im Kalibildungsprozess ihre Schwefelkraft. Daher hat sie den Schwefel genau in der Menge, die notwendig ist, um Kali zu verarbeiten. Die Kamille aber verarbeitet das Kalzium dazu und damit dasjenige, was im Wesentlichen dazu beitragen kann, jene schädlichen Fruktifizierungswirkungen von der Pflanze auszuschließen, die Pflanze gesund zu erhalten. Nun ist es wunderbar, auch die Kamille hat etwas Schwefel in sich, aber in anderer Quantität, weil sie Kalzium mit verarbeiten muss. Nun muss man wiederum studieren. Sehen Sie, es geht dasjenige, was von der Geisteswissenschaft ausgeht, immer auf die großen Kreise, wie man sagt, auf die makrokosmischen, nicht auf die mikrokosmischen Verhältnisse.

Man muss nun verfolgen den Prozess, den durchmacht etwa genossene Kamille im menschlichen und tierischen Organismus. Für alles das, was die genossene Kamille durchmacht im menschlichen oder tierischen Organismus, ist die Blase ziemlich ohne Bedeutung, dagegen von größerer Bedeutung die Substanz der Darmwände, wichtig die Substanz der Darmwände. Daher muss man, wenn man mit der Kamille in dieser Weise wirken will wie mit der Schafgarbe, nun wiederum die Kamille in ihren schönen feinen weißgelben Köpfchen abpflücken, diese Köpfchen ebenso behandeln wie die Schafgarbenschirmchen, aber nicht in eine Blase hineintun, sondern in Därme des Rindviehs.

Wiederum, sehen Sie, können Sie da eine wunderschöne Sache machen, man braucht nicht viel, es ist aber eine wunderschöne Sache. Statt alles, was man nach dieser Richtung hat, in der Weise zu verwenden, wie es heute verwendet wird, statt Würste zu machen, mache man Würste aus Därmen des Rindviehs, in denen man als Füllung hat, was in dieser Weise aus der Kamille zubereitet wird. Und damit hat man wiederum etwas gegeben, was nur in der richtigen Weise – Sie sehen, auch da bleibt man immer innerhalb des Lebendigen – ausgesetzt zu werden braucht der Naturwirkung. Nur muss man jetzt, weil es sich darum handelt, möglichst dem Erdigen verwandtes Lebendiges da wirken zu lassen, eben diese kostbaren – sie sind wirklich kostbar – Würstchen wiederum den ganzen Winter hindurch in einer nicht zu großen Tiefe einer möglichst humusreichen Erde aussetzen und sich auch solche Stellen aussuchen für die Erde, wo der Schnee liegen bleibt längere Zeit, und den liegen gebliebenen Schnee gut die Sonne bescheint, sodass möglichst die kosmisch-astralischen Wirkungen da hineinwirken, wo Sie diese kostbaren Würstchen untergebracht haben.

Dann nimmt man sie im Frühling heraus und hebt sie wieder in derselben Weise auf und setzt sie wieder in derselben Weise wie das von der Schafgarbe dem Dünger zu, und man wird sehen, dass man damit einen Dünger bekommt, der erstens wiederum stickstoffbeständiger ist als anderer Dünger, der aber außerdem die Eigentümlichkeit hat, die Erde so zu beleben, dass sie in außerordentlich anregender Weise auf das Pflanzenwachstum wirken kann. Und man wird vor allen Dingen gesündere Pflanzen, wirklich gesündere Pflanzen erzeugen, wenn man so düngt, als wenn man solches Düngen unterlässt.

Nicht wahr, all das erscheint heute wie verrückt – das weiß ich schon –, aber denken Sie doch nur einmal, was alles den Leuten bis heute in der Welt für verrückt erschienen ist, und was nach ein paar Jahren eingeführt wird. Sie hätten nur die schweizerischen Zeitungen lesen sollen, als einer davon sprach, dass man Bergbahnen bauen solle, was dem alles an den Kopf geworfen worden ist. Aber in kurzer Zeit waren die Bergbahnen da, und heute denken die Leute nicht daran, dass der ein Narr war, der sie ausdachte. Bei den Dingen handelt es sich also darum, die Vorurteile zu beseitigen. Wie gesagt, sollten irgendwie diese beiden Pflanzen in einer schwierigen Art da oder dort zu beschaffen sein, so könnte man sie durch etwas anderes ersetzen; das würde aber nicht so gut sein, man kann aber auch die Pflanze durchaus als Droge verwenden.

Dagegen schwer zu ersetzen für eine gute Wirkung auf unsere Düngermasse ist eine Pflanze, die man oftmals nicht gernhat, in dem Sinne nicht gernhat, dass man manches, was man gernhat, gerne streichelt. Diese Pflanze streichelt man nicht gern: [*Urtica dioica*], die Brennnessel. Die ist tatsächlich die größte Wohltäterin des Pflanzenwachstums, und sie kann man kaum durch irgendeine andere Pflanze ersetzen. Man muss sie schon, wenn man sie irgendwo nicht sollte haben können, durch die Droge ersetzen. Aber die Brennnessel ist wirklich ein Allerweltskerl, die kann ungeheuer viel. Auch die Brennnessel trägt in sich dasjenige, was das Geistige überallhin einordnet und verarbeitet, den Schwefel, der ja die Bedeutung hat, die ich auseinandergesetzt habe. Aber außerdem, dass die Brennnessel Kali und Kalzium in ihren Strahlungen und Strömungen fortführt, außerdem hat die Brennnessel noch eine Art Eisenstrahlungen, die fast so günstig sind dem Laufe der Natur wie unsere eigenen Eisenstrahlungen im Blute. Die Brennnessel verdient es eigentlich durch ihre Güte gar nicht, dass sie da draußen oftmals so verachtet in der

Natur wächst. Sie müsste eigentlich den Menschen ums Herz herum wachsen, denn sie ist wirklich in der Natur draußen in ihrer großartigen Innenwirkung, ihrer inneren Organisation eigentlich ähnlich demjenigen, was das Herz im menschlichen Organismus ist. Nun handelt es sich darum, dass man erstens schon in der Brennnessel eine große Wohltat hat, und da – verzeihen Sie, Herr Graf, wenn ich in diesem Augenblick zu lokalistisch werde – würde man schon sagen, dass zur Enteisenung eines Bodens, wenn es notwendig sein sollte, gerade beiträgt das Anpflanzen von Brennnesseln an unschuldigen Orten, die in einer besonderen Art die oberste Schicht des Bodens wiederum von der Eisenwirkung befreien, weil sie sie so gern haben und sie an sich ziehen. Wenn auch nicht das Eisen als solches, aber doch die Wirkung des Eisens auf das Pflanzenwachstum wird untergraben. Die Anpflanzung von Brennnesseln würde daher ganz besonders in diesen Gegenden von einer ganz besonderen Bedeutung sein. Doch das will ich nur nebenher erwähnen. Ich will darauf aufmerksam machen, dass das bloße Dasein der Brennnessel schon von Bedeutung sein kann für die ganze Umgebung in Bezug auf das Pflanzenwachstum.

Und man nehme nun einmal, um den Dünger zu verbessern, überhaupt die Brennnessel, deren man habhaft werden kann, und dann führe man sie wieder über in einen leicht welken Zustand, presse sie etwas zusammen, und nun aber verwende man sie ohne Edelwildblase, ohne Rindsdärme, grabe man sie einfach in die Erde ein, indem man [herumgibt] eine leichte Schichte von meinetwillen Torfmull, sodass es etwas von dem unmittelbaren Erdreich abgesondert ist. Das grabe man direkt in die Erde hinein, merke sich aber die Stelle gut, damit man nicht bloß die Erde ausgräbt, wenn man sie ausgräbt. Dann lasse man sie überwintern und wiederum übersommern – ein Jahr muss das eingegraben sein –, dann hat man es in einer Substanzialität von ungeheurer Wirkung.

Mischt man es jetzt in derselben Weise wie das andere, was ich angeführt habe, dem Dünger bei, dann bewirkt man überhaupt, dass dieser Dünger innerlich empfindlich wird, richtig empfindlich wird, sodass er, wie wenn er jetzt vernünftig geworden wäre, nicht sich gefallen lässt, dass irgendetwas in einer unrichtigen Weise sich zersetzt und irgendetwas in einer unrichtigen Weise den Stickstoff ablässt und dergleichen. Man wird gerade durch diesen Zusatz den Dünger einfach vernünftig machen und namentlich ihn befähigen, auch die Erde, in die er nun hineingearbeitet wird, vernünftig zu machen, sodass sie sich individualisiert auf diejenigen Pflanzen hin, die man gerade ziehen will in dieser Weise. Es ist wirklich etwas wie eine «Durchvernünftung» des Bodens, was man durch diesen Zusatz von *Urtica dioica* wird bewirken können.

Sehen Sie, die heutigen Methoden der Düngerverbesserung laufen zuletzt, wenn sie auch jetzt manchmal überraschen in ihrer äußeren Wirkung, doch darauf hinaus, dass man nach und nach die gesamten vorzüglichen landwirtschaftlichen Produkte sozusagen zu bloßen Magenausfüllungen beim Menschen macht. Nicht mehr werden sie in sich haben wirkliche Nährkraft. Nun handelt es sich doch darum, dass man sich nicht betrügt, indem man irgendetwas Großes und Aufgeplustertes hat, sondern dass man es konsistent in sich mit wirklicher Nährkraft hat.

Nun kann es sich darum handeln, dass man irgendwo im Landwirtschaftlichen auftreten sieht Pflanzenkrankheiten. Ich will jetzt ja generaliter sprechen. Man spezialisiert ja heute gern in allen Dingen und redet von dieser oder jener Krankheit. Das ist auch ganz richtig, soweit man Wissenschaft treibt, man muss wissen, wie das eine, wie das andere aussieht. Aber so wie es für den Arzt meistens nicht viel nützt, wenn er eine Krankheit beschreiben kann, viel wichtiger ist es, dass er sie kurieren kann. Beim Kurieren kommen eben ganz andere Gesichtspunkte in Betracht als die, die man heute hat für das Beschreiben von Krankheiten. Man kann eine große Vollkommenheit im Beschreiben von Krankheiten haben, genau wissen, was da vorgeht in dem Organismus nach den Regeln der heutigen Physiologie oder physiologischen Chemie, aber man kann nichts heilen. Heilen muss man nicht nach dem histologischen oder mikroskopischen Befund, zu heilen muss man wissen aus den großen Zusammenhängen heraus. So ist es auch gegenüber der Pflanzennatur. Und da die Pflanzennatur in dieser Hinsicht eben einfacher ist als die tierische und menschliche

Natur, so ist auch das Heilen, ich möchte sagen, etwas, was mehr im Allgemeinen ablaufen kann, sodass man bei der Pflanze mehr eine Art universeller Heilmittel anwenden kann. Könnte man das nicht, so wäre man ja in der Tat in einer recht üblen Lage der Pflanzenwelt gegenüber, in der man oftmals schon ist – wir werden noch davon zu sprechen haben – bei der tierischen Heilung, in der man nicht ist bei der menschlichen Heilung. Der Mensch kann aussprechen, was ihm wehtut. Tiere und Pflanzen können das nicht. Aber es ist ja schon so, dass da eben mehr generaliter abläuft die Heilung. Nun, nicht alle, aber eine große Anzahl gerade von Pflanzenkrankheiten, sobald sie bemerkt werden, können durch eine rationelle Gestaltung der Düngung wirklich behoben werden, und zwar auf folgende Weise.

Man muss dann Kalzium beibringen dem Boden durch die Düngung. Aber es wird dann gar nichts helfen, wenn man das Kalzium dem Boden beibringt mit der Umgehung des Lebendigen, sondern es muss das Kalzium, wenn es heilend wirken soll, innerhalb des Bereiches des Lebendigen bleiben. Es darf nicht herausfallen aus dem Lebendigen. Sie können nichts anfangen mit dem gewöhnlichen Kalk oder dergleichen.

Nun haben wir eine Pflanze, welche reichlich Kalzium enthält, siebenundsiebzig Prozent der Aschensubstanz, aber in feiner [Bearbeitung], das ist die Eiche. Und insbesondere ist es die Rinde der Eiche, welche schon eine Art Zwischenprodukt darstellt zwischen dem Pflanzlichen und dem lebendigen Erdigen, ganz in dem Stile, wie ich Ihnen das auseinandergesetzt habe von der Verwandtschaft des belebten Erdigen mit der Rinde. In Bezug auf dasjenige, was dann als Kalzium zutage tritt, ist dasjenige, was an Kalziumstruktur in der Eichenrinde vorhanden ist, das Alleridealste. Nun hat das Kalzium, wenn es noch im belebten Zustande, nicht im toten ist – im toten wirkt es auch –, dasjenige, was ich auseinandergesetzt habe. Es schafft Ordnung, wenn der Ätherleib zu stark wirkt, sodass an irgendein Organisches das Astrale nicht herankommen kann. Es tötet – es dämpft – den Ätherleib, macht dadurch die Wirkungen des Astralleibes frei; das ist bei allem Kalk der Fall. Aber wenn wir wollen, dass in einer sehr schönen Weise ein wucherndes Ätherisches sich zusammenzieht und so zusammenzieht, dass diese Zusammenziehung wirklich eine recht regelmäßige ist, nicht Schocks erzeugt im Organischen, so müssen wir das Kalzium gerade in der Struktur verwenden, in der wir es finden in der Eichenrinde.

Nun sammeln wir Eichenrinde, wie wir ihrer habhaft werden können. Wir brauchen gar nicht viel, nicht mehr, als leicht zu erreichen ist. Sammeln wir das und hacken es etwas durch, sodass wir eine bröselige Konsistenz, eine bröselige Struktur haben. Dann nehmen wir – es ist fast einerlei, von welchem unserer Haustiere – einen Schädel, eine Schädeldecke, geben da diese zerhackte Eichenrinde hinein, schließen sie wiederum möglichst mit Knochenmasse ab, und das versenken wir nun in die Erde und geben, nachdem wir es nicht sehr tief eingegraben haben, Torfmull darauf und versuchen durch Einleitung irgendeiner Rinne möglichst viel Regenwasser an den Platz zu bekommen. Man könnte es sogar so machen, man könnte in einen Bottich, in den immerfort Regenwasser einfließen und wiederum abfließen könnte, man könnte da solche Pflanzensubstanz hineingeben, die stark bewirkt, dass immer Pflanzenschlamm da ist. In diesem, sozusagen Pflanzenschlamm, liegt dieses Knochengefäß, das die zerbröckelte Eichenrinde einschließt. Das muss nun wiederum überwintern – Schneewasser ist ebenso gut wie Regenwasser –, muss durchmachen womöglich Herbst und Winter.

Aus dieser Masse wird nun dasjenige unseren Düngemassen beigesetzt, was ihnen wirklich die Kräfte verleiht, schädliche Pflanzenkrankheiten prophylaktisch zu bekämpfen, aufzuhalten. Jetzt haben wir schon vier Dinge beigemischt. Das alles erfordert allerdings etwas Arbeit, aber wenn Sie sich die Sache überlegen werden, so werden Sie schon finden, es verursacht das weniger Arbeit als alle die Kinkerlitzchen, die in den chemischen Laboratorien in der Landwirtschaft gemacht werden und die auch bezahlt werden müssen. Sie werden schon sehen, nationalökonomisch rentiert sich das besser, was wir auseinandergesetzt haben.

Nun brauchen wir aber noch etwas, was noch in der richtigen Weise die Kieselsäure heranzieht aus der ganzen kosmischen Umgebung. Denn diese Kieselsäure müssen wir in der Pflanze drin haben.

Und gerade in Bezug auf die Kieselsäureaufnahme verliert die Erde im Laufe der Zeit ihre Macht. Sie verliert sie langsam, daher bemerkt man das nicht so, aber sehen Sie, diejenigen Menschen, die eben nur noch auf das Mikrokosmische, nicht auf das Makrokosmische schauen, denen liegt nichts an dem Kieselsäureverlust, weil sie glauben, der hat keine Bedeutung für das Pflanzenwachstum. Aber er hat die allergrößte Bedeutung für das Pflanzenwachstum. Denn für diese Dinge muss man etwas wissen. Es ist ja heute ganz gewiss nicht mehr für den Gelehrten das Zeichen einer so starken Konfusion, als das man es noch vor einiger Zeit angesehen, denn heute spricht man von der Umwandlung der Elemente doch schon, ohne sich zu genieren. Die Beobachtung von allerlei Elementen hat in dieser Hinsicht die materialistischen Löwen gezähmt.

Aber gewisse Dinge, die eigentlich fortwährend um uns herum vorgehen, die kennt man ja gar nicht. Würde man sie kennen, so würde man leichter glauben können an solche Dinge, wie ich sie jetzt auseinandergesetzt habe. Ich weiß sehr gut, derjenige, der eingefuchst ist in die heutige Denkweise, der wird sagen: Aber du sagst uns ja gar nichts, wie man den Stickstoffgehalt des Düngers verbessert. Ich habe fortwährend davon gesprochen, namentlich, indem ich von Schafgarbe, Kamille, Brennnessel gesprochen habe, weil nämlich im organischen Prozess eine geheime Alchimie liegt, die zum Beispiel das Kali, wenn es nur in der richtigen Weise drin arbeitet, wirklich in Stickstoff umsetzt und sogar den Kalk, wenn der richtig arbeitet, wirklich in Stickstoff umsetzt. Sie wissen ja, im Pflanzenwachstum sind alle vier Elemente, von denen ich gesprochen [habe], neben dem Schwefel [vorhanden]. [Es] ist also auch Wasserstoff da. Ich habe Ihnen angegeben die Bedeutung des Wasserstoffs. Nun besteht ein gegenseitiges Qualitätsverhältnis zwischen dem Kalk und dem Wasserstoff, das ähnlich ist dem Qualitätsverhältnis zwischen dem Sauerstoff und dem Stickstoff in der Luft. Und das schon könnte auf rein äußere Weise wie in der quantitativ-chemischen Analyse verraten, dass eine Verwandtschaft besteht zwischen dem Zusammenhang von Sauerstoff und Stickstoff in der Luft und dem Zusammenhange von Kalk und Wasserstoff in den organischen Prozessen. Unter dem

Einfluss des Wasserstoffs wird nämlich fortwährend Kalk und Kali umgewandelt in Stickstoffartiges und zuletzt in wirklichen Stickstoff. Und dieser Stickstoff, der auf diese Weise entstehen kann, der ist gerade so ungeheuer nützlich für das Pflanzenwachstum, aber man muss ihn sich eben erzeugen lassen durch solche Methoden, wie ich sie geschildert habe.

Die Kieselsäure enthält ja das Silicium. Das Silicium wiederum wird umgewandelt im Organismus in einen Stoff, der von einer außerordentlichen Wichtigkeit ist, der gegenwärtig unter den chemischen Elementen überhaupt nicht aufgezählt wird, und man braucht eben die Kieselsäure, um hineinzuziehen das Kosmische. Und nun muss eben einfach in der Pflanze eine richtige Wechselwirkung entstehen zwischen der Kieselsäure und dem Kalium, nicht dem Kalzium. Wir müssen nun den Boden dazu beleben, dieses richtige Wechselverhältnis auszugestalten durch die Düngung. Wir müssen nach einer Pflanze suchen, welche in der Lage ist, durch ihr eigenes Verhältnis zwischen Kalium und Kieselsäure, wiederum in einer Art homöopathischer Dosis beigesetzt dem Dung, diesem Dung die entsprechende Macht zu geben. Diese Pflanze können wir wirklich finden. Und wiederum ist diese Pflanze, wenn sie nur wächst innerhalb unserer landwirtschaftlichen Gebiete, schon nach dieser Richtung hin wohltuend. Es ist *Taraxacum*, der Löwenzahn. Der unschuldige, gelbe Löwenzahn, wo er in einer Gegend wächst, ist er eine außerordentliche Wohltat. Denn er ist der Vermittler zwischen der im Kosmos fein homöopathisch verteilten Kieselsäure und demjenigen, was als Kieselsäure eigentlich gebraucht wird über die ganze Gegend hin. Er ist wirklich eine Art von Himmelsbote, dieser Löwenzahn; aber man muss ihn, wenn man ihn nun wirksam machen will im Dung, wenn es sich darum handelt, dass man ihn braucht, in der richtigen Weise verwenden. Da muss man ihn selbstverständlich der Wirkung der Erde aussetzen, der Wirkung der Erde in der Winterzeit. Aber nun handelt es sich darum, dass man die umgebenden Kräfte dadurch gewinnt, dass man ihn ebenso bearbeitet wie das andere.

Die gelben Löwenzahnköpfchen sammle man, lässt sie etwas anwelken, presst sie zusammen, näht sie ein in Rindsgekröse, gibt sie auch in die Erde den Winter hindurch. Wenn man dann im Frühling herausnimmt die Kugeln – man kann sie aufheben, bis man sie braucht –, dann sind sie tatsächlich ganz durchsetzt mit kosmischer Wirkung. Die Substanz, die man aus ihnen gewonnen hat, kann nun wieder in ähnlicher Weise dem Dung beigesetzt werden, und sie wird dem Erdboden die Fähigkeit geben, so viel Kieselsäure gerade aus der Atmosphäre und aus dem Kosmos heranzuziehen, als für die Pflanzen notwendig ist, damit diese Pflanzen wirklich gerade empfindsam werden gegen alles das, was in ihrer Umgebung wirkt, [und selber anziehen dasjenige, was sie brauchen].

Denn die Pflanzen müssen ja, damit sie wirklich wachsen können, eine Art Empfindung haben. [Wie vor einem stumpfen Kerl als Mensch alles vorbeigehen kann], er empfindet es nicht, so kann natürlich alles im Boden und über dem Boden an einer stumpfen Pflanze vorbeigehen; sie empfindet es nicht, sie kann es auch nicht in den Dienst ihres Wachstums stellen. Aber wird die Pflanze auf diese Weise, in der feinsten Weise mit Kieselsäure durchzogen, durchlebt, dann ist sie so, dass sie empfindsam wird gegen alles und alles heranzieht. Man kann aber sehr leicht die Pflanze dazu bringen, dass sie nur einen ganz kleinen Umkreis, der um sie herum ist, in der Erde benützt, um heranzuziehen, was sie braucht. Das ist natürlich nicht gut. Bearbeitet man den Erdboden so, wie ich es eben geschildert, dann wird die Pflanze bereit, im weiten Umkreis die Dinge heranzuziehen. Der Pflanze kann zugutekommen nicht nur das, was auf dem Acker ist, sondern auch dasjenige, was im Boden der nächsten Wiese ist, wenn sie es braucht. Der Pflanze kann es zugutekommen, was im Waldboden ist, der in der Nähe ist, wenn sie in dieser Weise innerlich empfindlich gemacht wird. Und so können wir eine Wechselwirkung der Natur herbeiführen, indem wir den Pflanzen die Kräfte geben, die ihnen auf diese Weise durch den Löwenzahn zukommen wollen.

Und so könnte ich denken, müsste man versuchen, Düngemittel dadurch herzustellen, dass man diese fünf Ingredienzien, oder Surrogate von ihnen, tatsächlich in der angedeuteten Weise dem Düngemittel beibringt. Ein Düngemittel muss in der Zukunft, statt mit den chemischen Kinkerlitzchen behandelt zu werden, behandelt werden mit Schafgarbe, mit Kamille, mit Brennnessel, mit Eichenrinde und mit Löwenzahn. Ein solches Düngemittel wird in der Tat vieles von dem haben, was man eigentlich braucht.

Überwindet man sich dann noch und presst, bevor man den so zubereiteten Dünger verwendet, die Blüten von *Valeriana officinalis*, von Baldrian, aus und verdünnt dasjenige, was man da herauspresst, sehr stark – man kann das ja jederzeit machen und dann die Sache aufheben, namentlich, indem man zum Verdünnen warmes Wasser anwendet –, so kann man, wenn man dem Dung in einer ganz feinen Weise beibringt diesen verdünnten Saft der Baldrianblüte, insbesondere in ihm dasjenige hervorrufen, was ihn anregt dazu, sich gegenüber demjenigen, was man Phosphorsubstanz nennt, in der richtigen Weise zu verhalten. Dann wird man durch diese sechs Ingredienzien einen ganz vorzüglichen Dünger, sowohl aus Jauche wie aus Stallmist wie aus Kompost herstellen können.

ZWEITE FRAGENBEANTWORTUNG

Koberwitz, 13. Juni 1924

[Carl von Keyserlingk:] Handelt es sich bei der Blase des Edelwildes um eine solche des männlichen Rotwildes, des Hirsches?

Rudolf Steiner: Gemeint habe ich männliches Rotwild.

[Carl von Keyserlingk:] Ist die einjährige oder die perennierende Brennnessel gemeint?

Rudolf Steiner: *Urtica dioica.*

Ist es richtig, die Düngergrube zu überdachen in Gegenden, wo es viel regnet?

Die gewöhnlichen Regenmengen sollte eigentlich der Dünger vertragen. Und wiederum, wie es ihm nicht zugutekommt, wenn er gar kein Regenwasser bekommt, so schadet es ihm, wenn er durch das Regenwasser ganz ausgelaugt wird. Diese Dinge kann man nicht so ganz im Allgemeinen entscheiden. Im Allgemeinen ist das Regenwasser dem Dünger gut.

[Carl von Keyserlingk:] Sollte man nicht, damit die Jauche nicht verloren geht, gedeckte Dungstätten haben?

Es ist eigentlich in einem gewissen Sinne das Regenwasser dem Dünger notwendig. Fraglich könnte es sein, ob es gut wäre, den Regen abzuhalten dadurch, dass man Torfmull über den Dünger ausbreitet. Den Regen ganz abzuhalten durch Bedachung ist etwas, was wohl keinen rechten Zweck haben kann. Der Dünger wird sicher schlechter dadurch.

[Ludwig von Polzer-Hoditz]: Wenn das Pflanzenwachstum so gefördert wird durch die angegebene Düngungsart, kommt diese dann gleichmäßig den Edelpflanzen zugute und den sogenannten Unkräu-

tern, oder muss man da besondere Methoden anwenden, um die Unkräuter zu vertilgen[, oder werden die Edelpflanzen so vernünftig, dass sie stärker wachsen wie die Unkräuter?]

Die Frage ist selbstverständlich zunächst ganz berechtigt. Ich will nun über die sogenannte Unkrautbekämpfung in den nächsten Tagen sprechen. Zunächst ist dasjenige, was ich gesagt habe, dem Pflanzenwachstum im Allgemeinen günstig, und man würde dadurch die Unkrautausrottung nicht bewirken. Die Pflanze bleibt aber viel fester gegen parasitische Schädlinge, die in ihr auftreten. Aber die Sache ist doch so: Gegen dasjenige, was als parasitäre Schädlinge im Pflanzenreich auftritt, da hat man schon die Mittel dagegen. Die Unkrautbekämpfung ist nicht etwas, was mit den Prinzipien zusammenhängt, die wir bis jetzt besprochen haben. Das Unkraut nimmt schon auch teil an dem allgemeinen Pflanzenwachstum. Darüber werden wir noch sprechen. Die Dinge hängen so zusammen, dass es nicht gut ist, dass man irgendetwas herausnimmt. [Wir wollen über das sprechen, was vorgekommen ist.]

Was ist zu halten von dem Verfahren des Hauptmann Krantz, wonach man durch loses, schichtweises Aufstapeln der Dungmassen und durch deren Eigenwärmeerzeugung den Dung ebenfalls geruchlos machen kann?

Ich habe ganz absichtlich über die Dinge, die heute schon in einer rationellen Weise angewendet werden, nicht gesprochen. Ich wollte dasjenige, was als Anregung von der Geisteswissenschaft kommen kann, zur Verbesserung einer jeden solchen Methode anführen. Dasjenige Verfahren, das Sie angeführt haben, ist ein solches, welches ganz gewiss sehr viele Vorzüge hat. Aber ich glaube, das Verfahren ist im Allgemeinen neu, es ist nicht ein sehr altes Verfahren, und es steht zu vermuten, dass es auch zu denjenigen Verfahren gehört, die im Anfange Blender sind und die im Verlaufe der Zeit sich nicht als so praktisch erweisen, wie man es eigentlich voraussetzt. Im Anfange, wenn der Boden noch seine Tradition hat, da frischt ihn eigentlich alles in einer gewissen Weise auf. Wenn man dann länger die Sache anwendet, dann geht es einem so wie bei Heilmitteln, wenn die Heilmittel zuerst in einen Organismus hineinkommen. Die unglaublichsten Heilmittel helfen ja das erste Mal; dann hört die Heilwirkung auf. Auch bei diesen Dingen dauert es immer längere Zeit, bis man darauf kommt, dass es doch nicht so ist, wie man ursprünglich geglaubt hatte. Dasjenige, was da von besonderer Bedeutung ist, ist schon die Erzeugung der Eigenwärme, und diese Tätigkeit, die da ausgeübt werden muss, um diese Eigenwärme zu erzeugen, ist eine gewiss dem Dünger außerordentlich günstige, sodass aus dieser Tätigkeit Günstiges hervorgehen muss.

[Dünger 56 Grad Temp. Unter Druck setzen, Geruch verschwindet]

Die Schäden, die dabei entstehen könnten, sind diese, dass man den Dünger lose hat und dass ich nicht weiß, ob das so ganz wörtlich gilt, dass der Dünger ganz geruchlos sei.

[Vermutlicher Zwischenruf des Fragestellers:] [Er war geruchlos und blieb geruchlos.]

Nun ja, wenn er sich als geruchlos erweist, so würde es ein Anzeichen sein, dass es eine günstige gute Sache wäre. Es ist ein Verfahren, das noch nicht viele Jahre ausprobiert worden ist.

[Konradin Haußer:] Ist es nicht besser, die Dungstätte über der Erde anzulegen, als in die Erde zu versenken?

Im Prinzip ist es schon richtig, die Dungstätte möglichst hoch anzulegen. Nur muss dabei wiederum gesorgt werden, dass die Dungstätte in sich selber nicht allzu hoch ist, damit sie mit den Kräften, die unter der Erde sind, in einer entsprechenden Beziehung bleibt. Man kann sie nicht auf einem Hügel anlegen, aber vom Niveau der Erde aus kann man sie schon aufbauen, und das wird die günstigste Höhenlage sein.

[Ernst Jacoby]: Kann bei dem Weinstock, der viel zu leiden hat, beim Kompost dasselbe angewendet werden?

Es kann angewendet werden mit einigen Modifikationen. Wenn ich den Obst- und Weinbau besprechen werde, da kommen einige Modifikationen; aber im Allgemeinen gilt das, was ich heute gesagt habe, für die Verbesserung jeder Art des Dunges. Ich habe heute die Dinge angeführt, die den Dung im Allgemeinen verbessern. Wie man nun spezifizieren kann für Wiese und Weide, für das Saatkorn, für den Obst- und Weinbau, das wollen wir noch behandeln.

Ist es richtig, dass die Dungstätte gepflastert ist?

Nach dem, was man wissen kann über die ganze Struktur der Erde und ihren Zusammenhang mit dem Dünger ist das jedenfalls ein Unfug, wenn die Dungstätte gepflastert ist. Ich kann auch nicht einsehen, warum sie gepflastert ist. Dann muss man für die eigentliche Dungstätte den Raum aussparen, eine freie Stelle rings herum lassen für das Zusammenwirken von Dung und Erde. Warum sollte man den Dung [auch] dadurch verschlechtern [wollen], dass man ihn von der Erde absondert? [Dann sind die meisten Dungstätten falsch.]

[Walter Ritter:] Hat der Untergrund irgendeinen Einfluss, ob sandig oder tonig? Es wird manchmal die innerste Schicht der Dungstätte mit Ton belegt, damit sie undurchlässig ist.

Es ist schon richtig, dass die bestimmten Erdarten einen bestimmten Einfluss haben. Der geht ja natürlich hervor aus der Eigentümlichkeit, die diese Erdarten selber haben. Hat man einen sandigen Boden unter der Dungstätte, so wird es notwendig sein, dass man diesen sandigen Boden, weil er ja immer Wasser einzieht, weil er wasserdurchlässig ist, erst, bevor man den Dung darüberlegt, etwas mit Ton ausfüllt. Hat man aber einen ausgesprochen tonigen Boden, so sollte man ihn eigentlich lockern und ihn mit Sand durchstreuen. Um eine Mittelwirkung zu erzielen, nimmt man immer eine Lage Sand und eine Lage Ton. Dann hat man beides. Dann hat man eine Konsistenz des Erdreiches, und man hat die Wasserwirkungen. Sonst versickert einem das Wasser. Eine Mischung der beiden Erdarten wird besonders günstig sein. Aus diesem Grunde wird es sich darum handeln, dass man nicht, wenigstens wenn man es vermeiden kann, Lössboden wählt, um die Dungstätte anzulegen. Löss und dergleichen wird nicht von besonderer Wirkung sein. Da wird es schon besser sein, man macht allmählich einen künstlichen Boden für die Dungstätte.

[Carl von Keyserlingk:] Was nun die Züchtung der uns angegebenen Pflanzen anlangt, Schafgarbe, Kamille, Brennnessel, ist es möglich, dass man der Gegend, wenn sie die Pflanzen nicht hat, einfach die Pflanzen einimpft durch Aussaat? Wir haben in der Grünlandwirtschaft auf dem Standpunkt gestanden, dass die Schafgarbe gefährlich wäre für das Rindvieh, außerdem der Löwenzahn. Wir haben in der Grünlandgesellschaft diese Pflanzen möglichst ausschließen wollen, ebenso die Distel. Wir sind gerade bei der Ausführung begriffen. Jetzt müssten wir sie nun wieder ansäen auf den Feldrainen, aber nicht auf den Wiesen und Weiden?

Ja, aber, auf welche Weise sollen diese denn der Tierernährung schädlich sein?

[Carl von Keyserlingk]: Man sagt, die Schafgarbe hätte giftige Stoffe. Man sagt, der Löwenzahn wäre nicht für die Ernährung des Rindviehs günstig.

Man muss achtgeben darauf. Auf offenem Felde frisst das Tier das nicht.

[Otto von] Lerchenfeld: Bei uns macht man es umgekehrt, da gilt der Löwenzahn als direktes Milchfutter.

Diese Dinge sind manchmal nur vorhanden als Urteile. Man weiß nicht, ob sie ausprobiert sind. Es ist ja möglich – man muss das ausprobieren –, dass es im Heu nicht schädlich ist. Ich glaube, dass, wenn es schädlich wäre, das Tier selbst das Heu stehen lässt; das Tier frisst nichts, was ihm schädlich ist.

[Carl von Keyserlingk:] Ist die Schafgarbe nicht besonders entfernt worden durch die starke Kalkung, denn die Schafgarbe braucht doch einen feuchten und säurehaltigen Boden?

Wenn man die Schafgarbe wild verwendet – es hat sich um diese besondere Homöopathisierung gehandelt –, so genügt in diesem Falle auch wirklich eine geringe Schafgarbenmenge über ein ganz großes Gut ausgestreut. Die Schafgarbe hier im Garten zu haben, würde genügen für das ganze Gut.

Ich habe auf meinen Weiden gesehen, dass der junge Löwenzahn, solange er noch kurz vor der Blüte steht, von allem Rindvieh gerne gefressen worden ist[, es ist sicher ein Zeitpunkt, wo man ihn als Salat schätzt]; dagegen später, sowie der Löwenzahn angefangen hat aufzublühen, hat ihn das Rindvieh nicht mehr genommen.

Sie müssen das Folgende dabei bedenken: Das ist ja natürlich dasjenige, was allgemeine Regel ist. Das Tier frisst nicht den Löwenzahn, wenn er ihm schadet, das Tier hat einen außerordentlich guten Fressinstinkt. Das andere aber dabei müssen Sie bedenken. Wir wenden ja doch auch, wenn wir irgendetwas fördern wollen, das auf einem Prozess beruht, fast immer etwas an, was wir im Einzelnen nicht anwenden. Zum Beispiel würde doch niemand die Brothefe zum täglichen Gebrauch verspeisen, aber sie wird doch zum Backen des Brotes verwendet. Die Dinge sind so: Dasjenige, was unter Umständen giftig wirken kann, wenn man es in einer großen Dosis verzehrt, das wird, unter anderen Verhältnissen, in der wohltätigsten Weise wirken. Die Heilmittel sind ja meistens giftig. Nun, es handelt sich darum, dass das Verfahren das eigentlich Ausschlaggebende ist, nicht der Stoff. Und so meine ich, kann man ganz gut hinweggehen über das Bedenken, dass dem Tiere der Löwenzahn schaden kann. Es sind so viele merkwürdige Urteile vorhanden; es ist doch etwas Kurioses, wenn auf der einen Seite von Graf Keyserlingk die Schädlichkeit des Löwenzahns betont wird, während auf der anderen Seite Graf Lerchenfeld davon redet, dass es gerade das beste Milchfutter sei. Die Wirkung kann nicht in so nahe beieinander liegenden Gegenden verschieden sein, es muss von diesen beiden Ansichten eine nicht richtig sein.

[Carl von Keyserlingk:] Ist vielleicht der Untergrund entscheidend? Außerdem stützt sich meine Behauptung auf veterinäre Ansichten.

Sind diese Schafgarbe und der Löwenzahn auf die Weiden und die Wiesenflächen extra anzupflanzen?

Es genügt eine ganz kleine Fläche.

[Bartsch:] [Frage: Ob dasjenige, was mikroskopisch als Zerstörung der Chromosomenstruktur beobachtet wird, in irgendeinem Zusammenhang steht mit demjenigen, was die Geisteswissenschaft sagt, nämlich: Mit dem Eintritt des chaotischen Zustandes im Samen-Eiweiß?

Da kommen verschiedene Dinge in Betracht. Es gilt ja heute vielmehr als man glaubt für die meisten Menschen dasjenige, was man Relativitätstheorie nennt, nicht so sehr die Einstein'sche Relativitätstheorie, die ist für gewisse Gebiete unwiderleglich, für andere nicht anwendbar. Aber es gibt eine gewisse Relativitätstheorie, die zum Beispiel auf dasjenige geht, dass man Kleines in einer beliebigen Weise vergrößern und als Vergrößertes sehen kann, dann aus der Vergrößerung schließen kann auf die eigentliche Wesenheit. Da ist die Meinung zugrunde liegend, dass die Größe, die eine Sache hat, eigentlich nichts ausmacht. Ich sehe ja eine Sache ganz falsch, wenn sie sich im kleinsten Raume abspielt. Ich sehe sie darin künstlich vergrößert, ich sehe sie ja ganz falsch. Und so dürfen wir durchaus nicht glauben, dass der Gedankengang derselbe ist, wie derjenige, der angeregt wird, wenn heute vom Zerfall des Eiweißes gesprochen wird, der ja für die Samenbildung noch nicht in der Gedankenrichtung liegt. Für die Samenbildung wird nicht vom Zerfall des Eiweißes gesprochen. Man stellt sich vor, dass gerade das Eiweiß im Samen in der kompliziertesten Weise aufgebaut ist. Da spricht man doch nicht von Zerfall. Es kommt alles Mögliche vor. Vielleicht spricht man heute [davon], das wäre ein Vorläufer schon. Aber der Zerfall des Eiweißes im Organismus, der ist kein Vorläufer, weil die Gedankenrichtung in einer anderen Linie geht. Man stellt sich vor, dass mit dem Zerfall, der da eingeleitet wird, man eben dahin kommt, dass das Eiweiß als solches abgebaut wird, während die Annäherung an das Chaos eigentlich darinnen besteht, dass das Eiweiß nicht abgebaut wird, sondern gerade seinem Aufbau aus dem Kosmos heraus entgegengeführt wird.

Aber es wäre interessant, wenn jemand darüber etwas wüsste, ob vielleicht irgendwo mal in der Biologie von einem Zerfall nur des Eiweißes bei der Samenbildung gesprochen wurde.

[Alfred Usteri:] Die Schwierigkeit besteht darin, die Beziehungen zwischen dem tierischen Ei und dem pflanzlichen Ei festzustellen. Man kann den tierischen Samen nicht mit dem pflanzlichen identifizieren. Ich weiß nicht, wo dieses Chaos im Samen eintreten soll?

Zwischen der Entstehung des Samens in der alten Pflanze und der Neubildung des neuen Pflanzenkeimes liegt das Chaos in Bezug auf den Samen. Ohne dass der Same durch die Chaotisierung, durch den absoluten Zerfall seiner Struktur durchgeht, ist eine Rekonstitution nicht möglich.

[Alfred Usteri:] Dann wäre diese Chaotisierung zwischen dem Eizustand und dem Samenzustand, wo das Ovulum ist?

Das ist es nicht. Bei der Pflanze redet man ja von Samen kontinuierlich, da redet man nicht von einem Eizustand.

[Alfred Usteri:] Man sagt das Ovulum. Das wird befruchtet, in dem entsteht der Same. Ich sehe nicht, wo das Chaos ist. Es ist alles kontinuierlich, wenigstens für das Mikroskop.

Man muss natürlich, wenn man von diesen Dingen mehr naturwissenschaftlich reden soll, anders sprechen als für den landwirtschaftlichen Betrieb. Wollte man naturwissenschaftlich reden, so sollte man den radikalen Unterschied zwischen dem tierischen Keim und dem pflanzlichen Samen auseinandersetzen, der ist außerordentlich wichtig. Der Samc bei der Pflanze, was trägt er von der Mutterpflanze auf die Tochterpflanze hinüber? Lediglich die Form, also dasjenige, was neu aufgebaut wird, ist Anfang der Form, ist die neue Form bei der Pflanze. Beim tierischen Keim geht aber nicht bloß die Form, sondern es geht die Lebensessenz über, sodass man also zwei ganz voneinander verschiedene Dinge in der Pflanze und in dem Tier hat. In diesen Dingen redet man heute möglichst ungenau. Die exakte Wissenschaft zeichnet sich dadurch aus, dass sie möglichst unexakt redet. Die exakte Wissenschaft geht bei solchen Dingen, wo sie annähernd beschreibt – die Keime bei Tieren und Pflanzen – so vor, dass das immer miteinander verwässert wird. Ebenso spricht man vom Tode. Der Tod ist etwas ganz anderes bei der Pflanze, beim Tier und wieder etwas ganz anderes beim Menschen. Man darf heute sogar vom Tod der Maschinen, Mineralien reden. Der Tod kann nicht einheitlich behandelt werden in dieser Weise. Die Dinge müssen spezialisiert werden. Bei der Pflanze ist es die Form, die übergeht, beim Tier ist es mit der Form zugleich das Leben. Dadurch ist ein gewaltiger Unterschied gegeben.]

Kommt es darauf an, wie lange die Präparate mit dem Dung zusammen aufgehoben werden müssen, nachdem sie aus dem Erdboden genommen sind?

Wenn sie dem Dünger beigemischt werden, hat es keine Bedeutung, wie lange sie da drin sind. Aber wenn man den Dung auf dem Felde ausbreitet, sollte das eigentlich schon vorher besorgt sein.

Soll man die zubereiteten Düngerpräparate alle miteinander oder jedes besonders in die Erde geben?

Das ist eigentlich von einer gewissen Bedeutung insofern, als es gut ist, dass, während diese Wechselwirkung stattfindet, das eine Präparat das andere nicht stört, sodass man wenigstens in einer gewissen Entfernung voneinander sie eingraben sollte. Ich würde immer, wenn ich das zu machen hätte auf einem kleinen Gute, schon in der Peripherie die entferntesten Punkte suchen und in größtem Abstande voneinander die Eingrabungen vornehmen, damit das eine das andere nicht stört. Auf einem großen Gute kann man die Entfernungen machen, wie man will.

Kann die über den eingegrabenen Präparaten befindliche Erde bewachsen sein?

Die Erde kann machen, was sie will. Es ist sogar in solchen Fällen ganz gut, wenn die Erde darüber bewachsen ist. Sie kann auch mit Kulturpflanzen bedeckt sein.

Wie sind die Präparate in dem Misthaufen zu behandeln?

Ich würde raten, sie dieser Prozedur zu unterziehen: einen Viertelmeter oder etwas tiefer in einen größeren Misthaufen hineinzustechen, sodass der Mist sich schließt um die Sache herum. Man braucht nicht Metertiefe, aber es soll sich doch der Mist um die Präparate herumschließen. Denn es ist so: Wenn das der Dunghaufen ist, und Sie haben hier ein kleines Partikelchen liegen – die ganze Sache beruht auf der Strahlung –, die Strahlen gehen alle so; und wenn es dann allzu nahe der Oberfläche ist, so ist es nicht gut. An der Oberfläche selbst bricht sich die Strahlung, sie macht eine ganz bestimmte Kurve, sie geht nicht heraus, wenn der Mist um dasselbe geschlossen ist. Ein halber Meter Tiefe genügt. Wenn es zu sehr an der Oberfläche ist,
Tafel 5 verliert sich ein großer Teil der Kraftstrahlung.

Genügt es, wenn man nur einige Löcher macht, oder soll man das Ganze möglichst verteilen?

Es ist schon besser, wenn man verteilt, nicht an einer Stelle bloß die Löcher macht. Die Strahlungen stören sich sonst.

Soll man alle Präparate zugleich in den Misthaufen hineingeben?

Wenn man die Präparate in den Dunghaufen hineinbringt, kann man eines neben das andere legen. Sie beeinflussen sich gegenseitig nicht, sie beeinflussen nur den Dung als solchen.

Kann man die Präparate alle in ein Loch hineinlegen?

Theoretisch könnte man sogar voraussetzen, dass, wenn man alle Präparate in ein Loch legte, sie sich nicht störten. Aber das möchte ich nicht von vorneherein behaupten. In die Nachbarschaft kann man sie legen, aber es könnte doch sein, dass sie sich störten, wenn man sie alle in einem Loch miteinander vereinigte.

[Carl von Keyserlingk:] Welche Eiche ist gemeint?

[Rudolf Steiner:] *Quercus robur.*

[Alfred Usteri:] [Könnte man da, wo die Eiche nicht vorkommt, alte Korkstöpsel verwenden?

Was heißt «alte Korkstöpsel»?

[Alfred Usteri]: Nicht verwendete.

Ich weiß nicht, ob das nicht so teuer kommt, als wenn man auf eine andere Weise sich die bloße Eichenrinde verschaffte.

[Alfred Usteri]: Und verwendete?

Verwendete darf man ganz sicher nicht benutzen, mit allem Möglichen durchtränkte Korkstöpsel, mit Bier, mit Wein, die kann man ganz gewiss nicht verwenden. Ich denke, da ist es besser, man verwendet die Rinde direkt.]

Muss die Rinde vom lebenden Baum oder von einem geschlagenen Baum sein?

In diesem Fall möglichst vom lebenden Baum, sogar von dem Baum, bei dem man voraussetzen kann, dass das Eichenharz noch ziemlich wirksam ist.

Kommt die ganze Rinde in Betracht?

Eigentlich nur die Oberfläche. Die äußerste Rindenschichte, die zerfällt, wenn man sie ablöst.

Ist es unbedingt notwendig, beim Eingraben der Dungpräparate nur bis zur Kulturschichte zu gehen, oder kann man die Kuhhörner auch tiefer eingraben?

Es ist schon besser, sie in der Kulturschichte zu belassen. Es ist sogar vorauszusetzen, dass sie im Untergrund, unter der Kulturschichte, doch nicht ein so fruchtbares Material geben. Es wäre ja natürlich dies noch in Erwägung zu ziehen, dass eine tiefere Kulturschichte das absolut Günstigere wäre. Wenn man sich diejenige Schichte ausgesucht hat, die die mächtigste Kulturschichte ist, so wäre das schon der beste Ort. Aber unter der Kulturschichte wird man keinen Nutzeffekt erreichen.

In der Kulturschichte würden die Dinge immer dem Frost ausgesetzt sein. Schadet das nicht?

Wenn sie dem Frost ausgesetzt sind, kommen sie gerade in diejenige Zeit hinein, wo die Erde durch dieses Frostige am stärksten sich aussetzt den kosmischen Einflüssen.

Wie zerkleinert man Quarz und Kiesel? In einer kleinen Mühle oder im Reibemörser?

Das Beste ist in diesem Falle, das zuerst im Mörser zu machen – man braucht einen eisernen Schlegel dazu – und es im Mörser bis zu einer ganz dünnen Mehligkeit zu verreiben. Es wird sogar beim Quarz notwendig sein, es zuerst in dieser Art soweit als möglich zu zerreiben und nachher noch auf einer Glasfläche weiter zu verreiben. Denn es muss ganz feines Mehl sein, und das ist beim Quarz sehr schwer zu erreichen.

Es zeigt die landwirtschaftliche Erfahrung, dass ein gut ernährtes Stück Vieh auch Fettsubstanzen ansetzt. Es muss also eine Beziehung vorhanden sein zwischen der Nahrung und der Aufnahme der Nahrung aus der Atmosphäre heraus?

Beachten Sie nur das, was ich gesagt habe. Ich sagte: Bei der Aufnahme der Nahrung ist das Wesentliche dasjenige, was im Leibe entwickelt wird an Kräften. Von der richtigen Nahrungsaufnahme hängt es ab, ob das Tier genügend Kräfte entwickelt, um die Fähigkeiten zu haben, die Stoffe aus der Atmosphäre heraus aufzunehmen und zu verarbeiten. Es ist das damit zu vergleichen: Wenn man nötig hat, einen engen Handschuh über die Hand zu ziehen, so kann man das nicht durch Stopfen, sondern man sperrt ihn vorher mit Holz aus, man dehnt ihn aus. So ist das auch ein Geschmeidigmachen der Kräfte, die da sein müssen, um aus der Atmosphäre entgegenzunehmen dasjenige, was nicht durch die Nahrung bewirkt wird. Durch die

Nahrungsmittel wird der Organismus geweitet und dadurch fähig gemacht, mehr von der Atmosphäre aufzunehmen. Es kann sogar Hypertrophie dadurch eintreten, wenn man zu viel nimmt. Sie büßt man dann mit einer kürzeren Lebenszeit. Da gibt es etwas, was zwischen Maximum und Minimum in der Mitte liegt.

SECHSTER VORTRAG

Koberwitz, Samstag, 14. Juni 1924

[Meine lieben Freunde!]
Wir werden jetzt im weiteren Fortgange unserer Betrachtungen uns auf manches zu stützen haben, was wir in den vorangehenden Tagen an Einsichten in das Pflanzenwachstum, auch in die tierischen Bildungen gehört haben. Es wird sich darum handeln, dass wir nun wenigstens aphoristisch auch einige von den geisteswissenschaftlichen Vorstellungen vor uns vorüberziehen lassen, die zusammenhängen mit den Pflanzen, mit den pflanzlichen, mit den tierischen Schädlingen der Landwirtschaft und mit demjenigen, was man nennt Pflanzenkrankheiten. Nun lassen sich diese Dinge eigentlich nur betrachten ganz im Konkreten. Und deshalb werde ich auch da, wo man im Allgemeinen wenig sagen kann, weil die Dinge spezialisiert werden müssen, zunächst Beispiele anführen, die dann, wenn sie zum Ausgangspunkt von Versuchen genommen werden, ja auch zu Weiterem führen können. Zunächst möchte ich ausgehen von dem Unkrautwesen oder wie man das so nennt, ich möchte diese Pflanzenschädlinge einmal betrachten.

Sehen Sie, da handelt es sich ja darum, weniger eine Definition des Unkrautes zu bekommen, sondern es handelt sich darum, Einsichten zu bekommen darüber, wie man aus einem gewissen Feldgebiete diejenigen Pflanzen wegbringen kann, welche man dort nicht haben will. Nicht wahr, man hat ja schon manchmal noch solche merkwürdigen Anwandlungen, die man behalten hat aus der Studienzeit. Und da habe ich versucht, wenn auch nicht gerade mit viel Lust, einer solchen Anwandlung nachzugehen und in einigen Schriften aufzusuchen, was man als Definition des Unkrautes hat. Nun habe ich da gefunden, dass die meisten Autoren, die definieren wollen, was das Unkraut ist, sagen: «Unkraut ist alles dasjenige, was an dem Orte, wo man es nicht haben will, wächst.» Sie sehen, es ist eine Definition, die nicht gerade stark in das Wesen der Sache hineinkommt. Und man wird auch nicht gerade viel Glück haben, wenn man auf das Wesen des Unkrautes eingehen will, aus dem einfachen Grunde, weil ja vor dem Forum der Natur das Unkraut gerade so viel Recht hat zu wachsen, wie dasjenige, was man nützlich findet. Man wird sich schon klar werden müssen, dass die Dinge von einem etwas anderen Gesichtspunkte aus gesehen werden müssen, von demjenigen Gesichtspunkte, wie man von einem gewissen Feldgebiete wegkriegt gerade dasjenige, was dort nicht beabsichtigt ist, aber durch den allgemeinen Naturzusammenhang dort wächst. Diese Frage kann man sich gar nicht beantworten anders, als dass man gerade auf diejenigen Dinge Rücksicht nimmt, die wir in den verflossenen Tagen angeführt haben.

Wir haben ja angeführt, wie man streng unterscheiden müsse zwischen denjenigen Kräften, die im Pflanzenwachstum sind, und die aus dem Kosmos zwar stammen, aber vom Kosmos zuerst in die Erde aufgenommen werden und von der Erde aus auf das Pflanzenwachstum wirken. Diese Kräfte, die also im Wesentlichen herstammen aus den kosmischen Einflüssen, wie ich gesagt habe, von Merkur, Venus und dem Monde, aber die nicht direkt von diesen Planeten wirken, sondern auf dem Umwege durch die Erde wirken, diese Kräfte hat man zu berücksichtigen, wenn es sich darum handelt, zu verfolgen dasjenige, was nach einer Mutterpflanze wieder eine Tochterpflanze hervorruft und so weiter. Dagegen wird man in alledem, was die Pflanze aus dem Umkreis von dem Überirdischen hernimmt, zu sehen haben auf das, was die ferneren Planeten übertragen der Luft an Wirkungsmöglichkeiten, und was eben aufgenommen wird auf diese Weise. Im weiteren Sinne aber kann man auch sagen, dass alles das, was von den nahen Planeten an Kräften auf die Erde einwirkt, viel beeinflusst wird von den Kalkwirkungen der Erde, während beeinflusst wird das, was aus dem Umkreis wirkt, von den Kieselwirkungen. Und da ist es dann so, dass wenn die Kieselwirkungen auch von der Erde selbst ausgehen, sie dennoch das vermitteln, was von Jupiter, Mars, Saturn ausgeht, nicht eigentlich dasjenige, was von Mond, Merkur und Venus ausgeht.

Nun ist man ja heute ganz ungewohnt, diese Dinge wirklich zu berücksichtigen. Aber man muss es auch büßen. Und in einem Falle hat man ja in zahlreichen Gegenden der zivilisierten Welt die Unkenntnis des kosmischen Einflusses, sowohl insofern er durch die Luft auf dem Umwege durch das über dem Bodenniveau Liegende wirkt, wie auch [des kosmischen Einflusses] insofern er durch Vermittlung der Erde von unten [hinauf]wirkt, durch diese Einsichtslosigkeit büßen müssen, indem alles ganz erschöpft war, was einmal durch die ältere instinktive Wissenschaft gemacht wurde in Bezug auf solche Dinge; Ihnen allen kann das gleichgültig sein, aber vielen Menschen ist es nicht gleichgültig. Es war der Erdboden erschöpft, die Traditionen waren auch erschöpft – wenn auch die Bauern manchmal nachgeholfen haben –, und so ist über weit ausgebreitete Weinanpflanzungen die Reblaus gekommen. Der Reblaus stand man ziemlich hilflos gegenüber. Ich weiß noch vieles zu erzählen von einer Redaktion einer in den Achtzigerjahren in Wien erschienenen landwirtschaftlichen Zeitung, die von allen Seiten angegangen wurde, sie solle ein Mittel gegen die Reblaus finden, und die ganz ratlos wurde, als dazumal die Reblausplage wirklich akut geworden ist. – Diese Dinge lassen sich eben nicht mit derjenigen Wissenschaft durchgreifend behandeln, die man heute hat; sie lassen sich nur behandeln, wenn man wirklich eingehen kann auf dasjenige, was man wissen kann auf den Wegen, die wir angedeutet haben.

Nun stellen Sie sich einmal vor – schematisch will ich das zeichnen: Das sei das Erdniveau, hier alles das, was aus dem Kosmos herein an Wirkungen von Venus, Merkur und Mond kommt und wiederum zurückstrahlt, sodass es von unten nach oben wirkt. Und dieses, was auf diese Weise in der Erde zur Wirksamkeit kommt – ich will es wiederum schematisch zeichnen –, das bringt die Pflanzen so zur Wirksamkeit, dass sie zunächst das bilden, was in einem Jahre wächst, dann den Samen bilden. Aus dem Samen kommt dann wie-
Tafel 6, Mitte gelb derum die neue Pflanze, die dritte Pflanze und so weiter. Es geht das alles in die Reproduktionskraft, in die Generationenfolge hinein, was auf diesem Wege kommt.

Dagegen alles dasjenige, was auf einem anderen Wege kommt, der da liegt über dem Niveau der Erde, kommt von den anderen Kräften, von den fernen Planetenkräften. Das kann man schematisch so zeichnen, dass ich sage: Das ist hier, was sich nun in der Pflanze umsetzt dadurch, dass sie sich im Umkreis ausbreitet, was sie dick und fett aussehend macht, was wir als Nahrungsmittel wegnehmen, weil es ein kontinuierlicher Strom immer von Neuem bildet. Tafel 6, Mitte rot

Was wir ablösen zum Beispiel vom Apfel, vom Pfirsich, was wir dann essen als Fruchtfleisch, all das rührt her von diesen erdfernen Planetenwirkungen. Nun aber geht gerade aus diesen Einsichten hervor, wie man sich verhalten muss, wenn man in irgendeiner Weise das Pflanzenwachstum beeinflussen will. Nicht auf eine andere Art lässt sich eine Einsicht darüber gewinnen, wie man das Pflanzenwachstum beeinflussen will, als dadurch, dass man eben Rücksicht nimmt auf diese verschiedenen Kräfte.

Nun hat zunächst auf eine große Anzahl von Pflanzen, und das sind vor allen Dingen diejenigen Pflanzen, die man so im gewöhnlichen Leben zu den Unkräutern rechnet, die manchmal außerordentlich starke Heilpflanzen sind – gerade unter den Unkräutern suchen wir die stärksten Heilpflanzen –, auf diese Pflanzen hat nun den größten Einfluss dasjenige, was man die Mondenwirkungen nennen kann.

Von dem Monde weiß man im gewöhnlichen Leben, dass er die Sonnenstrahlen in seiner Oberfläche aufnimmt und sie auf die Erde hinwirft. Wir sehen ja dadurch, dass wir es auffangen mit unseren Augen – und die Erde fängt ja auch diese Mondenstrahlen auf – die zurückgeworfenen Sonnenstrahlen. Es sind also die Sonnenstrahlen, die auf diese Weise zurückgeworfen werden, die aber vom Mond mit seinen Kräften durchströmt werden, die also gerade als Mondenkräfte auf die Erde kommen, seit der Mond sich von der Erde getrennt hat. Im Kosmos wirkt gerade diese Mondenkraft verstärkend auf alles Irdische. – Als der Mond noch mit der Erde vereint war, war ja das Irdische viel mehr ein Lebendiges, viel mehr ein Fruchtendes. Ein so stark Mineralisches, wie wir es heute haben, gab es eigentlich in jener Zeit nicht, als der Mond noch mit der Erde vereint war. – Aber nachdem der Mond sich von der Erde getrennt, wirkt er so, dass der gewöhnliche Zustand dieser Erde, der gerade hinreicht, um Wachstum bei den Lebewesen zu bewirken, dadurch verstärkt wird, sodass das Wachstum sich steigern kann zur Reproduktion.

Wenn ein Wesen wächst, wird es groß. Da ist dieselbe Kraft tätig, die auch bei der Fortpflanzung tätig ist. Nur kommt es nicht so weit beim Wachsen, dass ein Wesen gleicher Art entsteht. Es entsteht Zelle auf Zelle nur, es ist ein schwächeres Fortpflanzen, ein Fortpflanzen, das innerhalb des Wesens stehen bleibt; und das Fortpflanzen ist ein stärkeres Wachsen. Die Erde selbst kann nun gerade das schwache Fortpflanzen, das Wachstum vermitteln, aber ohne den Mond vermag sie nichts über das verstärkte Wachstum. Da braucht sie eben einfach dasjenige, was an kosmischen Kräften durch den Mond und bei besonderen Pflanzen auch durch Merkur und Venus auf die Erde hereinscheint. Ich sagte vorhin, man stellt sich vor, der Mond nimmt nur die Sonnenstrahlen auf und wirft sie herein über die Erde. Man sieht also eigentlich bei der Mondenwirkung nur auf das Sonnenlicht hin. Aber das ist nicht das Einzige, was auf die Erde kommt. Mit den Mondenstrahlen kommt nun auch der ganze reflektierte Kosmos auf die Erde. Alles, was auf den Mond hinwirkt, wird wieder zurückgestrahlt. So wird auch der ganze Sternenhimmel, ohne dass man auch dieses mit den heutigen physikalischen Methoden dem heutigen Menschen nachweisen kann, in einer gewissen Weise vom Mond auf die Erde zurückgestrahlt. Es ist schon eine starke und sehr organisierende kosmische Kraft, die da vom Mond heruntergestrahlt wird in die Pflanzen, damit der Pflanze auch mit Bezug auf das Samenhafte gedient werden kann, damit sich die Wachstumskraft erhöht zur Fortpflanzungskraft.

Nun, das alles ist für eine Gegend der Erde aber nur dann da, wenn diese Gegend Vollmond hat. Wenn diese Gegend Neumond hat, so genießt sie die Wohltat des Mondeneinflusses nicht. Es hält nur an in den Pflanzen während des Neumondes, was sie aufgenommen haben zur Zeit des Vollmondes. Man würde schon auch dadurch Bedeutsames erreichen können, wenn man überhaupt studierte, wie weit man kommt, wenn man schon, sagen wir, bei der Aussaat für die allererste Keimestätigkeit in der Erde den Mond benützen würde, wie es die alten Inder getan haben bis ins neunzehnte Jahrhundert hinein, die nach den Mondphasen gesät haben. Aber so grausam ist ja die Natur nicht, dass sie den Menschen schon straft für die geringe Unaufmerksamkeit und Unhöflichkeit, die er dem Mond zuteil werden lässt beim Säen, beim Ernten. Also Vollmond haben wir ja zwölfmal im Jahre; das reicht aus, dass die Vollmondwirkungen, das heißt die die [Befruchtung] befördernden [Vollmond-]Kräfte, genügend da sind. Und wenn halt einmal irgendetwas, was zur Befruchtung beiträgt, statt bei Vollmond, bei Neumond vorgenommen wird, so wartet es eben in der Erde bis zum nächsten Vollmond, setzt sich da über die menschlichen Irrtümer hinweg und richtet sich nach der Natur. Das reicht durchaus aus für die Benutzung des Mondes durch die Menschen, ohne dass sie eine Ahnung davon haben. Aber weiter kommt man auch damit nicht.

Denn sehen Sie, so behandelt, fordern die Unkräuter ebenso ihr Recht wie die Kräuter, und man kriegt alles durcheinander, weil man gar nicht in den Kräften drinnen steht, die das Wachstum regeln. Man muss sich hineinstellen in diese Kräfte, die das Wachstum regeln. Da kann man wissen: Mit der voll entwickelten Mondeskraft wird gewirkt für die Reproduktion, für die Fortpflanzung alles Pflanzlich-Lebendigen. Für das also, was von der Wurzel bis hoch hinauf in die Samenbildung heraufstößt, wird gewirkt. Nun werden wir ja die besten Unkräuter bekommen, wenn wir den wohltätigen Mond auf unsere Unkräuter wirken lassen, ihn in seiner Wirkung gar nicht aufhalten. Denn die Unkräuter werden sich dadurch, dass es ja auch nasse Jahre gibt, wo die Mondenkräfte besser wirken als in trockenen, diese Unkräuter werden sich fortpflanzen und dadurch vermehren. Tafel 6, rechts oben

Rechnet man aber mit diesen kosmischen Kräften, so wird man sich ja Folgendes sagen: Unterbindet man die volle Mondenwirkung bei den Unkräutern, lässt man auf die Unkräuter nur das wirken, was von außen hereinwirkt, daher nicht Mondenwirkung ist, was direkt wirkt, so setzt man ihrer Fortpflanzung eine Grenze. Sie können sich dann nicht fortpflanzen. Nun handelt es sich darum, dass man den Erdboden so behandelt – da man ja den Mond nicht abstellen kann –, dass die Erde ungeneigt wird, die Mondenwirkungen aufzunehmen; und nicht nur die Erde kann ungeneigt werden, die Mondenwirkungen aufzunehmen, sondern es können auch die Pflanzen, diese Unkräuter, eine gewisse Scheu dafür bekommen, in einer in einem gewissen Sinne behandelten Erde zu wachsen. Wenn wir das erreichen, so haben wir das, was wir wollen. Wir sehen, wie das Unkraut kommt in einem Jahre. Da müssen wir halt die Sache mal hinnehmen, nicht erschrecken, sondern uns sagen, nun heißt es eingreifen. Jetzt aber sammeln wir von diesem Unkraut eine Anzahl von Samen, dasjenige also, worin sich die Kraft, von der ich gesprochen, zuletzt abgeschlossen hat. Wir zünden uns nun eine Flamme an – eine einfache Holzflamme ist am besten – und verbrennen diese Samen und sammeln sorgfältig alles, was sich als Asche ergibt. Wir verschaffen uns verhältnismäßig wenig auf diesem Wege von dieser Asche. Aber wir haben ja jetzt buchstäblich bei denjenigen Pflanzen, die wir so behandelt haben, indem wir den Samen haben durchs Feuer gehen lassen, in Asche verwandelt haben, in der Asche konzentriert die entgegengesetzte Kraft von dem, was entwickelt wird in der Anziehung der Mondenkräfte. Streuen wir nun – wir brauchen gar nicht besonders sorgfältig vorzugehen, da die Dinge im großen Umkreise wirken – dieses kleine Präparat, was wir auf diese Weise aus den verschiedensten Unkräutern uns verschafft haben, auf unseren Acker, dann werden wir schon im zweiten Jahre sehen, wie weit weniger von der Unkrautart da ist, die wir so behandelt haben. Es wächst nicht mehr so stark, und da ein Zyklus von vier Jahren in der Natur für sehr viele Dinge vorhanden ist, so werden wir sehen, dass nach dem vierten Jahre das betreffende Unkraut, das wir jährlich so behandeln, indem wir diesen Pfeffer ausstreuen, auf diesem Acker aufhört zu sein.

Sehen Sie, da hat man dann tatsächlich die Wirkung kleinster Entitäten, die ja nun durch das Biologische Institut wissenschaftlich nachgewiesen ist, fruchtbar gemacht. Man könnte auf diese Weise tatsächlich außerordentlich viel erreichen, und Sie können jetzt überhaupt, wenn Sie mit diesen Dingen rechnen bei Ihrem Vorgehen, wenn Sie also tatsächlich die Wirkungen, die heute ganz unberücksichtigt bleiben, in Rechnung ziehen, außerordentlich viel in der Hand haben. Sie können jetzt wirklich dasjenige, was Sie an Löwenzahn brauchen in der Richtung, wie ich das gestern auseinandergesetzt habe, irgendwo anpflanzen, können aber auch noch diesen Löwenzahn so verwenden in Bezug auf seinen Samen, dass Sie dieses Brennexperiment mit ihm machen, sich den kleinen Pfeffer bereiten und ihn über ihren Acker ausstreuen. Dann werden Sie das erreichen, dass Sie den Löwenzahn hinsetzen können, wohin Sie wollen, aber dass derjenige Acker, den Sie mit dem so verbrannten Löwenzahn behandeln Ihnen ungeschoren bleibt von diesem Löwenzahn.

Das sind eben Dinge – man glaubt es heute nicht –, die früher einmal aus einer instinktiven Agrikulturweisheit beherrscht worden sind. Da hat man können in begrenzten Gebieten zusammenpflanzen dasjenige, was man gewollt hat, weil man solche Dinge instinkthaft ehemals gemacht hat. Ich kann in all diesen Dingen Angaben geben, aus denen Sie sehen können, sie können der Ausgangspunkt sein, diese Dinge in wirklicher Praxis anzuwenden, richtig in Praxis anzuwenden. Und da heute schon einmal das Urteil – ich will es nicht Vorurteil nennen – besteht, alles muss nachträglich verifiziert werden, nun gut, dann versuche man es, diese Dinge zu verifizieren. Man wird schon sehen, wenn man die Experimente richtig macht, sie werden sich schon bewahrheiten. Nur, würde ich selber eine Wirtschaft haben, so würde ich nicht warten auf das Bewahrheiten, sondern ich würde die Sache gleich anfangen. Denn ich bin ganz sicher, dass die Sache geht. Denn für mich liegt die Sache so: Geisteswissenschaftliche Wahrheiten sind durch sich selbst wahr. Man braucht nicht ihre Bewahrheitung durch andere Umstände, durch äußerliche Methoden. Diese Fehler haben alle unsere Wissenschafter gemacht, dass sie hinschauten auf äußere Methoden, durch äußere Methoden diese Wahrheiten verifizieren wollten. Sie haben das auch gemacht innerhalb der Anthroposophischen Gesellschaft. Da hätten die Leute aber wissen sollen, dass die Dinge durch sich wahr sein können. Aber um heute etwas zu erreichen, muss man nach außen schon dieses verifizieren, einen Kompromiss vornehmen, da ist der Kompromiss notwendig. Im Prinzip ist es nicht notwendig. Denn wie weiß man denn die Dinge innerlich? Man weiß sie so, dass sie eben innerlich durch ihre Qualität feststehen, so feststehen, wie ungefähr feststeht, wenn ich irgendetwas durch fünfzig Leute fabrizieren lasse, und ich sage mir, ich will jetzt dreimal so viel produzieren, ich nehme hundertfünfzig Leute. Da kann nun ein Vorwitziger kommen und sagen: Das glaube ich nicht, dass hundertfünfzig dreimal so viel machen, das muss man erst ausprobieren. Es kann nun unter Umständen geschehen, dass man durch die Erfahrung desavouiert wird, wenn man jetzt wirklich experimentiert. Sagen wir, man würde irgendetwas, was da in Betracht kommt, erst durch einen, dann durch zwei, dann durch drei arbeiten lassen. Jetzt stellt man fest, statistisch, was die drei gearbeitet haben. Nun, wenn die drei immer für sich gerade schwätzen, so arbeiten sie weniger als einer. Die Voraussetzung, die man gemacht hat, ist falsch. Das Experiment kann das Gegenteil erweisen. Aber es ist noch nichts ausgemacht, wenn ein Experiment das Gegenteil erweist. Man muss dann schon, wenn man ganz exakt vorgeht, auch die Gegeninstanz ganz genau ins Auge fassen. Dann wird sich das, was innerlich wahr ist, auch äußerlich bestätigen.

Man könnte also mehr im Allgemeinen sprechen bei den Pflanzenschädlingen unserer Felder. Man wird nicht so stark im Allgemeinen sprechen können, wenn man zu den tierischen Schädlingen kommt. Da möchte ich zunächst einmal ein Beispiel auswählen, das besonders charakteristisch sein kann, um Versuche zu machen, zu sehen, wie sich solche Dinge auch bewähren.

Nehmen wir da einmal einen besonders guten Freund des Landmannes, die Feldmaus. Diese Feldmaus, was will man nicht alles machen, was macht man nicht alles, um die Feldmaus zu bekämpfen! Man kann es in landwirtschaftlichen Werken lesen, dass man ja zunächst einmal allerlei Phosphorpräparate gut anwendet, dass man andere Dinge, das Strychnin-Sacharin-Präparat anwendet. Es ist sogar aufgetaucht die etwas radikale Bekämpfung, der Feldmaus den Typhus anzuzüchten, was man kann, wenn man gewisse Bazillen, die nur für Nagetiere schädlich sind, hineingibt in Kartoffelbrei, den man in entsprechender Weise verteilt. Auch diese Dinge sind gemacht worden, oder wenigstens werden sie empfohlen. Also auf allen möglichen Gebieten sucht man diesen doch eigentlich sehr treuherzig ausschauenden Tierchen durch eigentlich sehr wenig menschlich ausschauende Maßnahmen beizukommen, wenn sie einmal da sind. Nun ja, ich glaube, sogar der Staat wird in Bewegung gesetzt, weil nämlich es, wenn man so die Mäuse bekämpft, nichts hilft, wenn nicht der Nachbarbauer das auch tut. Da kommen sie dann von dem anderen Acker herüber, und so muss der Staat dann zu Hilfe gerufen werden, damit alle gezwungen werden, in einer bestimmten Weise die Mäuse zu vertreiben. Der Staat lässt sich ja nicht auf Modifikationen ein; der macht seinerseits seine Vorschriften, wenn er irgendeine Methode richtig findet, ganz gleichgültig, ob es richtig ist oder nicht, sodass sie jeder machen muss. Er muss es auf bekannte Weise tun: Es muss alles uniformiert werden – die Uniform ist ja das Ideal des Staates.

Nun ja, also, das alles, sehen Sie, ist ja ein Von-außen-Herumprobieren und -Herumregieren. Und man hat immer so das Gefühl, recht wohl wird es den Probierern doch nicht bei der Sache, weil die Mäuse immer wieder kommen. Es wird ihnen nicht ganz wohl, die Mäuse kommen immer wieder zurück. Nun handelt es sich allerdings da um etwas, was man schon auch nicht gerade einzig und allein auf einem Gute anwenden kann, was aber sogar schon in einer gewissen Weise auf einem Gute helfen kann. Es wird nicht ganz durchführbar sein, man wird auch da durch Einsicht so wirken müssen, dass es die Nachbarn machen, aber ich behaupte, in der Zukunft wird man überhaupt viel mehr auf Einsichten sehen müssen als auf Polizeimaßnahmen. Das wird ein wirklicher Fortschritt in unserem sozialen Leben schon sein.

Denken Sie sich einmal, wenn man eine ziemlich junge Maus abfängt, da kann man sie häuten und kann die Haut von der ziemlich jungen Maus nehmen. Nun handelt es sich darum, dass man diese Haut – so viel Mäuse sind immer da, es müssen allerdings Feldmäuse sein, wenn man das Experiment machen will –, dass man diesen Balg der Feldmaus sich verschafft in der Zeit, wo die Venus im Zeichen des Skorpions steht. Sehen Sie, diese alten Kerle mit der instinktiven Wissenschaft waren gar nicht so dumm. Da, wo wir übergehen von der Pflanze zu den Tieren, kommen wir gerade auch auf den Tierkreis. Denn dieser Tierkreis ist nicht in unsinniger Weise der Tierkreis genannt. Will man in der Pflanzenwelt irgendetwas erreichen, so kann man stehen bleiben beim Planetensystem. Beim Tier geht das nicht mehr. Da braucht man schon Vorstellungen, die Rücksicht nehmen auf die umliegenden Fixsterne, namentlich diejenigen Fixsterne, die im Tierkreis vorhanden sind.

Nun, beim Pflanzenwachstum reicht die Mondenwirkung fast ganz aus, um die Reproduktion hervorzubringen. Beim Tierreich muss die Mondenwirkung unterstützt werden von der Venuswirkung. Die Mondenwirkung braucht nicht einmal gar so stark beim Tierreich ins Auge gefasst zu werden, weil das Tierreich die Mondenkräfte konserviert, in sich behält und sich emanzipiert vom Mond. In diesem Tierreich ist also auch die Mondeskraft dann entwickelt, wenn nicht gerade Vollmond ist. Das Tier trägt die Vollmondkraft in sich, emanzipiert sich der Zeitbestimmung nach. Das ist aber nicht der Fall mit Bezug auf dasjenige, was wir hier ausführen müssen, nicht der Fall mit Bezug auf die übrigen planetarischen Kräfte.

Denn es handelt sich darum, dass wir mit dem Balg der Maus etwas ganz Bestimmtes ausführen. Wir verschaffen uns zur Zeit des Stehens der Venus im Zeichen des Skorpions diesen Mäusebalg und verbrennen da diesen Mäusebalg, nehmen sorgfältig dasjenige, was sich da jetzt entwickelt durch das Verbrennen [an] Asche, überhaupt an Bestandteilen, die herausfallen – es wird nicht viel sein, aber wenn man eben eine Anzahl von Mäusen hat, so ist es genügend, so ist es genug, was man da bekommt; und man bekommt jetzt den verbrannten Mäusebalg zur Zeit, als die Venus im Skorpion steht. Und in dem, was da durch das Feuer vernichtet wird, bleibt jetzt übrig die negative Kraft gegenüber der Reproduktionskraft der Feldmaus. Wenn Sie nun den auf diese Weise gewonnenen Pfeffer – die Dinge werden ja auf gewissen Gebieten schwierig, da können Sie sich die Sache noch mehr homöopathisch machen, wir brauchen nicht einen ganzen Suppenteller voll Pfeffer – ausstreuen auf Ihre Felder, wenn er richtig bei der Hochkonjunktion von Venus und Skorpion durch das Feuer hindurchgeleitet worden ist, so werden Sie darin ein Mittel haben, dass die Mäuse dieses Feld meiden. Nun sind sie freche Tiere, sie kommen wieder hervor, wenn der Pfeffer so ausgestreut ist, dass in der Nähe etwas pfefferlos geblieben ist. Da nisten sie sich wieder ein. Das heißt, die Wirkung strahlt weit aus, aber es könnte ja doch geschehen, dass die Dinge nicht ganz durchgeführt werden.

Aber es ist ganz gewiss eine radikale Wirkung, wenn in der ganzen Nachbarschaft dasselbe gemacht wird. Ich glaube, an solchen Dingen könnte man sogar viel Freude haben. Es würde einem können durch solche Dinge die Landwirtschaft so schmecken, wie eine gewisse Speise schmeckt, wenn man sie ein wenig gepfeffert hat.

Und sehen Sie, es handelt sich darum, dass man ja auf diese Weise wirklich dahin kommt, ohne irgendwie im Geringsten abergläubisch zu sein, mit den Sternenwirkungen zu rechnen. Es ist nur eben so, dass vieles sich später in bloßen Aberglauben verwandelt, was ursprünglich ein Wissen war. Natürlich kann man nicht den Aberglauben aufwärmen. Man muss wiederum von einem Wissen ausgehen; aber dieses Wissen, das muss nun durchaus erworben werden auf eine geistige Art, und nicht bloß auf eine physisch-sinnliche Art. Nun, so behandelt wird die Erde, wenn man den Kampf aufnehmen will gegen alles dasjenige Ungeziefer des Feldes, was in irgendeinem Sinne zu den höheren Tieren gerechnet werden kann. Mäuse sind Nagetiere, die zu den höheren Tieren gerechnet werden. Dagegen wird man auf diesem Wege nicht gut den Insekten beikommen können; denn die Insekten stehen unter ganz anderen kosmischen Einflüssen, und alles das, was niederes Getier ist, steht unter anderen kosmischen Einflüssen als die höheren Tiere.

Nun möchte ich einmal auf dünnes Eis treten und möchte im Zusammenhang mit der Sache, die wir auseinandergesetzt haben, als Beispiel anführen die Rübennematode, damit man etwas Naheliegendes auch haben kann. [Ich will nicht sagen der Nematode, aber der Rübe.] Da entdeckt man den sogenannten Ursprung in den bekannten Anschwellungen der Faserwurzel, und auch, dass die Blätter schlaff bleiben am Morgen. Das ist das äußere Zeichen. Nun muss man sich klar darüber sein, dass dieses Mittlere – die Blätter, die also hier eine Veränderung erfahren – aus der Luft die kosmischen Wirkungen aufnimmt, dass aber die Wurzeln die Kräfte aufnehmen, die durch die Erde aus dem Kosmos in die Pflanze zurückkommen.

Was geschieht nun, wenn die Nematode auftritt? Wenn sie auftritt, dann geschieht das, dass der Aufnahmeprozess von den kosmischen

Kräften, der eigentlich sonst in der Region der Blätter sein sollte, heruntergedrückt wird in die Region, wo er dann an die Wurzeln herankommt.

Tafel 6, links Schematisch gezeichnet: Wenn wir hier das Erdniveau haben, und wir hier haben die Pflanze, so wirken diejenigen kosmischen Kräfte, die oben wirken sollen, bei der nematodenbesetzten Pflanze hier unten. Das ist die eigentliche Erscheinung, um die es sich hier handelt. Es rutschen gewisse kosmische Kräfte zu tief herunter. Dadurch wird auch die ganze äußere Erscheinung der Pflanze hervorgerufen. Dadurch wird aber dem Tier die Möglichkeit gegeben, innerhalb der Erde, wo es leben muss, die kosmischen Kräfte zu haben, von denen es leben muss. Sonst müsste es oben leben in den Blättern – die Nematode ist ein drahtartiger Wurm –, da kann sie aber nicht leben, weil wieder die Erde ihr Milieu ist.

Gewisse Lebewesen, ja alle Lebewesen, haben schon einmal die Eigentümlichkeit, dass sie nur innerhalb gewisser Grenzen des Seins leben können. Versuchen Sie es einmal, zu leben in einer Luft, die siebzig Grad Celsius warm ist, in einer Luft, die siebzig Grad Celsius kalt ist. Sie sind ganz darauf angewiesen, in einer bestimmten Temperatur zu leben. Über diesem und unter diesem Niveau können Sie nicht mehr leben. Das kann die Nematode auch nicht. Sie kann nicht leben, wenn nicht die Erde da ist, zu gleicher Zeit [nicht auch] kosmische Kräfte da sind. Denn sonst müsste sie aussterben. Es sind immer ganz bestimmte Bedingungen für ein Lebewesen da. Auch das ganze Menschengeschlecht müsste aussterben, wenn nicht gewisse Bedingungen da sind. Nun, gerade bei denjenigen Wesen, die sich auf diese Art entwickeln, ist es wichtig, dass Kosmisches hineinkommt in die Erde, dasjenige Kosmische, das sich sonst bloß im Umkreis der Erde geltend machen sollte. Diese Wirkungen sind eigentlich vierjährig. Nun haben wir bei der Nematode etwas stark Abnormes, was man, wenn es einem auf die Erkenntnis ankommt, auch untersuchen kann – es sind ganz dieselben Kräfte –, wenn man die Engerlingslarven ins Auge fasst, die alle vier Jahre kommen. Es sind ganz dieselben Kräfte, die der Erde die Fähigkeit geben wollen, die Keime der Kartoffel zur Entwicklung zu bringen. Ganz dieselben

Kräfte erlangt die Erde zur Bildung der Engerlinge, die alle vier Jahre zusammen mit den Kartoffeln auftreten. Das gibt einen vierjährigen Zyklus, wenn das gerade auftritt, nicht bei der Nematode, aber in dem, was wir machen müssen, um der Nematode entgegenzuarbeiten.

Da müssen Sie nun nicht nehmen irgendeinen Teil des Insekts wie bei der Maus, sondern Sie müssen das ganze Insekt nehmen. Denn eigentlich ist solch ein Insekt, das in der Wurzel sich schädlich ansetzt, als Ganzes ein Ergebnis kosmischer Einwirkungen. Es braucht nur zu seiner Unterlage die Erde. Da müssen Sie das ganze Insekt verbrennen. Es ist das beste, es zu verbrennen. Man kommt am schnellsten zu Rande. Man könnte es auch verwesen lassen, aber es ist schwer, die Verwesungsprodukte zu sammeln – man würde vielleicht Gründlicheres erreichen; aber man erreicht ganz sicher auch dasjenige, was man will, durch das Verbrennen des ganzen Insektes. Es handelt sich darum, diese Verbrennung herbeizuführen. Man kann ja, wo es möglich ist, das Insekt aufbewahren, das Aufbewahrte als Getrocknetes dann verbrennen. Diese Verbrennung muss herbeigeführt werden, wenn die Sonne im Zeichen des Stieres steht, gerade entgegengesetzt den Konstellationen, wo die Venus stehen muss [im Skorpion], wenn man den Mäusebalgpfeffer herstellt. Denn die Insektenwelt hängt ganz zusammen mit den Kräften, die sich entwickeln, wenn die Sonne durchgeht durch Wassermann, Fische, Widder, [Stier], Zwillinge bis zum Krebs hin; da erscheint es ganz schwach, wiederum schwach wird es beim Wassermann. Indem die Sonne durch diese Region durchgeht, strahlt sie diejenigen Kräfte, die mit der Insektenwelt zusammenhängen.

Man weiß ja gar nicht, was die Sonne für ein spezialisiertes Geschöpf ist. Die Sonne ist eigentlich nicht dasselbe, ob sie vom Stier her auf die Erde scheint im Jahres- oder Tageslaufe, oder ob sie scheint vom Krebs aus und so weiter. Sie ist immer etwas anderes. Und es ist sogar ein ziemlicher Unsinn, den man aber verzeihen kann, von der Sonne im Allgemeinen zu sprechen. Man sollte eigentlich sagen: Widdersonne, Stiersonne, Krebssonne, Löwensonne und so weiter. Das ist immer ein ganz anderes Wesen, und das richtet sich sowohl nach – es kommt eine kombinierte Wirkung heraus – dem täglichen

Lauf, wie nach dem Jahreslaufe, [der] bestimmt [wird] durch das Stehen der Sonne im Frühlingspunkte. Sehen Sie, wenn Sie das machen und sich auf diese Weise wieder den Insektenpfeffer verschaffen, dann können Sie den über ein Rübenfeld ausbreiten, und die Nematoden wird nach und nach eine Ohnmacht überkommen. Nach dem vierten Jahre wird man ganz sicher diese Ohnmacht sehr wirksam finden. Sie können nicht mehr leben, sie scheuen das Leben, wenn sie leben sollen in einer Erde, die in dieser Weise durchpfeffert ist.

Sehen Sie: Da taucht ja auf vor uns in einer ganz merkwürdigen Weise dasjenige, was man früher als Sternkunde bezeichnete. Die Sternkunde, die man heute hat, dient ja nur noch als mathematische Orientierung. Zu sonst anderem kann sie ja eigentlich nicht mehr gebraucht werden. Aber das war nicht die Sternkunde zu allen Zeiten, sondern man hat schon gesehen in den Sternen etwas, wonach man sich für das irdische Leben und Treiben und Arbeiten richten konnte. Diese Wissenschaft ist nun ganz und gar verloren gegangen.

Nun sehen Sie, auf diese Weise haben wir also auch nun eine Möglichkeit, Tierisches an Schädlichkeiten fernzuhalten, und es kommt schon darauf an, dass man mit der Erde in ein solches Verhältnis kommt, dass man weiß, dass es auf der einen Seite richtig ist, dass die Erde die Fähigkeit bekommt, namentlich durch die Mond- und Wasserwirkungen Pflanzliches aus sich heraus hervorzubringen. Aber dasjenige, was in der Pflanze ist, was in jedem Wesen ist, trägt auch den Keim zu seiner eigenen Vernichtung in sich. So, wie das Wasser auf der einen Seite ist ganz und gar ein Erfordernis des Fruchtbaren, so ist das Feuer ein Zerstörer der Fruchtbarkeit. Es zehrt die Fruchtbarkeit auf. Wenn Sie daher dasjenige vom Feuer in entsprechender Weise behandeln lassen, was sonst durch das Wasser behandelt wurde zur Fruchtbarkeit – das Pflanzliche –, so schaffen Sie innerhalb des Haushalts der Natur eben Vernichtung. Das ist das, was man da berücksichtigen muss. Ein Same entwickelt Fruchtbarkeit weithin durch das monddurchtränkte Wasser. Ein Same entwickelt weithin Zerstörungskraft durch das sonnendurchtränkte Feuer und überhaupt kosmisch durchtränktes Feuer, wie wir das nach dem letzten Beispiel gesehen haben.

Sehen Sie, so furchtbar absonderlich erscheint die Sache nicht, dass man da rechnet mit großen Ausbreitungskräften, wobei man in ganz exakter Weise darauf aufmerksam macht, dass da noch die Zeit wirkt. Denn die [Samenausbreitung] wirkt ja nach der [Zeit] hin. Sie wirkt daher auch in der Vernichtungskraft weithin.

[Es gibt ja schon eine solche Erzählung, dass einer, der ein besonderer Eier-Gourmand war, dass der ein Ei isst und sich vorstellt, er isst die Henne mit. Die hätte aus diesem Ei kommen können. Nun ja, eine Henne. Aber jetzt stellt er sich weiter vor, wie dieses Huhn, diese Henne hätte wieder Eier legen können. All diese Eier hat er mitgegessen. Aber auch all die Hühner, die aus diesem Ei kommen, hat er mitgegessen. Das würde schon eine ganz (*unleserlich*)]

Sie sehen also, dasjenige, was im Samen liegt, hat ausbreitende Kraft. Es ist ihm eigen, ist ihr eigen, ausbreitende Fähigkeit zu haben. So hat dasjenige, was wir auf diese Weise als Pfeffer machen, durchaus ausbreitende Kraft. Ich nenne es Pfeffer nur wegen des Aussehens. Die Dinge sehen meist so wie Pfeffer aus.

Es bleibt nun noch übrig, die sogenannten Pflanzenkrankheiten zu betrachten. Sehen Sie, da kommt man in ein Kapitel, das ja so ist, dass man sagen muss, so im rechten Sinne kann man eigentlich nicht von Pflanzenkrankheiten sprechen. Die Vorgänge mehr abnormer Natur, die als Pflanzenkrankheiten vorkommen, sind nicht in demselben Sinne Krankheiten wie die bei den Tieren. Wenn wir das Tierreich besprechen werden, werden wir den Unterschied noch genauer begreifen. Es sind vor allen Dingen nicht solche Vorgänge wie die im kranken Menschen. Denn eine eigentliche Krankheit ist ohne das Vorhandensein eines astralischen Leibes nicht möglich. Der astralische Leib hängt im tierischen oder menschlichen Wesen durch den Ätherleib mit dem physischen Leib zusammen. Und da gibt es eine gewisse Normalität. Es ist eine ganz bestimmte Art Zusammenhang, eben die normale. Wenn nun der astralische Leib intensiver mit dem physischen Leib oder mit irgendeinem Organ des physischen Leibes zusammenhängt, als er normalerweise zusammenhängen sollte, wenn also der Ätherleib nicht eine genügende Auspolsterung ist, sondern der astralische Leib sich stärker in den physischen Leib hineindrängt, da entstehen die meisten Krankheiten. Nun, die Pflanze hat nicht einen eigentlichen Astralleib in sich. Daher tritt diese spezifische Weise des Kranken, das im Tierischen und im Menschen auftritt, bei der Pflanze nicht auf. Dessen muss man sich durchaus bewusst sein.

Nun handelt es sich darum, Einsicht zu gewinnen, was eigentlich die Erkrankung der Pflanzen bewirken kann. Nun werden Sie aus meiner ganzen Darstellung gesehen haben: Die in der Umgebung des Pflanzlichen befindliche Erde hat ein bestimmtes Leben, und mit diesem Leben sind eigentlich auch in der Erde, wenn auch nicht bis zu der Intensität, dass die Pflanzenform zum Vorschein kommt, aber doch mit einer gewissen Intensität in der Pflanzenumgebung vorhanden alle möglichen Wachstumskräfte, leise angedeutete Fortpflanzungskräfte, und auch alles das, was auf diese Weise gerade in der Erde wirkt unter dem Einfluss der Vollmondkräfte, die durch das Wasser vermittelt werden.

Sehen Sie, da haben Sie eine ganze Menge bedeutsamer Zusammenhänge: Sie haben die Erde, Sie haben ausgefüllt die Erde vom Wasser. Sie haben den Mond. Der Mond macht die Erde dadurch, dass er seine Strahlungen in sie hineinströmen lässt, bis zu einem gewissen Grade in sich lebendig, erweckt Wellen und Weben in ihr im Ätherischen. Er kann das leichter machen, wenn die Erde vom Wasser durchsetzt ist. Er kann es schwerer machen, wenn sie trocken ist. Daher ist das Wasser auch eigentlich nur der Vermittler. Dasjenige, was lebendig gemacht werden muss, ist schon die Erde selber, das Feste, Mineralische. Das Wasser ist ja auch etwas Mineralisches. Eine scharfe Grenze ist natürlich nicht da. So müssen wir also in dem Boden drinnen auch die Mondenwirkungen haben.

Tafel 6, rechts

Nun können in dem Erdboden drinnen die Mondenwirkungen zu stark werden. Das kann sogar auf eine sehr einfache Weise geschehen. Denken Sie einmal an einen recht nassen Winter, dem auch ein recht nasser Frühling folgt. Da wird zu stark die Mondenkraft in das Erdige hineingehen; die Erde wird zu stark belebt. Da haben wir also eine zu starke Belebung der Erde. Ich will das andeuten dadurch, dass ich rote Pünktchen mache, wenn eine zu stark vom Monde belebte Erde da ist. Alsdann sehen wir, wenn die roten Pünktchen nicht da wären, wenn also diese Erde nicht zu stark vom Mond belebt wäre, so würde darauf wachsen Pflanzliches, das sich normal entwickelt bis zum Samen hin, also, sagen wir, Korn bis zum Samen hin, wenn gerade die richtige Lebendigkeit der Erde durch den Mond erteilt wird. Dann wirkt hinauf diese Lebendigkeit, dass gerade dieser Same zustande kommt.

Nehmen wir aber an, die Mondenwirkung sei zu stark, die Erde sei zu stark belebt, dann wirkt es von unten herauf zu stark, und dasjenige, was eintreten sollte erst in der Samenbildung, das tritt schon früher ein. Es reicht gerade, wenn es stark wird, nicht aus, um nach oben zu kommen, sondern es wirkt durch seine Intensität mehr unten. Die Mondenwirkung bewirkt dann, dass die Samenbildung nicht Kraft genug hat. Der Same wird etwas von absterbendem Leben in sich bekommen, und durch dieses absterbende Leben bildet sich gewissermaßen über dem ersten Erdboden, über dem ersten Niveau ein zweites Niveau. Da ist zwar nicht Erde, aber dieselben Wirkungen sind da, sind drüber. Die Folge davon ist, dass der Same der Pflanze, das Obere der Pflanze, wird eine Art Boden für andere Organismen. Parasiten, Pilzbildungen treten auf. Allerlei Pilzbildungen treten auf. Und wir sehen die Brandkrankheiten der Pflanzen und dergleichen auf diesem Wege sich bilden. Da wird durch eine zu starke Mondenwirkung von der nötigen Höhe abgehalten eben dasjenige, was von der Erde hinaufwirken soll. Es hängt durchaus die Fruchtbarkeitskraft davon ab, dass die Mondenwirkung normal, nicht zu stark ist. Es ist merkwürdig, aber es ist so, dass nicht durch eine Abschwächung der Mondenkräfte das bewirkt wird, sondern durch eine Verstärkung bewirkt wird. Beim Nachdenken, beim Ausspekulieren, nicht beim Anschauen, würde man vielleicht zu entgegengesetzten Resultaten kommen. Aber das ist eben falsch. Das Anschauen ergibt die Sache so, wie ich sie hier dargestellt habe.

Um was handelt es sich jetzt? Es handelt sich darum, dass man die Erde entlastet von der überschüssigen Mondenkraft, die in ihr ist. Man kann die Erde entlasten. Nur muss man darauf kommen, was in der Erde so wirkt, dass es dem Wasser seine vermittelnde Kraft entzieht und der Erde mehr Erdenhaftigkeit gibt, damit sie die größere Mondenwirkung nicht aufnimmt durch das anwesende Wasser. Und man erreicht dieses – äußerlich bleibt alles so, wie es ist – dadurch, dass man *Equisetum arvense* zu einer Art von Tee macht, ziemlich konzentriertem Tee, den man dann verdünnt und dann als Jauche für diejenigen Felder benutzt, bei denen man ihn braucht, den Brand und ähnliche Pflanzenkrankheiten bekämpfen will. Da genügen wiederum ganz geringe Mengen, genügt wiederum eine Art Homöopathisierung.

Aber sehen Sie, hier ist auch das Gebiet, wo man deutlich sieht, wie die einzelnen Lebensfelder ineinanderwirken sollen. Derjenige, der begreift, was das *Equisetum arvense* für einen merkwürdigen Einfluss auf den menschlichen Organismus hat auf dem Umwege durch die Nierenfunktion, der hat darin eine Richtschnur. Natürlich kann man nicht spekulieren und es ausdenken, aber eine Richtschnur hat man, um das prüfen zu können, wie nun *Equisetum* wirkt, wenn man es umwandelt in dasjenige, was ich jetzt eine Art Jauche genannt habe, die man dann ausspritzt – da braucht man keine Apparate –, die dann wirkt in die Weiten hin, wenn auch nur ganz wenig ausgespritzt wird. Da kommt man dahin, dass das ein sehr gutes Heilmittel ist. Es ist nicht ein wirkliches Heilmittel, weil die Pflanzen ja eigentlich nicht krank werden können. Es ist nicht ein wirklicher Heilprozess, es ist der entgegengesetzte Prozess von dem, den ich vorhin beschrieben habe. So kann man, wenn man hineinschaut in dasjenige, was auf den verschiedensten Gebieten Naturwirkungen sind, tatsächlich das Wachstum, und wir werden später sehen, auch das tierische Wachstum, die tierischen Normalitäten und Anormalitäten, in seine Hand bekommen. Und das ist eigentlich erst wirkliche Wissenschaft. Denn ausprobieren die Dinge, so wie man es heute macht, ist ja keine Wissenschaft, ist ja nur eine Notierung von einzelnen Dingen, von einzelnen Fakten, ist keine Wissenschaft. Wirkliche Wissenschaft entsteht erst dann, wenn man die Wirkungskräfte in die Hand bekommt.

Nun sind aber tatsächlich die Pflanzen, die Tiere, die da leben, auch alle Parasiten in den Pflanzen, sie sind durch sich selber nicht zu begreifen. Und es war schon richtig, was ich in den ersten Stunden bereits zu Ihnen gesagt habe, als ich sagte, [derjenige redet natürlich einen Unsinn, der die Magnetnadel betrachten will – weil sie immer nach Norden sich stellen will –, der in der Magnetnadel einen Eigensinn sieht]. Tafel 6, rechts unten

Das tut man nicht, man nimmt die ganze Erde, gibt der Erde einen magnetischen Nordpol, einen magnetischen Südpol, und man muss zur Erklärung die ganze Erde zu Hilfe nehmen. [Wenn man von den ganz gewöhnlichen alltäglichen, nicht mal allen alltäglichen, allen gewöhnlichen Naturwirkungen absieht und zu den etwas höheren Naturwirkungen ausgeht, kommt man schon in größeres Gebiet hinaus.] Geradeso, wie man bei der Magnetnadel die ganze Erde, um die Eigenschaften der Magnetnadel zu erklären, heranziehen muss, so muss man eben, wenn man an die Pflanzen kommt, nicht bloß auf das Pflanzliche, Tierische, Menschliche sehen, sondern man muss das ganze Universum zurate ziehen. Denn aus dem ganzen Universum ist all das Leben heraus, nicht bloß aus demjenigen, was die Erde uns überlässt.

Die Natur ist ein Ganzes, von überall her wirken die Kräfte. Wer einen offenen Sinn hat für das offensichtliche Kräftewirken, der begreift die Natur. Was tut aber die Wissenschaft heute? Sie macht ein kleines Tellerchen, legt darauf ein Präparat, sondert sorgfältig [in einer Röhre] alles ab und guckt da nun hinein. Man schließt von allen Seiten, was da hineinwirken könnte, ab. Man nennt es dann Mikroskop. Es ist ja das Gegenteil desjenigen, was man eigentlich tun soll, um solches Verständnis zu gewinnen für die Weiten. Man ist nicht mehr zufrieden, dass man sich im Zimmer abschließt; man schließt sich ab in dieser Röhre von der ganzen herrlichen Welt. Da darf nichts anderes bleiben, als dasjenige ist, was in das Objektiv hineinkommt. Dazu ist man nach und nach gekommen, mehr oder weniger überzugehen zum Mikroskop. Wenn wir aber den Weg finden werden zum Makrokosmos, dann wird man wieder von der Natur und mancherlei anderen Dingen etwas verstehen.

DRITTE FRAGENBEANTWORTUNG

Koberwitz, Samstag, 14. Juni 1924

Kann man die für die Nematode angeführte Methode auch anwenden für andere Insekten? Ich denke dabei an Ungeziefer jeder Art. Ist es erlaubt, durch diese Methoden über weite Flächen hin das tierische und pflanzliche Leben so ohne Weiteres zu vernichten? Es könnte ein großer Unfug herauskommen. Es müsste eine Grenze gesetzt werden, dass ein Mensch nicht Zerstörung über die ganze Welt verbreiten kann.

Rudolf Steiner: Die Frage des Erlaubtseins, sehen Sie, liegt ja so: Nehmen wir einmal an, wir bleiben dabei stehen – ich will jetzt gar nicht von vornherein die ethische Frage, die okkult-ethische Frage ins Auge fassen –, dass solche Dinge nicht erlaubt sein würden. Dann würde das eintreten müssen, was ich schon wiederholt angedeutet habe: Unsere Landwirtschaft innerhalb der zivilisierten Gegenden müsste immer schlechter und schlechter werden, und es würde nicht nur bloß eine partielle Hungersnot und Teuerung da oder dort eintreten, sondern diese würden dann ganz allgemein werden. Das ist eine Sache, die in gar nicht so ferner Zukunft da sein wird, sodass man eigentlich keine andere Wahl hat, als dass man die Zivilisation zugrunde gehen lässt auf der Erde, oder aber, dass man sich darum bemüht, die Dinge so zu gestalten, wie sie eben eine neue Fruchtbarkeit hervorbringen können. In Bezug auf die Notwendigkeit hat man eigentlich heute keine Wahl, zu diskutieren darüber, ob die Dinge erlaubt sind oder nicht.

Aber von einem anderen Gesichtspunkte aus kann diese Frage dennoch gestellt werden. Da handelt es sich darum, dass ja tatsächlich daran gedacht werden müsste, in diesen Dingen wiederum etwas zu schaffen, was eine Art Ventil ist gegen den Missbrauch. Nicht wahr, wenn die Dinge allgemein werden, so kann selbstverständlich Missbrauch damit getrieben werden. Das ist ja ganz klar. Und man darf nur hinweisen darauf, dass es immerhin Zivilisationsepochen auf der Erde gegeben hat, in denen solche Dinge gewusst worden sind, angewendet worden sind im allerweitesten Umfange und dass es möglich war, die Dinge so weit innerhalb der ernsten Menschheit zu halten, dass Missbrauch nicht getrieben worden ist. Es ist ja größerer Missbrauch getrieben worden mit solchen Dingen in der Zeit, in der die Dinge so lagen, dass man noch viel stärker Missbrauch treiben konnte, weil diese Kräfte allgemein wirksam waren. Das war in gewissen Spätperioden der atlantischen Entwicklung der Fall, wo größerer Missbrauch getrieben worden ist, was zu großen Katastrophen geführt hat. Im Allgemeinen kann man nur dieses sagen: Es ist gewiss ein berechtigter Usus, das Wissen von diesen Dingen im engeren Kreise zu halten, es nicht allgemein sein zu lassen. Aber in unserer Zeit geht das fast schon gar nicht mehr. In unserer Zeit lässt sich das Wissen nicht in kleinem Kreise halten. Die kleinen Kreise streben sogleich danach, dass auf irgendeine Weise das Wissen doch hinauskommt aus den kleinen Kreisen. Solange keine Buchdruckerkunst war, war das leichter. Als die meisten Menschen nicht schreiben konnten, war es noch leichter. Heute wird fast bei jedem Vortrag, den man in einem noch so kleinen Kreise hält, die Frage aufgeworfen, wo man einen Stenografen hernimmt. Ich sehe ja den Stenografen niemals gern. Man muss ihn sich gefallen lassen. Es wäre besser, er wäre nicht da. Ich meine wieder den Stenografen, nicht die Person.

Aber sehen Sie, muss man dann nicht auch doch auf der anderen Seite rechnen mit einer anderen Notwendigkeit, mit der Notwendigkeit einer moralischen Aufbesserung des ganzen menschlichen Lebens? Das wird aber die Panazee sein gegen den Unfug, die moralische Aufbesserung des ganzen menschlichen Lebens. Allerdings, wenn man gewisse Erscheinungen in der Gegenwart betrachtet, dann möchte man etwas pessimistisch sein. Mit Bezug auf diese moralische Aufbesserung des Lebens aber sollte eigentlich alles niemals [...] zu einer bloßen Betrachtung führen, sondern immer zu Gedanken, die von Willensimpulsen durchzogen sind, und man sollte eigentlich doch auch darauf bedacht sein, irgendwas zu tun zur moralischen Aufbesserung des allgemeinen Menschenwesens. Auch das könnte ja von der Anthroposophie ausgehen, denn die wird nichts dawider haben, wenn auch ein solcher Ring sich bildete, der eine Art Heilmittel gegen den Unfug sein kann, der angerichtet werden könnte. Es ist ja auch in der Natur durchaus so, dass das Gute zum Schädlichen werden kann. Denn denken Sie nur einmal, wenn wir die Mondenkräfte nicht für da unten hätten, so könnten wir sie auch nicht für da oben haben, aber sie müssen eben doch da sein, sie müssen wirken, und irgendetwas, was auf einem Gebiete im höchsten Grade erforderlich und notwendig ist, das ist ein Schädling auf einem anderen Gebiete. Was auf einem Niveau ein Sittliches ist, ist auf einem anderen Niveau ein durchaus Unsittliches. Das, was ahrimanisch in der Erdensphäre ist, ist nur deshalb schädlich, weil es in der Erdensphäre ist. Geschieht es in der Sphäre, die nur um ein Stückchen höher ist, so hat es eine durchaus gute Wirkung.

Was die andere Frage betrifft, so ist es richtig, dass das, was für die Nematode angeführt wurde, durchaus für die Insektenwelt im Allgemeinen gilt. Für alle niedere Tierwelt gilt es, die im Wesentlichen dadurch charakteristisch ist, dass sie ein Bauchmark hat und nicht ein Rückenmark. Wo man Rückenmark hat, muss man die Haut abziehen. Wo man Bauchmark hat, muss man das ganze Tier verbrennen.

[...]

Tafel 6, unten

Handelt es sich um die wilde Kamille?
Diese Kamille, die so die Blätter abwärtsstehen hat. [So sieht sie aus.] Die hat nicht die hinaufgehenden, sondern die nach unten gerichteten Blütenblätter. Die an den Wegrändern wild wachsende *Chamomilla officinalis*.

Nimmt man auch von der Brennnessel die Blüte?
Bei der Brennnessel kann man auch die Blätter dazunehmen; das ganze Kraut, wenn sie blüht, aber ohne Wurzel.

Kann man die auf dem Felde vorkommende Hundskamille nehmen?
[Diese Art ist der richtigen verwandter als diejenige, die hier herumgezeigt wird als die Gartenkamille. Die kann man nicht brauchen.

Aber die, die man auch zu Kamillentee braucht, die ist viel verwandter, als die hier ist. Die kann man schon verwenden.]

Die Kamille, die man hier an den Bahngeleisen findet, wäre doch wohl die richtige?

Das ist schon die richtige.

Gilt das in Bezug auf die Vernichtung des Unkrauts Gesagte auch für die Wasserunkräuter, zum Beispiel für die Wasserpest?

Das gilt auch für diese Dinge, die aus dem Sumpfe her, und auch für diejenigen, die aus dem Wasser herkommen, auch für das Wasserunkraut. Man muss dann natürlich die Ufer mit dem Pfeffer besäen.

Können die unterirdischen Parasiten, zum Beispiel die Kohlhernie, mit den gleichen Mitteln bekämpft werden wie die oberirdischen?

Ganz gewiss.

Kann man das Mittel gegen Pflanzenkrankheiten auch bei der Weinrebe verwenden?

Ich muss allerdings, obwohl das gerade nicht ausgeprüft ist – auch nicht von mir –, auch okkult nicht sonderlich viel dafür getan worden ist, meine Überzeugung dahin aussprechen, dass die Weinrebe hätte geschützt werden können, wie ich schon angedeutet habe, wenn man in der angedeuteten Weise vorgegangen wäre.

Wie ist es bei der Blattfallkrankheit?

Die ist in derselben Weise wie irgendein Brand zu bekämpfen.

Dürfen wir das als Anthroposophen – den Weinbau wieder heben?

Sehen Sie, Anthroposophie kann in vielen Dingen heute nur dazu da sein, zu sagen, was ist. Die Frage, was sein soll, wird für die verschiedensten Gebiete heute noch recht schwierig. Ich habe einen guten anthroposophischen Freund gekannt, der hatte große Weinberge. Dann aber hat er einen nicht allzu großen Teil dessen, aber einen großen Teil, was er im Jahre profitiert hat durch seinen Weinberg, verwendet, um Postkarten in alle Welt hinauszuschicken und für die Abstinenz zu werben. Auf der anderen Seite hatte ich einen Freund, der ein strenger Abstinenzler war, der für die Anthroposophie, so lange er lebte, immer eine offene Hand sogar hatte. Aber er gehörte zu denjenigen Leuten, die überall angekündigt haben bei der Straßenbahn auf Plakaten, worauf stand: «[Steinberger] Kabinett»! Da beginnt die praktische Frage eigentümlich zu werden. Man kann nicht heute alles durchsetzen. Deshalb sagte ich: Die Kuhhörner sind ja gewiss die, die wir von den Kühen nehmen und unter die Erde versenken. Aber die Stierhörner, die wir uns aufsetzen würden, um stiermäßig gegen alles zu kämpfen, könnten uns unter Umständen großen Schaden bringen für die Anthroposophie.

Könnte man die Edelwildblase nicht durch etwas anderes ersetzen?

Ja, es ist richtig, dass es vielleicht schwer ist, Edelwildblasen zu bekommen. Aber was wird nicht alles schwer in der Welt gemacht! Man könnte natürlich probieren, ob man durch etwas anderes die Edelwildblase ersetzen könnte. Ich kann es heute nicht sagen. Es wäre ja durchaus möglich, dass es irgendwo eine Tiergattung gäbe, die vielleicht von eingeschränkten Territorien in Australien stammt. Das könnte ja sein. Aber unter den in Europa einheimischen Tieren könnte ich mir nichts anderes denken. An etwas anderes als an eine Tierblase könnte überhaupt nicht gedacht werden. Es wird sich nicht empfehlen, gleich zu Surrogaten zu greifen.

Ob bei der Bekämpfung der Insekten die Gestirnstellung die gleiche sein muss?

Das ist etwas, was ausprobiert sein muss. Ich sagte, dass die ganze Reihe in Betracht kommt, vom Wassermann herauf bis zum Krebs hin. Und da ist allerdings eine Variierung innerhalb der Konstellation für die verschiedenen niederen Tiere von Bedeutung. Das muss man ausprobieren.

Handelt es sich bei der Feldmausbekämpfung um die astronomische Venus?

Ja, das, was wir den Abendstern nennen.

Konstellation der Venus mit dem Skorpion?

Die Konstellation der Venus mit dem Skorpion ist so zu verstehen, dass jede Konstellation mit der Venus in Betracht kommt, wo die Venus am Himmel zu sehen ist und hinter ihr das Sternbild des Skorpions. Die Venus muss hinter der Sonne stehen.

Hat das Verbrennen des Kartoffelkrautes einen Einfluss auf das Gedeihen der Kartoffeln?

Der Einfluss ist ein so geringer, dass er eigentlich nicht in Betracht kommt. Es ist schon ein Einfluss da, es ist sogar immer ein gewisser Einfluss da, wenn man mit einem Rest von irgendetwas Organischem irgendetwas vornimmt, nicht bloß auf die einzelnen Pflanzen, sondern sogar auf den ganzen Acker; aber es ist ein so geringer, dass er praktisch nicht in Betracht kommt.

Was wird unter Rindergekröse verstanden?

Es ist das Bauchfell gemeint. Unter Gekröse wird meines Wissens das Bauchfell verstanden.

Ist das dasselbe wie die «Kuttelflecke»?

Das ist nicht dasselbe. Es ist das Bauchfell.

Wie ist die Asche auf dem Felde zu verteilen?

Ich wollte andeuten, dass man das wirklich so machen kann, wie man Pfeffer in irgendetwas hineinstreut. Es hat einen so großen Wirkungsradius, dass es eigentlich wirklich genügt, wenn man so durch das Feld geht und streut.

Wirken die Präparate auch in derselben Weise auf die Obstbäume?

Da gilt im Allgemeinen, dass alles das schon Gesagte auch für das Obst anwendbar ist. Einige Dinge, die noch zu berücksichtigen sind, sollen morgen mitgeteilt werden.

Es ist in der Landwirtschaft üblich, den Stallmist zu den Hackfrüchten zu geben. Ist es bei dem präparierten Dünger so, dass er auch für Getreide infrage kommt, oder muss dieses extra behandelt werden?

Diese Usancen, die da sind, kann man ja zunächst beibehalten. Es handelt sich nur darum, dass man das dazufügt, was ich gesagt habe. Die sonstigen Usancen, die ich nicht berührt habe, von denen gilt eben: Man braucht nicht gleich alles als schlecht hinzustellen und alles zu reformieren. Ich glaube nun, dass man mit den Dingen, die sich bewähren, durchaus fortfahren kann und nur die Dinge dazuzufügen hat, die angeführt worden sind. Ich möchte nur bemerken, dass sich modifizieren wird ganz stark die Wirkungsweise dessen, was ich angeführt habe, wenn man schafsmist- und schweinemistreiche Dünger nimmt. Da würde die Wirkung nicht so eklatant hervortreten, als wenn man vermeiden würde, im Übermaß Schafsmist und Schweinemist zu verwenden.

[Immanuel Voegele:] Wenn man nun unorganischen Dünger verwendet, wie ist es da?

Dann wird sich nur herausstellen: Der mineralische Dünger ist dasjenige, was mit der Zeit ganz aufhören muss. Denn jeder mineralische Dünger bewirkt, dass nach einiger Zeit dasjenige, was auf den Feldern erzeugt wird, die mit ihm gedüngt werden, an Nährwert verliert. Das ist ein ganz allgemeines Gesetz. Nun wird gerade das, was ich angegeben habe, wenn es dann befolgt wird, es nicht nötig machen, dass man öfter düngt als alle drei Jahre. Vielleicht wird man alle vier bis sechs Jahre nur zu düngen brauchen. Den Kunstdünger wird man ganz entbehren können. Den wird man vor allem weglassen, weil es schon eine Billigkeitsfrage sein wird, wenn die Sachen angewendet werden. Der Kunstdünger ist dasjenige, was man dann nicht mehr braucht, was wieder verschwinden wird. Man beurteilt heute alles nach allzu kurzen Zeiträumen. Gelegentlich einer Auseinandersetzung über die Bienenzucht legte sich ein heutiger Bienenvater besonders ins Zeug dafür, dass die industrielle Weiselzucht betrieben werde, wo die Weisel nach allen Seiten hin verkauft werden, nicht in der einzelnen Bienenzucht selbst fortgewirtschaftet wird. Ich musste sagen: Ja, gewiss, Ihr habt recht! Aber, vielleicht nicht nach dreißig bis vierzig, wohl aber nach vierzig bis fünfzig Jahren, wird man sehr genau sehen, dass die ganze Bienenzucht dadurch zugrunde gerichtet worden ist. Diese Dinge muss man daher berücksichtigen. Es wird heute alles mechanisiert und mineralisiert, aber es gilt durchaus das, dass wirken sollte das Mineralische nur auf diejenige Weise, wie es selber in der Natur wirken kann. Ohne dass man es in irgendetwas einbezieht, das Mineralische, soll man nicht eigentlich die lebendige Erde mit etwas ganz Leblosem, mit dem Mineralischen, durchsetzen. Morgen wird es noch nicht gehen, aber übermorgen wird es dann sicher von selbst gehen.

Wie soll man die Insekten einfangen? Könnte man sie im Larvenzustande verwenden?

Man wird bei den Insekten sowohl die Larven wie das beflügelte Insekt verwenden können. Es kann sich ergeben, dass sich etwas die Konstellation ändert. Es wird sich in der Richtung vom Wassermann zum Krebs hin etwas verschieben, wenn man vom geflügelten Insekt zur Larve geht. Das Insekt wird etwas mehr gegen den Wassermann hin die Konstellation haben.

SIEBENTER VORTRAG

Koberwitz, Sonntag, 15. Juni 1924

[Meine lieben Freunde!]
Ich möchte nun anreihen an die Betrachtungen, die wir angestellt haben, noch einiges in dem Reste der Zeit, der uns zur Verfügung steht, über Tierzucht, Obst- und Gemüsekultur.

Es wird ja natürlich nicht allzu viel Zeit dazu zur Verfügung stehen, aber es ist dieses Gebiet der landwirtschaftlichen Tätigkeit von einem fruchtbaren Ausgangspunkt nicht zu betrachten, wenn man nicht auch hier wieder alles tut, um ein Verständnis, eine Einsicht in die einschlägigen Verhältnisse herbeizuführen. Das wollen wir dann heute tun, und morgen wiederum zu einigen praktischen Winken in der Anwendung übergehen.

Ich werde Sie bitten, heute zu versuchen, die Dinge zu verfolgen mit mir, die etwas, ich möchte sagen, abgelegener sind, weil sie, trotzdem sie ganz geläufig waren einmal einer mehr instinktiven landwirtschaftlichen Einsicht, heute geradezu wie vollständig unbekanntes Land dastehen. Die in der Natur vorkommenden Wesenheiten, Mineralien, Pflanzen, Tiere – wir wollen jetzt vom Menschen absehen –, die in der Natur vorkommenden Wesen, sie werden ja sehr, sehr häufig bloß so betrachtet, als ob sie allein dastünden. Man ist heute gewohnt, eine Pflanze für sich anzuschauen sogar, und dann, von dieser ausgehend, eine Pflanzenart zu betrachten für sich, eine andere Pflanzenart daneben wiederum für sich. Man ordnet das so hübsch in Schachteln, in Arten und Gattungen gegliedert, ein, in dasjenige, was dann eben von den Dingen gewusst werden soll. Aber so ist es ja nicht in der Natur. In der Natur, im Weltenwesen überhaupt steht alles in Wechselwirkung miteinander. Es wirkt immer das eine auf das andere. Heute, in der materialistischen Zeit, verfolgt man nur die groben Wirkungen des einen auf das andere; wenn das eine durch das andere gefressen, verdaut wird, oder wenn der Mist von den Tieren auf die Äcker kommt. Diese groben Wechselwirkungen verfolgt man allein.

Es finden ja außer diesen groben auch durch feinere Kräfte und auch durch feinere Substanzen, durch Wärme, durch in der Atmosphäre fortwährend wirkendes Chemisch-Ätherisches, durch Lebensäther, fortwährend Wechselwirkungen statt. Und ohne dass man diese feineren Wechselwirkungen berücksichtigt, kommt man für gewisse Teile des landwirtschaftlichen Betriebes nicht vorwärts. Wir müssen namentlich auf solche, ich möchte sagen, naturintimeren Wechselwirkungen hinschauen, wenn wir es zu tun haben mit dem Zusammenleben von Tier und Pflanze innerhalb des landwirtschaftlichen Betriebes. Und wir müssen da hinschauen nicht bloß wiederum auf diejenigen Tiere, die uns zweifellos nahestehen, wie Rinder, Pferde, Schafe und so weiter, sondern wir müssen auch in verständiger Weise hinschauen, sagen wir zum Beispiel auf die bunte Insektenwelt, welche die Pflanzenwelt während einer gewissen Zeit des Jahres umflattert. Ja, wir müssen sogar verstehen, in verständiger Weise hinzuschauen auf die Vogelwelt. Darüber macht sich heute die Menschheit noch nicht richtige Begriffe, welchen Einfluss die Vertreibung gewisser Vogelarten aus gewissen Gegenden durch die modernen Lebensverhältnisse für alles landwirtschaftliche und forstmäßige Leben eigentlich hat. In diese Dinge muss wiederum durch eine geisteswissenschaftliche, man könnte ebenso gut sagen, durch eine makrokosmische Betrachtung hineingeleuchtet werden. Nun können wir einiges von dem, was wir auf uns haben wirken lassen, jetzt verwenden, um zu weiteren Einsichten zu kommen.

Wenn Sie einen Obstbaum ansehen, einen Birnbaum oder einen Apfel-, Pflaumenbaum, so ist der ja eigentlich etwas ganz anderes, jeder Baum ist eigentlich zunächst äußerlich etwas ganz anderes als eine krautartige Pflanze oder eine getreideartige Pflanze. Und man muss ganz sachgemäß darauf kommen, inwiefern er etwas anderes ist, der Baum, sonst wird man niemals die Funktion des Obstes im Haushalt der Natur verstehen. Ich rede jetzt natürlich zunächst von demjenigen Obst, das auf Bäumen wächst.

Nun schauen wir uns den Baum an. Was ist er denn eigentlich im ganzen Haushalt der Natur? Wenn wir ihn nämlich verständig anschauen, so können wir zunächst zum eigentlich Pflanzlichen nur

Tafel 7, oben links rechnen beim Baum dasjenige, was in dünnen Stängeln, in den grünen Blätterträgern, in Blüten, in Früchten herauswächst. Das wächst aus dem Baum heraus, wie die Krautpflanze aus der Erde wächst.

Der Baum ist nämlich wirklich für dasjenige, was da an den Zweigen wächst, die Erde. Er ist die hügelig gewordene Erde, nur die etwas lebendiger gestaltete Erde als diejenige, aus der unsere Kraut- und Getreidepflanzen herauswachsen.

Wollen wir also den Baum verstehen, müssen wir sagen, nun ja, da ist der dicke Stamm des Baumes, in gewissem Sinne gehören auch noch die Äste und Zweige dazu. Von da ab also wächst zunächst die eigentliche Pflanze heraus, Blätter, Blüten wachsen da heraus. Das ist die Pflanze, die in den Stamm und in die Zweige des Baumes so eingewurzelt ist, wie die Kraut- und Getreidepflanzen in die Erde eingewurzelt sind. Da entsteht sogleich die Frage: Ist dann auch diese, also dadurch mehr oder weniger Schmarotzer zu nennende Pflanze am Baum, ist sie dann auch in Wirklichkeit eingewurzelt?

Eine richtige Wurzel am Baum können wir nicht entdecken. Und wollen wir das richtig verstehen, so müssen wir sagen: Ja, diese Pflanze, die da wächst, die ja dort oben ihre Blüten und Blätter entwickelt, auch ihre Stängel, die hat die Wurzeln verloren, indem sie auf dem Baum aufsitzt. Aber eine Pflanze ist nicht ganz, wenn sie keine Wurzeln hat. Sie braucht eine Wurzel. Wir müssen uns also fragen: Wo ist denn nun eigentlich die Wurzel dieser Pflanze?

Nun sehen Sie, die Wurzel ist nur nicht so für das grobe äußerliche Anschauen sichtbar. Man muss die Wurzel nicht nur anschauen wollen in diesem Falle, sondern man muss sie verstehen. Man muss sie verstehen, was heißt das? Denken Sie sich einmal – wollen wir durch einen realen Vergleich vorwärtskommen –, ich pflanzte so nahe aneinander in einem Boden lauter Krautpflanzen nebeneinander, die in ihren Wurzeln verwachsen, wo eine Wurzel um die andere sich herumschlingt und das Ganze eine Art ineinander verlaufender Wurzelbrei würde. Sie könnten sich denken, dieser Wurzelbrei würde es nicht gestatten, etwas Unregelmäßiges zu sein, er würde sich organisieren zu einer Einheit, und die Säfte würden ineinanderfließen da unten. Dort wäre Wurzelbrei, der organisiert ist, wo man nicht unterscheiden kann, wo die Wurzeln aufhören oder anfangen. Eine gemeinsame Wurzelwesenheit in der Pflanze würde entstehen.

So etwas, was es doch zunächst gar nicht zu geben braucht, was uns aber etwas verständlich machen kann, würde dies sein: Da wäre der Erdboden. Pflanze ich nun alle meine Pflanzen ein – so! – und jetzt da unten, da wachsen die Wurzeln alle so ineinander. Nun bildet sich eine ganz flächenhafte Wurzelschichte. Wo die einen aufhören und die anderen anfangen, weiß man nicht. Nun, dasjenige, was ich Ihnen hier als hypothetisch aufgezeichnet habe, das ist tatsächlich im Baum vorhanden. Die Pflanze, die auf dem Baum wächst, hat ihre Wurzel verloren, sie hat sich sogar relativ von ihr getrennt und ist nur mit ihr verbunden, ich möchte sagen, mehr ätherisch. Und das, was ich hier hypothetisch aufgezeichnet habe, ist im Baum drinnen die Kambiumschichte, das Kambium, sodass wir die Wurzeln dieser Pflanze eben nicht anders anschauen können, als dass sie durch das Kambium ersetzt werden.

Tafel 7, oben rechts

Das Kambium sieht nicht wie Wurzeln aus. Es ist die Bildungsschichte, die immer neue Zellen bildet, aus der heraus sich das Wachstum immer wieder entfaltet, so wie sich aus einer Wurzel unten das krautartige Pflanzenleben oben entfalten würde. Wir können so recht sehen dann, wie im Baum mit seiner Kambiumschichte, die die eigentliche Bildungsschichte ist und die die Pflanzenzellen erzeugen kann – die anderen Schichten des Baumes würden ja nicht frische Zellen erzeugen können –, tatsächlich das Erdige sich aufgestülpt hat, hinausgewachsen ist in das Luftartige [und] dadurch mehr Verinnerlichung des Lebens braucht, als die Erde sonst in sich hat, indem sie die gewöhnliche Wurzel noch in sich hat. Und wir fangen an, den Baum zu verstehen. Zunächst verstehen wir den Baum als ein merkwürdiges Wesen, als dasjenige Wesen, das dazu da ist, die auf ihm wachsenden «Pflanzen»: Stängel, Blüten, Frucht und deren Wurzel auseinanderzutrennen, sie voneinander zu entfernen und nur durch den Geist zu verbinden, respektive durch das Ätherische zu verbinden.

In dieser Weise ist es notwendig, makrokosmisch verständig in das Wachstum hineinzuschauen. Aber das geht noch viel weiter. Was geschieht denn dadurch, dass der Baum entsteht? Was da geschieht, ist das Folgende: Dasjenige, was da oben an dem Baum wächst, das ist in der Luft und in der äußeren Wärme ein anderes Pflanzenhaftes als dasjenige, was unmittelbar auf dem Erdboden in Luft und Wärme aufwächst und dann ausbildet die aus dem Erdboden herauswach-

Tafel 7, links

sende krautartige Pflanze.

Es ist eine andere Pflanzenwelt, es ist eine Pflanzenwelt, die viel innigere Beziehungen hat zu der umliegenden Astralität, die in Luft und Wärme ausgeschieden ist, damit Luft und Wärme mineralisch sein können, wie es der Mensch und das Tier dann brauchen. Und so ist das der Fall, dass, wenn wir die auf dem Boden wachsende Pflanze anschauen, sie von Astralischem, wie ich gesagt habe, umschwebt und umwölkt ist. Hier aber, an dem Baum, ist diese Astralität viel dichter. Da ist sie dichter, sodass unsere Bäume Ansammlungen sind von astralischer Substanz. Unsere Bäume sind deutlich Ansammler von astralischer Substanz.

Auf diesem Gebiete ist es eigentlich am leichtesten, ich möchte sagen, zu einer höheren Entwicklung zu kommen. Wenn man auf diesen Gebieten sich bestrebt, so kann man sehr leicht auf diesen Gebieten esoterisch werden. Man kann nicht geradezu hellsichtig werden, aber man kann sehr leicht hellriechend werden, wenn man sich aneignet nämlich einen gewissen Geruchsinn für die verschiedenen Aromen, die ausgehen von Pflanzen, die auf der Erde sind, und die ausgehen von Obstpflanzungen, auch wenn diese erst blühen, vom Walde gar. Dann wird man den Unterschied empfinden können zwischen einer astralärmeren Pflanzenatmosphäre, wie man sie bei den Krautpflanzen, die auf der Erde wachsen, riechen kann, und zwischen einer astralreichen Pflanzenwelt, wie man sie haben kann in der Nase, wenn man schnüffelt dasjenige, was in einer so schönen Weise von den Kronen der Bäume her gerochen werden kann. Und gewöhnen Sie sich auf diese Weise an, den Geruch zu spezifizieren, zu unterscheiden, zu individualisieren zwischen Erdpflanzengeruch und Baumgeruch, so haben Sie im ersteren Fall Hellriechigkeit für dünnere Astralität, im zweiten Fall Hellriechigkeit für dichtere Astralität. – Sie sehen, der Landwirt kann leicht hellriechig werden. Er hat die Sache in den letzten Zeiten nicht so benützt, wie es in der alten instinktiven Hellseherzeit war. Der Landmann kann hellriechend werden, wie ich sagte.

Wenn wir dasjenige nun ins Auge fassen, wohin das weiterführen kann, so müssen wir uns nun doch fragen: Ja, wie ist es denn nun mit demjenigen, was gewissermaßen polarisch entgegensteht demjenigen, was da die auf dem Baum wachsende parasitische Pflanze als Astralisches in der Baumumgebung bewirkt? Was geschieht denn durch das Kambium, was tut denn das?

Sehen Sie, weit um sich herum macht der Baum die geistige Atmosphäre astralreicher in sich. Was geschieht denn da, wenn das Krautartige oben auf dem Baum wächst? [Dann hat er eine bestimmte innere Vitalität, Ätherizität, ein gewisses starkes Leben in sich.] Das Kambium dämpft nun dieses Leben etwas mehr herunter, sodass es mineralähnlicher wird. Dadurch wirkt das Kambium also so: Währenddem oben Astralreiches um den Baum entsteht, wirkt das Kambium so, dass im Innern Ätherisch-Ärmeres als sonst da ist, Ätherarmut gegenüber der Pflanze entsteht im Baum. Ätherärmeres entsteht hier. Dadurch aber, dass da im Baum durch das Kambium Ätherärmeres entsteht, wird auch die Wurzel wiederum beeinflusst. Die Wurzel im Baum wird Mineral, viel mineralischer, als die Wurzeln der krautartigen Pflanzen sind.

Dadurch aber, dass sie mineralisierter wird, entzieht sie dem Erdboden aber jetzt in dem, was im Lebendigen drinnen bleibt, etwas von seiner Ätherizität. Sie macht den Erdboden etwas mehr tot in der Umgebung des Baumes, als er sein würde in der Umgebung der krautartigen Pflanze. Das muss man ganz strikte ins Auge fassen. Aber was so in der Natur entsteht, das wird immer auch im Haushalt der Natur eine bedeutsame, eine innere Naturbedeutung haben. Deshalb müssen wir diese innere Naturbedeutung von dem Astralreichtum in der Baumumgebung und der Ätherarmut im Baumwurzelgebiet aufsuchen.

Und wenn wir Umschau halten, so finden wir, wie das nun weiter im Haushalt der Natur geht. Von demjenigen, was da als Astralreiches durch die Bäume hindurchgeht, lebt und webt das ausgebildete

Insekt. Und dasjenige, was da unten ätherärmer wird im Erdboden und als Ätherarmut sich durch den ganzen Baum natürlich erstreckt, so wie Geistiges immer über das Ganze wirkt, wie ich gestern in Bezug auf das Karma beim Menschen ausgeführt habe, dasjenige, was da unten wirkt, wirkt über die Larven, sodass also, wenn die Erde keine Bäume hätte, auf der Erde überhaupt keine Insekten wären. Denn die Bäume bereiten den Insekten die Möglichkeit, zu sein. Die um die oberirdischen Teile der Bäume herumflatternden Insekten, also die um den ganzen Wald so herumflatternden Insekten leben dadurch, dass der Wald da ist, und ihre Larven leben auch dadurch, dass der Wald da ist.

Sehen Sie, da haben wir dann einen weiteren Hinweis auf eine innigere Beziehung alles Wurzelwesens zu der unterirdisch-tierischen Welt. Denn, ich möchte sagen, am Baum kann man das besonders lernen, was wir jetzt ausgeführt haben. Da wird es deutlich. Aber das Bedeutsame ist, dass dasjenige, was am Baum eklatant und deutlich wird, dass das nun wiederum nuanciert bei der ganzen Pflanzenwelt vorhanden ist, sodass in jeder Pflanze etwas drinnen lebt, was baumhaft werden will. In jeder Pflanze strebt eigentlich die Wurzel mit ihrer Umgebung danach, den Äther zu entlassen, und in jeder Pflanze strebt dasjenige, was nach oben wächst, danach, das Astralische dichter heranzuziehen. Das Baum-werden-Wollen ist eigentlich in jeder Pflanze enthalten. Daher stellt sich bei jeder Pflanze diese Verwandtschaft zur Insektenwelt heraus, die ich beim Baum besonders charakterisiert habe. Aber es dehnt sich auch aus diese Verwandtschaft zur Insektenwelt zu einer Verwandtschaft zur ganzen Tierwelt. Die Insektenlarven, die eigentlich zunächst auf der Erde nur leben können dadurch, dass Baumwurzeln vorhanden sind, die entwickelten sich zu anderen Tierarten, die ihnen ähnlich sind, die ihr ganzes Tierleben mehr oder weniger in einer Art von Larvenzustand durchmachen und die dann sich gewissermaßen von der Baumwurzelhaftigkeit emanzipieren, um nach der anderen Wurzelhaftigkeit auch der krautartigen Pflanzen hin zu leben und mit ihr zusammenzuleben.

Nun stellt sich das Eigentümliche heraus, dass wir sehen können, wie, allerdings schon von dem Larvenwesen sehr entfernt, unterirdische Tiere nun wiederum die Fähigkeit haben, zu regulieren im Erdboden die ätherhafte Lebendigkeit, wenn sie zu groß wird. Wenn der Erdboden sozusagen zu stark lebendig werden würde und die Lebendigkeit in ihm überwuchern würde, dann sorgen diese unterirdischen Tiere dafür, dass aus dem Erdboden heraus die zu starke Vitalität entlassen werde. Sie werden dadurch wunderbare Ventile und Regulatoren für die in der Erde vorhandene Vitalität. Diese goldigen Tiere, die dadurch für den Erdboden ihre ganz besondere Wichtigkeit haben, das sind die Regenwürmer. Die Regenwürmer, die sollte man eigentlich in ihrem Zusammenleben mit dem Erdboden studieren. Denn sie sind diese wunderbaren Tiere, welche der Erde gerade so viel Ätherizität lassen, als sie für das Pflanzenwachstum braucht.

So haben wir unter der Erde diese, an die Larven nur noch erinnernden Regenwürmer und ähnliches Getier. Und eigentlich müsste man für gewisse Böden, denen man ja das ansehen kann, für eine in ihnen sich befindende günstige Regenwürmerzucht sogar sorgen. Dann würde man sehen, wie wohltätig eine solche Beherrschung dieser Tierwelt unter der Erde auch auf die Vegetation und dadurch wiederum – wie wir noch aufmerksam machen werden – auf die Tierwelt wirkt.

Nun gibt es wiederum eine entfernte Ähnlichkeit von Tieren mit der Insektenwelt, wenn diese Insektenwelt ausgebildet ist und herumfliegt. Das ist die Vogelwelt. Nun ist aber bekanntlich zwischen den Insekten und den Vögeln im Laufe der Erdentwicklung etwas Wunderbares vor sich gegangen. Man möchte das möglichst bildhaft sagen, wie es vor sich gegangen ist. Die Insekten nämlich haben eines Tages gesagt: Wir fühlen uns nicht stark genug, die Astralität richtig zu bearbeiten, die um die Bäume herumsprüht. Wir benutzen daher unsererseits das Baumhaft-sein-Wollen der anderen Pflanzen und umflattern diese, und euch Vögeln überlassen wir in der Hauptsache dasjenige, was an Astralität die Bäume [umflattert]. Und so ist eine richtige Arbeitsteilung in der Natur zwischen dem Vogelwesen und dem Schmetterlingswesen eingetreten, und beides zusammen wirkt in einer ganz wunderbaren Weise wiederum so, dass dieses Fluggetier in der richtigen Weise die Astralität überall verbreitet, wo sie auf der Oberfläche der Erde, in der Luft gebraucht wird. Nimmt man dieses Fluggetier weg, so versagt die Astralität eigentlich ihren ordentlichen Dienst, und man wird das in einer gewissen Art von Verkümmerung der Vegetation erblicken. Das gehört zusammen: Fluggetier und dasjenige, was aus der Erde in die Luft hineinwächst. Eins ist ohne das andere letzten Endes gar nicht denkbar. Daher müsste innerhalb der Landwirtschaft auch ein Auge darauf geworfen werden, in der richtigen Art Insekten und Vögel herumflattern zu lassen. Der Landwirt selber müsste auch etwas von Insektenzucht und Vogelzucht zu gleicher Zeit verstehen. Denn in der Natur – ich muss das immer wieder betonen – hängt doch alles, alles zusammen.

Diese Dinge sind ganz besonders wichtig für die Einsicht in die Sache, deshalb wollen wir sie uns ganz genau vor die Seele hinstellen. Wir können sagen: Durch die fliegende Insektenwelt ist die richtige Astralisierung der Luft bewirkt. Sie steht, diese Astralisierung der Luft, im Wechselverhältnis zum Wald, der die Astralität in der richtigen Weise so leitet, wie in unserem Körper das Blut in der richtigen Weise durch gewisse Kräfte geleitet wird. Dasjenige, was der Wald tut in seiner weiten Nachbarschaft – die Dinge wirken auf sehr weite Flächen hin – nach dieser Richtung hin, das muss durch ganz andere Dinge getan werden da, wo waldleere Gegenden sind. Und man sollte verstehen, dass eigentlich das Bodenwachstum in Gegenden, wo Wald und Feldflächen und Wiesen abwechseln, ganz anderen Gesetzen unterliegt, als in weithin waldlosen Ländern.

Es gibt ja nun gewisse Gegenden der Erde, bei denen man von vornherein sieht, dass sie waldreich gemacht worden sind, als der Mensch noch nichts dazu tat – denn in gewissen Dingen ist die Natur noch immer gescheiter als der Mensch –, und man kann schon annehmen, wenn naturhaft der Wald in einer gewissen Landesgegend da ist, so hat er seinen Nutzen für die umliegende Landwirtschaft, die umliegende krautartige und halmartige Vegetation. Man sollte daher die Einsicht haben, in solchen Gegenden den Wald ja nicht auszurotten, sondern ihn gut zu pflegen. Und da die Erde aber auch durch allerlei klimatische und kosmische Einflüsse sich nach und nach verändert, sollte man das Herz dazu haben, dann, wenn man erblickt, die Vegetation wird kümmerlich, nicht allerlei Experimente bloß auf den Feldern und für die Felder zu machen, sondern die Waldflächen in der Nähe etwas zu vermehren. Und wenn man bemerkt, die Pflanzen wuchern und haben nicht genügend Samenkraft, dann sollte man allerdings dazu schreiten, im Walde Flächen auszusparen, herauszunehmen. Die Regulierung des Waldes in Gegenden, die schon einmal für Bewaldung bestimmt sind, gehört einfach mit zur Landwirtschaft und muss im Grunde genommen von der geistigen Seite her nach ihrer ganzen Tragweite betrachtet werden.

Dann können wir wieder sagen, auch die Würmer- und Larvenwelt, sie steht in einer Wechselwirkung zum Kalk der Erde, also zum Mineralischen, die Insekten- und Vogelwelt, alles dasjenige, was da flattert und fliegt, das steht im Wechselverhältnis zu dem Astralischen. Das, was unter der Erde ist, die Würmer- und Larvenwelt, steht im Wechselverhältnis zum mineralischen und namentlich zum kalkigen Wesen, und dadurch wird in der richtigen Weise das Ätherische abgeleitet, was ich Ihnen von einem anderen Gesichtspunkte vor ein paar Tagen gesagt habe. Es obliegt dem Kalk diese Aufgabe, aber er übt diese Aufgabe in Wechselwirkung mit der Larven- und Würmerwelt aus.

Sehen Sie, wenn man das, was da angeführt worden ist von mir, mehr spezialisiert, dann kommt man noch auf andere Dinge, die durchaus einmal – ich würde sie mir nicht mit einer solchen Sicherheit auszuführen getrauen – in der instinktiven Hellseherzeit gefühlsmäßig ganz richtig angewendet worden sind. Nur hat man dafür die Instinkte verloren. Der Intellekt hat eben alle Instinkte verloren, der Intellekt hat eben alle Instinkte ausgerottet. Die Schuld des Materialismus ist es, dass die Menschen so gescheit, so intellektuell geworden sind. In der Zeit, in der sie weniger intellektuell waren, waren sie nicht so gescheit, aber viel weiser, und sie wussten aus dem Gefühl heraus die Dinge so zu behandeln, wie wir sie wieder bewusst behandeln müssen, wenn wir nun durch etwas, was auch wieder nicht gescheit ist – Anthroposophie ist nicht gescheit, sie strebt mehr nach Weisheit –, wenn wir so auf diese Weise vermögen, uns der Weisheit für alle Dinge zu nähern, nicht bloß in dem abstrakten Geleier von

Worten «Der Mensch besteht aus physischem Leib, Ätherleib und so weiter», das man auswendig lernen und ableiern kann wie ein Kochbuch. Aber darum handelt es sich nicht, sondern es handelt sich darum, dass man die Erkenntnis dieser Dinge wirklich überall einführt, dass man sie überall drinnen sieht, und dann wird man angeleitet – namentlich, wenn man in der Weise, wie ich es Ihnen auseinandergesetzt habe, wirklich hellsichtig wird –, nun wirklich zu unterscheiden in der Natur, wie die Dinge sind.

Und dann findet man, dass die Vogelwelt dann schädlich wird, wenn sie nicht an ihrer Seite den Nadelwald hat, damit dasjenige, was sie vollbringt, ins Nützliche umgewandelt werde. Und jetzt wiederum wird der Blick weiter geschärft, und man bekommt eine andere Verwandtschaft heraus. Hat man diese merkwürdige Verwandtschaft der Vögel gerade mit den Nadelwäldern erkannt, dann bekommt man eine andere Verwandtschaft heraus, die sich deutlich einstellt, die zunächst eine feine Verwandtschaft ist, in solcher Feinheit, wie diejenige, die ich angeführt, die sich aber sogar in eine gröbere umsetzen kann. Nämlich zu all dem, was nun zwar nicht Baum wird, aber auch nicht kleine Pflanze bleibt, zu den Sträuchern, zum Beispiel Haselnusssträuchern, da haben die Säugetiere eine innere Verwandtschaft, und man tut daher gut, zur Aufbesserung seines Säugetierwesens in einer Landwirtschaft in der Landschaft strauchartige Gewächse anzupflanzen. Einfach schon dadurch, dass die strauchartigen Gewächse da sind, üben sie einen günstigen Einfluss aus. Denn in der Natur steht alles in Wechselwirkung.

Aber man gehe weiter. Die Tiere sind ja nicht so töricht wie die Menschen, die merken nämlich sehr bald, dass diese Verwandtschaft da ist. Und wenn sie merken, dass sie die Sträucher lieben, dass ihnen die Liebe dazu angeboren ist, dann bekommen sie auch diese Sträucher zum Fressen gern, und sie fangen an, das Nötige davon zu fressen, was ungeheuer regulierend wirkt auf das andere Futter. Aber man kann, wenn man so diese intime Verwandtschaft in der Natur verfolgt, von da aus wiederum Blicke gewinnen für das Wesen des Schädlichen. So wie der Nadelwald eine intime Beziehung zu den Vögeln hat, die Sträucher eine intime Beziehung zu den Säugetieren haben, so hat wiederum alles Pilzige eine intime Beziehung zu der niederen Tierwelt, zu Bakterien und ähnlichem Getier, zu den schädlichen Parasiten nämlich. Und die schädlichen Parasiten halten sich mit dem Pilzartigen zusammen, sie entwickeln sich ja dort, wo das Pilzartige in Zerstreuung auftritt. Und dadurch entstehen jene Pflanzenkrankheiten, entstehen auch gröbere Schädlichkeiten bei den Pflanzen. Bringen wir es aber dahin, nicht nur Wälder zu haben, sondern Auen in entsprechender Nachbarschaft der Landwirtschaft, so werden diese Auen dadurch ganz besonders wirksam werden für die Landwirtschaft, dass in ihnen ein guter Boden vorhanden ist für Pilze. Und man sollte darauf sehen, dass die Auen besetzt sind in ihrem Boden mit Pilzen. Und da wird man das Merkwürdige erleben, dass, wo eine Aue, eine pilzreiche Aue, wenn auch vielleicht gar nicht von starker Größe, in der Nähe einer Landwirtschaft ist, dass da dann diese Pilze nun durch ihre Verwandtschaft mit den Bakterien und dem anderen parasitären Getier dieses Getier abhalten von dem anderen. Denn die Pilze halten mehr zusammen mit diesem Getier, als das die anderen Pflanzen tun. Neben solchen Dingen, wie ich sie angeführt habe zur Bekämpfung solcher Pflanzenschädlinge, besteht auch noch die Möglichkeit, im Großen die Möglichkeit, durch Anlegung von Auen das schädliche Kleingetier, das schädliche Kleinviehzeug von der Landwirtschaft abzuhalten.

In der richtigen Verteilung von Wald, Obstanlagen, Strauchwerk, Auen mit einer gewissen natürlichen Pilzkultur liegt so sehr das Wesen einer günstigen Landwirtschaft, dass man wirklich mehr erreicht für die Landwirtschaft, wenn man sogar die nutzbaren Flächen des landwirtschaftlichen Bodens etwas verringern müsste. Jedenfalls übt man keine ökonomische Wirtschaft aus, wenn man die Fläche des Erdbodens so weit ausnutzt, dass alles das hinschwindet, wovon ich gesprochen habe, und man darauf spekuliert, dass man dadurch mehr anbauen kann. Das, was man da mehr anbauen kann, wird eben in einem höheren Grade schlechter, als dasjenige beträgt, was man durch die Vergrößerung der Flächen auf Kosten der anderen Dinge erreichen kann. Man kann eigentlich in einem Betriebe, der so stark ein Naturbetrieb ist wie der landwirtschaftliche, gar nicht darinnen stehen, ohne in dieser Weise Einsichten zu haben in den Zusammenhang des Naturbetriebs, die Wechselwirkung des Naturbetriebs.

Jetzt ist auch noch die Zeit, diejenigen Gesichtspunkte zu unserer Einsicht zu bringen, die uns überhaupt das Verhältnis des Pflanzlichen zum Tierischen und umgekehrt, des Tierischen zum Pflanzlichen, vor die Seele stellen. Was ist denn eigentlich ein Tier, und was ist eigentlich die Pflanzenwelt?

Bei der Pflanzenwelt muss man mehr von der gesamten Pflanzenwelt sprechen. Was ist eigentlich ein Tier, und was ist die Pflanzenwelt? Dass das als Verhältnis aufgesucht werden muss, das geht daraus hervor, dass man nur, wenn man etwas davon versteht, auch vom Füttern der Tiere etwas verstehen kann. Denn das Füttern ist ja nur dann richtig zu vollziehen, wenn es im Sinne des richtigen Verhältnisses von Pflanze und Tier eben gehalten ist. Was sind Tiere?

Ja, da schaut man die Tiere so an, seziert sie wohl auch, hat dann die Knochengerüste, an deren Formen man sich ja erfreuen kann, die man auch so studieren kann, wie ich es angeführt habe. Man studiert wohl auch das Muskel-, das Nervenwerk, aber was die Tiere eigentlich drinnen sind im ganzen Haushalt der Natur, bekommt man dadurch doch nicht heraus. Das bekommt man nur heraus, wenn man hinsieht auf dasjenige, womit das Tier in einer ganz unmittelbar intimen Wechselwirkung steht in Bezug auf seine Umgebung. Sehen Sie, da ist es so, dass das Tier unmittelbar verarbeitet aus seiner Umgebung in seinem Nerven-Sinnes-System und einem Teile seines Atmungssystems alles dasjenige, was erst geht durch Luft und Wärme. Das Tier ist im Wesentlichen, insofern es ein eigenes Wesen ist, ein unmittelbarer Verarbeiter von Luft und Wärme durch sein Nerven-Sinnes-System [und durch sein Atmungssystem].

Tafel 7, rechts Mitte

Sodass wir das Tier schematisch so zeichnen. In alledem, was in seiner Peripherie, Umgebung liegt, in seinem Nerven-Sinnes-System und in einem Teile seines Atmungssystems ist das Tier ein eigenes Wesen, das unmittelbar lebt in Luft und Wärme. Zu Luft und Wärme hat das Tier einen ganz unmittelbaren Bezug, und eigentlich aus der Wärme heraus ist sein Knochensystem geformt, indem Mond- und Sonnenwirkungen durch die Wärme namentlich vermittelt werden.

Aus der Luft ist sein Muskelsystem geformt, in dem wiederum die Kräfte von Sonne und Mond auf dem Umwege durch die Luft wirken.

In unmittelbarer Weise dagegen, so in unmittelbarer Verarbeitung, kann das Tier sich nicht verhalten zu dem Erdigen und zu dem Wässrigen. Erde und Wasser kann das Tier so unmittelbar nicht verarbeiten. Es muss Erde und Wasser in sein Inneres aufnehmen, muss also von außen nach innen gehend den Verdauungskanal haben und verarbeitet in seinem Innern alles dann mit dem, was es geworden ist durch Wärme und Luft, verarbeitet Erde und Wasser mit seinem Stoffwechselsystem und einem Teil seines Atmungssystems. Das Atmungssystem geht dann über in das Stoffwechselsystem. Mit einem Teil seines Atmungs- und einem Teil seines Stoffwechselsystems verarbeitet es Erde und Wasser. Es muss also das Tier schon da sein durch Luft und Wärme, wenn es Erde und Wasser verarbeiten soll. *So* lebt das Tier im Bereiche der Erde und im Bereiche des Wassers. Natürlich geschieht die Verarbeitung, so wie ich es angedeutet [habe], mehr im kraftmäßigen Sinne als im Substanziellen. Fragen wir demgegenüber, was ist nun eine Pflanze?

Sehen Sie, die Pflanze hat nun ebenso einen unmittelbaren Bezug zu Erde und Wasser, wie das Tier zu Luft und Wärme; sodass wir bei der Pflanze haben, dass sie auch durch eine Art von Atmung und durch etwas, was dem Sinnessystem entfernt ähnlich ist, unmittelbar in sich aufnimmt alles dasjenige – wie unmittelbar das Tier Luft und Wärme aufnimmt –, was Erde und Wasser ist. Die Pflanze lebt also unmittelbar mit Erde und Wasser.

Tafel 7, rechts unten

Nun werden Sie sagen: Nun ja, jetzt kann man ja weiter wissen, nachdem man eingesehen hat, die Pflanze lebt unmittelbar mit Erde und Wasser, so wie das Tier mit Luft und Wärme, so müsste die Pflanze jetzt in ihrem Innern Luft und Wärme so verarbeiten, wie das Tier Erde und Wasser verarbeitet.

Das ist aber nicht der Fall. Man kann nun nicht von dem, was man einmal weiß, durch Analogie schließen, wenn man auf die geistigen Wahrheiten kommen will; sondern es ist so, dass, während das Tier aufnimmt Irdisches und Wässriges und in sich verarbeitet, die Pflanze gerade Luft und Wärme ausscheidet, indem sie mit dem Erdboden zusammen sie erlebt. Also Luft und Wärme gehen nicht hinein, oder sind wenigstens nicht wesentlich weit hineingegangen, sondern es gehen heraus Luft und Wärme und werden, statt aufgezehrt von der Pflanze, ausgeschieden.

Und dieser Ausscheidungsprozess ist dasjenige, um das es sich handelt. Die Pflanze ist in Bezug auf das Organische in jeder Beziehung ein Umgekehrtes von dem Tier, ein richtig Umgekehrtes. Was beim Tier die Nahrungsaufnahme ist in ihrer Wichtigkeit, das ist bei der Pflanze die Ausscheidung von Luft und Wärme, und die Pflanze lebt in dem Sinne, wie das Tier aus der Nahrungsaufnahme lebt, so lebt die Pflanze in dem Sinne aus der Ausscheidung von Luft und Wärme. Das ist das, man möchte sagen, Jungfräuliche an der Pflanze, dass sie nicht gierig etwas aufnehmen will durch ihre eigene Wesenheit, sondern eigentlich das gibt, was das Tier nimmt aus der Welt, und dadurch lebt. So gibt die Pflanze und lebt vom Geben.

Wenn Sie dieses Geben und Nehmen ins Auge fassen, dann haben Sie etwas wiederum erkannt, was in einer alten instinktiven Erkenntnis von diesen Dingen eine große Rolle spielte. Der Satz, den ich hier aus der anthroposophischen Betrachtung heraushole: «Die Pflanze gibt, das Tier nimmt im Haushalt der Natur», der war einstmals in einer instinktiven hellseherischen Einsicht in die Natur überhaupt gang und gäbe. Und manches ist bei besonders für diese Sache sensitiven Menschen bis in spätere Zeiten geblieben, und Sie finden just noch bei Goethe den öfteren Gebrauch dieses Satzes: «In der Natur lebt alles durch Geben und Nehmen.» Sie werden ihn schon, wenn Sie Goethes Werke durchgehen, finden. Er hat ihn nicht mehr richtig verstanden, aber er hat ihn aus alten Gebräuchen, Traditionen, wieder aufgenommen und hatte ein Gefühl dafür, dass man mit diesem Satze etwas Wahres in der Natur bezeichnete. Diejenigen, die nachgekommen sind, haben nun gar nichts mehr davon verstanden, verstehen auch nicht dasjenige, was Goethe damit gemeint hat, wenn er von Geben und Nehmen spricht. Er spricht auch vom Atmen, insofern das Atmen mit dem Stoffwechsel in Wechselwirkung steht, von Nehmen und Geben. Klar – unklar hat er dieses Wort angewendet.

Nun, Sie sehen, dass in einer gewissen Weise die Wälder und Obstgärten, das Strauchwerk über der Erde, Regulatoren sind, um das Pflanzenwachstum in der richtigen Weise zu gestalten. Und wiederum unter der Erde ist ein ähnlicher Regulator dasjenige, was im Verein mit dem Kalk die niederen Larven, wurmartigen und so weiter Tiere sind. So sollte man anschauen das Verhältnis von Feldwirtschaft, Obstwirtschaft, Viehzucht und sollte daraus dann in die Praxis eintreten. Das werden wir dann versuchen in der letzten Stunde, die uns noch zur Verfügung steht, soweit zu tun, dass wirklich die Dinge von dem schönen Versuchsring weiterverarbeitet werden können.

ACHTER VORTRAG

Koberwitz, Montag, 16. Juni 1924

[Meine lieben Freunde!]
In dieser letzten Vortragsstunde, die ja noch durch einiges vielleicht nach Ihren Bedürfnissen in der darauffolgenden Diskussion wird ergänzt werden können, möchte ich, so viel es möglich ist in der kurzen Zeit, manches Ergänzende vorbringen und noch einige praktische Winke. Es wird sich heute aber gerade um solches Praktische handeln, das in einer außerordentlich schwierigen Weise allgemein in Formeln und dergleichen gegeben werden kann, das vielmehr in einem ganz ausgiebigen Maße der Individualisierung und der persönlichen Behandlung unterliegt. Und gerade aus diesem Grunde wird es notwendig sein, dass man auf diesem Gebiete besonders die geisteswissenschaftlichen Einsichten schafft, Einsichten, die dann in verständiger Weise eben zur Individualisierung in den Maßnahmen führen können.

Bedenken Sie nur, dass ja heute wenig Einsicht gerade auf einem der allerwichtigsten Gebiete vorhanden ist: Das ist auf dem Gebiete der Fütterung unserer landwirtschaftlichen Tiere. Das lässt sich eigentlich auch nicht viel verbessern, wenn man auch noch so viele gerade nach dieser Richtung hin orientierte Angaben macht: Wie soll man füttern? – Es lässt sich aber meiner Überzeugung nach ganz wesentlich verbessern, wenn der landwirtschaftliche Unterricht immer mehr und mehr darauf hinauslaufen wird, Einsichten zu entwickeln, worin eigentlich das Wesen der Fütterung besteht. Dazu möchte ich heute einiges zunächst tun.

Sehen Sie – ich habe es ja schon angedeutet –, dasjenige, was die Nahrung für das Tier und auch für den Menschen bedeutet, wird ja immer durchaus falsch angesehen. Es handelt sich nicht darum, dass das Grobe geschieht, dass Nahrungsstoffe von außen aufgenommen werden und dann – wie man sich doch immer mehr oder weniger vorstellt, wenn man dabei auch an allerlei Umwandlungen denkt –

abgelagert werden im Organismus. Man stellt sich im Rohen, Groben doch vor, nun ja, da draußen sind die Nahrungsmittel; das Tier nimmt sie auf, lagert dasjenige, was es brauchen kann, in sich ab, scheidet dasjenige, was es nicht brauchen kann, aus. Und man muss dann auf Verschiedenes sehen, darauf sehen zum Beispiel, dass das Tier nicht überladen wird, dass es möglichst Nahrhaftes bekommt, sodass es vieles brauchen kann von demjenigen, was in den Nahrungsstoffen enthalten ist. Und man unterscheidet ja, wenn man die Dinge sehr gerne auf diesem Gebiete auch materialistisch unterscheidet, auch wohl zwischen eigentlichen Nahrungsmitteln und solchen Stoffen, die die Verbrennungsvorgänge, wie man sagt, im Organismus befördern, und gründet darauf allerlei Theorien, die man dann auch praktisch anwendet, wobei man immer natürlich konstatieren muss, dass einiges stimmt und manches gerade nicht stimmt, oder nach einiger Zeit nicht stimmt, oder sich durch das oder jenes modifiziert. Und wie sollte man denn auch erwarten, dass das anders ist!

Denn sehen Sie: Man redet von Verbrennungsvorgängen im Organismus. Im Organismus ist natürlich kein einziger Verbrennungsvorgang, und die Verbindung irgendeines Stoffes mit Sauerstoff bedeutet im Organismus etwas ganz anderes als einen Verbrennungsvorgang. Eine Verbrennung ist ein Vorgang in der mineralisch unbelebten Natur. Aber außerdem, so wie ein Organismus etwas anderes ist als ein Quarzkristall, so ist auch dasjenige, was man als Verbrennung bezeichnet im Organismus, nicht der tote Verbrennungsprozess, der im äußeren abläuft, sondern er ist etwas Lebendiges, er ist sogar etwas Empfindendes.

Gerade dadurch, dass man in obiger Weise sich ausdrückt und die Gedanken dabei in eine gewisse Richtung bringt, gerade dadurch wird weitgehendster Unfug angerichtet. Denn der eine, der redet nur schlampig, wenn er von Verbrennung im Organismus spricht. Wenn er dann das Richtige im Auge hat, so schadet es nichts, wenn er schlampig redet und doch die Dinge halbwegs richtig nach Instinkt oder Tradition tut. Aber wenn dann nach und nach über diese schlampigen Reden die Psychopathia professoralis – ich habe diesen Ausdruck schon vielfach angewendet – über diese Dinge kommt, dann macht sie aus demjenigen, was bloß schlampig gesprochen ist, geistreiche – ich meine es in Wirklichkeit –, geistreiche Theorien. Und dann handelt man so, dass man nach diesen Theorien handelt, aber überhaupt die Sache gar nicht mehr trifft. Es ist dasjenige, über das man redet, etwas ganz anderes als dasjenige, was in den Pflanzen und Tieren vorkommt. Das ist die charakteristische Erscheinung von heute, man tut etwas ganz anderes, als zu demjenigen passt, was da in der Natur geschieht. Daher muss man schon ein wenig gerade auf diesem Gebiete hinschauen auf dasjenige, um was es sich handelt.

Betrachten wir nun die Dinge, in die unsere Betrachtungen gestern ausgelaufen sind, dass die Pflanze physischen und Ätherleib hat und oben mehr oder weniger wie umschwebt ist von dem Astralischen. Die Pflanze bringt es nicht zu dem Astralischen, aber sie ist wie umschwebt von dem Astralischen. Tritt sie in eine ganz bestimmte Verbindung mit dem Astralischen, wie das bei der Obstbildung der Fall ist, so wird eben etwas zur Nahrung erzeugt, was dann das Astralische im tierischen und menschlichen Organismus unterstützt. Sieht man in den Vorgang hinein, dann wird man es einfach irgendeiner Pflanze oder irgendetwas anderem ansehen, ob es irgendetwas im tierischen Organismus unterstützen soll oder nicht. Aber ich meine, auch den entgegengesetzten Pol müsste man ansehen. Da liegt nämlich etwas vor, was außerordentlich wichtig ist. Ich habe es schon berührt, aber hier, wo Grundlagen geschaffen werden sollen für die Fütterungsvorgänge, muss es noch einmal besonders herausgestellt werden.

Gehen wir, weil es sich um die Fütterung handelt, vom Tier aus. Beim Tier haben wir nicht eine so scharfe Dreigliederung des Organismus wie beim Menschen. Wir haben beim Tiere auch ausgesprochen den Nerven-Sinnes-Organismus und den Stoffwechsel-Gliedmaßen-Organismus. Die sind scharf voneinander getrennt, aber der mittlere, der rhythmische Organismus ist bei verschiedenen Tieren verschwommen. Es geht etwas hinein in den rhythmischen Organismus, was noch aus dem Sinnesorganismus stammt, und noch etwas, was aus dem Stoffwechselorganismus stammt, sodass man eigentlich beim Tier anders reden sollte als beim Menschen. Beim Menschen redet man ganz exakt von dieser Dreigliederung des Organismus. Aber beim Tier sollte man sprechen von der im Kopfe vorzugsweise lokalisierten Nerven-Sinnes-Organisation und von der im Hinterleib und in den Gliedmaßen organisierten, aber wiederum den ganzen Organismus durchdringenden Stoffwechsel-Gliedmaßen-Organisation. Und in der Mitte, da wird beim Tier der Stoffwechsel rhythmischer als beim Menschen, und auch die Nerven-Sinnes-Organisation wird rhythmischer und die beiden schwimmen ineinander, sodass das Rhythmische nicht als so stark Selbstständiges entsteht beim Tier. Es ist ein mehr undeutliches Ineinanderklingen von den beiden äußersten Polen. Beim Tiere sollte man also eigentlich von einer Zweigliederung des Organismus sprechen, sodass aber die beiden Glieder in der Mitte sich miteinander vermischen und dadurch die [gesamte] tierische Organisation entsteht. Tafel 8, oben

Nun, alles dasjenige, was an Substanzen in der Kopforganisation ist – das ist ja beim Menschen auch so, aber bleiben wir beim Tiere –, was in der Kopforganisation ist, das ist von irdischer Materie. Was da an Materie drinnen ist im Kopf, ist von irdischer Materie. Schon im Embryonalen wird irdische Materie hineingeleitet in die Kopforganisation. Die Organisation des Embryos muss so eingerichtet sein, dass der Kopf seine Stoffe bekommt von der Erde aus. Also da drinnen haben wir Irdisch-Stoffliches. Dagegen alles, was wir an Stofflichkeit haben in der Stoffwechsel-Gliedmaßen-Organisation, was da unsere Därme, unsere Gliedmaßen, unsere Muskeln, unsere Knochen und so weiter durchsetzt, das stammt nicht von der Erde, sondern das stammt von demjenigen, was aus der Luft und aus der Wärme über der Erde aufgenommen wird. Das ist kosmische Stofflichkeit. Es ist wichtig, dass Sie nicht eine Klaue so ansehen, als ob sie sich bildete dadurch, dass die physische Materie, die das Tier frisst, bis zur Klaue käme und sich dort ablagerte. Das ist eben nicht wahr, sondern durch Sinne und Atmung wird aufgenommen die kosmische Materie.

Und dasjenige, was das Tier frisst, ist bloß dazu da, die Bewegungskräfte im Tier zu entwickeln, dass das Kosmische in die Stoffwechsel-Gliedmaßen-Organisation, also zur Klaue hineingetrieben werden kann, sodass hier überall kosmische Stofflichkeit ist. Dagegen mit den Kräften ist es umgekehrt. Da haben wir es im Kopfe, gerade weil da die Sinne vorzugsweise stationiert sind und die Sinne aus dem Kosmos wahrnehmen, mit kosmischen Kräften zu tun. In der Stoffwechsel-Gliedmaßen-Organisation, da haben wir es – denken Sie nur daran, wenn man geht, schaltet man sich fortwährend in die Erdenschwere ein, und so ist alles, was man mit den Gliedmaßen tut, an das Irdische gebunden –, da hat man es mit erdigen, irdischen Kräften zu tun, also mit kosmischen Stoffen und mit irdischen Kräften.

Es ist wirklich nicht gleichgültig, [ob man weiß,] dass die Kuh mit ihren Gliedmaßen, die sie braucht zur Arbeit, wenn sie ein Arbeitstier werden soll, oder ein Ochse, wenn er ein Arbeitstier werden soll, dass sie so gefüttert werden, dass sie möglichst viel von der kosmischen Stofflichkeit in sich hineinkriegen und dass die Nahrung, die durch den Magen geht, so eingerichtet werden muss, dass sie viele Kräfte entwickelt, um diese kosmische Stofflichkeit überall in die Glieder, Muskeln, in die Knochen hineinzuleiten. Ebenso muss man wissen, dass man dasjenige, was man brauchen kann an Substanzen im Kopfe, gerade durch die Nahrung beziehen muss und dass in den Kopf geleitet werden müssen die verarbeiteten, durch den Magen geleiteten Nahrungsmittel. Der Kopf ist gerade auf den Magen angewiesen, nicht die große Zehe in dieser Beziehung; und man muss sich klar sein, dass der Kopf diese Nahrung, die er aus dem Leibe bekommt, nur verarbeiten kann, wenn er in entsprechender Weise die Kräfte aus dem Kosmos beziehen kann, [wenn] man also die Tiere nicht einfach in dumpfen Ställen abschließt, wo keine kosmischen Kräfte zu ihnen fließen können, sondern, [wenn] man sie über die Weide führt und überhaupt ihnen Gelegenheit gibt, auch sinnlich-wahrnehmungsmäßig in Beziehung zu treten zur Umwelt. Sehen Sie, da muss man Folgendes zum Beispiel beachten:

Stellen Sie sich einmal ein Tier vor, das im dumpfen Stall an dem Futtertrog steht und dasjenige zubemessen erhält, was die Weisheit der Menschen in diesen Futtertrog tut. Ja, dieses Tier weist einen großen Unterschied auf, wenn es nicht Abwechslung drin hat – es kann sie ja nur im Freien haben –, von dem andern Tier, das sich seiner Sinne, zum Beispiel seines Geruchsorgans bedient, sich in Freiheit draußen seine Nahrung selber sucht, dem Geruchsorgan nachgeht, nach Maßgabe des Geruchsorgans den kosmischen Kräften nachgeht, sich die Nahrung aufsucht, sie sich da selber nimmt, seine ganze Aktivität in diesem Nehmen der Nahrung drinnen entwickelt.

Ein Tier, das man an den Futtertrog stellt, wird – die Dinge vererben sich ja – nicht gleich zeigen, dass es keine kosmischen Kräfte in sich hat; es vererbt sie noch, aber es erzeugt allmählich Nachkommen, welchen die kosmischen Kräfte nicht mehr in dieser Weise angeboren sind, die sie nicht mehr haben. Und das Tier wird vom Kopf aus schwach, das heißt, es kann nicht mehr den Körper ernähren, weil es nicht aufnehmen kann die kosmischen Stoffe, die gerade wieder in den Körper hineinkommen sollen. Diese Dinge zeigen Ihnen schon an, dass man eben einfach nicht im Allgemeinen sagen sollte: «Füttert in diesem Falle das, füttert in jenem Falle jenes», sondern dass man eine Vorstellung davon hervorrufen sollte, was bestimmte Fütterungsmethoden für einen Wert haben für das ganze Wesen der tierischen Organisation.

Nun gehen wir aber weiter. Was ist denn nun eigentlich im Kopfe enthalten? Irdische Stofflichkeit. Wenn man also das edelste Organ herausschneidet aus dem Tier, das Gehirn, man hat drinnen irdische Stofflichkeit. Beim Menschen hat man im Gehirn irdische Stofflichkeit, nur die Kräfte sind kosmisch, die Stofflichkeit ist eine irdische. Wozu dient dieses Gehirn? Es dient als Unterlage für das Ich. Das Tier hat noch nicht das Ich. Halten wir das ganz richtig fest: Das Gehirn dient als Unterlage für das Ich, das Tier hat noch nicht das Ich, [es] ist erst auf dem Wege zur Ich-Bildung. Beim Menschen geht das immer weiter zu der Ich-Bildung hin. Das Tier hat also ein Gehirn; auf welche Weise ist es entstanden?

Nehmen Sie den ganzen organischen Prozess. Alles dasjenige, was da vorgeht, dasjenige, was im Gehirn zum Vorschein kommt als Irdisch-Materielles, wird einfach ausgeschieden, ist Ausscheidung aus dem organischen Prozesse. Da wird irdische Materie ausgeschieden, um als Grundlage für das Ich zu dienen. Nun ist eine bestimmte Menge irdischer Materie auf der Grundlage des Prozesses, der von der Nahrungsaufnahme durch die Verdauungsverteilung im Stoffwechsel-Gliedmaßen-System sich bildet, fähig, um von da die irdischen Nahrungsmittel hineinzuleiten in den Kopf und das Gehirn, da ist eine bestimmte Menge irdischer Stofflichkeit, welche diesen Weg durchmacht, und die dann im Gehirn richtig abgeschieden wird. Aber es wird diese Nahrungsstofflichkeit nicht nur abgeschieden im Gehirn, sondern schon auf dem Wege im Darm. Dasjenige, was nicht weiterverarbeitet werden kann, wird im Darm abgeschieden, und hier tritt Ihnen eine Verwandtschaft entgegen, die Sie außerordentlich paradox finden werden, die aber nicht übersehen werden darf, wenn man verstehen will die tierische und auch die menschliche Organisation. Was ist die Hirnmasse? Die Hirnmasse ist einfach zu Ende geführte Darmmasse. Verfrühte Gehirnabscheidung geht durch den Darm. Der Darminhalt ist seinen Prozessen nach durchaus verwandt dem Hirninhalt.

Wenn ich grotesk rede, würde ich sagen, ein fortgeschrittener Dunghaufen ist das im Gehirn sich Ausbreitende; aber es ist sachlich durchaus richtig. Der Dung ist es, der durch den eigenen organischen Prozess in die Edelmasse des Gehirns umgesetzt wird und da zur Grundlage für die Ich-Entwicklung wird. Beim Menschen wird möglichst viel umgesetzt von Bauchdünger in Gehirndünger, weil der Mensch ja sein Ich auf der Erde trägt; beim Tier weniger, daher bleibt mehr drinnen in dem Bauchdünger, der dann zum wirklichen Dünger verwendet wird. Da bleibt mehr Ich in der Anlage drinnen. Weil es das Tier nicht zum Ich bringt, bleibt da mehr Ich in der Anlage drinnen. Daher sind tierischer Mist und menschlicher Mist zwei ganz verschiedene Dinge. Tierischer Mist enthält noch die Ich-Anlage. Und wir finden, wenn wir misten, wenn wir Dünger von außen her an die Wurzel, das Ich an die Wurzel, an die Pflanzen herangebracht haben, dass wir, wenn wir vollständig die Pflanze zeichnen hier unten die Wurzel haben, oben die sich entwickelnden Blätter und Blüten haben, dass sich hier das Astralische hinzuentwickelt durch den Verkehr mit der Luft, hier sich entwickelt durch den Verkehr mit dem Dünger die Ich-Anlage der Pflanze. Tafel 8, rechts

Es ist wirklich solch eine Landwirtschaft ein Organismus. Da entwickelt er sein Astralisches oben, und das Vorhandensein von Obst und Wald entwickelt das Astralische. Wenn von dem, was dann über der Erde ist, die Tiere richtig fressen, dann entwickeln sie in demjenigen, was von ihnen als Dünger kommt, die richtigen Ich-Kräfte, die wiederum aus der Wurzel heraus die Pflanzen in der richtigen Weise in der Richtung der Schwerkraft wachsen lassen. Es ist eine wunderbare Wechselwirkung. Aber diese Wechselwirkung muss man vorschreitend verstehen.

Nun sehen Sie, dadurch, dass das so ist, ist eine Landwirtschaft eine Art Individualität.

Und man wird schon daraus die Einsicht bekommen, dass die Tiere mehr oder weniger in dieser Wechselwirkung drinnen erhalten sein sollen, und auch die Pflanzen mehr oder weniger in dieser Wechselwirkung erhalten werden sollen. Daher ist es in einem gewissen Sinne schon eine Beeinträchtigung der Natur, wenn man den Dünger nicht bezieht von den Tieren, die zur Landwirtschaft gehören, sondern diese Tiere abschafft und von Chile den Dunginhalt bezieht. Denn da geht man über das hinweg, dass das ein in sich selbst geschlossener Kreislauf ist, etwas ist, was in sich selbst sich erhalten soll. Natürlich muss man dann die Sache so einrichten, dass es in sich selbst sich erhalten kann. Man muss einfach so viele Tiere und solche Tiere in der Landwirtschaft haben, dass man in der Landwirtschaft genügend und richtigen Mist erhält. Und man muss wiederum darauf sehen, dass man solches anpflanzt, was die Tiere, die man haben will, durch ihren Instinkt fressen wollen, was sie sich suchen.

Da werden natürlich die Versuche kompliziert, weil sie individuell werden. Aber da gerade handelt es sich darum, Richtungen anzugeben, wie die Versuche angestellt werden müssen. Und da wird vieles versucht werden. Dann werden sich Gebrauchsregeln ergeben, aber alle diese Gebrauchsregeln sollten aus der Richtschnur hervorgehen, dass man die Landwirtschaft möglichst so in sich abschließt, dass sie sich selber tragen kann. Allerdings nicht ganz. Warum? Durch eine sachliche Betrachtung in geisteswissenschaftlichem Sinne wird man niemals Fanatiker. Ganz lässt sich das innerhalb unserer heutigen Wirtschaftsordnung außen nicht erreichen. Aber so viel es möglich ist, sollte man es zu erreichen suchen. Nun sehen Sie, wenn man das nun hat, dann kann man im Konkreteren die Beziehungen des tierischen Organismus zum pflanzlichen Organismus, das heißt zum Futterorganismus, finden. Wollen wir es zunächst im großen Ganzen, im Allgemeinen anschauen.

Sehen wir uns die Wurzel an: Die Wurzel, die in der Regel in der Erde sich drinnen entwickelt, die durch den Dünger von einer werdenden Ich-Kraft durchzogen ist, sie absorbiert die werdende Ich-Kraft durch die ganze Art, wie sie in der Erde drinnen ist, und wird unterstützt im Absorbieren dieser Ich-Kraft, wenn die richtige Salzmenge von ihr gefunden werden kann in der Erde.

Nehmen wir an, wir haben diese Wurzel einfach aus den Betrachtungen, die wir angestellt haben. Wir müssen nun die Wurzeln erklären als diejenigen Nahrungsmittel, die am leichtesten, wenn sie in den menschlichen Organismus hineinkommen, den Weg zum Kopfe finden durch die Verdauung. Die Wurzelnahrung werden wir daher da anwenden, wo wir die Voraussetzung machen müssen, dass wir Substanz, materielle Stoffe dem Kopfe geben wollen, damit die kosmischen Kräfte, die durch den Kopf wirken, eben den richtigen Stoff zu ihrer plastischen Tätigkeit finden. Denken Sie, es spricht einer den Satz aus: Ich muss Wurzelnahrung geben einem Tier, das nötig hat, nach dem Kopfe hin Substanz zu leiten, um in möglichst regsamer Sinnesbeziehung, das heißt kosmischer Beziehung zu der kosmischen Umgebung zu treten. – Ja, denken Sie denn da nicht gleich an das Kalb und an die Möhre? Wenn das Kalb die Möhre frisst, so haben Sie ja den ganzen Prozess erfüllt. In dem Augenblick, wo Sie so etwas aussprechen und nun wissen, wie die Dinge ausschauen und wie sie leben, lenken Sie ja Ihren Blick auf dasjenige, was geschehen soll. Sie brauchen nur zu wissen, wie dieser Wechselprozess da ist.

Und gehen wir weiter. Jetzt muss, wenn nun wirklich die Substanz in den Kopf hineingeleitet ist, wenn wir dem Kalb mit der Möhre gedient haben, der umgekehrte Prozess beginnen können, das heißt, es muss der Kopf nun arbeiten können, willenshaft, und dadurch auch Kräfte erzeugen können im Organismus, sodass wiederum in den Organismus solche Kräfte hineinverarbeitet werden können. Es darf nicht bloß der Möhrenmist im Kopfe abgelagert werden, sondern es müssen von demjenigen, was da abgelagert, das heißt im Abbau begriffen ist, Kräfteausstrahlungen in den Organismus hineinkommen, das heißt, Sie müssen ein zweites Nahrungsmittel haben, was, nachdem einem Gliede des Körpers, also hier dem Kopfe, gedient ist, dieses Glied wiederum in der richtigen Weise an dem übrigen Organismus arbeiten lässt.

Nun sehen Sie einmal an: Ich habe die Möhre gegeben. Ich will, dass jetzt richtig der Körper von den Kräften, die sich vom Kopfe aus entwickeln können, durchsetzt wird. Da brauche ich dasjenige, was strahlige Form hat in der Natur, oder diese strahlige Form richtig zusammensammelt in, sagen wir, konzentrierter Bildung zusammensammelt. Was braucht man da? Da braucht man als zweites Futter zu der Möhre so etwas, was in der Pflanze ins Strahlige übergeht und diese strahlende Kraft wieder zusammenfasst. Der Blick wird dann gelenkt auf Leinsamen und dergleichen. Und wenn Sie das zu[sammen]füttern bei Jungvieh, Möhre und Leinsamen oder etwas, was in anderer Weise so zusammenpasst, wie, sagen wir, frisches Heu mit Möhren auch, dann kriegen Sie heraus dasjenige, was wirklich in das ganze Tier beherrschend hereinwirkt, was das Tier einfach auf den Weg bringt, zu dem es veranlagt ist. Sodass wir eben werden versuchen müssen, bei Jungvieh solche Nahrung zu geben, welche auf der einen Seite die Ich-Kraft fördert und auf der anderen Seite dasjenige, was von oben nach unten geht, die astralischen Ausfüllungen fördert. Das ist insbesondere der Fall bei alle demjenigen, was langstängelig ist und in dieser Langstängeligkeit einfach überlassen wird der eigenen Entwicklung, also langstängelig ist und Heu wird. So schaut man hier auf die Sache, und so sollte man die ganze Landwirtschaft anschauen, von jedem Dinge wissen, was denn mit ihm geschieht, wenn es nun den Weg nimmt entweder vom Tier in den Boden oder von der Pflanze in das Tier hinein.

Gehen wir weiter in dieser Sache. Nehmen wir ein Tier, das gerade in diesem Mittelgebiete stark werden soll, wo da die Kopforganisation, die Nerven-Sinnes-Organisation, sich mehr nach der Atmung hin entwickelt und wiederum, wo die Stoffwechsel-[Gliedmaßen-]Organisation sich mehr nach dem Rhythmischen hin entwickelt, wo das dann durcheinander geht. Was sind das für Tiere, die da stark werden sollen? Das sind gerade die Milchtiere. Die sollen da stark werden. In der Milchproduktion wird einfach die Forderung erfüllt, dass die Tiere in diesem Gebiet stark werden. Ja, worauf müssen wir denn da sehen? Da müssen wir darauf sehen, dass in der Strömung, die vom Kopfe nach hinten geht, die vorzugsweise eine Kräfteströmung ist, und in der Strömung, die von hinten nach vorn geht, die vorzugsweise eine Stoffströmung ist, dass da das richtige Zusammenwirken geschieht. Geschieht dieses richtige Zusammenwirken so, dass dasjenige, was von hinten nach vorn strömt, möglichst gut durchgearbeitet wird durch die Kräfte, die von vorn nach hinten strömen, dann entsteht die gute Milch und die reichliche Milch. Denn in der guten Milch ist enthalten dasjenige, was im Stoffwechsel besonders ausgebildet ist, ist enthalten eine solche stoffliche Präparierung, die noch nicht durch das Sexualsystem durchgegangen ist, aber möglichst ähnlich geworden ist im Verdauungsprozess, dem [Sexualprozess]. Die Milch ist einfach umgewandeltes Sexualdrüsensekret, umgewandelt durch dasjenige, was einem auf dem Wege zum Sexualsekret befindlichen Stoffe entgegengebracht wird von den Kopfkräften, die da hineinwirken. Man kann da ganz hineinschauen in den Prozess, der da eigentlich vor sich geht, durchaus hineinschauen kann man.

Nun, für alle solche Prozesse, die sich bilden sollen in der Weise, müssen wir suchen diejenigen Nahrungsmittel, welche weniger nach dem Kopfe hinwirken als die Wurzeln, die die Ich-Kraft aufgenommen haben. Aber wir dürfen auch nicht, weil es ja der Sexualkraft verwandt bleiben soll, nicht zu viel Astralisches haben soll, nicht zu viel von dem nehmen, was gegen die Blüte und Frucht hin liegt. Das heißt, wir müssen, wenn es sich um die Milchproduktion handelt, auf dasjenige sehen, was zwischen Blüte und Wurzeln drinnen liegt, auf das Grüne und Blattartige, und auf alles dasjenige, was sich in Blatt und Kraut entfaltet.

Tafel 8, unten, zweite Skizze von links

Wir werden insbesondere in einem Fall, wo wir die Milch fördern wollen, von der wir glauben bei einem Tier, dass sie noch vermehrt werden könnte, diese Vermehrung sicher erreichen, wenn wir das Folgende tun.

Nehmen Sie an, ich füttere zunächst, weil es die Verhältnisse so geben, irgendeine Milchkuh mit Kraut-, Laubartigem. Ich will die Milchproduktion vermehren. Ich stelle mir vor, dass ich die Milchproduktion vermehren kann. Was tue ich dann? Ich verwende jetzt Pflanzen, welche den Fruchtprozess, das, was in Blüten und in der Befruchtung sich abspielt, hereinholen in den Laub- und in den Krautprozess. Das tun zum Beispiel die Hülsenfrüchte oder namentlich die Kleearten. Im Stofflichen des Klees entwickelt sich verschiedenes, das fruchtartig ist, gerade wie ein Kraut. Man wird, wenn man die Kuh so behandelt, an ihr selbst noch nicht viel sehen; aber wenn die Kuh dann kalbt – das Ganze geht gewöhnlich durch eine Generation durch, was man so durch Fütterung reformiert –, dann wird das Kalb eine gut milchende Kuh.

Nun wird man da auf eins bei diesen Dingen ganz besonders sehen müssen. Man hat ja zumeist, als die alten Traditionen aus der instinkthaften Weisheit auf diesem Gebiete geschwunden sind, einiges festgehalten, wie die Ärzte einige Heilmittel festgehalten haben, obwohl sie nicht mehr wissen warum; aber sie haben sie festgehalten, weil sie immer geholfen haben. So weiß man einiges von alten Traditionen, man weiß zwar nicht, warum man es anwendet, und im Übrigen probiert man, gibt nun die Menge an, die man ausprobiert, die man also dem Mastvieh, dem Milchvieh und so weiter gibt. Und nun geht es ja wirklich bei dieser Sache oftmals so, wie es halt beim menschlichen Herumprobieren überhaupt geht, besonders wenn dieses Herumprobieren ganz dem Zufall überlassen ist. Denken Sie, was einem passiert, wenn man irgendwo, wenn man unter vielen Menschen ist, Halsweh hat, man kriegt von jedem Menschen, wenn der einen lieb hat, irgendetwas. Man hat dann in einer halben Stunde eine ganze Apotheke zusammen. Würde man das nehmen, so würde eins das andere aufheben, und man würde sich gewiss den Magen recht gründlich verderben, aber die Halsschmerzen würden nicht besser. Da wird einfach durch die Verhältnisse das Einfache, was geschehen soll, in ein ganz Kompliziertes verwandelt.

Aber etwas ganz Ähnliches geht vor, wenn man mit Futtermitteln herumprobiert. Denn, nicht wahr, man wendet etwas an, das stimmt in einer gewissen Richtung, in einer anderen nicht. Jetzt wendet man ein zweites an, tut das wieder dazu, und so bekommt man hieraus eine Anzahl von Futtermitteln, von denen jedes eine gewisse Bedeutung hat für Jungvieh oder Mastvieh; aber es wird alles so kompliziert, dass man es ja jetzt überhaupt nicht mehr überschauen kann, weil man die Kräfteverhältnisse nicht mehr überschauen kann. Oder aber es wird sich gegenseitig aufheben in seiner Wirkungsweise. Das ist dasjenige, was in der Tat vielfach eintritt und was insbesondere bei denjenigen eintritt, die die Landwirtschaft so mit einer halben Studiertheit betreiben. Die schauen in den Büchern nach, oder sie erinnern sich an dasjenige, was sie gelernt haben: «Jungvieh muss man so füttern, Mastvieh so.» Da schauen sie nach. Aber dabei kann nicht sehr viel herauskommen, weil ja unter Umständen dasjenige, was man da aus den Büchern herausliest, in unrichtiger Weise widersprechen kann demjenigen, was man ohnedies auch schon gibt. Rationell wird man nur vorgehen, wenn man von solcher Denkweise ausgeht, wie ich sie angedeutet habe, und wenn man ausgeht von solcher Denkweise, die die Ernährung des Tieres mannigfach vereinfacht, sodass man sie überschauen kann.

Sagen wir, man kann überschauen: Gelbe Rüben oder Möhren und Leinsamen, die wirken in dieser Weise. Man überschaut das. Man puddelt jetzt nicht alles durcheinander. Man überschaut dasjenige, was man gibt, in seiner Wirkung. Denken Sie, wie man da in der Landwirtschaft darinnen steht, wenn man das so macht, ganz bewusst, ganz besonnen. Und so wird man Erkenntnisse nicht für die Komplizierung, sondern für [die] Vereinfachung der Fütterungsweise gewinnen. Manches, sogar sehr vieles, ist richtig von demjenigen, was allmählich durch Probieren herausgefunden worden ist, aber es ist unsystematisch und unexakt. Gerade diese Art von Exaktheit, die man heute anwendet, ist in Wirklichkeit unexakt, weil die Dinge durcheinandergepuddelt werden und man sie nicht durchschaut, während man so etwas, wie ich es vorgebracht habe, in seiner Einfachheit und einfachen Wirkungsweise aufeinander bis in den tierischen Organismus hinein gut verfolgen kann. Nehmen wir ein anderes.

Nehmen wir einmal die Sache so, dass wir nach dem mehr Blütenhaften sehen, nach dem, was fruchtend wirkt in der Blüte. Aber da müssen wir noch weitergehen, da müssen wir auch auf das Fruchtende sehen im übrigen Teil der Pflanze. Die Pflanze hat ja etwas, wodurch sie insbesondere Goethe so gefallen hat. Sie hat in ihrem ganzen Leibe wiederum Anlage von dem, was sonst spezialisiert ist. Nicht wahr, bei anderen Pflanzen geben wir dasjenige, was als die Fruchtanlage in der Blüte erscheint, in die Erde, um neue Pflanzen zu erhalten, bei der Kartoffel machen wir es nicht so. Da verwenden wir die Augen der Knollen. Bei vielen Pflanzen machen wir es nicht so, da ist das Fruchtende da. Nun kann man dieses Fruchtende, was noch nicht bis zu seinem Letzten getrieben ist in der Natur – es wird nicht alles bis zum Letzten getrieben in der Natur –, in seiner Wirkungsweise immer steigern durch diejenigen Prozesse, die der äußeren Verbrennung äußerlich irgendwie ähnlich sind.

Dasjenige also, was etwa von der Pflanze in Trockenschnitzeln hereinkommt, wird erhöht in seiner Wirksamkeit, wenn man es etwas dämpfen lässt im Sonnenlicht ausgebreitet, da wird der Prozess, der veranlagt ist, etwas weiter geführt nach der Fruktifizierung hin. Da liegt eigentlich ein wunderbarer Instinkt zugrunde. Wenn man die Welt verständig betrachtet, dann fragt man sich wirklich eigentlich: Warum sind denn die Menschen auf das Kochen der Nahrungsmittel gekommen? Es ist schon eine Frage. Man frägt nur das gewöhnlich nicht, was alltäglich um einen ist. Warum sind die Menschen aufs Kochen der Nahrungsmittel gekommen? Sie sind aufs Kochen der Nahrungsmittel gekommen, weil sie eben nach und nach gefunden haben, dass in alledem, was nach dem Fruchtenden hinwirkt, eine Rolle spielen die Prozesse, die im Kochen liegen, die in dem Verbrennungsprozess, Erwärmungsprozess, Trocknungsprozess, Dämpfungsprozess liegen, weil alle diese Prozesse vor allen Dingen das Blütenhafte und Samenhafte, aber dann indirekt auch die übrigen Teile der Pflanze, namentlich die nach oben gelegenen, geeignet machen, in besonders starker Weise die Kräfte zu entwickeln, die entwickelt werden sollen im Stoffwechsel-Gliedmaßen-System des Tieres. Schon wenn wir die Blüte, den Samen nehmen, so wirken

Blüte und Samenteile der Pflanze so auf das Stoffwechselsystem, auf das Verdauungssystem des Tieres, dass sie dort vorzugsweise durch ihre Kraftentwicklung wirken, nicht durch ihre Stofflichkeit. Denn irdische Kräfte braucht das Stoffwechsel-Gliedmaßen-System. Und in demselben Maße, wie es sie braucht, muss es sie bekommen.

Nehmen wir auf Alpen weidende Tiere überhaupt. Die sind ja nicht so, wie die in der Ebene befindlichen, sondern die müssen herumgehen unter schwierigen Verhältnissen. Die Verhältnisse sind noch dadurch schwierig, dass der Erdboden nicht eben ist. Es ist etwas anderes, ob sie auf einem ebenen oder geneigten Erdboden herumgehen. So müssen solche Tiere in sich bekommen dasjenige, was die durch den Willen anzuspannenden Kräfte in der Gliedmaßengegend entwickelt. Sonst würden sie weder gute Arbeits-, noch Milch-, noch Masttiere. Man muss daher sorgen, dass sie genügend Nahrung bekommen, die aus den aromatischen Alpenkräutern stammt, wo durch den Sonnenkochprozess gegen die Blüten hin das Fruchtende, Blühende, weiter behandelt worden ist, sogar durch die Natur selber. Aber auch durch das künstliche Weiterbehandeln wird Kraft in die Glieder hineingebracht, namentlich wenn dieses künstliche Behandeln auf Kochen, Sieden und so weiter sich bezieht. Am besten ist, was aus Fruchtendem, Blühendem der Pflanze stammt, und namentlich dann, wenn so behandelt werden Pflanzen, die von vornherein sich stark auf das Blühen und Fruchten einstellen, die wenig Krautartiges und Blattartiges entwickeln, sondern dazu übergehen, um gleich zu blühen und Frucht zu tragen. Alles das, was wenig Wert legt auf das Krautartigwerden, was wuchert im Blühen, im Fruchttragen, das sollen wir kochen.

Und die Menschen werden sehr guttun, auch für sich manchmal solche Dinge zu beachten, sonst würden nicht die Dinge herauskommen, die von Menschen ausgehen, die auf der schiefen Ebene sind des Trägewerdens, also Faulwerdens. Denn auf dieser schiefen Ebene kann man sein, daher kann man ganz gut sich sagen, wenn ich da den ganzen Tag herumhantiere, da kann ich doch kein richtiger Mystiker werden. Richtiger Mystiker kann ich nur werden, wenn ich ganz ruhig werde, wenn ich nicht immer Veranlassung habe, nicht durch mich selbst, nicht durch meine Umgebung, mich rege zu machen, wenn ich so werde, dass ich meiner Umgebung sagen kann: Ich habe nicht die Kräfte zum Herumarbeiten, dann werde ich schon ein richtiger Mystiker werden. Also ich versuche auch meine Nahrung so einzurichten, dass ich ein richtiger Mystiker werde. Nun, da wird man Rohkostler, da kocht man sich nichts mehr, wird man richtiger Rohkostler. Aber nun sehen Sie: Die Dinge kaschieren sich ja alle, sie kommen nicht in der ordentlichen Weise heraus. Denn natürlich ist es wieder so, dass, wenn einer Rohkostler wird, der stark auf der schiefen Ebene zur Mystik ist auf diese Art, und ist er von vornherein eine physisch schwache Natur, dann kommt er schon weiter, dann wird er große Fortschritte machen, er wird immer träger und träger, das heißt immer mystischer. Was beim Menschen eintritt, können wir durchaus auf das Tier anwenden, werden also wissen, wie wir das Tier regsam machen müssen.

Es kann auch der andere Fall beim Menschen da sein. Er kann eine starke physische Natur sein und erst später die Verschrobenheit bekommen haben, ein Mystiker zu werden. Er kann starke physische Kräfte in sich haben. Dann werden einfach in ihm jene Prozesse, die er hat, und dazu die Kräfte, die die Rohkost, die er gegessen hat, da drinnen weiterbearbeiten, entwickelt. Dann kann es ihm wenig schaden. Und wenn er dann die Kräfte aufruft, die sonst unten bleiben und die den Rheumatismus und die Gicht erzeugen, wenn er die Kräfte aufruft und weiterverarbeitet, der Rohkostler, dann wird er umso stärker wiederum.

Alle die Dinge haben zwei Seiten, so wie die Waage zwei Waagschalen hat. Deshalb muss man es verstehen, wie sie sich individualisieren. Man kann nicht allgemeine Prinzipien geben. Und das ist der Vorteil der vegetarischen Lebensweise, dass sie einen aus dem Grunde stärker macht, weil man Kräfte, die man sonst brachliegen lässt im Organismus und die wirklich dieselben Kräfte sind wie diejenigen, die Gicht, Rheumatismus, Diabetes und so weiter erzeugen, herausholt aus dem Organismus. Und wenn man die Pflanzenkost nur hat, so müssen diese Kräfte die Pflanzen für den Menschen reif machen. Wenn man aber gleich die Tiere isst, so werden diese Kräfte in den Organismus hinein abgelagert, bleiben ohne Verwendung und verwenden sich dann selber, indem sie die Stoffwechselprodukte ablagern an den verschiedensten Stellen, oder aus den Organen notwendige Dinge heraustreiben, für sich in Anspruch nehmen, die der Mensch haben sollte, wie bei Diabetes und so weiter. Man versteht diese Dinge nur, wenn man in die Sache hineinsieht.

Und dann wird es sich darum handeln, die Frage, wie man Tiere mästet, so zu behandeln, dass man sich sagt: Da muss das geschehen, dass wie in einen Sack möglichst viel von kosmischer Substanz hineingetragen wird. Ach, die Schweine, die fetten, sind ja so himmlische Tiere! Denn in ihrem fetten Leibe, da haben sie ja, insofern es nicht Nerven-Sinnes-System ist, ganz kosmische Substanz, nicht irdische. Sie brauchen ja dasjenige, was sie genießen, nur dazu, um diese ganze Fülle von kosmischer Substanz, die von allen Seiten aufgenommen werden muss von den Schweinen, wiederum in dem Körper zu verteilen. Das Schwein muss das fressen, damit es diese Substanz, die aus dem Kosmos gezogen werden muss, verteilen kann. Die Kräfte muss es in sich haben, dass es sie verteilen kann, ebenso andere Masttiere. Daher werden Sie sehen, dass diese Masttiere fett werden, wenn Sie ihnen Fruchtendes, möglichst in weiterbehandeltem, durch Kochen oder Dämpfen weiterbehandeltem Zustande geben, und wenn Sie ihnen solches geben, was schon das Fruchtende in sich hat, aber etwas gesteigert in sich hat, möglichst also, sagen wir, Rüben, die schon vergrößert sind durch eine Art von weitergehendem Prozess, als der ist, den sie ursprünglich hatten, Rüben, die schon durch die weitere Kultivierung größer geworden sind, als sie früher waren im wilden Zustand.

Und auf diese Weise kann man wiederum sich fragen, was muss man also zum Beispiel einem Masttier geben? Etwas, was möglichst zur Verteilung der kosmischen Substanz beiträgt, also dasjenige, was erstens gegen das Fruchtende zu liegt und dann außerdem noch behandelt worden ist in der richtigen Weise. Solch eine Bedingung ist im Wesentlichen erfüllt bei gewissen Ölkuchen und dergleichen. Aber wir müssen auch das wiederum haben, dass bei einem solchen Tier der Kopf nicht ganz unversorgt bleibt, dass durch eine solche

Mastkur doch noch etwas durchgeht in den Kopf hinauf an Substanzen des Irdischen. Wir müssen also dem Vorigen etwas entgegenstellen, was wir nun in kleiner Menge geben müssen, weil ja der Kopf dann nicht so viel braucht. Also wir müssen es in kleinen Mengen geben. Daher sollte man Masttieren dennoch, wenn auch in kleiner Dosierung, dem Futter beimischen Wurzelhaftes.

Sehen Sie, nun gibt es eine Stoffart – der reine Stoff –, die keine spezielle Aufgabe hat. Im Allgemeinen kann man sagen, das Wurzelhafte hat die Aufgabe gegenüber dem Kopf, das Blütenhafte hat die Aufgabe gegenüber dem Stoffwechsel-Gliedmaßen-System, das Laubartige, Krautartige gegenüber dem rhythmischen System mit seiner Substanzialität im menschlichen Organismus. Dasjenige, durch das man nachhelfen muss, weil es auf alle Glieder der tierischen Organisation Bezug hat, das ist das Salzartige. Und da die Nahrung zum wenigsten aus Salz besteht, sowohl beim Menschen wie beim Tier, so sehen Sie daraus, gerade aus dem Zusatz von Salz, dass nicht immer die Menge es ausmacht, sondern die richtige [Qualität], dass es sich darum handelt, dass auch die kleinen Mengen in der *richtigen* [Quantität] durchaus ihren Zweck erfüllen.

Nun ist noch auf ein besonders Wichtiges hinzuweisen, bei dem ich bitten würde, richtig exakt Versuche zu machen, die auch ausgedehnt werden können auf die Beobachtung des Menschen, wenn er zu dem betreffenden Nahrungsmittel hinneigt. Sie wissen ja, dass in neuerer Zeit, verhältnismäßig erst seit kurzer Zeit, die Tomate als eine Art Nahrungsmittel eingeführt ist. Sie ist bei vielen sehr beliebt. Sie ist aber auch ein außerordentlich wichtiges Studienobjekt. Man kann an der Tomatenproduktion und der Tomatenverzehrung außerordentlich viel lernen. Diejenigen Menschen – und es gibt heute durchaus solche –, die über diese Dinge ein wenig nachdenken, die finden ja, und zwar ganz mit Recht, dass der Tomatengenuss eine große Bedeutung hat beim Menschen – und man kann das durchaus auf das Tier ausdehnen, könnte Tiere an Tomaten gewöhnen –, eine große Bedeutung hat für alles dasjenige im Organismus, was im Organismus am meisten aus dem Organismus herausfällt und eine eigene Organisation im Organismus annimmt. Sehen Sie, daraus folgt zweierlei. Die Bestätigung der von einem Amerikaner gemachten Angabe, dass unter Umständen der Tomatengenuss als diätetisches Mittel günstig wirkt auf die krankhafte Neigung der menschlichen Leber, weil die Leber dasjenige Organ ist, das am meisten in Selbstständigkeit wirkt im menschlichen Organismus, sodass man Leberkrankheiten, die mehr Erkrankungen sind der tierischen Leber, auch im allgemeinen eben durch die Tomate bekämpfen könnte.

Sie sehen, da schaut man hinein zunächst in den Zusammenhang zwischen der Pflanze und dem Tier. Man sollte daher – das will ich in Parenthese sagen – demjenigen, der an einem Karzinom leidet, das also von vornherein ein gewisses Gebiet selbstständig macht im menschlichen Organismus, im tierischen Organismus, man sollte einem Menschen, der an einem Karzinom leidet, sofort den Tomatengenuss verbieten. Aber nun fragen wir uns: Wie kommt denn das, womit hängt denn das zusammen, dass die Tomate ganz besonders auf dasjenige wirkt, was selbstständig ist im Organismus, was sich so herausspezialisiert im Organismus?

Das hängt damit zusammen, was die Tomate zu ihrer eigentlichen Entstehung will und braucht. Die Tomate fühlt sich am wohlsten in ihrer Entstehung, wenn sie möglichst solchen Dünger hat, der noch seine ursprüngliche Gestalt hat, wie er sich vom Tier abgesondert hat, und wie er sich von etwas anderem abgesondert hat. Wenn der Dünger nicht lange sich durcharbeiten kann in der Natur, wenn er so ganz wilder Dünger ist, wenn Sie irgendwo Abfälle zusammenwerfen und Sie würden einen ganz ungeordneten Düngerhaufen, Komposthaufen bekommen, wo möglichst viel drinnen liegt, wie es eben entstanden ist, noch gar nicht weiter verarbeitet und präpariert, wenn Sie da Tomaten ansetzen, dann werden Sie sehen, die schönsten Tomaten bilden sich. Und wenn Sie gar verwenden würden Komposthaufen, die aus dem Tomatenkraut selber entstanden sind, wenn Sie also die Tomate auf ihrem eigenen Mist wachsen lassen, so entwickelt sie sich ganz glänzend. Die Tomate will gar nicht aus sich herausgehen, gar nicht aus dem starken Lebendigen herausgehen. Sie will darinnen stehen bleiben. Die Tomate ist das ungeselligste Wesen im Pflanzenreich. Sie will nichts von Fremden irgendwie hernehmen. Sie weist vor allen Dingen dasjenige, was einmal einen Prozess durchgemacht hat als Dünger, von sich zurück, sie will das nicht. Und damit hängt dies zusammen, dass sie wieder auf die selbstständige Organisation im menschlichen und tierischen Organismus wirken kann.

Und verwandt mit der Tomate ist in gewisser Beziehung nach der angedeuteten Richtung die Kartoffel. Die wirkt auch stark selbstständig, allerdings so selbstständig, dass sie vorzugsweise leicht durchgeht den ganzen Verdauungsprozess und ins Gehirn eindringt und das Gehirn dann selbstständig macht, selbstständig sogar von der Wirkung der übrigen menschlichen Organe. Und unter demjenigen, was die Menschen und Tiere seit der Erfindung des Kartoffelbaus in Europa materialistisch gemacht hat, ist gerade der übertriebene Kartoffelgenuss. Der Kartoffelgenuss darf nur so weit gehen, dass er in uns anregt das Gehirnmäßige, das Kopfmäßige. Aber man darf gerade den Kartoffelgenuss nicht übertreiben.

Das sind alles Dinge, durch deren Erkenntnis die Landwirtschaft im Innersten zusammenhängt dann mit dem sozialen Leben eben in sachlicher Weise. Und das ist so unendlich wichtig, dass die Landwirtschaft mit dem ganzen sozialen Leben zusammenhängt.

Ich konnte natürlich über diese Dinge nur einzelne Richtlinien geben, die aber eine lange Zeit hindurch gerade auf diesem Gebiete Grundlagen für die mannigfaltigsten Versuche sein können. Da werden glänzende Dinge herauskommen, wenn man sie jetzt sehr versuchsmäßig hineinverarbeitet. Das soll ja auch die Richtschnur dafür abgeben, wie wir behandeln dasjenige, was in diesem Kursus hier gegeben worden ist. Ich bin vollständig einverstanden mit demjenigen, was die in diesem Kursus anwesenden Landwirte beschlossen haben, streng beschlossen haben: dass dasjenige, was an diese Kursusteilnehmer herangetreten ist, zunächst in dem Kreise der Landwirte verbleibt, dass es gesteigert wird zu Versuchen, und dass dann die Gemeinschaft der Landwirte, dieser Ring, den Zeitpunkt feststellt, wenn er glaubt, dass er mit seinen Versuchen so weit ist, dass die Sachen veröffentlicht werden können.

Aus der so anerkennenswerten Toleranz, die entwickelt worden ist, haben ja eine Anzahl von Interessenten, die nicht direkt Landwirte sind, teilnehmen können an diesem Kurse. Die werden also sich an die bekannte Oper erinnern, ein Schloss anlegen am Munde und nicht in den allgemeinen anthroposophischen Fehler verfallen, nun alle diese Dinge so weithin zu verkünden, als man nur irgend kann. Denn gerade durch das ist uns oft so vielfach geschadet worden, dass von Persönlichkeiten, die nicht eigentlich aus einem Impetus heraus eine Sache zu sagen haben, der sachlich ist, sondern die einfach nachreden, dass aus diesem Impetus heraus die Dinge weitergetragen werden.

Es ist ein großer Unterschied, ob über diese Dinge ein Landwirt redet oder einer, der ganz ferne steht der Landwirtschaft. Es macht eben einen Unterschied, man kann das auch gleich erkennen. Aber was würde herauskommen, wenn einfach durch die Nichtlandwirte alles das weitergetragen würde als ein interessantes anthroposophisches Lehrkapitel? Es würde herauskommen, was gegenüber verschiedenen Zyklen vorgekommen ist, dass einfach die Leute, auch Landwirte, das von anderen Seiten hören würden. Landwirte, nun ja, wenn sie es hören von den Landwirten, sagen sie halt, es ist ja schade, dass der so verrückt geworden ist. Aber das sagen sie vielleicht das erste und das zweite Mal. Aber wenn dann ein Landwirt etwas sieht, da ist es ihm doch nicht so ganz geheuer, das abzuweisen. Aber wenn sie es von einer Seite hören, die nicht dazu berufen ist, sondern sich nur dafür interessiert, dann natürlich, dann ist die Sache überhaupt aufgeschmissen. Dann kann die Sache nicht weiterwirken, weil sie ja diskreditiert ist. Es ist notwendig, dass diejenigen Freunde, die nur aus Interesse teilnehmen durften, die nicht im landwirtschaftlichen Ringe sind, dass sie eben Zurückhaltung bewahren, die Sache für sich bewahren und sie nicht überall hintragen, wie man es sonst mit Anthroposophie so gerne macht. Das ist von dem landwirtschaftlichen Ring beschlossen worden, heute von unserem sehr verehrten Herrn Grafen Keyserlingk mitgeteilt worden, und ich kann mich damit im vollsten Sinne des Wortes für einverstanden erklären.

Im übrigen darf ich wohl, da wir jetzt mit Ausnahme der Diskussionsstunde, die dann folgen wird, am Ende dieser Vorträge stehen,

Ihnen zuerst meine Befriedigung ausdrücken, dass Sie hierher haben kommen wollen und teilnehmen wollen an demjenigen, was hier gesagt werden konnte, und an demjenigen, was dann daraus werden soll, was sich weiterentwickeln soll. Und auf der anderen Seite darf ich wohl zum Ausdruck bringen, dass ich mit Ihnen allen übereinstimme, wenn ich sage, dasjenige, was sich hier abgespielt hat, soll nützliche Arbeit sein und hat als solche einen intensiv inneren Wert. Aber denken Sie nur einmal an zwei Dinge: Was alles war notwendig an Energie des Grafen Keyserlingk, der Gräfin Keyserlingk, der Mitglieder des Hauses Keyserlingk, um das alles hier so zustande zu bringen, wie dieser Kursus geworden ist. Dazu gehören Energie, Zielbewusstheit, anthroposophischer Wirklichkeitssinn, reines Drinnenstehen in der Sache der Anthroposophie, Opferwilligkeit und alles Mögliche. Und dadurch ist ja auch noch das geworden, dass für Sie alle wahrscheinlich dasjenige, was viele Arbeit war, eine Arbeit, die sogar nach großen, fruchtbaren Zielen für die ganze Menschheit hinstreben soll, dass sich das hingestellt hat, während wir hier waren, in den Rahmen eines, ja, eines wirklichen Festes, so wie die Dinge hier getrieben worden sind. Gleich nach fünf Minuten werden Sie wieder ein kleines Beispiel haben können. Und alles andere, was sich daran angereiht hat, nicht zuletzt die außerordentliche herzliche Liebenswürdigkeit aller Hausleute, all das hat ja ganz eingeschlossen diese Arbeit in den Rahmen eines ganz wunderbaren Festes, und wir haben mit einer landwirtschaftlichen Tagung ein ganz richtiges landwirtschaftliches Fest hier gefeiert und werden dann auch in der richtigen Weise herzinniglich der Gräfin und dem Grafen Keyserlingk und dem ganzen Keyserlingk'schen Hause unseren tiefgefühlten Dank darbringen für alles dasjenige, was sie in diesen zehn Tagen im Dienste der Sache und für die freundschaftliche, liebenswürdige Art des Aufenthalts hier an uns allen getan haben.

VIERTE FRAGENBEANTWORTUNG

Koberwitz, Montag, 16. Juni 1924

Hat Jauche die gleiche Ich-Organisationskraft wie der Dung?

Rudolf Steiner: Es kommt natürlich bei der Frage im Wesentlichen darauf an, dass man Jauche und Dung in entsprechender Vereinigung verwendet, also sie verwendet so, dass beide zu der Organisationskraft des Bodens zusammenwirken. Dieser Zusammenhang mit dem Ich gilt ganz für den Dung. [Aber nicht im Allgemeinen gilt das für den Dünger.] Denn ein jedes Ich, auch in der Anlage, wie es im Dung ist, muss wiederum im Zusammenhange wirken mit etwas Astralischem, und der Dung würde keine Astralität haben, wenn nicht die Jauche dabei wäre. Die Jauche unterstützt das. Sie hat stärkere astralische Kraft. Der Dung hat stärkere Ich-Kraft. Der Dung ist mehr Gehirn und die Jauche ist mehr Gehirnsekret, astralische Kraft, mehr das, was flüssig ist am Gehirn, mehr Gehirnwasser.

Könnten hier die Angaben gemacht werden für die Gestirnkonstellationen zur Herstellung der Verbrennungspräparate?

Dr. [Elisabeth] Vreede: Die genauen Angaben können hier nicht gemacht werden. Hierzu sind noch Berechnungen notwendig, die im Augenblicke nicht gemacht werden können. Im Allgemeinen gilt für die Insektenverbrennung die Zeit von Anfang Februar bis in den August hinein. Für die Feldmausvertilgung würde in diesem Jahre – die Perioden verschieben sich von Jahr zu Jahr – die Zeit von zweite Hälfte November bis erste Hälfte Dezember infrage kommen.

Rudolf Steiner: Die Prinzipien des anthroposophischen Kalenders, wie er dazumal veranlagt war, müssten genauer ausgeführt werden, dann könnte man sich nach solchem Kalender ganz genau richten.

Wenn von Vollmond und Neumond die Rede ist, ist nur der Tag des Voll- oder des Neumondes gemeint, oder ist da auch die Zeit kurz vor oder kurz nachher gemeint?

Da rechnet man den Neumond vom Momente ab, wo ungefähr dieses Bild auftritt. Dieses Bild ist da, es verschwindet da. [Wo der Mond Tafel 8 nur als schmale Sichel da ist und dann verschwindet. Vollmond rechnet man von der Zeit ab, wo dieses Bild auftritt.] Ungefähr zwölf bis vierzehn Tage immer.

Kann man die Insekten, die in der Zeit der betreffenden Konstellationen nicht zu haben sind, aufbewahren bis zur Verbrennung?

Wann die Präparate hergestellt werden sollen, werden wir noch genauer feststellen. Man kann die einzelnen Insektenformen aufbewahren.

Muss die Verbrennung des Unkrautsamens im Sommer oder kann sie zu jeder beliebigen Zeit erfolgen?

Nicht allzu lange danach, wenn man sie erhalten hat.

Wie ist es mit dem Ausstreuen von diesem Insektenpfeffer, der von Insekten stammt, die eigentlich gar nicht mit der Erde in Berührung kommen?

Doch, auch in die Erde. Es handelt sich dabei darum, dass es auf die physische Berührung beim Insekt durchaus nicht ankommt, sondern auf die Eigenschaft, die in dieser homöopathischen Dosis gegeben wird. Das Insekt hat eine ganz andere Art von Sensitivität, und es flieht gerade dasjenige, was da entsteht, wenn man das Betreffende zum Ausstreuen in die Erde verwendet. Das hindert gar nicht, dass das Insekt nicht mit der Erde in Berührung kommt.

Wie verhält es sich mit der Schädlichkeit des Frostes für die Landwirtschaft, insbesondere für die Tomate? Und in welchem kosmischen Zusammenhang ist der Frost zu verstehen?

Wenn die Tomate schön und groß werden soll, ist sie im Warmen zu halten. Sie leidet sehr unter Frost. Was den Frost im Allgemeinen anbelangt, so müssen Sie sich nur klarmachen, was in den Frostwirkungen zum Ausdrucke kommt. Frostwirkungen sind immer eine wesentliche Verstärkung des kosmischen Einflusses, der in der Erde tätig ist. Nun hat dieser kosmische Einfluss ein normales Mittel, wenn wir bestimmte Temperaturgrade haben. Bei bestimmten Temperaturgraden ist dieser Einfluss gerade derjenige, den die Pflanze braucht. Wenn wir nun einmal dauernden und auch zu intensiven, zu tief gehenden Frost haben, so ist die Einwirkung des Himmels auf die Erde zu stark, und wir bekommen in den Pflanzen die Tendenz, heraus nach den verschiedenen Richtungen hin zu verstängeln, Faden zu bilden, also sich in Dünnheit auszubreiten, und das wird auch natürlich unter Umständen, weil es wiederum dünn ist, durch den außen bestehenden Frost sogleich in Empfang genommen und wird vernichtet, sodass wir in dem Frost, der zu weit geht, haben würden eine Erscheinung, die schon dem Pflanzenwachstum außerordentlich schädlich sein muss, weil eben zu viel Himmel da in den Erdboden hineinkommt.

Soll man mit den Verbrennungsrückständen der Bremsen etwa den Tierkörper behandeln oder diese Rückstände nur auf Wiesen und Weiden ausstreuen?

Wo das Tier frisst. Man streut diese tierischen Überreste auf den Feldern aus. Sie sind alle als Zusatz zu dem Dünger gedacht.

Wie kann man wohl am besten die Quecke bekämpfen? Es ist sehr schwer, den Queckensamen zu bekommen.

Diese Art und Weise der Vermehrung der Quecke, die Sie gemeint haben, wo man nicht zum Samen kommt, die hebt sich zum Schlusse selber auf. Wenn man keinen Samen kriegt, so hat man sie in Wirklichkeit auch nicht. Wenn sie sich so einrichtet, dass sie sich versenkt und dann weiter wuchert, dann kann man sie auch bekämpfen. So viel Samen, wie man braucht, findet man schon, da man nur sehr wenig nötig hat. Man findet ja auch vierblätterige Kleeblätter.

Ist es überhaupt erlaubt, Futtermassen durch den elektrischen Strom zu konservieren?

Was möchten Sie dadurch erreichen? Da muss man natürlich hinblicken auf die ganze Rolle der Elektrizität überhaupt in der Natur. Es ist doch, ich möchte sagen, trostvoll, dass jetzt schon von Amerika herüber, wo überhaupt eine bessere Beobachtungsgabe auftritt wie in Europa, dass von Amerika herüber Stimmen kommen, welche dahin gehen, dass gesagt wird, die Menschen können nicht in derselben Weise sich weiterentwickeln, in einer Atmosphäre, die nach allen Seiten von elektrischen Strömen und Strahlungen durchzogen ist, sondern das hat einen Einfluss auf die ganze Entwicklung des Menschen. Das Seelenleben wird ein anderes werden, wenn diese Dinge so weit getrieben werden, wie man es eigentlich vorhat. Es ist schon ein Unterschied, ob Sie irgendein Gebiet mit Dampfmaschinen, Dampflokomotiven für die Eisenbahn versehen, oder ob Sie es elektrifizieren. Der Dampf wirkt hier mehr bewusst, die Elektrizität wirkt furchtbar unbewusst ein, und die Menschen wissen gar nicht, woher gewisse Dinge kommen. Ganz zweifellos geht da eine Entwicklung in der folgenden Richtung, wenn ich jetzt berücksichtige, dass die Elektrizität ja oberirdisch verwendet wird als strahlende Elektrizität, aber auch als leitende Elektrizität, um möglichst rasch Nachrichten zu bringen von einem Ort zum anderen; dieses Leben des Menschen, namentlich in der strahlenden Elektrizität, wird bewirken, dass die Menschen nicht mehr kapieren können diese Nachrichten, die sie so schnell kriegen. Es wirkt auslöschend auf das Kapieren. Es sind heute schon Wirkungen bemerkbar. Sie können heute schon die Bemerkung machen, dass die Menschen Sachen viel schwerer kapieren, die ihnen zukommen, als das noch vor Jahrzehnten der Fall war. Es ist trostvoll, dass man schon immerhin von Amerika her Einsichten verbreitet findet über diese Sachen. Nun ist es ja schon einmal so, wenn irgendwas aufkommt, dann gewöhnlich ist es zuerst auch ein Heilmittel. Nachher aber bedienen sich die Propheten auch der Sache. Es ist merkwürdig, dass, wenn irgendwas auftritt, dann werden die hellsichtigen Dinge auch auf die menschlichen Dinge reduziert. Da ist ein solcher, der prophezeit den Menschen wild von der Heilkraft der Elektrizität, während es ihm früher gar nicht eingefallen wäre. Und so kommen die Dinge in die Mode. Ebenso wenig hat man an Heilungen durch Elektrizität denken können, solange sie nicht da war. Jetzt auf einmal, nicht allein aus dem Grunde, weil sie eben da ist, sondern weil die Dinge in die Mode gekommen sind, deshalb ist sie plötzlich ein Heilmittel. Die Elektrizität ist manchmal nicht viel mehr Heilmittel, wenn man sie als strahlende anwendet, als es ein Heilmittel sein kann, wenn man kleine dünne Nadeln nimmt und sticht. Es ist nicht die Elektrizität, die heilt, sondern die Schockwirkung ist es, die da heilend wirkt. Nun aber darf man nicht vergessen, dass die Elektrizität immer besonders einwirkt auf die höhere Organisation, die Kopforganisation des Menschen und des Tieres, dementsprechend bei den Pflanzen auf die Organisation der Wurzel in außerordentlich starker Weise einwirkt. Wenn man also Elektrizität verwendet in der Weise, dass man da die Nahrungsmittel durchelektrisiert, dann erzeugt man Nahrungsmittel, die allmählich dazu führen müssen, das Tier, das sie genießt, zu sklerotisieren. Das ist ein langsamer Prozess – man wird es zunächst nicht gleich bemerken –, man wird zunächst bemerken, dass in irgendeiner Weise diese Tiere früher verenden, als sie es sollten. Man wird nicht auf die Elektrizität als Ursache kommen, man wird es allem Möglichen zuschreiben.

Elektrizität ist aber doch einmal nichts, was in das Lebendige hereinwirken sollte und das Lebendige besonders fördern sollte; denn es kann es nicht. Wenn man eben weiß, dass Elektrizität ein Niveau tiefer liegt als das Lebendige, und das Lebendige bestrebt ist, je höher es ist, desto mehr, die Elektrizität abzustoßen – es ist ein Abstoßen –, wenn man das Lebendige nun dazu anleitet, Abwehrmittel dann anzuwenden, wenn gar nichts abzuwehren ist, dann wird das Lebendige nervös und zapplig und sklerotisch nach und nach.

Was sagt die Geisteswissenschaft zu der Konservierung der Futtermittel durch Säuerung, zum Säuerungsverfahren im Allgemeinen?

Wenn man Salzartiges überhaupt anwendet in diesem Prozess in seinem weiteren Sinne, ob man nun schließlich Salzzusätze macht beim unmittelbaren Genießen, ob man den Salzzusatz macht beim Futtermittel, das macht keinen so großen Unterschied. Wenn man Futtermittel hat, die zu wenig Salzgehalt haben, um gewissermaßen an die Stellen des Organismus getrieben zu werden, wo sie wirken sollen, dann ist die Säuerung dieses Futtermittels dasjenige, was auch das ganz Richtige ist. Sagen wir, wir haben in irgendeiner Gegend Rüben. Wir haben gesehen, die sind besonders geeignet, auf die Kopforganisation in der richtigen Weise zu wirken. Sie sind also für gewisse Tiere, zum Beispiel das Jungvieh, ein vorzügliches Mittel. Wenn man dagegen in irgendeiner Gegend merkt, dass sie das Tier dazu bringen, dass es zu früh und zu stark haart, Haare lässt, nun, dann wird man die Futtermittel salzen, weil man weiß, sie werden nicht genügend an der Stelle abgelagert, wo sie hinkommen sollen. Sie kommen nicht so weit. Das Salz ist dasjenige, was im Allgemeinen ungeheuer stark wirkt darauf, dass im Organismus ein Nahrungsmittel an die Stelle hinkommt, wo es wirken soll.

Wie stellt sich die Geisteswissenschaft zum Einsäuerungsverfahren von Rübenblättern und anderen grünen Futtermitteln?

Man sollte in diesem Falle darauf sehen, dieses Optimum herauszukriegen, das nicht überschritten werden soll in Bezug auf das Säuerungsmittel. Die Säuerung im Allgemeinen wird nicht schädlich wirken können, wenn sie nicht im Übermaße durch zu vielen Zusatz bewirkt wird, weil gerade die salzartigen Bestandteile ja diejenigen sind, die am meisten im Organismus so bleiben, wie sie eigentlich sind. Im Allgemeinen ist der Organismus so veranlagt, der tierische Organismus auch, der menschliche noch mehr, dass er alles, was er aufnimmt, in der mannigfaltigsten Weise verändert. Es ist ein Vorurteil, wenn man glaubt, dass zum Beispiel irgendetwas von dem Eiweiß, das man durch den Magen sich einführt, in derselben Gestalt, wie man es sich da einführt, noch weiter verwendbar ist. Dieses Eiweiß muss zuerst vollständig in tote Substanz umgewandelt werden und muss dann wiederum vom eigenen Ätherleib des Menschen in Eiweiß zurückverwandelt werden, das jetzt spezifisch menschliches, tierisches Eiweiß ist. Es muss sich schon alles, was überhaupt in den Organismus eindringt, verändern. Das gilt, was ich jetzt sage, sogar schon von der gewöhnlichen Wärme. Wenn ich das schematisch zeichnen soll, nehmen Sie an: Hier hätten Sie einen Organismus, und hier hätten Sie Wärme in der Umgebung. Nehmen Sie an, hier hätten Sie totes Holz, das zwar auch von Organischem herkommt, aber schon tot ist; wiederum Wärme von der Umgebung. Wenn das ein Organismus ist, so dringt diese Wärme nicht einfach ein Stückchen in den Organismus ein, und sie durchdringt ihn nicht, sondern sofort, wenn die Wärme in den Bereich des Organismus kommt, wird sie vom Organismus bearbeitet, wandelt sich um in vom Organismus selbst verarbeitete Wärme – anders darf es gar nicht sein –, während in das Holz die Wärme einfach eindringt und als Wärme darinnen dasselbe ist wie draußen im mineralischen Erdreich. In dem Augenblick, wo Wärme in uns selbst unverändert eindringt, wie sie in ein Stück Holz eindringt, in dem Augenblick erkälten wir uns. Es darf nicht das, was von außen in den Organismus eindringt, so bleiben, wie es selber ist, sondern muss sofort verwandelt werden. Dieser Vorgang findet am wenigsten in dem Salz statt. Daher kann man mit den Salzen, die man natürlich so verwendet, wie Sie es angegeben haben, zur Einsäuerung der Futterstoffe, wenn man ein wenig nur vernünftig ist und nicht zu viel gibt – denn es wird schon vom Geschmack zurückgewiesen –, kann man ein großes Unheil ja nicht anrichten. Wenn es notwendig ist zur Konservierung, dann ist das ein Zeichen dafür, dass es ein bis zu einem gewissen Grade richtiger Prozess ist.

Tafel 8, die beiden rötlichen Kreisflächen rechts

Ist die Einsäuerung der Futtermittel ohne Salz ratsam?

Das ist ein Prozess, der zu weit vorgeschritten ist. Er ist, ich möchte sagen, ein überorganischer Prozess, es ist unter Umständen, wenn der Prozess zu weit vorgeschritten ist, ungeheuer schädlich.

Ist die zur Dämpfung der Säuerungswirkungen verwendete Schlämmkreide den Tieren schädlich?

Schlämmkreide werden gewisse Tiere überhaupt nicht vertragen. [Sie werden nicht verdauen.] Sie werden krank. Einzelne Tiere vertragen sie, aber in diesem Augenblicke kann ich nicht gerade sagen, welche

Tiere sie vertragen. Aber im Allgemeinen wird sie nicht viel den Tieren zu ihrem Nutzen gereichen, sondern sie werden krank.

Ich meine, dass der Magensaft noch abgestumpft wird durch die Schlämmkreide?

Der Magensaft wird unbrauchbar gemacht.

Ich möchte fragen, ob es nicht von großer Bedeutung ist, in welcher Gesinnung man an die einzelnen Sachen herangeht. Ein großer Unterschied ist, ob man Getreide aussät oder ob man ausstreut, was zur Vernichtung dient. Es muss die Einstellung in Betracht kommen. Wenn man mit solchen Mitteln, die hier angegeben werden, gegen Insekten wirkt, hat das nicht eine ungeheuer größere Wirkung für das Karma, als wenn man etwa in einzelnen Fällen Tiere mit einem mechanischen Werkzeug beseitigt?

Je nun, nicht wahr, bei der Gesinnung kommt es doch darauf an im Wesentlichen, ob sie eine gute oder eine böse Gesinnung ist. Und wie meinen Sie «wenn man zerstört»? Nehmen Sie die ganze Art, wie man über die Dinge ja schon denken muss. Sehen Sie, wenn Sie den heutigen Vortrag in der Art, wie er gehalten ist, bedenken, zum Beispiel, wo ich darauf aufmerksam machte: Man weiß etwas über eine Sache und sieht es ihr auch äußerlich an, sieht es dem Leinsamen und der Möhre an, was sie im Tier für einen Prozess durchmachen, so ist das eine solche Objektivierung, die man da durchmacht, wenn sie Wirklichkeit wird, dass das tatsächlich eigentlich gar nicht denkbar ist, ohne sich mit einer gewissen Frömmigkeit zu durchdringen. Und Sie werden das gewinnen, das im Dienste der Menschheit, im Dienste des Universums zu tun. Es würde sich nur darum handeln, dass man die Schädlichkeiten, die dabei durch die Gesinnung entstehen könnten, in einer direkt bösen Absicht einführte. Da müsste man schon böse Absichten haben. Sodass ich mir nicht gut vorstellen kann, wenn die Moralität zugleich im Allgemeinen gefördert wird, dass es in irgendeiner Weise schlimm wirken soll. Und Sie meinen also einfach, dem Tiere nachlaufen und es töten, das würde weniger Schlimmes bedeuten?

Ich meinte, ob die Art, wie man zerstört, ob die Zerstörung mit mechanischen Mitteln, oder wenn wir kosmisch wirken, ob das ein Unterschied ist?

Ja, sehen Sie, da kommen sehr komplizierte Dinge in Betracht, deren Verständnis wiederum davon abhängt, ob man sie aus größeren Zusammenhängen heraus sieht. Nehmen Sie an, Sie ziehen einen Fisch aus dem Meere heraus und töten ihn. Da haben Sie etwas getötet, Sie haben einen Prozess vollzogen, der auf einem gewissen Niveau geschieht. Nehmen wir aber jetzt an, Sie fischen sich zu irgendeinem Zweck ein Gefäß voll Meerwasser, in dem sehr viele Samen von Fischen darinnen sind, damit ist also gleich ein ganzes Heer von Leben vernichtet. Dann haben Sie doch etwas ganz anderes getan, als diesen Fisch vernichtet. Sie haben doch etwas ganz anderes getan, Sie haben nämlich einen Vorgang auf einem ganz anderen Niveau vollzogen. Und wenn etwas nun, was in der Natur vorhanden ist, übergeht bis zum fertigen Fisch, dann hat es einen Weg genommen. Wenn Sie den jetzt rückgängig machen, dann bringen Sie etwas in Unordnung. Wenn ich aber den Prozess, wenn er nicht beendet ist, oder wenn er nicht landet in der Sackgasse des fertigen Organismus, vorher aufhalte, so habe ich nicht dasselbe getan, nicht wahr, was ich tue, wenn ich es eben am fertigen Organismus vollziehe. So muss ich die Frage, die Sie stellen, reduzieren darauf: Welches ist das Unrecht, das ich begehe, wenn ich mir den Pfeffer verschaffe? Denn dasjenige, was ich durch den Pfeffer vernichte, das kommt nicht mehr in Betracht, das bewegt sich auf einer anderen Zone. Es würde sich nur darum handeln, was ich nötig habe, um mir den Pfeffer zu verschaffen. Da wird es sich in den meisten Fällen herausstellen, dass ich viel weniger Tiere vernichte, als wenn ich diese Tierarten zusammenlesen muss und sie alle irgendwie töten muss. Ich glaube, wenn Sie die Frage praktisch durchdenken, nicht so abstrakt, dann wird sie Ihnen nicht mehr so ungeheuerlich erscheinen.

[Friedrich Schyre:] Können menschliche Fäkalien verwendet werden, und welcher Behandlung müssen sie vor der Verwendung unterworfen werden?

Natürlich so wenig als möglich. Denn sie bewirken äußerst wenig im Sinne des Düngens, und sie sind viel mehr schädlich, als irgendein anderer Dünger schädlich sein kann. Nun, wenn man sie verwenden will, so ist dasjenige durchaus ausreichend, was in einer normalen Landwirtschaft unter den Dünger sich von selber hereindrängt. Also nicht wahr, man wird ein Maß dann gerade haben, was nicht schädlich ist, wenn man weiß, so und so viele Menschen sind auf einer Landwirtschaft, und auch zu alledem, was kommt von den Tieren und auf sonstige Weise an Dünger, wenn sich zu dem das noch hinzumischt, was eben von den Menschen kommt, dann ist das Maximum dessen erreicht, was verwendet werden kann. Es ist der größte Unfug, wenn man in der Nähe von Großstädten Menschendünger verwendet, weil in den Großstädten so viel dieses Menschendüngers sich findet, dass er für eine Landwirtschaft ausreichen müsste, die ungeheuer ist. Aber denken Sie einmal, man kann doch nicht der ganz verrückten Idee verfallen, dass man auch in der Nähe der Großstädte, auf einem kleinen Territorium den Menschendung zum Beispiel von ganz Berlin verwendet. Sie brauchen nur diejenigen Pflanzen zu genießen, die dort wachsen, die können Ihnen das zeigen. Machen Sie es mit Spargel, mit irgendetwas, was ziemlich ehrlich und aufrichtig bleibt, dann werden Sie schon sehen, was da der Fall ist. Und nun müssen Sie bedenken, wenn Sie diesen Dung verwenden wiederum zu Dingen, die die Tiere fressen, dann ist das, was aus solchen Dingen hervorkommt, ganz besonders schädlich. Denn bei denen bleibt eben vieles auf dieser Stufe stehen. Nicht wahr, es bleibt beim Durchgang durch den Organismus vieles auf der Stufe stehen, die einhält der Spargel, wenn er durch den menschlichen Organismus geht. In dieser Beziehung ist es die krasseste Unwissenheit, die den furchtbaren Unfug auf diesem Gebiete getrieben hat.

Wie kann man die Rotlaufseuche bei den Schweinen bekämpfen?

Ja nun, das ist ja eine tierärztliche Frage, und da wird es sich darum handeln – ich habe den Fall mir nicht vorlegen müssen, weil mich noch niemand um Rat gefragt hat –, aber ich glaube, dass man das wohl wird behandeln können, wenn man eben in einer gewissen Dosis eine Einreibung mit grauer Spießglanzblende, Antimonblende, vornimmt. Das gehört ins Gebiet der Heilkunde, das ist ja eine wirkliche Krankheit.

Kann man Hederich, der ein Bastard ist, auch mit diesem Pulver bekämpfen?

Diese Pulver, von denen ich gesprochen habe, sind nur wirksam spezifisch für diejenigen Pflanzenarten, von denen sie hergenommen sind. So müssten also Pflanzen, falls da wirklich eine Kreuzung und so weiter stattfindet mit anderen Arten, eigentlich nicht betroffen werden können. Symbiosen werden dadurch nicht beeinflusst.

Was wäre über die Gründüngung zu sagen?

Die hat nun auch ihre guten Seiten, wenn man sie namentlich mehr für obstartige Kulturen verwendet. Man kann die Dinge nicht generaliter durchführen. Für gewisse Dinge hat die Gründüngung ihren Nutzen. Man muss sie anwenden bei denjenigen Pflanzen, bei denen man eine starke Wirkung hervorrufen will wiederum auf die Krautbildung. Wenn man diese beabsichtigen würde, so würde man ein wenig Gründüngerzusatz machen können.

TEIL II:

GRÜNDUNG DES LANDWIRTSCHAFTLICHEN VERSUCHSRINGS

AUF DEM WEG ZUR RESOLUTION

Gesprächsnotizen
Breslau, ohne Datum

[Das] Referat von Herrn Stegemann schließt mit folgenden Worten an Doktor Steiner: «Sagen Sie, was Sie glauben, sagen zu müssen.»

[Wahrscheinlich Rudolf Steiner:] «Einem Landwirt glaubt man mehr wie mir.»

[Wahrscheinlich Ernst Stegemann:] «Wir sprechen die Bitte aus, geben Sie uns weiter, und Sie werden sich bewusst sein, dass mit dieser Bitte Verpflichtungen ausgesprochen sind. Die Basis darin, dass wir dort, wo uns das Leben hinstellt in innerer Einstellung fortlaufend den Tag über so verbringen, dass er diese Verbindung mit dem Geistesforscher aufrechterhalten kann. So können wir dem Einsamkeitsgefühl am besten begegnen.»

[Carl von] Keyserlingk: «Was nützt mir das alles, was Sie hier mitgeteilt haben. Ich kann es nicht verstehen. Ich bin zu dämlich, um es zu verstehen. Ich habe das nicht in der Praxis darinnen, was mir der Herr Doktor gesagt hat. Ich habe es nicht darinnen. – Wir müssen dasselbe tun, was die Landwirte tun, die in der Not sind, das, was man in all unseren landwirtschaftlichen Fachzeitschriften immerfort liest: Jeder Landwirt wird aufgefordert, sich zu Versuchsringen zusammenzuschließen.»

[Wahrscheinlich Ernst Stegemann:] «Ich glaube, wir sind völlig eins. Wir müssen einen Versuchsring haben.»

[Wahrscheinlich Carl von Keyserlingk:] «Wir müssen das in die Tat umsetzen in landwirtschaftlich brauchbarem Sinn, sonst können wir die schönste Sache von Doktor Steiner hören und das verpfuschen und sie gehen verloren. Wir stehen in dem landwirtschaftlichen Beruf. Wir wollen die Landwirtschaft befruchten, für das Landwirtschaftliche; die Landwirte zusammenschließen zu einem Versuchsring, nicht bloß zum Zuhören. Setzen wir uns zusammen und leisten die Arbeit, die dazu erforderlich ist.»

[Ernst] Stegemann: «Sie sollen der Präsident werden. Sie sagen, Sie verstehen alles so gut.»

[Wahrscheinlich Carl von Keyserlingk:] «Ich verstehe es nicht. Wir sind anthroposophische Landwirte – und wenn ich es allein durchsetzen soll, ich werde es allein durchsetzen – in Schlesien. Schließen wir uns zusammen jetzt schon bei dieser Tagung und versuchen wir, Hand in Hand die Sache auszuwirken. Wenn mir [Herr] Stegemann sagt: ‹Ich mache das [schon, was Doktor Steiner sagt]›, dann verlange ich Zahlen. Wie haben Sie es gemacht? Wann haben Sie ausgesät? Wie viele Arbeitskräfte waren dabei? Ich will Produktionszahlen, einen wissenschaftlich aufgebauten Versuch. Sie haben mir nicht gesagt als Landwirt zum Landwirt, was Sie gemacht haben. Sie haben gesagt: Sie haben gemacht, Sie haben gemacht; aber Sie haben mir nicht gesagt, ‹was› Sie gemacht haben. Die wissenschaftlichen Tabellen. Haben Sie sie? Zeigen Sie sie uns. Ich muss doch Versuchsreihentabellen anstellen. Wie machen Sie Ihre Versuche?

Das, was ich von der Akademie her weiß, habe ich allein gelernt. Denken Sie sich, Sie sind ein berühmter Mann in Ihrer Provinz und ich soll auch so etwas sein in meiner Provinz? Wir blamieren unseren hochverehrten Herrn Doktor Steiner. Wir müssen eine Versuchsgruppe machen mit ganz genauen wissenschaftlichen Angaben. Wir können nicht so bloß [*Lücke im Stenogramm*] Wir sind Landwirte. Wir müssen reden als Landwirte mit- und zueinander. Sonst hätte es keinen Wert gehabt, dass Doktor Steiner seine kostbare Zeit opfert. Wenn Sie eine andere Auffassung haben, beuge ich mich Ihrem Urteil nicht und mache es allein mit meinen Mitarbeitern. – Wir sind doch Vertreter der Landwirte hier und nicht Anthroposophen! [*Lücke im Stenogramm*] Welche Kurve haben Sie denn genommen?

Welchen Tag? Ich bin eben hinten gesessen und schwerhörig bin ich auch noch dazu.»

[Wahrscheinlich Ernst Stegemann:] «Wollen wir diesen Disput unter Landwirten nicht lieber allein führen?»

[Wahrscheinlich Carl von Keyserlingk:] Landwirte sind immer [*unleserlich*]. Sie haben keine Geheimnisse einer vor dem anderen. Einer zeigt dem anderen unweigerlich seinen Betrieb. Er sagt jede Zahl. Denn der Betrieb kann das gar nicht so nachmachen. Der Betrieb in Marienstein kann das ganz anders machen. Was haben Sie denn für einen Boden? Haben Sie Löss? Ich habe dem Berufskollegen meine Meinung gesagt, und nun sagen Sie mir Ihre Meinung.»

[Ernst] Stegemann (absteckend): «Die Resultate [*Lücke im Stenogramm*] Hafergras ist nicht möglich in einem Jahr. Ich kann nicht sagen ich habe so und so viel geerntet.»

[Carl von] Keyserlingk: «Was ist das Gewicht?»

[Ernst] Stegemann: «Ich lade [Graf] Keyserlingk ein, das zu betrachten.» […]

Arbeitsgruppe willkommen.

Ring bildet sich.

Dr. Steiner lehnt ab, dabei zu sein. Man soll ihm die Ergebnisse sagen.

***

Sechs Uhr abends in der Restauration des Kammermusiksaales:

[Carl von] Keyserlingk: «Ich stelle den Antrag auf Schluss der Tagung.»

[Wahrscheinlich Moritz] Bartsch: «Der Graf hat so viel Güter, dass das Wirtschaftliche und (*unleserlich*)mäßige in den Vordergrund tritt. Ich denke darüber nach, ob jene nicht das Unkraut lieber wachsen lassen sollen, als es auszureißen, weil sonst die Kosten zu groß würden.»

Keyserlingk dankt dem Nichtlandwirt, dass er sich einmischt, um den Landwirten zu zeigen wie nötig uns allen [*Stenogramm bricht ab*].

VERLESUNG DER RESOLUTION

durch Carl von Keyserlingk
Koberwitz, Mittwoch, 11. Juni 1924, morgens

[Carl von] Keyserlingk: «Sehr verehrte Berufsgenossen! [Die] Resolution lautete:

> Die in Breslau am 9. Juni versammelten Teilnehmer der Berufslandwirte des landwirtschaftlichen Lehrkurses von Doktor Steiner beschlossen einstimmig, eine landwirtschaftliche Arbeitsgruppe und einen landwirtschaftlichen Versuchsring zu bilden. Gleichzeitig beschloss sie, ihren hochverehrten Herrn Doktor Steiner zu bitten, den Beschluss dieses landwirtschaftlichen Versuchsrings und der landwirtschaftlichen Arbeitsgruppe [durch die] Hochschule für Geisteswissenschaft in Dornach gütigst mit der Maßnahme zu genehmigen, dass die Sektion für Naturwissenschaft die Oberleitung für diesen Versuchsrings übernimmt und Herr Doktor Steiner es gütigst selbst bestimmt, wer der Leiter des Versuchsringes sein soll, der die Arbeiten zu vermitteln und übermitteln hat den Sektionen der Hochschule, [wer dies] zu übernehmen hat.

Zu dieser Resolution wird Herr Doktor Steiner selbst sprechen. Als Ehrenmitglied hat sich zu unserer allergrößten Freude bereit erklärt beizutreten Frau Doktor Kolisko mit ihren Damen und Doktor Usteri. Ob Sie die Freundlichkeit haben würden, ihre wissenschaftlichen Erkenntnisse uns Landwirten, die wir keine wissenschaftlichen Kenntnisse haben, zur Verfügung zu stellen und ebenso den anderen Mitarbeitern? Ob Herr Doktor Wachsmuth [*Stenogramm bricht ab.*]

Der Versuchsring bedeutet, dass nun die praktische Arbeit geleistet [werden] sollte, dass diejenigen Berufslandwirte die Arbeit übernehmen, die von Dornach eingesetzt werden in Versuche, die sich natürlich erst ergeben werden, wenn unser hochverehrter Herr Doktor Steiner seinen Kurs beendet haben wird.

Die Tathandlung müsste erfolgen, dass von uns eine solche Organisation eingerichtet wird. Dazu haben sich bereit erklärt diejenigen Berufslandwirte, die anthroposophischen Wissenschaftler, welche [*unleserlich*] in die Lage versetzt werden, denn hier entscheidet nicht mehr der gute Wille, sondern die Tat. Es gibt in jedem Betrieb den Willen, davon bin ich überzeugt, vielleicht auch die besten Fähigkeiten, aber es ist durchaus nicht so bei den wissenschaftlich katastrophalen Verhältnissen, die wir nun einmal als Landwirte, wenn wir in Beamten-Stellung und nicht [in] Herrn Doktors Situation sind [*Lücke im Stenogramm*], empfinden, dass man die Versuche auch wirklich durchführen kann auf der Scholle, wo man sie gern durchführen möchte. Es gibt auch andere Verhältnisse. Wie das heute liegt, ob es ein Fideikommiss-Besitz ist, ob es klerikal ist.

Nun hat sich bereit erklärt Herr Georg Zimmer mit [*Lücke im Stenogramm*] Graf Polzer, Koschützki, Lerchenfeld, Kayser, die Verwalter vom «Kommenden Tag», Weinmann – da muss erst festgestellt werden, wie sich der Kommende Tag dazu stellt. Förster, Schenker, Schmidt, Kipple, Jacoby, Lumporsky, Sch[ü]mann, Schwarz, [Gerwig], Becker.»

[Frage zur] Organisation: «Ist [es] so gedacht, dass [Graf] Keyserlingk sich gedacht hat, wie er den Zusammenschluss finden wollte, [vielleicht ist das von mir auch] missverstanden worden, dass er die anderen Berufsgenossen der Anthroposophischen Gesellschaft ausschließen wollte.»

[Carl von] Keyserlingk: «Das hat mir ferngelegen. Gerade Ihre Mitarbeit liegt mir besonders am Herzen. Die Organisation ist so gedacht: Der Kopf ist die Dornacher Wissenschaft, und wir sind nur die ausführenden Organe und jeder ist dazu berufen, zu helfen an der Ausführung. Dass [der Dornacher Kopf] sich nicht direkt manchmal beteiligen kann, weil er das Arbeitsfeld nicht gleich in den Händen hat, dafür trägt er doch keine Schuld. Sondern ich möchte sagen, [*unleserlich*] Zusammenstellung.

Nun komme ich weiter in die Organisation. Ich denke sie mir viel größer und schwieriger für den Einzelnen. Wir können nicht bloß das, was uns unser hochverehrter Herr Doktor Steiner sagt, anhören. Wir sollen es in die Tat umsetzen. Wir müssen uns klar sein, dass die Versuchsansteller nicht nur die Verantwortung Doktor Steiner gegenüber übernehmen, sondern auch der ganzen landwirtschaftlichen Gruppe der Anthroposophischen Gesellschaft gegenüber. Wir sind mitverantwortlich, dass wir es richtig machen und dass wir eben von der Wissenschaft getragen, von der Geisteswissenschaft und von der Wissenschaft, die sich in den Dienst gestellt hat, Frau Doktor Kolisko und Doktor Usteri, dass wir mindestens einmal im Jahr zusammenkommen, um Ihnen einen sachlichen Bericht zu geben. Hier sind alle Nationen vertreten. Die Mitteilung, dass Herr Doktor Steiner die Güte hat, nicht einen Präsidenten zu nennen, sondern einen, der die Arbeit übernimmt. Eben, die Dornacher Hochschule ist nicht in der Lage, die Arbeit für uns zu übernehmen. Sie hat nur uns Richtlinien zu geben und wir haben die Ideen. Dazu brauchen wir Menschen, die Grundlinien haben.

Die Anthroposophie hat [*unleserlich*], in dem sie die weiteren Mitteilungen von Herrn Doktor Steiner zu verarbeiten hat. Das könnte möglich sein mit Ihrer eigenen Auffassung, wie Sie die Sache empfinden. Sie gehen nach Dornach und Dornach hat zu entscheiden, wie die Versuche anzusetzen sind. Wir sollen nur die ausführenden Organe bleiben. Es sind natürlich selbstverständlich Ausnahmen, wie Herr Stegemann, der wird seine Richtlinie auch bekommen, der ist viel weiter wie wir, der hat schon ein bis zwei Jahre gearbeitet. Der Versuchsring muss erst eine Grundlage für die kommende Tathandlung sein.

Ich betrachte den ganzen Versuchsring nur als Organ von Dornach, als ausführendes Organ und jeder einzelne der sich bereit erklärt hat, hat seine Pflicht zu tun, seine Arbeit zu leisten, die uns von Dornach vorgeschrieben wird.»

ANSPRACHE

von Rudolf Steiner
Koberwitz, Mittwoch 11. Juni 1924

Vorerst lassen Sie mich meine tiefste Befriedigung darüber ausdrücken, dass dieser Versuchsring, der von dem Grafen Keyserlingk angeregt wurde, zustande gekommen ist und sich nun auch erweitert hat um die Interessenten der Landwirtschaft, die das erste Mal bei einer solchen Versammlung anwesend waren. Es ging ja diese Begründung zeitlich hervor daraus, dass zunächst Herr Stegemann auf verschiedene Bitten hin sich bereit erklärte, einiges von dem mitzuteilen, was zwischen ihm und mir im Laufe der letzten Jahre über allerlei Richtlinien gegenüber der Landwirtschaft gesprochen worden ist, und was er durch seine so anerkennenswerten Bemühungen auf seiner Landwirtschaft nach der einen oder anderen Seite ausprobiert hat. Daraus ging dann die Diskussion hervor zwischen unserem hochverdienten Grafen Keyserlingk und Herrn Stegemann, die dazu führte, dass zunächst ein Gespräch stattgefunden hat, in dem die heute vorgelesene Resolution gefasst worden ist, und das dann dazu geführt hat, dass wir heute wiederum hier zusammengekommen sind.

Es ist ja durchaus eine tief befriedigende Tatsache, dass sich nun gewissermaßen als Träger der Versuche im Anschluss an – ja, zunächst können es nur Richtlinien sein – die Richtlinien, die hier in diesen Vorträgen gegeben werden, eine Anzahl von Personen gefunden haben, um Versuche zu machen, diese Richtlinien zu bestätigen und zu zeigen, wie sie sich praktisch ausnützen lassen. Allein, es ist notwendig, dass wir uns heute in einem Augenblicke, wo sich in einer so befriedigenden Weise so etwas bildet, bewusst sind, dass wir ja die Erfahrungen, die wir mit unseren Bestrebungen auf praktischen Gebieten innerhalb der anthroposophischen Bewegung gemacht haben, verwerten und namentlich, dass wir die Fehler vermeiden, die ja erst so recht sichtbar geworden sind im Laufe der Zeit, in der von anthroposophischer, ich möchte sagen, zentraler Betätigung heraus übergegriffen wurde auf peripherische Betätigung, auf die Einführung desjenigen, was Anthroposophie sein soll und sein kann, in die verschiedenen Gebiete des Lebens. Nun wird ja daher ganz besonders interessieren natürlich für die Arbeiten, die diese landwirtschaftliche Gemeinschaft zu leisten hat, dasjenige, was uns als Erfahrung geworden ist bei der Einführung, sagen wir, des Anthroposophischen in das allgemein Wissenschaftliche.

Sehen Sie, wenn es sich um so etwas handelt, da sind diejenigen, die gewissermaßen bisher verwaltet haben das Zentralanthroposophische in ihrer Art mit innerer Treue, mit innerer Hingabe, und diejenigen, die dann in der Peripherie stehen und für das einzelne Lebensgebiet das bearbeiten wollen, in der Regel nicht mit einem vollen Verständnis einander gegenübergestanden. Wir haben das insbesondere bei der Zusammenarbeit mit unseren wissenschaftlichen Instituten genügend erfahren. Da sind auf der einen Seite die Anthroposophen als solche, die Anthroposophen, welche sich ausleben in diesem Zentralen der Anthroposophie als Weltanschauung, als Lebensinhalt, den man vielleicht jede Minute mit starker Innerlichkeit durch die Welt trägt. Da sind eben die Anthroposophen, die Anthroposophie tun, lieben, und zu ihrem eigenen Lebensinhalt machen, die haben in der Regel – nicht immer – die Vorstellung, es ist etwas Bedeutsames getan, wenn man da oder dort einen wiederum oder viele wiederum für die Anthroposophie gewonnen hat. Die wollen eigentlich nur, wenn sie nach außen wirken, Leute gewinnen für die Anthroposophie, und sie haben so die Vorstellung, dass die Leute sich auch – verzeihen Sie den Ausdruck – mit Haut und Haar gewinnen lassen müssen, zum Beispiel, wenn einer Universitätsprofessor so irgendeines naturwissenschaftlichen Zweiges ist, so, wie er hineingestellt ist in den naturwissenschaftlichen Betrieb, in dem er darinnen steht. Solche Anthroposophen in ihrer Gutherzigkeit und Liebe meinen dann auch selbstverständlich, man könne den Landwirt mit Haut und Haar, mit dem Boden, mit alledem, was daran hängt, mit dem, was die Landwirtschaft an sonstigen Produkten wiederum in die Welt übergehen lässt, so einfach von heute auf morgen in den anthroposophischen Betrieb hineinbekommen. Das meinen die «zentralen» Anthroposophen. Sie irren natürlich. Und wenn auch sehr viele von ihnen sagen, sie seien treue Anhänger von mir, ja, da geht es oftmals so, dass sie schon in ihrem Gemüt treue Anhänger sind, aber sie hören vorbei, was ich in entscheidenden Augenblicken sagen muss. Sie hören dann nicht, dass ich zum Beispiel sage: Es ist eine Naivität, zu glauben, dass man einen Professor oder einen sonstigen Wissenschafter von heute auf einmal für die Anthroposophie gewinnen kann. Das geht nicht. Der Mensch hat mit einer zwanzig- bis dreißigjährigen Vergangenheit zu brechen, dazu hätte er hinter sich einen Abgrund aufzurichten; die Dinge müssen nach dem Leben genommen werden.

Anthroposophen glauben oftmals, das Leben bestehe im Denken. Es besteht nicht bloß im Denken. Diese Dinge müssen gesagt werden, damit sie auch auf den richtigen Boden fallen können. Diejenigen, die irgendein Lebensgebiet aus gutem, treuem Herzen mit der Anthroposophie vereinigen wollen, ja, auch wissenschaftliche Gebiete, haben sich dieses eben gar nicht klargemacht, als sie innerhalb der Anthroposophie Arbeitende geworden sind, und sie gehen immer wieder von der irrigen Meinung aus, man müsse es ebenso machen, wie man es bisher in der Wissenschaft gemacht hat, müsse genau so vorgehen, wie man bisher in der Wissenschaft vorgegangen ist. Zum Beispiel gibt es eine Anzahl von auf medizinischem Gebiete bei uns arbeitenden, recht lieben, guten Anthroposophen, die fanden, dass nun Mediziner auf ihre bisherige medizinische Art anwenden sollten, was aus der anthroposophischen Medizin kommt. In dieser Beziehung macht Frau Doktor Wegman eine volle Ausnahme; die sah nur eben rein die Notwendigkeit [, die für die anthroposophische Medizin besteht] innerhalb unserer Gesellschaft.

Ja, was erlebt man da? Da handelt es sich nun nicht so sehr um die Ausbreitung des Zentralanthroposophischen [innerhalb der Gesellschaft], sondern da handelt es sich um die Ausbreitung des Anthroposophischen heraus in die Welt. Da erlebt man, dass die Leute sagen: Ja, das haben wir bisher auch gemacht, darinnen sind wir die Fachleute, das können wir mit unseren Methoden beherrschen, darüber können wir ja ohne Zweifel urteilen. Aber was [die] da bringen, widerspricht dem, was wir mit unseren Methoden gefunden haben. Sie sagen dann, dass es falsch sei, und wir haben es erlebt, wenn man es rein den Wissenschaftern nachmachen will, dass sie sagen, das könnten sie besser. Es ist in diesen Fällen gar nicht zu leugnen, dass die es besser anwenden können, schon aus dem Grunde, weil in der Wissenschaft in den letzten Jahren eigentlich die Methoden die Wissenschaft gefressen haben. Die Wissenschaften haben nur noch Methoden. Sie gehen nicht mehr auf das Sachliche los, sie sind ja aufgezehrt worden von ihren Methoden, sodass man heute die Forschungen haben kann, aber es ist nichts mehr [Substanzielles] drinnen. So haben wir es erlebt, dass diese Wissenschafter, die ihre Methoden vorzüglich exakt hatten, wütend wurden, wenn die Anthroposophen kamen und nichts anderes taten, als dieselben Methoden handhaben. Was kann man hier damit beweisen? Nichts anderes hat sich herausgestellt bei den schönen Dingen, die wir so machen können, bei den ausgezeichneten Untersuchungen, die in dem Biologischen Institut [am Goetheanum] gemacht werden, als dass die Leute wütend waren, wenn unsere Wissenschafter in ihren Vorträgen über dieselben Methoden sprachen. Sie waren wütend, denn sie hörten die Dinge, die sie gewohnt waren, in gewissen Gedankenbahnen zu haben, die hörten sie wiederum.

Aber wir haben etwas anderes erlebt, was wichtig ist. Das ist dieses: Es haben sich nun einige unserer Wissenschafter mal bequemt, von ihrer Methode, es den anderen nachzumachen, abzugehen, haben es nur halb und halb gemacht, nur so, dass sie im ersten Teil ganz wissenschaftlich waren, richtig die Methoden der Wissenschaft angewendet haben in den Auseinandersetzungen. Dann wurden die Zuhörer wütend. Was pfuscht man uns in unsere Sache hinein, was heißt das? Das sind ja Frechlinge, sind freche Dachse, die ja dilettantisch in unsere Wissenschaft hineinpfuschen! Dann waren die Redner im zweiten Teile übergegangen zu dem eigentlichen Leben, was nun nicht herausgearbeitet ist in der alten Art, sondern als Anthroposophisches vom Überirdischen her genommen ist. Da wurden die, die vorher wütend waren, furchtbar aufmerksam, waren begierig, das zu hören, und fingen an, Feuer zu fangen. Anthroposophie mochten die Leute schon, aber sie können nicht leiden – und sogar, wie ich zugestanden habe, mit Recht –, was man als ein unklares Mixtum compositum von Anthroposophie und Wissenschaft zusammenleimt. Mit dem kann man nicht vorwärtskommen.

Deshalb begrüße ich es mit einer großen Freude, dass auf Anregung des Grafen Keyserlingk das hervorgegangen ist, dass nun die landwirtschaftliche Berufsgemeinschaft sich zusammenschließen will auf demjenigen, was von Dornach aus als Naturwissenschaftliche Sektion begründet worden ist. Diese Naturwissenschaftliche Sektion ist ja, wie das andere, das jetzt vor uns hintritt, aus der Weihnachtstagung hervorgegangen.

Also von Dornach wird schon ausgehen, was ausgehen soll. Da werden wir schon aus der Anthroposophie selber heraus die allerexaktesten Wissenschaftsmethoden und Richtlinien finden. Nur natürlich kann ich nicht einverstanden sein mit demjenigen, was Graf Keyserlingk gesagt hat, dass die angeführte Berufsgemeinschaft bloß Ausführungsorgan sein soll. Sie werden sich schon überzeugen, dass von Dornach aus eine Art von Richtlinien, Angaben ausgeht, die von jedem Menschen auf seinem Platze verlangt, wenn er mitarbeiten will, dass er ein ganzer Mitarbeiter ist. Wir werden sogar – und das wird sich am Ende meiner Vorträge herausstellen, ich werde ja die ersten Richtlinien am Ende des Vortrags zu geben haben – die Grundlage zu der allerersten Arbeit, die wir in Dornach zu leisten haben, erst von Ihnen zu bekommen haben. Wir werden die Richtlinien so anzugeben haben, dass erst aus den Antworten heraus, die wir bekommen, wir irgendetwas machen können. Also wir werden von Anfang an aktive, aktivste Mitarbeiter brauchen, nicht bloß Ausführungsorgane. Denn sehen Sie, wenn ich nur eines anführe – mehrfach wurde es in diesen Tagen vom Grafen Keyserlingk und mir besprochen –, ein Gut ist ja immer in dem Sinne eine Individualität, dass es wirklich niemals das gleiche ist wie ein anderes Gut. Klima, Bodenverhältnisse geben die allerunterste Grundlage zur Individualität eines Gutes. Ein Gut in Schlesien ist nicht so wie in Thüringen oder Süddeutschland. Das sind wirklich Individualitäten. Nun haben gerade nach anthroposophischer Anschauung Allgemeinheiten, Abstraktionen überhaupt gar keinen Wert, und sie haben am allerwenigsten Wert, wenn man in die Praxis eingreifen will. Was hat es für einen Wert, nur im Allgemeinen von dieser praktischen Frage von Gütern zu sprechen!

Im Allgemeinen soll man achten auf das, was konkret ist, da kommt man auf das, was dann angewendet werden muss. Man muss natürlich, so wie aus den zweiunddreißig Buchstaben das Verschiedenste zusammengesetzt ist, auch mit dem verfahren, was in diesen Vorträgen vorgebracht wird, weil sich daraus erst zusammensetzen wird, was man erwartet. Wenn man über die praktischen Fragen sprechen will auf Grundlage der sechzig Mitarbeiter, da handelt es sich ja doch wirklich darum, die praktischen Winke und die praktischen Unterlagen für diese sechzig konkreten Landwirtschafter zu finden. Und nun wird es sich zuerst darum handeln, dasjenige aufzusuchen, was wir nach dieser Richtung hin wissen. Dann wird sich erst die allererste Versuchsreihe ergeben, dann wird es sich darum handeln, wirklich praktisch zu arbeiten. Dazu brauchen wir aktivste Mitglieder. Und was wir brauchen, das sind überhaupt in der Anthroposophischen Gesellschaft wirkliche Praktiker, die nicht abgehen von dem Prinzip, dass die Praxis eben doch etwas fordert, was nicht gleich von heute auf morgen verwirklicht werden kann. Wenn die, die ich zentrale Anthroposophen genannt habe, glauben, dass ein Professor oder ein Landwirt oder ein Arzt, nachdem sie jahrzehntelang in einem bestimmten Milieu gestanden sind, von heute auf morgen eine anthroposophische Überzeugung annehmen können, so ist das eben ein Irrtum. Bei der Landwirtschaft wird es ja deutlich hervortreten. Der landwirtschaftliche Anthroposoph könnte ja, wenn er idealistisch genug dazu ist, von dem neunundzwanzigsten ins dreißigste Jahr ganz ins anthroposophische Fahrwasser auch in Bezug auf seine Landwirtschaft übergehen; aber machen die Äcker, Betriebseinrichtungen, das mit, die zwischen ihm und den Konsumenten vermitteln und so weiter? Die kann man doch nicht vom neunundzwanzigsten aufs dreißigste Jahr gleich zu Anthroposophen machen. Und wenn man dann einsieht, dass das nicht geht, verliert man sehr häufig gleich den Mut.

Aber gerade darum handelt es sich, dass man nicht immer den Mut verliert, sondern weiß, es kommt nicht auf den Augenblickserfolg an, sondern auf das unbedingte Arbeiten. Man macht so viel, als eben gleich geht. Der eine kann mehr, der andere kann weniger. Schließlich wird man sogar, so paradox das klingt, umso mehr machen können, je beschränkter man es gestaltet in dem Umfange des Landes, das man in unserer Weise zunächst bewirtschaftet. Nicht wahr, bei einer kleinen Landfläche, einem kleinen Landumfange, ruiniert man nicht so viel als bei dem großen. Und da kann auch das, was durch die anthroposophischen Richtlinien an Verbesserungen sich ergibt, sich sehr schnell herausstellen, weil man nicht so viel abändern muss. Und so wird sich auch der Nutzeffekt leichter herausstellen wie auf einem großen Gute. Aber die Dinge müssten wirklich zustimmend werden gerade bei einem so praktischen Gebiete wie der Landwirtschaft, wenn diese Gemeinschaft wirklich einen Erfolg haben soll. Und es ist ja sehr merkwürdig, man hat viel, aber in aller Gutartigkeit und ohne Ironie, weil man sich gefreut hat darüber, über die Differenz bei der ersten Versammlung zwischen dem Grafen Keyserlingk und Herrn Stegemann gesprochen. Und so etwas nuanciert sich dann, sodass ich fast glaubte, man müsse nachdenken, ob an jenem Abend nicht der anthroposophische Vorstand oder irgendjemand ersucht werden müsse, um dabei zu sein, um die streitenden Geister zu verbinden. Aber nach und nach habe ich mich von etwas ganz anderem überzeugt, davon, dass das, was da sich geltend macht, eigentlich die Grundlage zu einer intimen Toleranz ist unter den Landwirten, zu einem intimen Sichgeltenlassen unter Kollegen – man hat nur eine gewisse raue Außenseite.

Es handelt sich tatsächlich darum, dass der Landwirt mehr als mancher andere nötig hat, sich seiner Haut zu wehren, und dass ihm sehr leicht in die Dinge hineingesprochen wird, die er nur allein verstehen kann. Es ist das durchaus so, dass man eigentlich eine gewisse Toleranz da auf dem Grunde dann entdeckt. Alles das muss eigentlich wirklich richtig empfunden werden in dieser Gemeinschaft, und ich mache diese Bemerkung hier nur, weil ich wirklich meine, dass es notwendig ist, dass wir von vornherein richtig anfangen.

So meine ich, dass ich noch einmal meine tiefste Befriedigung aussprechen darf über das, was durch Sie hier geschehen ist, dass ich glaube, wir haben die Erfahrungen der Anthroposophischen Gesellschaft richtig berücksichtigt, dass, was eingeleitet wurde, von großem Segen sein wird und dass es an Dornach nicht fehlen wird, mit denjenigen, die mit uns zusammen aktive Mitarbeiter an der Sache sein wollen, tatkräftig zusammenzuarbeiten. Wir haben uns ja nur zu freuen darüber, dass dasjenige, was hier in Koberwitz geschieht, eingeleitet wurde. Und wenn so oft Graf Keyserlingk sagt, dass ich mir etwas auferlegt hätte, wenn ich hierhergekommen bin, so möchte ich darauf doch erwidern, nicht um jetzt so eine Differenzdiskussion hervorzurufen: Was ist es denn viel, was ich an Mühen hatte? Ich musste hierherfahren und bin nun in den allerschönsten und besten Bedingungen hier, alles Unangenehme machen andere, und ich habe nur jeden Tag zu reden, allerdings Reden, vor denen ich etwas Respekt hatte, weil sie ein neues Gebiet sind. Meine Mühe ist nicht so groß. Wenn ich aber sehe alle die Mühe, die Graf Keyserlingk und dieses ganze Haus haben, was da alles hineingeschneit gekommen ist, dann muss ich sagen, da erscheint mir dasjenige, was an Einzelnem hat geschehen müssen durch die, welche dabei geholfen haben, dass wir hier zusammen sein können, ja turmhoch viel höher schließlich als das, dass ich mich in das Fertige gesetzt habe. Und gerade an diesem Punkte kann ich mit dem Herrn Grafen nicht einverstanden sein. Darum möchte ich Sie durchaus bitten, alles das, was Sie als Anerkennenswertes finden in Bezug auf das Zustandekommen dieses landwirtschaftlichen Kursus, ihm zu danken und vor allen Dingen darauf bedacht zu sein, wenn er nicht mit solcher eisernen Kraft eben nachgedacht und seinen Vertreter nach Dornach geschickt und gar nicht nachgelassen hätte, so würde vielleicht bei dem außerordentlich vielen, das von Dornach aus zustande zu kommen hat, dennoch dieser in diese äußerste Ostecke verlegte Kursus vielleicht nicht zustande gekommen sein. Ich bin gar nicht einverstanden, dass die Dankgefühle auf mich abgeladen werden, sondern sie gehören wirklich im allereminentesten Maße dem Grafen Keyserlingk und seinem ganzen Hause. Das ist das, was ich in die Diskussion noch hineinwerfen möchte.

Es ist vorerst ja nicht mehr so außerordentlich viel zu sagen, sondern nur das, dass wir in Dornach brauchen werden eine Darstellung von jedem Einzelnen, der in dem Ring mitarbeiten will, was er unter der Erde hat, was er über der Erde hat und wie die beiden Dinge zusammenarbeiten. Nicht wahr, man muss natürlich ganz genau wissen, wenn man Unterlagen gebrauchen soll, wie die Dinge sind, auf welche diese Unterlagen hinweisen. Also dasjenige, was da in Betracht kommt, wäre ja das, was Sie aus Ihrer Praxis heraus noch besser wissen als wir in Dornach: Die Bodenbeschaffenheit der einzelnen Güter, was an Wald oder wie viel Wald und dergleichen vorhanden ist, was auf dem Gute bewirtschaftet worden ist in den letzten Jahren, wie die Erträgnisse waren, kurz, wir müssen im Grunde alles das wissen, was ja jeder einzelne Landwirt wissen muss, wenn er in verständiger Weise, gerade in bauernverständiger Weise, sein Gut verwalten will. Das sind die ersten Angaben, die wir brauchen: die Dinge, die da sind auf dem Gute, und die Erfahrungen, die der Einzelne mit diesen Dingen gemacht hat. Das ist im Grunde bald gesagt. Wie man das zusammenstellen soll, wird sich im Laufe dieser Tagung ergeben, wo noch Gesichtspunkte herauskommen werden für die Landwirtschaft, die sozusagen manchen darauf hinweisen werden, welches der Zusammenhang ist zwischen demjenigen, was der Boden zuletzt gibt, und demjenigen, was der Boden und seine Umgebung sind.

Ich glaube, dass mit diesen Worten schon charakterisiert ist dasjenige, was als ausgearbeitete Vorlage der Herr Graf Keyserlingk von den Mitgliedern des Ringes wünscht. Die freundlichen lieben Worte, die der verehrte Herr Graf wiederum an uns alle gerichtet hat mit der feinsinnigen Unterscheidung zwischen Bauern und Wissenschaftern, wodurch das hingestellt war auf der einen Seite so, dass im Ringe sich befinden alle Bauern und in Dornach die Wissenschafter sitzen, diese Einstellung darf, kann so nicht bleiben. Wir müssen sozusagen schon zusammenwachsen, und in Dornach muss so viel Bäuerliches walten, als nur trotz der Wissenschaftlichkeit walten kann. Und das, was von Dornach als Wissenschaft ausgeht, muss so sein, dass es einleuchtet dem konservativsten Bauernkopf. Ich hoffe, dass das ja auch nur eine Freundlichkeit war, wenn der Graf Keyserlingk gesagt hat, er versteht mich nicht. Es ist eine besondere Art von Freundlichkeit. Denn ich denke, wir werden da schon wie Zwillingsnaturen, Dornach und der Ring, zusammenwachsen. Großbauer hat er mich am Schlusse genannt. Nun, das deutet ja schon darauf hin, dass auch er im Gefühle hat, dass man zusammenwachsen kann. Aber sehen Sie, ich kann wirklich nicht bloß von dem kleinen anfänglichen Versuch des Mistrührens, dem ich mich, bevor ich hierhergefahren bin, notgedrungen hingeben musste – was ja auch fortgesetzt werden musste, denn ich konnte nicht so lange rühren, es muss sehr lange gerührt werden, ich konnte nur anfangen zu rühren, dann musste das fortgesetzt werden –, schon so angeredet werden. Nun, das sind ganze Kleinigkeiten. Aber daraus bin ich nicht eigentlich herausgewachsen. Ich bin herausgewachsen so recht aus dem Bauerntum. Ich bin der Gesinnung nach immer dringeblieben. Ich habe – es ist dies in meinem Lebensgang angedeutet –, wenn auch nicht auf so großen Gütern wie hier, aber in kleinerem Bereiche Kartoffeln gepflanzt, habe, wenn auch nicht gerade Pferde aufgezogen, so doch Schweine oder wenigstens mitgetan dabei, auch teilgenommen in unmittelbarer Nachbarschaft an der Kuhwirtschaft. Alle diese Dinge haben mir ja lange Zeit in meinem Leben nahegestanden, und ich habe mitgetan und bin gerade dadurch wenigstens sozusagen in Liebe der Landwirtschaft geneigt, aus der Landwirtschaft herausgewachsen. Das hängt mir viel mehr an als das bisschen Mistrühren für jetzt. Und so möchte ich in diesem Sinne doch auch wiederum mich mit anderem nicht ganz einverstanden erklären, so möchte ich auch da schon sagen, wenn ich jetzt wiederum zurückschaue in mein Leben, dann ist das bäuerlich Wertvollste nicht der Großbauer, sondern der kleine Bauer, der gerade als kleiner Bauernjunge mit der Landwirtschaft gearbeitet hat. Wenn das jetzt in einem größeren Maßstabe geschehen soll, ins Wissenschaftliche umgesetzt, so wird das wirklich herauswachsen aus – auf Niederösterreichisch geredet – der Bauernschädeligkeit. Dieses Herauswachsen wird mir mehr dienen als das, was ich später angenommen habe. Deshalb betrachten Sie mich als diesen die Liebe zur Landwirtschaft gewonnen habenden Kleinbauern, der sich an seine Kleinbäuerlichkeit erinnert und wirklich gerade dadurch das verstehen kann, was im jetzt sogenannten Bauerntum der Landwirtschaft lebt. Es wird das in Dornach verstanden werden, Sie können dessen versichert sein. Ich habe immer eine Meinung gehabt, die nicht so ironisch gemeint war, wie sie, wie es scheint, aufgefasst worden ist, dass diese Dummheit – Torheit, sagte ich – dann Weisheit vor Gott, vor dem Geist ist. Ich habe nämlich immer das, was die Bauern gedacht haben über ihre Dinge, furchtbar viel gescheiter gefunden, als was die Wissenschafter gedacht haben. Ich habe es immer gefunden, ich finde es auch heute eigentlich viel gescheiter. Ich höre lieber auf alles dasjenige, was so gelegentlich mal jemand, der unmittelbar am Acker angreift, über seine Erfahrungen, die er macht, sagt, als auf alle die ahrimanischen Statistiken, die aus der Wissenschaft herauskommen, und ich bin immer froh gewesen, wenn ich so etwas hören konnte, weil ich es immer außerordentlich weise fand. Und gerade auf dem Gebiet der praktischen Auswirkung, der Ausführung, fand ich immer die Wissenschaft außerordentlich dumm. Nun, alles, was gerade diese Wissenschaft erst gescheit machen soll, sie gescheit macht gerade durch die «Dummheit» des Bauerntums, etwas «Dummheit» des Bauerntums in die Wissenschaft hineinzutragen, darum mühen wir uns in Dornach. Dann wird diese Dummheit Weisheit werden vor Gott. Wollen wir in dieser Weise zusammenwirken, das wird ein echt konservatives, aber auch ein äußerst radikal fortschrittliches Beginnen sein. Es wird mir dies immer eine sehr schöne Erinnerung bleiben, wenn gerade dieser Kursus zum Ausgangspunkt wird, dass hier wirklich echtes, weises Bauerntum in die ja vielleicht nicht dumm gewordene – das würde sie beleidigen – aber in die, ich möchte sagen, totgewordene Methodik der Wissenschaft hineingetragen wird, und Doktor Wachsmuth hat ja auch abgewiesen diese Wissenschaft, die eigentlich tot geworden ist, und hat die lebendige Wissenschaft, die erst durch die Bauernweisheit befruchtet werden soll, gewünscht. Wollen wir in dieser Weise wie siamesische Zwillinge, Dornach und der Ring, zusammenwachsen. Von Zwillingen sagt man, sie haben eigentlich ein gleiches Fühlen, ein gleiches Denken, und haben wir dieses gleiche Fühlen und dieses gleiche Denken, dann werden wir auf unserem Gebiete auch am besten vorwärtskommen.

ANHANG

Nachträglicher mündlicher Bericht
Rudolf Steiners, 20. Juni 1924

Auszüge aus den schriftlichen Berichten
Rudolf Steiners, 22. und 29. Juni 1924

Auszüge aus der Koberwitzer Jugendansprache
Rudolf Steiners vom 17. Juni 1924

Programm zur Breslauer Pfingsttagung und zum
Koberwitzer Kurs

Fotos von Schloss Koberwitz

Vorab zugesandte Fragen

Liste der Teilnehmenden

Aufzeichnungen und Notizen Rudolf Steiners
zum Landwirtschaftlichen Kurs

NACHTRÄGLICHER MÜNDLICHER BERICHT RUDOLF STEINERS

Dornach, Freitag, 20. Juni 1924

[Meine lieben Freunde!]
Ich bin eben zurückgekommen von der Reise nach Breslau-Koberwitz, die ja vor allen Dingen diesmal einem bestimmten Ziel gedient hat; aber das spezielle Ziel war verbunden mit einem ganz Allgemein-Anthroposophischen. Zunächst handelt es sich ja darum, wie Sie wissen, dass eine Anzahl von Landwirten, die innerhalb der Anthroposophischen Gesellschaft stehen, gewünscht hat, dass für sie ein Kursus gehalten werde mit besonderen landwirtschaftlichen Gesichtspunkten, mit Dingen, die die Landwirtschaft betreffen. Es waren wirklich weithin zugereist diejenigen, die innerhalb unserer Gesellschaft Landwirte sind, um in ganz ernster Weise für dasjenige, was aus anthroposophischer Forschung heraus für dieses Gebiet des menschlichen Arbeitens gegeben werden kann, Gesichtspunkte zu bekommen.

Bei solch einem praktischen Lebensgebiete handelt es sich ja natürlich durchaus auch um Gesichtspunkte für das Arbeiten, nicht um irgendwelche Theorien. Deshalb wurden auch durchaus praktische Gesichtspunkte erwartet.

Nun war diese Veranstaltung eine in sich geschlossene und für die Teilnehmer außerordentlich befriedigende, weil die Teilnehmer an diesem landwirtschaftlichen Kursus einschließlich derjenigen Mitglieder des Vorstandes vom Goetheanum, die anwesend sein konnten – Frau Doktor Steiner, Fräulein Vreede und Doktor Wachsmuth –, Gäste waren im Schlosse Koberwitz bei unserem lieben Freunde, dem Grafen Keyserlingk.

Und man darf wohl sagen, es war eine ganz außerordentlich im anthroposophischen Sinne gehaltene Aufnahme. Denn es war eben nicht gerade eine Kleinigkeit, an einem Orte, wohin man ja von Breslau mit dem Auto immerhin dreiviertel Stunden fährt, eine ganze Gesellschaft nicht nur sich niedersetzen zu lassen zu Vorträgen, sondern auch ganz reichlich zu bewirten. Die Gesellschaft bestand ja immerhin aus mehr als hundert Teilnehmern, die jeden Tag bewirtet werden mussten.

Die Gesellschaft kam gewöhnlich um die elfte Stunde nach Koberwitz. In Koberwitz konnten die Leute nicht wohnen, sie kamen von Breslau aus nach Koberwitz. Und dann begann zunächst der Vortrag, der bis ein Uhr dauerte. Dann verwandelte sich bald der Vortrag in das Frühstück, wobei die Gäste fast das ganze Schloss benützen konnten und alles, was dazugehört, was sehr interessant ist. Dann dauerte das bis gegen einhalb oder dreiviertel zwei Uhr. Dann war noch eine Aussprache über landwirtschaftliche Gegenstände bis drei Uhr. Das war also der Koberwitzer Teil der ganzen Veranstaltung. Das ging durch zehn Tage hindurch.

Sie sehen also, welch reichliches Entgegenkommen da war. Nun muss ich ja sagen, leicht ist es aber dennoch der Gräfin und dem Grafen Keyserlingk nicht geworden, diesen Kursus zu veranstalten, denn er war lange versprochen, und ich konnte immer wieder nicht hinkommen. Deshalb war ja schon bei der Weihnachtstagung der Neffe des Grafen Keyserlingk hier in Dornach, und dem Neffen wurde dazumal gesagt, als er hierhergeschickt wurde: Entweder bringst du mir das ganz bestimmte Versprechen, dass noch im nächsten Halbjahr dieser Kursus stattfinden werde, oder du kommst mir überhaupt nicht nach Hause. Unter diesen Auspizien ist dann der Neffe, der ja auch sonst manches Merkwürdige in der Welt zustande gebracht hat, hier erschienen und hat tatsächlich so eindringlich gesprochen, dass ich ihm sagte, sobald es nur irgend sein könne, würde der Kursus stattfinden.

Nun konnte er nicht früher sein, fand also zu Pfingsten statt. Es war ein schönes Pfingstfest, ein recht anthroposophisches Pfingstfest. Es ist etwas sehr Eigentümliches um dieses Gut Koberwitz und seine Umgebung. Es gehört ja zum Gut Koberwitz eine Landwirtschaft von dreißigtausend Morgen. Es ist eines der größten Güter. Es kann also schon sehr viel von der Landwirtschaft dort besehen werden. Es wurde auch dort sehr viel gesehen, denn es wurde alles mit einem außerordentlichen Entgegenkommen gezeigt.

Eines fällt einem sogleich auf, wenn man ankommt in Koberwitz und die erste Verrichtung vollbringen will, sich die Hände zu waschen: Man merkt sogleich, dass im Waschbecken Eisen drinnen ist. Der Boden in Koberwitz ist nämlich ein Boden, der eisenhaltig ist. Und ich denke tatsächlich daran, dass dieser Boden in der mannigfaltigsten Weise noch Verwendung finden könnte, denn er ist außerordentlich eisenreich. Nun fand ich tatsächlich dieses Entgegenkommen des Eisens überall. Und deshalb sagte ich gleich beim ersten Mittag, um die Hausleute zu begrüßen, dass es einem vor allen Dingen auffällt, dass in Koberwitz alles aus Eisen ist: Der Neffe war schon aus Eisen in seinen Forderungen, als er hier zu Weihnachten erschien; der Boden ist ganz eisengetränkt, und dort herrscht etwas Zielbewusstes und Energisches, sodass ich nicht anders sagen konnte, als: die eiserne Gräfin und der eiserne Graf. Es war auch tatsächlich in dem moralischen Verhalten etwas durchaus Eisernes.

Bei dem landwirtschaftlichen Kursus handelte es sich dann darum, zunächst zu entwickeln, welches die Bedingungen des Gedeihens der verschiedenen Gebiete der Landwirtschaft sind. Da gibt es ja außerordentlich interessante Gebiete, Pflanzenwachstum, Tierzucht, Waldwirtschaft, Gartenwirtschaft und so weiter. Dann dasjenige, was zum Allerinteressantesten gehört, die Geheimnisse des Düngens, die außerordentlich wirkliche Geheimnisse sind.

Für alles dieses wurden zunächst die Prinzipien, die Zusammenhänge entwickelt, die ja deshalb in der gegenwärtigen Zeit ganz besonders bedeutsam erscheinen, weil ja, so sehr man es glauben mag oder nicht, gerade die Landwirtschaft unter der materialistischen Weltanschauung am allermeisten von rationellen Prinzipien abgekommen ist. Und die wenigsten Menschen wissen ja, dass im Laufe der letzten Jahrzehnte sich innerhalb der Landwirtschaft das ergeben hat, dass alle Produkte, von denen der Mensch eigentlich lebt, degenerieren, und zwar in einem außerordentlich raschen Maßstab degenerieren.

Es ist schon so, dass nicht etwa bloß die moralische Entwicklung der Menschheit in der Gegenwart, in der Zeit des Überganges vom Kali Yuga zu dem lichten Zeitalter, im Degenerieren ist, sondern es ist dasjenige, was der Mensch mit seinen Maßnahmen aus der Erde und aus dem, was unmittelbar darüber ist, gemacht hat, in einem raschen Degenerieren, das statistisch heute festgestellt ist, das besprochen wird in landwirtschaftlichen Vereinigungen zum Beispiel, dem gegenüber eben nur die Menschen machtlos sind.

Und so kann sich heute auch schon der materialistische Landwirt, wenn er überhaupt nicht ganz dumpf dahinlebt, sondern etwas nachdenkt über die Dinge, die sich ja täglich oder wenigstens jährlich ergeben, ungefähr ausrechnen, in wie viel Jahrzehnten die Produkte so degeneriert sein werden, dass sie noch im Laufe dieses Jahrhunderts nicht mehr zur Nahrung der Menschen dienen können.

Also es handelt sich dabei durchaus um eine Frage, die im allereminentesten Sinne eine, ich möchte sagen, kosmisch-irdische Frage ist. Gerade bei der Landwirtschaft zeigt es sich, dass aus dem Geiste heraus Kräfte geholt werden müssen, die heute ganz unbekannt sind, und die nicht nur die Bedeutung haben, dass etwa die Landwirtschaft ein bisschen verbessert wird, sondern die die Bedeutung haben, dass überhaupt das Leben der Menschen – der Mensch muss ja von dem leben, was die Erde trägt –, eben weitergehen könne auf Erden auch im physischen Sinne.

Es handelte sich also schon um ein ganz beträchtliches Thema. Und die Prinzipien, die dann angegeben wurden, um zu zeigen, unter welchen Bedingungen sich Pflanzen entwickeln in der verschiedensten Art, die Tiere entwickeln, die Prinzipien, nach denen gedüngt werden muss, nach denen das Unkraut entfernt werden muss, nach denen die Schädlinge der Landwirtschaft, die Parasiten vertilgt werden können, nach denen die Pflanzenkrankheiten bekämpft werden können, all das sind ja heute auf dem Gebiete der Landwirtschaft außerordentlich eklatante Fragen.

Nachdem diese Prinzipien besprochen worden sind, wurde dann übergegangen zu dem, was nun zunächst zu tun ist, um es dahin zu bringen, dass eine Düngerreform kommt, eine Reform in der Bekämpfung des Unkrautes und der tierischen Pflanzenschädlinge, der Parasiten, und in der Bekämpfung der Pflanzenkrankheiten. Und es hat sich nun im Anschlusse an den Kursus und die jeden Tag an den Kursus sich anschließenden Besprechungen ein «Ring», wie der Graf Keyserlingk es nannte, der dort versammelten anthroposophischen Landwirte gebildet, der im engsten Zusammenhange mit der Naturwissenschaftlichen Sektion am Goetheanum hier arbeiten will. Sodass die Naturwissenschaftliche Sektion Prinzipien auszuarbeiten hat nach den Grundlagen, die zunächst über die geologische Bodenbeschaffenheit, über die sonstige Bodenbeschaffenheit, über die Futtermöglichkeiten, über die Dungmöglichkeiten, über alle Gebiete, die eben in Betracht kommen, Nähe des Waldes, klimatische Verhältnisse und so weiter. Nachdem diese Angaben in der entsprechenden Weise gemacht sind vonseiten der landwirtschaftlichen Fachleute, werden hier die Prinzipien dann ausgearbeitet werden, nach denen die weiteren Versuche nun zu gestalten sind, um dasjenige, was als praktische Winke im Kurse gegeben worden oder in den Diskussionen noch angeführt worden ist, tatsächlich so auszuprobieren, dass jeder dann sagen kann, wenn auch manches heute noch absonderlich erscheint: Wir haben es probiert, es geht.

Dazu soll also dieser Ring von Landwirten da sein, der im engsten Zusammenhange mit der Naturwissenschaftlichen Sektion und auch mit Fräulein Doktor Vreede, weil astronomische Angaben dazu notwendig sind, arbeiten wird.

Selbstverständlich wird in der mannigfaltigsten Weise überhaupt die ganze Freie Hochschule, insbesondere die Medizinische Sektion auch dabei beteiligt sein. Sodass also gerade nach den Intentionen, die von unseren Freunden, namentlich von unseren Freunden Graf Keyserlingk und Herrn Stegemann, ausgearbeitet worden sind während des Kurses, die Sache hoffentlich nun auch auf praktischem Gebiete einen günstigeren Verlauf nimmt als manches, was unter anderen Auspizien, unter nicht so sachgemäßen Auspizien in der letzten Zeit von manchen unternommen worden ist.

Die Bedingung des Gelingens besteht aber in Folgendem, und es wurde strenge betont, wiederholt immer wieder und wiederum, dass dasjenige, was der Inhalt dieses Kurses war, zunächst das geistige Eigentum des Ringes der Landwirte bleibt, der praktischen Landwirte. Es waren ja auch Interessenten der Landwirtschaft da, die dann nicht in den Ring eintreten konnten, denen ist es ausdrücklich auferlegt worden, dass nicht in altgewohnter anthroposophischer Weise gleich wiederum alles an jeden ausgeschwatzt wird, denn die Dinge können nur dann ihre praktische Bedeutung erlangen, wenn zunächst dasjenige, was Inhalt des Kursus war, im fachmännischen Kreise bleibt, von Landwirten ausgeprüft wird. Manche Dinge werden vier Jahre zum Ausprobieren brauchen. Während dieser Zeit wird dasjenige, was an praktischen Winken gegeben worden ist, nicht über den Kreis der landwirtschaftlichen Gemeinschaft hinauskommen, weil es gar keinen Zweck hat, dass man über die Dinge bloß redet, sondern die Dinge sind eben dazu da, dass sie tatsächlich in die Lebenspraxis hereinkommen. Und jeder begeht ein Unrecht, der dort die Dinge gehört hat, und sie etwa irgendwie ausschwätzt.

Das sind die Dinge, die sich zunächst auf den, wie ich glaube, fruchtbaren landwirtschaftlichen Kursus beziehen.

Es konnte auch noch in Breslau eine Eurythmie-Vorstellung stattfinden, die am Pfingstsonntag morgens war, die außerordentlich stark besucht war, und die in einer außerordentlich günstigen Weise aufgenommen worden ist.

Außer diesen Veranstaltungen fanden zahlreiche andere statt. Vor allen Dingen morgens dauerten die landwirtschaftlichen Debatten von etwa viertel nach elf Uhr bis nachmittags drei Uhr. Das war in Koberwitz draußen, wie gesagt. Die anderen Dinge waren in Breslau drinnen – was dazwischen liegt, werde ich nachher sagen –, und jeder Tag wurde damit abgeschlossen, dass ein anthroposophischer Vortrag für Mitglieder der Anthroposophischen Gesellschaft stattfand, der sich im Wesentlichen auch mit den Karmafragen beschäftigte, die ja hier schon seit Wochen den Gegenstand der Betrachtungen bildeten. Sie wurden dort in neun Vorträgen zusammengefasst. Ich habe einen kurzen Bericht über die ganze Sache ja schon gegeben in dem Mitteilungsblatte, das dem «Goetheanum» beiliegt, das eben heute herausgekommen ist. Da ist schon über die ganze Breslauer Veranstaltung berichtet. Ich darf auch dabei sogleich wieder betonen: Aus dem, was nun an den verschiedensten Orten erprobt werden konnte, in Prag, in Bern, in Paris, jetzt wieder in Breslau, darf ich sagen, dass dasjenige, was von der Weihnachtstagung ausgegangen ist, dieser esoterische Zug, der jetzt durch die ganze Anthroposophische Gesellschaft geht, der das Neue, man könnte sagen eigentlich dasjenige ist, was nach der wirklichen Neubegründung der Anthroposophischen Gesellschaft jetzt da ist, früher nicht da war, dass das nun von den Herzen überall in einer wirklich, in einer deutlich befriedigenden nicht nur, sondern außerordentlich seelenhaften Weise entgegengenommen wird; sodass wirklich die begründete Hoffnung besteht, dass jetzt, nachdem die Anthroposophische Gesellschaft durch die Weihnachtstagung ihre Spiritualität gewonnen hat, bewusst spirituell schon von dem esoterischen Vorstand in Dornach gearbeitet wird, dass jetzt tatsächlich überall bemerkt werden kann, dass nicht nur die Strömung nach auswärts geht, sondern dass die Herzen der Teilnehmer dieser Strömung durchaus entgegenkommen.

Man konnte das bei den Abendvorträgen, bei den Mitgliedervorträgen am Abend sehr, sehr deutlich sehen. Und die Herzlichkeit außerdem, mit der Breslau und Koberwitz auch diesen Vorträgen entgegengekommen ist, die gestaltete sich wirklich in einer spirituellorganisatorischen Weise aus, denn es war tiefes anthroposophisches Verständnis, und es hatte sich auch umgesetzt, in der Materie verwirklicht. Ich brauche das nur zu erwähnen, dass am letzten Abend, am Montagabend in Breslau, dann statt des Vortrages alles beschlossen wurde mit einem geselligen Zusammensein. Es waren ja wirklich von weither viele Mitglieder zugereist, lange Zeit hatten die Mitglieder der deutschen Gegenden nicht so etwas gehabt, es waren von weither, von Süddeutschland, von Westdeutschland, von den näheren Gegenden auch selbstverständlich die Mitglieder zugereist, sodass große Säle von den Mitgliedern überfüllt waren. Am letzten Abend, beim geselligen Zusammensein, nachdem am Sonntag viele oder die meisten fortreisen mussten, waren eben immerhin noch so dreihundertsiebzig Mitglieder anwesend, die nun alle zum Abendbrot bewirtet wurden drinnen in Breslau von dem Hause Keyserlingk.

Sie müssen sich also nur vorstellen, dass in einem Lokal in Breslau, hineingebracht auf Lastautos, alles dasjenige war, was für die Bewirtung von dreihundertsiebzig Anthroposophen, die an diesem Abend, wie ich beim Herumgehen bemerkte, einen außerordentlich guten Appetit hatten, nötig war. – Ja, das geschieht so beim Bilderanschauen, man ist niemals so hungrig, als wenn man durch Bildergalerien gegangen ist, das geschieht offenbar auch so bei anthroposophischen Vorträgen. Da hat es sich in den Tagen zusammengesammelt. Aber das Schönste war das, dass die Anthroposophen einen großen Appetit hatten, dreihundertsiebzig an der Zahl waren, und dass noch eine ganze Menge übrig geblieben ist.

Diese Vorträge bildeten also den Schluss des Tages, sodass vom landwirtschaftlichen Kursus und von den anthroposophischen Mitgliederversammlungen die ganze Veranstaltung eingerahmt war. Zwischendrinnen war ein Kursus über künstlerische Sprachgestaltung von Frau Doktor Steiner; es waren zwei Versammlungen für die Breslauer Jugendgruppe; es waren zwei Klassenstunden [– und alles das eben dazwischen drinnen.] Und am letzten Sonntag kam noch etwas dazu. Da fand sich Herr Kugelmann mit seiner Schauspielertruppe ein, die neue künstlerische Bühnenspiele begründet haben unter den Anregungen des Sprachkursus, der vor zwei Jahren hier am Goetheanum war, und die uns die «Iphigenie» vorführen wollten, was tatsächlich mit Bezug auf alles dasjenige, was aus dem Sprachkursus hervorgegangen ist, eine ganz vielversprechende, zunächst vielversprechende Sache war.

Die Zeit war reichlich, wirklich reichlich ausgefüllt, aber es war eben auch möglich, mancherlei zu bringen für Mitglieder, die lange Zeit entbehrt haben, überhaupt an einer anthroposophischen Veranstaltung teilnehmen zu können. [So schloss die ganze Veranstaltung dann in Breslau-Koberwitz.]

Zwischen diesen Dingen waren dann die Begehungen der Güter. Man schaute sich dasjenige an, was auf dem Gute zu sehen war, wobei natürlich immer in alle diese Dinge in Mitteleuropa dasjenige hineinspielt heute, was sich so deutlich bemerkbar macht in der absolut zusammenbrechenden Wirtschaft. Ich meine das Wirtschaftsleben im Allgemeinen. Das Gut Koberwitz ist ja in ausgezeichneter Weise bewirtschaftet, die Landwirtschaft muss ja natürlich fortgehen, aber das Wirtschaftsleben ist schon in einem furchtbaren Zustande in

Deutschland. Nun, am Montag waren dann, ich glaube um elf Uhr abends, die Veranstaltungen zu Ende.

Dann konnte ich am Dienstag herüberfahren nach Jena-Lauenstein, wo eine Anzahl unserer jüngeren Freunde mit Fräulein Doktor Ilse Knauer zusammen eine Heil- und Erziehungsstätte begründen für nicht nur schwach begabte, sondern wirklich konstitutionell kranke Kinder, die erzogen werden und so weit gebracht werden sollen, als es eben geht. Dieses Institut ist wie gesagt in Begründung begriffen. Ich konnte die Sache etwas inaugurieren und konnte die ersten aufgenommenen Kinder sehen. Sodass wir die Sache in Lauenstein, in der Nähe von Jena, sozusagen haben auf die Beine bringen können.

Dann bin ich eben über Stuttgart hierhergekommen. Nicht wahr, in Stuttgart ist ja vor allen Dingen dasjenige heute – von dem übrigen abgesehen – das außerordentlich Bedrückende, dass in der Waldorfschule, die in pädagogisch-didaktischer und in geistiger Beziehung so außerordentliche Fortschritte macht, das Wirtschaftliche geradezu trostlos ist. Sie müssen nur bedenken, heute morgen zum Beispiel habe ich die fünfte Klasse wiederum so einrichten müssen, dass aus zwei Klassen drei geworden sind, wir haben also jetzt die fünfte Klasse a, die fünfte Klasse b, die fünfte Klasse c. Auch die sechste Klasse haben wir in drei Abteilungen. Die meisten Klassen haben wir in zwei Abteilungen, selbst bis in die höheren Klassen hinauf. Wir haben über achthundert Schüler in der Waldorfschule. Die Sache geht außerordentlich gut fort in pädagogisch-didaktischer Beziehung und auch in geistiger Beziehung, aber das Wirtschaftliche der Waldorfschule ist geradezu trostlos, wirklich im tiefsten Sinne trostlos!

Sie müssen nur bedenken, wir hatten, sagen wir, in den Wochen vor Weihnachten noch einen Monatsetat in der Waldorfschule von etwa 6000 bis 8000 Mark, was jetzt einem Monatsetat von 25 000 bis 27 000 Mark infolge des ungeheuren Hinaufschnellens der Lebensmittelpreise in Deutschland entspricht. Das sind natürlich Dinge, die ganz furchtbar sind. Und wir standen vor einiger Zeit vor der finanziellen Situation, dass wir von diesen 25 000 bis 27 000 Mark Monatsetat etwa 15 000 bis 17 000 Mark nicht gedeckt haben, dass wir also mit einem Defizit im Monat werden zu rechnen haben in der nächsten Zeit von 15000 bis 17000 Goldmark.

Das ist schon eine bedrückende Sache, die sehr schwer auf der Seele lastet, denn alles ist eingerichtet: Ein Lehrerkollegium, das über vierzig Lehrer umfasst, ist da, über achthundert Schüler sind da. Das alles geht natürlich außerordentlich schwierig weiterzutragen unter solchen wirtschaftlichen Voraussetzungen, und namentlich unter den wirtschaftlichen Aussichten, die da bestehen in Deutschland.

Nun ist es möglich gewesen, durch Opferwilligkeit von anthroposophischen Freunden zunächst für die nächsten drei, vier oder fünf Monate von diesem monatlichen Manko 10000 Mark zu decken, sodass nur noch etwa 6000 bis 7000 Mark monatlich etwa werden gedeckt werden müssen in den letzten Monaten. Die könnten ja auch gedeckt werden, aber es ist schon das wahr, meine lieben Freunde, dass eben in der anthroposophischen Gesellschaft doch, wenn es auf die Dinge ankommt, die etwas praktisch gehandhabt werden sollen, manche nicht praktische Art des Verhaltens da ist.

Man braucht sich nur zu überlegen, wie ich bei einer Versammlung des Waldorfschulvereins kürzlich sagte, was hoffentlich recht weit hinausgetragen wird – denn diese Dinge weiter hinauszutragen ist viel wichtiger als dasjenige, was von Anthroposophen in der Gegenwart manchmal hinausgetragen wird –, ich sagte: Wir haben in Deutschland ganz gering gerechnet 10000 Anthroposophen. Wenn in jeder Woche überall gesammelt wird, in jeder Woche jeder nur 50 Pfennige gibt, so sind das in jeder Woche von 10000 Anthroposophen 5000 Mark, und es ist etwas, was mit Leichtigkeit zu handhaben wäre, wenn man es eben nur täte. Sodass ich sagte: In der Anthroposophischen Gesellschaft ist es vielfach so, dass unsere Einrichtungen so schwach fundiert sind, dass die Leute, die gern ihr Geld geben würden – das ist eine Erfahrung –, absolut nicht wissen, auf welche Weise sie es losbringen können.

Tafel 9, oben links

Ja, es bleibt aber immerhin doch eine sehr schwer erträgliche Sache, diese Situation der Waldorfschule, und ich darf bei dieser Gelegenheit ja erwähnen, dass gerade durch die Opferwilligkeit der Schweizer Freunde in der letzten Zeit ein gar nicht unbeträchtlicher, sondern recht beträchtlicher Monatsetat teilweise durch direkte Beihilfe, aber namentlich durch Übernahme von Patenschaft für Kinder – Pate ist derjenige, der für ein Kind der Waldorfschule den Monatsetat von 25 bis 27 Mark bezahlt – geleistet worden ist. [Und durch Übernahme von solchen Patenschaften ist ja von schweizerischer Seite ein Beträchtliches geleistet worden.]

Aber es bleibt natürlich doch eine sehr trübe Aussicht und etwas sehr, sehr Bedrückendes, diese Verhältnisse in der Waldorfschule.

Wenn sich etwa 250 bis 300 Paten noch finden würden, und die Mitgliedsbeiträge besser einlaufen würden, Sammlungen stattfinden würden, so würde es aber gar nicht so schwierig sein. Nur natürlich muss ja gesagt werden, dass gegenwärtig in Deutschland eine gar nicht zu beschreibende Geldknappheit vorhanden ist. Nicht als ob keine Werte da wären, aber es ist eine solche Geldknappheit doch da, dass gar keine Zirkulation eigentlich möglich ist. Also das wirtschaftliche Leben ist schon in einer recht üblen Verfassung in Mitteleuropa.

Das ist so der Bericht, den ich Ihnen habe geben wollen. Alle diese Dinge zeigen, dass alles, was auf anthroposophischem Felde aus der anthroposophischen Bewegung heraus selber gemacht wird, eine sehr starke Kraft in der Gegenwart aufweist. Die ganze Gestalt, welche die Waldorfschule angenommen hat, zeigt schon eben eine sehr, sehr starke Kraft, die dem Anthroposophischen innewohnt. Und das tritt auch sonst hervor.

Bedürfnis ist vorhanden nach demjenigen, was Anthroposophie geben kann. Es war ein Sprachkursus, also ein Kursus für künstlerische Sprachbehandlung angesetzt, der in wenigen Stunden absolviert werden musste, weil ja wirklich gar nicht die Zeit vorhanden war für so vieles. Aber da meldeten sich, ich glaube, 160 Leute oder so etwas. Man kann nicht in fünf Stunden 160 Leuten Sprachunterricht geben, sodass die Sache so eingerichtet werden musste, dass etwa 30 Leute vorne saßen, die bekamen einen wirklichen Sprachunterricht; die andern konnten nur zuhören. Also Bedürfnis ist durchaus vorhanden, ein tiefes, ein intensives, ein weitgehendes Bedürfnis. Wir müssten nur in der Lage sein, die vorhandenen Kräfte wirklich flottzumachen, und wir müssten eben tatsächlich im anthroposophischen Wirken weiterkommen.

Es ist ja Tatsache, dass so etwas, wie es in Breslau der Fall war, hat zustande kommen können, eben durchaus dem Wirken, wie ich schon sagte, des eisernen Grafen und der eisernen Gräfin Keyserlingk und unserem alten Freunde, der ja fast so lange, als die anthroposophische Bewegung wirkt, seinerseits auch wirkt, dem Rektor Bartsch, zuzuschreiben, der als junger Mann begonnen hat, Anthroposoph zu sein, jetzt eben pensionierter Schulrektor geworden ist, aber noch immer so sehr jugendlich sich fühlt mit andern zusammen, dass er bei seinen Begrüßungsworten, die er mir am ersten Abend der Mitgliederversammlung, der Vorträge, gehalten hat, mich den Vater genannt hat, was er ganz außerordentlich stark während der ganzen zehn Tage hat büßen müssen!

Das ist der Bericht, den ich Ihnen habe geben wollen, meine lieben Freunde, von jener Veranstaltung, die Sie zweifellos schon deshalb interessieren muss, weil es vielleicht nun doch gelingt, auf einem bestimmten Gebiete, vom Anthroposophischen ausgehend, ins unmittelbare Leben hinein auch etwas zu bringen. Denn man sieht, es kann auf anthroposophischem Gebiete von beiden Seiten her, von dem höchst Spirituellen und von dem ganz Praktischen, von beiden Seiten her kann mitgewirkt werden. Und eigentlich erst dann wird richtig gewirkt, wenn diese beiden Seiten etwas ineinander verweben und miteinander in vollste Harmonie gebracht werden.

Die Fehler, die da im anthroposophischen Wirken sehr leicht entstehen können, die entstehen ja eben gerade dadurch, dass auf der einen Seite dasjenige, was spirituell ist, nicht ins wirkliche Leben übergeht, dass es eine Art Theorie, oder eine Art, ich möchte sagen, Glaube an Worte bleibt, nicht einmal an Gedanken, sondern Glaube an Worte bleibt, dass auf der anderen Seite wiederum nicht die Einsicht in richtiger Weise beizubringen ist, dass in das unmittelbar praktische Handhaben das Spirituelle wirklich eingreifen kann.

Sie müssen ja nur das eine bedenken, meine lieben Freunde, heute versteht eigentlich kein Mensch das Wesen des Düngens. Gewiss, es wird instinktiv durch Tradition aus alten Zeiten gemacht. Aber das

Wesen des Düngens verstehen, das tut heute eigentlich kein Mensch. Es weiß kein Mensch im Grunde genommen – außer denjenigen, die das aus Geistigem heraus wissen können –, was eigentlich der Dünger für den Acker bedeutet, und warum er in gewissen Gegenden unerlässlich und notwendig ist, und wie er zu handhaben ist. Es weiß zum Beispiel kein Mensch heute, dass alle die mineralischen Dungarten gerade diejenigen sind, die zu dieser Degenerierung, von der ich gesprochen habe, zu diesem Schlechterwerden der landwirtschaftlichen Produkte das Wesentliche beitragen. Denn heute denkt eben jeder einfach: Nun ja, zum Pflanzenwachstum gehört eine bestimmte Menge Stickstoff, und die Leute finden einfach ganz gleichgültig, auf welche Weise dieser Stickstoff bereitet wird, wo er herkommt. Das ist aber nicht gleichgültig, wo er herkommt, sondern es handelt sich wirklich darum, dass zwischen Stickstoff und Stickstoff, zwischen dem Stickstoff, wie er in der Luft mit dem Sauerstoff zusammen ist, [zwischen diesem toten Stickstoff und dem lebendigen Stickstoff in der Erde] ein großer Unterschied ist. Sie werden es nicht leugnen, meine lieben Freunde, dass ein Unterschied ist zwischen einem Menschen, der lebendig herumgeht und einem Leichnam, einem menschlichen Leichnam. Das eine ist tot, das andere ist lebendig und beseelt. Tafel 9

Dasselbe ist zum Beispiel für den Stickstoff und die anderen Stoffe der Fall. Es gibt toten Stickstoff. Das ist derjenige, der in unserer Luftumgebung ist, der dem Sauerstoff beigemischt ist, und der eine Rolle spielt bei unserem ganzen Atmungsprozess und bei dem Prozess des Zusammenlebens mit der Luft. Der darf nicht lebendig sein, aus dem einfachen Grunde, weil, wenn wir in lebendiger Luft leben würden, wir fortwährend ohnmächtig sein würden. Dass die Luft tot ist, der Sauerstoff tot ist, der Stickstoff tot ist, das ist die Bedingung einer Luft, in der viele Menschen so atmen sollen, dass sie bewusst, besonnen denken können.

Der Stickstoff, der in der Erde ist, der mit dem Dung hineinkommen muss, der unter dem Einfluss des ganzen Himmels sich bilden muss, dieser Stickstoff muss ein lebendiger sein.

Und das sind zwei verschiedene Stickstoffe: derjenige Stickstoff, der über dem Niveau der Erde ist, und derjenige, der unter dem

Niveau der Erde ist; das eine ist toter Stickstoff; das andere ist lebendiger Stickstoff.

Und so ist es mit allem. Dasjenige, was für eine Weiterpflege der Natur notwendig ist, das ist ja vollständig in das Nichtwissen hineingekommen im Laufe des materialistischen Zeitalters. Man weiß ja die wichtigsten Dinge nicht. Und so werden die Dinge fortgehandhabt, gewiss aus einem ganz guten Instinkte heraus, aber der verschwindet allmählich. Die Traditionen verschwinden. Die Leute werden mit Wissenschaft die Äcker düngen. Die Kartoffeln, das Getreide, alles wird immer schlechter.

Das wissen auch die Leute, dass es schlechter wird, konstatieren es statistisch. Es ist heute nur eben erst das Sträuben vorhanden gegen praktische Maßregeln, welche ausgehen von demjenigen, was man in geistiger Anschauung gewinnen kann.

Dass man in diesen Dingen einmal richtig schaut, richtig sieht, Tafel 9 das ist von einer ungeheuren Bedeutung. Ich habe es auch hier öfter gesagt, wenn einer eine Magnetnadel hat, die immer eine ganz bestimmte Richtung einnimmt, die eine Spitze nach dem magnetischen Nordpol, die andere Spitze nach dem magnetischen Südpol, so würde man ihn für kindisch halten, wenn er sagen würde, in der Magnetnadel drinnen liegen die Gründe, warum die eine Spitze immer nach Norden, die andere Spitze immer nach dem Süden zeigt. Man sagt, hier ist die Erde, da ist die Magnetnadel; warum zeigt die Magnetnadel mit der einen Spitze nach Norden, mit der anderen Spitze nach Süden? Weil hier ein magnetischer Nordpol, hier ein magnetischer Südpol ist; der richtet die Richtung der Magnetnadel nach der einen und nach der anderen Seite. Die ganze Erde nimmt man zu Hilfe, um die Richtung der Magnetnadel zu erklären. Man geht aus der Magnetnadel heraus. Man würde den für kindisch halten, der meinte, dass die Ursache dafür in der Magnetnadel liege.

So kindisch ist man aber, wenn man glaubt, dass dasjenige, was die heutige Wissenschaft in unmittelbarer Nähe der Pflanzen oder in der unmittelbaren Umgebung konstatiert, von dem abhänge, was man da anschaut. Am Pflanzenwachstum ist der ganze Himmel mit seinen Sternen beteiligt! Das muss man wissen. Das muss in die Köpfe wirklich nun einmal hineinkommen. Man muss sich sagen können, es ist ebenso kindisch, in der heutigen Art Botanik zu treiben, wie es kindisch wäre, über die Magnetnadel so zu reden, wie ich es heute angedeutet habe.

Und gewisse Dinge kann jeder Gebildete sich heute aneignen, wenn er nur Sinn hat für die allereinfachsten Bedingungen des anthroposophischen Lebens.

Dasjenige, was ich in Penmaenmawr zum allerersten Mal angedeutet habe im vorigen Jahre, das ist außerordentlich wichtig. Die Leute wissen ja heute nicht einmal, wie Mensch und Tier sich ernährt, geschweige denn eine Pflanze. Die Leute glauben, Ernährung besteht darinnen, dass der Mensch die Substanzen seiner Umgebung isst. Er nimmt sie in den Mund herein; sie kommen dann in den Magen. Da wird ein Teil abgelagert, ein Teil geht weg. Dann wird der verbraucht, der abgelagert worden ist. Dann geht der auch weg. Dann wird das wieder ersetzt. In einer ganz äußerlichen Weise stellt man sich heute die Ernährung vor. So ist es aber nicht, [so nämlich,] dass mit den Nahrungsmitteln, die der Mensch aufnimmt durch seinen Magen, aufgebaut werden Knochen, Muskeln, sonstige Gewebemasse, – das gilt ausgesprochen ja nur für den menschlichen Kopf. Und alles dasjenige, was auf dem Umwege durch die Verdauungsorgane in weiterer Verarbeitung im Menschen sich ausbreitet, das bildet nur das Stoffmaterial für seinen Kopf und für alles dasjenige, was im Nerven-Sinnes-System und dem, was dazugehört, sich ablagert, währenddem zum Beispiel für das Gliedmaßensystem oder für die Organe des Stoffwechsels selber die Substanzen, die man braucht, also sagen wir, um Röhrenknochen zu gestalten für die Beine oder für die Arme, oder [um] Därme zu gestalten für den Stoffwechsel, für die Verdauung, gar nicht durch die durch den Mund und Magen aufgenommene Nahrung gebildet werden, sondern sie werden durch die Atmung und sogar durch die Sinnesorgane aus der ganzen Umgebung aufgenommen. Es findet fortwährend im Menschen ein solcher Prozess statt, dass das durch den Magen Aufgenommene hinaufströmt und im Kopfe verwendet wird, dass dasjenige aber, was im Kopfe beziehungsweise im Nerven-Sinnes-System aufgenommen wird aus Luft und aus der

Tafel 10

anderen Umgebung, wiederum hinunterströmt, und daraus werden die Organe des Verdauungssystems oder die Gliedmaßen.

Wenn Sie also wissen wollen, woraus die Substanz der großen Zehe besteht, müssen Sie nicht auf die Nahrungsmittel hinschauen. Wenn Sie Ihr Gehirn fragen: Woher kommt die Substanz? Da müssen Sie auf die Nahrung sehen. Wenn Sie aber die Substanz Ihrer großen Zehe – insofern sie nicht Sinnessubstanz, also mit Wärme und so weiter ausgekleidet ist, insofern wird sie auch durch den Magen ernährt, sondern dasjenige, was sie außerdem an Gerüstesubstanz und so weiter ist –, kennen wollen, so wird das aufgenommen durch die Atmung, durch die Sinnesorgane, ein Teil sogar durch die Augen. Und das geht alles, wie ich es ja öfter hier ausgeführt habe, durch einen siebenjährigen Zyklus in die Organe hinein, sodass der Mensch substanziell in Bezug auf sein Gliedmaßen-Stoffwechsel-System, das heißt die Organe, aufgebaut ist aus kosmischer Substanz. Nur das Nerven-Sinnes-System ist aus tellurischer, aus irdischer Substanz aufgebaut. Nun, sehen Sie, das ist eine so fundamental bedeutsame Tatsache, dass [überhaupt das Leben,] das physische Leben von Mensch und Tier überhaupt nur beurteilt werden kann, wenn das gewusst wird. Und nichts, nicht einmal die Mittel und Wege, um so etwas zu wissen, nichts ist in der heutigen Wissenschaft gegeben. Man kann es gar nicht wissen mit der heutigen Wissenschaft. Es geht gar nicht, weil, wenn die heutige Wissenschaft mit ihren Mitteln arbeitet, sie gar nicht zu so etwas kommen kann. Es ist unmöglich, es ist aussichtslos.

Das sind die Dinge, die eben durchaus bedacht werden müssen. Daher haben wir heute diese Trennung von Theorie und Praxis. [Die heutige Theorie ist theoretisch und unpraktisch.] Die heutige Praxis ist geistlos, ist eine bloße Routine.

Aber es hört auf dasjenige, was aus dem Geist kommt, unpraktisch zu sein, wenn es eben tatsächlich aus dem Geiste kommt. Es wird dann im eminentesten Sinne praktisch.

[Morgen wird um halb neun abends die Klassenstunde sein und am Sonntag um acht Uhr wird mein Vortrag sein, in dem ich die Karmabetrachtungen fortsetzen werde. Sonntag um fünf Uhr wird hier eine Eurythmieaufführung sein.]

AUSZÜGE AUS DEN SCHRIFTLICHEN BERICHTEN RUDOLF STEINERS

Schriftlicher Bericht Rudolf Steiners im Nachrichtenblatt, 22. Juni 1924

An die Mitglieder!

Seit längerer Zeit war es der Wunsch einer Anzahl von Anthroposophen, die in landwirtschaftlichen Berufen stehen, dass von mir ein Kursus abgehalten werde, der enthalten solle, was aus anthroposophischer Anschauung über Landwirtschaft zu sagen ist. Vom 7. bis 16. Juni konnte ich die Zeit finden, diesem Wunsche zu entsprechen.

Koberwitz bei Breslau, wo Graf Carl Keyserlingk ein großes landwirtschaftliches Gut in vorbildlicher Art verwaltet, war einer der für einen solchen Kursus gegebenen Orte. Es war ja selbstverständlich, dass über Landwirtschaft da gesprochen wurde, wo die zu der Veranstaltung Versammelten die Dinge und Vorgänge, auf die sich die Ausführungen bezogen, um sich herum haben konnten. Das gibt einer solchen Veranstaltung Stimmung und Farbe.

Die Nähe des Gutes Koberwitz von Breslau ermöglichte ja auch, den landwirtschaftlichen Kursus mit andern anthroposophischen Arbeiten zu verbinden.

Nun haben wir in Koberwitz-Breslau in dem Grafen Carl Keyserlingk und in Rektor Bartsch zwei Persönlichkeiten, die jederzeit bereit sind, für die Pflege der Anthroposophie mit hingebungsvollem Enthusiasmus, mit zielsicherer Umsicht und eindringlicher Energie zu arbeiten. Deren Hingabe ist es zuzuschreiben, dass wir in der angegebenen Zeit eine große Anzahl unserer Mitglieder in anthroposophischem Streben versammelt hatten.

Die Vormittage von 11½ bis 3 Uhr waren der Landwirtschaft gewidmet. Zu dieser Zeit durfte sich eine größere Zahl von Landwirten in dem Heim von Gräfin und Graf Keyserlingk in Koberwitz versammeln. Man war übereingekommen, dass auch für die Sache Interessierte, die nicht unmittelbar in der landwirtschaftlichen Praxis stehen, in geringerer Zahl anwesend sein konnten.

Der Vormittag wurde jeden Tag mit meinem Vortrage begonnen. Ich machte zum Inhalte das Wesen der Erzeugnisse, welche von der Landwirtschaft geliefert werden, und der Bedingungen, unter denen diese Erzeugnisse entstehen können. Das Ziel dieser Auseinandersetzungen war, zu solchen praktischen Gesichtspunkten für die Landwirtschaft zu kommen, die zu dem heute durch praktische Einsicht und wissenschaftliche Untersuchung Gewonnenen das hinzufügten, was von einer geistgemäßen Betrachtung der einschlägigen Fragen gegeben werden kann.

An den Vortrag schloss sich eine Frühstückspause, in der das Haus Keyserlingk in der «eingehendsten» Weise für die Bewirtung der in Breslau wohnenden und zum Kursus nach Koberwitz gekommenen Teilnehmer sorgte.

Dann folgte eine Aussprache über die jeweils behandelten Fragen. Die Lebhaftigkeit, mit der es da zuging, zeugte von dem allerstärksten Interesse der Versammelten an der anthroposophischen Behandlung von Dingen, die ihnen nahestehen.

Unser Freund, Herr Stegemann, sprach gleich im Beginne der Tagung von Dingen, die sich für ihn an Gespräche knüpften, die ich vor einiger Zeit schon mit ihm über Landwirtschaftliches haben konnte. Er hat ja aufgrund des so Gesagten bereits praktische Versuche auf dem von ihm bewirtschafteten Gute gemacht. Was sich ihm da ergeben hatte, und was er an sich daran knüpfenden Wünschen hatte, brachte er vor.

An diese Auseinandersetzungen Stegemanns schloss sich ein Vorschlag des Grafen Keyserlingk, der sogleich darauf ausging, über das durch den Kursus Anzudeutende die nötigen Versuche zu machen. Für dieses Ziel sollte eine Gemeinschaft von Berufslandwirten sich zusammenfinden. Eine solche wurde denn auch in einer darauffolgenden Versammlung der anwesenden Landwirte gegründet. Man kam überein, dass das im Kursus Mitgeteilte zunächst als Winke betrachtet werde, von dem man vorläufig nicht außerhalb des Kreises der Teilnehmer spricht, sondern das man als die Grundlage für Versuche betrachtet, durch die es in die Form gebracht werden soll, in der man es veröffentlichen kann. Diese Gemeinschaft, bei deren

Versammlungen abwechselnd Graf Keyserlingk und Herr Stegemann den Vorsitz führen sollen, wurde als eine Vereinigung von Menschen erklärt, die sich der Naturwissenschaftlichen Sektion am Goetheanum eingliedert. Von dieser Sektion aus soll den Versuchsarbeiten fortdauernd Richtung und Ziel gegeben werden.

Graf Keyserlingk hat damit dem, was der Kursus anregen konnte, mit sicherer Hand die sachgemäße Orientierung gegeben.

Fräulein Dr. Vreede, die anwesend war, wurde gebeten, als sachverständige Mitarbeiterin bei der Leitung der Versuche vom Goetheanum aus zu wirken. In reger Art wurden die nötigen Vorbesprechungen dieser Gemeinschaft in einer Reihe von Versammlungen gepflogen. [...]

Eine Eurythmievorstellung mit den Eurythmiekünstlern vom Goetheanum und unter der Leitung und rezitatorischen Mitwirkung von Marie Steiner, wie auch unter der Mitwirkung von Max Schuurman, fand im voll besetzten Lobe-Theater und bei regster Anteilnahme des Publikums am Montag, dem 9. Juni, statt.

Zwei Klassenvorträge der Freien Hochschule des Goetheanums konnte ich am 12. und 13. Juni im Rahmen der Breslauer Veranstaltungen abhalten. Ich zeigte, wie der Weg zur Geist-Erkenntnis und die seelischen Erlebnisse beim Übergang vom sinnlichen zum geistigen Anschauen durch innere Seelenarbeit verstanden werden kann.

Zwei Versammlungen der in Breslau bestehenden Jugendgruppe der Anthroposophischen Gesellschaft konnten abgehalten werden. Als tief befriedigend darf diese Tatsache bezeichnet werden. Mit offenem Herzen und aus ernster Seelenstimmung sprachen einzelne Teilnehmer des Jugendkreises; offene Herzen und teilnahmsvolle Seelen schaute ich vor mir, wenn ich sprach. Man redete über das Wesen der Jugendbewegung und über Ziele derselben, welche die Zeit fordert. Es lag viel Idealismus, Seelensorge, aber auch viel guter Wille in den Teilnehmern dieser Versammlungen. Man möchte wünschen, dass in Einigkeit die Jugend nach der Verwirklichung dessen strebt, was sie im Herzen nach der geistigen Welt hindrängt, und dass sie sich nicht durch Uneinigkeit schwach macht.

Den Abschluss der Tage bildete immer der Mitgliedervortrag, den ich zu halten hatte. Mit unseren Breslauer Freunden hatte sich eine große Zahl auswärtiger Mitglieder aus einem großen Umkreise vereinigt, sodass diese Mitgliederabende eine sehr große Zahl von Freunden der anthroposophischen Bewegung vereinigte. Ich sprach über das menschliche Schicksal in seiner Entwicklung durch die aufeinanderfolgenden Erdenleben hindurch, über die Art, wie an der Gestaltung dieses Schicksales (Karma) in dem menschlichen Dasein zwischen Tod und neuer Geburt die Wesenheiten einer übersinnlichen Welt wirken; ich gab Beispiele, an denen ich aus der Geistesforschung heraus diese Gestaltung veranschaulichen konnte.

Am Sonntag, dem 15. Juni, fand noch eine Vorführung der Iphigenie statt durch die Schauspieler, die sich um Kugelmann zu neukünstlerischen Bühnenspielen vereinigt haben. Kugelmann hat die Anregungen, die er in einem Kursus über künstlerische Sprachbehandlung empfing, den vor einiger Zeit Marie Steiner am Goetheanum gehalten hat, für die Schauspielkunst angewendet. In dieser Vorführung zeigte er die Früchte seines schönen Mühens.

Ich schreibe diese Erzählung von unserer Breslauer und Koberwitzer Tagung nach dem letzten Mitglieder-Vortrag; und ich danke auch an dieser Stelle Herrn Rektor Bartsch für die lieben Worte, mit denen er nach der Beendigung dieses Vortrages den Schluss dieses Teiles der Tagung verschönt hat. Wir haben nun noch am 16. Juni eine Versammlung der Teilnehmer am landwirtschaftlichen Kursus, eine Sprachkursstunde von Marie Steiner und ein geselliges Zusammensein der Kursteilnehmer vor uns.

Vom Vorstande am Goetheanum sind hier anwesend: Marie Steiner, Dr. Vreede, Dr. Wachsmuth.

Allerherzlichsten Dank müssen alle Teilnehmer dieser Tagung empfinden gegenüber der Gräfin und dem Grafen Keyserlingk und den übrigen Mitgliedern des Keyserlingk'schen Hauses, die in einer Art, wie sie schöner, würdiger, sachgemäßer gar nicht gedacht werden könnte, hier die anthroposophische Arbeit zielsicher gestaltet und in ein wahres Fest eingerahmt haben. Es gehörte viel aus dem Geiste der Anthroposophie geborener Enthusiasmus und eine tiefe Liebe zur Sache dazu, um in solcher Art diese Tagung zu gestalten.

Aus der Fortsetzung des schriftlichen Berichtes Rudolf Steiners im Nachrichtenblatt, 29. Juni 1924

An die Mitglieder!
Die Erzählung von unserer Breslauer und Koberwitzer Tagung konnte ich in der letzten Nummer nur bis zu ihrem vorletzten Tage führen. Der letzte brachte noch die Schluss-Versammlung der Teilnehmer am landwirtschaftlichen Kurse, die letzte Sprachkursstunde von Marie Steiner und das gesellige Zusammensein der Kursteilnehmer am Abend des 16. Juni.

In dem letzten Vortrage ergänzte ich das über Landwirtschaft Gesagte durch einige Auseinandersetzungen über Obstbau, Tierernährung, Waldkultur, über die Schädlinge des Feldbaues und über sogenannte Pflanzenkrankheiten. Graf Keyserlingk betonte nochmals in eindringlicher Art, dass der Inhalt der Vorträge über Landwirtschaft zunächst als Arbeitsmaterial der eben entstandenen Gemeinschaft der Landwirte innerhalb der Anthroposophischen Gesellschaft dienen soll. Mitteilungen darüber sollen in keiner Art gemacht werden, bevor die Mitglieder dieser Gemeinschaft durch die Ergebnisse ihrer Versuchsarbeiten werden sprechen wollen. Diejenigen Teilnehmer am Kurse, denen als für die Landwirtschaft interessierte Nicht-Landwirte das Zuhören ermöglicht worden ist, wurden daher gebeten, das Gehörte nur als Anregung für sich selbst zu betrachten und nirgends darüber zu berichten. Wenn es sich um Dinge handelt, die von vorneherein dazu bestimmt sind, in der Lebenspraxis ihre Auswirkung zu finden, so ist eine solche Maßnahme voll berechtigt.

Was die Anthroposophie zunächst über Landwirtschaft zu sagen hatte, wird im Kreise der landwirtschaftlichen Fachleute zunächst seine bestmögliche Pflege finden; und man muss es ihnen überlassen, damit im Verein mit der Naturwissenschaftlichen Sektion am Goetheanum so zu verfahren, wie sie es für gut finden.

In der geselligen Zusammenkunft am Abend sprach zunächst liebe Schlussworte eine Persönlichkeit, die nach einer langen und wirksamen Tätigkeit in der Landwirtschaft dazu übergegangen ist, priesterlicher Mitarbeiter in der Bewegung für christliche Erneuerung zu werden, als der er jetzt wirkt, Herr von Koschützki. Dann dankte Rektor Bartsch Frau Marie Steiner für ihre Mitwirkung an der Tagung. Graf Keyserlingk übernahm es schon am Vorabend, auf die finanziell schwierige Lage der Waldorfschule hinzuweisen und zu einer Sammlung unter den Kursteilnehmern anzuregen. Am letzten Abend wiederholte er dieses. Er hat damit auf etwas hingewiesen, das mit möglichster Stärke im Bewusstsein der Mitglieder leben sollte. Und seinem Beispiele sollten andere nachfolgen. [...]

An dem landwirtschaftlichen Kursus haben auch eine Anzahl jüngerer Mitglieder unserer Gesellschaft teilgenommen. Diese fühlten am Ende der Tagung noch das Bedürfnis, ihren Kreis zu versammeln. Das geschah in den frühen Morgenstunden des 17. Juni. Aus tiefstem Herzen sprachen da jüngere Freunde über ihre Sehnsucht, im Schaffen und in der Arbeit an die Einsichten aus dem geistigen Gebiete heranzukommen, die den Menschen mit den wirksamen Kräften der Natur verbinden. Es war eine Aussprache aus dem Innersten der Seele der Jugend heraus, die über den unfruchtbaren Materialismus hinauskommen möchte, der mit der Natur nicht verbindet, sondern den Menschen von ihr trennt und seine Arbeit zur Unfruchtbarkeit verurteilt. Ich durfte bei dieser Jugendversammlung auf die Wege hinweisen, auf denen diese Sehnsucht sich bewegen sollte, um zu einem Ziele zu kommen.

Ich möchte diese Erzählung nicht abschließen, ohne das noch einmal kurz auszusprechen, was ich schon im Rahmen der geselligen Zusammenkunft gesagt habe. Der befriedigende Fortgang unserer Bewegung in Schlesien steht im innigen Zusammenhange mit dem langjährigen, energischen und einsichtsvollen Wirken des Rektors Bartsch. Durch viele Jahre hindurch hat er durch seine Schriften und durch sein stets eindrucksvolles Wort das für die Sache der Anthroposophie getan, was *ein* Mensch nur tun kann. Die Gesellschaft verdankt ihm viel. Wie wohltuend ich es stets empfunden habe, wenn meine Arbeit in seinem Wirken eine so kräftige Förderung fortdauernd gefunden hat, das auszusprechen, hatte ich bei der geselligen Zusammenkunft in Breslau das Bedürfnis.

AUSZÜGE AUS DER JUGENDANSPRACHE RUDOLF STEINERS

Koberwitz, Dienstag, 17. Juni 1924

Die Jugendbewegung von heute sucht wieder die Natur. Auch die anthroposophische Jugend sucht die Natur, aber sie sucht den Geist in der Natur. Als eine Art Appell an den Geist lebt dieses Suchen in den Herzen dieser Jugendbewegung. Aber es war gegenüber diesem Appell an den Geist in der Natur wenig Entgegenkommen in der aus den früheren Jahrhunderten stammenden Zivilisation. Denn die Menschheit hat nach und nach seit dem fünfzehnten Jahrhundert den Geist aus ihrem besonderen Weltenkarma heraus verlieren müssen.

Nun ist dies so, dass man der Natur gegenüber am leichtesten den Geist verlieren kann, wenn man auf dem Wege ist, den Geist überhaupt zu verlieren. Denn bedenken Sie: der Natur ist beigegeben als die Grundbedingung ihres Werdens das Tote. Sie dürfen ja nicht vergessen, dass das Lebendige zu seinem Bestehen immer das Tote braucht. Denken Sie nur einmal, dass ja in allem Lebendigen eingelagert sein muss als Knochengerüst oder anderes Gerüst dasjenige, was aus dem Weltenall als das Tote aufgenommen wurde. Wir tragen daher den Tod unser ganzes irdisches Leben lang dadurch in uns, dass wir Unlebendiges, Totes haben müssen. Wir müssen Totes haben. In uralten Zeiten wusste man, dass dieses Tote gerade dasjenige ist, durch das sich das Lebendige die Offenbarungen des Geistigen erwirbt. Und noch aus lateinischen Zeiten klingt es heraus als ein Spruch wie dieser: «In sale sit sapientia.» Die sapientia ruht in dem Salz.

Und man fühlte in den Zeiten, in denen noch die Traditionen von der alten instinktiven hellseherischen Weisheit vorhanden waren, dass man in dem toten Salze, mit dem man sich die Knochen, auch das sonstige Gerüst bildete, schauen muss dasjenige, was einen als Menschen anders macht als diejenigen Wesen, die ringsherum sind, und die nicht in der Lage sind, durch leblose Gerüste genügend in sich aufzunehmen von dem, was geistiges Licht, was die sapientia ist. Aber wir leben wiederum in einer Zeit des Überganges, wo eben der junge Mensch fühlt, er finde auch in der Natur ringsherum gewissermaßen den Tod des Geistes, wenn er in dem Stil des letzten Jahrhunderts, mit den Traditionen des letzten Jahrhunderts sich dieser Natur nähert.

Die Natur baut sich einen weisheitsgetragenen Kristall auf. Der weisheitsgetragene Kristall kann uns entzücken, wenn wir in die Natur hinauswandern. Aber wir müssen uns zugleich klar sein, dass ja Götter sterben mussten, nicht den Erdentod, sondern den Tod der Verwandlung, das heißt den Übergang ins Bewusstseinslose, um in den lichterglänzenden Kristallformen wiederaufzuleben. Und wir müssen es heute in unser Empfinden hineinbekommen, dass, wenn wir hinausschauen in das Tote, uns da hindurch das in der Natur für Jahrtausende unbewusst ruhende Götterleben entgegenleuchtet. Wir müssen in unserer Seele die Möglichkeit finden, dieses Licht, das uns von der Sonne treffen kann, herzerquickend auch überall in der Natur als das Götterlicht zu fühlen und zu finden.

Suchen wir heute die in Jahrtausende langer Zeit ruhende göttliche Seelenwelt in der ganzen himmelerglänzenden Natur ringsherum zu empfinden! Und da gibt es denn für die Seelen viel, viel zu suchen. Die Jugend von heute sucht alte, alte Erkenntnisse der Menschheit, jene alten Erkenntnisse, die schon zu den alten Saturnzeiten mit der Menschheit verbunden waren, die dann, als die Sonnen- und Mondenzeiten kamen, eintraten in eine Art von Weltenschlaf, in ein ruhendes Bewusstsein, um aus ihrer eigenen Geistsubstanz heraus die Grundlagen zu bilden für dasjenige, was Erdennatur ist. Und so ist die Erdennatur eigentlich für die Seele, die das nur ahnt, die aber nicht durch diese Erdennatur durchschauen kann zum Geist, so ist die Erdennatur auch im Sommer für das heutige jugendfühlende Herz wie eine Schneedecke, allerdings in hellen Geisteskristallen hinglänzend, aber in sich den Tod, das heißt, die Bewusstlosigkeit, tragend und die Seele auffordernd, tief unter der seelischen Eisdecke die aus noch älteren Zeiten herstammenden, feuerlodernden, vom Mittelpunkt der Erde ausstrahlenden lebendigen Worteswirkungen aus dem Irdisch-Natürlichen heraus zu empfinden.

Es ist ein Kompliziertes, wenn es ausgesprochen ist, es ist aber ein elementar Einfaches, wenn es heute von der Jugend gesucht wird. Und wenn irgendwo ertönt der Appell an die Natur, dann kommt er heraus aus dieser Jugendseele. Sie will dann haben ein Erinnern, ein Sich-Verbinden mit dem Götterquell alles Erd- und Sternenhaften. Und das ist dasjenige, was man empfindet, wenn heute die Jugend wieder nach der Natur sucht. Es liegt etwas von einem tiefernsten Weltenkarma in der nach Natur und Geist suchenden Jugend von heute, etwas von Weltenkarma, was eigentlich nur im Ernste der Seele richtig ergriffen werden kann. [...]

Dann muss dieser Appell an die Natur gefunden werden, dann muss das alte Götterwirken gefunden werden in alledem, was in der Natur erdet und strömet und lüftet und feuert, und was über der Natur leuchtet und west und lebt. Gefunden werden muss er, dieser alte Geist der Natur. Aber wie wird vermieden dasjenige, was wie ein Regen wilder Dämonen, aber auch wie ein Regen wilder Täuschungen dem Ruf nach der Natur nachgefolgt ist im neunzehnten Jahrhundert? Das darf nicht so sein! Das zwanzigste Jahrhundert darf nicht ein materialistisches werden! Und so ruft die Stimme des Karma in den Seelen der jungen Leute von heute: Wenn Ihr werden lasst das zwanzigste Jahrhundert materialistisch, wie es das neunzehnte war, dann habt Ihr vieles nicht nur von Eurer, sondern von der Menschlichkeit der ganzen Zivilisation verloren. [...]

Nur darf diese Kraft nicht gebrochen werden, muss nicht gebrochen werden. Dazu möchte aber Anthroposophie ihrerseits auch einiges tun, weil sie glaubt, den konkreten Geist in allen Einzelheiten zu vernehmen: in den Wurzeln der Pflanzen, in den Taten des Lichtes über den Pflanzen, in den seelischen Segnungen der Wärme durch die Pflanzen hindurch, weil sie glaubt, dass alles dasjenige, was wie ein mahnender Ruf zugleich der Menschheit beigegeben worden ist: die Tierheit, weil sie glaubt, dass an dieser Tierheit Mannigfaches zu heilen ist. Tiere sind auf der Erde um der Menschen willen. Dass wir uns gegenüber den Tieren wie gegenüber aller Natur in der richtigen Weise verhalten, dazu ist notwendig, dass wir in aller Natur die einzelnen geistigen Wesen fühlen, empfinden und zuletzt auch erkennen.

Das kann heute auch gefühlt werden, wenn die Notwendigkeit vorliegt, nicht im Allgemeinen über den Geist zu sprechen, sondern wenn die Notwendigkeit vorliegt, das geistige Wirken bis in die einzelnen Maßnahmen des landwirtschaftlichen und des sonstigen heutigen natürlichen Betriebes zu suchen. [...]

Sehen Sie, das Leben des bäuerlichen Menschen, wie es sich abgespielt hat im Laufe der Jahrhunderte, ist ja heute im Grunde genommen nur noch eine Mythe. Denn dieses Leben ist seelisch etwas ganz anderes als dasjenige, was hinweggehoben eigentlich aus allem Sein die Naturwissenschaft oder gar die Zivilisation in sich hat. Der Bauer war wirklich geistiger als der heutige Gelehrte. Und man konnte schon empfinden so in den Sechziger-, Siebzigerjahren des vorigen Jahrhunderts, wie eine Art gerade im Bauerntum lebende Geistigkeit abstirbt. Man hat es oftmals sehen können, wie die Bauern davon ergriffen wurden, dass ihre Söhne studieren müssten. Es war schon eine solche bäuerliche Abstraktion, wo gegen das letzte Drittel des neunzehnten Jahrhunderts die Idee aufkam, ihre Söhne müssten studieren. Es ist das schon etwas ganz anderes, als früher das Bauerntum war, das richtig mit der Natur zusammenlebendes Bauerntum war. Gewiss, da haben auch die Söhne studiert, aber sie haben nicht in dem Sinne studiert wie später, namentlich im letzten Drittel des neuzehnten Jahrhunderts.

Sie haben nicht studiert, die Söhne, im Bewusstsein des Bauern, sondern sie sind Pfarrer geworden. Und Pfarrer werden verband sich mit dem Bewusstsein des Bauern; Pfarrer werden verband sich im Bewusstsein damit, den Weg nach dem Geiste zu suchen. Suchen nach dem Geiste war dasjenige, was der Bauer wollte, wenn er seine Söhne durch die Bildungsanstalten durchschickte. Sie wurden aber in diesen Bildungsanstalten nach und nach ganz geistesarm und geistesleer im letzten Drittel des neunzehnten Jahrhunderts. Da verwandelte es sich auch in dem Bewusstsein des Bauern: der Sohn müsse studieren – und dazu gesellte sich allmählich das andere: der Sohn, der wird uns fremd, der kommt in ein ganz anderes Leben hinein, den haben wir nicht mehr.

Man kann diese Dinge nur andeuten, denn sie sind eigentlich nur im Leben richtig zu begreifen gewesen. Und bei der ganzen Vergröberung des Lebens gegen das Ende des neunzehnten Jahrhunderts kam dann dasjenige, was eigentlich die Abneigung, zuweilen in Hass überschlagende Antipathie gegen alles Geistige gerade beim Bauerntum war. Ich erinnere mich eines sehr netten Bildes aus einem Bauernkalender, das ja ganz gewiss von einem Journalisten ausgedacht war, aber das ausgedacht war, doch aus der Stimmung herausgeboren war, die in den Siebziger-, Achtzigerjahren da war. Da wurde in einer gewissen Gegend Mitteleuropas das begründet, was man dazumal als Bauernbund auffasste. Bauern taten sich zusammen. Und der Repräsentant eines solchen Bauernbundes war auf diesem Bilde, auf dem er weit hinein bis über die Ohren eine Zipfelmütze zog und dann sagte: «Koa Advokat, koa Lehrer derf in den Bauernbund hinein.» Sehen Sie, so war das Bewusstsein, dass man mit Gelehrsamkeit auf allen Gebieten, sogar auf dem Gebiete der Theologie nichts mehr anzufangen wusste. Man empfand sich sehr schlau, wenn man die landläufige Gelehrsamkeit aus dem Bunde ausschloss. [...]

Und es ist ja ein merkwürdiger Weg, der sich gerade zum Beispiel in Köfering vollzog, den Sie am allerbesten verstehen werden, auch Ihrer Art sich werden begreiflich machen können, den ich bezeichnen möchte: als den Weg von der anthroposophischen Wesensgestaltung des Gutsherrn zu der anthroposophischen Gestaltung des Gutes.

Wir müssen im Herzen verstehen lernen dasjenige, was den doch immer nur gedachten Geist, der der Natur fremd bleibt, zu dem erarbeiteten Geist macht, der nun wiederum die Wege hinaus findet in die natürliche Tatsachenwelt. Deshalb habe ich in diesem Kursus versucht, ich möchte sagen, aus dem tatsächlichen Erleben heraus die Worte zu finden. Es kann heute nicht anders der Geist gefunden werden, als wenn man auch wiederum die Möglichkeit findet, in naturgegebene Worte ihn zu kleiden; damit werden auch die Empfindungen wieder stark werden. Sehen Sie, denken Sie sich,

Sie verwandeln dasjenige, was man heute schon wissen kann – denn die Michael-Zeit ist da –, was scheinbar auch nur in Ideen lebt, in wirkliche Andacht, dann sind Sie auf dem allerbesten Wege. Sie sind auf dem allerbesten Wege, wenn Sie die Dinge in Andacht verwandeln. Ja, was kann dann alles aus den Dingen werden! Meditieren heißt ja: dasjenige, was man weiß, in Andacht verwandeln, gerade die einzelnen konkreten Dinge. Wenn man natürlich solche Dinge sagt, wie ich sie vielfach jetzt gesagt habe, dann steht man ja, ich möchte sagen, in dem Lichte einer gewissen Frechdachsigkeit.

Denn diejenigen, die nicht in geistiger, sondern in konventioneller Art alt geworden sind in das zwanzigste Jahrhundert hinein, empfinden nicht das ganz tiefe Gefühl, das man bekommen kann, wenn man genötigt ist, das Gehirn des Menschen als etwas zu bezeichnen, was auf demselben Wege – nur etwas nach anderer Richtung hin – sich entwickelt hat wie der Dung. Aber empfinden Sie dieses in den Menschen hineingehende Kraftende: dass das Gehirn ist wie ein Dunghaufen sich bildend. Und empfinden Sie auch, wie im Düngen den weltenschaffenden Kräften zurückgegeben wird dieses Dung-Stoffliche, damit der Geist es dort empfangen kann in einem viel höheren Sinn, als empfangen kann der menschliche Geist dasjenige, was ihm an Stofflichem von innen gegeben wird. Sehen Sie sich nun an diesen Menschen: Er nimmt den äußeren Stoff auf, er hat ja keine Ahnung, was er mit der Pflanze, was er mit den gezüchteten Pflanzen von außen herein aufnimmt, er ist unwissend gegenüber dem, was er von außen herein aufnimmt. Und nun beginnt es in ihm durch Göttermacht zu arbeiten. Es beginnt schon zu arbeiten, wenn er auf der Zunge dasjenige, was er von außen empfängt, in Geschmack umwandelt. Da hält er noch etwas fest in der bloßen Sinnlichkeit, mit der da die Dinge umgewandelt werden. Dann entschwindet es dem Bewusstsein, und ein stark Weisheitsvolles tritt auf. Das alles im Menschen wandelt sich um und läuft darauf hinaus, dass wir den Geist fassen können, und das, was wir unbewusst so umgearbeitet haben, läuft aus in den Dunghaufen, der das Gehirn ausfüllt.

Lernen wir so denken, dass wir nun als Menschen wirklich genötigt sind, diesen Dung in der richtigen Weise der Welt zu übergeben, dass wir ihn nicht nun so verwenden, als ob wir kleine Maschinen für die Kinder aus zusammengepresstem Dung machen wollten! So verwendet nämlich sein Gehirn der Mensch der Gegenwart. Er düngt nicht mit seinem Gehirn die Geistesfelder, damit der Geist auf diesen Geistesfeldern wirken kann; er macht Mechanismen aus demjenigen, was da ist. Und sehen Sie, wenn man nun weiß, wozu das Gehirn bestimmt ist: den Göttern, die zu den Menschen herabkommen, die Geistesfelder zu düngen – wenn man dann jene scheue Ehrfurcht bekommt, die aus einer solchen inneren Betrachtung der Sache hervorgeht, wenn man ahnen lernt, was da gerade, im Unbewussten und Unterbewussten vor sich geht, und dann dazu übergeht, die dem Menschlichen nachgestaltete Natur in seine Erkenntnis aufzunehmen, sie nach dem, was da ist, wirklich mit dem Dung zusammen sich anzuschauen, dann sieht man, wie darinnen langsam und allmählich sich bewusst wird, was unbewusst gerade im Menschen wirkt. […]

Es sind schön alle Dinge der Natur. Wenn sie nicht schön erscheinen, so rührt dies vom Menschen her, weil er die Schönheit nicht sehen, nicht riechen kann. […]

Das alles gibt uns das Bewusstsein, dass wir wiederum sagen, wenn wir hinaufgehen in der Natur an die irdische Oberfläche, sind wir im Bauch darinnen des kosmischen Wesens. Und dann bekommen wir auch jene Empfindung wiederum zurück, die ich eigentlich nur noch erlebt habe, wenn ich als ganz kleines Kind mit Bergleuten verkehrt habe, nicht mit den Kohlenbergbauern, sondern mit den Bergbauern, die nach Metallen gingen. Ja, da waren noch einige darunter, die wussten, wenn man heruntersteigt in die Erde, dann begegnet man Geistern, die man an der Oberfläche nicht findet; da begegnet man den Organen, mit denen die Erde vom Weltenall träumt und denkt. Da war das Denken noch etwas, was in der Erde lebte. Da wusste man eben noch, dass, wenn man hinaufschaut, man abstrakte Sterne schaut, wenn man aber etwas bekannt wird mit demjenigen, was unter der Erde ist, dass man dann im Weltall etwas sieht, was man bezeichnen kann mit demjenigen, was Bilder sind, aber Bilder, die entstehen, die wirklich lebendige Bilder sind. Da lebte man dasjenige, was so trostlos totes Erkennen war beim Ablauf des Kali Yuga, wieder in das besonders Empfindungsgemäße hinein. Können wir das, dann werden wir uns allmählich den Fesseln entringen, die die Zeit dem abstrakten Menschen angelegt hat. […]

Bei der jetzigen Jugend kommt es nicht auf die Art an, dass Anthroposophie immer mehr und mehr in Abstraktionen verwandelt wird, immer mehr und mehr in Ideen, Begriffe und sogar in Wissenschaften umgewandelt wird. Nun kommt die Jugend, die all das wiederum nur empfinden, leben will: in Taten – im Begreifen der Natur. Man kann aber nicht dabei stehen bleiben.

Das möchte ich heute mit besonderer Stärke betonen. Man sagte, man schmiede das Michael-Schwert. Es handelt sich auch noch um etwas anderes. Es handelt sich darum, dass nun einmal diese Tatsache in dem okkulten Teil der Welt besteht, dass dasjenige, was als Michael-Schwert hergerichtet werden muss, dass das wirklich im Schmieden auf einen Altar getragen werde, der eigentlich äußerlich nicht sichtbar sein könnte, der unter der Erde liegen müsste, wirklich unter der Erde liegen müsste. Naturgewalten unter der Erde kennenzulernen führt dazu, zu verstehen, dass das Michael-Schwert im Schmieden auf einen Altar getragen werden muss, der unter der Erde ist. Da muss es von empfänglichen Seelen gefunden werden. Es kommt darauf an, dass Sie mittun, indem Sie dazu beitragen, dass von immer mehr und mehr Seelen das Michael-Schwert gefunden werde. Und nicht allein damit ist es getan, dass es geschmiedet werde, sondern es ist damit erst etwas getan, dass es gefunden werde. Haben Sie das starke und zugleich bescheidene Selbstvertrauen als junge Menschen, dass Sie ja karmisch dazu berufen sind, das Michael-Schwert herauszutragen, es zu suchen und zu finden. […]

ANTHROPOSOPHISCHE TAGUNG IN BRESLAU

ANLÄSSLICH DES LANDWIRTSCHAFTLICHEN KURSUS IN KOBERWITZ

PFINGSTEN 1924

Sonnabend, 7. Juni	Sonntag, 8. Juni (Pfingstsonntag)	Montag, 9. Juni (Pfingstmontag)	Dienstag, 10. Juni	Mittwoch, 11. Juni	Donnerstag, 12. Juni	Freitag, 13. Juni	Sonnabend, 14. Juni	Sonntag, 15. Juni	Montag, 16. Juni
11^{30} vorm. bis 3^{00} nachm. Landwirtschaftlicher Kursus des Herrn Dr. Steiner in Koberwitz		11^{30} vorm. bis 1^{00} mitt. Öffentliche Eurhythmie-Aufführung im Lobe-Theater, Breslau, Lessingstraße	11^{30} vorm. bis 3^{00} nachm. Landwirtschaftlicher Kursus des Herrn Dr. Steiner in Koberwitz	11^{00} vorm. bis 3^{00} nachm. Landwirtschaftlicher Kursus des Herrn Dr. Steiner in Koberwitz	11^{30} vorm. bis 3^{00} nachm. Landwirtschaftlicher Kursus des Herrn Dr. Steiner in Koberwitz	11^{30} vorm. bis 3^{00} nachm. Landwirtschaftlicher Kursus des Herrn Dr. Steiner in Koberwitz	11^{30} vorm. bis 3^{00} nachm. Landwirtschaftlicher Kursus des Herrn Dr. Steiner in Koberwitz	11^{30} vorm. bis 3^{00} nachm. Landwirtschaftlicher Kursus des Herrn Dr. Steiner in Koberwitz	11^{30} vorm. bis 3^{00} nachm. Landwirtschaftlicher Kursus des Herrn Dr. Steiner in Koberwitz
6^{00} bis 7^{00} nachm. Für besondere Veranstaltungen freigehalten	6^{00} bis 7^{00} nachm. Für besondere Veranstaltungen freigehalten	6^{00} bis 7^{00} nachm. Für besondere Veranstaltungen freigehalten	6^{00} nachm. Sprachkursus von Frau Marie Steiner im Bocksch-Saal, Breslau, Tauentzienstraße 6,I.	6^{00} nachm. Sprachkursus von Frau Marie Steiner im Bocksch-Saal, Breslau, Tauentzienstraße 6,I.	6^{00} bis 7^{00} nachm. Für besondere Veranstaltungen freigehalten	6^{00} bis 7^{00} nachm. Für besondere Veranstaltungen freigehalten	6^{00} nachm. Sprachkursus von Frau Marie Steiner im Bocksch-Saal, Breslau, Tauentzienstraße 6,I.	6^{00} nachm. Sprachkursus von Frau Marie Steiner im Bocksch-Saal, Breslau, Tauentzienstraße 6,I.	6^{00} nachm. Sprachkursus von Frau Marie Steiner im Bocksch-Saal, Breslau, Tauentzienstraße 6,I.
8^{00} abends Mitglieder-Vortrag von Herrn Dr. Steiner im Augusta-Lyzeum, Breslau, Schwerinstraße, Ecke Götzenstraße	8^{00} abends Mitglieder-Vortrag von Herrn Dr. Steiner im Kammermusiksaal, Breslau, Gartenstraße 39/41	8^{00} abends Mitglieder-Vortrag von Herrn Dr. Steiner im Kammermusiksaal, Breslau, Gartenstraße 39/41	8^{00} abends Mitglieder-Vortrag von Herrn Dr. Steiner im Augusta-Lyzeum, Breslau, Schwerinstraße, Ecke Götzenstraße	8^{00} abends Mitglieder-Vortrag von Herrn Dr. Steiner im Augusta-Lyzeum, Breslau, Schwerinstraße, Ecke Götzenstraße	8^{00} abends Mitglieder-Vortrag von Herrn Dr. Steiner im Augusta-Lyzeum, Breslau, Schwerinstraße, Ecke Götzenstraße	8^{00} abends Mitglieder-Vortrag von Herrn Dr. Steiner im Kammermusiksaal, Breslau, Gartenstraße 39/41	8^{00} abends Mitglieder-Vortrag von Herrn Dr. Steiner im Augusta-Lyzeum, Breslau, Schwerinstraße, Ecke Götzenstraße	8^{00} abends Mitglieder-Vortrag von Herrn Dr. Steiner im Augusta-Lyzeum, Breslau, Schwerinstraße, Ecke Götzenstraße	8^{00} abends Geselliges Beisammensein der Kursusteilnehmer und Mitglieder der Anthroposophischen Gesellschaft im großen Saale der Matthiaskunst, Breslau, Burgstraße, Ecke Schuhbrücke

* * PROGRAMM-ÄNDERUNGEN VORBEHALTEN! * *

Programm der Anthroposophischen Pfingsttagung im Juni 1924 in Breslau anlässlich des Landwirtschaftlichen Kurses in Koberwitz (RSA IV SACH Landwirtschaft; auch abgedruckt in: *Anthroposophie und Das Goetheanum, Wochenschrift für Freies Geistesleben*, Nr. 49 vom 5. Juni 1924, S. 3). *(Fortsetzung nächste Seite)*

(*Fortsetzung von gegenüberliegender Seite*) Lobe-Theater: Damals angesehenes Theatergebäude in Breslau (siehe Hinweis zu S. 257). Bocksch-Saal: Konzertsaal im damaligen Musikhaus Max Bocksch (Siehe Hinweis zu S. 16). «Mathiaskunst», ein damaliges Lokal im Zentrum von Breslau auf einer Sandinsel an der Oder. Das Augusta-Lyzeum (Augusta-Schule) bestand von 1922 bis 1944 als «Höhere Lehranstalt für die weibliche Jugend». Der Kammermusiksaal des Breslauer Konzerthauses an der Gartenstraße 39/41 bot 1200 Sitzplätze. Er wurde 1925 von Grund auf umgebaut und modernisiert.

Freitag, 6. Juni	Samstag, 7. Juni	Pfingst-Sonntag, 8. Juni	Pfingst-Montag, 9. Juni	Dienstag, 10. Juni	Mittwoch, 11. Juni	Donnerstag, 12. Juni	Freitag, 13. Juni	Samstag, 14. Juni	Sonntag, 15. Juni	Montag, 16. Juni	Dienstag, 17. Juni
Anreise	**11.30 h: LWK 1. Vortrag**	Rundgang durch den Garten, Park und die Betriebsgebäude in Koberwitz. Anschließend Esoterische Stunde.		**11.30 h: LWK 2. Vortrag**	**Koberwitz: Ansprache C. v. Keyserlingk.** **Verlesung der Resolution.** **Ansprache von Rudolf Steiner.** **11.30 h: LWK 3. Vortrag**	**11.30 h: LWK 4. Vortrag** **Erste Fragenbeantwortung**	**11.30 h: LWK 5. Vortrag** **Zweite Fragenbeantwortung**	**11.30 h: LWK 6. Vortrag** **Dritte Fragenbeantwortung**	**11.30 h: LWK 7. Vortrag**	**11.30 h: LWK 8 Vortrag** **Vierte Fragenbeantwortung**	Morgens, Koberwitz: Ansprache für die und Gespräch mit der Jugend (publiziert u. a. in GA 217a) Abreise
Abends Ankunft des Zuges in Breslau und Autofahrt nach Koberwitz		**17 h: Besprechung der Landwirte im Bocksch-Saal in Breslau (Dialog Stegemann / Keyserlingk)**	Nachmittag: Breslau: Ansprache für die und Gespräch mit der Jugend in Breslau (publiziert u. a. in GA 217a)		Koberwitz: Ärztliche Konsultation mit Ludwig Engel, Vorstellung von Patienten (sowie eine zweite Konsultations-Etappe unbekannten Datums)	Erste Breslauer Klassenstunde	Zweite Breslauer Klassenstunde	16:45–17:45 h: Breslau: Ansprache für die und Gespräch mit der Jugend (Publikation vorgesehen in GA 244)	Breslau: Aufführung der Iphigenie	**Besprechung mit dem Versuchsring**	

Verlauf des Landwirtschaftlichen Kurses und der Gründung des Versuchsrings (beides in fetter Schrift) sowie zum gedruckten Programm zusätzlich hinzugekommene Veranstaltungen (siehe hierzu auch S. 385).
Siehe hierzu auch die chronologische Übersicht in *Die Konstitution der Allgemeinen Anthroposophischen Gesellschaft und der Freien Hochschule für Geisteswissenschaft. – Der Wiederaufbau des Goetheanum 1924–1925*, GA 260a, Dornach 1987, S. 622–627.

Schloss Koberwitz, Juni 1924

Schloss Koberwitz Juni 1924
(Sicht auf den Gebäudeflügel, in dem der Landwirtschaftliche Kurs stattgefunden hat)

Erhard B a r t s c h,
cand. agr.

B r e s l a u, den 1. Mai 1924.
Gottschallstr. 8.

Hochverehrter Herr Dr. S t e i n e r !

Im Auftrage von Herrn Graf Keyserlingk, der z.Zt. in geschäftlichen Angelegenheiten in Berlin weilt, und einer Anzahl landwirtschaftlicher Interessenten, die sich in den letzten Monaten des öfteren zu gemeinsamer Vorbereitung auf den landwirtschaftlichen Kursus zusammengefunden haben, erlaube ich mir, die beigelegte Fragensammlung ergebenst zu übersenden.

Falls sich die Beantwortung dieser Fragen in den Rahmen der Kursusvorträge einfügen lassen sollte, würden die Fragesteller für eine Erörterung derselben besonders dankbar sein.

In vorzüglicher Hochachtung und mit ergebenster Begrüssung

Erhard Bartsch

Dieses und die sechs folgenden Faksimiles:
Begleitbrief und Frageliste, die von Erhard Bartsch am 1. Mai 1924 im Auftrag von Carl von Keyserlingk vorab an Rudolf Steiner zugesandt worden waren (RSA IV SACH Landwirtschaft).

A l l g e m e i n e s !

Es wird gebeten um eine ausführliche Erläuterung des Bauernkalenders, um Richtlinien für eine Neubearbeitung und um praktische Uebungen zum Gebrauch desselben.

Nach welchen Gesetzen wandelt sich die Idee der Urpflanze und des Urtieres in den verschiedenen Tier-und Pflanzenarten ab ?
Wie kann der Mensch diese Art-Ideen zur Anschauung bringen ?
Wie wandeln sich die Art-Ideen bei der Kultivierung um ?

Wie kann man die bei der Kultur auftretenden Disharmonien in den geistig-seelischen Wechselbeziehungen wieder ausgleichen?

Welche Methoden zur Konservierung von tierischen und besonders auch pflanzlichen Nahrungs-und Futtermitteln zu Nährzwecken sind vom geisteswissenschaftlichen Gesichtspunkt aus zu empfehlen ?

Ist mit Pflanzenfetten eine vollwertige Fetternährung des Menschen überhaupt nicht möglich ?

Um Richtlinien für die zulässige Anwendung von Maschinen in der Landwirtschaft wird gebeten.

Welche Kompromisse werden bei der Neueinstellung der Landwirtschaft zunächst noch in Kauf genommen werden müssen, um konkurrenzfähig zu bleiben, da z.Zt. noch der Markt für landwirtschaftliche Produkte nach der Quantität und nicht nach der Qualität verlangt ?

Ist der häufige Misserfolg im Obstbau auf die Art der Vermehrung der Obstbäume oder auf unrichtige Düngung und Bodenbearbeitung zurückzuführen?

A c k e r u n d P f l a n z e n b a u !

Wie erkennt der Landwirt den Gehalt und die Mängel seines Bodens und dessen Eignung für die verschiedenen Nutzungsarten ?

Kann insbesondere Unkraut - und Brachflora für diese Beurteilung einen Anhalt geben ?

Lässt sich aus den Blütenfarben und deren Abänderungen in gewissem Umfange auf den Chemismus des Bodens schliessen?

Wie erkennt man Pflanzenvereine, die sich in gemeinsamem Anbau fördern oder in der Fruchtfolge begünstigen ?

Ist die Dreifelderwirtschaft das Urbild einer richtigen Anbaufolge ?

Was ist von gleichförmigen Feld - und Wiesenbeständen zu halten ? Ist eine parkähnliche Gestaltung der Landschaft anzustreben ?

Gibt es ein wünschenswertes Gleichmass zwischen Wald und Feld und Wiese ?

Welche Wirkung üben Unkraut-Mohn und Speisenmohn auf den Boden und Nebengewächse aus ?

Sind die Lippenblütler im allgemeinen in ihrer Stellung im Pflanzenverein ebenso wie die Taubnessel zu beurteilen ?

Gibt es dekadente und ascendente Pflanzenarten, (Bäume, Sträucher, Kräutergewächse, Wurzelgewächse.)?

Welche Folgen sind mit der Ernährung mit bodenständigen oder fremdländischen Pflanzenprodukten verbunden?

Welches sind die Folgen einer einseitigen Ernährung mit einheimischen Pflanzenprodukten (China) auf den Menschen ?

Auf welche Weise soll das Problem einer Schädlingsbekämpfung (Beispiel: Rübennematode Heterodera Schachtii) angegriffen werden ?

Welche tieferen Gesichtspunkte ergeben sich der Anthroposophie für das Auftreten der tierischen und pflanzlichen Schädlinge ?

T i e r h a l t u n g !

Wie erkennt man Schädigungen der Tiere durch Ueberbeanspruchung ?

Wie kann man die für einen bestimmten Landstrich lebensgünstige Rasse erkennen ?

Lässt sich die Kastration zum Zweck einer erhöhten Nutzungsmöglichkeit der Haustiere durch eine geeignete Pflege und Haltung der Tiere ersetzen ?

Bestehen die Anschauungen über eine gesündheitsfördernde u. Krankheitverhütende Wechselwirkung zwischen Tieren verschiedener Gattungen zu Recht ? (Ziegenbock im Kuhstall, Schwalben im Pferdestall.)

In Steiermark wird Heleborus viridis als Heilmittel bei Schweineseuche angewandt. Welches allgemeine Gesetz liegt dieser Wirkung zugrunde und wie lässt sich die Niesswurz evtl. auch bei anderen Tierkrankheiten nutzbar machen ?

Ernährung der Tiere (und Pflanzen).

Sind Vitamine mit Aetherkräften identisch ? Welche Gesichtspunkte müssen zur Beurteilung des sogenannten Vitaminkreislaufes gewonnen werden? Ist der Vitaminkreislauf an einen Stickstoffkreislauf gekettet ?

Wird der Vitaminkreislauf durch mineralische, lebenhemmende Dünge= mittel unterbrochen ?

Welche Rolle haben in diesem Kreislauf die Bodenbakterien ? (Unzer= störbarkeit der Chromosomen nach Schleich - Bakterienleben überhaupt.)

Führt nicht eine richtige Verfolgung der Vitaminlehre zu einer geisteswissenschaftlichen brauchbaren Ernährungslehre für Tier und Pflanze?

Sind die steierischen Kräuterknödel für Rindvieh (Zusammensetzung unbekannt) als Appetitanregungsmittel, als Nahrungsmittel oder Heilmittel zu betrachten ?

Wëlche spezifischen Werte wohnen den verschiedenen organischen Düngern inne (Stalldünger, Kompost, Latrine, Jauche, Müll und Gründüngung)?

Welche Stellung nehmen die Hülsenfrüchte in der menschlichen und tierischen Ernährung ein ?

V e r e r b u n g s l e h r e :

Welche Gestirnseinflüsse sind bei der Zucht von Haustieren zu beachten?

Was hat man zu tun um bei der Tierzucht (Rassenzucht) nicht auf Zufallsergebnisse angewiesen zu sein? Wie geht man den nach den Mendelschen Gesetzen auftretenden Minusvarianten aus dem Wege ?

Wie kann das sogenannte »Versehen« der Tiere züchterisch nutzbar gemacht werden ?

Wie wirkt sich im Organismus des Muttertieres eine frühere Befruchtung bei späterer ~~Zucht~~ Nachkommenschaft aus ?

Wie lassen sich wertvolle erbliche Variationen (Mutanten) bei Tier und Pflanze erzeugen ? Wie wurden den Nutztieren und Nutzpflanzen ihre Eigenschaften in früheren Kulturepochen gegeben?

Wie kann man den Degenerationserscheinungen bei Nutztieren und Kulturpflanzen auf eine einwandfreie Art entgegenwirken.?

Wodurch werden besonders bei den Kartoffelsorten die rapiden Verfallserscheinungen bewirkt ?

Ist gegen die generative Vermehrung der Kartoffel zur Erzeugung neuer Sorten grundsätzlich es einzuwenden.?

Was ist vonder künstlichen Befruchtung zu halten?

Spielen die ~~ersten~~ verschiedenen Organisationsstufen der Tiere dabei eine Rolle?

Wirkung kleinster Entitäten.

Ist die Wirkung der Potenzen als stimulierende im Sinne der Peitsche oder als eine echte Energiezufuhr aufzufassen. Wie kann man Stimulierung und echte Kraftzufuhr in den Anfangsstadien der Wirkung unterscheiden ?

Ist Stimulierung von Pflanze und Tier überhaupt zu verwerfen ? Wie wirkt sie sich aus?

Geht die Wirkung kleinster Entitäten über die ganze Vegetationsperiode hinweg ? Bestehen bestimmte Beziehungen (Spezifität) zwischen einzelnen Stoffen und Pflanzen oder wirkt der gleiche Stoff auf viele Pflanzen gleichartig ?

Bewirken die Potenzen ausser einer Steigerung der Trockengewichte auch eine Steigerung der Aschengewichte. Wäre es berechtigt aus einer Steigerung der Aschengewichte auf eine echte Steigerung der Assimilationskraft zu schliessen?

Können Potenzen als Düngemittel angewendet werden ?

Wie kann man den Pflanzen ansehen, welche Art von Stoffen ihnen abgeht und ob sie dieselben in ponderabler oder imponderabler Form benötigen?

Welche Beziehungen bestehen zwischen der Wirkung kleinster Entitäten und der Vitamintheorie ?

Wie ergibt sich der innere Rythmus pflanzlicher und tierischer Lebewesen zu erkennen? Wie der Rythmus von Nährstoffen? (Ernährung als Angleichung der Rhythmen)

Wie wirken die Potenzen organischer Stoffe auf Pflanzen ?

Bereits am 16. März 1924 schickte Ernst Jacoby einen Brief an Guenther Wachsmuth mit folgenden Fragen (RSA IV SACH Landwirtschaft):

- Wie sind die kosmischen Einflüsse für die Aussaat der Kulturpflanzen zu berücksichtigen?
- Wie kann sich der Bauer zum Unkraut und dessen Bekämpfung stellen?
- Was für Richtlinien sind bei der Fruchtfolge maßgebend?
- Wie kann der Bauer die Pflanzenkrankheiten wirksam bekämpfen?
- Habe eine Zuchtstute, die nach Angabe des Tierarztes an Phlegmone leidet (linker Hinterfuß). Der Tierarzt erklärt die Krankheit für unheilbar. Kann ein Weg der Heilung dieser Wucherung gefunden werden?

Liste der Teilnehmenden am Landwirtschaftlichen Kurs 1924

Nr., Name, Vorname	Wohnort	Beruf und Verwandtschaftsangaben
1. Baravalle, Ilse*	Dornach	Eurythmistin
2. Bartsch, Erhard	Breslau	Landwirt
3. Bartsch, Hellmut	Wilkau	Landwirt
4. Bartsch, Moritz	Breslau	Rektor
5. Bauer, Paula	Kalv	Gärtnerin
6. Becher, Otto	Görlitz	Priester
7. Beck, J[acob ?]	Stuttgart	
8. Becker, Marie	Elberfeld	Gutsbesitzer
9. Behschnitt, Ernst	Breslau	Lehrer
10. Bethus[y-]Huc, [Astrid] Gräfin von [geb. von Moltke, Tochter von Eliza und Helmuth von Moltke]	[Gut] Bankau [bei Kreuzburg, Oberschlesien]	
11. Birks, Constance*	Dornach	Eurythmistin
12. Borch[a]rt, Martin	Dresden	Priester
13. Brederlow, Wilko von	Stuttgart	stud. agr.
14. Brederlow, [A. ?] von	Zoppot [bei Danzig]	Rittmeister
15. Brederlow, [Margarete] von	Zoppot	
16. Dreidax, Franz	Tschechnitz	Dipl.-Ing. [Chemiker]
17. Dubach-Donath, Annemarie*	Dornach	Eurythmistin
18. Engel, Dr. med Ludwig	Breslau	[Arzt]
19. Eweleit, Gustav	Unterhueb	Landwirt
20. Ewerbeck, August	Hannover [Brake bei Lemgo]	Landwirt
21. Flatz, Hugo	Tannbach	Landwirt
22. Funk, Bertha	Hohenberg	
23. Förster, Albert	Dorenweit [Guldesmühle, Dischingen]	Gutsverwalter
24. Förster, Gertrud	Stuttgart	
25. Geisheim, Herbert	Stuttgart	Gärtner
26. Gerwig, Adolf	Adelhausen	Landwirt

Nr., Name, Vorname	Wohnort	Beruf und Verwandtschaftsangaben
27. Grone, [Jürgen] [von]	Dornach	[Offizier, Redakteur]
28. Grunelius, Andreas von	Stuttgart	[Wirtschaftswissenschaftler, Staatswissenschaftler; Reisebegleiter Rudolf Steiners nach Koberwitz]
29. Gunnarson, Anna	Stockholm	[im Vorstand der Anthroposophischen Gesellschaft in Schweden]
30. Hachez, Maria	Stuttgart [Guldesmühle, Dischingen]	Gärtnerin
31. Hahne, William	Hannover	Kaufmann
32. Hallbauer, Herr [Ulrich ?]	Hamburg	
33. Hamburger, Theodor	Wien	
34. Hausser, Konrad	Dischingen [Guldesmühle]	Direktor
35. Heydebrand [Wilhelm ?] von	Stuttgart	
36. Heydebrand, Carol[ine] von	Stuttgart	[Lehrerin]
37. Heyer, M.	Bocksberg	Frau
38. Hiller von G[ae]rtringen [Wilhelm Rudolf Johann August ?]	Reppersdorf	[Hauptmann]
39. Hörner, Hanna	Bunzlau	[Hörner Johanna, geb. Bunzel, Breslau ?]
40. Jaager, Isabella de*	Dornach	Eurythmistin
41. Jacoby, Ernst	Schopfheim	Gutspächter
42. Jeetze, Joachim von	Pilgrammshain	[Dr., Rittergutsbesitzer], Landwirt
43. Jeetze, Elisabeth von	Pilgrammshain	
44. Jülke, Erhard	Unterhueb	Landwirt
45. Kayser, Paul	Langenbrügge [Kreis Uelzen]	Hofbesitzer
46. Keil, Hermann	Breslau	
47. Keyserlingk, Adalbert Graf von*	Koberwitz	Damals Schüler in der Stuttgarter Waldorfschule, später Landwirt und Arzt
48. Keyserlingk, Alexander Graf von	Koberwitz	Landwirt

Nr., Name, Vorname	Wohnort	Beruf und Verwandtschaftsangaben
49. Keyserlingk, Johanna Gräfin von	Koberwitz	
50. Keyserlingk, Carl Graf von	Koberwitz	Landwirt
51. Keyserlingk, Wolfgang Graf von	Koberwitz	Dipl.-Landwirt
52. Kipple, Friedrich*		
53. Kleefeld, Eduard	Staig [bei Ravensburg]	Gutsbesitzer
54. Kolisko, Dr. [Lilly]	Stuttgart	
55. Koschützki, [Martha (Titania) von]	Breslau	
56. Kosch[ü]tzki, Rudolf von	Breslau [Liebenburg am Harz bei Gosslar]	[Landwirt,] Priester
57. Kühne, Walther	Stettin	Schriftsteller [Geschäftsführer des Bundes für Dreigliederung]
58. Kutscher, Friedrich	Dresden	Kaufmann
59. Lenz, Eduard*		Priester
60. Lerchenfeld, [Otto] Graf von	Köfering	Landwirt
61. Lippert, Franz	Richlingsbergen	[Gärtner]
62. Ludwig, Karl	Nürnberg	Priester
63. Lumporsky (siehe S. 224)*		
64. Marks, Annie	Berlin	Gärtnerin
65. Mellinger, Frl. Dr. [Johanna]	Stuttgart	
66. Meyer, Rudolf	Koberwitz	Priester
67. Michels, Gertrud	Stuttgart	Gärtnerin [Gartenbaulehrerin an der Stuttgarter Waldorfschule]
68. Mirbt, Gertrud*		
69. Mirbt, Alexander*		
70. Mitscher, Käthe*	Dornach	Eurythmistin
71. Moltke[, Eliza] von		[Frau von Helmuth Moltke und Mutter von Wilhelm Moltke und seiner Schwester; s. u.]
72. Moltke, Wilhelm von	Berlin	[Bruder von Astrid Bethusy-Huc]
73. Müller, Ursula [später Germann-Müller]	Dombrovski	[Eurythmistin]

Nr., Name, Vorname	Wohnort	Beruf und Verwandtschaftsangaben
74. Nischwitz, Rudolf	Gießen [Langenbrügge, Kreis Uelzen bei Kayser]	Dipl.-Landwirt
75. Obernitz, [Olga] von	Machnitz	[geb. Freiin von Seherr-Thoss]
76. Pache, Werner	Jena	[Heilpädagoge]
77. Palm, [Vorname = ?] von	Stuttgart	Landwirt
78. Petersen, [Käthe]	Hannover	
79. Pietsch, Cecilie	Koberwitz	Hausdame
80. Pilsach, [Hans Jürgen Freiherr Senfft von]	Tost	Landwirt
81. Pini, Gertrud	Stuttgart [vorher: Dischingen, Guldesmühle]	
82. Pohl, Richard	Netsche	Lehrer
83. Polzer Hoditz, [Ludwig] Graf von	Tannbach	Landwirt
84. Polzer Hoditz, [Berta] Gräfin von	Tannbach	
85. Raabe, Wulf	Berlin	Kunstmaler
86. Rath, Wilhelm*		Buchhändler, Autor, Landwirt
87. Ripple, Fritz		
88. Ritter, Walter	Köfering	Dr.
89. Rödenbeek, [Heinz]	Cassel	Landwirt
90. Rommel, Gerhard	Stuttgart	[damaliger Eurythmiestudent in Stuttgart]
91. Ropp, [Elisabeth], Baron[in] v[on] d[er]	Gelsdorf	Landwirt
92. Rulni, Franz	Elzan	[Landwirtschafsberater]
93. Rulni, Marie	Elzan	
94. Ruths, Karl	Breslau	Oberingenieur
95. Schade, Fritz	Sa[ss]nitz	Landwirt
96. Schenker, Dora	Mariensee	Rittergutspächter
97. Schenker, Ulrich	Wien	Student
98. Schmidt, Martin	Cassel	[Ingenieur, Landwirt]

Nr., Name, Vorname	Wohnort	Beruf und Verwandtschaftsangaben
99. Schöpfl[i]n[-]Stockmeyer [, Waltraud]	Berlin	[Sängerin, Mitbegründerin der biologisch-dynamischen Landwirtschaft in Norwegen]
100. Schröder, F. G. [Johannes Gottfried William]	Stuttgart [Lesum bei Bremen]	Gutsbesitzer [u. a. Begründer der Ceres-Handelsfirma]
101. Schümann, Adolf	Walsenhof	[Landwirt, in den 1930er-Jahren Lehrer an der Waldorfschule Wandsbek]
102. Schuurman, Ina*	Dornach	Eurythmistin
103. Schweidnitz, Eva Gräfin von		
104. Schwarz, Max [Karl]	Worpswede	[Gärtner, Garten- und Landschaftsarchitekt]
105. Schyre, Friedrich*		Landwirt
106. Savitch, Marie*	Dornach	Eurythmistin
107. Senft, Emica*	Dornach	Eurythmistin
108. Spiegel, Gustav	Berlin	Priester
109. Spieler, Kurt	Schebitz	Lehrer
110. Steiner, Marie*	Dornach	
111. Steiner, Rudolf*	Dornach	
112. Stegemann, E[rnst]	Nörten	Klostergutsp.
113. Stegemann, Gertrud		
114. Stomenger, Paul	Schopfheim	Landwirt
115. Suchantke, Gerhard	Breslau	stud. med.
116. Unger, Felix	Dornach	[Österreichischer Arzt]
117. Usteri, A[lfred] Dr.	Reinach	Botaniker
118. Voegele, [Imm]anuel	Breesen [Guldesmühle, Koberwitz]	Landwirt
119. Volkamer, Gustav	Stuttgart	
120. Vreede, [Drs. Elisabeth]	Dornach	[damalige Leiterin der Mathematisch-Astronomischen Sektion]

Nr., Name, Vorname	Wohnort	Beruf und Verwandtschaftsangaben
121. Wachsmuth, Dr. G[ue]nther	Dornach	[Jurist, damaliger Leiter der Naturwissenschaftlichen Sektion]
122. Walther, Klara [geb. Selling]	Berlin	[Hauswirtschafterin Rudolf Steiners]
123. Walther, Kurt	Berlin	[Postoberinspektor]
124. Weimann, Erich	Unterhueb	Gutsverwalter
125. W[i]stinghausen, Almar von*	Breslau	Landwirt
126. W[i]stinghausen, Kurt von	Breslau	Priester
127. Woitinas, Hellmut	Breslau	Gärtner in Koberwitz
128. Zastrow, Luise Fräulein von	Birgwitz	
129. Zastrow, Lore von	Birgwitz	
130. Zimmermann, Georg	Lemgo	Obstpächter

Grundlage für diese Tabelle ist eine Teilnehmerliste aus dem Goetheanum Archiv (Kopie: RSA IV SACH Landwirtschaft). Die Liste ist vermutlich nicht vollständig. Die Namen wurden für die vorliegende Tabelle alphabetisch sortiert. Die Angaben wurden ggf. korrigiert und ergänzt (Angaben in eckigen Klammern).

Mit einem «?» gekennzeichnete Einträge sind unsicher.

Mit * gekennzeichnete Namen wurden aufgrund von Recherchen über die Teilnehmenden am Koberwitzer Kurs von den Herausgebern eingefügt und im Folgenden ggf. durch weitere Angaben ergänzt:

- Wilhelm Rath (1897–1973; Buchhändler, Autor, Landwirt; maßgeblicher Pionier der biologisch-dynamischen Landwirtschaft in Österreich).
- Eduard Lenz (1901–1945, Priester).
- Hans Erhard Lauer (1899–1979).
- Carl Alexander Mirbt (später: Mier) (1902–1975), wissenschaftlicher Berater von Carl von Keyserlingk, und seine spätere Frau Gertrud (geb. Stalmann), die im Sekretariat von Carl von Keyersling k mitarbeitete: Teilnahme vermutet aber nicht gesichert. Beide wurden später in England prägend für die Pionierphase der biologisch-dynamischen Landwirtschaft.
- Friedrich Schyre berichtet in Gäa-Sophia 1927, S. 384–390 über sich als Fragesteller in der Fragenbeantwortung vom 16. Juni 1924 (siehe auch S. 215, 463 im vorliegenden Band).
- Rudolf Steiner wollte explizit die nach Breslau mitgereisten 14 Eurythmistinnen am Koberwitzer Kurs teilhaben lassen. Davon sind namentlich bekannt Emica Senft (1893–1976), Isabella de Jaager (1892–1979), Annemarie Dubach-Donath (1895–1972), Marie Savitch (1892–1975), Ilse von Baravalle

(1900–1987), Constance Birks (Lebensdaten unbekannt), Käthe Mitscher (1892–1940), Ina Schuurman (1894–1977), die von Rudolf Steiner dafür vorgesehen war, den Gartenbetrieb rund um das Goetheanum zu übernehmen und daher auch von ihm zum Koberwitzer Kurs geschickt wurde. Sie blieb aber bei der Eurythmie. Erna van Deventer (1894–1976) berichtet, dass sie in Koberwitz war; es ist aber unklar, ob das zur Zeit des Landwirtschaftlichen Kurses war.

Insgesamt dürften damit um 130 Menschen am Koberwitzer Kurs teilgenommen haben, was mit der Angabe von Gräfin Johanna von Keyserlingk in *Koberwitz 1924* übereinstimmt.

Alfred Usteri schreibt in seinem unveröffentlichten Lebensrückblick (Ita Wegman Archiv, S. 150): «Es waren innerhalb der landwirtschaftlichen Hierarchie so ziemlich alle Grade vertreten. Es gab Großgrundbesitzer, Kleinbauern, Pächter, landwirtschaftliche Arbeiter und Landwirtschaftslehrer.»

Notizbuch- und Notizzettel-Aufzeichnungen Rudolf Steiners im Kontext des Landwirtschaftlichen Kurses
(Faksimilewiedergaben)

Der Abdruck der Aufzeichnungen auf den Seiten 291–338 erfolgte erstmals in den *Nachrichten der Rudolf Steiner-Nachlassverwaltung* (die späteren *Beiträge zur Rudolf Steiner Gesamtausgabe*) Heft 18, Dornach, Herbst 1967. Die Aufzeichnungen auf den Seiten 332 sowie 330–369 werden mit der vorliegenden Auflage erstmals in GA 327 wiedergegeben.

Von Rudolf Steiners Notizbüchern liegen dem Rudolf Steiner Archiv derzeit 625 erhaltene Exemplare vor. Des Weiteren liegen über 7000 Notizzettel vor. Rudolf Steiner verwendete nach eigener Aussage seine Aufzeichnungen vielfach dafür, Gedanken und Eingebungen festzuhalten und nicht primär, um sich für Vorträge oder Kurse vorzubereiten: «Ich habe auf diese Weise ganze Wagenladungen von Notizbüchern vollgeschrieben, die ich nie wieder anschaue, die nur dazu da sind, um beschrieben zu werden, um eben hereinzuarbeiten dasjenige, was aus der geistigen Welt, geistig erschauten Welt ist, wirklich in die physische Welt; damit es dann [formuliert] werden kann, wirklich in Worte gekleidet werden kann mit den Gedanken – mit denen sonst Erinnerungen gebildet werden oder die man sonst im Leben anwendet –, auch wirklich durchdrungen werden kann.»[1]

Die im vorliegenden Band wiedergegebenen Notizen bilden diesbezüglich eine Ausnahme. Sie sind großenteils Zeugnis davon, wie intensiv sich Rudolf Steiner auf den Koberwitzer Kurs vorbereitet hat. Sie dokumentieren auch, dass Rudolf Steiner selbst das Prinzip der von ihm – zum Beispiel den Jungmedizinern – empfohlenen «doppelten Buchführung» verwendete: Einerseits wird das aktuelle Fachwissen notiert, andererseits wird dazugestellt, was sich aus einer geisteswissenschaftlichen Betrachtung ergibt. Das ist gut in den folgend wiedergegebenen Notizzetteln dokumentiert: Zunächst schrieb Rudolf Steiner das landwirtschaftliche Fachwissen auf, notierte dann als Marke ein Doppelkreuz (#) oder eine doppelte Schlangenlinie (≈), auf das folgend seine eigenen geisteswissenschaftlichen Notizen dazugestellt wurden. Die Ärztin Madeleine van Deventer (1899–1983) berichtete zu dieser Verfahrensweise: «Das Thema war Rudolf Steiners Anregung, dass wir ein Heft nehmen sollten und auf der linken Seite schreiben, was der Professor sagt, oder auch eine gute Krankengeschichte, um dann auf der rechten Seite die Krankheitssymptome zu transponieren in die Sprache der Wesensglieder. Dazu gab Rudolf Steiner folgendes Beispiel: ‹Der Patient hat Oedeme der unteren Körperhälfte› transponiert in ‹Schwäche des Ätherleibes in der unteren Körperhälfte›.»[2]

---

1 Aus: *Das Innere der Natur und das Wesen der Menschenseele*, GA 80b, Basel 2020, 1. Auflage, Vortrag vom 14. Mai 1923, S. 482.

2 Madeleine Petronella van Deventer: *Die anthroposophisch-medizinische Bewegung in den verschiedenen Etappen ihrer Entwicklung*, Arlesheim 1982, S. 16. – Siehe auch: Rudolf Steiner: *Die Erkenntnis-Aufgabe der Jugend*, GA 217a, Vortrag vom

Es ist einer Studie von Hans Vereijken[3] zu verdanken, dass nun teilweise angegeben werden kann, aus welchen Fachbüchern sich Rudolf Steiner Notizen für die Vorbereitung auf den Kurs gemacht hat (unter dem jeweiligen Faksimile jeweils zuletzt in eckigen Klammern und Kursivdruck angegeben).

In Rudolf Steiners nachgelassener Bibliothek finden sich folgende Werke zum Thema Landwirtschaft (in Klammern Signatur in der nachgelassenen Bibliothek Rudolf Steiners):

- August von Babo, Edmund Mach: *Handbuch des Weinbaues*, Berlin 1923 (RSB N 14)
- Burchard Blancke: *Landwirtschaftliche Geflügelzucht*, Berlin 1921 (RSB N 39)
- Friedrich Boas: *Die wichtigsten Getreidekrankheiten und Bekämpfung*, München 1923 (RSB N 41)
- Gustav Böhme: *Landwirtschaftliche Sünden. Fehler im Betriebe*, Berlin 1923 (RSB N 46) (Herausgeber: Theodor Wölfer)
- Johannes Böttner: *Die Frühtreiberei der Gemüse im Frühbeet und Glashause*, Frankfurt a. d. O. 1922 (RSB N 51)
- Max von dem Borne: *Teichwirtschaft*, Berlin 1917 (RSB N 53)
- Walter Erni, Ulrich Kiebler, Gustav Schmid, Joseph Stutz: *Der Obstbau*, Aarau 1924 (RSB N 125)
- Theodor Felber: *Anleitung zum Ausmessen und Berechnen landwirtschaftlicher Grundstücke und Produkte*, Zürich 1919 (RSB N 131)
- Willibald Fuhrmann: *Die Elektrizität in der Landwirtschaft*, Leipzig 1922 (RSB N 163)
- Hans Christian Geelmuyden: *Die Neubildung von Kohlenhydrat im Tierkörper*, I. Teil, München 1923 (Seiten 273–360; RSB N 171)
- Karl Grauer: *Agrikulturchemie. I Pflanzenernährung*. Leipzig 1907 (RSB N184)
- Fr. Heinzelmann: *Kraft's Haus und Gemüsegarten*, Frauenfeld 1918 (RSB N 310)
- Karl Kaiser: *Der Luftstickstoff und seine Verwertung*, Leipzig 1910 (RSB N 289)

---

9. April 1921: «Es ist oft, wirklich recht oft vorgekommen, dass ich in der letzten Zeit gefragt worden bin von jüngeren Semestern etwa in der folgenden Richtung: Ja, wir möchten eigentlich die Anthroposophie zusammenbringen mit unserer speziellen Wissenschaft. Wie kann man sich da verhalten, dass man in der richtigen Weise mit seinem Ziel nach der Promotion, nach dem Staatsexamen, hinarbeitet? Was soll man da tun? Wie soll man seine Arbeit einrichten? [...] Schreiben Sie Ihre Dissertation so, dass Sie zunächst das hineinschreiben, was der Professor zensieren kann, was er verstehen wird; und nehmen Sie sich ein zweites Heft, da schreiben Sie alles das hinein, was sich Ihnen ergibt im Laufe Ihres Studiums und von dem Sie glauben, dass es eigentlich von der Anthroposophie her hereingearbeitet werden sollte. Das bewahren Sie sich dann auf. Dann machen Sie Ihre zwei Bogen – so lang muss eine Dissertation sein –; die reichen Sie ein. Und versuchen Sie fertig zu werden. Dann können Sie mit dem, was Sie sich außer diesem einen im zweiten Heft nach und nach erworben haben, der Anthroposophie wirklich tatkräftig helfen.» (Dornach 1981, S. 50)

3 Hans Vereijken (2009): *Analyse der Notizzettel von Rudolf Steiner zum Landwirtschaftlichen Kurs,* Archiv-Exemplar (RSA LS ZU 47)

- Hermann Karsten: *Deutsche Flora. Pharmazeutisch-medicinische Botanik*, Berlin 1880–1883 (RSB N 290)
- Paul Krische: *Das agrikulturchemische Kontrollwesen*, Leipzig 1906 (RSB N 313)
- Theodor Lange: *Gurke, Melone, Kürbis. Ihre Treib- und Freilandkultur*, Berlin 1900 (RSB N 325)
- Maurice Montet: *Aide Mémoire d'Agriculture tropicale*, Paris 1914 (RSB N 379)
- Arthur Pekrun: *Anfängerfragen im Obstbaumschnitt*, Erfurt 1922 (RSB N 416)
- Paul Rippert, Ernst Langenbeck: *Ackerbau- und Pflanzenbaulehre*, Göschen 1904 (RSB N 459).
- Johann Adam Schlipf: *Schlipfs praktisches Handbuch der Landwirtschaft*, Berlin 1922 (RSB N 489) (Herausgeber: Theodor Wölfer)
- Albert Studler: *Schweizerisches Landwirtschaftliches Lexikon*, Zürich 1919 (RSB N 538)
- Albrecht Conrad Thaer: *Die landwirtschaftlichen Unkräuter*, Berlin 1923 (RSB N 543)
- Theodor Wölfer: *Grundsätze und Ziele der neuzeitlichen Landwirtschaft*, Berlin 1921 (RSB N 600)

Zur Vorbereitung auf den Koberwitzer Kurs wurden vor allem die genannten Werke von Böhme, Schlipf, Studler und Wölfer verwendet. Sowohl das Buch von Böhme als auch das Buch von Schlipf wurden von Wölfer seinerzeit neu herausgegeben.

Zur Transkription unterhalb der Faksimilewiedergaben der Notizzettel Rudolf Steiners:

Ein «/» bedeutet einen Zeilenwechsel. Rudolf Steiner verwendete das Zeichen «=» vielfach und mehrdeutig, mal als Doppelpunkt, mal als Trennstrich, mal als Gedankenstrich usw. In der Transkription wurde dieses Zeichen i. d. R. mit «:» übertragen. Unterstreichungen wurden grundsätzlich mit nur einer Linie übertragen.

Zu der Nummerierung der ersten 44 Notizzettel heißt es in einer Expertise des Rudolf Steiner Archivs vom 26. Februar 1996: «Die Blätter 1–19 sind von ihm selbst durchnummeriert worden, und zwar, ebenso wie die Notizen selbst, mit Tinte. Eine Ausnahme sind die Seiten 4a und 4b, die zwar auf dem gleichen Papier geschrieben sind, jedoch keine originale Nummerierung zeigen. Möglicherweise könnten diese beiden Blätter also nachträglich eingefügt worden sein. Die Zahlen auf den Blättern 20–38 sind mit Bleistift eingetragen, abweichend vom eigentlichen Text, der mit Tinte geschrieben ist. Ob diese ganz oder nur zum Teil von Steiner sind, lässt sich nicht mit Sicherheit sagen. Ab Seite 39 ist die Nummerierung wieder zweifelsfrei von Steiners Hand, diesmal sind die Notizen und Seitenzahlen mit Kopierstift geschrieben.»

Die Notizbücher 614 und 617 befinden sich im Original im Ita Wegman Archiv und liegen dem Rudolf Steiner Archiv in Kopie vor.

NZ 3595a

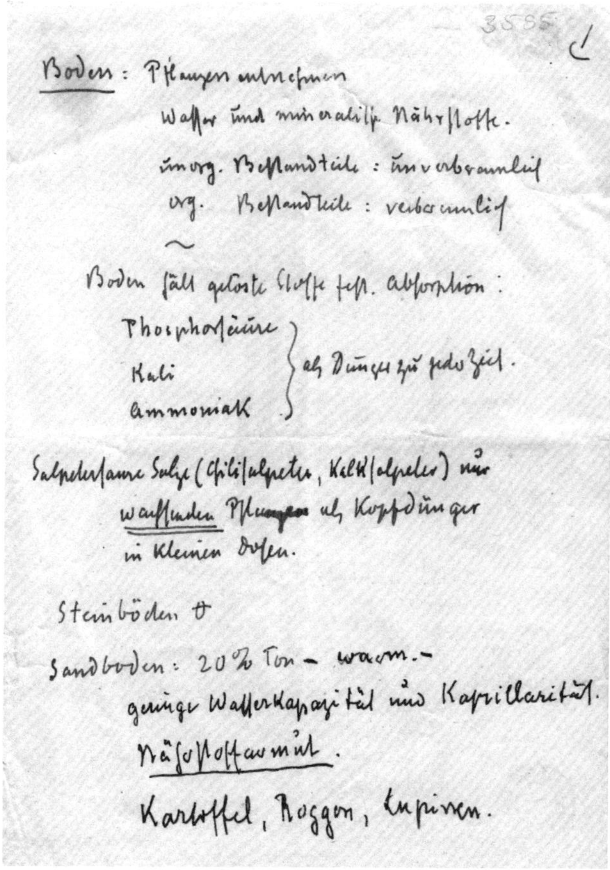
3595
Boden: Pflanzen entnehmen
Wasser und mineralische Nährstoffe.
unorg. Bestandteile: unverbrennlich
org. Bestandteile: verbrennlich
~
Boden hält gelöste Stoffe fest. Absorption:
Phosphorsäure
Kali
Ammoniak
als Dünger zu jeder Zeit.
Salpetersaure Salze (Chilisalpeter, Kalksalpeter) nur
wachsenden Pflanzen als Kopfdünger
in kleinen Dosen.
Steinböden
Sandboden: 20% Ton – warm. –
geringe Wasserkapazität und Kapillarität.
Nährstoffarmut.
Kartoffel, Roggen, Lupinen.

<u>Boden</u>: Pflanzen entnehmen / Wasser und mineralische Nährstoffe. / unorg. Bestandteile: unverbrennlich / org. Bestandteile: verbrennlich. / ~ / Boden hält gelöste Stoffe fest. Absorption: / Phosphorsäure / Kali / Ammoniak *[rechts neben der geschweiften Klammer:]* als Dünger zu jeder Zeit. Salpetersaure Salze (Chilisalpeter, Kalksalpeter) nur / <u>wachsenden</u> Pflanzen als Kopfdünger / in kleinen Dosen.
Steinböden *[unleserliches Zeichen, evtl. Durchgestrichenes]* / Sandboden: 20% Ton – warm. – / geringe Wasserkapazität und Kapillarität. / <u>Nährstoffarmut</u>. / Kartoffel, Roggen, Lupinen.
[Notizen aus Studler, S. 38–39]

NZ 3595b

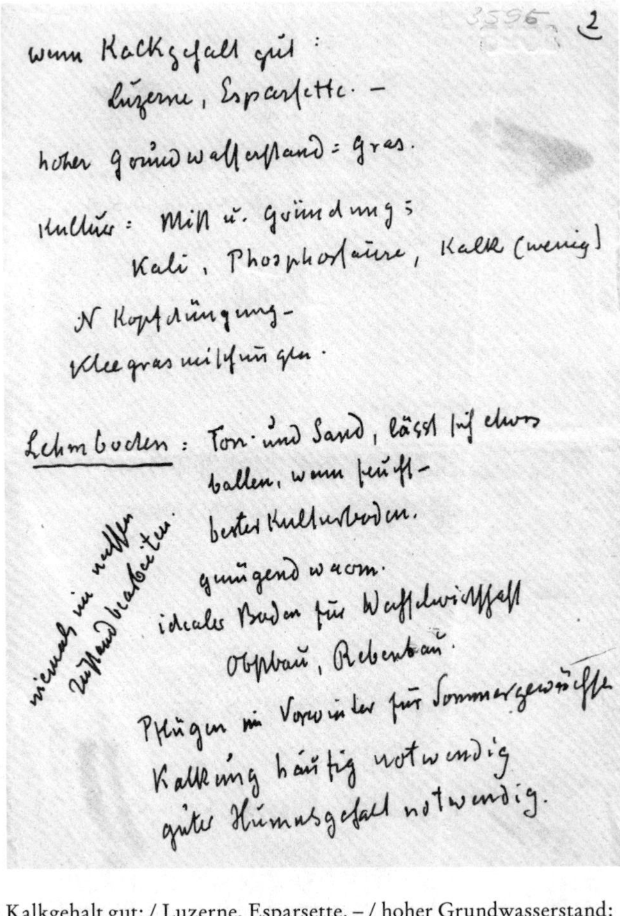

Wenn Kalkgehalt gut: / Luzerne, Esparsette. – / hoher Grundwasserstand: Gras. / Kultur: Mist u. Gründüngung; / Kali, Phosphorsäure, Kalk (wenig) / N Kopfdüngung – / Kleegrasmischungen.
Lehmboden: Ton und Sand, lässt sich etwas / ballen, wenn feucht – / bester Kulturboden. / genügend warm. / idealer Boden für Wechselwirtschaft / Obstbau, Rebenbau. / Pflügen im Vorwinter für Sommergewächse / Kalkung häufig notwendig / guter Humusgehalt notwendig.
[links schräg geschrieben:] niemals im nassen / Zustand bearbeiten.
[Notizen aus Studler, S. 39–40]

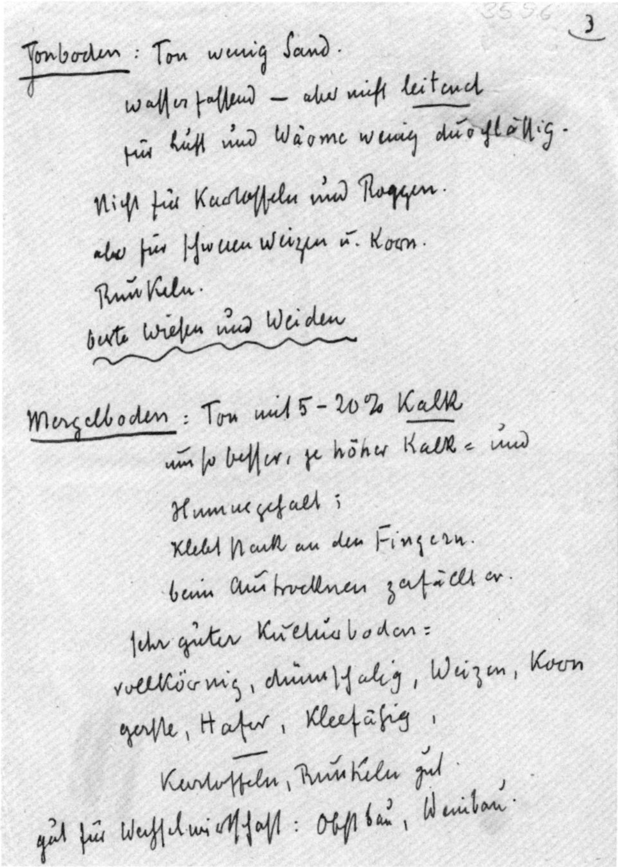

NZ 3596

Tonboden: Ton wenig Sand. / wasserhaltend – aber nicht leitend / für Luft und Wärme wenig durchlässig. / Nicht für Kartoffeln und Roggen. / aber für schweren Weizen u. Korn. / Runkeln. / Beste Wiesen und Weiden Mergelboden: Ton mit 5 – 20% Kalk / umso besser, je höher Kalk- und / Humusgehalt; / klebt stark an den Fingern. / beim Austrocknen zerfällt er. / sehr guter Kulturboden: / vollkörnig, dünnschalig, Weizen, Korn / Gerste, Hafer, kleefähig, / – / Kartoffeln, Runkeln gut / gut für Wechselwirtschaft: Obstbau, Weinbau.

[Notizen aus Studler, S. 40–41]

NZ 3597

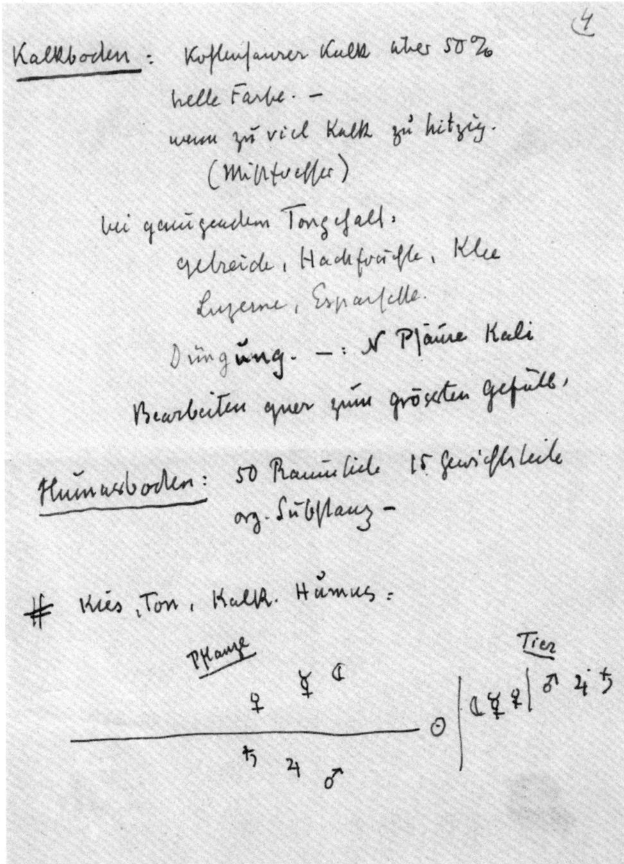

Kalkboden: Kohlensaurer Kalk über 50% / helle Farbe. – / wenn zu viel Kalk zu hitzig. / (Mistfresser) / bei genügendem Tongehalt: / Getreide, Hackfrüchte, Klee, / Luzerne, Esparsette. / Düngung. –: N P Säure Kali / Bearbeiten quer zum grössten Gefälle.
Humusboden: 50 Raumteile 15 Gewichtsteile / org. Substanz –
Kies, Ton, Kalk. Humus:
[Skizze:] Pflanze *[sowie die Symbole für Venus, Merkur, Mond über dem horizontalen Strich und Saturn, Jupiter und Mars unter dem horizontalen Strich; neben dem horizontalen Strich rechts das Symbol für Sonne]* Tier *[sowie darunter von links nach rechts die Symbole von Mond, Merkur, Venus, ein vertikaler Strich, die Symbole für Mars, Jupiter, Saturn]*
[Notizen bis zum Doppelkreuz aus Studler, S. 41–42]

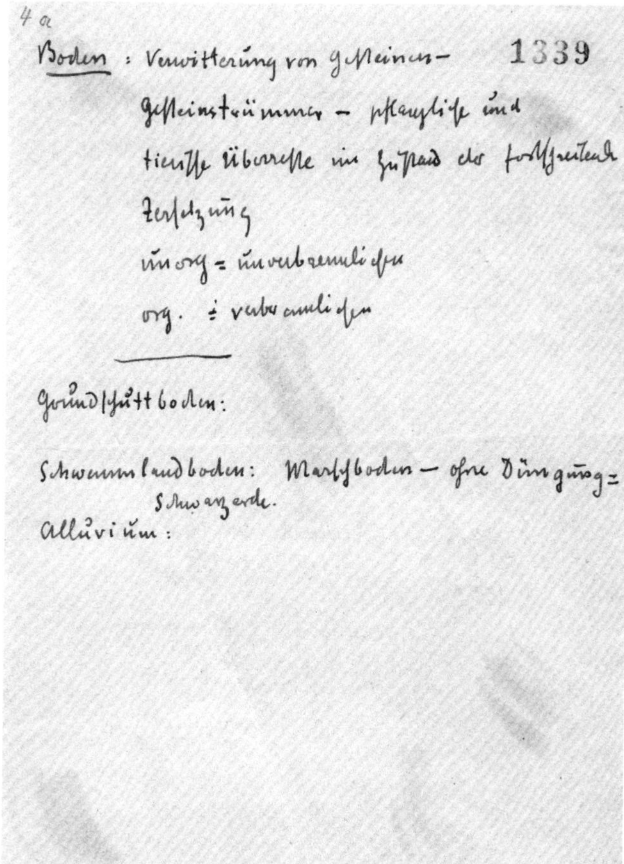

NZ 1339

Boden: Verwitterung von Gesteinen – / Gesteinstrümmer – pflanzliche und / tierische Überreste im Zustand der fortschreitenden / Zersetzung / unorg: unverbrennlichen / org. : verbrennlichen / – /
Grundschuttboden: / Schwemmlandboden: Marschboden – ohne Düngung : / Schwarzerde. / Alluvium:
[Notizen aus Schlipf, S. 1, §2]

NZ 1338

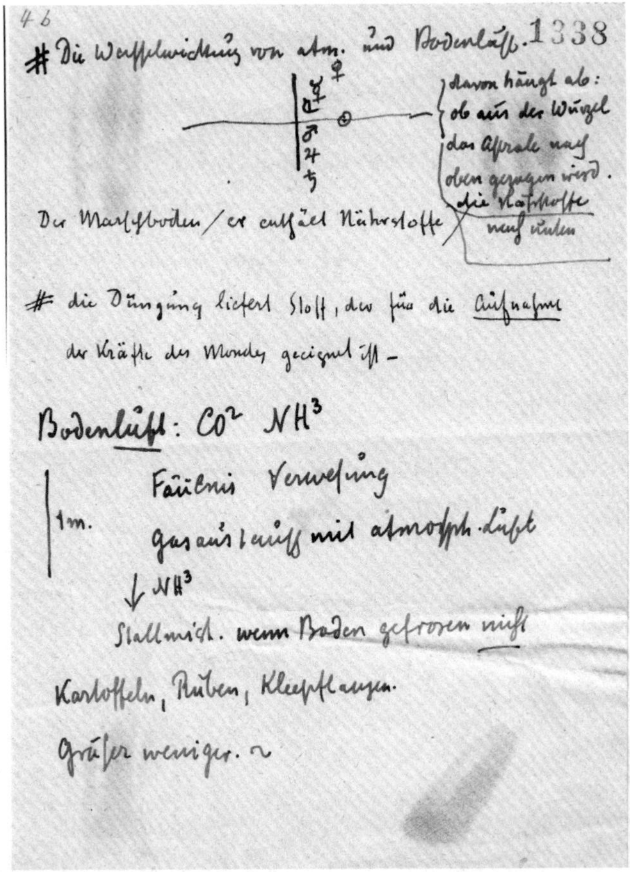

Die Wechselwirkung von atm. und Bodenluft. / *[rechts neben der Skizze:]* davon hängt ab: / ob aus der Wurzel / das Astrale nach / oben gezogen wird. / die Nährstoffe nach unten *[in der Skizze links daneben von unten nach oben die Symbole für Saturn, Jupiter, Mars, Sonne, Mond, Merkur, Venus.]*
Der Marschboden / er enthält Nährstoffe /
die Düngung liefert Stoff, der für die <u>Aufnahme</u> / der Kräfte des Mondes geeignet ist –
Boden<u>luft</u>: CO^2 NH^3 / Fäulnis Verwesung / Gasaustausch mit atmosph. Luft / ↓ NH^3 / Stallmist. wenn Boden gefroren <u>nicht</u> / Kartoffeln, Rüben, Kleepflanzen. / Gräser weniger. ~
[Neben dem vertikalen Strich links:] 1 m.
[Außer bei den beiden Doppelkreuzen: Notizen aus Schlipf, S. 1, §2 und aus Studler S. 53]

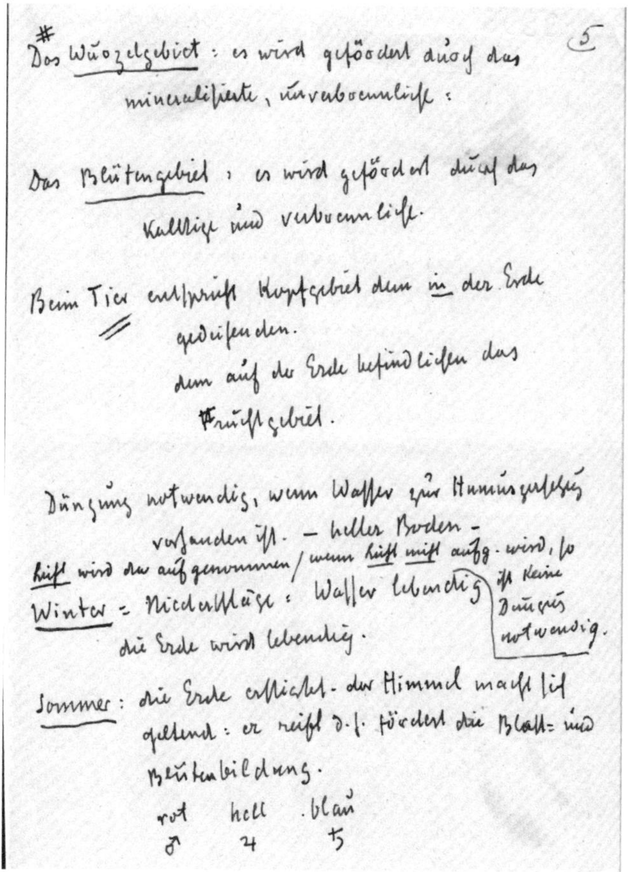

NZ 3598

#
Das <u>Wurzelgebiet</u>: es wird gefördert durch das / mineralisierte, unverbrennliche: Das <u>Blütengebiet</u>: es wird gefördert durch das / Kalkige und verbrennliche. Beim <u>Tier</u> entspricht Kopfgebiet dem <u>in</u> der Erde / gedeihenden. / dem auf der Erde befindlichen das / Fruchtgebiet. / Düngung notwendig, wenn Wasser zur Humuszersetzung / vorhanden ist. – heller Boden – / <u>Licht</u> wird da aufgenommen / wenn <u>Licht</u> <u>nicht</u> aufg. wird, so / ist keine / Düngung / notwendig. <u>Winter</u>: Niederschläge: Wasser lebendig / die Erde wird lebendig. <u>Sommer</u>: die Erde erstirbt – der Himmel macht sich / geltend: er reift d.h. fördert die Blatt- und / Blütenbildung. / rot *[darunter das Symbol für Mars]* hell *[darunter das Symbol für Jupiter]* blau *[darunter das Symbol für Saturn]*. *[teils Bezug zu Studler S. 51]*

NZ 3599

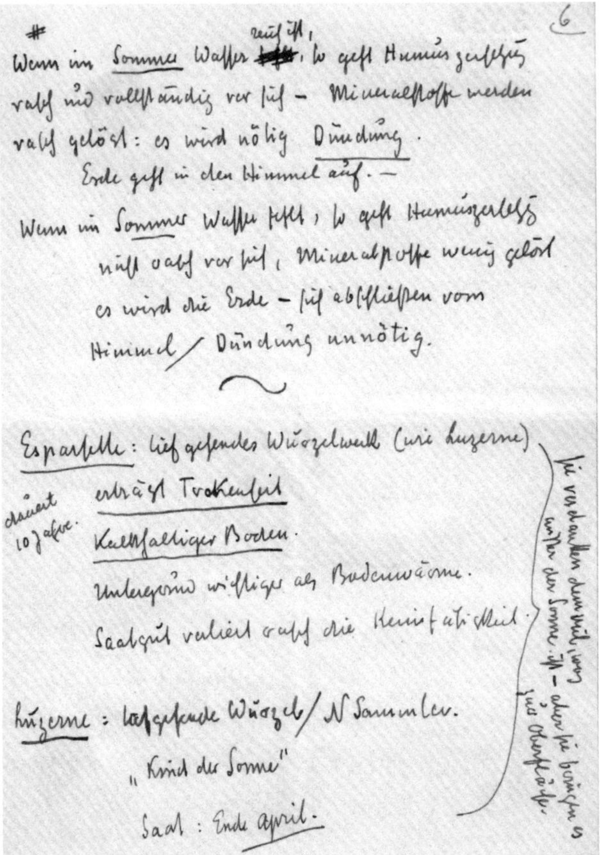

#
Wenn im Sommer Wasser reich ist, so geht Humuszersetzung / rasch und vollständig vor sich – Mineralstoffe werden / rasch gelöst: es wird nötig Düngung *[geschrieben «Dündung»]*. / Erde geht in den Himmel auf. – Wenn im Sommer Wasser fehlt, so geht Humuszersetzung / nicht rasch vor sich, Mineralstoffe wenig gelöst, / es wird die Erde – sich abschließen vom / Himmel / Düngung *[geschrieben «Dündung»]* unnötig. / ~
Esparsette: tiefgehendes Wurzelwerk (wie Luzerne) / erträgt Trockenheit / Kalkhaltiger Boden / Untergrund wichtiger als Bodenwärme. / Saatgut verliert rasch die Keimfähigkeit. *[links unterhalb von «Esparsette»:]* dauert 10 Jahre.
Luzerne: tiefgehende Wurzel / N Sammler. / «Kind der Sonne» / Saat: Ende April.
[rechts neben der geschweiften Klammer:] Sie verdanken dem viel, was / außer der Sonne ist – aber sie bringen es / zur Oberfläche.
[Notizen zur Luzerne und Esparsette aus Studler S. 51, S. 69–70 und S. 189; «Kind der Sonne» von S. 189]

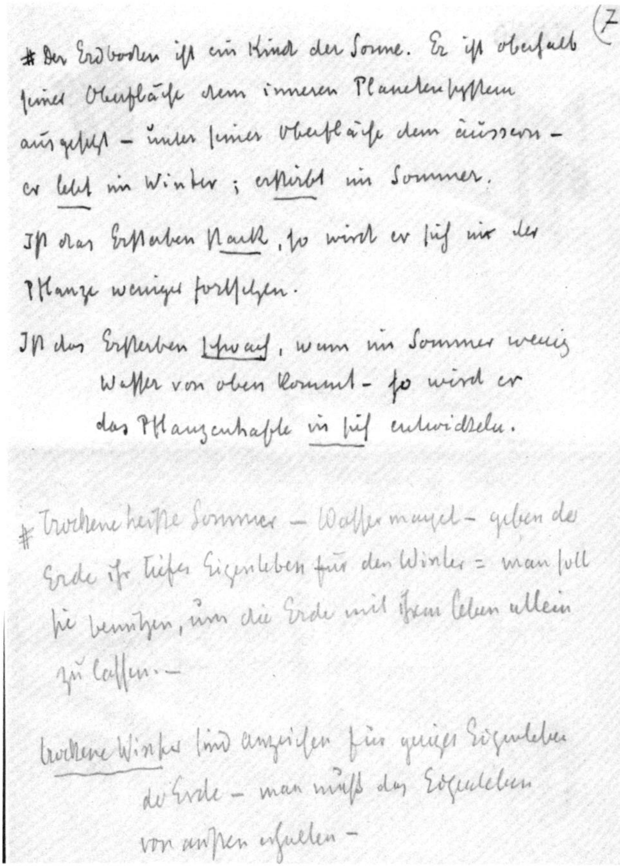

NZ 3600

Der Erdboden ist ein Kind der Sonne. Er ist oberhalb / seiner Oberfläche dem inneren Planetensystem / ausgesetzt – unter seiner Oberfläche dem äußern – / er lebt im Winter; erstirbt im Sommer. / Ist das Ersterben stark, so wird er sich in der / Pflanze weniger fortsetzen.
Ist das Ersterben schwach, wenn im Sommer wenig / Wasser von oben kommt – so wird er / das Pflanzenhafte in sich entwickeln.
Trockene heiße Sommer – Wassermangel – geben der / Erde ihr tiefes Eigenleben für den Winter: man soll / sie benützen, um die Erde mit ihrem Leben allein / zu lassen. –
Trockene Winter sind Anzeichen für geringes Eigenleben / der Erde – man muss das Eigenleben / von außen erhalten –

NZ 3601

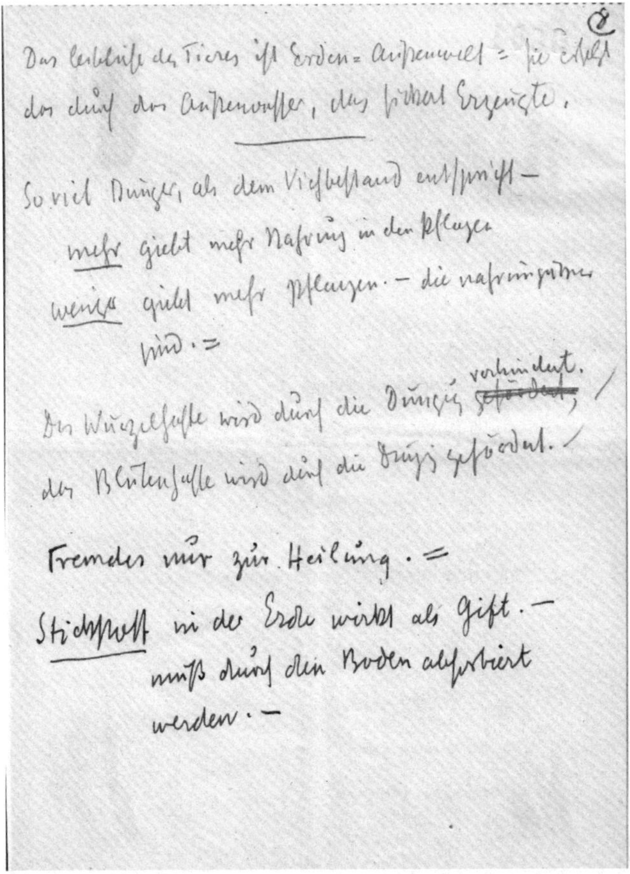

Das Leibliche des Tieres ist Erden-Außenwelt: sie ersetzt / das durch das Außenwasser, das sickert *[Lesung unsicher]* Erzeugte. / – /
So viel Dünger, als dem Viehbestand entspricht – / mehr gibt mehr Nahrung in den Pflanzen / weniger gibt mehr Pflanzen. – die nahrungsärmer / sind.:
Das Wurzelhafte wird durch die Düngung verhindert. ~~gefördert,~~ // das Blütenhafte wird durch die Düngung gefördert. //
Fremdes nur zur Heilung. :
Stickstoff in der Erde wirkt als Gift. – / muss durch den Boden absorbiert / werden. –

NZ 3602

Der Sand trägt das Obere – als Leben und Chemie / in den Boden – / Der Thon trägt das Obere als Licht und Wärme / in den Boden – aus der Luft. – / Der Kalk gestaltet das Untere durch Wasser und Luft / Chemismus. – / Der Humus gestaltet das Untere durch die Erde. / – /
Physisches: es ist das Endproduct des Kosmos. – / Es darf eigentlich nicht entstehen: behufs / des Pflanzenwerdens. – Es entsteht im / Winter, da wird krystallisiert –
Aetherisches: es ist Mittelproduct – das eigent- / liche Element des Pflanzengedeihens. / A. Im Oberen der Erde – tot: Wärme Licht / B. Im Unteren lebend: Chemismus. Leben. / A. Es wird das Leben ↓ B es wird das Leblose ↑ für das / Astrale empfänglich.

NZ 3603

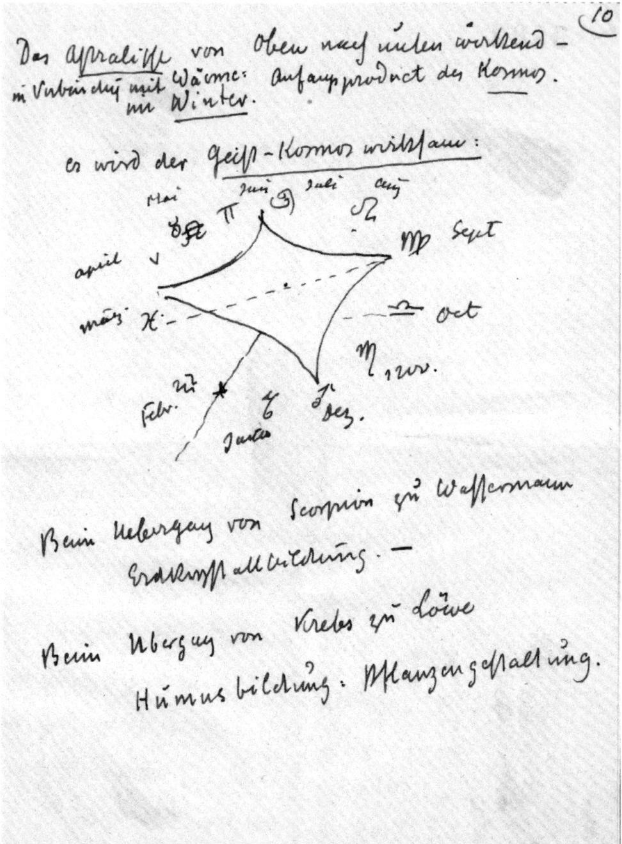

Das Astralische von oben nach unten wirkend – / in Verbindung mit Wärme: Anfangsproduct des Kosmos. / im Winter. / es wird der Geist-Kosmos wirksam: *[zur Skizze, jeweils Monat und Planet bzw. Sternzeichen:]* Dez. *[Schütze]* Januar *[Steinbock,]* Febr. *[Wassermann,]* März *[Fische,]* April *[Widder,]* Mai *[Stier,]* Juni *[Zwillinge,]* Juli *[Krebs,]* Aug *[Löwe,]* Sept *[Jungfrau,]* Oct *[Waage,]* Nov. *[Skorpion]*
Beim Uebergang von Scorpion zu Wassermann / Erdkrystallbildung. –
Beim Ubergang von Krebs zu Löwe / Humusbildung: Pflanzengestaltung.

NZ 3604

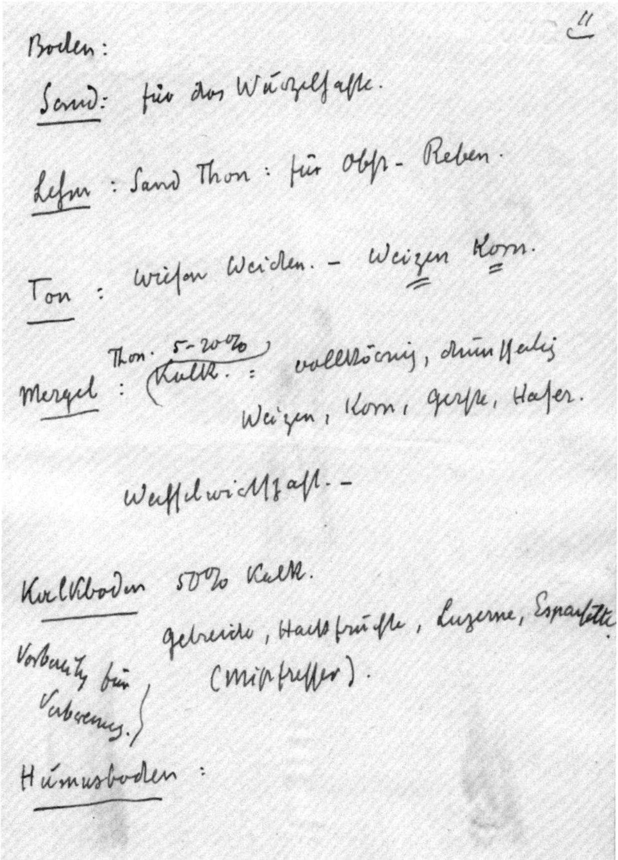
11

Boden:

Sand: für das Wurzelhafte.

Lehm: Sand Thon: für Obst - Reben.

Ton: Wiesen Weiden. - Weizen Korn.

Mergel: Thon 5-20% Kalk.: vollkörnig, dünnschalig
Weizen, Korn, Gerste, Hafer.

Wechselwirtschaft. -

Kalkboden 50% Kalk.
Getreide, Hackfrüchte, Luzerne, Esparsette
(Mistfresser).

Vorbereitung für Verbrennung.

Humusboden:

Boden: / Sand: für das Wurzelhafte. / Lehm: Sand Thon: für Obst – Reben. / Ton: Wiesen Weiden. – Weizen Korn. / Mergel: Thon 5–20% Kalk.: vollkörnig, dünnschalig / Weizen, Korn, Gerste, Hafer. / Wechselwirtschaft. – / Kalkboden 50% Kalk. / Getreide, Hackfrüchte, Luzerne, Esparsette / (Mistfresser). / *[schräg daneben:]* Vorbereitung für / Verbrennung. / Humusboden:

[teils Bezug zu Studler S. 39–41]

NZ 3605

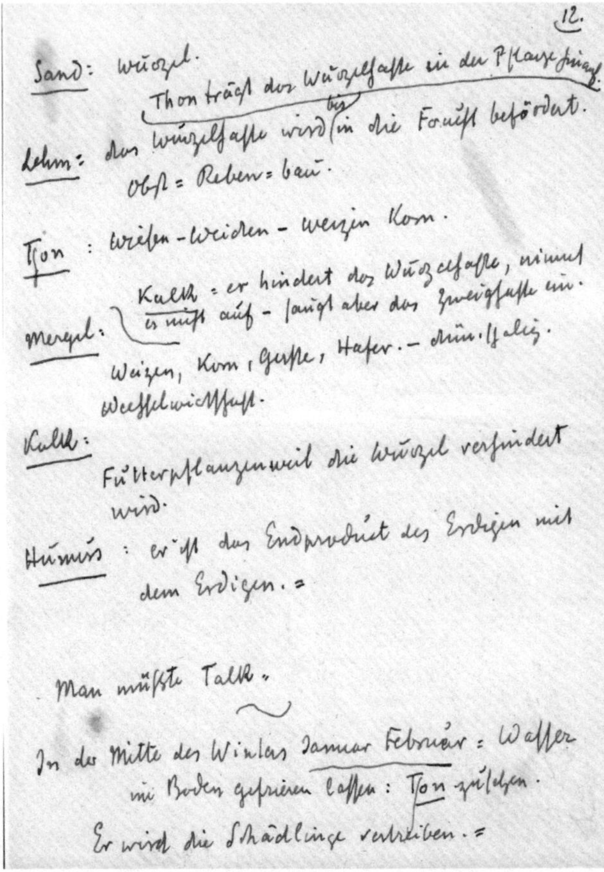
12.
Sand: Wurzel.
Thon trägt das Wurzelhafte in der Pflanze hinauf
Lehm: das Wurzelhafte wird bis in die Frucht befördert.
Obst = Reben = bau.
Thon: Wiesen - Weiden - Weizen Korn.
Kalk = er hindert das Wurzelhafte, nimmt
Mergel: es nicht auf - saugt aber das Zweighafte ein.
Weizen, Korn, Gerste, Hafer. - dünnschalig.
Wechselwirtschaft.
Kalk: Futterpflanzen weil die Wurzel verhindert
wird.
Humus: er ist das Endproduct des Erdigen mit
dem Erdigen. =
Man müsste Talk.
~
In der Mitte des Winters Januar Februar = Wasser
im Boden gefrieren lassen: Thon zusetzen.
Er wird die Schädlinge vertreiben. =

<u>Sand</u>: Wurzel. / Thon trägt das Wurzelhafte in der Pflanze hinauf / <u>Lehm</u>: das Wurzelhafte wird bis in die Frucht befördert / Obst- Reben- bau. / <u>Thon</u>: Wiesen – Weiden – Weizen Korn. / <u>Mergel</u>: Kalk: er hindert das Wurzelhafte, nimmt / es nicht auf – saugt aber das Zweighafte ein. / Weizen, Korn, Gerste, Hafer. – dünnschalig. / Wechselwirtschaft. / <u>Kalk</u>: Futterpflanzen weil die Wurzel verhindert / wird. / <u>Humus</u>: er ist das Endproduct des Erdigen mit dem Erdigen. : / Man müsste Talk: / ~ / In der Mitte des Winters <u>Januar Februar</u>: Wasser / im Boden gefrieren lassen: <u>Thon</u> zusetzen. / Er wird die Schädlinge vertreiben. :

NZ 3606

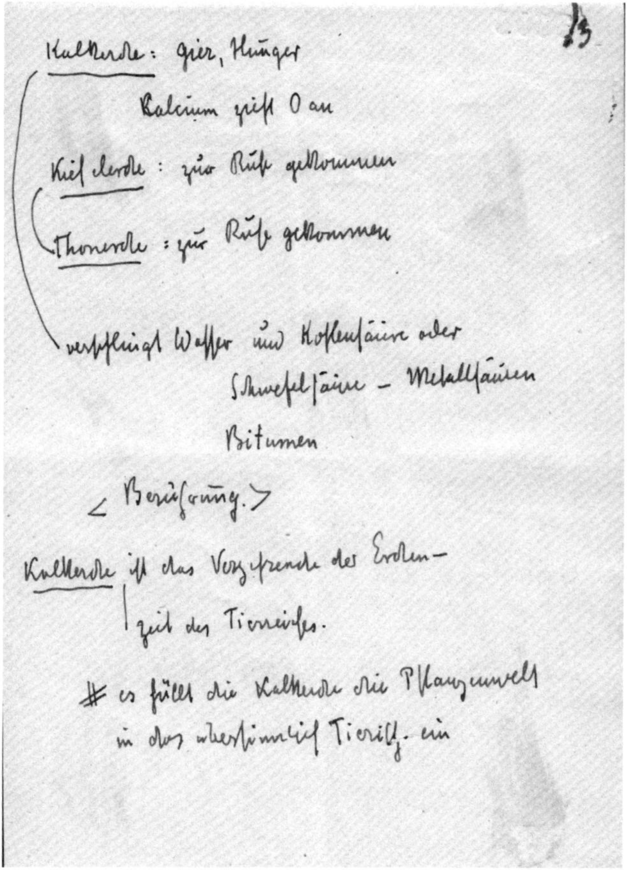

Kalkerde: Gier, Hunger / Calcium zieht O an / Kieselerde: zur Ruhe gekommen / Thonerde: zur Ruhe gekommen / verschlingt Wasser und Kohlensäure oder / Schwefelsäure – Metallsäuren / Bitumen / <Berührung.> / Kalkerde ist das Verzehrende der Erden- / zeit des Tierreiches. / # es hüllt die Kalkerde die Pflanzenwelt / in das übersinnlich Tierisch ein

NZ 3607

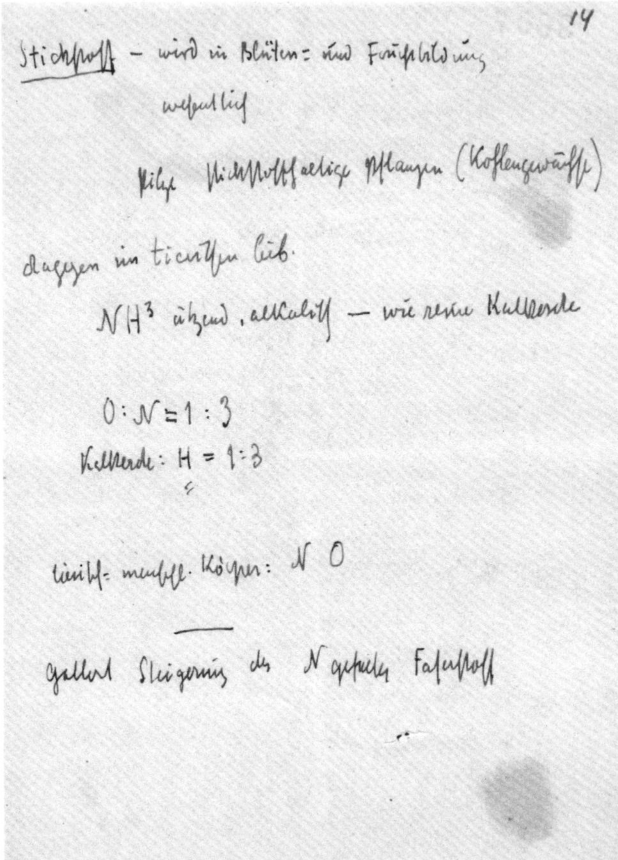

<u>Stickstoff</u> – wird in Blüten- und Fruchtbildung / wesentlich / Pilze stickstoffhaltige Pflanzen (Kohlengewächse) / dagegen im tierischen Leib. / NH^3 ätzend, alkalisch – wie reine Kalkerde / O : N = 1 : 3 / Kalkerde: H = 1 : 3 / tierisch-menschl. Körper: N O / – /
Gallert Steigerung des N Gehaltes Faserstoff

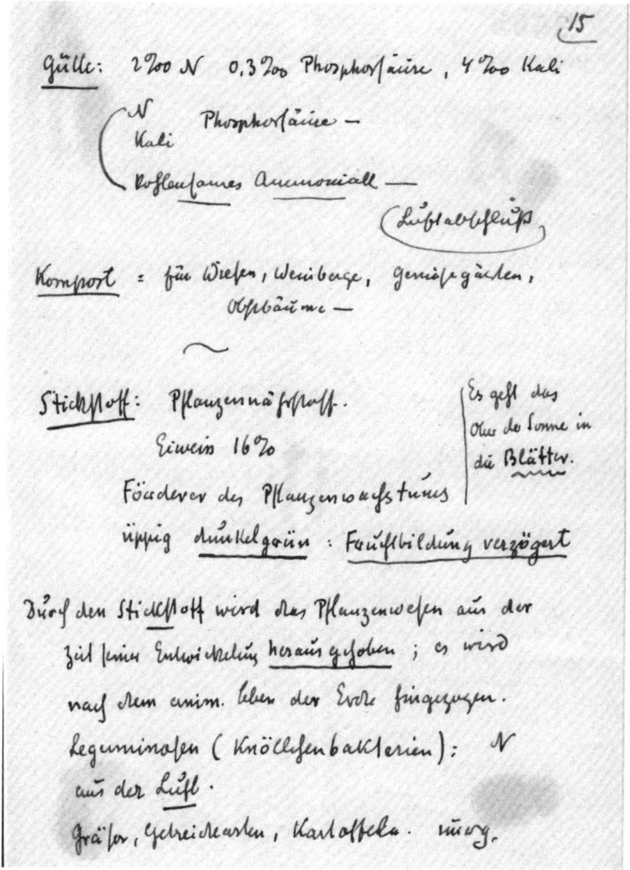

NZ 3608

Gülle: 2 ‰ N 0,3 ‰ Phosphorsäure, 4 ‰ Kali. / N / Kali *[rechts daneben]* Phosphorsäure. Kohlensaures Ammoniak – / Luftabschluss
Kompost: für Wiesen, Weinberge, Gemüsegärten, / Obstbäume – / ~ / Stickstoff: Pflanzennährstoff. / Eiweiß 16% / Förderer des Pflanzenwachstums *[rechts daneben:]* Es geht das / aus der Sonne in / die Blätter. / üppig dunkelgrün: Fruchtbildung verzögert
Durch den Stickstoff wird das Pflanzenwesen aus der / Zeit seiner Entwickelung herausgehoben; es wird / nach dem anim. Leben der Erde hingezogen. / Leguminosen (Knöllchenbakterien): N / aus der Luft. / Gräser, Getreidearten, Kartoffeln. unorg.
[oberhalb der geschlängelten Linie aus Studler S. 125, 165, unterhalb aus Studler, S. 265–266]

NZ 3609

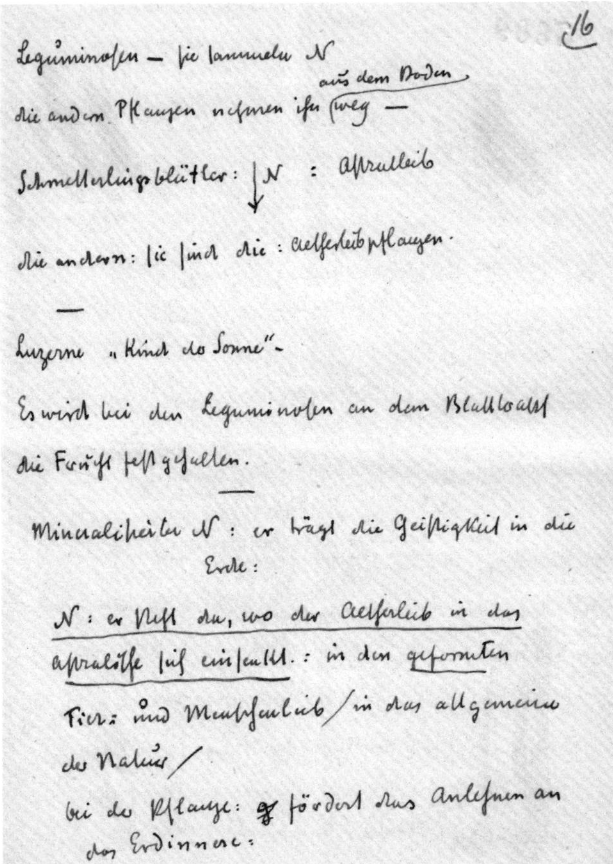

Leguminosen – sie sammeln N / die andern Pflanzen nehmen ihn aus dem Boden weg – / Schmetterlingsblütler: ↓ N: Astralleib / die andern: sie sind die: Aetherleibpflanzen. / – /
Luzerne «Kind der Sonne» – / Es wird bei den Leguminosen an dem Blatttrakt / die Frucht festgehalten. / – /
Mineralisierter N: er trägt die Geistigkeit in die / Erde: / <u>N: er steht da, wo der Aetherleib in das / Astralische sich einsenkt</u>.: in den <u>geform</u>ten / Tier- und Menschenleib / in das allgemeine / der Natur / / bei der Pflanze: etc. *[unsichere Lesung]* fördert das Anlehnen an / das Erdinnere:

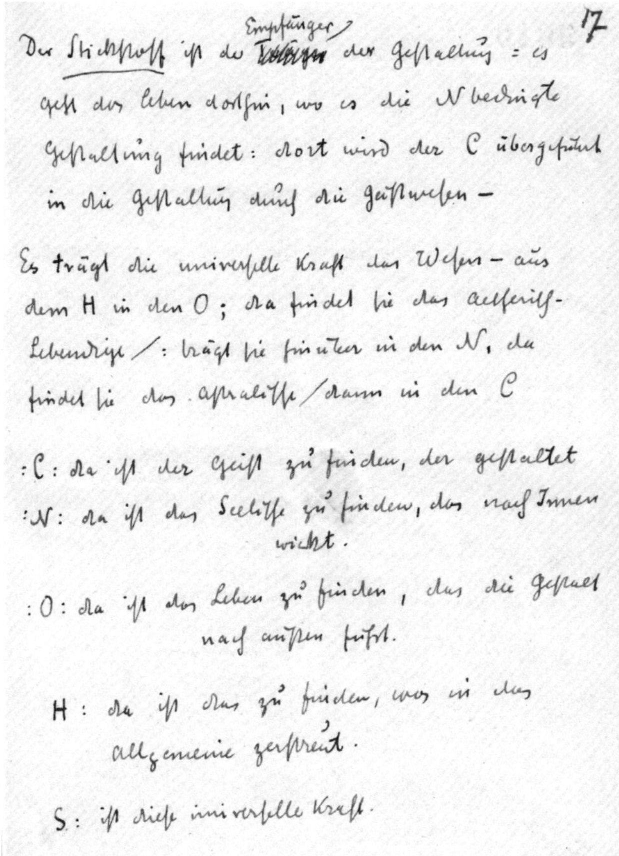

NZ 3610

Der Stickstoff ist der Empfänger ~~Träger~~ der Gestaltung : es / geht das Leben dorthin, wo es die N bedingte / Gestaltung findet: dort wird der C übergeführt / in die Gestaltung durch die Geistwesen – /
Es trägt die universelle Kraft das Wesen – aus / dem H in den O; da findet sie das Aetherisch- / Lebendige /: trägt sie hinüber in den N, da / findet sie das Astralische / dann in den C
: C : da ist der Geist zu finden, der gestaltet
: N : da ist das Seelische zu finden, das nach Innen / wirkt.
: O : da ist das Leben zu finden, das die Gestalt / nach außen führt.
H: da ist das zu finden, was in das / Allgemeine zerstreut.
S: ist diese universelle Kraft.

NZ 3611

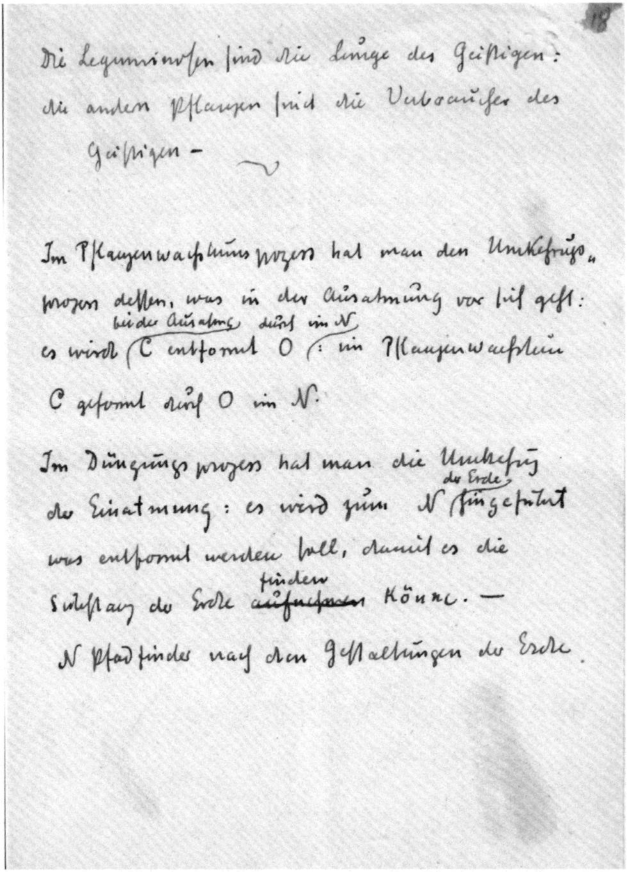

Die Leguminosen sind die Lunge des Geistigen: / die andern Pflanzen sind die Verbraucher des / Geistigen – / ~ /
Im Pflanzenwachstumsprozess hat man den Umkehrungs- / prozess dessen, was in der Ausatmung vor sich geht: / es wird bei der Ausatmung C entformt durch O im N: im Pflanzenwachstum / C geformt durch O im N.
Im Düngungsprozess hat man die Umkehrung / der Einatmung: es wird zum N der Erde hingeführt / was entformt werden soll, damit es die / Substanz der Erde finden ~~aufnehmen~~ könne. – / N Pfadfinder nach den Gestaltungen der Erde.

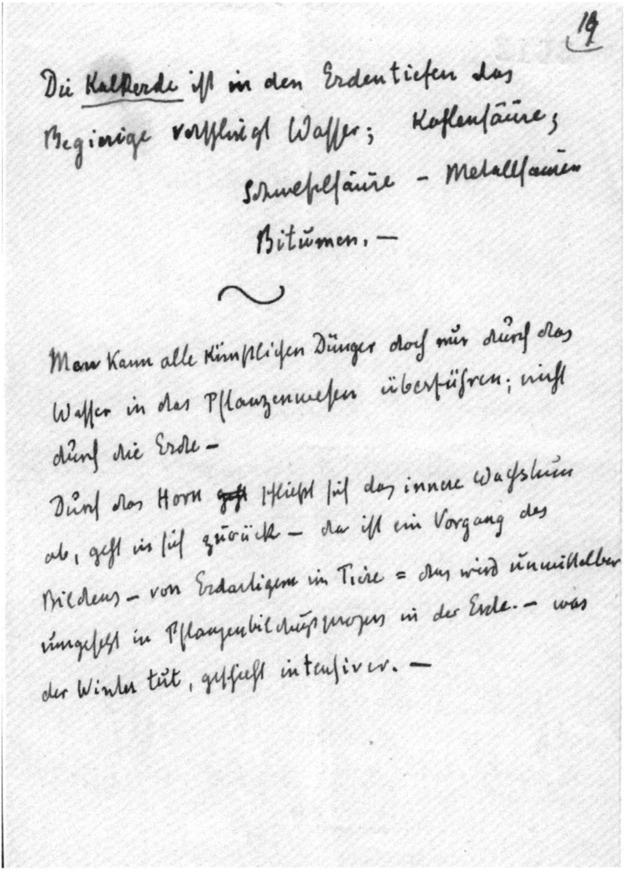

NZ 3612

Die Kalkerde ist in den Erdentiefen das / Begierige verschlingt Wasser; Kohlensäure; / Schwefelsäure – Metallsäuren / Bitumen. – / ~ /
Man kann alle künstlichen Dünger doch nur durch das / Wasser in das Pflanzenwesen überführen; nicht / durch die Erde –
Durch das Horn ~~geht~~ schließt sich das innere Wachstum / ab, geht in sich zurück – da ist ein Vorgang des / Bildens – von Erdartigem im Tiere : das wird unmittelbar / umgesetzt in Pflanzenbildungsprozess in der Erde. – was / der Winter tut, geschieht intensiver. –

NZ 3613

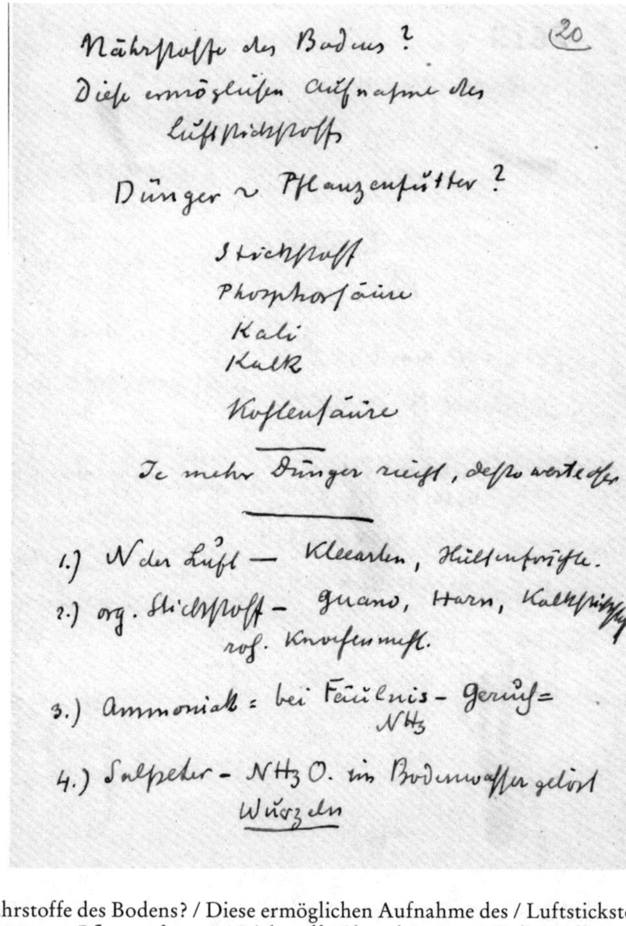

Nährstoffe des Bodens? / Diese ermöglichen Aufnahme des / Luftstickstoffs / Dünger ~ Pflanzenfutter? / Stickstoff / Phosphorsäure / Kali / Kalk / Kohlensäure / – /
Je mehr Dünger riecht, desto wertloser / – /
1.) N der Luft – Kleearten, Hülsenfrüchte. / 2.) org. Stickstoff – Guano, Harn, Kalkstickstoff / roh. Knochenmehl. 3.) Ammoniak : bei Fäulnis-Geruch : / NH_3 / 4.) Salpeter – NH_3O. im Bodenwasser gelöst / <u>Wurzeln</u>
[Notizen aus Böhme, S. 165–178]

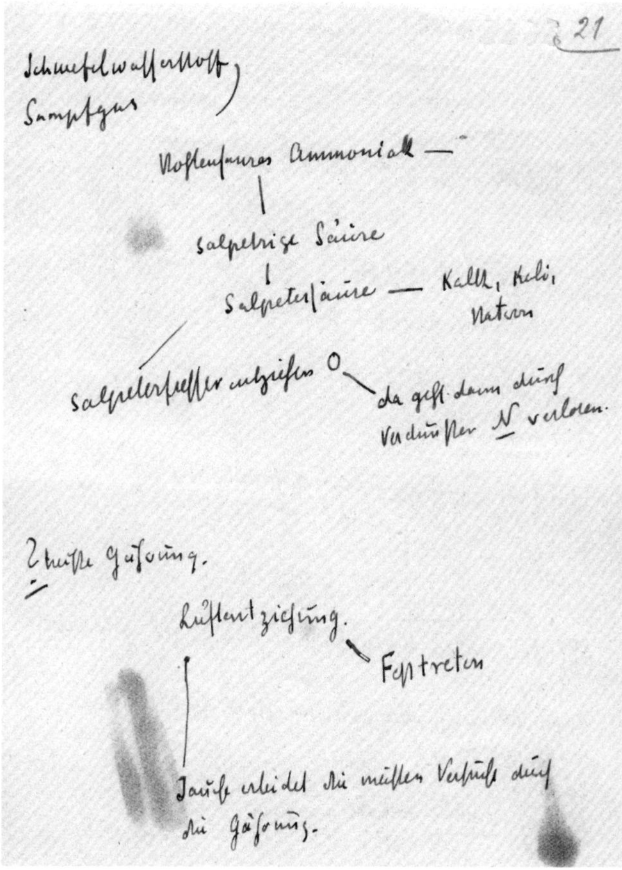

NZ 3614

Schwefelwasserstoff / Sumpfgas / Kohlensaures Ammoniak – / salpetrige Säure / Salpetersäure – Kalk, Kali, / Natron / Salpeterfresser entziehen O / da geht dann durch / Verdunsten N verloren.
? heiße Gährung. / Luftentziehung. / Festtreten / Jauche erleidet die meisten Verluste durch / die Gährung.
[Notizen aus Böhme, S. 170–171]

NZ 3615

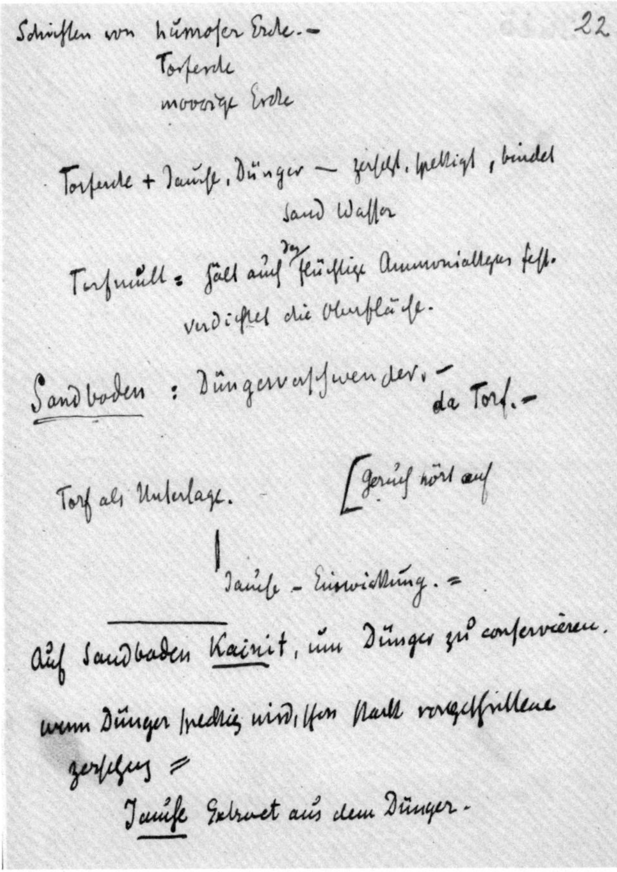

Schichten von humoser Erde. – / Torferde / moorige Erde / Torferde + Jauche, Dünger – zersetzt, spekigt, bindet / Sand Wasser / Torfmull: hält auch das flüchtige Ammoniakgas fest. / verdichtet die Oberfläche. / Sandboden: Düngerverschwender. – / da Torf. – / Torf als Unterlage. [Geruch hört auf / Jauche-Einwirkung. : / – /
Auf Sandboden Kainit, um Dünger zu conservieren. / wenn Dünger speckig wird, schon stark vorgeschrittene / Zersetzung – / Jauche Extract aus dem Dünger.
[Notizen aus Böhme, S. 172–174]

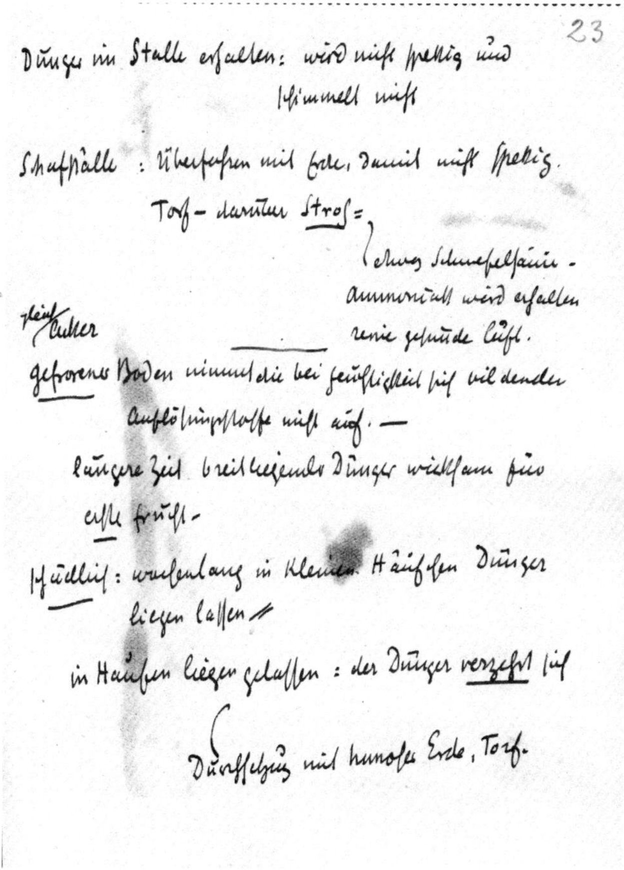

NZ 3616

Dünger im Stalle erhalten: wird nicht spekig und / schimmelt nicht Schafställe: Überfahren mit Erde, damit nicht spekig. / Torf – darüber <u>Stroh</u>: / etwas Schwefelsäure – / Ammoniak wird erhalten / reine gesunde Luft. / – / Gleich Acker / Gefrorener Boden nimmt die bei Feuchtigkeit sich bildenden / Auflösungsstoffe nicht auf. – / längere Zeit breitliegender Dünger wirksam für / <u>erste</u> Frucht –
<u>schädlich</u>: wochenlang in kleinen Häufchen Dünger / liegen lassen – / in Haufen liegen gelassen: der Dünger <u>verzehrt</u> sich / Durchsetzung mit humoser Erde, Torf.
[Notizen aus Böhme, S. 175–176]

NZ 3617

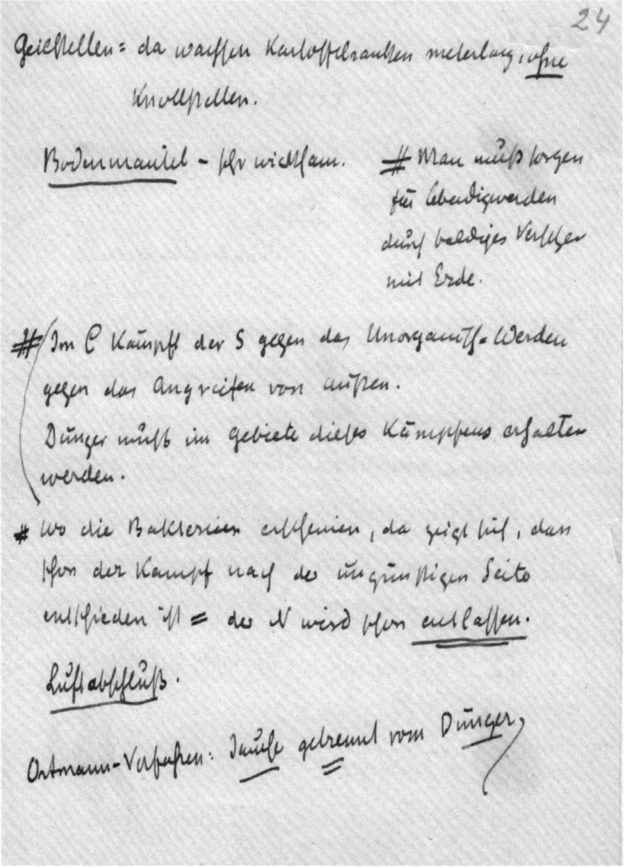

Geilstellen: da wachsen Kartoffelranken meterlang, ohne / Knollstellen. / Bodenmantel – sehr wirksam. # Man muss sorgen / für Lebendigwerden / durch baldiges Versetzen / mit Erde.
Im C kämpft der S gegen das Unorganisch-Werden / gegen das Angreifen von außen. / Dünger muss im Gebiete dieses Kämpfens erhalten / werden.
Wo die Bakterien erscheinen, da zeigt sich, dass / schon der Kampf nach der ungünstigen Seite / entschieden ist: der N wird schon entlassen. / Luftabschluss. / Ortmann-Verfahren: Jauche getrennt vom Dünger.
[Notizen aus Böhme, S. 177]

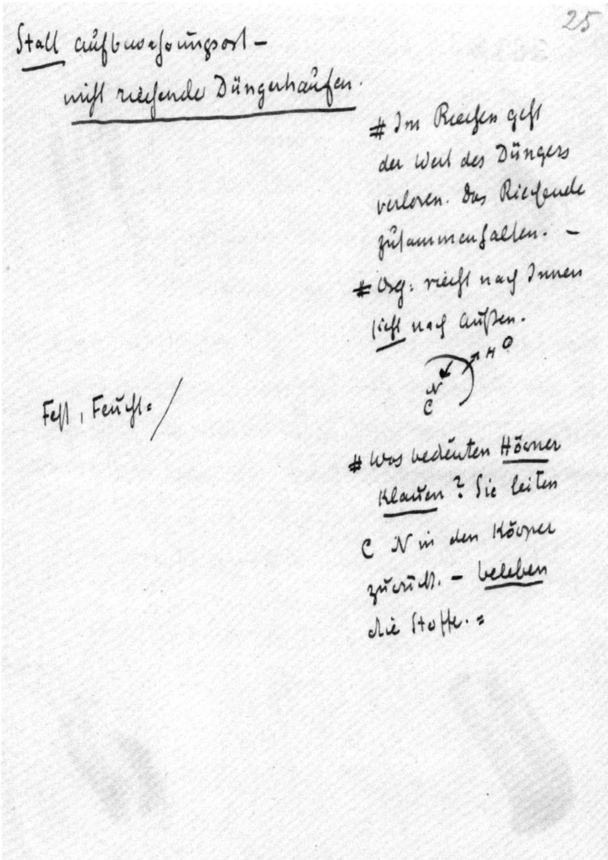

NZ 3618

Stall Aufbewahrungsort – / nicht riechende Düngerhaufen. / # Im Riechen geht / der Wert des Düngers / verloren. Das Riechende / zusammenhalten. – / # Org. riecht nach Innen / sieht *[möglicherweise auch «riecht»]* nach Außen. / Fest, Feucht. / ↓ N *[über]* C, *[Kreisbogen]* ↑ H *[unter]* O / # Was bedeuten Hörner / Klauen? Sie leiten / C N in den Körper / zurück. – beleben / die Stoffe. –
[Bezug zu Böhme, S. 175]

NZ 3619

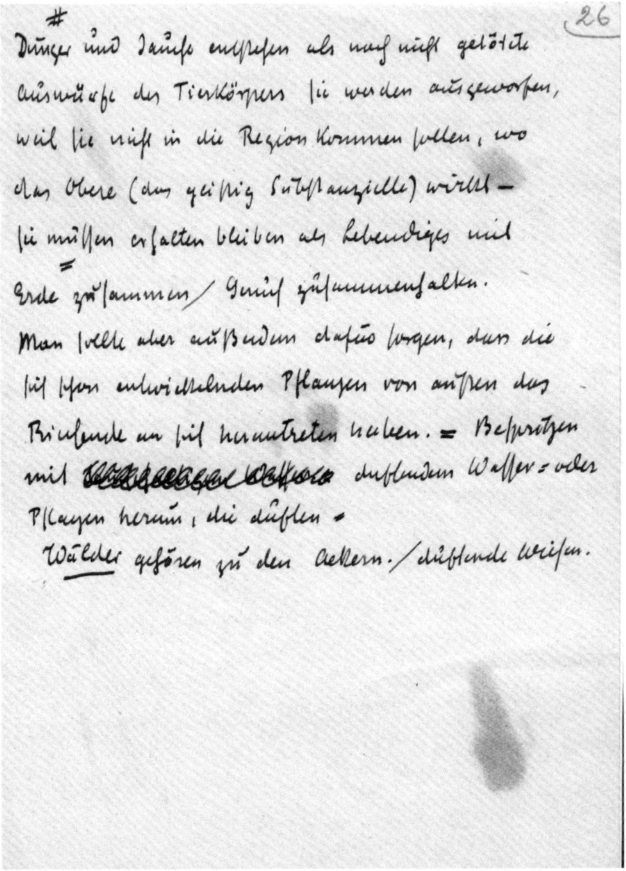

\#
Dünger und Jauche entstehen als noch nicht getötete / Auswürfe des Tierkörpers sie werden ausgeworfen, / weil sie nicht in die Region kommen sollen, wo / das Obere (das geistig Substanzielle) wirkt – / sie müssen erhalten bleiben als Lebendiges mit / Erde zusammen / Geruch zusammenhalten. / Man sollte aber außerdem dafür sorgen, dass die / sich schon entwickelnden Pflanzen von außen das / Riechende an sich herantreten haben. : Bespritzen / mit *[durchgestrichenes Unleserliches]* duftendem Wasser : oder / Pflanzen herum, die duften –
<u>Wälder</u> gehören zu den Äckern. / duftende Wiesen.

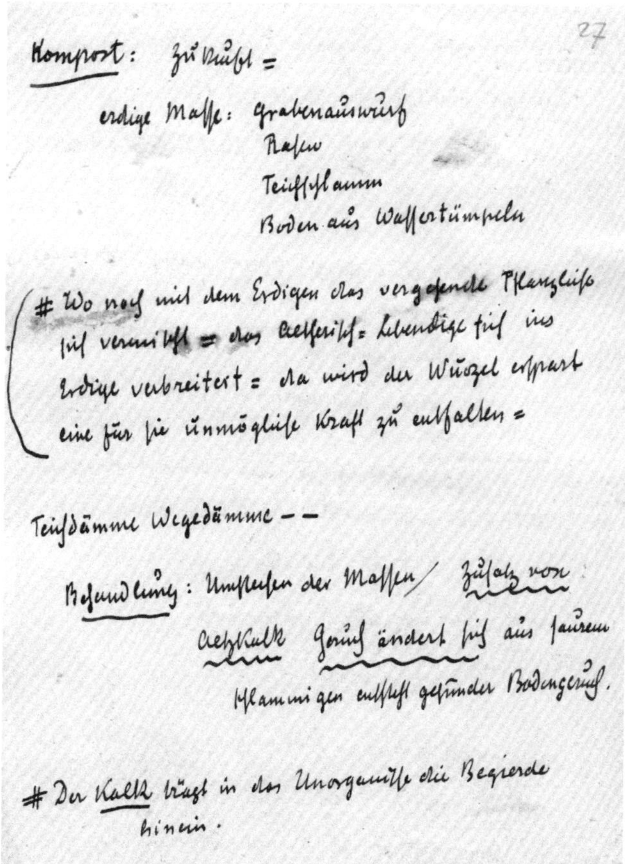

NZ 3620

Kompost: Zukunft : / erdige Masse: Grabenauswurf / Rasen / Teichschlamm / Boden aus Wassertümpeln
Wo noch mit dem Erdigen das vergehende Pflanzliche / sich vermischt : das Ätherisch-Lebendige tief ins / Erdige verbreitert : da wird der Wurzel erspart / eine für sie unmögliche Kraft zu entfalten – / Teichdämme Wegedämme – –
Behandlung: Umstechen der Massen / Zusatz von / Ätzkalk Geruch ändert sich aus saurem / schlammigen entsteht gesunder Bodengeruch.
Der Kalk trägt in das Unorganische die Begierde / hinein.
[Bezug zu Böhme S. 178–184]

NZ 3621

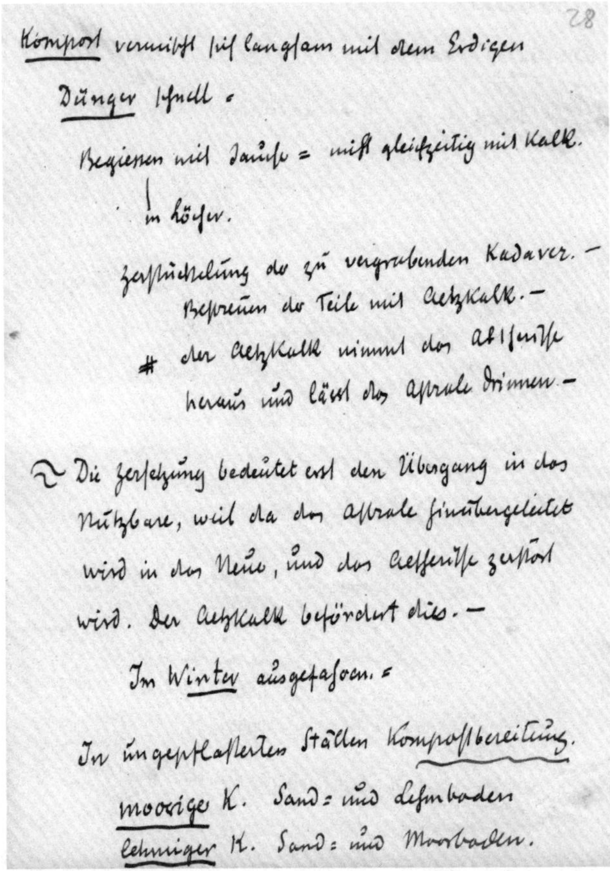

Kompost vermischt sich langsam mit dem Erdigen / Dünger schnell – / Begießen mit Jauche : nicht gleichzeitig mit Kalk. / in Löcher. / Zerstückelung der zu vergrabenden Kadaver. – / Bestreuen der Teile mit Ätzkalk. – / # der Ätzkalk nimmt das Aetherische / heraus und lässt das Astrale drinnen – ≈ Die Zersetzung bedeutet erst den Übergang in das / Nutzbare, weil da das Astrale hinübergeleitet / wird in das Neue, und das Aetherische zerstört / wird. Der Ätzkalk befördert dies. – / Im Winter ausgefahren. –
In ungepflasterten Ställen Kompostbereitung. / mooriger K. Sand- und Lehmboden / lehmiger K. Sand- und Moorboden.
[Bezug zu Böhme, S. 181–183, mit Doppelkreuz und Schlangenlinie jeweils eigene Notizen von Rudolf Steiner]

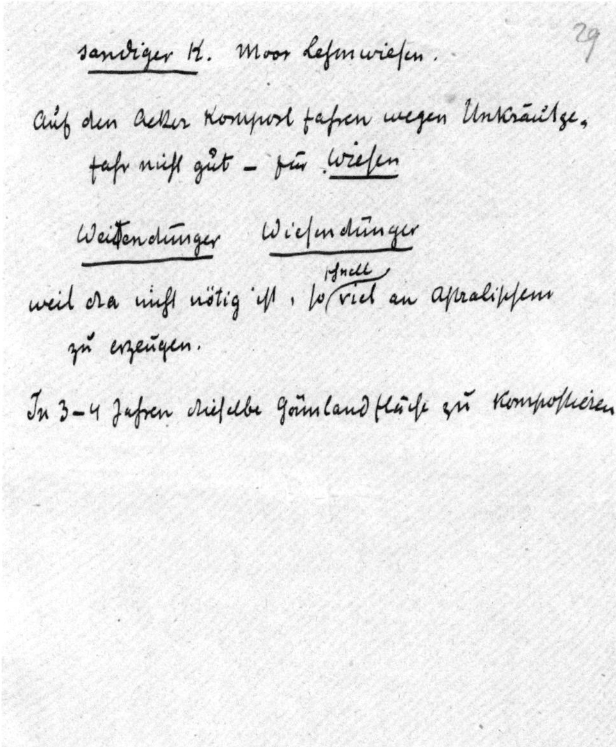

NZ 3622, Rückseite

sandiger K. Moor Lehmwiesen. / Auf den Acker Kompost fahren wegen Unkrautge- / fahr nicht gut – für Wiesen / Weidendünger Wiesendünger / weil da nicht nötig ist, so schnell viel an Astralischem / zu erzeugen. In 3–4 Jahren dieselbe Grünlandfläche zu kompostieren.

[Bezug zu Böhme, S. 183–184, «weil da nicht nötig … zu erzeugen» eigene Notiz von Rudolf Steiner]

NZ 3622, Vorderseite

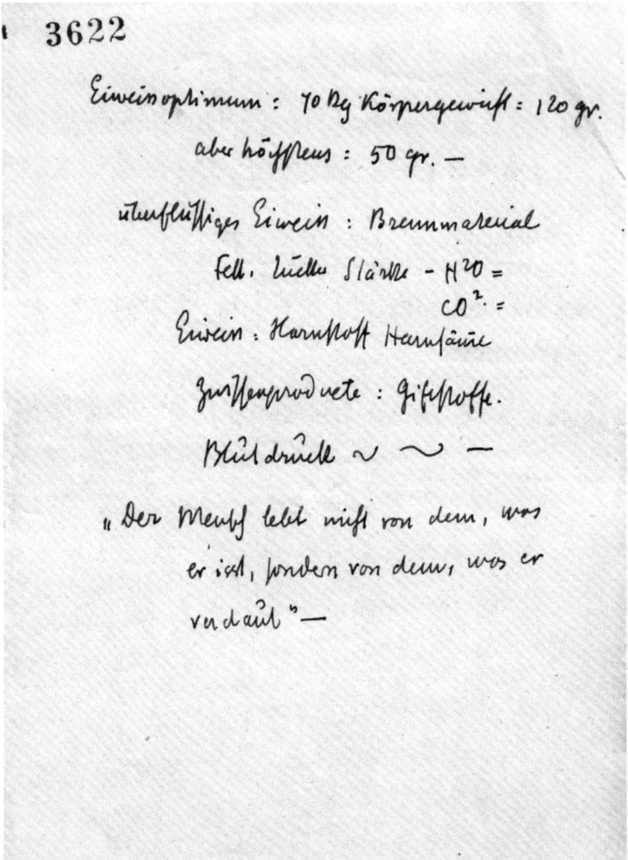

Eiweißoptimum: 70 kg Körpergewicht: 120 gr. / aber höchstens: 50 gr. – / überflüssiges Eiweiß: Brennmaterial / Fett, Zucker Stärke – H^2O : / CO^2 : / Eiweiß: Harnstoff Harnsäure / Zwischenproducte: Giftstoffe. / Blutdruck ~ ~ – / «Der Mensch lebt nicht von dem, was / er isst, sondern von dem, was er / verdaut» –

[Das Zitat wird Christoph Wilhelm Hufeland (1762–1836) zugeschrieben.]

NZ 3623

Schafgarbe Achillea millefolium. / Hartharz, Gummi, Spuren von Schwefel / viel Kalisalze / *[rechts neben der geschweiften Klammer]* in Blasen / in eigenen / Gummi und / Harz. / Blase. / Edelwild. *[neben der geschweiften Klammer links unten]* aufhängen.
Chamomilla matricaria Harz Gummi etwas Schwefel / Kamille / Kalium u. Calziumsalze. / Därme- aufhängen. *[rechts neben der geschweiften Klammer]* als Würste.
Urtica dioica. : Kalium, Calcium / Brennessel Schwefel, Eisen. / # sie regelt alles: Sorgfältig sammeln / in *[rechts daneben eckig umklammert]* lässt überall das in / das Tierisch-Menschliche / wuchernde zurücktreten
Quercus Robur Geruchlo. Calcium 77 % / Eiche Rachitis *[rechts daneben schräg aufwärts geschrieben]* ~~regt~~ zieht Aetherleib / zusammen: / in Knochengefäßen / dem Regenwasser, in das man / *[durchgestrichenes Unleserliches]* Moos- oder Moor gegeben.
Löwenzahn Taraxacum. ≠ Kieselsäure / Kalium / Leberleiden / Darmleiden / Hautkrankheiten *[rechts neben der geschweiften Klammer]* In das Gekröse / in der Luft / hängen.

NZ 3624

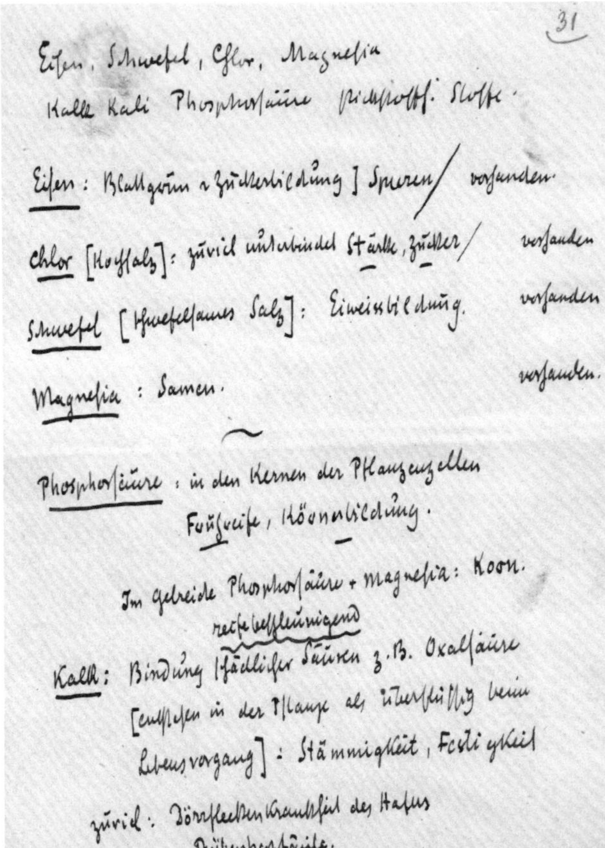

Eisen, Schwefel, Chlor, Magnesia / Kalk Kali Phosphorsäure stickstoffh. Stoffe. / Eisen: Blattgrün ~ Zuckerbildung] Spuren / vorhanden / Chlor [Kochsalz]: zuviel unterbindet Stärke, Zucker / vorhanden / Schwefel [schwefelsaures Salz]: Eiweißbildung. vorhanden / Magnesia: Samen. vorhanden. / ~ / Phosphorsäure: in den Kernen der Pflanzenzellen / Frühreife, Körnerbildung. / Im Getreide Phosphorsäure + Magnesia: Korn. / reifebeschleunigend / Kalk: Bindung schädlicher Säuren z. B. Oxalsäure / [entstehen in der Pflanze als überflüssig beim / Lebensvorgang]: Stämmigkeit, Festigkeit / zuviel: Dörrfleckenkrankheit des Hafers / Rübenherzfäule.

[Notizen (außer «reifebeschleunigend») aus Schlipf, S. 82–83]

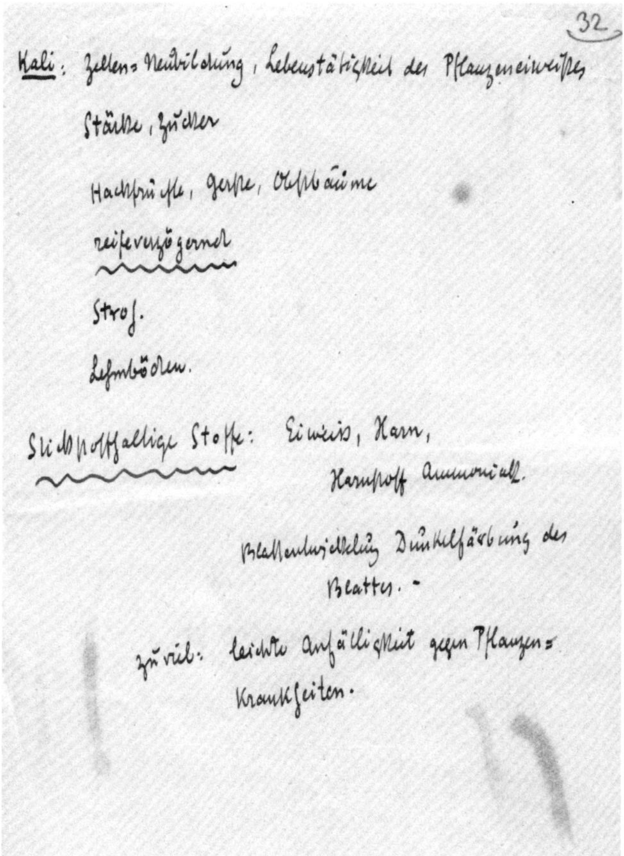
32
Kali: Zellen-Neubildung, Lebenstätigkeit des Pflanzeneiweißes
Stärke, Zucker
Hackfrüchte, Gerste, Obstbäume
reifeverzögernd
Stroh.
Lehmböden.
Stickstoffhaltige Stoffe: Eiweiß, Harn,
Harnstoff Ammoniak.
Blattentwicklung Dunkelfärbung des
Blattes. –
zu viel: leichte Anfälligkeit gegen Pflanzen-
Krankheiten.

NZ 3625

<u>Kali</u>: Zellen-Neubildung, Lebenstätigkeit des Pflanzeneiweißes / Stärke, Zucker / Hackfrüchte, Gerste, Obstbäume / <u>reifeverzögernd</u> / Stroh. / Lehmböden.
<u>Stickstoffhaltige Stoffe</u>: Eiweiß, Harn, / Harnstoff Ammoniak. / Blattentwicklung Dunkelfärbung des / Blattes. – / zu viel: leichte Anfälligkeit gegen Pflanzen- / Krankheiten.
[Notizen aus Schlipf, S. 83]

NZ 3626

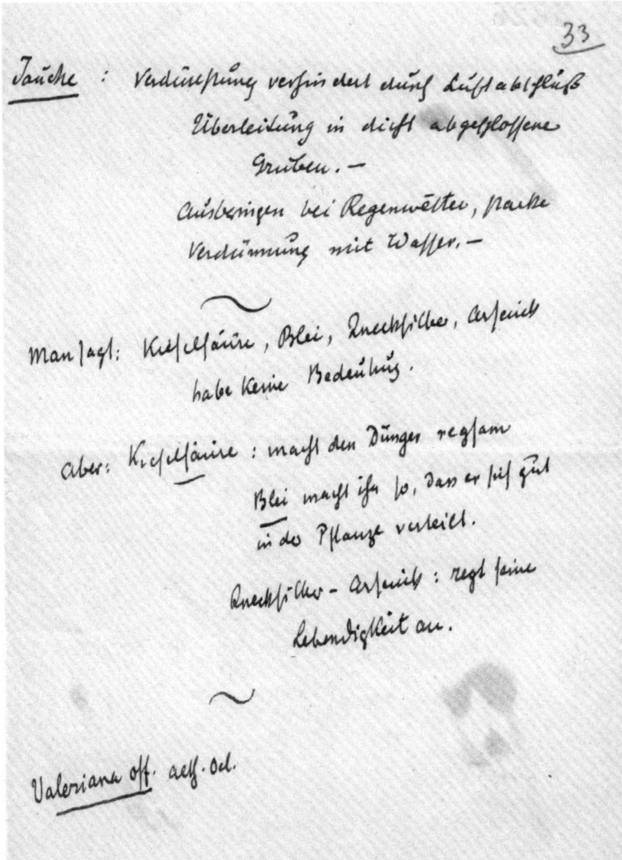

Jauche: Verdunstung verhindert durch Luftabschluss / Überleitung in dicht abgeschlossene / Gruben. – / Ausbringen bei Regenwetter, starke / Verdünnung mit Wasser. – / ~

Man sagt: Kieselsäure, Blei, Quecksilber, Arsenik / habe keine Bedeutung. / aber: Kieselsäure: macht den Dünger regsam / Blei macht ihn so, dass er sich gut / in der Pflanze verteilt. / Quecksilber-Arsenik: regt seine / Lebendigkeit an. / ~ / Valeriana off. aeth. Oel.

[Bezug zu Studler S. 125 und 140; zwischen den beiden geschlängelten Linien mit Bezug auf Schlipf, S. 85.]

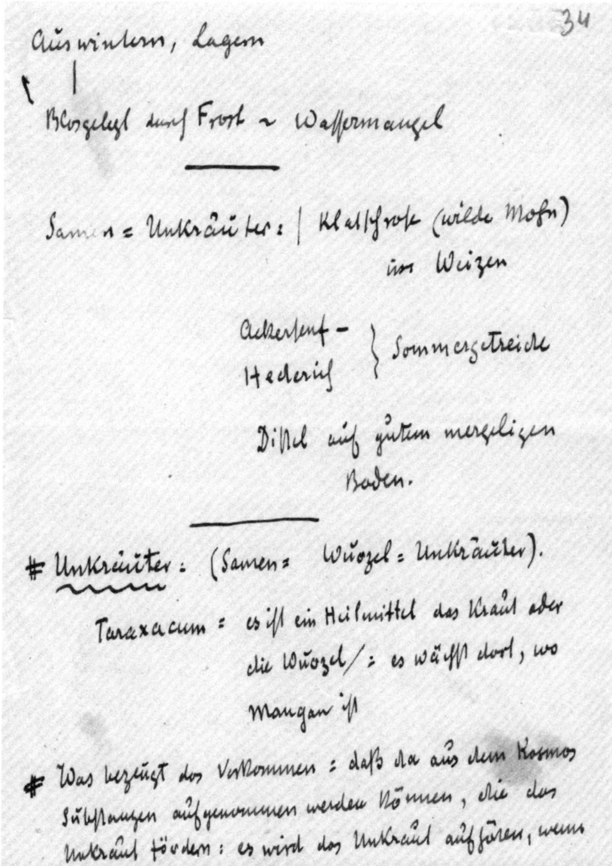

NZ 3627

Auswintern, Lagern / Blosgelegt durch Frost ~ Wassermangel / – /
Samen : Unkräuter: | Klatschrose (wilder Mohn) / im Weizen / Ackersenf- / Hederich *[rechts neben der geschweiften Klammer]* Sommergetreide / Distel auf gutem mergeligem / Boden. / – /
Unkräuter: (Samen- Wurzel-Unkräuter). / Taraxacum: es ist ein Heilmittel das Kraut oder / die Wurzel /: es wächst dort, wo / Mangan ist
Was bezeugt das Vorkommen: dass da aus dem Kosmos / Substanzen aufgenommen werden können, die das / Unkraut fördern: es wird das Unkraut aufhören, wenn
[oberhalb der zweiten horizontalen Linie Notizen aus Schlipf, S. 167 und 169]

NZ 3628

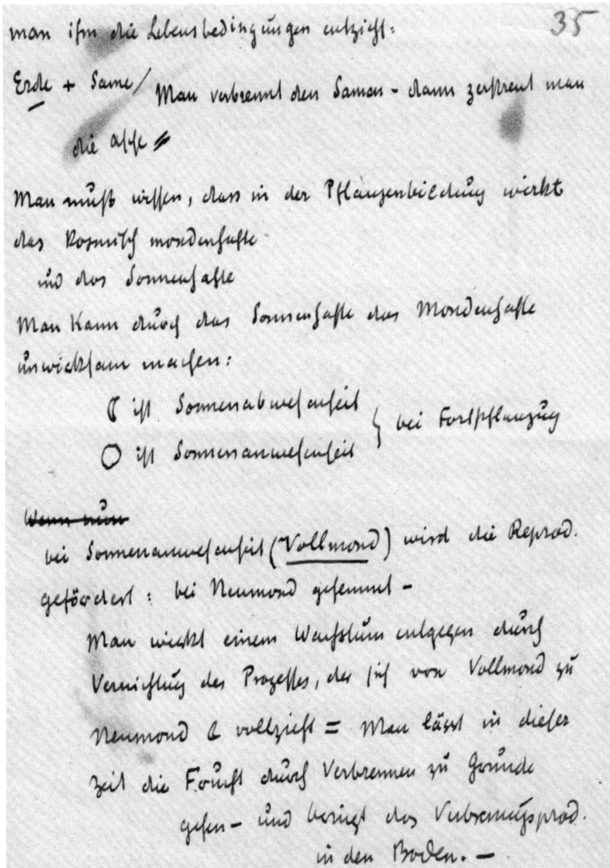

man ihm die Lebensbedingungen entzieht – / Erde + Same / Man verbrennt den Samen – dann zerstreut man / die Asche : / Man muss wissen, dass in der Pflanzenbildung wirkt / das kosmisch mondenhafte / und das Sonnenhafte / Man kann durch das Sonnenhafte das Mondenhafte / unwirksam machen: / ☾ ist Sonnenabwesenheit / ○ ist Sonnenanwesenheit *[rechts neben der geschweiften Klammer]* / bei Fortpflanzung
~~Wenn nun~~ / bei Sonnenanwesenheit (Vollmond) wird die Reprod. / gefördert: bei Neumond gehemmt – / Man wirkt einem Wachstum entgegen durch / Vernichtung des Prozesses, der sich von Vollmond zu / Neumond ☾ vollzieht: Man lässt in dieser / Zeit die Frucht durch Verbrennen zu Grunde / gehen – und bringt das Verbrennungsprod. / in den Boden. –

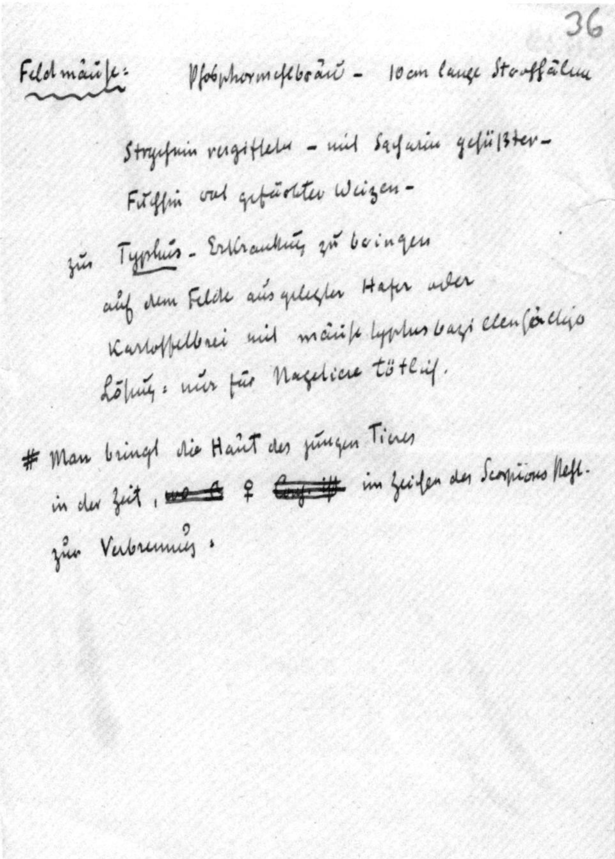

NZ 3629

Feldmäuse: Phosphormehlbräu – 10 cm lange Strohhalme. / Strychnin vergifteter – mit Sacharin gesüßter – / Fuchsin rot gefärbter Weizen – / zur Typhus-Erkrankung zu bringen / auf dem Felde ausgelegter Hafer oder / Kartoffelbrei mit mäusetyphusbazillenhaltiger / Lösung: nur für Nagetiere tötlich.

Man bringt die Haut des jungen Tieres / in der Zeit, *[unleserlich Durchgestrichenes]* ♀ *[unleserlich Durchgestrichenes]* im Zeichen des Scorpions steht. / zur Verbrennung.

[Notizen aus Schlipf, S. 171; mit Doppelkreuz eigene Notizen von Rudolf Steiner]

[Vgl. hierzu auch: Theodor Wölfer: Grundsätze und Ziele neuzeitlicher Landwirtschaft, Berlin 1921, S. 251 (RSB N 600).]

NZ 3630

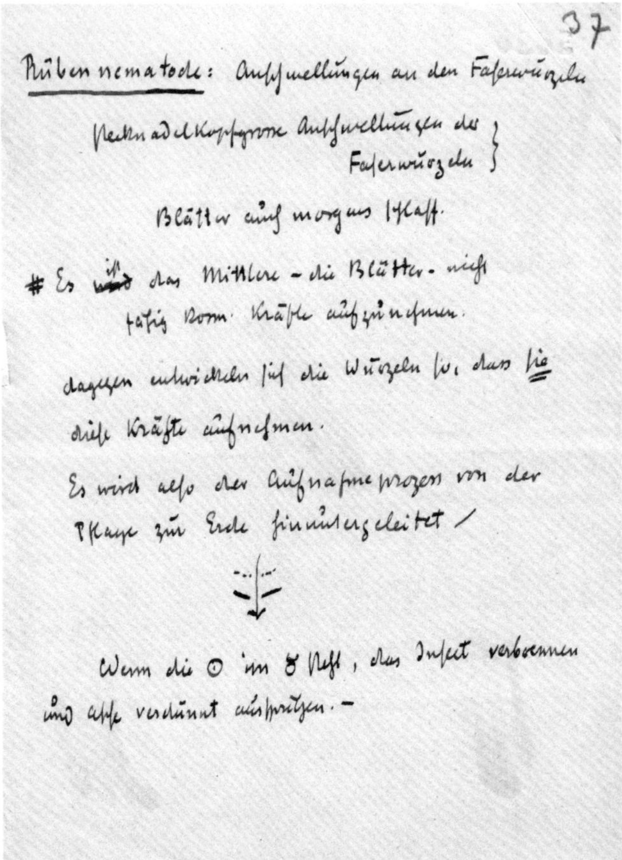

Rübennematode: Anschwellungen an den Faserwurzeln / stecknadelkopfgroße Anschwellungen der / Faserwurzeln / Blätter auch morgens schlaff. # Es ist ~~wird~~ das Mittlere – die Blätter – nicht / fähig kosm. Kräfte aufzunehmen. / dagegen entwickeln sich die Wurzeln so, dass sie / diese Kräfte aufnehmen. / Es wird also der Aufnahmeprozess von der / Pflanze zur Erde hinuntergeleitet / *[Skizze]* / Wenn die ⊙ im ♉ steht, das Insect verbrennen / und Asche verdünnt ausspritzen. –

[Bis zum Doppelkreuz Notizen aus Schlipf, S. 175; danach eigene Notizen von Rudolf Steiner]

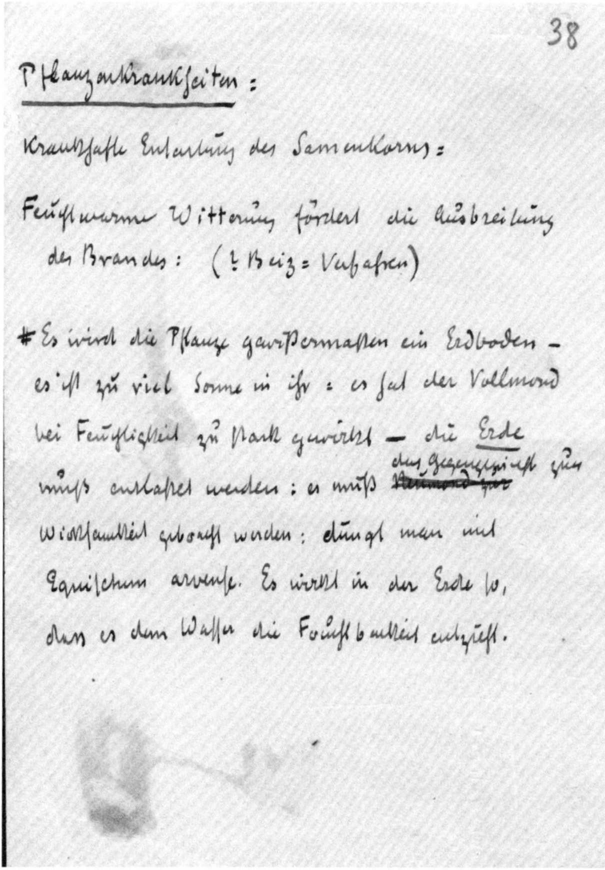

NZ 3631,
Rückseite

<u>Pflanzenkrankheiten</u>: / Krankhafte Entartung des Samenkorns: / Feuchtwarme Witterung fördert die Ausbreitung / des Brandes: (? Beiz-Verfahren) # Es wird die Pflanze gewissermaßen im Erdboden – / es ist zu viel Sonne in ihr : es hat der Vollmond / bei Feuchtigkeit zu stark gewirkt – die <u>Erde</u> / muss entlastet werden : es muss das Gegengewicht *[unleserlich Durchgestrichenes]* zur / Wirksamkeit gebracht werden: düngt man mit / Equisetum arvense. Es wirkt in der Erde so, / dass es dem Wasser die Fruchtbarkeit entzieht.

[Bis zum Doppelkreuz: Notizen aus Schlipf, S. 175–176; danach eigene Notizen von Rudolf Steiner]

NZ 3631, Vorderseite

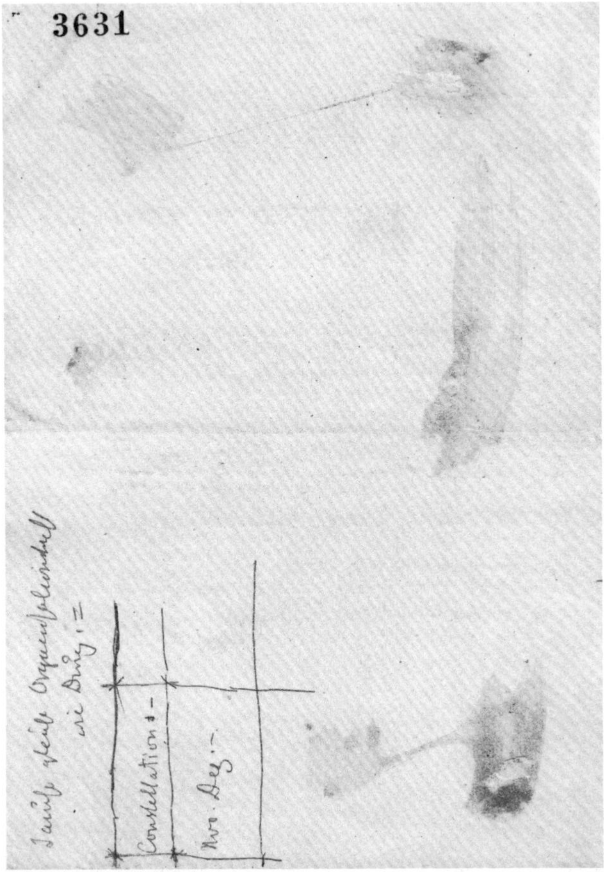

Jauche gleiche Organisations*[unleserlich; evtl. «welt» oder «kraft»]* / wie Dung. : Constellation: – / Nov. Dez. –

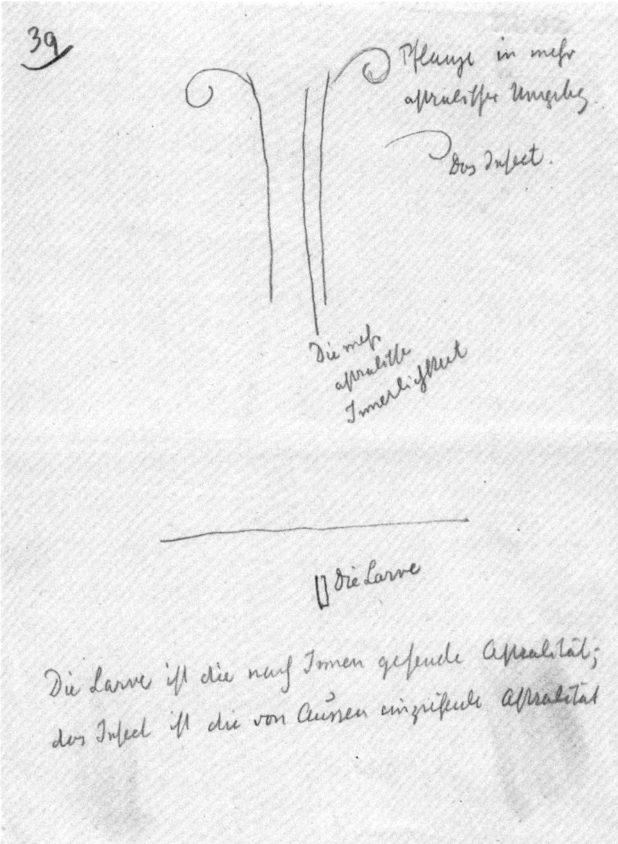

NZ 3632

Pflanze in mehr / astralischer Umgebung. / Das Insect.
Die mehr / astralische / Innerlichkeit. / – / Die Larve
Die Larve ist die nach Innen gehende Astralität; / das Insect ist die von Außen einziehende Astralität.

NZ 3633

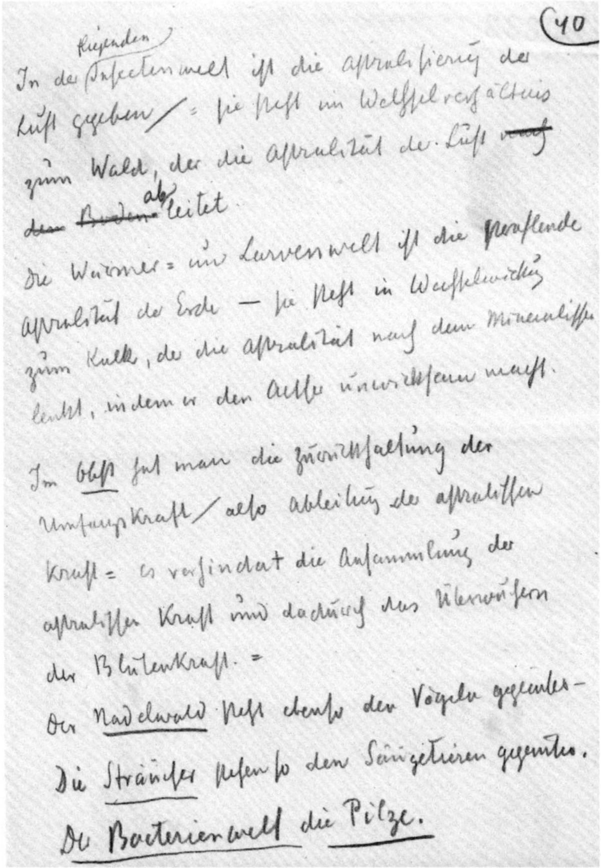

In der fliegenden Insectenwelt ist die Astralisierung der / Luft gegeben / : sie steht im Wechselverhältnis / zum Wald, der die Astralität der Luft *[unleserlich Durchgestrichenes]* / ableitet.
Die Würmer- und Larvenwelt ist die strahlende / Astralität der Erde – sie steht in Wechselwirkung / zum Kalk, der die Astralität nach dem Mineralischen / lenkt, in dem er den Aether unwirksam macht.
Im Obst hat man die Zurückhaltung der / Umfangskraft / also Ableitung der astralischen / Kraft : es verhindert die Ansammlung der / astralischen Kraft und dadurch das Überwuchern / der Blütenkraft. :
Der Nadelwald steht ebenso den Vögeln gegenüber – / Die Sträucher stehen so den Säugetieren gegenüber. / Der Bacterienwelt die Pilze.

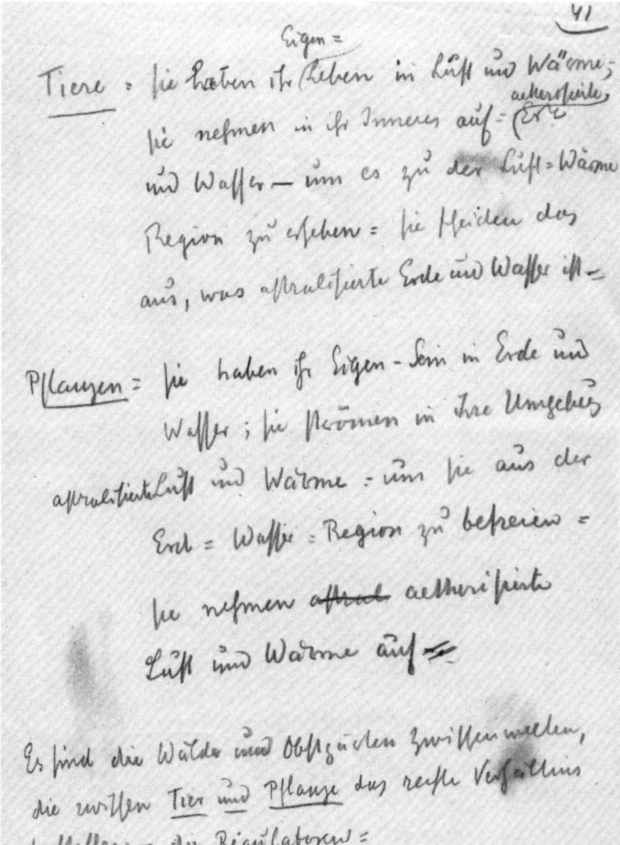

NZ 3634

Tiere: sie haben ihr Eigen-Leben in Luft und Wärme; / sie nehmen in ihr Inneres auf: aetherisierte Erde / und Wasser – um es zu der Luft-Wärme / Region zu erheben : sie scheiden das / aus, was astralisierte Erde und Wasser ist :
Pflanzen: sie haben ihr Eigen-Sein in Erde und / Wasser; sie strömen in ihre Umgebung / astralisierte Luft und Wärme : um sie aus der / Erd-Wasser-Region zu befreien : / sie nehmen *[unleserlich Durchgestrichenes; möglicherweise «~~astral~~»]* aetherisierte / Luft und Wärme auf :
Es sind die Wälder und Obstgärten Zwischenwelten, / die zwischen Tier und Pflanze das rechte Verhältnis / herstellen – die Regulatoren :

NZ 3635

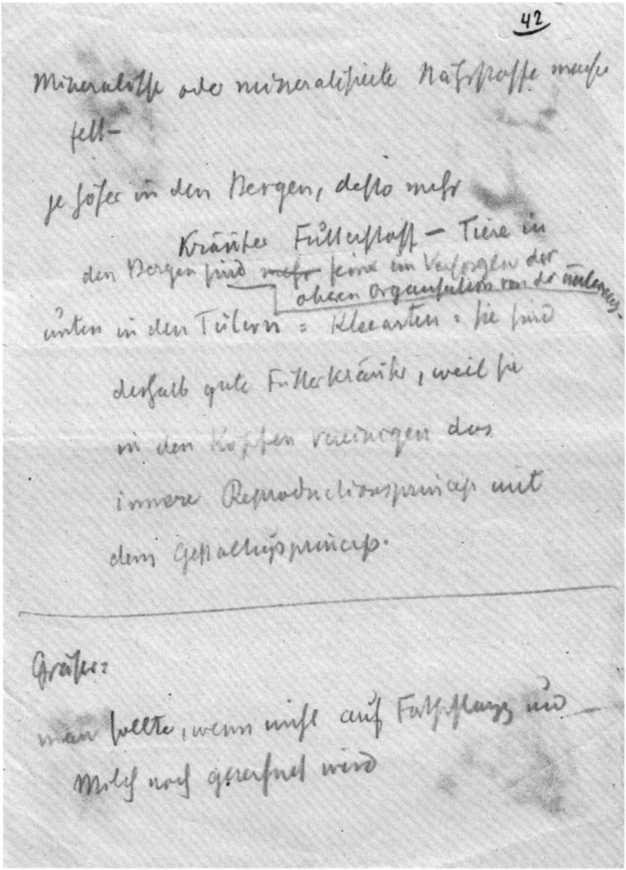

Mineralische oder mineralisierte Nährstoffe machen / fett – / je höher in den Bergen, desto mehr / Kräuter Futterstoff – Tiere in / den Bergen sind ~~mehr~~ feiner im Versorgen der / oberen Organisation von der unteren Org. *[unsichere Lesung]* / unten in den Tälern: Kleearten: Sie sind / deshalb gute Futterkräuter, weil sie / in den Köpfen vereinigen das / innere Reproductionsprincip mit / dem Gestaltungsprincip. / – /
Gräser: / man sollte, wenn nicht auf Fortpflanzung und / Milch noch gerechnet wird
[Bezug zu Studler, S. 89]

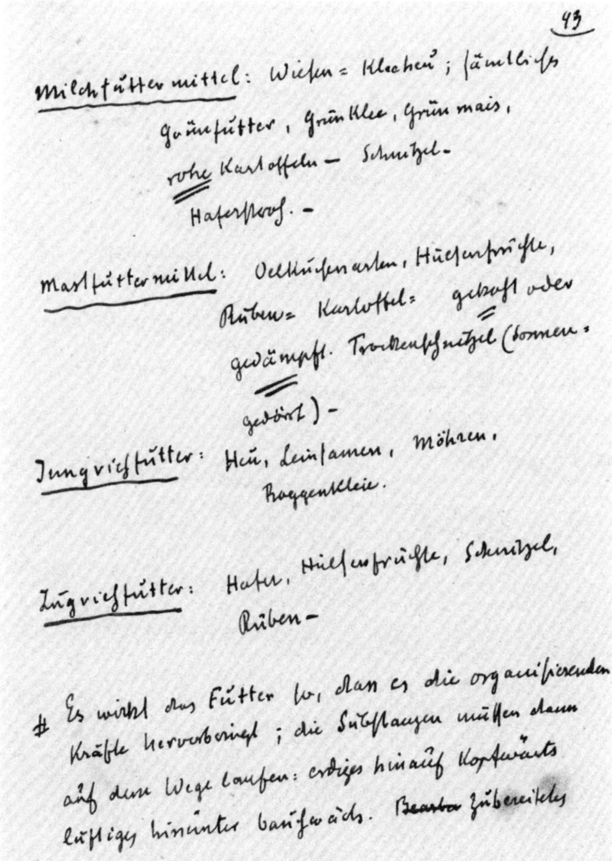

NZ 3636

Milchfuttermittel: Wiesen : Kleeheu; sämtliches / Grünfutter, Grünklee, Grünmais, / rohe Kartoffeln – Schnitzel – / Haferstroh. –
Mastfuttermittel: Oelkuchenarten, Hülsenfrüchte, / Rüben- Kartoffel- gekocht oder / gedämpft. Trockenschnitzel (Sonnen- / gedörrt) –
Jungviehfutter: Heu, Leinsamen, Möhren, / Roggenkleie.
Zugviehfutter: Hafer, Hülsenfrüchte, Schnitzel, / Rüben –
Es wirkt das Futter so, dass es die organisierenden / Kräfte hervorbringt; die Substanzen müssen dann / auf dem Wege laufen: erdiges hinauf kopfwärts / luftiges hinunter bauchwärts. *[unleserlich Durchgestrichenes]* Zubereitetes
[Bis zum Doppelkreuz Notizen aus Böhme, S. 200; danach eigene Notizen von Rudolf Steiner]

NZ 3637

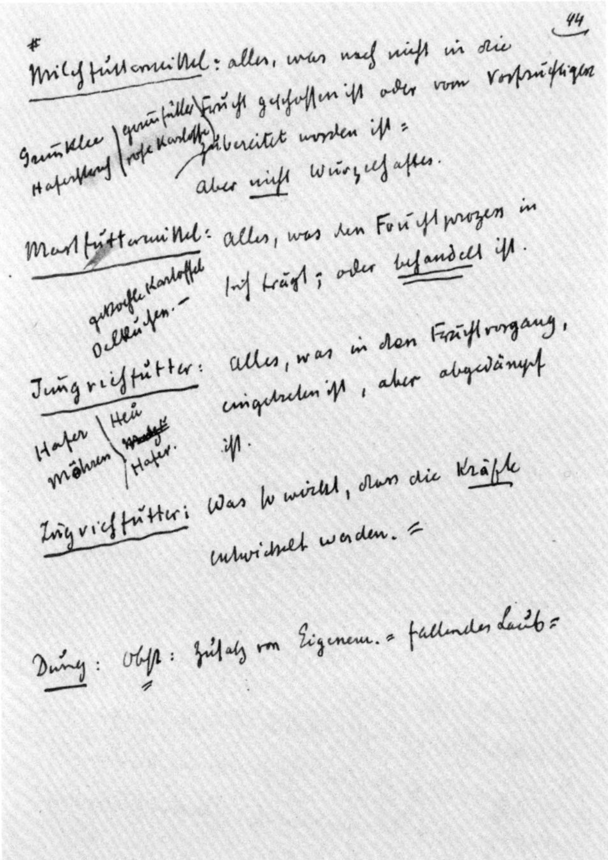

Milchfuttermittel: alles, was noch nicht in die / Frucht geschossen ist oder vom Vorfruchtigen / zubereitet worden ist: / aber nicht Wurzelhaftes. *[links daneben]* Grünklee / Haferstroh | Grünfutter / rohe Kartoffel
Mastfuttermittel: Alles, was den Fruchtprozess in / sich trägt; oder behandelt ist. *[links daneben]* gekochte Kartoffel / Oelkuchen. –
Jungviehfutter: Alles, was in den Fruchtvorgang / eingetreten ist, aber abgedämpft / ist. *[links daneben]* Hafer / Möhren | Heu / *[unleserlich Durchgestrichenes]* / Hafer.
Zugviehfutter: Was so wirkt, dass die Kräfte / entwickelt werden. :
Dung: Obst: Zusatz von Eigenem. : fallendes Laub :
[Bezug zu Böhme, S. 200]

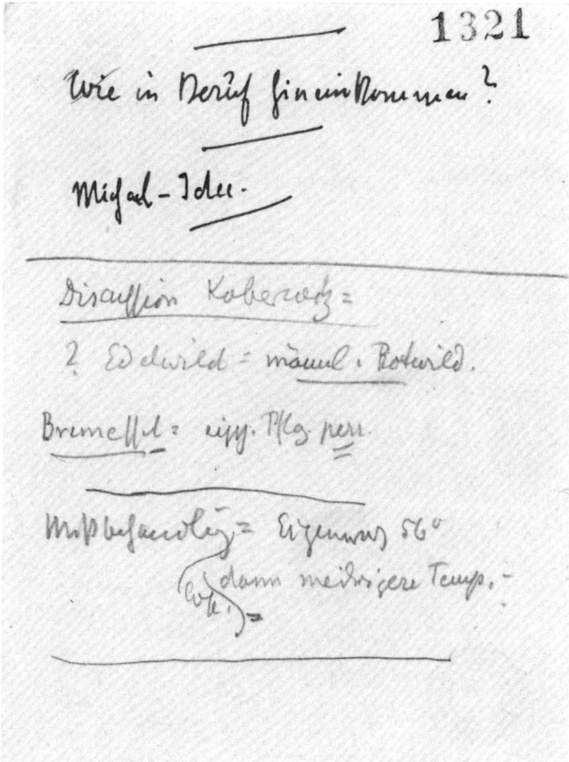

NZ 1321

– / Wie in Beruf hineinkommen? / – / Michael-Idee / – /
[vermutlich Notizen zur Jugendansprache vom 9. Juni 1924 in Breslau]
Discussion Koberwitz:
? Edelwild : männl. Rotwild
Brennessel : einj. Pfla. perr. / – /
Mistbehandlung lose.: Eigenwärme 56°/ dann niedrigere Temp. – / : / – /
[Notizen zur Diskussion zur zweiten Fragenbeantwortung vom 13. Juni 1924]

NZ 1661 Vorderseite links

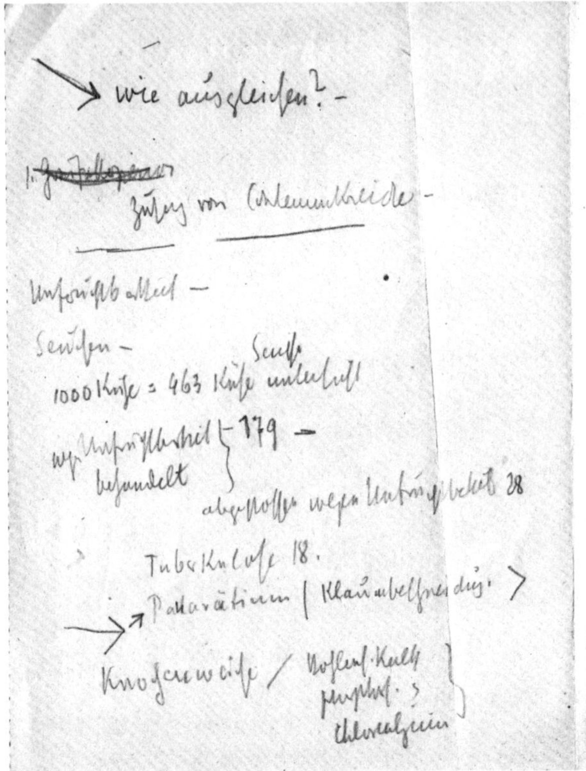

wie ausgleichen? – / *[unleserlich Durchgestrichenes]* / Zufügung von Schlemmkreide – / – – / Unfruchtbarkeit – / Seuchen – Seuche/ 1000 Kühe = 463 Kühe untersucht / wegen Unfruchtbarkeit / behandelt *[rechts neben der geschweiften Klammer:]* – 179 – / abgestoßen wegen Unfruchtbarkeit 28 / Tuberkulose 18 / Panarätium | Klauenbeschneidung. / Knochenweiche / Kohlens. Kalk / phosphors. " / Chlorcalzium

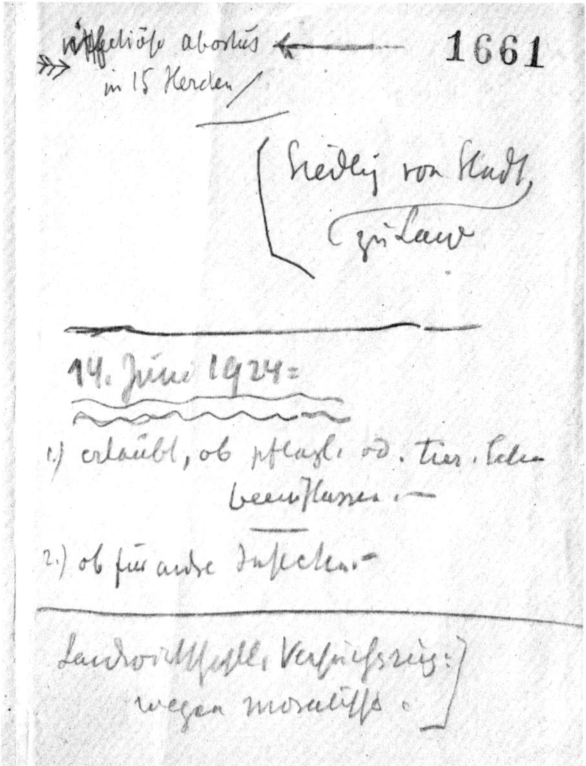

NZ 1661 Vorderseite rechts

Infectiöse abortus / in 15 Herden / Siedlung von Stadt / zu Land
14. Juni 1924: / 1.) erlaubt, ob pflanzl. od. tier. Leben / beeinflussen.– / – / 2.) ob für andere Insecten. / – / Landwirtschaftl. Versuchsring: / wegen moralischer:

NZ 1661
Rückseite
links

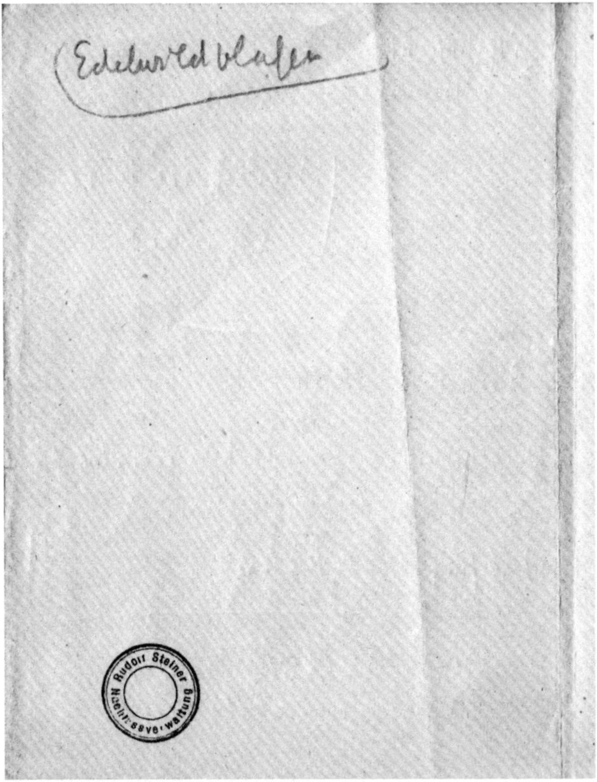

Edelwildblasen

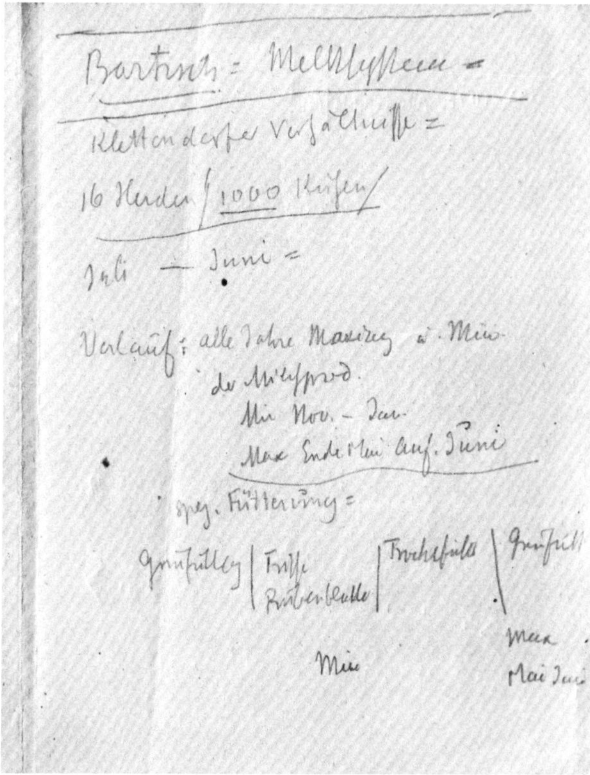

NZ 1661
Rückseite
rechts

Bartsch : Melksystem : / – / Klettendorfer Verhältnisse : / 16 Herden /
1000 Kühen //
Juli – Juni :
Verlauf: alle Jahre Maximierung u. Min. / der Milchprod. / Min Nov. – Jan. /
Max Ende Mai Auf. Juni. / – / spez. Fütterung :
Grünfütterung | Frische / Rübenblätter | Trockenfutter | Grünfutter
Min Max / Mai Juni

NZ 2280
Vorderseite

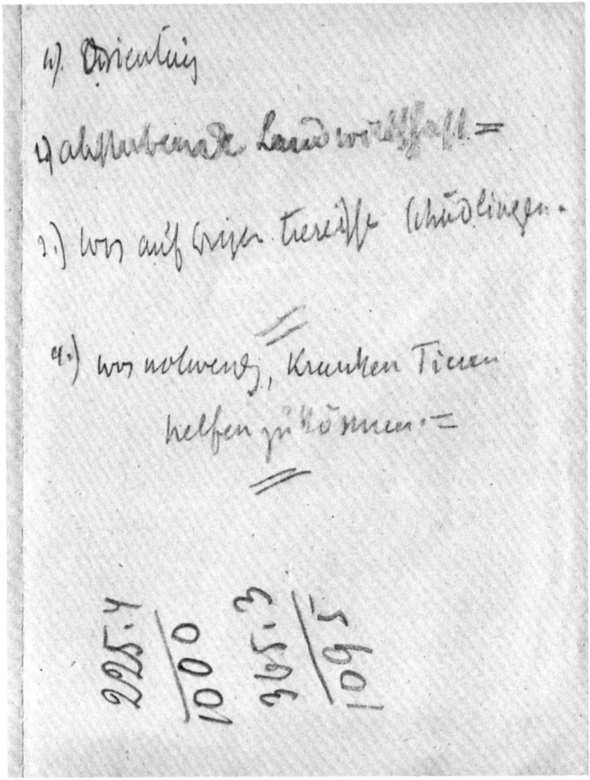

1.) Orientierung
2.) absterbende Landwirtschaft:
3.) was auf *[unleserlich]* Tierische Schädlingen.
=
4.) was notwendig, kranken Tieren / helfen zu können.
=

225·4 | 1000 / 365·3 | 1095

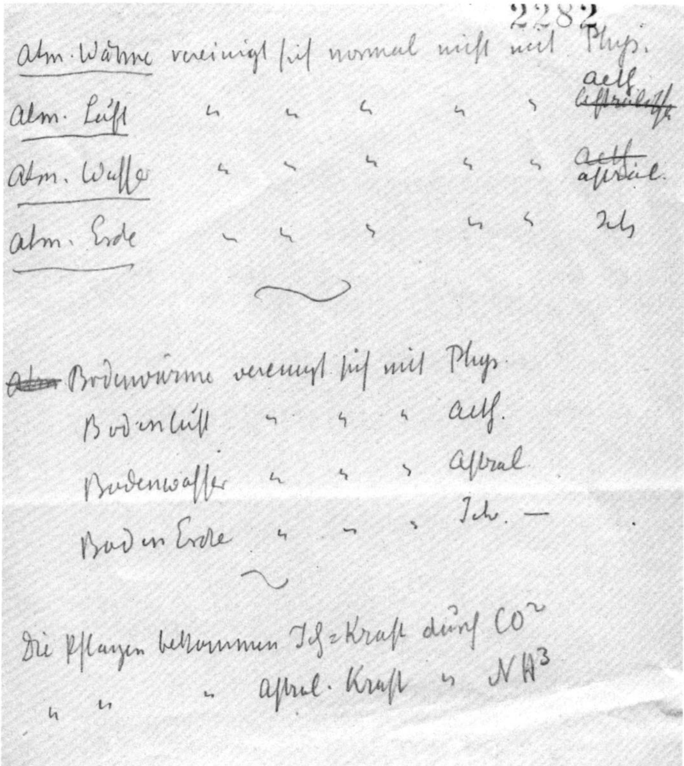

NZ 2282

Atm. Wärme vereinigt sich normal nicht mit Phys.
Atm. Luft " " " " " Aeth. ~~Astralsches~~
Atm. Wasser " " " " " Astral. ~~Aeth.~~
Atm. Erde " " " " " Ich

~

~~Atm.~~ Bodenwärme vereinigt sich mit Phys.
Bodenluft " " " Aeth.
Bodenwasser " " " Astral.
Boden Erde " " " Ich. –

~

Die Pflanzen bekommen Ich-Kraft durch CO^2
" " " Astral. Kraft " NH^3

NB 78

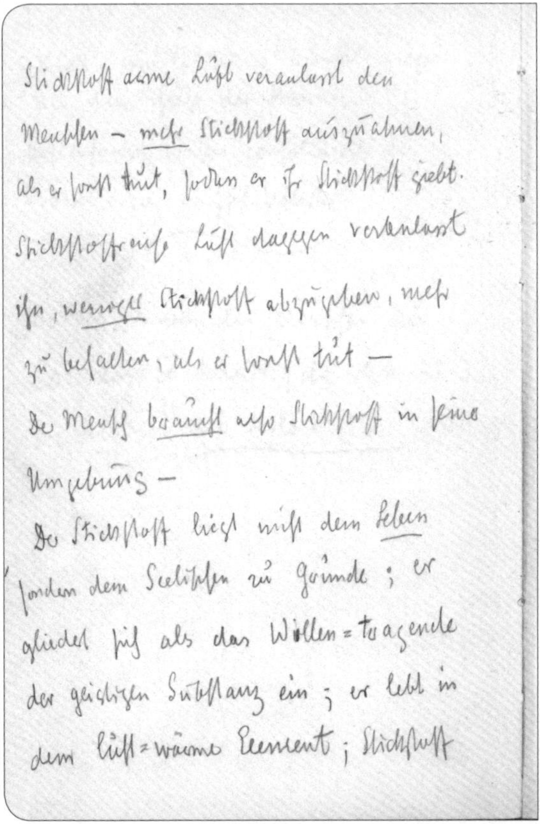

[Linke Seite:] Stickstoffarme Luft veranlasst den / Menschen – mehr Stickstoff auszuatmen, / als er sonst thut, sodass er ihr Stickstoff giebt. / Stickstoffreiche Luft dagegen veranlasst / ihn, weniger Stickstoff abzugeben, mehr / zu behalten, als er sonst tut – / Der Mensch braucht also Stickstoff in seiner / Umgebung – /
Der Stickstoff liegt nicht dem Leben / sondern dem Seelischen zu Grunde; er / gliedert sich als das Willen-tragende / der geistigen Substanz ein; er lebt in / dem luft-wärme Element; Stickstoff

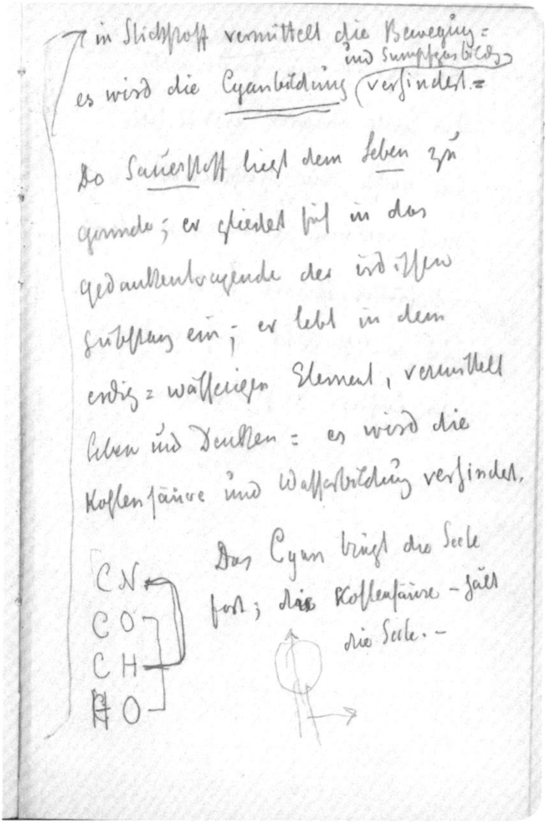

NB 78

[Rechte Seite:] im Stickstoff vermittelt die Bewegung: / es wird die <u>Cyanbildung</u> und Sumpfgasbild*[un]*g verhindert – /
Der <u>Sauerstoff</u> liegt dem <u>Leben</u> zu / Grunde; er gliedert sich in das / Gedankentragende der irdischen / Substanz ein; er lebt in dem / erdig-wässerigen Element, vermittelt / Leben und Denken: es wird die / Kohlensäure und Wasserbildung verhindert.
Das Cyan trägt die Seele / fort; die Kohlensäure – hält / die Seele. –
C N
C O
C H
H O

NB 78

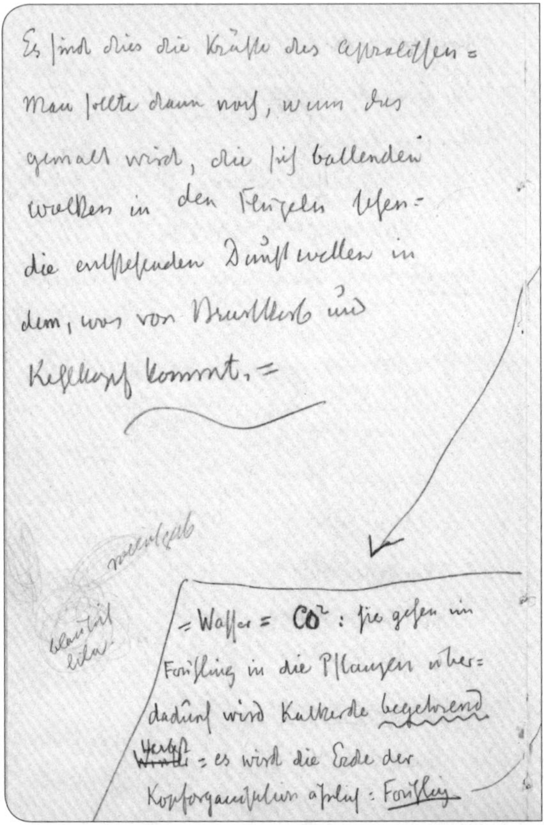

[Linke Seite] Es sind dies die Kräfte des Astralischen : / Man sollte dann noch, wenn das / gemalt wird, die sich ballenden / Wolken in den Flügeln sehen : / die entstehenden Dunstwellen in / dem, was von Brustkorb und / Kehlkopf kommt. – ~
[In der Skizze unten links:] rötlichgelb, bläulich / lila
[Im Kasten auf der linken Seite unten, Fortsetzung der Notizen auf der rechten Seite oben:] : Wasser : CO^2 : sie gehen im / Frühling in die Pflanzen über : / dadurch wird Kalkerde begehrend / ~~Winter~~ Herbst : es wird die Erde der / Kopforganisation ähnlich : Frühling

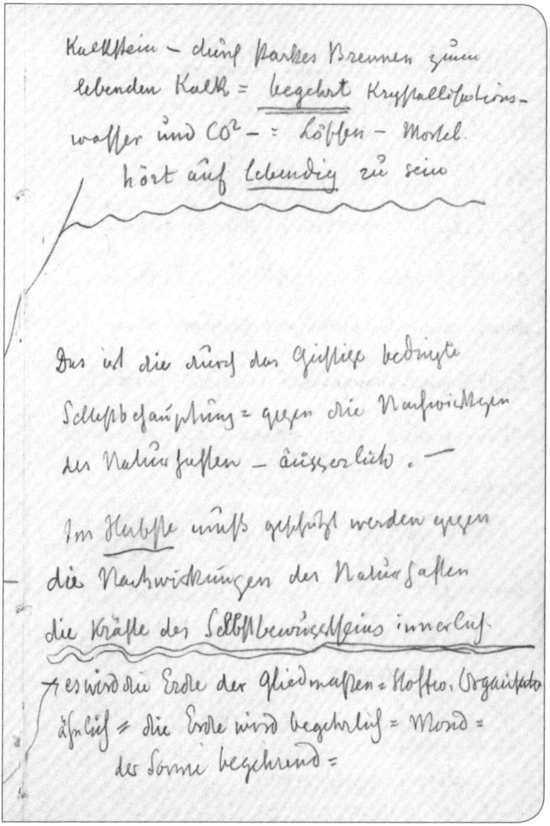

NB 78

[Rechte Seite:] Kalkstein – durch starkes Brennen zum / lebenden Kalk : begehrt Krystallisations- / wasser und CO^2–: Löschen – M*[ö]*rtel. / hört auf lebendig zu sein / ~
Das ist die durch das Geistige bedingte / Selbstbehauptung : gegen die Nachwirk*[un]*gen / des Naturhaften – äusserlich. –
Im Herbste muss geschützt werden gegen / die Nachwirkungen des Naturhaften / die Kräfte des Selbstbewusstseins innerlich. / ~ /
[Fortsetzung vom Kasten auf der linken Seite unten:] es wird die Erde der Gliedmaßen-Stoffw.Organisat*[ion]* / ähnlich : die Erde wird begehrlich : Mond : / der Sonne begehrend :

NB 78

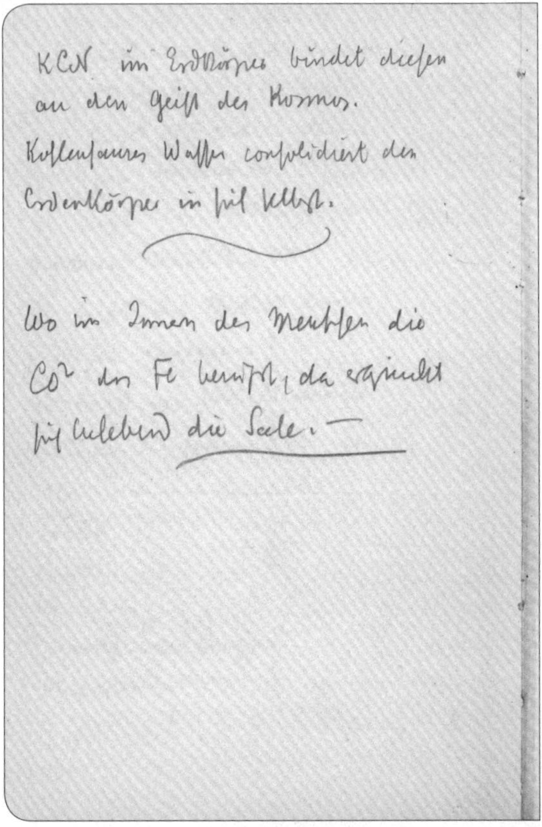

KCN im Erdkörper bindet diesen / an den Geist des Kosmos. / Kohlensaures Wasser consolidiert den / Erdenkörper in sich selbst. / ~

Wo im Innern des Menschen die / CO^2 das Fe berührt, da erquickt / sich belebend die Seele. – / ~

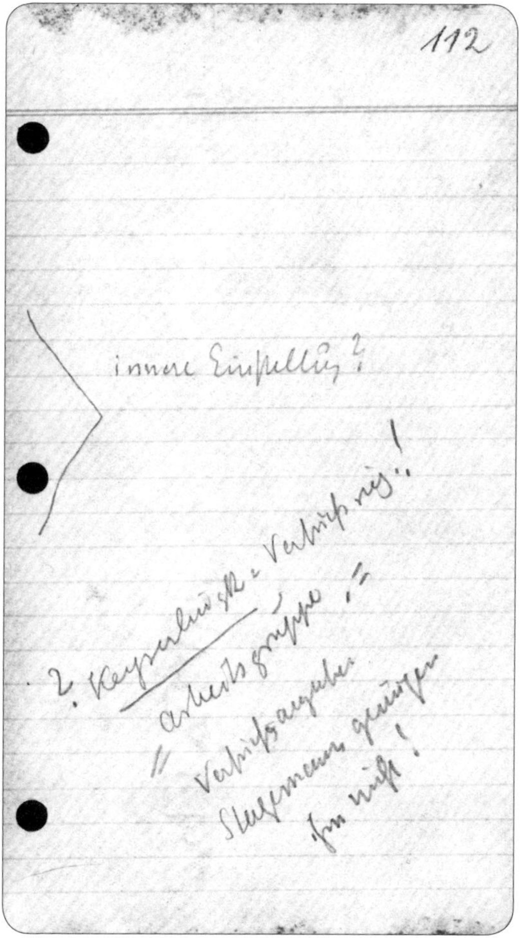

NB 617

Innere Einstellung ?
? <u>Keyserlingk</u> : Versuchsring ! / : Arbeitsgruppe . : / Versuchsangaben / Stegemanns genügen / ihm nicht!

NB 617

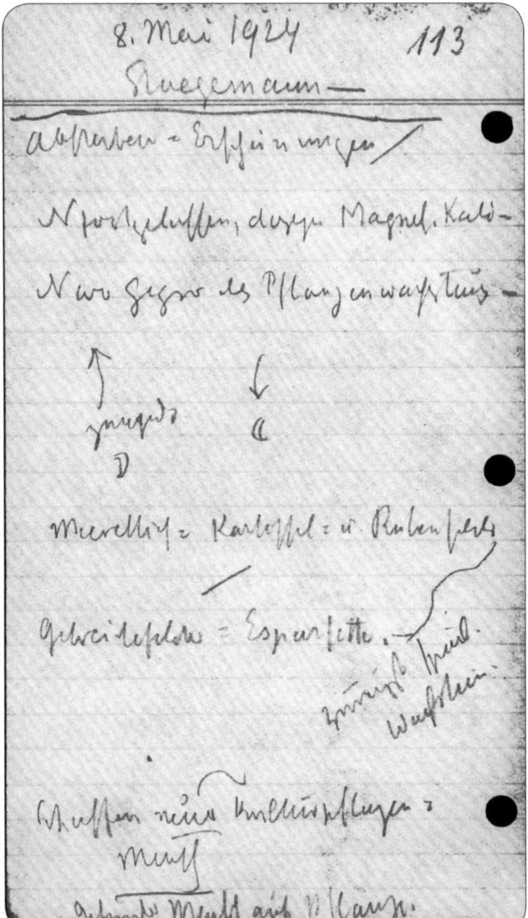

8. Mai *[Juni]* 1924 / Stegemann – / – /
Absterben : Erscheinungen /
N fortgelassen, dagegen Magnes. Kali – / N wo Gegner des Pflanzenwachstums –
[in der Skizze:] zuneh*[m]*e*[n]*d
Meerettich : Kartoffel : u. Rübenfelder / / / Getreidefelder : Esparsette / ~
[unter der geschweiften Klammer:] zunächst *[unsichere Lesung]* spärl. Wachstum. / ~ /
Schaffen <u>neuer</u> Kulturpflanzen : / <u>Mensch</u> / – / gesunder Mensch auf Pflanze.

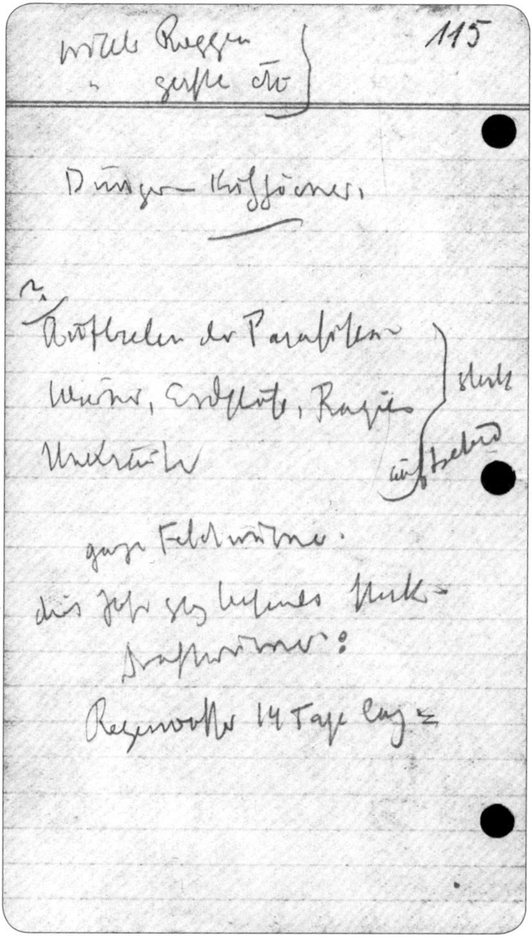

NB 617

wilder Roggen / " Gerste etc
Dünger – Kuhhörner / – /
? Auftreten der Parasiten – / Würmer, Erdflöhe, Raupen / Unkräuter *[neben der geschweiften Klammer rechts:]* stark auftretend.
ganze Feldwürmer / dies Jahr ganz besonders stark / Drahtwürmer: / Regenwasser 14 Tage lang :

NB 617

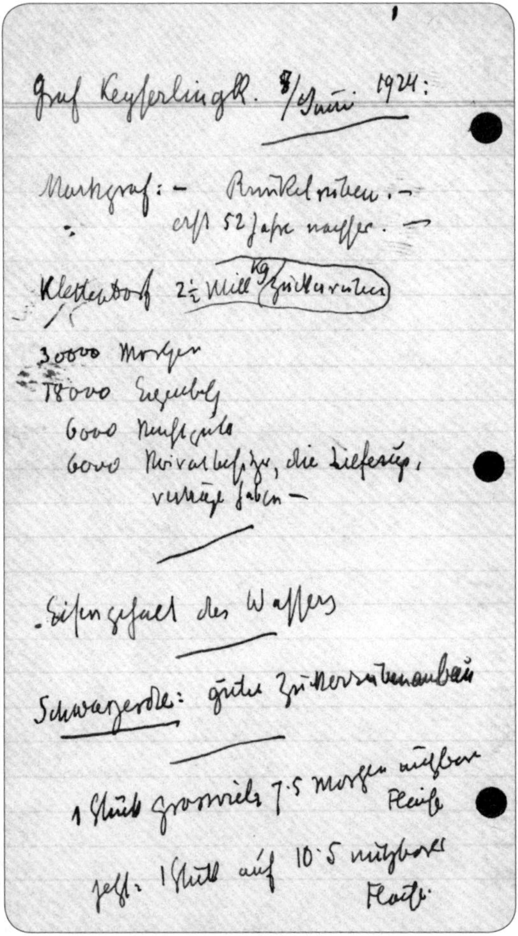

Graf Keyserlingk. 8/Juni 1924:

Markgraf: – Runkelrüben. –
erst 52 Jahre nachher. –

Klettendorf 2½ Mill kg Zuckerrüben

30000 Morgen
18000 Eigenbesitz
6000 Pachtgüter
6000 Privatbesitzer, die Lieferungsverträge haben –

Eisengehalt des Wassers

Schwarzerde: guter Zuckerrübenanbau

1 Stück Großvieh 7.5 Morgen nutzbare Fläche

jetzt: 1 Stück auf 10.5 nutzbare Fläche

[sehr wahrscheinlich Notizen beim Rundgang über das Gut Koberwitz]

Graf Keyserlingk. 8/Juni 1924:
Markgraf: – Runkelrüben. – / erst 52 Jahre nachher. – / Klettendorf 2½ Mill kg Zuckerrüben / 30 000 Morgen / 18 000 Eigenbesitz *[Lesung unsicher]* / 6000 Pachtgüter / 6000 Privatbesitzer, die Lieferungs- / verträge haben – / – / Eisengehalt des Wassers / – / Schwarzerde: guter Zuckerrübenanbau / – / 1 Stück Großvieh 7.5 Morgen nutzbare / Fläche / jetzt: 1 Stück auf 10.5 nutzbarer / Fläche.

NB 617

Jedes 3. 4. Jahr Dung. – unter der Erde. – / ~ /
Dünger – verteilt [*unleserlich*] / voll von Bakterien. / –

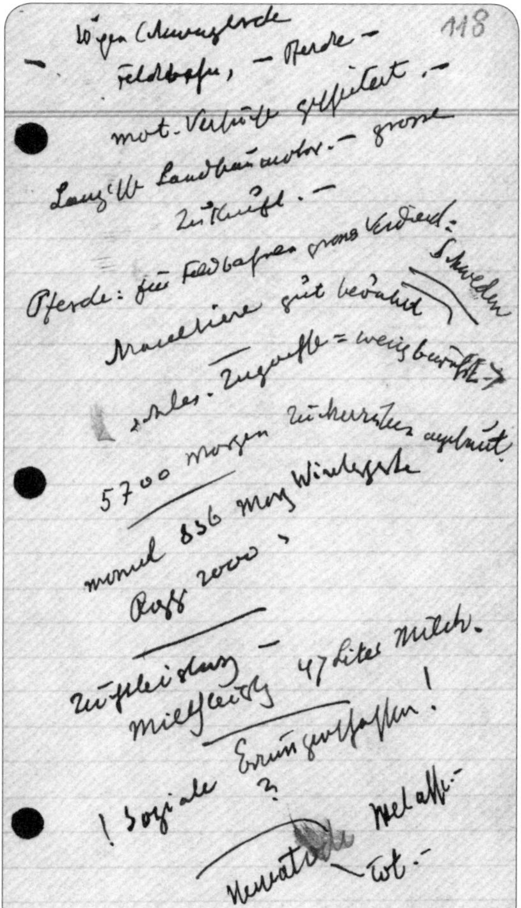

NB 617

[sehr wahrscheinlich Notizen zum Gut Koberwitz]
Sogen. Schwarzerde / Feldbahn, – Pferde – / mot. Versuche gescheitert. – / Lanz'sche Landbaumotor. – grosse / Zukunft. – Pferde: für Feldbahnen grosses Verdienst : Schweden / Maultiere gut bewährt / – / schles. Zugrasse : wenig bewährt / 5700 Morgen Zuckerrüben angebaut. / – / manuel 836 Morg Wintergerste / Rogg. 2000 » / – / Zugleistung – / Milchleistung 47 Liter Milch. / – / ! Soziale Errungenschaften ! / ? / – / Nematode Metalle.– / tot. –

NB 617

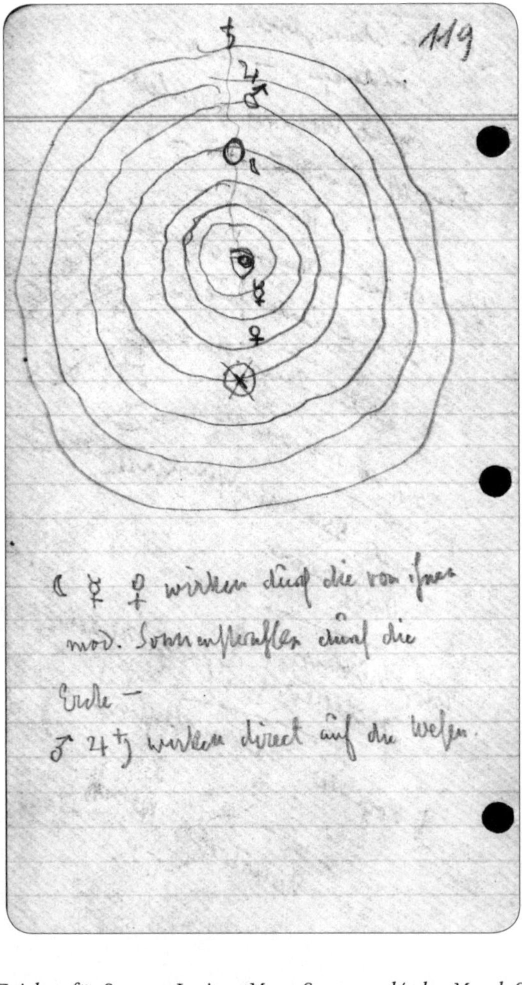

[Skizze: Zeichen für Saturn, Jupiter, Mars, Sonne und/oder Mond, Sonne, Merkur, Venus, Erde]
☾ ☿ ♀ wirken durch die von ihnen / mod. Sonnenstrahlen durch die / Erde –
♂ ♃ ♄ wirken direct auf die Wesen.

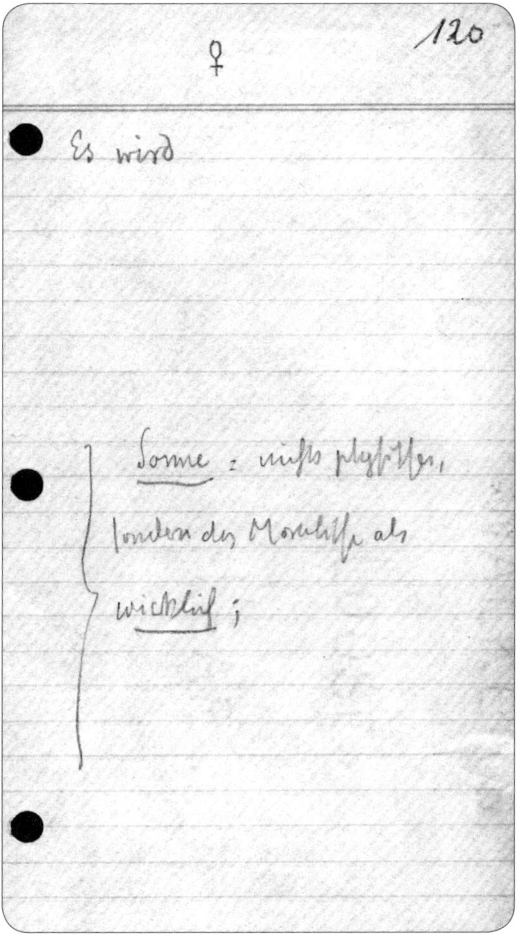

NB 617

♀ / Es wird
Sonne = nichts physisches, / sondern das Moralische als / wirklich;

NB 617

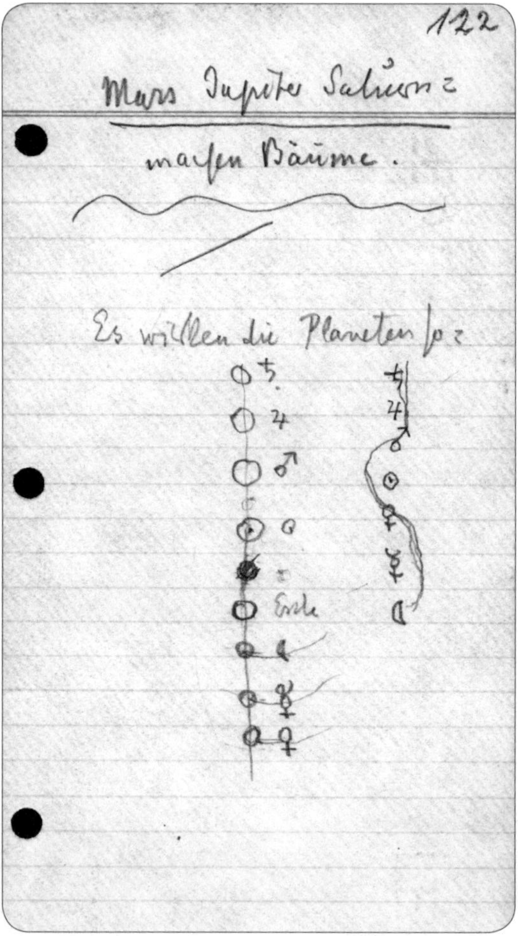

Mars Jupiter Saturn : / machen Bäume. / ~ / / /
Es wirken die Planeten so:
[Skizze links: Symbole für Saturn, Jupiter, Mars, Sonne, Mond, Merkur, Venus; Skizze rechts: Symbole für Saturn, Jupiter, Mars, Sonne, Venus, Merkur, Mond; in der Skizze links über den drei untersonnigen Planeten:] Erde

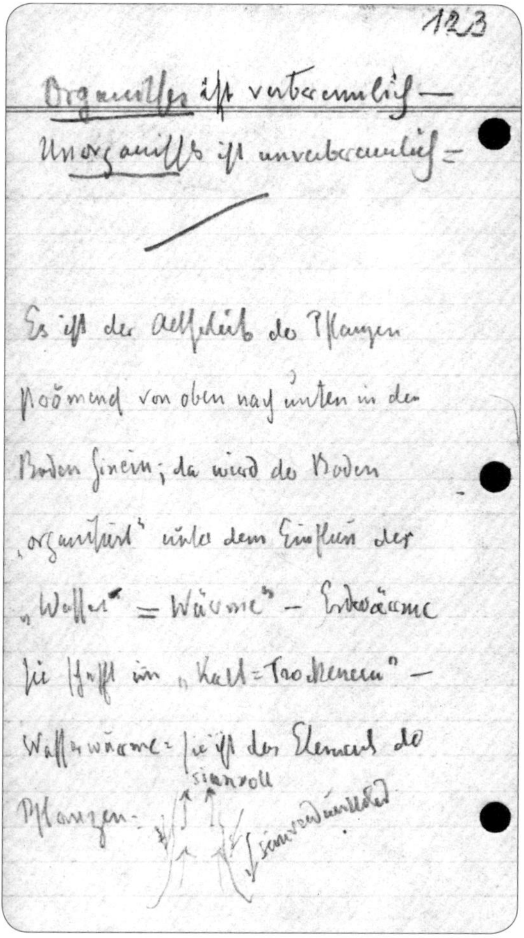

NB 617

<u>Organisches</u> ist verbrennlich – / <u>Unorganisches</u> ist unverbrennlich : / – /
Es ist der Aetherleib der Pflanzen / strömend von oben nach unten in den /
Boden hinein; da wird der Boden / «organisiert» unter dem Einfluss der /
«Wasser – Wärme» – Erdwärme / sie schafft im «Kalt-Trockenem» – / Wasserwärme: sie ist das Element der / Pflanzen:
[in der Skizze oben:] sinnvoll; *[rechts unten:]* sinnverdunkelnd

NB 617

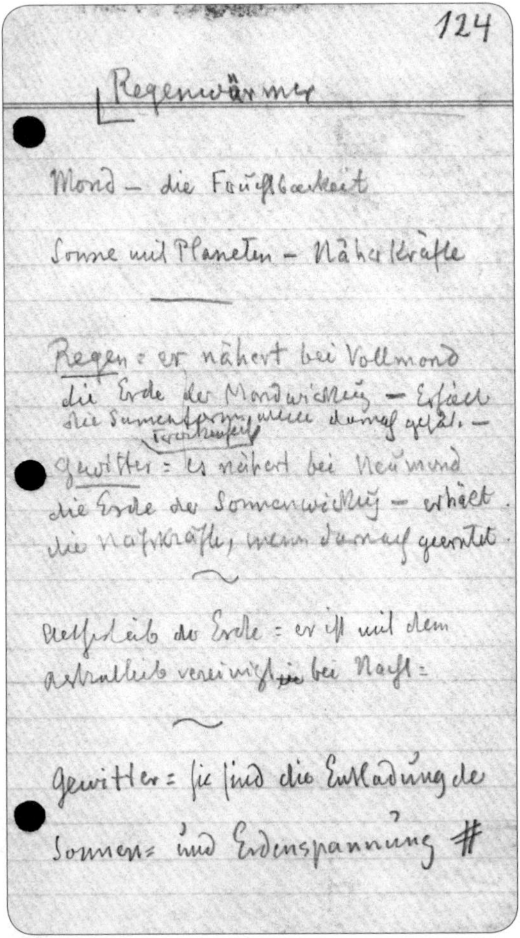
124

Regenwürmer

Mond – die Fruchtbarkeit

Sonne mit Planeten – Näherkräfte

Regen: er nähert bei Vollmond die Erde der Mondwirkung – Erhält die Samenformungen, wenn darauf gesät. –

Gewitter: es nähert bei Neumond die Erde der Sonnenwirkung – erhält die Nährkräfte, wenn darauf geerntet.

~

Aetherleib der Erde: er ist mit dem Astralleib vereinigt bei Nacht:

~

Gewitter: sie sind die Entladung der Sonnen- und Erdenspannung #

Regenwürmer / Mond – die Fruchtbarkeit / Sonne mit Planeten – Nährkräfte
/ – /
Regen: er nähert bei Vollmond / die Erde der Mondwirkung – Erhält / die Samenform, wenn darnach gesät. – / Trockenheit /
Gewitter: es nähert bei Neumond / die Erde der Sonnenwirkung – erhält / die Nährkräfte, wenn darnach geerntet. / ~ / Ätherleib der Erde: er ist mit dem / Astralleib vereinigt ~~in~~ bei Nacht = / ~ / Gewitter: sie sind die Entladung der / Sonnen- und Erdenspannung #

NB 614 (August 1924), linke Seite

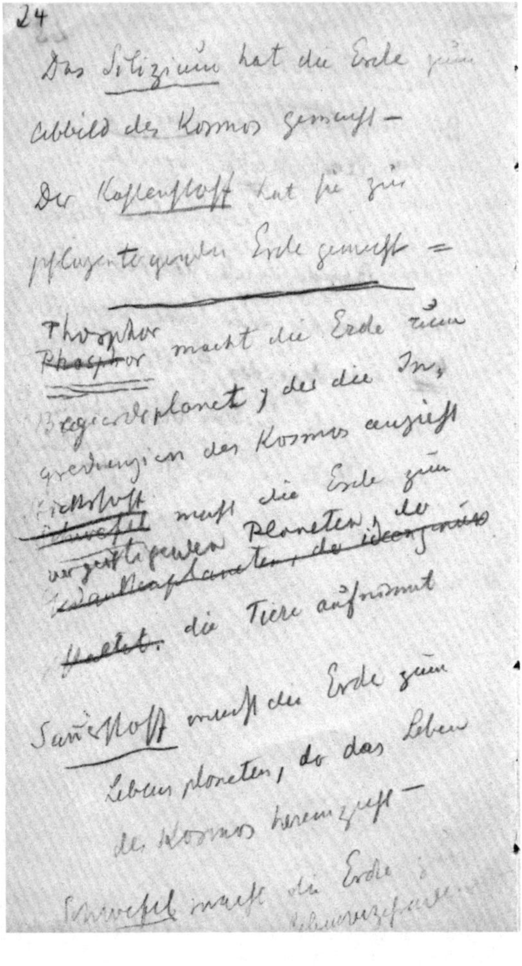

Das Silizium hat die Erde zum / Abbild des Kosmos gemacht – / Der Kohlenstoff hat sie zur / pflanzentiergeworden*[en]* Erde gemacht :
Phosphor ~~Phosphor~~ macht die Erde zum / Begierdeplanet; der die In- / gredenzien des Kosmos anzieht
Stickstoff ~~Schwefel~~ macht die Erde zum / vergeistigenden Planeten, der / ~~Gedankenplanet, der Ideengenuss~~ / ~~planet~~ die Tiere aufnimmt.
Sauerstoff macht die Erde zum / Lebensplaneten, der das Leben / des Kosmos hereinzieht –
Schwefel macht die Erde zum Lebenverzehrenden

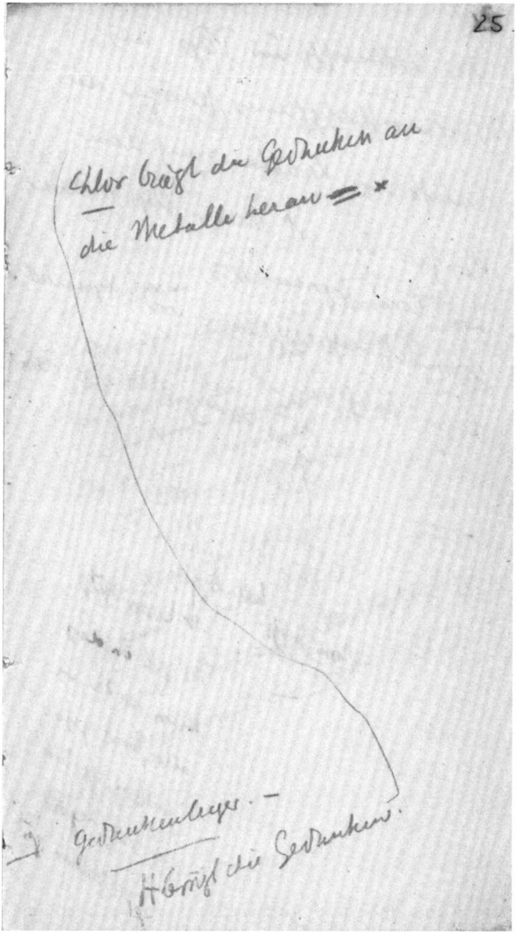

NB 614 (August 1924), rechte Seite

[Fortsetzung auf der rechten Seite unten:]
Gedankentr*[ä]*ger. – / –
H trägt die Gedanken.
<u>Chlor</u> trägt die Gedanken an / die Metalle heran : x

NB 614 (August 1924), linke Seite

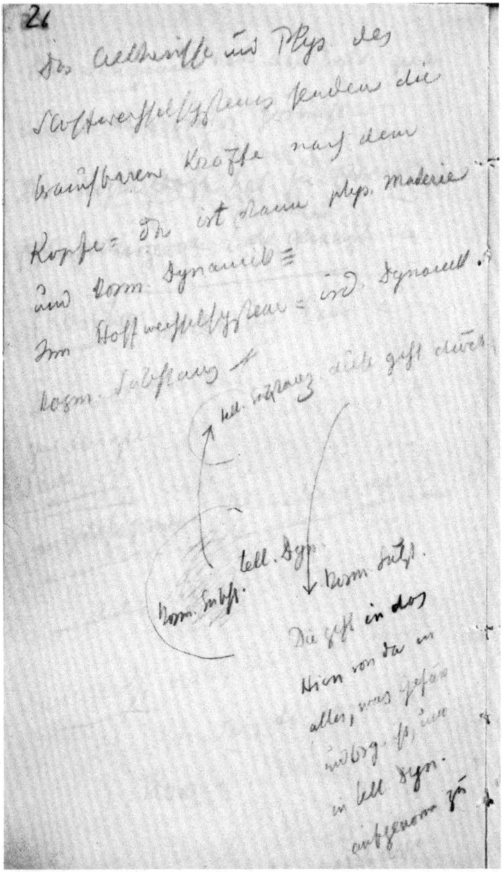

Das Aetherische und Phys. des / Stoffwechselsystems senden die / brauchbaren Kräfte nach dem / Kopfe : Da ist dann phys. Materie / und kosm. Dynamik. –
Im Stoffwechselsystem : ird. Dynamik / kosm. Substanz :
[Skizze mit Kommentar geht über beiden Seiten:]
[linker Pfeil, oben:] tell. Substanz. diese geht durch den Körper zu allem, was Nerv- und / Sinn ist, um da zum Mikrokosmos zu werden. –
Das Silicium exponiert die tell. Substanz / den kosm. Kräften –

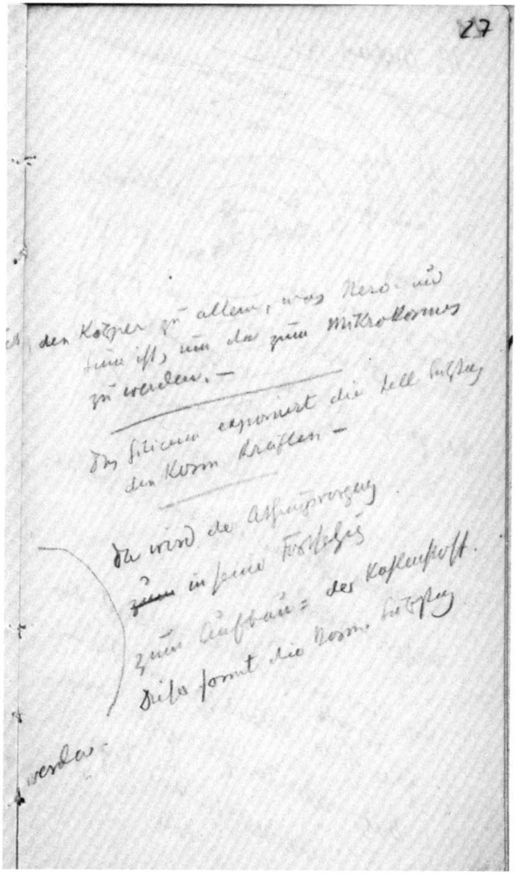

NB 614 (August 1924), rechte Seite

Da wird der Athmungsvorgang / ~~zum~~ in seiner Fortsetzung / zum Aufbau : der Kohlenstoff. / Dieser formt die kosm. Substanz.
[linker Pfeil, unten:] kosm. Subst. tell. Dyn.
[rechter Pfeil, unten:] kosm. Subst. Die geht in das / Hirn von da in / alles, was Gefäss / und Org. ist, um / in tell. Dyn. / aufgenom. zu werden.

NB 614 (August 1924), linke Seite

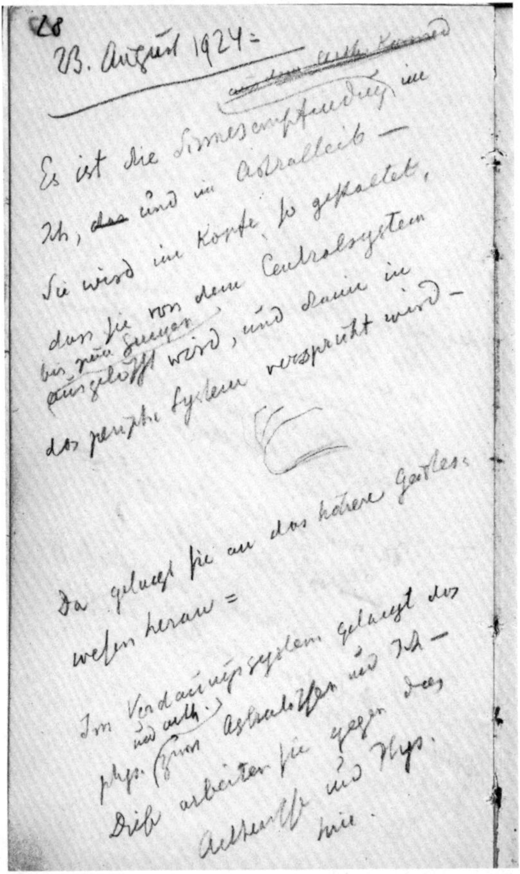

(Durchgestrichenes wurde nicht transkribiert):
23. August 1924:
Es ist die Sinnesempfindung im / Ich, und im Astralleib – / Sie wird im Kopfe so gestaltet, / dass sie von dem Centralsystem / bis zum [*unleserlich*] ausgelöscht wird, und dann in / das periphe System versprüht wird – / *[Skizze]*
Da gelangt sie an das höhere Geistes- / wesen heran :
Im Verdauungssystem gelangt das / phys. und aeth. zum Astralischen und Ich – / Diese arbeiten sie gegen das / Aetherische und Phys. hin.

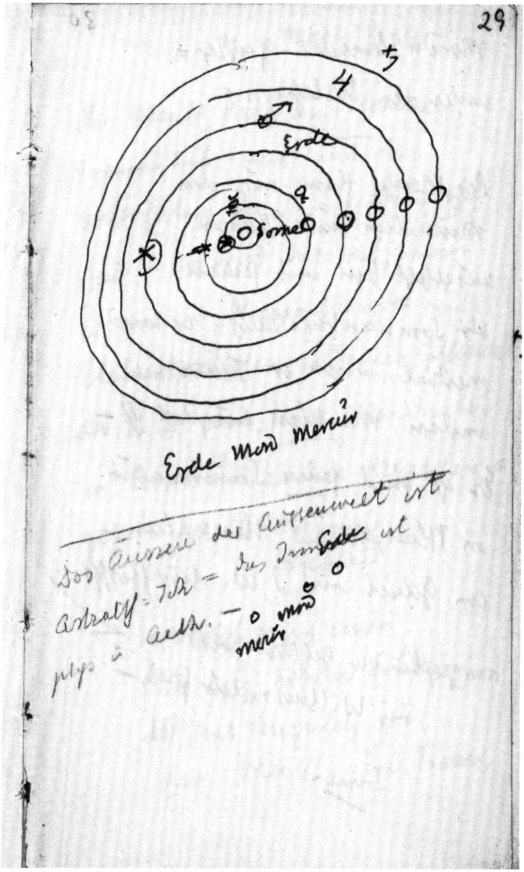

NB 614 (August 1924), rechte Seite

[Skizze: Symbole für Sonne, Merkur, Venus, Mars, Jupiter, Saturn. Geschrieben in der Skizze:] Sonne, Erde *[Geschrieben unter der Skizze:]* Erde Mond Mercur
Das Äussere der Aussenwelt ist / astralisch : Ich : das Innere ist / phys. u. aeth. –
[vermutlich noch zu Skizze gehörend:] Erde / Mond / Mercur *[und drei zugehörige Kringel]*

GELEITWORT ZUR NEUNTEN AUFLAGE 2022

Ueli Hurter, Sektion für Landwirtschaft der Freien Hochschule für Geisteswissenschaft am Goetheanum

Das im Jahr 2024 anstehende 100-Jahr-Jubiläum des Landwirtschaftlichen Kurses war Anlass, in der Sektion für Landwirtschaft am Goetheanum die Initiative für eine Neuherausgabe zu ergreifen. Der Herausgeber, die Rudolf Steiner Nachlassverwaltung, hat Hand geboten, und so ist in gemeinsamer Arbeit diese vollständig überarbeitete neunte Auflage erarbeitet worden. Das Ziel war, eine Edition mit möglichst sauberer Quellenlage zur Verfügung zu stellen. Dazu wurden die bisherige Editionsgeschichte sorgfältig aufgearbeitet, die vorhandenen Stenogramme neu übertragen, aktuelle Funde aus den Archiven eingefügt, der Aufbau des Bandes neu geordnet und der Anmerkungsteil erneuert und erweitert. Genauere Angaben zu dieser editorischen Arbeit findet man in dem nachfolgenden Abschnitt *Zu dieser Ausgabe* (S. 385).

Bald einhundert Jahre nach dem Landwirtschaftlichen Kurs darf gesagt werden, dass von diesen Tagen, vom 7. bis 16 Juni 1924 in Koberwitz, mit ca. 130 Teilnehmern, eine kraftvolle Wirkung ausgegangen ist. Auch heute befindet sich die daraus hervorgegangene biodynamische Bewegung in einer erfreulichen Entwicklung. Hält man den Band 327 der Gesamtausgabe in Händen, kommt die Frage auf: Wie ist das möglich? Denn der Textkorpus aus acht Vorträgen, vier Fragenbeantwortungen und begleitenden Texten zeigt sich äußerlich bescheiden im Verhältnis zu seiner anhaltenden Wirkung. Das eine ist der Inhalt, das andere ist der Duktus in dem Rudolf Steiner spricht. Dieser ist unter anderem dadurch gekennzeichnet, dass weite Gesichtspunkte aus der anthroposophischen Geisteswissenschaft und praktische Erörterungen für die Arbeit in Feld und Stall sich aufs Intimste durchweben. Er charakterisiert diesen Duktus in der Jugendansprache vom 17. Juni 1924 folgendermaßen:

> «Deshalb habe ich in diesem Kursus versucht, ich möchte sagen, aus dem tatsächlichen Erleben heraus die Worte zu finden. Es

> kann heute nicht anders der Geist gefunden werden, als wenn man auch wiederum die Möglichkeit findet, in naturgegebene Worte ihn zu kleiden; damit werden auch die Empfindungen wieder stark werden.» (siehe im vorliegenden Band S. 266)

Rudolf Steiner hat nicht über die Köpfe hinweg doziert, sondern in die Herzen und Hände der Landwirte gesprochen. Das kann auch heute noch ein Erlebnis im Umgang mit dem Kurs sein. In der biodynamischen Bewegung ist dafür der Ausdruck ‹Koberwitzer Impuls› aufgekommen. Ein Impuls geht tiefer als ein Lehrkurs, der Wille ist angesprochen. Entsprechend kann man aus der historischen Distanz von einhundert Jahren sagen: Der Landwirtschaftliche Kurs stellt einen ‹Kulturimpuls auf dem Gebiete der Landwirtschaft aus der Anthroposophie› dar.

In diesem Geleitwort soll als Erstes an wenigen Beispielen auf den Inhalt des ersten Teiles des vorliegenden Bandes eingegangen werden. Als zweites soll anhand der Gründung des Versuchsringes, der mit Teil zwei dieser Neuausgabe als wesentlich zum Kurs dazugehörig bewertet wird, auf das besondere Verhältnis von Forschung und Praxis, wie es dort zutage tritt, eingegangen werden. Als Drittes soll versucht werden, eine kurze Wirkensgeschichte des Landwirtschaftlichen Kurses zu skizzieren.

Die Stoffe als Geistträger, Stickstoff und Kiesel

Der *Landwirtschaftliche Kurs* beinhaltet eine einzigartige Stoffeskunde. Schon im ersten Vortrag werden Kiesel und Kalk in ihrer Polarität eingeführt. Sie sind die stofflichen Repräsentanten der oberen und unteren Kräfte, zwischen denen sich das landwirtschaftliche Leben abspielt. Der dritte Vortrag handelt dann im Wesentlichen von den Stoffen, die das Eiweiß als Lebenssubstanz bilden. Rudolf Steiner geht detailliert auf Stickstoff, Schwefel, Kohlenstoff, Sauerstoff und Wasserstoff ein und schildert ihr Zusammenwirken. Damit ist Rudolf Steiner ganz bei seinen Zuhörern, die als gebildete Landwirte über das agrochemische Wissen ihrer Zeit verfügten. Nun schildert er diese Stoffe aber wie Persönlichkeiten, von denen jede im Naturhaushalt ihre Aufgabe hat, und, wie sie zusammen wirtschaften. So wird zum Beispiel der Stickstoff als der Schlepper des Lebens (Sauerstoff) zu den Gestaltungen im Organischen (Kohlenstoff) charakterisiert. Dabei wirkt der Stickstoff aus einer feinen Empfindsamkeit für alle Nuancen des Lebensgeschehens in dem landwirtschaftlichen Organismus. Er wird als gescheiter, empfindsamer Kerl geschildert, der weiß, wo welche Kräfte wirken im Lebensgeschehen des Hofes. Der Landwirt kann dem Stickstoff nahekommen, von ihm lernen, sich seinem Beziehungswissen öffnen, indem er innerlich erlebend, meditativ sich mit seinem Hof verbindet.

In der Art, wie im dritten Vortrag die Stoffe als Geistträger geschildert werden, erscheint der Kalk als der Begierdenkerl, der alles an sich reißen will, und der Kiesel als der vornehme Herr, der gar nichts für sich selber will. Die kristalline Kieselsubstanz in den Mineralien und Gesteinen ist dabei nicht einmal das Entscheidende, sondern: Das Kieselige ist in feiner homöopathischer Verteilung allgegenwärtig in der Natur. Und es ist auch in dieser Form ganz anspruchslos. Rudolf Steiner nimmt als Vergleich unsere Sinnesorgane, die nicht sich selber wahrnehmen, sondern selbstlos der Welt gegenüber offen sind. «Das Kieselige ist der allgemeine äußere Sinn im Irdischen» (S. 70). Aus dieser mehr betrachtenden Charakterisierung des Kiesels geht es am Ende des vierten Vortrages dann in die praktische Tätigkeit mit dem Kieselpräparat. Im Anschluss an das Hornmistpräparat sagt Rudolf Steiner in extrem knapper Art, wie man das Kieselpräparat herstellt und anwendet. Zur Wirkung heißt es lediglich: «wie der Kuhhornmist von unten heraufstößt, das andere von oben zieht, weder zu schwach, noch zu stark zieht» (S. 88).

Es ist erstaunlich, welch zentralen Platz Rudolf Steiner dem Kiesel zuweist. Weder vor ihm, noch nach ihm wurde der Kiesel in der Agronomie überhaupt als relevant angesehen. Der Kiesel, d. h. das Silicium, ist aber anderswo sehr wichtig geworden in den letzten Jahrzehnten, nämlich in der Halbleiter-Industrie. Die Computertechnik und allgemein die künstliche Intelligenz beruhen neben der Elektrizität stofflich zu großen Teilen auf dem Rohstoff Silicium. Insofern die Intelligenz einen physischen Träger braucht, ist das Silicium dafür sehr geeignet. Rudolf Steiner fand diese Tatsache in seiner geistigen Naturforschung. Der Kiesel ist keine Lebenssubstanz, sondern eine Bewusstseinssubstanz. Das, was man als äußeres Bewusstsein oder als kosmische Intelligenz im Makrokosmos ansprechen kann, insbesondere was von den obersonnigen Planeten ausgeht, wird vom Kiesel gespiegelt und wirkt so gestaltend auf das Leben, auch wenn es nicht direkt an den biologisch-physiologischen Vorgängen teilnimmt. An diesem Beispiel kann deutlich werden, was durchgehend gilt in der Biodynamik: Die Stoffe und die Substanzen sind wichtig gerade aus geistiger Sicht, denn die geistigen oder kosmischen Kräfte können im Irdischen nur wirken durch die Stoffe. Diese sind Träger von Lebenskräften, Empfindungskräften und Bewusstseinskräften.

Zu den Präparaten

Die Präparate können als das Herzstück der Biodynamik bezeichnet werden. Nur schon ihr Platz ist in der Mitte des Kurses, im vierten und fünften Vortrag. Ihr wegweisender Neugriff besteht darin, direkt mit dem Leben arbeiten zu können – es in diesem Sinne zu «meistern» – und dadurch die Düngung nicht allein auf mineralischen Prinzipien aufbauen zu müssen. Sie basieren auf der weiten und tiefen Naturkunde der ersten Vorträge des Kurses, in denen unter dem Aspekt ‹Was ist Kosmisch, was ist Irdisch?› ein landwirtschaftlicher Blick in die Natur gelehrt wurde. Gleichzeitig sind sie ganz praktische Landwirtschaft, sie sind direkt für den gärtnerisch und landwirtschaftlich tätigen Menschen zugänglich. Das Verständnis folgt eher dem Tun, als dass es ihm vorausgeht. Eine Art theoretischen Zugang zu den Präparaten hat Rudolf Steiner bewusst nicht geliefert, er drückt es so aus: «um daraus dann die wirklich praktischen Schlüsse zu ziehen, die in der unmittelbaren Anwendung eben verwirklicht werden sollen und nur in dieser unmittelbaren Anwendung ihre Bedeutung haben» (S. 32).

Man kann handwerklich, künstlerisch, wissenschaftlich, meditativ mit den Präparaten leben. Die handwerkliche Herstellung der Präparate ist kein Geheimnis, sondern das Wissen wird aktiv durch Kurse weitergegeben. Ohne dass man sie herstellt, gibt es die Präparate nicht, sie kommen in der Natur nicht vor. Es sind Kulturschöpfungen. Durch das Tun mit den eigenen Händen ist man unmittelbar mit-schöpferisch tätig.

In der Anwendung kann ein künstlerisches Element zum Tragen kommen, wenn man gleichsam mit musikalischem Feingefühl den Anwendungszeitpunkt setzt, sei es im Verhältnis zur Entwicklung der Pflanzen, dem Gang der Jahreszeiten oder den Sternenkonstellationen. Wissenschaftlich kann man mit einfachen oder komplexeren Vergleichsversuchen Wirksamkeiten der Präparate finden. Der innere Umgang mit den Präparaten kann ein Weg sein von dem Blick der irdischen Dinglichkeit zu einer Ahnung der Fähigkeiten, die durch sie in dem ganzen Lebensgeschehen des Hofes erweckt werden.

Obwohl sie in ihrer unmittelbaren Anwendung ihre Bedeutung haben, muss die Bedeutung der Präparate nicht auf den landwirtschaftlichen Nutzen beschränkt bleiben. Wird mit den Präparaten über Jahre an einem Ort gearbeitet, kann es zur Erfahrung werden, dass der Hof oder Garten sich mehr und mehr einschwingt in die großen Verhältnisse der ganzen Erde. In diese Erfahrung hinein kann man die Frage stellen, welche Bedeutung die Präparate für die Entwicklung der ganzen Erdennatur haben? Sind sie nicht auch förderlich wirksam für die Erde als Lebewesen in ihrer Evolution? Auf diese Frage kann man Elemente einer Antwort in dem Michaelbrief «Was ist die Erde in Wirklichkeit im Makrokosmos?» von Rudolf Steiner finden (in: *Anthroposophische Leitsätze*, GA 26). Ein Text, den er einige Monate nach dem Landwirtschaftlichen Kurs schriftlich verfasst hat. Dort wird geschildert, wie der anfänglich ganz lebendige Makrokosmos allmählich erstorben sei, damit der Mensch zum klaren Denken und zum Selbstbewusstsein kommen könne. Die Erde sei nun, wie der Same, Endprodukt dieser Entwicklung. Gleichzeitig sei sie aber auch Same für die Zukunft. Sie habe als Zukunftssame schon angefangen zu keimen. Rudolf Steiner schildert, dass ein Überschuss an Keimkräften von dem Pflanzenreich in eine zukünftige Gestaltung des Kosmos ausströme. Diese von den Pflanzen stammenden Keimkräfte würden von Überschusskräften aus dem Tierreich geformt und von entsprechenden Überschusskräften aus dem Mineralreich richtig platziert werden. So ist ein neuer Makrokosmos im Entstehen. Der Mensch kann nicht allein mit seinem Denken, aber mit seinem Willen daran teilhaftig sein. Diese Beschreibung darf als große Erdenzukunft-Imagination in Zusammenhang mit den Präparaten des Landwirtschaftlichen Kurses gesehen werden.

Denken und Düngen, zur Frage der Ernährung

Die Frage nach der Ernährung durchzieht den ganzen Kurs. Für Rudolf Steiner ist klar: Landwirtschaft wird betrieben, um Nahrungsmittel zu produzieren. Als Produzent ist der Landwirt verantwortlich für die Qualität der Produkte, die er erzeugt. Die Artikulierung der Sorge, dass eine Degeneration der Produktequalität im Gange ist, gehört zu den Gründen, wieso es zum Kurs kam. Ernährungsphysiologie im klassischen Sinne ist aber nicht Gegenstand des Kurses. Der Gesichtspunkt, unter dem die Ernährungsfrage implizit durch alle Vorträge durchtönt, ist ein weiter gefasster: Wie müssen die Lebens- und Reifeprozesse auf dem Hof geführt werden, damit die daraus hervorgehenden Nahrungsmittel dem Menschen, der sie isst, die Grundlage geben für sein irdisches Leben?

Der Kunstdünger wird abgelehnt, weil, «die mineralischen Dungarten gerade diejenigen sind, die zu […] diesem Schlechterwerden der landwirtschaftlichen Produkte das Wesentliche beitragen» (S. 251). Entsprechend wird von Rudolf Steiner im Kurs eine andere Düngungsart entwickelt. Der vierte Vortrag gipfelt nach einer umfassenden Besprechung der Kompostierung in der Einführung des Hornmist- und des Hornkieselpräparates. Diese neue Art der Düngung wird mit der Qualität der daraus hervorgehenden Nahrung begründet.

> «Das Wichtigste ist, wenn die Dinge an den Menschen herankommen, dass sie seinem Dasein am allergedeihlichsten sind. Sie können ja irgendwelche Frucht ziehen, die glänzend aussieht, auf dem Felde oder im Obstgarten, aber sie ist vielleicht für den Menschen nur magenfüllend, nicht eigentlich sein inneres Dasein organisch befördernd. […] Es wird sogar überall bei

der Betrachtung von dem Menschen ausgegangen, der Mensch wird zur Grundlage gemacht.» (S. 89)

Den letzten Satz kann man auch unter dem Gesichtspunkt lesen, der nicht direkt auf die Ernährung zielt, sondern der den Menschen als Grundlage setzt für die Betrachtung und Einrichtung einer biodynamischen Landwirtschaft. Tatsächlich wird die Landwirtschaft als Individualität mit einer Ich-Anlage besprochen, mit Begriffen also, die nicht aus den Naturwissenschaften, sondern aus den Kulturwissenschaften kommen. Im achten Vortrag wird der Verdauungsprozess so geschildert, dass er die aufgenommene Nahrung im Magen substanziell insbesondere in das Gehirn hineinbildet. «Die Hirnmasse ist einfach zu Ende geführte Darmmasse.» (S. 190) Rudolf Steiner ist sich sehr bewusst, dass das grotesk klingt, es ist für ihn aber schlicht eine Tatsache. Nun wird gerade heute durch die aktuelle Forschung dieser Sachverhalt bestätigt. Das Biom in unserem Verdauungstrakt wirkt stark prägend und konstituierend auf die Gehirn- und Nervensubstanz.[1] Entsprechend sind dann die neurophysiologischen Funktionen als Grundlagen für unser Denken, Fühlen und Wollen geprägt.

Das Gehirn, so Rudolf Steiner, ist die physische Unterlage des Ich. Man kann auch sagen des Selbstbewusstseins. Dieses ist beim Menschen ganz ausgebildet. Dies ist möglich, weil im Menschenhirn die stoffliche Grundlage dafür gegeben ist, weil entsprechend alles aus der Nahrungssubstanz herausgezogen wird. Nun wird damit das Tier verglichen. Auch das Tier frisst, verdaut und hat ein Gehirn. Aber es hat kein Selbstbewusstsein, zumindest nicht in dem Maße wie der Mensch. Das Potenzial seines Ichs, seine Ich-Anlage, bleibt in der Verdauungssubstanz und diese wird zum Dünger. Der Dünger als Ich-Anlage kommt zur Pflanzenwurzel, dem Kopfpol der Pflanze. Da im geschlossenen landwirtschaftlichen Organismus das Futter vom eigenen Betrieb kommt und der Dünger wieder im eigenen Betrieb verwendet wird, kommt es zu einer jährlich sich wiederholenden Selbstbegegnung und der Betrieb wacht auf zu seinem

1 Siehe hierzu u.a.: Thomas Hardtmuth: *Mikrobiom und Mensch. Die Bedeutung der Mikroorganismen und Viren in Medizin, Evolution und Ökologie – Wege zu einer systemischen Perspektive,* Berlin 2021.

Ich und kann als Individualität angesprochen werden. Er ist wie ein äußerer, die ganze Natur mit einschließender Mensch. Insofern ‹wird der Mensch zur Grundlage gemacht›. Die in einem solchen Zusammenhang erzeugte Nahrung ist nun diejenige, die dem modernen Menschen angemessen ist.

Aus heutiger Sicht können wir sagen, dass es Rudolf Steiner nicht im Entferntesten um eine Art Gesundheitslehre gegangen ist. Aber aus der Konstatierung, dass einerseits die naturgegebenen Lebenskräfte der Erde am Schwinden sind und andererseits der moderne Mensch immer weiter sich individualisiert, ergibt sich die Einsicht, dass

> «aus dem Geiste heraus Kräfte geholt werden müssen, die heute ganz unbekannt sind, und die nicht nur die Bedeutung haben, dass etwa die Landwirtschaft ein bisschen verbessert wird, sondern die die Bedeutung haben, dass überhaupt das Leben der Menschen – der Mensch muss ja von dem leben, was die Erde trägt –, eben weitergehen könne auf Erden auch im physischen Sinne.» (S. 242)

Geistesforschung und Praxis

Dass aus dem Landwirtschaftlichen Kurs ein kräftiger Impuls geworden ist, hängt stark an der unmittelbar in Koberwitz vorgenommenen Begründung des ‹Landwirtschaftlichen Versuchsringes anthroposophischer Landwirte›. Die Gründung war schwierig, denn es gab Streit. Die jetzt als Teil zwei dieser Ausgabe veröffentlichten Dokumente geben Aufschluss darüber. Ernst Stegemann, der mehr einen inneren, esoterischen Zugang pflegte und Carl von Keyserlingk der mehr einer wirtschaftlichen Rationalität verpflichtet war, konnten sich nicht verstehen. Einer dritten Gruppe von jüngeren Menschen (die Brüder Hellmut und Erhard Bartsch, Almar von Wistinghausen, Franz Dreidax und Immanuel Voegele) ging es vor allem darum, praktische Angaben für den Arbeitsalltag zu bekommen. Trotz dieser Verschiedenheiten ist man zur Gründung des gemeinsamen Versuchsringes geschritten. Damit wurde dreierlei erreicht. Erstens war man formal geeint und dadurch als Organisation und aufkeimende

Bewegung handlungsfähig. Zweitens konnte unmittelbar anschließend an den Kurs die praktische Arbeit gestartet werden. Drittens war mit dem Versuchsring ein eigenständiger Partner zu der Hochschule am Goetheanum gegeben.

Um diese Partnerschaft geht es in der Ansprache vom 11. Juni nach der Begründung des Versuchsringes. Graf Keyserlingk als Sprecher der Landwirte möchte, dass die ‹dummen Bauern› nur ausführen, was sie von den ‹wissenden Sektionsleitern› der Hochschule in Dornach gesagt bekommen. Damit ist Rudolf Steiner gar nicht einverstanden. «Also wir werden von Anfang an aktive, aktivste Mitarbeiter brauchen, nicht bloß Ausführungsorgane.» (S. 230) Rudolf Steiner referiert dann, wie er eine Hochachtung dem bäuerlichen Wissen gegenüber hat, denn dieses dringt tief ein in die ganz konkreten kosmisch-irdischen Verhältnisse, die an dem Ort herrschen, wo der Bauer tätig ist. Dagegen ist die Wissenschaft schnell in der Gefahr, ein abstraktes und totes Wissen zu generieren. Die Betonung der Art von Praxis-Wissen und Praxis-Forschung für ein fruchtbares Wirken auf der Grundlage von ‹Geisteswissenschaftlichen Angaben zum Gedeihen der Landwirtschaft› gehört genuin zur biodynamischen Landwirtschaft dazu. Es geht nicht um eine Theorie, die nur angewendet zu werden braucht. Sondern erst der Vollzug in der Praxis, und das heißt in der existenziellen Situation im Jahreslauf und auch in den wirtschaftlichen, sozialen und kulturellen Verhältnissen vor Ort, macht schrittweise verständlich, was im Kurs gesagt ist. Rudolf Steiner geht sogar so weit, sich Bauernwissen für Dornach zu wünschen.

> «Wir müssen sozusagen schon zusammenwachsen, und in Dornach muss so viel Bäuerliches walten, als nur trotz der Wissenschaftlichkeit walten kann. Und das, was von Dornach als Wissenschaft ausgeht, muss so sein, dass es einleuchtet dem konservativsten Bauernkopf.» (S. 234)

Wenn man die Haltung, die hier explizit zum Ausdruck kommt, aus der historischen Situation löst, dann kann man erkennen, wie hochmodern sie ist. Denn die Frage, wie der Wissenschaftler und der Praktiker in der Landwirtschaft zusammenarbeiten, ist aktuell. Oft ist es ein Spannungsverhältnis. Neues Wissen, zum Beispiel über ökologische Zusammenhänge, kommt nicht in die Praxis, die Bauern wollen sich nicht belehren lassen und machen weiter wie bisher. Das, was die Praktiker wissen aus ihrer Tätigkeit, gilt bei den Wissenschaftlern nicht als richtiges Wissen. Es wird nicht anerkannt und bleibt Einzelerfahrung. Für die Herausforderungen, die im Landwirtschafts- und Ernährungssektor anstehen, wäre aber gerade eine gegenseitige Anerkennung und Förderung von Praxis und Wissenschaft unabdinglich. Es kann als eine Herausforderung für die biodynamische Bewegung angesehen werden, diese bei ihr veranlagte Kombination von Praxis und Forschung systematischer zu entwickeln.

Die Wirkensgeschichte des Kurses und ein Blick in die Zukunft

Der Versuchsring hat gleich nach dem Koberwitzer Kurs seine Arbeit aufgenommen, und so ist schnell ein Verbund von Menschen und Höfen entstanden, die praktisch, beratend und auch durch einfache Vergleichsversuche mit den Angaben aus dem Kurs umgegangen sind. Es bestand ein reger Austausch mit der Naturwissenschaftlichen Sektion am Goetheanum, deren Leiter Guenther Wachsmuth den von Kurt Walther mitstenografierten Kurs noch 1924 als gedrucktes Buch zur Verfügung stellen konnte. Unter den leitenden Köpfen der Bewegung entstand der Name ‹biologisch-dynamisch›, als ein Kompromiss oder eine Kombination von zwei Ansichten, die mehr das ‹biologisch› oder mehr das ‹dynamisch› hervorheben wollten.

Schon 1928 wurde dann die Schutzmarke *Demeter* registriert als Kennzeichnung der Produkte von den biodynamischen Höfen für die städtische Kundschaft. In den 1930er-Jahren wurde Erhard Bartsch, der den Hof Marienhöhe in Bad Sarow, östlich von Berlin, bewirtschaftete, zur prägenden Figur. Ab der Machtergreifung der Nationalsozialisten 1933 hat er zusammen mit Mitstreitern im Bemühen, den jungen biodynamischen Impuls am Leben zu erhalten, auch eine Zusammenarbeit mit den Machthabern gesucht – 1941 wurden schließlich doch alle biodynamischen Organisationen verboten.

Auch in anderen Ländern sind früh erste Höfe und Güter von einzelnen Pionieren auf die biodynamische Wirtschaftsweise umgestellt worden. Zu nennen sind die Betriebe von Loverendale in Holland (1926), in der Schweiz der Oswaldhof (1930), in Österreich der Wurzerhof (1926). In anderen Ländern wie in Norwegen, England und USA ist in den 1930er-Jahren eine biodynamische Pionierbewegung ausgehend von charismatischen Beratern entstanden.

Nach dem Zweiten Weltkrieg musste die Arbeit neu aufgebaut werden. Das Rückgrat wurden jetzt die bäuerlichen Familienbetriebe. In den 1970er-Jahren entstand in vielen Ländern Europas eine Generation von Betrieben, die von jungen idealistischen Städtern begründet wurden. Sie kamen nicht vom Land, sondern aus der Stadt; die gute landwirtschaftliche Praxis musste da oft erst durch viele Fehler erlernt werden. Dafür waren auf diesen Höfen die sozialen Fesseln der traditionellen Landwirtschaft nicht wirksam, und es entstanden in den Hofgemeinschaften und um die Höfe herum vielfältige neue soziale Formen. In einer dritten Welle, die heute im Gange ist, sind es vor allem hoch spezialisierte Betriebe – vorwiegend Weinbau-, Obstbau- und Gemüsebaubetriebe –, die biodynamische Maßnahmen in ihre Praxis integrieren. Die starke Entwicklung beim Weinbau ist qualitätsgetrieben, denn bei der obligaten Degustation schneiden die biodynamischen Weine oft sehr gut ab. Ähnlich ist es beim aufkommenden Kaffee- und Tee-Anbau. Bei anderen Spezialkulturen wie Gemüse, Früchte und aktuell insbesondere Bananen ist es die Marktnachfrage für Demeter-Produkte, die ein treibender Faktor für die Umstellung ist. Daneben existieren aber auch viele Tausend Kleinstbetriebe, insbesondere in Indien, die in Gemeinschaftsprojekten zur Biodynamik angeleitet werden und dadurch eine bessere Lebensqualität für die ganze Familie erreichen. Zu erwähnen ist noch der biodynamische Baumwollanbau in Ägypten, Indien und Tansania, wo es gelungen ist, komplexe Wertschöpfungsketten vom Saatgut und dem Anbau bis zur fertigen Kleiderkonfektion ins Leben zu rufen. Die biodynamische Bewegung ist heute ganz international, in allen Kulturräumen und in allen Klimazonen gibt es biodynamische Aktivitäten. Jeder Typ von Betrieb, ob groß oder klein, ob arm oder reich, ob gemischt oder spezialisiert, ob zertifiziert oder nicht, ist willkommen und trägt zum Reichtum der weltweiten Bewegung bei.

Etwas allgemein formuliert kann man sagen, dass der biodynamische Impuls universell ist, mit der Eigenart, dass sein zentrales Prinzip die Individualisierung des Betriebes ist.

Die Bewegung, die aus dem Landwirtschaftlichen Kurs entstanden ist, blieb aber nicht auf die Landwirtschaftlichen Betriebe beschränkt, es sind vielfältige wissenschaftliche, rechtliche und wirtschaftliche Initiativen entstanden. Das ‹Forschungsinstitut am Goetheanum› unter der Leitung von Guenther Wachsmuth und Ehrenfried Pfeiffer darf als erstes Forschungsinstitut für Bio-Landbau bezeichnet werden. Auch in anderen Ländern wurden intensive Forschungsaktivitäten aufgebaut. In den 1970er-Jahren wurden die ersten Dissertationen mit biodynamischen Themen geschrieben. Als Beispiel für die vielen Versuche sei der ‹DOK-Versuch› genannt. Es ist ein Langzeitversuch in der Schweiz, in dem die drei agronomischen Systeme ‹Dynamisch›, ‹Organisch› und ‹Konventionell› miteinander verglichen werden. Nach nunmehr vierzig Versuchsjahren ist deutlich, dass Biodynamisch in den Nachhaltigkeitsparametern und in der Klimabilanz vorne liegt.[2]

Auf rechtlichem Gebiet wurden neue Formen des Eigentums an Grund und Boden entwickelt und eingeführt, ein Gebiet, in dem intensiv mit den sozialwissenschaftlich engagierten Kreisen aus der Anthroposophie zusammengearbeitet wird. Auch bei der Entwicklung des Marktes für Bioprodukte, der stark aus Demeter-Kreisen vorangetrieben wurde, war die assoziative Wirtschaft, wie sie Rudolf Steiner dargestellt hat, die inspirierende Idee. Immerhin ist heute in einigen Ländern der Bioanteil am Lebensmittelmarkt um zehn Prozent. Auch die CSA-Bewegung (community supported argriculture), in der eine direkte Solidarlandwirtschaft für den Hof von den Kunden gebildet wird, hat ihre Wurzeln in der Bewegung, die vom Kurs

2 Paul Mäder et al.: *«Erkenntnisse aus 21 Jahren DOK-Versuch»*. FiBL Dossier: *Bio fördert Bodenfruchtbarkeit und Artenvielfalt,* Frick 2000, 16 S.; sowie: Colin Skinner, Andreas Gattinger, Maile Krauss, Hans-Martin Krause, Jochen Mayer, Maercel G. A. van der Heijden, Paul Mäder: «The impact of long-term organic farming on soil-derived greenhouse gas emissions» in: *www.nature.com, Scientific reports, 9/2019: 1702* | https://doi.org/10.1038/s41598-018-38207-w.

in Koberwitz ausgegangen ist. Dies gilt auch für die breite Ökobewegung, die durch das 1962 von Rachel Carson (1907–1964) in den USA veröffentlichte Buch *Silent spring* einen kräftigen Schub erhalten hat, wofür sie wesentliche Anregungen durch den *Landwirtschaftlichen Kurs* über ihre beiden Freundinnen Marjorie Spock (1904–2008) und Mary Richards (1908–1990) – beide sowohl Eurythmistinnen als auch biodynamische Gärtnerinnen – erhalten hatte.[3] In dem breiten Fächer an Wirkensgebieten, die zum biodynamischen Impuls gehören, findet sich auch eine eigenständige Pflanzenzüchtung, ein tiermedizinischer Ansatz, viele Formen von inklusiver sozialpädagogischer Arbeit, politische Lobbyarbeit, vielfältigste Ausbildungsinitiativen und eine weltweite Netzwerkarbeit. Diese reichhaltige Bewegung ist wie eine Bestätigung für die Bemerkung Rudolf Steiners im Kurs

> «wie die Interessen der Landwirtschaft nach allen Seiten hin mit dem größten Umkreise des menschlichen Lebens verwachsen sind und wie eigentlich es kaum ein Gebiet des Lebens gibt, das nicht zur Landwirtschaft gehört. Von irgendeiner Seite, aus irgendeiner Ecke gehören alle Interessen des menschlichen Lebens in die Landwirtschaft hinein.» (S. 17)

Eindrücklich spricht Rudolf Steiner in der im Anhang des vorliegenden Bandes in gekürzter Form abgedruckten Jugendansprache am Morgen des 17. Juni 1924, nach Abschluss des Landwirtschaftlichen Kurses, der kommenden Generation in die Herzen. Er bejaht voll ihre Sehnsucht, mit tiefer Empfindung in die Natur untertauchen zu wollen. Er sagt aber auch, dass die Erde ein beherztes Engagement von tätigen Menschen braucht. Er spricht imaginativ vom Michaelschwert, das unter der Erde zu suchen und zu finden sei. «Haben Sie das starke und zugleich bescheidene Selbstvertrauen als junge Menschen» (S. 269), ihre Erdenaufgabe zu ergreifen, für ihre eigene Biografie, aber auch für das Leben der Erde.

Seit bald einhundert Jahren sind schon einige junge Generationen auf diese erste gefolgt. Und es gibt allen Grund anzunehmen, dass

---

3 Siehe z. B.: John Paull: *The Rachel Carson Letters and the Making of Silent Spring*, Sage open, July–September 2013, S. 1–12; siehe auch: Dieter Steiner: *Rachel Carson, Pionierin der Ökologiebewegung – eine Biografie,* München 2014.

noch weitere Jugendgenerationen folgen werden, die sich vom *Landwirtschaftlichen Kurs* für ein Lebensengagement im tiefsten Herzen inspirieren lassen. Es können der heutigen noch viele weitere folgen, die Kraft des Kurses ist noch keineswegs erschöpft, sie fordert und ermöglicht immer wieder einen neuen Zugang. Weitere Generationen von jungen Menschen in allen Erdteilen werden sich durch diese Quelle anregen lassen und mithelfen eine Landwirtschaft der Zukunft zu entwickeln.

Zu dieser Ausgabe

Historischer und situativer Kontext des Koberwitzer Kurses

Zu Beginn des 20. Jahrhunderts waren in Deutschland noch ca. 30 Prozent der Bevölkerung in der Landwirtschaft tätig. Heute, Anfang des 21. Jahrhunderts, sind es noch ca. zwei Prozent. Auch wenn die Landwirtschaft zum Zeitpunkt des Koberwitzer Kurses schon deutliche Schritte in eine materialistische Ausrichtung durch Mechanisierung, Technisierung, Verwendung von Mineraldüngern sowie Gewinnmaximierung vollzogen hatte, so finden die großen Umwälzungen zum heutigen Bild einer industriellen Landwirtschaft erst nach dem Zweiten Weltkrieg statt. Dennoch waren Anfang des 20. Jahrhunderts bereits entscheidende Weichen gestellt, wie zum Beispiel die Verwendung von mineralischem Dünger und Chilesalpeter.[1] Damit einher gingen Beobachtungen zur Degenerierung des Saatgutes, der Böden und zur Verschlechterung der Nahrungsmittelqualität.[2] Vor diesem Hintergrund versuchten Landwirte aus dem anthroposophischen Umfeld, etwa zu Beginn der 1920er-Jahre Rudolf Steiner (1861–1925) für einen Kurs über eine geisteswissenschaftlich erweiterte Landwirtschaft zu gewinnen.

Rudolf Steiner war bereits mit Beginn der 1920er-Jahre an verschiedenen Stellen mit Problemen der damaligen Landwirtschaft beschäftigt. Zu nennen ist hier zunächst die Entwicklung des *Coffea*-Präparates gegen die Maul- und Klauenseuche zusammen mit Immanuel Voegele (1897–1959) und dem Tierarzt Joseph Werr (1885–1954) unter Beteiligung von Lilly (1889–1976) und Eugen Kolisko (1893–1939).[3] Des Weiteren war Rudolf Steiner ab ca. 1920 mit Johann Simon Streicher (1887–1971), der zunächst noch Abteilungsleiter bei der *BASF* war[4] und ab 1921 im Stuttgarter Forschungsinstitut des *Kommenden Tages* mitarbeitete, und Rudolf Maier (1886–1943) von der Guldesmühle bei Dischingen über die Frage der Düngung im Austausch. Weiterhin sind die Forschungen

1 Bereits 1810 proklamierte der Agrarwissenschaftler Albrecht von Thaer (1752–1828) die Landwirtschaft zu einem ökonomischen Gewerbe und ab Mitte des 19. Jahrhunderts wurde durch Justus Liebig (1803–1873) die naturwissenschaftliche Chemie in die Landwirtschaft eingeführt. – Der Einsatz von Kunstdünger war offenbar auch bei den Teilnehmenden des Kurses gängige Praxis, wie ein Dokument aus der Zeit unmittelbar im Anschluss an den Kurs bezeugt, in dem Fragen zusammengestellt sind, die der «Koberwitzer Geschäftsstelle der Landwirte der Anthroposophischen Gesellschaft gestellt worden sind (RSA IV SACH Landwirtschaft). Das Dokument ist im *Archivmagazin* Nr. 11/2021 wiedergegeben.

2 Siehe hierzu u. a. Ehrenfried E. Pfeiffer: «Rudolf Steiners landwirtschaftlicher Impuls», in: M. J. Krück von Poturzyn: *Wir erlebten Rudolf Steiner*, Stuttgart 1956.

3 Siehe auch den Hinweis zu S. 83.

4 Von der BASF wurde kurz vor dem Ersten Weltkrieg das Haber-Bosch-Verfahren zur Herstellung von industriellem Stickstoff entwickelt.

von Ernst Stegemann (1882–1943) zu nennen, der bereits ab ca. 1922 landwirtschaftliche Versuche mit Angaben Rudolf Steiners durchführte (siehe auch die Hinweise zu S. 47, 65, 100, 256), die sich vor allem auf die Pflanzenzüchtung bezogen.[5] Und schließlich arbeiteten Guenther Wachsmuth (1893–1963) und Ehrenfried Pfeiffer[6] (1899–1961) in Dornach unmittelbar mit Rudolf Steiner zusammen, u. a. auch bezüglich der Herstellung und Wirkung der später so benannten «biologisch-dynamischen» Präparate (siehe auch Hinweis zu S. 133).

Über das schließliche Zustandekommen und den Ablauf des Kurses ist von verschiedenen Autoren berichtet worden.[7] Hier soll nur ein grober Abriss gegeben werden.

Die vielfachen Bemühungen, Rudolf Steiner für einen Kurs über eine geisteswissenschaftliche Erneuerung der Landwirtschaft zu gewinnen, können im engeren Sinne ab ca. 1922 datiert werden. Der Kreis der initiativen Persönlich-

---

5 Siehe hierzu auch: M. J. Krück von Poturzyn (Hrsg.): *Wir erlebten Rudolf Steiner. Erinnerungen seiner Schüler,* Stuttgart 1970.

6 *Ehrenfried Pfeiffer:* 1899–1961, Pionier der angewandten anthroposophischen Forschung, entwickelte ausgehend von Anregungen Rudolf Steiners für die Bildkräfte-Erforschung die Methode der empfindlichen Kupferchloridkristallisation, stellte zusammen mit Guenther Wachsmuth (1893–1963) unter der Anleitung von Rudolf Steiner 1922/23 zum ersten Mal das Hornmistpräparat her. Die mit Hornmist gefüllten Hörner wurden dazu auf dem Gelände der heilpädagogischen Einrichtung «Sonnenhof» in Arlesheim vergraben. Pfeiffer war bis Ende der 1930er-Jahre zusammen mit Guenther Wachsmuth in der Leitung des Forschungslaboratoriums am Goetheanum und ab Ende der 1930er-Jahre Landwirt und Landwirtschaftsberater in den USA. – Pfeiffer konnte seinerzeit nicht am Landwirtschaftlichen Kurs teilnehmen. Er selbst schrieb hierzu: «Dem Verfasser war es nicht vergönnt, an dem Kurs teilzunehmen, da Dr. Steiner ihn gebeten hatte, an der Pflege eines Schwerkranken teilzunehmen.» (J. W. Krück von Poturzyn (Hrsg.): *Wir erlebten Rudolf Steiner,* Stuttgart 1956, S. 173). Almar von Wistinghausen zufolge studierte Pfeiffer auf Anweisung Rudolf Steiners Chemie in Basel. Dieses Studium sollte er nicht zugunsten des Landwirtschaftlichen Kurses unterbrechen (Almar von Wistinghausen: *Erinnerungen an den Anfang der Biologisch-Dynamischen Wirtschaftsweise,* Darmstadt 1982, S. 20).

7 Siehe z. B.:
- Adalbert von Keyserlingk (Hrsg.): *Koberwitz 1924 – Geburtsstunde einer neuen Landwirtschaft,* Norderstedt 2018;
- Alexander Graf von Keyserlingk: *Erinnerungen 1895–1939,* herausgegeben und mit Erläuterungen versehen von Peter Waltner, 2. Auflage, Hechingen 2016;
- Herbert H. Koepf, Bodo von Plato: *Die biologisch-dynamische Wirtschaftsweise im 20. Jahrhundert,* Dornach 2001;
- Christoph Lindenberg: *Rudolf Steiner – Eine Chronik,* Stuttgart 1988.
- Peter Selg: *Koberwitz, Pfingsten 1924. Rudolf Steiner und der Landwirtschaftliche Kurs,* Dornach 2009;
- Almar von Wistinghausen: *Erinnerungen an den Anfang der Biologisch-Dynamischen Wirtschaftsweise,* Darmstadt 1982.

keiten gesellte sich primär um das Gut Koberwitz und Carl von Keyserlingk (1869–1928). Neben ihm sind zu nennen: sein Neffe Alexander von Keyserlingk (1895–1995), Immanuel Voegele (1897–1959), Moritz Bartsch (1869–1944) und seine beiden Söhne Hellmut Bartsch (1898–1982) und Erhard Bartsch (1895–1960), Ernst Stegemann (1882–1943), Otto von Lerchenfeld (1868–1938), Ludwig von Polzer-Hoditz (1869–1945), Rudolf von Koschützki (1866–1954), Franz Dreidax (1892–1964), Almar von Wistinghausen (1904–1989).

Mehrere Anläufe aus dieser Gruppe, Rudolf Steiner für einen Landwirtschaftlichen Kurs zu gewinnen, waren bereits mehr oder weniger ergebnislos vorausgegangen. Erhard Bartsch und Immanuel Voegele schrieben im August 1922 an Rudolf Steiner:

> «Der anthroposophischen Bewegung angehörende Landwirte haben aus der Erkenntnis der Lebensnotwendigkeiten ihres Berufes und dessen, was Anthroposophie für deren Erfüllung bedeutet, den lebhaften Wunsch, zeitgemäß in geisteswissenschaftlichem Sinne auf ihrem Gebiet zu arbeiten. Der erste Schritt zur Verwirklichung dieses Zieles wäre wohl getan, wenn Sie, hoch verehrter Herr Dr. Steiner, in einem Kursus oder einer Reihe von Vorträgen, die für die Behandlung landwirtschaftlicher Fragen erforderlichen allgemeinen geisteswissenschaftlichen Grundlagen und speziellen Hinweise geben würden.» (RSA 086/1)

Rudolf Steiner schätzte aber in seiner Antwort zunächst «die Sache als noch nicht tragfähig genug» ein.[8]

Im Laufe des Jahres 1923 schien sich ein Kurs von Rudolf Steiner für den Winter 1923/24 abzuzeichnen. Carl von Keyserlingk empfahl in einem Brief an Rudolf Steiner vom 23. November 1923 die Monate Januar oder Februar 1924 und schlug Koberwitz als Ort für die Durchführung des Kurses vor.[9]

Schließlich gab Carl von Keyserlingk zu Weihnachten 1923 seinem Neffen Alexander von Keyserlingk (1895–1995) den Auftrag mit nach Dornach, Rudolf Steiner um einen definitiven Termin zu bitten, was Rudolf Steiner mit ‹Pfingsten 1924› beantwortete.[10]

Dennoch – wohl auch aufgrund der Nachrichten über Rudolf Steiners sich verschlechternden gesundheitlichen Zustand – gingen aus dem besagten Kreis

---

8 Zitiert aus: Hellmut Bartsch: «Dr. Erhard Bartsch – Gedenken an den Mitbegründer der biologisch-dynamischen Landwirtschaft. Ein Lebens- und Wirkensbild.» Beilage zur *Lebendigen Erde* Nr. 1/1961, S. 4.

9 Brief von Carl von Keyserlingk an Rudolf Steiner vom 23. November 1923 (RSA 087/3).

10 Siehe hierzu den Bericht von Alexander von Keyserlingk in Adalbert Graf von Keyserlingk (Hrsg.): *Koberwitz 1924 – Geburtsstunde einer neuen Landwirtschaft,* Stuttgart 1974, S. 89f.; sowie: Alexander Graf von Keyserlingk: *Erinnerungen 1895–1939,* herausgegeben und mit Erläuterungen versehen von Peter Waltner, 2. Auflage, Hechingen 2016, S. 189.

weitere Briefe an Rudolf Steiner, die immer wieder die Dringlichkeit der Durchführung des anvisierten Kurses betonten.

Zur Vorbereitung wurden Rudolf Steiner von verschiedenen Seiten Fragelisten übermittelt. Am 1. Mai 1924 sandte Erhard Bartsch eine umfangreiche Liste im Auftrag von Carl von Keyserlingk (siehe im Anhang des vorliegenden Bandes, S. 273 f.), die offenbar mit Immanuel Voegele, Hellmut Bartsch, Franz Dreidax und Almar von Wistinghausen erarbeitet worden war.[11] Außerdem hatte sich Ernst Jacoby (1884–1959) bereits im März 1924 an Rudolf Steiner gewendet (siehe S. 280 im Anhang).

Als Teilnahmevoraussetzung am Kurs galt die Mitgliedschaft in der Anthroposophischen Gesellschaft, die Ausübung einer landwirtschaftlichen Tätigkeit sowie die Kenntnis von Rudolf Steiners Schriften *Die Geheimwissenschaft im Umriss* (GA 13) und *Wie erlangt man Erkenntnisse der höheren Welten?* (GA 10). Noch im Programm zur Breslauer Tagung (RSA IV SACH Landwirtschaft) heißt es:

> «Zur Teilnahme am Landwirtschaftlichen Kursus kommen nur solche Mitglieder der Anthroposophischen Gesellschaft in Frage, die im landwirtschaftlichen Beruf stehen oder besondere landwirtschaftliche Interessen haben.»

Von diesen Voraussetzungen machte Rudolf Steiner aber offenbar vielfache Ausnahmen, wie u. a. die Liste der Teilnehmenden (im Anhang S. 281 f.) dokumentiert. Die Teilnahmegebühr am Landwirtschaftlichen Kurs betrug «20,00 M mindestens».[12]

Rudolf Steiner selbst bereitete sich ausführlich auf den Kurs vor, wie die im Anhang des vorliegenden Bandes wiedergegebenen Notizen belegen. In diesem Zusammenhang sind die folgenden Worte aus seiner Koberwitzer Ansprache vom 11. Juni 1924 bemerkenswert:

> «Ich musste hierherfahren und bin nun in den allerschönsten und besten Bedingungen hier, alles Unangenehme machen andere, und ich habe nur jeden Tag zu reden, allerdings Reden, vor denen ich etwas Respekt hatte, weil sie ein neues Gebiet sind.» (siehe im vorliegenden Band S. 233)

Und in einem Brief aus Koberwitz an Ita Wegman schreibt er am 10. Juni 1924:

> «Die landwirtschaftlichen Vorträge scheinen mir bis jetzt zu gelingen. Ich bin mit etwas wenig Hoffnung darangegangen. Aber nun gelingt

11 Siehe Hellmut Bartsch: a. a. O.

12 Laut undatiertem Typoskript, das aus der Zeit der dem Landwirtschaftlichen Kurs unmittelbar vorhergehenden Vorbereitungen stammt. 20 Reichsmark entsprechen heute knapp 80 Euro (eine Reichsmark von 1924 hat heute ein Kaufkraftäquivalent von ca. 3,90 Euro). (RSA IV SACH Landwirtschaft)

es, gerade auch da aus der geistigen Welt Gesichtspunkte zu holen, die vielleicht aufs höchste fruchtbar für die praktische Landwirtschaft sein werden. Soviel ich sehen kann, gehen die Dinge den Landwirten sogar sehr ein, trotzdem sie den gegenwärtigen Anschauungen etwas recht Fremdes darstellen.» (Original: Ita Wegman Archiv; Kopie: RSA 068/3)

Mit dem Kurs hatte Rudolf Steiner eine umfassende Erweiterung der Landwirtschaft im Sinn. In seinem mündlichen Rückblick vom 20. Juni 1924 in Dornach (siehe Seite 242) formulierte er das Anliegen des Kurses wie folgt:

> «Also es handelt sich dabei durchaus um eine Frage, die im allereminentesten Sinne eine, ich möchte sagen, kosmisch-irdische Frage ist. Gerade bei der Landwirtschaft zeigt es sich, dass aus dem Geiste heraus Kräfte geholt werden müssen, die heute ganz unbekannt sind, und die nicht nur die Bedeutung haben, dass etwa die Landwirtschaft ein bisschen verbessert wird, sondern die die Bedeutung haben, dass überhaupt das Leben der Menschen – der Mensch muss ja von dem leben, was die Erde trägt –, eben weitergehen könne auf Erden auch im physischen Sinne. – Es handelte sich also schon um ein ganz beträchtliches Thema.»

Die Zusage für einen landwirtschaftlichen Kurs in Koberwitz wurde zum Anlass, darüberhinaus gehend in Breslau eine Pfingsttagung für mehr als 500 Mitglieder der Anthroposophischen Gesellschaft zu organisieren. Das bedeutete: allabendliche Mitgliedervorträge Rudolf Steiners im großen Saal des Breslauer Konzerthauses bzw. in der Aula des Augusta-Lyzeums, eine öffentliche Eurythmieaufführung am Pfingstmontag im renommierten Lobetheater,[13] eine Aufführung von Goethes «Iphigenie auf Tauris»[14] im Breslauer Gewerkschaftshaus sowie einen Sprachgestaltungskurs unter der Leitung von Marie Steiner im Bocksch-Saal in Breslau (siehe auch das Programm auf S. 270 im Anhang).

> «Rudolf Steiner bat um die Garantiesumme von 20000 Mark, damit Reisespesen und Honorare für die Künstler bezahlt werden konnten, auch wenn die Einnahmen der Tagung nicht die Ausgaben dafür decken würden.»[15]

---

13 Eine weitere Eurythmieaufführung war offenbar in Görlitz geplant, die aber kurzfristig abgesagt werden musste.

14 Die Aufführung wurde durch die spontane Initiative der *Neukünstlerischen Bühnenspiele* von Georg Kugelmann (1892–1959) noch in letzter Minute in das Gesamtprogramm eingefügt. Sie fand am 15. Juni 1924 auf der Bühne im Breslauer Gewerkschaftshaus statt (siehe: Adalbert von Keyserlingk (Hrsg.): *Koberwitz 1924 – Geburtsstunde einer neuen Landwirtschaft,* Stuttgart 1974, S. 103.). Auch hierfür übernahm Carl von Keyserlingk eine Kostengarantie.

15 Almar von Wistinghausen: *Erinnerungen an den Anfang der biologisch-dynamischen Wirtschaftsweise,* Darmstadt 1982, S. 15. – Eine Reichsmark von 1924 hat heute ein Kaufkraftäquivalent von ca. 3,90 Euro. Die von Rudolf Steiner geforderte Kostendeckung lag damit bei ca. 78000 Euro.

Am 6. Juni 1924 konnten Rudolf Steiner – und seine Mitreisenden[16] – abends vom Breslauer Bahnhof abgeholt und nach Koberwitz gefahren werden.

Rudolf Steiners Terminkalender war weit über das Programm hinaus gefüllt: Neben dem Landwirtschaftlichen Kurs, den Vorträgen in Breslau über Reinkarnation und Karma,[17] hielt er zwei sogenannte Klassenstunden,[18] stellte sich in drei Treffen den Anliegen der damaligen jungen Generation,[19] hielt eine esoterische Stunde für einen kleineren Kreis,[20] führte mit dem Arzt Ludwig Engel (1885–1977) mehr als 20 Patientenbesprechungen durch, stellte sich für zahlreiche Privataudienzen zur Verfügung, schrieb nachts Berichte und Aufsätze für die Wochenschrift *Das Goetheanum* (siehe u. a. die schriftlichen Berichte im Anhang, S. 255 f.; sowie *Mein Lebensgang,* GA 28 und *Anthroposophische Leitsätze,* GA 26), verfasste in der Nacht vom 14. auf den 15. Juni die Johanni-Epistel für die Priester der Christengemeinschaft, entwarf einen Vorschlag für ein Eurythmie-Diplom und erledigte darüber hinaus noch seine tägliche briefliche Korrespondenz. Am Pfingstsonntag-Morgen unternahm er eine ausführliche Besichtigung des Gutes Koberwitz, besuchte am Freitag, 13. Juni 1924, noch die Kirchen auf der Dominsel in Breslau. Am Schluss der Tagung gab es am 16. Juni einen geselligen Abend in dem Breslauer Ausflugslokal Mathiaskunst usw.

Rudolf Steiner selbst schrieb in einem Brief vom 14. Juni 1924 an Ita Wegman:

> «Es ist hier wirklich ein bisschen viel in das Programm hineingesteckt. Ich will Dir nur die gestrige Tages-Ausfüllung hierher setzen. ½ 9 bis ½ 11 war Dr. Engel mit Patienten da; ½ 12–1 die Cursusvorträge für die Landwirte; 2–3 die Besprechung darüber – dann kamen andre Leute zur Besprechung. Dann Fahrt nach Breslau; 6–7 Klassenstunde; 8–9 Mitgliedervortrag. Aber eigentlich bin ich doch davon befriedigt. Es kamen doch so viele Menschen aus allen möglichen Gegenden hier zusammen; und Breslau hat an sich schon recht viele Mitglieder. Und man muss doch darauf sehen, dass diese Leute möglichst viel bekommen.» (Original: Ita Wegman Archiv, Kopie: RSA 068/3)

---

16 Siehe Hinweise zu S. 15 und S. 206.

17 Siehe *Esoterische Betrachtungen karmischer Zusammenhänge,* Bd. V, GA 239.

18 Siehe hierzu Thomas Meyer (Hrsg.): *Der Meditationsweg der Michaelschule. Die Wiederholungsstunden in Breslau vom 12. und 13. Juni 1924. Rudolf Steiners esoterisches Vermächtnis aus dem Jahre 1924,* Basel 2016.

19 Die Treffen fanden am 9. Juni 1924 und am 14. Juni 1924 in Breslau und am 17. Juni 1924 in Koberwitz statt; die Ansprache vom 9. Juni war vermutlich im Bocksch-Saal in Breslau. Das zweite Treffen vom 14. Juni fand in der Aula vermutlich vom Augusta-Lyzeum in Breslau statt. Siehe auch Hinweis zu Seite 257.

20 Die esoterische Stunde ist durch Johanna von Keyserlingk verbrieft. Siehe Adalbert von Keyserlingk (Hrsg.): *Koberwitz 1924 – Geburtsstunde einer neuen Landwirtschaft, Stuttgart 1974,* S. 61 f.

Die allabendliche Autofahrt von Breslau zurück dauerte etwa eine Stunde, sodass es gegen 23 Uhr war, bis man Koberwitz erreichte; anschließend gab es noch ein Nachtessen im Kreise der Keyserlingks. So zogen sich die Abende bis Mitternacht. Die je neue briefliche Korrespondenz händigte Rudolf Steiner morgens zwischen 4 und 5 Uhr dem zuständigen Boten aus.

Da die Teilnehmer des Kurses zum großen Teil aus Breslau anreisten, musste in der Tagesplanung auf die Anbindung mit den öffentlichen Verkehrsmitteln geachtet werden. Die früheste Variante (6 Uhr Abfahrt ab Breslau, Ankunft Koberwitz 6.45 Uhr) schied aus; man entschied sich für die zweite Anreisemöglichkeit: 10.26 Uhr Abfahrt ab Breslau, Ankunft in Koberwitz: 11.10 Uhr. Die Kurszeit war dann auf ca. 11.45 bis 14.30 Uhr geplant. Dass anschließend an den Vortrag gegen 13 Uhr eine *Frühstücks*pause eingelegt wurde, wie es Rudolf Steiner in seinen Berichten formulierte (siehe im Anhang S. 255 f.), mag diesen Gegebenheiten geschuldet sein. Die Ansprache zur Begründung des Versuchsringes am 11. Juni 1924 muss bereits vor 11 Uhr erfolgt sein. Die Vorträge fanden im großen Speisesaal des Hauses statt. Er war durch geöffnete Flügeltüren um das Vestibül erweitert, sodass genügend Stühle für die gut 130 Teilnehmenden aufgestellt werden konnten. In der Mitte des Raumes sprach Rudolf von einem Stehpult aus.

Rudolf Steiners gesundheitliche Verfassung war zu Beginn des Koberwitzer Kurses bereits erheblich angeschlagen, dennoch schien er sich nach Augenzeugenberichten während der Koberwitzer und Breslauer Tage sichtlich zu erholen. Nach der dritten Jugendansprache am 17. Juni 1924 reiste Rudolf Steiner wieder ab. Auf der Rückfahrt äußerte er gegenüber Guenther Wachsmuth: «Jetzt sind wir wieder einen großen Schritt vorwärtsgekommen.»[21] Nach einer Zeit stillen Nachdenkens habe Rudolf Steiner in der «Rückschau auf die vergangene Tagung plötzlich mit starker, freudiger Betonung» zu Guenther Wachsmuth gesagt: «Nun haben wir auch dieses wichtige Werk geschafft.» Und Wachsmuth fährt in seinem Bericht fort: «Selten habe ich Rudolf Steiner nach einer vollbrachten Tat so freudig bewegt und sichtbar beglückt erlebt, wie es in diesem Augenblick nach der landwirtschaftlichen Tagung zum Ausdruck kam. Noch mehrmals kam er während der Eisenbahnfahrt mit frohen Worten auf diese Tage zurück.»[22] – Knapp zehn Monate später verstarb Rudolf Steiner am 30. März 1925 in Dornach.

Rückblickend schreibt Guenther Wachsmuth 1929 in seinem Vorwort zur zweiten Auflage:

> «Mit den in diesem Kursus empfangenen und ihrer Zukunftsbedeutung unabsehbar weittragenden Impulsen kehrten alle Teilnehmer an ihre Arbeitsstätten mit neuen Einsichten, Hoffnungen und Kräften gestärkt zurück; und mancher, dem die Landwirtschaft durch deren geistlos mate-

21 Zitiert aus dem Vorwort von Guenther Wachsmuth zur zweiten Auflage des *Landwirtschaftlichen Kurses,* Dornach 1929, S. V.

22 Guenther Wachsmuth: *Die Geburt der Geisteswissenschaft,* Dornach 1941, S. 583.

rialistische Industrialisierung nur noch eine Last gewesen war, sah nun plötzlich wieder die tiefen geistigen Hintergründe gerade dieses Berufes und ging mit völlig verwandelten Einsichten in neuer Liebe an die Bearbeitung von Tier, Pflanze und Erdboden.» (Dornach 1929, S. IV f.)

Von Ehrenfried Pfeiffer ist die Äußerung Rudolf Steiners überliefert, dass «die Wirkungen der Präparate und die Methode ‹für alle sei, für alle Landwirte›, das heißt, nicht das Privileg einer kleinen, auserwählten Gruppe. Es ist dies umso mehr zu betonen, da ja zu dem Landwirtschaftlichen Kurs nur solche Landwirte, Gärtner und Naturwissenschafter zugelassen wurden, die auf der einen Seite den sachlichen, auf der anderen Seite den geisteswissenschaftlich-anthroposophischen Hintergrund hatten. Der Letztere ist nötig, um das zu verstehen und zu würdigen, was Rudolf Steiner ausführt; die biologisch-dynamische Methode aber kann von jedem Landwirt angewandt werden.» Und weiterhin führt Pfeiffer die folgende Äußerung Rudolf Steiners an: «Es kommt vor allem darauf an, dass die Segnungen der Präparate möglichst großen Landflächen über die ganze Erde hin zugeführt werden, zur Heilung der Erde, und um die Nahrungsqualität der Feldfrüchte in umfassendstem Maß zu verbessern. Darauf sollte man das Augenmerk richten.»[23]

Zur Überlieferungs- und Editionsgeschichte

Die Vorträge des Landwirtschaftlichen Kurses wurden offiziell von Kurt Walther[24] mitgeschrieben, so ist es einer Liste zu entnehmen, die Helene Finckh, eine eigens von Marie Steiner und Rudolf Steiner engagierte Berufsstenografin, über sämtliche Vorträge Rudolf Steiners und die jeweiligen Stenografen angefertigt hat. Dort ist auch vermerkt, dass offenbar noch weitere Teilnehmer den Koberwitzer Kurs mitstenografiert haben. Leider liegen die Originalstenogramme von Kurt Walther nicht mehr vor. Hingegen liegen die Stenogramme von Lilly Kolisko des fünften bis achten Vortrages sowie von drei Fragenbeantwortungen vor, die die Rudolf Steiner Nachlassverwaltung in den 1970er-Jahren käuflich erwerben konnte.[25] Das Kolisko-Archiv stellte freundlicherweise ein Heft mit der Beschriftung «Landwirtschaftlicher Kursus, Breslau 7.–16.

---

23 Ehrenfried E. Pfeiffer: «Rudolf Steiners landwirtschaftlicher Impuls», in: M. J. Krück von Poturzyn: *Wir erlebten Rudolf Steiner,* Stuttgart 1956, S. 173 f.

24 *Kurt Walther:* 1874–1940, Postrat, anthroposophischer Vortragsredner, verheiratet mit Clara Selling, der Hauswirtschafterin von Rudolf Steiner. Von 1916 bis 1921 trat er in den Vorstand der Anthroposophischen Gesellschaft an die Stelle von Marie Steiner.

25 Des Weiteren liegt dem Rudolf Steiner Archiv ein Stenogramm vor, das Walter Vegelahn zugeschrieben wird, bei dem es sich allerdings um eine stenografische und vermutlich nur auszugsweise Abschrift (nach 1941) aus der zweiten Auflage des *Landwirtschaftlichen Kurses* handelt.

Juni 1924» zur Verfügung, in dem sich bruchstückhafte, großenteils stichwortartige Notizen in Reinschrift (primär in Sütterlinschrift, stellenweise auch in Gabelsberger Stenogrammschrift) vom gesamten ersten und zweiten Vortrag sowie vom Beginn des dritten Vortrages finden.

Von dem mündlichen Rückblick vom 20. Juni 1924 ist das Stenogramm von Helene Finckh erhalten. Die beiden schriftlichen Berichte Rudolf Steiners liegen als Orginalmanuskript vor. Die Jugendansprache vom 17. Juni wurde von Lilly Kolisko mitstenografiert.

Was mit dem Stenogramm von Kurt Walther und den maschinenschriftlichen Übertragungen geschehen ist, nachdem sie als Grundlage für die erste Auflage, die Guenther Wachsmuth offenbar bereits im Herbst 1924 herausgegeben hat, gedient haben, ist unklar.[26] Sie müssen derzeit als verschollen betrachtet werden. Aufgrund der vorliegenden Korrespondenz zwischen Carl von Keyserlingk und Guenther Wachsmuth ist anzunehmen, dass das Originalstenogramm in Koberwitz verblieb und dort vor Ort – möglicherweise noch von Kurt Walther selbst – transkribiert wurde. Im Brief vom 3. Juli 1924 schreibt Keyserlingk:

> «Lieber Herr Wachsmuth!
> Im besonderen Pakete übersende ich Ihnen vier Exemplare aus dem Stenogramm in die gewöhnliche Schrift übertragene Vorträge des Landwirtschaftlichen Kurses in Koberwitz. Es sind im Ganzen sieben Reinschriften hergestellt worden, von denen ich mir erlaubt habe, zwei Exemplare für den Gebrauch in Koberwitz zurückzubehalten und ein Exemplar dem Herrn Walther zu treuen Händen zu übergeben.
> Die Diskussionen zu den Vorträgen, welche noch nicht fertiggestellt sind, folgen in Kürze nach. Ich glaubte, Ihnen nur schon die Vorträge selbst übersenden zu sollen, damit Sie sie für den Druck fertig stellen können.
> Gleichzeitig gehen Ihnen die Zeichnungen zu den Vorträgen im Original zu mit der Bitte, sie nach gemachtem Gebrauch wieder nach Koberwitz gelangen zu lassen.»[27] (Original: Goetheanum Archiv; Kopie: RSA 140/4)

Am 8. Juli 1924 schreibt Keyserlingk an Wachsmuth:

> «Nachdem gestern die Nachschriften der Landwirtschaftlichen Vorträge von Herrn Dr. Steiner und die dazugehörigen Zeichnungen nach Dornach abgegangen sind, kann ich Ihnen heute die Nachschriften

---

26 Für die Bearbeitung der vorliegenden Auflage wurden Typoskripte unbekannter Hand aus dem Goetheanum-Archiv beigezogen (siehe: *Zur allgemeinen Textgestalt*, S. 395 im vorliegenden Band). Über deren Herkunft liegen keinerlei Angaben vor.

27 Da sich die Originaltafelbilder erhalten haben und zum Bestand des Rudolf Steiner Archivs gehören, ist anzunehmen, dass diese Tafelbilder nicht mehr zurück nach Koberwitz geschickt wurden, sondern in Dornach verblieben waren.

von den landwirtschaftlichen Diskussionen übersenden. Es sind wieder sieben Durchschläge angefertigt worden, von den ich je zwei Exemplare für den Gebrauch in Koberwitz zurückbehalten habe und ein Exemplar Herrn Walther zu treuen Händen übergeben habe. Die restlichen vier Exemplare gehen Ihnen zu.» (Original: Goetheanum Archiv; Kopie: RSA IV SACH Landwirtschaft)

Am 10. Juli 1924 antwortet Wachsmuth:

> «Sehr verehrter Herr Graf,
> wir danken Ihnen bestens für Ihre Nachschriften und sehen der Ankunft der von Ihnen gütigst angekündigten Nachschriften des Landwirtschaftlichen Kurses und der Zeichnungen mit der nächsten Post entgegen. Ich habe mit Herrn Steiner bereits die Drucklegung des Landwirtschaftlichen Kurses besprochen und die Genehmigung hierfür erhalten und habe auch schon die Verhandlungen mit dem Verlag hierüber geführt. Leider scheint es so, dass der Verlag die Drucklegung nicht schneller als in ca. 4 Wochen besorgen kann. [...] Wir werden die Drucklegung beim Stuttgarter Verlag[28] eben so sehr als irgend möglich beschleunigen. Wir werden dann jedes Exemplar mit einer Nummer und den Namen des Empfängers versehen.» (Original: Goetheanum Archiv; Kopie: RSA IV SACH Landwirtschaft)

Die erste Auflage des *Landwirtschaftlichen Kurses* konnte noch Ende 1924 realisiert werden. Für die zweite Auflage von 1929 standen Guenther Wachsmuth die Stenogramme von Lilly Kolisko zur Verfügung, wie u. a. aus seinem Vorwort von 1929 zu entnehmen ist. Dort dankte er

> «Frau Dr. L. Kolisko für die Überlassung ihres Stenogramms, wodurch sich wichtige Textverbesserungen und Ergänzungen gegenüber dem Text der ersten Auflage ergaben.»

Die Einarbeitung des Kolisko-Stenogrammes in die zweite Auflage übernahm Ehrenfried Pfeiffer. In einem undatierten Schreiben (vermutlich Ende August 1929) schreibt Pfeiffer an Wachsmuth:

---

28 Es handelt sich hier um den Verlag *Der Kommende Tag A.-G.*, der allerdings Anfang 1925 im Kontext der allgemeinen Wirtschaftskrise teilliquidiert werden musste. Diese Teilliquidation wurde 1924 beschlossen und fand ihren Abschluss mit der Herabsetzung des Aktienkapitals Anfang 1925. Als AG bestand der *Kommende Tag* allerdings noch länger; seine Aufgabe beschränkte sich aber nur noch auf die Grundstückverwaltung. Er wurde dann 1926 umbenannt in *Uhlandshöhe A.G. für Grundstückverwaltung.*

«Lieber Dr. Wachsmuth,
anbei sende ich Dir den korrigierten landwirtschaftlichen Kurs zur Drucklegung. Aus den einzelnen Zuschriften ergab sich nichts Wesentliches an Änderungen; dagegen brachten die Korrekturen aus dem Stenogramm von Frau Kolisko oft wesentliche Änderungen und Verbesserungen. Ich habe alles genau nachgesehen und überlegt und glaube, dass alle in diesem Exemplar eingetragenen Änderungen gut zu verantworten sind. Du kannst Dich ja noch durch Stichproben überzeugen.»[29]

Die gedruckte Fassung des *Landwirtschaftlichen Kurses* wurde noch bis inklusive der dritten Auflage nur gegen Unterzeichnung einer sogenannten «Verpflichtungs-Erklärung» ausgehändigt. Das persönlich ausgestellte Exemplar musste nach dem Tode des Inhabers an die Naturwissenschaftliche Sektion zurückgeschickt werden.

Marie Steiner, als Erbin des Nachlasses und des damit verbundenen Veröffentlichungsauftrages, trat am 1. Mai 1935 die Verantwortung und das Recht zur Herausgabe des *Landwirtschaftlichen Kurses* «ausdrücklich an Herrn Dr. Guenther Wachsmuth als Leiter der Naturwissenschaftlichen Sektion am Goetheanum und des Allgemeinen Versuchsringes Anthroposophischer Landwirte und Gärtner» ab (RSA IV SACH Landwirtschaft). Erst mit der vierten Auflage wurde der Kurs in die Rudolf Steiner-Gesamtausgabe aufgenommen und ab der vierten Auflage im freien Buchhandel angeboten.

Zur allgemeinen Textgestalt

Als Editionsgrundlage für die vorliegende Neuauflage dienten:
- Typoskripte unbekannter Hand aus dem Goetheanum Archiv (in den Hinweisen zum Text kurz «Typoskript» genannt), mit handschriftlichen redaktionellen Änderungen. Sie haben insgesamt eine große Nähe zur ersten Auflage des *Landwirtschaftlichen Kurses*. Leider ist deren Urheberschaft nicht überliefert.
- Notizen von Lilly Kolisko zum ersten und zweiten Vortrag sowie zum Beginn des dritten Vortrages (teils in Langschrift, teils in stenografischer Kurzschrift)
- Neue Ausschriften der vorhandenen Stenogramme von Lilly Kolisko aus dem Rudolf-Steiner-Archiv (Transkription durch Matthias Buser aus dem Jahr 2020) vom fünften bis achten Vortrag sowie von der zweiten bis vierten Fra-

29 Dieses Korrekturexemplar gehörte vormalig zum Archiv-Bestand der Naturwissenschaftlichen Sektion der Freien Hochschule für Geisteswissenschaft am Goetheanum, Dornach (CH) und befindet sich seit dem Jahr 2021 in den Beständen des Rudolf Steiner Archivs (RSA 002/6/1). Leider ist in dem Exemplar nicht unterscheidbar, welche der eingetragenen Korrekturen aufgrund des Stenogramms von Lilly Kolisko, welche aufgrund anderer Zuschriften und welche durch eigenständige Redaktion vorgenommen wurden.

genbeantwortung. Durch diese Neuübertragung der Kolisko-Stenogramme sind Vortrags-Passagen dokumentiert, die bislang nicht berücksichtigt worden waren (siehe hierzu die Hinweise zum Text).
- Die erste bis achte Auflage des *Landwirtschaftlichen Kurses* (siehe unten).
- Notizen Rudolf Steiners (siehe Anhang S. 291 f.).
- Die zu den Vorträgen zugehörigen Wandtafelzeichnungen (siehe Beilage).

Der Text wurde im Laufe seiner Editionsgeschichte immer wieder durch die jeweiligen Herausgeber redaktionell bearbeitet, wobei sich die Herausgeber jeweils an der vorhergehenden Auflage orientiert haben. Auch die Herausgeber der vorliegenden neunten Auflage sind zunächst von der achten Auflage ausgegangen, haben aber zusätzlich bei ihrer Redaktion die verschiedenen Textgrundlagen konsultiert und gegebenenfalls berücksichtigt (d. h. die Notizen und Stenogramme von Lilly Kolisko, die Typoskripte sowie vorrangig die erste und zweite Auflage und ferner die dritte bis achte Auflage, des Weiteren die zugängliche Korrespondenz der ersten Herausgeber des *Landwirtschaftlichen Kurses* und weitere Dokumente). Jeder einzelne Fall wurde beraten, und dadurch ergaben sich zahlreiche neue redaktionelle Entscheidungen (Umformulierungen, Rückgängigmachungen von früheren redaktionellen Versionen, Wortkorrekturen u. Ä.). Diese gegenüber den früheren Ausgaben abweichenden Versionen sind im Text der neunten Auflage durch eckige Klammern gekennzeichnet und in den Hinweisen als «Änderung durch die Herausgeber» bezeichnet und editorisch begründet. Darüber hinaus sind auch zahlreiche abweichende Versionen in den Textgrundlagen und früheren Ausgaben in den Hinweisen dokumentiert. Damit wird die komplexe Editions- und Rezeptionsgeschichte des *Landwirtschaftlichen Kurses* soweit wie möglich transparent gemacht.

Änderungen der Zeichensetzung (außer sie führten zu Sinn-Veränderungen) und der Absatzumbrüche sowie die Anpassung an die neue deutsche Rechtschreibung wurden stillschweigend vorgenommen.

In den Hinweisen zum Text wird unter dem Stichwort «Textgrundlagen» für jeden Vortrag einzeln angegeben, welche Dokumente für die redaktionelle Bearbeitung herangezogen wurden. Die folgende Tabelle gibt eine Übersicht der zur Verfügung stehenden Dokumente.

	Stenografische oder langschriftliche Mitschriften	Typoskripte unbekannter Hand aus dem Goetheanum-Archiv	Enthalten in
Erster Vortrag: 7. Juni 1924	Kurt Walther (verschollen); Notizen von Lilly Kolisko	vorhanden	Erste bis neunte Auflage
Zweiter Vortrag: 10. Juni 1924	Kurt Walther (verschollen); Notizen von Lilly Kolisko	vorhanden	„
Dritter Vortrag: 11. Juni 1924	Kurt Walther (verschollen); Notizen von Lilly Kolisko vom Beginn des Vortrages	vorhanden	„
Vierter Vortrag: 12. Juni 1924	Kurt Walther (verschollen)		„
Fragenbeantwortung: 12. Juni 1924	Kurt Walther (verschollen)	vorhanden	„
Fünfter Vortrag: 13. Juni 1924	Kurt Walther (verschollen) Lilly Kolisko		„
Fragenbeantwortung: 13. Juni 1924	Kurt Walther (verschollen) Lilly Kolisko	vorhanden	„
Sechster Vortrag: 14. Juni 1924	Kurt Walther (verschollen) Lilly Kolisko	Vorhanden, mit der handschriftlichen Bemerkung: Abschrift aus dem gedruckten Exemplar (vermutlich von der zweiten Auflage)	„
Fragenbeantwortung: 14. Juni 1924	Kurt Walther (verschollen) Lilly Kolisko	vorhanden	„
Siebenter Vortrag: 15. Juni 1924	Kurt Walther (verschollen) Lilly Kolisko	vorhanden	„
Achter Vortrag: 16. Juni 1924	Kurt Walther (verschollen) Lilly Kolisko	vorhanden	„
Fragenbeantwortung: 16. Juni 1924	Kurt Walther (verschollen) Lilly Kolisko	vorhanden	„
Gesprächsnotizen vor dem 11. Juni 1924	Lilly Kolisko		Ab der neunten Auflage

	Stenografische oder langschriftliche Mitschriften	**Typoskripte unbekannter Hand aus dem Goetheanum-Archiv**	**Enthalten in**
Verlesung der Resolution am 11. Juni 1924	Lilly Kolisko		Ab der neunten Auflage
Ansprache: 11. Juni 1924	Lilly Kolisko	vorhanden	Erste bis neunte Auflage
Jugendansprache vom 17. Juni 1924	Lilly Kolisko		Ab der neunten Auflage
Nachträglicher mündlicher Bericht vom 20. Juni 1924	Helene Finckh	vorhanden	Ab der 4. Auflage
Schriftliche Berichte Rudolf Steiners im Nachrichtenblatt	Handschriftliches Manuskript Rudolf Steiners; Druck im Nachrichtenblatt		Ab der 9. Auflage

Notizen (S. 291–338)			Ab der 5. Auflage
Notizen (S. 332, 330–369)			Ab der 9. Auflage
Faksimile der Tafelbilder (siehe Beilage)			Ab der 7. Auflage
Faksimile der beiden Tafelbilder zum Vortrag vom 20. Juni 1924 (siehe Beilage)			Ab der 9. Auflage

Für die vierte Auflage sind von Ernst Becker[30] für die einzelnen Vorträge Titel formuliert und vortragsübergreifende Überschriften eingefügt worden, die für alle folgenden Auflagen übernommen wurden. Diese Titel wurden für die vorliegende Neuauflage wieder aus dem Text entfernt. Die folgende Tabelle gibt eine Übersicht über die von Ernst Becker gegebenen Titel:

30 1923–1999; gehörte zu den Pionieren der biologisch-dynamischen Bewegung in der Nachkriegszeit; stellte u. a. den Dottenfelder Hof auf die biologisch-dynamische Wirtschaftsweise um.

<table>
<tr><th>Datum</th><th>Titel</th><th>Übertitel</th></tr>
<tr><td>7. Juni 1924</td><td>Vorrede und Einleitung zum Kurs</td><td></td></tr>
<tr><td>10. Juni 1924</td><td>Die Kräfte der Erde und des Kosmos</td><td rowspan="3">Die Bedingungen zum Gedeihen der Landwirtschaft</td></tr>
<tr><td>11. Juni 1924</td><td>Exkurs in die Tätigkeit der Natur: Die Wirkung des Geistes in der Natur</td></tr>
<tr><td>12. Juni 1924</td><td>Kräfte und Substanzen, die in das Geistige hereingehen: Die Düngungsfrage</td></tr>
<tr><td>13. Juni 1924</td><td>Die richtige Substanziierung des Düngers</td><td>Die Beobachtung des Makrokosmischen</td></tr>
<tr><td>14. Juni 1924</td><td>Das Wesen des Unkrautes, der tierischen Schädlinge und der sogenannten Pflanzenkrankheiten vor dem Forum der Natur</td><td rowspan="3">Die Individualisierung in den Maßnahmen der Landwirtschaft</td></tr>
<tr><td>15. Juni 1924</td><td>Die naturintimen Wechselwirkungen: Das Verhältnis von Feldwirtschaft, Obstwirtschaft und Viehzucht</td></tr>
<tr><td>16. Juni 1924</td><td>Das Wesen der Fütterung</td></tr>
</table>

Auch der Titel des ganzen Bandes *Geisteswissenschaftliche Grundlagen zum Gedeihen der Landwirtschaft – Landwirtschaftlicher Kursus* (in der achten Auflage nur «Kurs») stammt von Ernst Becker. Die erste bis dritte Auflage führten den Titel *Landwirtschaftlicher Kursus*. Für die vorliegende Neuauflage entschieden sich die Herausgeber, den Titel des Bandes aufgrund des allgemeinen Sprachgebrauches abzuändern auf: *Landwirtschaftlicher Kurs – Geisteswissenschaftliche Grundlagen zum Gedeihen der Landwirtschaft*.

Grundsätzlich neu ist die Aufteilung der wiedergegebenen Textdokumente. Die acht Koberwitzer Vorträge sowie die vier Fragenbeantwortungen zur Landwirtschaft sind als der eigentliche *Landwirtschaftliche Kurs* zu betrachten. Sie sind daher als eigener Teil unter dem Titel *Landwirtschaftlicher Kurs* chronologisch wiedergegeben. Die sogenannte Ansprache vom 11. Juni sowie neu die hinzugekommenen Gesprächsnotizen und die von den Landwirten vereinbarte Resolution wurden in dem zweiten Teil *Gründung des Landwirtschaftlichen Versuchsrings* dem *Landwirtschaftlichen Kurs* nachgestellt.

Der ab der vierten Auflage vorangestellte nachträgliche mündliche Dornacher Bericht von Rudolf Steiner vom 20. Juni 1924 ist in der vorliegenden Neuauflage in den Anhang verlegt worden. Darauf folgen, den mündlichen Bericht ergänzende, Auszüge aus den beiden schriftlichen Berichten Rudolf Steiners im «Nachrichtenblatt». Die weiteren Angaben, die Rudolf Steiner in mündlichen Gesprächen gemacht hat und wie sie bereits in der zweiten und dritten Auflage abgedruckt waren, wurden nicht wieder aufgenommen. Ein neu edierter Wiederabdruck dieser Angaben findet sich im *Archivmagazin* Nr. 11/2021.

Neu hinzugekommen sind auch die Notizen auf den Seiten 332 sowie 339 bis 369 sowie die beiden Tafelzeichnungen vom 20. Juni 1924. Außerdem wurde der Anhang durch folgende Dokumente ergänzt: Teilnehmerliste des Koberwitzer Kurses; Fotodokumente des Koberwitzer Schlosses; Fragenlisten, die Rudolf Steiner vorab zur Vorbereitung zugeschickt wurden; Programm der Breslauer Tagung sowie des Koberwitzer Kurses.

Auflagen und Herausgeber

- Erste Auflage Dornach o. J. (1924): Guenther Wachsmuth
- Zweite Auflage Dornach 1929: Guenther Wachsmuth
- Dritte Auflage Stuttgart 1948 (deutsche Lizenzausgabe): Guenther Wachsmuth. Bis und mit dritte Auflage war der *Landwirtschaftliche Kurs* nicht im Buchhandel erhältlich und wurde von der Naturwissenschaftlichen Sektion nur persönlich und gegen Unterschrift abgegeben.
- Vierte Auflage: Erstmals im Rahmen der Rudolf Steiner Gesamtausgabe, Dornach 1963, ergänzt um den Bericht Rudolf Steiners vom 20. Juni 1924: Ernst Becker, Hans Heinze, Kurt Willmann.
- Fünfte Auflage Gesamtausgabe 1975, ergänzt um die Aufzeichnungen Rudolf Steiners zu den Kursvorträgen: Ernst Becker, Hans Heinze, Kurt Willmann
- Sechste Auflage Gesamtausgabe Dornach 1979: Ernst Becker, Hans Heinze, Kurt Willmann
- Siebente Auflage Gesamtausgabe Dornach 1984, ergänzt um die farbigen Tafelzeichnungen Rudolf Steiners: Ernst Becker, Hans Heinze, Kurt Willmann
- Achte Auflage Gesamtausgabe Dornach 1999: Ernst Becker, Manfred Klett, Paul Gerhard Bellmann
- Neunte Auflage Gesamtausgabe, Basel 2022: Hans-Christian Zehnter in Zusammenarbeit mit Rudolf Isler sowie Ueli Hurter, Martin von Mackensen, Albrecht Römer. Grundlegende Neubearbeitung und Ergänzung.

Das Sachwortregister wurde unter Mithilfe von Immanuel Voegele für die zweite Auflage erstellt und für die verschiedenen Auflagen ergänzt und überarbeitet, so auch für die vorliegende Auflage.

Die Wiedergabe und Redaktion der Textgrundlagen richtete sich an den im *Archivmagazin* Nr. 5 (Basel 2016) publizierten Editionsrichtlinien aus. Dies ermöglicht eine transparente und quellennahe Herausgabe und soll die Bandbreite zwischen den Bedingtheiten der Mitschreibenden einerseits und der inhaltlichen und dokumentarischen Nähe zu Rudolf Steiners gesprochenem Wort andererseits sichtbar machen. Redaktionelle Bemerkungen stehen in kursiver Schrift in eckigen Klammern, z. B.: [*Lücke im Text*]. Die Rechtschreibung wurde an den aktuellen Standard nach Duden 2017 angeglichen.

Für fachliche Hinweise danken wir: Liesbeth Bisterbosch, Gunter Gebhard, Wolfgang Held, Bertold Heyden, Kari Järvinnen, Manfred Klett, Paulin

Koepfer, Peter Kunz, Georg Meissner, Uwe Mos, Martin Rozumek, Hans Ulrich Schmutz, René Schwarz, Stephan Stockmar, Christoph Willer, Johannes Wirz. Besonderer Dank gilt Malcolm Gardner und Walter Stappung, die Vorstadien der vorliegenden gedruckten Fassung gegengelesen und durch hilfreiche Hinweise ergänzt haben. Ebenso sei den Mitarbeitern des Rudolf Steiner Archivs (namentlich: Nana Badenberg, Péter Barna, Martina Maria Sam, Renatus Ziegler) gedankt.

Die Herausgebenden sind für weitere Hinweise (Ergänzungen, Korrekturen und Dokumente) dankbar.

Die vorliegende Taschenbuchausgabe ist abgesehen von einigen wenigen Korrigenda im Anhang textidentisch mit der 9. Auflage des Bandes GA 327.

Folgende Bände aus der Rudolf Steiner Gesamtausgabe können inhaltlich in engerem Bezug zum Koberwitzer Kurs gesehen werden:

- GA 10 Wie erlangt man Erkenntnisse der höheren Welten?
- GA 13 Die Geheimwissenschaft im Umriss
- GA 26 Anthroposophische Leitsätze
- GA 27 Grundlegendes für eine Erweiterung der Heilkunst nach geisteswissenschaftlichen Erkenntnissen
- GA 229 Das Miterleben des Jahreslaufes in vier kosmischen Imaginationen
- GA 227 Initiations-Erkenntnis
- GA 230 Der Mensch als Zusammenklang des schaffenden, bildenden und gestaltenden Weltenwortes
- GA 312 Geisteswissenschaft und Medizin
- GA 313 Geisteswissenschaftliche Gesichtspunkte zur Therapie
- GA 314 Physiologisch-Therapeutisches auf Grundlage der Geisteswissenschaft – Zur Therapie und Hygiene
- GA 317 Heilpädagogischer Kurs
- GA 318 Das Zusammenwirken von Ärzten und Seelsorgern. Pastoral-Medizinischer Kurs
- GA 320 Geisteswissenschaftliche Impulse zur Entwickelung der Physik – Kurs 1
- GA 321 Geisteswissenschaftliche Impulse zur Entwickelung der Physik – Kurs 2
- GA 323 Das Verhältnis der verschiedenen naturwissenschaftlichen Gebiete zur Astronomie
- GA 351 Mensch und Welt – Das Wirken des Geistes in der Natur – Über das Wesen der Bienen

Hinweise zum Text

Zum ersten Vortrag, Samstag, 7. Juni 1924

Textgrundlagen: Achte Auflage von 1999, Typoskript (Vortragsregister-Nr. 5751A I); im Bedarfsfall wurden die Notizen von Lilly Kolisko sowie die erste bis siebente Auflage beigezogen. Änderungen durch die Herausgeber der vorliegenden neunten Auflage gegenüber der achten Auflage sind durch eckige Klammern gekennzeichnet und in den Hinweisen nachgewiesen.

zu Seite

15 *Koberwitz:* Ort in Niederschlesien (heute das polnische Kobierzyce), nahe Breslau (heute das polnische Wrocław). Tagungsort des Landwirtschaftlichen Kurses war das Schloss Koberwitz. Siehe hierzu *Zu dieser Ausgabe*, S. 385f. im vorliegenden Band.

[Meine lieben Freunde!]: Einfügung durch die Herausgeber aufgrund der überlieferten Anreden im fünften bis achten Vortrag in den vorliegenden Stenogrammen von Lilly Kolisko.

Mit tiefem Danke sehe ich auf die Worte zurück: Dem ersten Vortrag des Kurses ging eine Begrüßungsansprache von Carl von Keyserlingk voran, von der keine Unterlagen vorliegen.

Graf Keyserlingk: Carl Wilhelm Graf von Keyserlingk (1869–1928), Offizier und Landwirt; verheiratet mit Johanna von Keyserlingk, geb. Skene of Skene (1869–1966). Güterdirektor der 18 Güter mit 7500 ha, die für die nahe gelegene Zuckerfabrik des Familienverbandes «Vom Rath, Schöller und Skene» in Klettendorf produzierten; dazu gehörte auch das Koberwitzer Gut. Allein auf den Gütern bei Breslau arbeiteten mehr als tausend Menschen. Carl von Keyserlingk war Gastgeber für den Landwirtschaftlichen Kurs auf Schloss Koberwitz. – Aufgrund seiner Sorge um die Entwicklung der Landwirtschaft kam maßgeblich durch seinen Einsatz der Landwirtschaftliche Kurs zustande. Seiner Initiative ist die Bildung des «Versuchsrings anthroposophischer Landwirte» noch während des Landwirtschaftlichen Kurses zu verdanken, im Rahmen des Kurses auch «Ring» genannt (siehe im vorliegenden Band S. 219f.). Aufgrund des zunehmenden Einflusses der modernen Agrochemie bei «Vom Rath, Schöller und Skene» verließ Keyserlingk 1928 Koberwitz und zog mit seiner Familie auf die erworbenen nahe liegenden Güter «Raaben» und «Sasterhausen». Auch hier kam es erneut zu Schwierigkeiten. Carl von Keyserlingk hatte neben seinen beiden ehelichen Söhnen Wolfgang (1899–1962) und Adalbert (1905–1993) noch einen unehelichen Sohn, Carl-Heinz Schiel (1922–2018), mit seiner Sekretärin Elfriede Schiel (1896–1979). Carl von Keyserlingk verstarb bei einem nachweihnachtlichen Besuch in ihrem Haus in Breslau vermutlich am 28. Dezember 1928. Am 29. Dezember wollte er nach Dornach reisen. Siehe hierzu insbesondere: Alexander Graf von Keyserlingk: *Erinnerungen 1895–1939*, herausgegeben und mit Erläuterungen versehen von Peter Waltner, Hechingen 2016.

15 *Gräfin Keyserlingk:* Johanna von Keyserlingk, geb. Skene of Skene (1869–1966), verheiratet mit Carl von Keyserlingk; Gastgeberin für den Landwirtschaftlichen Kurs in Koberwitz; u.a. Verfasserin des Werks «Zwölf Tage um Rudolf Steiner» (zuletzt erschienen in: Adalbert Graf von Keyserlingk (Hrsg.): *Koberwitz 1924 – Geburtsstunde einer neuen Landwirtschaft*, Norderstedt 2018), in dem sie aus ihrer Sicht den Ablauf des Landwirtschaftlichen Kurses auf Schloss Koberwitz schildert.

Aus meinen früheren Besuchen: Rudolf Steiner war im Rahmen seiner ersten Wolff & Sachs-Vortragstournee vom 31. Januar bis 2. Februar 1922 das erste Mal zu Besuch auf Schloss Koberwitz, um in Breslau am 31. Januar den angekündigten Vortrag «Das Wesen der Anthroposophie» halten zu können. Im Rahmen der zweiten Wolff & Sachs-Tournee weilte er ein zweites Mal im Mai 1922 in Koberwitz, um in Breslau am 14. Mai den Vortrag «Anthroposophie und Geisteserkenntnis» zu halten. Siehe hierzu u.a. Rudolf Steiner: *Das Wesen der Anthroposophie*, GA 80a; sowie: Adalbert Graf von Keyserlingk (Hrsg.): *Koberwitz 1924 – Geburtsstunde einer neuen Landwirtschaft*, Stuttgart 1974, S. 50–56.

vielleicht manches Unannehmliche geben kann: Außer dem Landwirtschaftlichen Kurs in Koberwitz fanden in diesen Tagen in Breslau u.a. auch sogenannte Karma-Vorträge von Rudolf Steiner, ein Sprachkurs von Marie Steiner sowie Eurythmieaufführungen statt (siehe *Zu dieser Ausgabe* im vorliegenden Band sowie das Programm im Anhang auf S. 270). Die vierzehn aus Dornach angereisten Eurythmistinnen waren in Breslau untergebracht. Laut Notizen von Johanna von Keyserlingk hatten sie sich bei Marie Steiner über Wanzen in ihren Quartieren beschwert. Die Eurythmistinnen waren auf Wunsch Rudolf Steiners auch Teilnehmende des Landwirtschaftlichen Kurses auf Schloss Koberwitz bei Breslau.

16 *Frau Doktor Steiner:* Marie Steiner geb. von Sivers (1867–1948), russisch-deutsche Schauspielerin; Weggefährtin und ab 1914 die zweite Ehefrau von Rudolf Steiner; inaugurierte zusammen mit Rudolf Steiner die Sprachgestaltungskunst; gab in Breslau abends (18 Uhr) im sog. Bockschen-Saal, dem Konzertsaal einer dortigen Musikinstrumentenhandlung (Musikhaus Max Bocksch), einen Sprachgestaltungskurs. «Frau Doktor» als damals übliche Anrede für eine mit einem promovierten Mann verheiratete Frau.

dass wir diese Festes-, ich denke, es werden auch Arbeitstage sein: Der Landwirtschaftliche Kurs fand über Pfingsten 1924 statt. Pfingstsonntag war der 8. Juni, Pfingstmontag der 9. Juni. An diesen beiden Tagen fand kein Vortrag im Rahmen des Landwirtschaftlichen Kurses statt (siehe auch *Zu dieser Ausgabe* im vorliegenden Band, S. 385).

16 *verbundener landwirtschaftlicher Geist:* «landwirtschaftlicher» Einfügung ab der zweiten Auflage.

ausgehend vom «Kommenden Tag»: «Der Kommende Tag – Aktiengesellschaft zur Förderung wirtschaftlicher und geistiger Werte», bestand von 1920 bis 1925; assoziatives Wirtschaftsunternehmen im Sinne der sozialen Dreigliederung. Siehe u. a. *Zu sozialen und wirtschaftlichen Fragen der Gegenwart,* GA 332b, Basel 2020; sowie: *Archivmagazin* Nr. 9/ 2019.

17 *wie auch jene Unannehmlichkeiten, von denen Graf Keyserlingk ... gesprochen hat:* Um was es sich bei den angesprochenen Unannehmlichkeiten gehandelt haben mag, konnte nicht ausfindig gemacht werden. Möglicherweise waren damit die Bedingungen angesprochen, unter denen der Kurs stattfand: Man war außerhalb der Stadt; musste jeden Tag von Breslau anfahren. Das Gutshaus Koberwitz war zwar stattlich, bot aber doch eine landwirtschaftlich geprägte Gastlichkeit, im Vortragssaal saß man beengt usw. Was in dieser Weise vom Gastgeber entschuldigend als einfache Verhältnisse geschildert worden sein mag, scheint aber in den Erinnerungen der Teilnehmenden eher von seiner romantischen Seite erlebt worden zu sein, was wohl auch den frühsommerlichen Witterungsverhältnissen geschuldet war.

alle Interessen des menschlichen Lebens: «menschlichen» Einfügung ab der zweiten Auflage.

zu manchem Seitenwege: «Seitenwege» erst ab der zweiten Auflage. Vorher «weiten Wege».

dass vielleicht nicht jeder gleich sieht: «vielleicht» Einfügung ab der zweiten Auflage.

18 *in Bezug auf [den] wirtschaftlichen Charakter:* Einfügung durch die Herausgeber.

Und solchen Dingen hat entgegenarbeiten wollen ..., um das rechte Verständnis für eine solche Sache hervorzurufen: Siehe hierzu insbesondere: Rudolf Steiner: *Zu sozialen Fragen und wirtschaftlichen Fragen der Gegenwart*, GA 332b.

Der einzelne Mensch ist vielfach den wirksamen Mächten gegenüber machtlos: «vielfach» Einfügung ab der zweiten Auflage; «wirksamen» ab der ersten Auflage. Im Typoskript heißt es «wirklichen».

vom sozialökonomischen Standpunkt aus: Einfügung ab der zweiten Auflage.

19 *Es sollte einfach alles Gerede aufhören über Nationalökonomie, das nicht aus der Sache selber herausgenommen ist:* Vgl. Rudolf Steiner: *Die Kernpunkte der sozialen Frage*, GA 23; sowie: *Nationalökonomischer Kurs*, GA 340.

reden zu können, [...]: Redaktionelle Änderung durch die Herausgeber. Anstelle des Auslassungszeichens steht ab der zweiten Auflage «auch wenn man von der Sache nichts versteht,».

19 *Ich habe öfters einen Vergleich gebraucht:* In dieser Form erst ab der zweiten Auflage. Im Typoskript sowie in der ersten Auflage heißt es: «Ich werde einen Vergleich gebrauchen». Das im nächsten Satz folgende «Ich sagte:» ist ebenso erst ab der zweiten Auflage vorhanden. – Zu dem von Rudolf Steiner öfter verwendeten Vergleich siehe z.B. Vortrag vom 24. Februar 1918 in: *Die geistigen Hintergründe des Ersten Weltkrieges*, GA 174b: «Der Biologe sieht das Huhn, in dem sich das Ei bildet. Es fällt ihm gar nicht ein, dieselbe Frage so zu stellen, wie der Physiker sie bei der Magnetnadel stellt. Der Biologe sagt einfach: Wenn sich das Ei im Huhn bildet, so liegt die Ursache der Eibildung im Huhn. – Würde er vorgehen wie der Physiker mit der Magnetnadel, so würde er sich sagen: Zwar ist im Huhn der Platz, an dem sich das Ei ausbildet, aber wie an der Magnetnadel der Kosmos mitwirkt, so wirken die kosmischen Kräfte mit, wenn sich das Ei bildet. Ich muss hinausgehen aus der eng begrenzten Natur und muss das, was draußen ist, zu Hilfe nehmen. Im Huhn ist zwar der Ort, an dem sich der Eikeim bildet, aber die Kräfte wirken herein aus dem Kosmos, wie sie aus dem Kosmos der Magnetnadel Richtung geben.» (Dornach 1994, S. 293)

dass sie sich in einer so [eigensinnigen] Weise: Änderung durch die Herausgeber. In dieser Form in der ersten Auflage sowie im Typoskript; ab der zweiten Auflage «eigentümlichen».

20 *ist in dem Augenblick ein Unding:* In den Notizen von Lilly Kolisko steht «Unsinn» statt «Unding».

Die einzelnen Lebensgebiete: In dieser Form ab der zweiten Auflage; in der ersten Auflage sowie im Typoskript heißt es: «landwirtschaftlichen Gebiete» statt «Lebensgebiete».

damit das zur richtigen menschlichen Physiologie stimmt: Einfügung ab der zweiten Auflage.

Bauernkalender: Siehe auch die Rudolf Steiner vorab zugesandten Fragen im Anhang des vorliegenden Bandes (S. 273). Zum Bestand der nachgelassenen Bibliothek Rudolf Steiners gehört auch eine Vielzahl von verschiedenen Kalendern, inkl. Bauernkalender. Rudolf Steiner brachte für das Jahr 1912/13 einen eigenen, anthroposophischen Kalender mit astronomischen Angaben heraus, dem der heutige sog. «Seelenkalender» als eigener Teil angefügt war und der für jede Woche des Jahres einen eigenen Spruch angibt. Im Rahmen der Gesamtausgabe ist der «Seelenkalender» in *Wahrspruchworte*, GA 40, abgedruckt. Das Vorwort «Was gemeint ist» zum *Kalender 1912/13* findet sich im Band *Schriften zur Geschichte der anthroposophischen Bewegung und Gesellschaft 1902–1925. Mit Nachträgen zum Aufsatzwerk Rudolf Steiners (GA 29–36)*, GA 37.

die für die Aussaat und Ernte gelten, findet man […] Firlefanzereien: Änderung durch die Herausgeber aufgrund der ersten Auflage und des

Typoskriptes. In der achten Auflage, der zweiten Auflage folgend, heißt es: «hin und wieder, um alle möglichen Firlefanzereien abzuweisen». – «Firlefanzerei» bedeutet so viel wie «törichtes Zeug».

21 *Fechner:* Gustav Theodor Fechner (1801–1887), Naturforscher, Begründer der Psychophysik. Siehe seine Schrift *Professor Schleiden und der Mond*, Leipzig 1856, S. 153 f (RSB: N130).

Professor Schleiden: Matthias Jakob Schleiden (1804–1881), Naturforscher. Die Auseinandersetzung Fechner/Schleiden ist u. a. ausführlich dargestellt in dem Vortrag «Einiges über den Mond in geisteswissenschaftlicher Beleuchtung», Berlin, 9. Dezember 1909, in: *Metamorphosen des Seelenlebens – Pfade der Seelenerlebnisse*, GA 58.

22 *so haben wir eine starke Emanzipation:* Vgl. hierzu die Fußnote Rudolf Steiners auf S. 157 von *Goethes Werke. Naturwissenschaftliche Schriften*, hrsg. v. Rudolf Steiner, Erster Band, in: *Kürschners Deutsche National-Litteratur*, Berlin und Stuttgart 1883 (Reprint GA 1a, Dornach 1982).

24 *und dann aufhören, wenn die äußeren Erscheinungen aufhören:* Zusatz ab der zweiten Auflage.

[des Außerirdischen]: Änderung durch die Herausgeber aufgrund der Notizen von Lilly Kolisko. In allen vorhergehenden Auflagen: *«des äußeren Irdischen».*

diese Reihenfolge gehabt: Die hier genannte Reihenfolge entspricht einer Anordnung nach der ansteigenden Länge der siderischen Periode. – Siehe hierzu auch die Skizze auf S. 358 und 360 im Anhang.

das Leben der Kieselsubstanz in der Welt: Vgl. u. a.: Vortrag vom 29. März 1920 in: *Geisteswissenschaft und Medizin*, GA 312; Vortrag vom 11. April 1921 in: *Geisteswissenschaftliche Gesichtspunkte zur Therapie*, GA 313; Vortrag vom 28. Oktober 1922 in: *Physiologisch-Therapeutisches auf Grundlage der Geisteswissenschaft. Zur Therapie und Hygiene*, GA 314; Vortrag vom 3. Juli 1924 in: *Die Schöpfung der Welt und des Menschen*, GA 354. – Rudolf Steiner spricht im *Landwirtschaftlichen Kurs* über die chemischen Elemente nicht primär im heute gängigen Verständnis des Periodensystems der Elemente. Es geht nicht allein um das Element Silicium oder um die Unterscheidung von Quarzen und Silikaten, sondern um das in ihnen wirkende Wesen. Im weiteren Verlauf des Kurses spricht Rudolf Steiner vom «Kieseligen» und seinem Gegenstück, dem «Kalkigen». So kann beim Letzteren gemeint sein, dass nicht nur Kalk in seinen verschiedenen Prozessstufen, sondern auch Kalium-, Natrium-, Magnesium- und andere basische Verbindungen dazugehören. Mit dem scheinbar unpräzisen Wort «Kieseliges» ist wohl auf das Wesen aller Kieselvorkommen und Kieselprozesse hingewiesen. Im dritten Vortrag (11. Juni 1924) charakterisiert Rudolf Steiner diese beiden Wesen in bildhafter Form: das Kalkige als «Begierdenkerl» und das Kieselige, das kaum Verbindungen eingeht, als «vornehmen Herrn».

25 *so haben wir den Kiesel als ein chemisches Element:* Rudolf Steiner nennt es «das sogenannte Silicium». Auf dieses kommt man, wenn man vom Quarz den Sauerstoff «wegdenkt». In der Natur findet man Silicium immer mit Sauerstoff verbunden. Künstlich hergestelltes Silicium ohne Sauerstoff hat heute in der Technik eine große Bedeutung (z. B. in kristallinen und amorphen Solarmodulen, in denen Licht in elektrischen Strom umgewandelt wird).

Es ist ungeheuer viel Silicium vorhanden: In der ersten Auflage sowie im Typoskript sind die Zahlenangaben noch genau umgekehrt angegeben: Silicium sei «zu siebenundvierzig bis achtundvierzig Prozent auf unserer Erdoberfläche verbreitet [...] der Sauerstoff nur in siebenundzwanzig bis achtundzwanzig Prozent». Wenig später, am 3. Juli 1924, wiederholt Rudolf Steiner diese Zahlenangaben in Dornach (siehe Vortrag vom 3. Juli 1924 in *Die Schöpfung der Welt und des Menschen*, GA 354), um dann aber gut einen Monat später in London (Vortrag vom 28. August 1924 in *Anthroposophische Menschenerkenntnis und Medizin*, GA 319) die richtigen Verhältnisse zu nennen. Für diese beiden Vorträge vom Juli und August 1924 liegen Stenogramme der Berufsstenografin Helene Finckh vor, durch die die beiden von Rudolf Steiner unterschiedlich genannten Zahlenverhältnisse verbrieft sind. Demzufolge ist Rudolf Steiner im Juni 1924 in Koberwitz sowie im Juli 1924 in Dornach wohl von falschen Verhältniszahlen ausgegangen. Erst in London nennt er die korrekten Verhältnisse und erläutert dazu: «Ein sehr verbreiteter Stoff der Erdenorganisation ist die Kieselsäure. Die Kieselsäure ist in den schönen, so viel auf der Erde verbreiteten Quarzkristallen enthalten; aber auch fein verteilt in der Luft ist die Kieselsäure. Achtundzwanzig Prozent der gesamten Substanz an der Erdoberfläche ist Kieselsäure, achtundvierzig Prozent Sauerstoff. Also Kieselsäure ist kaum viel weniger vorhanden als Sauerstoff auf der Erde. Die Kieselsäure bildet die schönen, hellen, sechsseitigen Prismen, sechsseitigen Pyramiden. [...] Diese Kieselsäure stellt einen unendlich wichtigen Bestandteil unserer Erde dar.» (a. a. O, Dornach 1994, S. 216 f.). – Wie aus dieser Aussage hervorgeht, kam es Rudolf Steiner bei der Angabe der Zahlen nicht primär auf das Verhältnis von Sauerstoff und Silicium in der Erdhülle an, sondern darauf, dass beide Elemente in sehr großen Mengen in der Erdhülle vorhanden sind. Nach bereits damaligem Kenntnisstand besteht die Erdhülle (Luft, Wasser und Gesteine bis 16 km Tiefe) zu ca. 26 Gewichtsprozent aus Silicium; der Sauerstoff ist mit ca. 50 Prozent Massenanteil das häufigste chemische Element in der Erdhülle; in der Luft beträgt sein Massenanteil ca. 23 Prozent. Silicium tritt in der Erdkruste im Wesentlichen in Form von silikatischen Mineralen oder als reines Siliciumdioxid auf. Sand besteht vorwiegend aus Siliciumdioxid, Quarz ist reines Siliciumdioxid (SiO_2). Silicium ist nach dem Sauerstoff der zweithäufigste Bestandteil in der Erdkruste.

25 *mit seinem Pflanzenwachstum:* Einfügung ab der zweiten Auflage.

den vergisst man eben: Unklare Textstelle. Rein sprachlich betrachtet, würde sich «den» auf den Erdboden (der hier als äußeres Materielles bezeichnet wird) beziehen; aber den vergisst man wohl in der Regel nicht. Wohl aber «vergisst» man im Sinne der vorliegenden Textstelle die Kieselsubstanz.

wasserundurchgängig: Im Typoskript heißt es: «wasserundurchgängig»; in den Notizen von Lilly Kolisko heißt es: «wasserunlöslich usw.»; ab der ersten Auflage «wasserdurchgängig»; in der achten Auflage von 1999 wurde als «sinngemäße Korrektur» wieder «wasserundurchgängig» geschrieben. – Beide Auslegungen sind möglich: Sand (als Kieselsubstanz) setzt sich in einem Glas Wasser ab, er geht gewissermaßen durch das Wasser hindurch, er wäre so betrachtet «wasserdurchgängig». Andererseits nimmt makroskopisch betrachtet der Sand seinerseits so gut wie kein Wasser auf, das Wasser geht nicht durch ihn hindurch (im Gegensatz zum Kalkgestein), er wäre so gesehen also «wasserundurchgängig». – Im zweiten Vortrag (10. Juni 1924) spricht Rudolf Steiner von «wasserundurchlässig»: «Das ist das, was man gewöhnlich Sand und Gestein nennt. Sand und Gestein, das Wasserundurchlässige, dasjenige, was, wie man im gewöhnlichen Leben sagt, keinerlei Nährstoffe enthält, was aber nicht weniger als das andere, was noch in Betracht kommt, außerordentlich wichtig ist für die Entfaltung des Wachstums, das hängt ab durchaus von den Wirkungen fernster kosmischer Kräfte.»

Ackerschachtelhalm, das Equisetum, so haben Sie in ihm zu neunzig Prozent Kieselsäure drin: Die Prozentangabe bezieht sich auf die Aschensubstanz.

Ein ganzer Trakt von Krankheiten … beeinflusst wird gerade von Silicium: Siehe hierzu z. B. das Kapitel «Von der therapeutischen Denkweise» in: Rudolf Steiner, Ita Wegman: *Grundlegendes für eine Erweiterung der Heilkunst nach geisteswissenschaftlichen Erkenntnissen*, GA 27. Vgl. u. a. auch: Vortrag vom 29. März 1920 in *Geisteswissenschaft und Medizin*, GA 312; Vortrag vom 11. April 1921 in: *Geisteswissenschaftliche Gesichtspunkte zur Therapie*, GA 313; Vortrag vom 28. Oktober 1922 in: *Physiologisch-Therapeutisches auf Grundlage der Geisteswissenschaft. Zur Therapie und Hygiene*, GA 314. – Wie beim Schachtelhalm verwendet Rudolf Steiner auch in medizinischen Zusammenhängen das Wort ‹Kieselsäure› oder allgemeiner ‹Silicium›, um nicht bloß auf den mineralischen Stoff (SiO_2), sondern auf Prozesse hinzuweisen, die solchen Stoffen zugrunde liegen, die den Silicium enthalten.

26 *Die Hälfte der uns zur Verfügung stehenden Erde ist ja eigentlich Kiesel, denn achtundvierzig Prozent sind es:* Siehe Hinweis zu S. 25.

26 *weniger pyramidale Formen hätten:* In den Notizen von Lilly Kolisko folgt hier: «breit nach unten, Stängel entwickeln sich schwach nach oben».

Kalk, Kali, Natriumsubstanz: Eine mögliche Variante könnte auch sein: «Kalk-, Kali-, Natriumsubstanz».

27 *Denn in Bezug auf den Vorgang:* In den Kolisko-Notizen heißt es «Fortgang» statt «Vorgang».

und uns dadurch ernähren: Einfügung ab der zweiten Auflage.

und [zwar] wirken: Redaktionelle Änderung durch die Herausgeber. In allen vorhergehenden Auflagen sowie im Typoskript heißt es: «und dennoch».

als ob uns nur interessieren würde: Bis zur dritten Auflage hieß es: «als ob uns nicht interessieren würde».

für Tier und Mensch: Einfügung ab der zweiten Auflage.

Das Kieselige schließt auf das Pflanzenwesen in die Weltenweiten hinaus und erweckt die Sinne des Pflanzenwesens so, dass aufgenommen wird aus allem Umkreise des Weltenalls dasjenige, was diese erdenfernen Planeten ausgestalten; daran sind beteiligt Mars, Jupiter, Saturn. Aus dem Umkreise von Mond, Venus, Merkur hingegen wird dasjenige aufgenommen, was die Pflanze zur Fortpflanzung fähig macht: In dieser Form ab der ersten Auflage. Im Typoskript lautet die Stelle: «Das Kieselige schließt auf das Pflanzenwesen in die Weltenweiten hinaus und erweckt die Sinne des Pflanzenwesens so, dass aufgenommen wird aus allem Umkreise des Weltenalls dasjenige, was die Pflanze braucht, um Nahrungspflanze zu werden. Dazu wird aus dem Umkreise von Mond, Venus, Merkur dasjenige aufgenommen, was die Pflanze zur Fortpflanzung fähig macht.»

28 *was die Pflanze zur Fortpflanzung fähig macht:* Vgl. zum Einfluss der Planeten auf die Pflanze diese Ausführungen aus dem ersten Vortrag mit denen im zweiten (10. Juni 1924) und im sechsten Vortrag (16. Juni 1924) im vorliegenden Band. Im Hinweis zu Seite 141 werden diese drei Stellen in Bezug zueinander gesetzt. Siehe auch die Notiz-Skizzen von Rudolf Steiner im Anhang: S. 358, 360 und 369.

und er kennt das Wasser nur als dasjenige, was aus Wasser- und Sauerstoff besteht: Im Typoskript folgt an dieser Stelle der Satz: «Aber damit hat man nichts über das Wasser noch gesagt, als einen Gesichtspunkt, dessen man sich bemächtigt.»

Aber damit hat man noch nichts Umfassendes über das Wasser gesagt: «Umfassendes» Einfügung ab der zweiten Auflage.

Das Wasser birgt vieles andere noch als bloß dasjenige, was dann chemisch als Sauerstoff und Wasserstoff erscheint: In den Kolisko-Notizen steht an dieser Stelle: «Das Wasser wirkt noch vieles andere, als was bloß im Chemischen Wasserstoff und Sauerstoff ist.»

28 *wenn die Regentage nicht vorangegangen sind:* Im Typoskript folgt hier der Satz: «Sie können hereinschießen, wenn die Regentage vorangegangen sind.»

29 *Ist es gut, sich zu richten mit der Aussaat nach Regen und Vollmondschein?:* In dieser Form ab der vierten Auflage. In den früheren Auflagen hieß es: «Wie ist es gut, sich zu richten mit der Aussaat nach Regen und Vollmondschein?»

bei gewissen Pflanzen wuchtig und stark nach Regentagen: In den Kolisko-Notizen heißt es stattdessen: «Saat geht wuchtiger und stärker nach Regentagen».

und wusste, was zu tun ist: Einfügung ab der zweiten Auflage.

dass sie luftartig ist: In den Kolisko-Notizen steht «lufthaltig».

Der Saturn braucht dreißig Jahre in seiner Umdrehung um die Sonne, der Mond nur dreißig oder achtundzwanzig Tage zu seinen Phasen. Saturn ist also nur fünfzehn Jahre sichtbar: Grundsätzlich ist bedenkenswert, dass Rudolf Steiner bereits weiter oben sagt, dass seine Darstellungen «ohne alle astronomischen Auseinandersetzungen» vorgenommen würden. Rudolf Steiner betrachtete die Planeten und die Sternbilder des Tierkreises als geistige Wesen (siehe z. B. *Geistige Hierarchien und ihre Widerspiegelung in der physischen Welt*, GA 110), deren Zusammenwirken sich durch die sichtbaren Sterne und deren Bewegungen zueinander kundtut. In dem Vorwort zum Kalender 1912/13 heißt es: «Der Mensch kann sein Erleben zu einer bestimmten Zeit zum Ausdrucke bringen, indem er von der Stellung der Gestirne in diesem Zeitpunkte spricht. Am einfachsten geschieht dies, wenn z. B. das Erleben des Morgens in die Worte gefasst wird: Die Sonne geht auf.» (aus: «Was gemeint ist» in *Schriften zur Geschichte der anthroposophischen Bewegung und Gesellschaft 1902–1925. Mit Nachträgen zum Aufsatzwerk Rudolf Steiners (GA 29–36)*, GA 37, Basel 2019, S. 496). – Saturn benötigt 15 Jahre bei seinem Gang durch den Tierkreis, um von seinem kleinsten Himmelsbogen zum höchsten aufzusteigen, und noch einmal 15 Jahre, um wieder abzusteigen. Wenn er seinen großen Bogen vollführt und bei uns hoch am Himmel erscheint, ist er für Beobachter auf der Südhalbkugel nahe am Horizont. Wenn er dagegen im Norden nahe am Horizont steht, scheint er auf der Südhalbkugel steil auf die Erdoberfläche. Das Auf- und Absteigen im Tierkreis ist im folgenden Text wichtig für das Säen und Pflanzen von Nadelbäumen.

da den Saturn[um]gang: Einfügung durch die Herausgeber aufgrund der Kolisko-Notizen.

30 *Beschränktsein der Pflanze auf kurze Lebensfrist:* In dieser Form ab der ersten Auflage. Im Typoskript heißt es: «Hinausdauern der Pflanze in die nächsten Jahre».

[dann] wird [dort]: Einfügungen durch die Herausgeber.

in einer sogenannten Aufgangsperiode des Saturn: So auch in den Kolisko-Notizen. – «Aufgangsperiode» möglichweise ein Hörfehler, gemeint ist wahrscheinlich die Aufstiegsperiode des Saturn, wenn er von seinem kleinsten Himmelsbogen zu seinem größten Himmelsbogen geht – entsprechend dem, was die Sonne macht von der Wintersonnen- zur Sommersonnenwende. Astronomisch betrachtet handelt es sich, wie bei der Sonne und allen Planeten, um den Aufstieg durch den Tierkreis, der im Schützen und im Steinbock langsam beginnt, im Wassermann, in den Fischen und im Widder von Jahr zu Jahr stärker wird und im Stier und in den Zwillingen seinen höchsten Punkt am Himmel erreicht. – Für die Südhalbkugel sind die 15 Jahre, die für die Nordhalbkugel Abstiegsjahre sind, Aufstiegsjahre. Im Süden beginnt der Aufstieg in den Zwillingen und erreicht seinen höchsten Punkt im Schützen. – Folgt man diesen Darstellungen Rudolf Steiners, so sollte man in der Aufstiegsperiode des Saturn Nadelhölzer anpflanzen. Hat der Saturn auf der Nordhalbkugel eine Aufstiegsperiode, so sollte man auf der Südhalbkugel keine Nadelhölzer anpflanzen. – In anderem Zusammenhang erklärte Steiner, dass der Saturn auf den Menschen am stärksten wirkt, wenn er im Widder und im Stier steht. Vgl. hierzu Vortrag vom 11. Juni 1912 in: *Der Mensch im Lichte von Okkultismus, Theosophie und Philosophie*, GA 137, Dornach 1993.

in Bezug auf die Weltperioden: Einfügung ab der zweiten Auflage.

gesunde Wärme: In den Kolisko-Notizen folgt hier: «für die Küche».

31 *aber das Leben ist heute für die Leute schon fast ganz gedankenlos geworden. Man ist froh, wenn man an solche Dinge nicht zu denken braucht:* «für die Leute» und «Man ist froh, wenn man an solche Dinge nicht zu denken braucht» sind Einfügungen seit der zweiten Auflage.

Man kann nicht mehr solche Kartoffeln essen, auch da nicht, wo ich sie damals gegessen habe: «solche» und «damals» Einfügungen ab der zweiten Auflage.

im eminentesten Sinne: Einfügung ab der zweiten Auflage.

Zum zweiten Vortrag, Dienstag, 10. Juni 1924

Textgrundlagen: Achte Auflage von 1999, Typoskript (Vortragsregister-Nr. 5756 A I); im Bedarfsfall wurden die Notizen von Lilly Kolisko sowie die erste bis siebente Auflage beigezogen. Änderungen durch die Herausgeber der vorliegenden neunten Auflage gegenüber der achten Auflage sind durch eckige

Klammern gekennzeichnet und in den Hinweisen nachgewiesen. – Zwischen dem ersten Vortrag und dem vorliegenden lag die Pfingstpause (Pfingstsonntag und Pfingstmontag). An beiden Tagen wurde kein Vortrag im Rahmen des Landwirtschaftlichen Kurses in Koberwitz gehalten (siehe im Anhang des vorliegenden Bandes S. 270f.).

32 *[Meine lieben Freunde!]:* Einfügung durch die Herausgeber aufgrund der überlieferten Anreden im fünften bis achten Vortrag in den vorliegenden Stenogrammen von Lilly Kolisko.

und nur in dieser unmittelbaren Anwendung ihre Bedeutung haben: Diese Stelle steht in Bezug zur Aussage «Wenn man es nicht anwendet, weiß man es eben nicht.» aus dem Kolisko-Stenogramm zum sechsten Vortrag vom 14. Juni 1924, siehe Hinweis zu S. 151. Siehe hierzu ebenso *Teil II: Gründung des Landwirtschaftlichen Versuchsrings*, vor allem die Ansprache vom 11. Juni 1924, im vorliegenden Band.

33 *[. D]ass er schon von selbst etwas Pflanzenhaftes in sich birgt und dass sogar etwas astralisch Wirksames im Erdboden ist[, d]as ist ja etwas, was heute nicht einmal bedacht, viel weniger irgendwie zugegeben wird:* Redaktionelle Änderungen durch die Herausgeber. In allen bisherigen Auflagen sowie im Typoskript hieß es: «, dass er schon von selbst etwas Pflanzenhaftes in sich birgt und dass sogar etwas astralisch Wirksames im Erdboden ist. Das ist ja etwas, was heute nicht einmal bedacht, viel weniger irgendwie zugegeben wird.»

34 *Betrachtung:* Im Typoskript steht «Berechtigung».

Also wir haben es durchaus mit einer Individualität zu tun, die auf dem Kopfe steht: Rudolf Steiner brachte das Bild des auf dem Kopf stehenden Menschen in verschiedenen Zusammenhängen, siehe z. B. Vortrag vom 25. März 1920 in *Geisteswissenschaft und Medizin*, GA 312: «Die Pflanze senkt sich mit ihren Wurzeln in die Erde hinein und strebt mit ihrer Blüte, das heißt mit den Befruchtungsorganen, nach oben. Der Mensch bildet den vollen Gegensatz auch in Bezug auf sein Stehen im Kosmos dazu: Er wurzelt sich gewissermaßen ein mit seinem Kopfe in die Richtung nach oben, und er strebt mit seinen Befruchtungsorganen nach unten, der Pflanze direkt entgegen. Sodass Sie wirklich gar nicht unsinnig tun, wenn Sie sich als ein Bild vorhalten beim Menschen eine Pflanze, die in ihm ruht, die nach oben wurzelt und ihre Blüte nach unten, nach den Befruchtungsorganen, entwickelt. Es ist in besonderer Form das Pflanzliche auf diese Art gerade in den Menschen eingegliedert.» (Basel 2020, S. 107) – Siehe ebenso z. B. den Vortrag vom 25. Januar 1919 in: *Der Goetheanismus ein Umwandlungsimpuls und Auferstehungsgedanke*, GA 188: «Den sozialen Organismus verstehen Sie im Verhältnis zum Menschen nur richtig, wenn Sie den Menschen auf den Kopf stellen. Hier im Menschenkopf ist eigentlich der Grund und Boden des Menschen.» (Dornach 1982, S. 175). – Das Bild der Pflanze als umgekehrter Mensch findet sich schon bei Aristoteles (384–322 v. Chr.) in *De Anima* 416a2, in: *Aristoteles: Über die Seele* (griechisch-deutsch) in der Übersetzung von Otto Apelt, Hamburg 1995, S. 79. «Oben und unten sind ja bei allen Wesen und beim Weltall nicht dasselbe, sondern was der Kopf der Lebewesen, das sind die Wurzeln der Pflanzen, wenn man doch die Organe als verschiedene oder gleiche nach ihren Leistungen bezeichnen muss.» Auch Wilhelm von Conches (ca. 1090–ca. 1154), Lehrer in der Schule von Chartres schrieb: «Die Bäume treiben ihre Wurzel, die ihr Kopf ist, nach unten in die Erde, aus der sie ihre Nahrung haben. Der Mensch dagegen hebt seinen Kopf, der wie seine Wurzeln ist, hoch in die Luft, denn er lebt von seinem Geist.» (aus: Guilelmus de Conchis: *Dragmaticon philosophiae* 6, 23,4, in: Italo Ronca (Hrsg.): *Opera omnia*, Bd. 1, CCCM 152, Turnhout 1997, S. 259). Heutzutage wird ein Zusammenhang der Sinnesaktivität der Wurzelspitze einerseits mit der Gehirnaktivität des Tieres andererseits hergestellt, und der Boden gilt als eine Art spiritueller Kommunikationsraum, siehe z. B.: Emanuele Coccia: *Die Wurzeln der Welt, eine Philosophie der Pflanzen*, München 2018; Coccia zufolge habe bereits Platon (428–347 v. Chr.) gesagt: Der Mensch sei «ein Gewächs, das nicht in der Erde, sondern im Himmel wurzelt». (S. 102)

34 *[anders]:* Änderung durch die Herausgeber auch aufgrund der Kolisko-Notizen. In dieser Form im Typoskript sowie in der ersten und zweiten Auflage. In der dritten bis achten Auflage steht «anderes». – Siehe den Vortrag vom 16. Juni 1924 im vorliegenden Band.

35 *unseren Organismus:* Im Typoskript heißt es: «unsere Organe».

Sodass wir sozusagen mit Bezug auf unser Pflanzenwachstum den fernen Himmel in seiner Wirksamkeit unter der Erde, die nähere Erdumgebung über der Erde zu suchen haben: Siehe hierzu auch die Ausführungen Rudolf Steiners im Vortrag vom 14. Juni 1924 im vorliegenden Band (S. 140 f.) sowie die zugehörigen Hinweise (S. 444 f.). – In der Tafel II wird die Sonne sowohl über als auch unter dem horizontalen Strich gezeichnet. Das entspricht der Aussage Rudolf Steiners im vorliegenden Vortrag: «das über der Erde befindliche Wirken ist abhängig zugleich [...] unmittelbar von Mond, Merkur, Venus, welche die Sonne in ihrer Wirkung unterstützen und modifizieren, [...] dagegen die fernen Planeten, [...] auf alles dasjenige wirken, was unterhalb der Erde ist, und die Sonne unterstützen in denjenigen Wirkungen, die sie von unterhalb der Erde ausübt». Sowohl die «nahen» (über dem Strich) als auch die «fernen» Planeten (unter dem Strich) wirken mit der Sonne zusammen.

von unten herankommt: In den Kolisko-Notizen steht: «von unten heraufkommt».

wird da gelagert und wirkt von da aus: Sehr wahrscheinlich hat Rudolf Steiner hier an der Tafel gezeichnet und darauf verwiesen (siehe Tafel 2).

35 *Sand und Gestein, das Wasserundurchlässige:* Auch hier ist wohl das fast wasserunlösliche Quarzmineral gemeint. Siehe auch Hinweis zu S. 25.

36 *fernster kosmischer Kräfte:* In den Kolisko-Notizen steht: «fernster Planeten (kosm. Kräfte)».

dasjenige, was wir ansprechen können als das Lebensätherische des Erdbodens und das Chemischwirksame des Erdbodens: Rudolf Steiner unterscheidet vier Ätherarten: Lebensäther, Chemischer- oder Klangäther, Lichtäther, Wärmeäther. Siehe z. B. Vortrag vom 27. Oktober 1923, in: *Der Mensch als Zusammenklang des schaffenden, bildenden und gestaltenden Weltenwortes,* GA 230.

bei denen man auf das [Wurzelwachstum] sieht: Änderung durch die Herausgeber aufgrund der Kolisko-Notizen. In den vorhergehenden Auflagen hieß es: «bei denen man auf das eigentliche Wurzelwesen sieht».

Nun ist ja, man möchte sagen, Gott sei Dank, Kiesel in Form von Kieselsäure und anderen Kieselverbindungen eben zu siebenundvierzig bis achtundvierzig Prozent auf der Erde verbreitet: Siehe den Hinweis zu S. 25.

fast überall auf die Wirkung des Kiesels rechnen: In den Kolisko-Notizen heißt es: «auf die nötige Kieselmenge rechnen».

[Denn: Der Kopf muss zwar versorgt werden aus dem Kosmos, das aber muss in wirklicher Wechselwirkung stehen mit demjenigen, was sich oben über dem Erdboden, im Bauche, abspielt.]: Redaktionelle Änderung durch die Herausgeber. In der achten Auflage heißt es: «Denn der Kopf muss versorgt werden aus dem Kosmos. Das aber muss in wirklicher Wechselwirkung stehen mit demjenigen, was sich oben über dem Erdboden, im Bauche, abspielt.»

37 *Pflanzenform:* Im Typoskript heißt es «Form» und handschriftlich ergänzt zu «Pflanzenform». Mit «Form» könnte auch die Art der Bebauung (Fruchtfolge, Bodenbearbeitung und dergleichen) gemeint sein.

38 *mehr Kohlensäure:* In den Kolisko-Notizen folgt hier: «mehr Ammoniak». Siehe hierzu auch die Notizblätter 1338, S. 296 sowie 2282, S. 345 im Anhang.

39 *aber gerade nun:* Möglicherweise wurde auch «aber gerade nur» gesagt.

in ihren Mineralmassen: Diese Hinzufügung erst ab der zweiten Auflage. In der zweiten und dritten Auflage mit «von» statt «in»; mit «in» ab der vierten Auflage.

Da sind die Pflanzen am meisten: Einfügung ab der zweiten Auflage.

wirksam wird: In den Kolisko-Notizen steht «wichtig» statt «wirksam».

40 *die ich später noch angeben werde:* Rudolf Steiner kommt auf diese Bemerkung im Laufe des Kurses nicht zurück. – In dieser Form erst ab der zweiten Auflage. Im Typoskript und in der ersten Auflage heißt

es: «die man später noch erhöhen kann». In den Kolisko-Notizen steht «erwähnen» statt «angeben». – Folgt man der Typoskript-Variante, würde es sich um eine Dosierungsfrage handeln. Die Variante mit «angeben» hat dazu geführt, dass in der biologisch-dynamischen Geschichte auch mit Hornton-Präparaten experimentiert wurde. Dies u. a. auch aufgrund der Überlegung, dass es zwischen dem Hornmist- und Hornkieselpräparat noch ein vermittelndes «mittleres» Präparat geben solle. Siehe hierzu auch den Brief von Guenther Wachsmuth an Carl von Keyserlingk vom 10. Juli 1924 (Hinweis zu S. 87, Stichwort «Orthoklas-Feldspat»); siehe auch Notizzettel 3605 auf S. 304.

40 *Februar:* Einfügung ab der zweiten Auflage.

die allerpositivsten Winke: In den Kolisko-Notizen steht «die ursprünglichsten Wirkungen».

und dass das Leben der Erde ein besonders starkes gerade zur Winterzeit ist, während es zur Sommerzeit in einer gewissen Weise erstirbt: Vergleiche hierzu u. a.: *Antworten der Geisteswissenschaft auf die großen Fragen des Daseins*, GA 60, Vortrag vom 8. Dezember 1910; sowie: *Der Jahreslauf als Atmungsvorgang der Erde und die vier großen Festeszeiten*, GA 223, dort insbesondere den Vortrag vom 31. März 1923.

41 *ein kleines Chaos:* Zu diesen Ausführungen Rudolf Steiners vgl. insbesondere seinen Vortrag «Über das Chaos» vom 19. Oktober 1907, der für das *Archivmagazin* Nr. 11/2021 vollständig überarbeitet und dort neu herausgegeben worden ist. Im Rahmen der Rudolf Steiner Gesamtausgabe ist er bereits in: *Bilder okkulter Säulen und Siegel. Der Münchner Kongress Pfingsten 1907 und seine Auswirkungen*, GA 284, erschienen. – Siehe insbesondere auch den Vortrag vom 24. August 1910 in *Die Geheimnisse der Biblischen Schöpfungsgeschichte*, GA 122; sowie den Vortrag vom 30. Dezember 1923 in *Die Weltgeschichte in anthroposophischer Beleuchtung*, GA 233; sowie Vortrag vom 22. August 1923 in *Initiations-Erkenntnis*, GA 227.

Jedes Mal wird der irdische Organisationsprozess in der Samenbildung zu Ende geführt bis zum Chaos: Im Typoskript sowie in der ersten Auflage heißt es: «Jedes Mal wird das Irdische außerirdisch, bloß in der Samenbildung zu Ende geführt bis zum Chaos.»

42 *Aber, was in der einzelnen Pflanze abgebildet wird:* In dieser Form ab der zweiten Auflage. Im Typoskript sowie in der ersten Auflage hieß es: «Ja aber, was aufgebaut wird,».

Überall, wo wir den Kosmos zur Wirkung bringen: In den Kolisko-Notizen steht «zur Wirksamkeit bringen wollen».

Wir müssen die Pflanze der Erde annähern in ihrem Wachstum: In dieser Form in den Kolisko-Notizen ab der zweiten Auflage. Im Typoskript sowie in der ersten Auflage hieß es: «Wir müssen die Pflanze ansamen in ihrem Wachstum.» Möglicherweise ein Hörfehler, «ansamen» könnte durch «anregen» ersetzt werden.

42 *sondern in der Organisation der Pflanze vorher aufgehört [hat]:* Redaktionelle Änderung durch die Herausgeber der vorliegenden Auflage. Ab der zweiten Auflage hieß es: «sondern in der Organisation der Pflanze vorher aufgehört hatte». – Im Typoskript sowie in der ersten Auflage hieß es: «sondern in der eigentlichen Pflanze zurückgehalten wurde, bevor die erste Samenbildung auftrat».

43 *die reiche Humusbildung:* In den Kolisko-Notizen steht «leichte» statt «reiche».

44 *die Saturnwirkung [sehen]:* Änderung durch die Herausgeber. In dieser Form im Typoskript sowie in der ersten Auflage. Von der zweiten bis achten Auflage hieß es «ahnen».

nur in der feinsten Nuancierung: In den Kolisko-Notizen steht «Tingierung» statt «Nuancierung».

Denn die [Wurzel] hat ihre Form von demjenigen ... Wenn [also] die Wurzel zerteilt: Redaktionelle Änderungen durch die Herausgeber. In der achten Auflage heißt es: «Pflanze» statt «Wurzel» und «aber» statt «also».

45 *wie etwa die Esparsette:* Vergleiche hierzu auch: *Aus den Inhalten der esoterischen Stunden*, GA 266/III, Dornach 1998, S. 428f.: «Auch in der Landwirtschaft sucht man das Geistige. Auch dort glaubt man, dass neue Methoden gefunden werden müssen bis in die Behandlung des Materiellen hinein. Wenn Sie zu der heutigen materialistischen Wissenschaft gehen, so finden Sie nicht viel Liebe für die Landwirtschaft. Die heutige Wissenschaft meint, dass, wenn man so und so viel Stickstoff im Acker braucht, man ihn in dieser Menge in den Acker hineinbringen muss. Da weiß man nicht, dass man nur um den Acker herum systematisch die Esparsette anzupflanzen braucht, um durch Strahlung die nötige Menge Stickstoff in den Acker hineinzubekommen. Dazu genügt schon, dass man die Esparsette in einer einzigen Reihe um den Acker herum anpflanzt. [...] Diese Pflanze hat die merkwürdige Kraft in sich, den Boden auf weite Strecken mit dem zu durchdringen, was die Menschen auf eine möglichst künstliche Weise in ihn hineinbringen wollen. – Glauben Sie, das ist Unsinn? Nein! Das sind allerdings Dinge, die man durchschaut, wenn man mit der Geisterkenntnis konkret bis ins Materielle vorzudringen vermag.»; sowie: *Erziehungskunst. Seminarbesprechungen und Lehrplanvorträge*, GA 295, Basel 2019, S. 334. – Siehe hierzu auch *Archivmagazin* Nr. 11/2021.

46 *sondern [eine zurückgehaltene Blattbildung]:* Änderung durch die Herausgeber. In dieser Form im Typoskript und in der ersten Auflage. In den darauffolgenden Ausgaben hieß es: «ein zurückgehaltener Stängel». – Pflanzenmorphologisch betrachtet handelt es sich bei der Kartoffel

um sogenannte Sprossknollen, also um Verdickungen von wurzelartig auswachsenden Sprossausläufern. Vgl. hierzu die Fußnote Rudolf Steiners auf S. 149 von *Goethes Werke. Naturwissenschaftliche Schriften*, hrsg. v. Rudolf Steiner, Erster Band, in: *Kürschners Deutsche National-Litteratur*, Berlin und Stuttgart 1883 (Reprint GA 1a, Dornach 1982).

46 *dass die kosmische Kraft in ihr:* In dieser Form ab der zweiten Auflage. Im Typoskript sowie in der ersten Auflage hieß es: «in der Erde».

dass man immer [sieht]: Änderung durch die Herausgeber. In dieser Form im Typoskript sowie in der ersten Auflage. Von der zweiten bis achten Auflage hieß es: «dass man immer sagen kann».

dadurch mehr [in] der Wurzel und [im] Blatte zu erhalten: Änderung durch die Herausgeber aufgrund der Kolisko-Notizen. In den vorhergehenden Auflagen hieß es: «dadurch mehr an der Wurzel und dem Blatte zu erhalten».

und diese färbt: In dieser Form ab der zweiten Auflage; so auch in den Kolisko-Notizen. Im Typoskript sowie in der ersten Auflage «fördert» anstelle von «färbt».

47 *in dieselbe Lage käme [, in der die Menschheit einmal war]:* Einfügung durch die Herausgeber aufgrund der Kolisko-Notizen.

unser Freund Stegemann: Ernst Stegemann (1882–1943); Pächter des ca. 150 ha umfassenden Klosterguts in Marienstein bei Göttingen ab 1914, das er bereits ab 1922 auf eine Betriebsführung ohne Mineraldünger umstellte. Marienstein war seit 1890 in der Pacht der Familie Stegemann. Ernst Stegemann war später langjähriger Vorsitzender des Versuchsringes anthroposophischer Landwirte; führte bereits ab 1922/23, also noch vor dem Koberwitzer Kurs, Versuche nach Angaben Rudolf Steiners durch, von denen er am 5. März 1924 einen Bericht an den Vorstand am Goetheanum gab (siehe hierzu *Archivmagazin* Nr. 11/2021; RSA IV SACH Landwirtschaft). Siehe hierzu auch Peter Selg: *Koberwitz, Pfingsten 1924. Rudolf Steiner und der Landwirtschaftliche Kurs*, Dornach 2009, S. 38 f.

Kali Yuga: Sanskrit: Indische Bezeichnung für das vierte der großen Yugas, der Weltenalter, in die sich nach den Vedas die Menschheitsentwicklung gliedert. Das Zeitalter der Kali, der schwarzen Göttin, das sog. finstere Zeitalter. – Rudolf Steiner setzt dessen Beginn mit dem Jahre 3101 v. Chr. und dessen Ende mit dem Jahre 1899 an. Es wird als die Zeit des zunehmenden Erlöschens des alten Hellsehens der Menschheit charakterisiert. Siehe z. B. den Vortrag vom 25. Januar 1910 in: *Das Ereignis der Christus-Erscheinung in der ätherischen Welt*, GA 118; sowie die Vorträge vom 2. und 8. Februar 1910 in: *Der Christus-Impuls und die Entwickelung des Ich-Bewusstseins*, GA 116. Siehe auch den Hinweis zu Seite 241.

so brauchen auch wir heute wieder: «heute wieder» Einfügung ab der zweiten Auflage.

47 *Er weiß nicht, dass das, was gerade das kosmische Gestein, das Kieselige ist, das Licht aufnimmt in die Erde und da das Licht zur Wirksamkeit bringt:* Siehe hierzu u. a. die Untersuchungen von Lilly Kolisko zur Lichtwirkung zusätzlicher Sandgaben in die Erde, Typoskript von ca. 1925, 11. S. (RSA IV SACH Landwirtschaft); sowie: Eugen Kolisko und Lilly Kolisko: *Die Landwirtschaft der Zukunft*, Schaffhausen 1939, 454 S.

48 *Aber das sind Dinge, die gewusst werden, durchschaut werden müssen:* Zu diesem Absatz siehe den Notizzettel Nr. 3602 auf Seite 301 im Anhang. – Siehe auch: *Geistige Zusammenhänge in der Gestaltung des menschlichen Organismus*, GA 218, Vortrag vom 23. Oktober 1922.

[kosmisch-quantitative] Analyse: Änderung durch die Herausgeber aufgrund der Kolisko-Notizen; dort steht «kosm.-quant. Analyse». In allen vorhergehenden Auflagen hieß es «kosmische qualitative Analyse». Inhaltlich sind beide Varianten möglich. Im Typoskript ist «kosmische» handschriftlich geändert zu «kosmisch». – Siehe auch im Vortrag vom 13. Juni 1924 des vorliegenden Bandes den Begriff der «quantitativ-chemischen Analyse». – Zu «kosmisch-quantitativ» siehe auch die Bemerkung Rudolf Steiners vom 5. Februar 1924 in den Stuttgarter Lehrerkonferenzen: «Rinderdung! Pferdedung ist nicht gut. Man muss das rationell durchführen, so gut man es finanziell kann. Zum Schluss ist es so für ein begrenzbares Gebiet, dass der ganze Zusammenklang nicht herauskommt, wenn nicht eine bestimmte Anzahl von Rindvieh da ist auf der Bodenfläche und eine bestimmte Pflanzenmenge. Dieses Rindvieh gibt dann den Dung, und wenn mehr Pflanzen da sind, als das Rindvieh Dung gibt, so sind es ungesunde Verhältnisse.» (aus: *Konferenzen mit den Lehrern der Freien Waldorfschule in Stuttgart 1919–1924*, GA 300c, Dornach 2019, S. 187f.) – Der Begriff der kosmisch-qualitativen Analyse wird vielfach auf den Verdauungsvorgang der Kuh bezogen. Vgl. auch die Beschreibung Rudolf Steiners von der wiederkäuenden Kuh vom 27. Januar 1917 in: *Das Faust-Problem. Die romantische und die klassische Walpurgisnacht*, GA 273, Dornach 1981. Dort heißt es u. a.: «Was tut denn eigentlich die Seele des Tieres, wenn es da verdaut? Mit unendlichem Wohlbehagen nimmt die Seele teil an dem, was in dem Leibe geschieht. Es liegt da und schaut sich beim Verdauen zu. Mit unendlichem Wohlbehagen schaut es sich zu; das Wohlbehagen ist bei dem Tier ganz ungeheuer. Interessant ist es, zum Beispiel eine Kuh verdauen zu sehen, geistig, wenn sie daliegt und nun wirklich ihr innerlich sichtbar werden alle die Vorgänge, die sich da abspielen, indem die Nahrungsstoffe in den Magen aufgenommen sind und vom Magen nun in die übrigen Partien des Leibes befördert werden. Dem schaut das Tier mit innerstem Behagen zu, weil eine innige Korrespondenz zwischen seinem Astralleib und seinem Ätherleib besteht. Das Astralische lebt in dem, was der ätherische Leib spiegelt von den physisch-chemischen Vorgängen, durch die sich die Nahrungsstoffe einführen in den Organismus.

Das ist eine ganze Welt, welche die Kuh sieht! Allerdings besteht diese Welt nur aus Kuh und aus den Vorgängen, die in der Kuh stattfinden.»

48 *um dem Chaosgewordenen noch etwas dazuzusetzen:* In dieser Form in den Kolisko-Notizen und ab der zweiten Auflage. Im Typoskript sowie in der ersten Auflage hieß es: «um dem Chaosgewordenen es etwa dazu zu zusetzen», was in dem Sinne verstanden werden kann, dass gerade so viel zugesetzt wird, wie nötig.

49 *so ins Maul hineinströmt:* In dieser Form erst ab der zweiten Auflage. Im Typoskript sowie in der ersten Auflage hieß es: «hineinschaut». In den Kolisko-Notizen steht: «hineinscheint».

So haben wir es beim Vorne des Tieres mit der direkten Sonnenbestrahlung zu tun, und damit der Ausbildung des Kopfes: In einem Brief von Ehrenfried Pfeiffer vom 14. Januar 1925 (vermutlich an Guenther Wachsmuth) mit der Überschrift «Von Dr. Steiner für die Landwirtschaft auf dem Dornacher Versuchsfelde gemachte Angaben, die meines Wissens nicht im Landw. Kurs enthalten sind:» heißt es: «Für Pferde darf die Futterkrippe nicht zu hoch hängen, da sie sonst leicht blind werden.» (RSA IV SACH Landwirtschaft).

50 *Skelettbildung:* In dieser Form erst ab der zweiten Auflage. Im Typoskript und in der ersten Auflage hieß es: «gestaltete Bildung».

für diesen Gegensatz: Im Typoskript hieß es ursprünglich «für das Gesetz». Dies wurde handschriftlich geändert zu «für diesen Gegensatz». «Gegensatz» auch in den Kolisko-Notizen. Auch die Variante mit «Gesetz» ist möglich. Das «Gesetz» wäre dann als Gesetz der Gestaltung zu verstehen.

für die Art und Weise, wie da die Schenkel sich ansetzen, wie der Verdauungsauslauf da gestaltet ist im Gegensatz zu dem: Möglicherweise wurde vom Sprechenden gezeichnet. Siehe Zeichnung Tafel 3.

Dann haben Sie beim Vorderen und Hinteren des Tieres den Gegensatz von Sonne und Mond: Vergleiche hierzu insbesondere auch den Vortrag vom 20. Januar 1923, in: *Lebendiges Naturerkennen, Intellektueller Sündenfall und spirituelle Sündenerhebung*, GA 220; sowie die Vorträge vom 7. Januar 1921 und 14. Januar 1921 in: *Das Verhältnis der verschiedenen naturwissenschaftlichen Gebiete zur Astronomie*, GA 323; Vortrag vom 5. Mai 1921 in: *Perspektiven der Menschheitsentwickelung*, GA 204; Vortrag vom 13. November 1923 in: *Der übersinnliche Mensch anthroposophisch erfasst*, GA 231.

vor dem Herzen zurückbleibt, dass für die Kopf- und Blutbildung Mars, Jupiter, Saturn wirkt: In den Kolisko-Notizen steht: «vom Herzen zurückbebt für die Brust [*Lücke in der Mitschrift*] dass vom Herzen zurückgehend unterstützt die Mondenwirkung durch Mercur-Venus Wirkung».

50 *die in einer Pflanze zur Geltung kommen:* In den Kolisko-Notizen heißt es: «die in einer Pflanze zur Gestaltung kommen».

Zum dritten Vortrag, Mittwoch, 11. Juni 1924

Textgrundlagen: Achte Auflage von 1999, Typoskript (Vortragsregister-Nr. 5758 A I). Des Weiteren wurden im Bedarfsfall die Notizen von Lilly Kolisko sowie die erste bis siebente Auflage beigezogen. Änderungen durch die Herausgeber der vorliegenden neunten Auflage gegenüber der achten Auflage sind durch eckige Klammern gekennzeichnet und in den Hinweisen nachgewiesen. – Zum Inhalt dieses Vortrages (insbesondere die Substanzlehre betreffend) vergleiche die Vorträge vom 20. Oktober 1923 in: *Mensch und Welt. Das Wirken des Geistes in der Natur. Über das Wesen der Bienen*, GA 351; vom 1. Dezember 1923, vom 21. Dezember 1923 sowie vom 23. Dezember 1923 in: *Mysteriengestaltungen*, GA 232 sowie den Vortrag vom 27. Oktober 1922 in: *Physiologisch-Therapeutisches auf Grundlage der Geisteswissenschaft. Zur Therapie und Hygiene*, GA 314. Dort heißt es u. a.: «Sie werden sehen, dass in ebensolcher Weise, wie die physische Organisation mit dem Kohlenstoff, die ätherische Organisation mit dem Sauerstoff, die astralische Organisation mit dem Stickstoff, so die Ich-Organisation mit dem Wasserstoff zusammenhängt.» (Dornach 1989, S. 114). – Zu diesem Vortrag siehe auch die Notizen Rudolf Steiners auf S. 308 f. im Anhang des vorliegenden Bandes.

51 *[Meine lieben Freunde!]:* Einfügung durch die Herausgeber aufgrund der überlieferten Anreden im fünften bis achten Vortrag in den vorliegenden Stenogrammen von Lilly Kolisko.

wenn man [über] die Weiten des Naturgebiets hinausschaut: Redaktionelle Änderung durch die Herausgeber. In allen vorhergehenden Auflagen hieß es: «wenn man in die Weiten des Naturgebiets hinausschaut».

indem er wirkt im Naturwesen, ..., vier Geschwister: Im Typoskript heißt es: «indem er wirkt, im Naturwesen, ..., vier Geschwister».

53 *Dieser Kohlenstoff, sehen Sie, der ist ja [ein] aus einer sehr aristokratischen Position in der neuen Zeit [heruntergesunkener Gott]:* Redaktionelle Änderung durch die Herausgeber der vorliegenden Ausgabe. In der achten Auflage heißt es: «Dieser Kohlenstoff, sehen Sie, der ist ja aus einer sehr aristokratischen Position in der neuen Zeit heruntergesunken – Gott». – Der Priester Rudolf Meyer berichtet in einem Brief vom 12. Juni 1924 aus Koberwitz: «Ich hätte gewollt, dass alle Priester es hörten. Besonders wenn er vom Stein der Weisen, dem Kohlenstoff, sprach: der einst der Aristokrat der Stoffe war und jetzt so plebejisch zum Industriematerial herabgewürdigt ist.» (RSA IV SACH Landwirtschaft). – Zu den von Rudolf Steiner im Rahmen dieses Kurses genannten «che-

mischen» Elementen siehe insbesondere den Hinweis zu S. 24 sowie die Notizzettel 3608–3611 im Anhang. Zum Kohlenstoff heißt es dort z. B. «da ist der Geist zu finden, der gestaltet». Siehe hierzu auch die Vorträge vom 1. Dezember 1923, vom 21. Dezember 1923 sowie vom 23. Dezember 1923 in: *Mysteriengestaltungen*, GA 232; sowie die Jugendansprache vom 17. Juni 1924 im Anhang des vorliegenden Bandes.

Demant: Heute eher ungebräuchliche, literarische Form für Diamant.

mit dem Namen des «Steins der Weisen»: Rudolf Steiner bezeichnet vielfach den Kohlenstoff als ‹Stein der Weisen›, so bereits ganz zu Beginn seiner Lehrtätigkeit (siehe z. B. Stunde vom 10. August 1905, in: *Kosmologie und menschliche Evolution. Farbenlehre*, GA 91); siehe auch Vortrag vom 23. Dezember 1923 in: *Mysteriengestaltungen*, GA 232. Hierbei nimmt Rudolf Steiner öfter auch Bezug auf Carl Arnold Kortum (1745–1824), einen Arzt, Schriftsteller, Königlichen Hofrat und Heimatforscher. Am 8. Oktober 1796 erschien im *Reichsanzeiger* unter der Rubrik «Nützliche Anstalten und Vorschläge» ein mit «Höhere Chemie» überschriebener Text, als dessen Autoren sich späterhin Carl Arnold Kortum und der Pastor Johann Christian Friedrich Bährens (1765–1833) entpuppten (vgl. Claus Priesner: *Geschichte der Alchemie*, Hamburg 2011). Kortum hatte schon 1789 ein Buch unter dem Titel *Karl Arnold Kortum, der Arzneiwiss. Doktor und Arzt in Bochum verteidigt die Alchimie* publiziert (vgl. Ernst Tegeler: *Der Bochumer Arzt Dr. Carl Arnold Kortum, der Dichter der Jobsiade. Sein Leben und Wirken*, Jena 1931), in dem er dem ‹Stein der Weisen› ein eigenes Kapitel widmete und das damals sogenannte ‹Vitriol› als den Stein der Weisen favorisierte. Die Anfangsbuchstaben des lateinischen Satzes «Visita Interiora Terrae, Rectificando Invenies Occultum Lapidem» (übersetzt: Besuche das Innere der Erde, durch Läuterung wirst Du den verborgenen Stein finden) ergeben das Wort ‹Vitriol› (vgl. Helmut Gebelein: *Alchemie*, München 1991, S. 90). Im Zuge seiner Aktivitäten im Rahmen der sogenannten ‹Hermetischen Gesellschaft› propagiert Kortum schließlich die Steinkohle als den Stein der Weisen (siehe hierzu insbesondere Hermann Kopp: *Über den Verfall der Alchemie und die hermetische Gesellschaft*, Gießen 1845/47).

54 *in ewigem Wechsel:* In dieser Form ab der zweiten Auflage. Im Typoskript sowie in der ersten Auflage heißt es: «ähnlichem Wachsen».

55 *Blut ist ein ganz besonderer Saft:* Mephisto in Johann Wolfgang von Goethes *Faust I*, Vers 1740.

Knochengerüste: Hier brechen die Kolisko-Notizen ab.

unterliegendes Festes, das Tier auch, wenigstens das höhere Tier. ... Im Kalk, in der Knochenbildung hat er die feste Erde: In dieser Form ab der zweiten Auflage. Im Typoskript sowie in der ersten Auflage heißt es: «eine unterliegende Gestaltung, das Tier auch, wenigstens das höhere Tier. ... Im kalkigen Knochengebilde hat er die feste Erde».

55 *auf dessen Bahnen:* In dieser Form bereits im Typoskript per Handschrift korrigiert. Ohne diese Korrektur heißt es dort: «das, wenn». Lässt man das nicht gleich einsichtige «das» weg, so ergäbe sich: «wenn sich das Geistige bewegt durch die Welt».

56 *Das ist also entweder fortwährend wechselnder Kohlenstoff, der in dem Schwefel in sehr feiner Dosierung sich bewegt:* Hier bieten sich zwei Lesevarianten an: a) dass sich der Kohlenstoff in sehr feiner Dosierung im Schwefel bewegt; b) dass sich der Kohlenstoff in dem sehr fein dosierten Schwefel bewegt. – Bereits zuvor in diesem Vortrag heißt es: «weil die Tätigkeit des Schwefels im Haushalt der Natur eine so feine ist» (S. 52). Im Vortrag vom 7. Oktober 1923 (in: *Das Miterleben des Jahreslaufes in vier kosmischen Imaginationen*, GA 229) heißt es: «In Wirklichkeit findet sich keine Kohlensäure, die nicht, wenn ich mich so ausdrücken darf, in außerordentlicher Verdünnung Phosphoriges, Sulfuriges enthält.» (Dornach 1999, S. 54).

Ingredienzien [vereinigt]: Änderung durch die Herausgeber aufgrund der ersten Auflage und des Typoskriptes. In der zweiten bis achten Auflage heißt es «Ingredienzien vermengtes».

festgewordenes Kohlenstoffgerüst: Die Überlieferungssituation bezüglich des Textbezuges zur Tafel III ist brüchig. Unsicherheit besteht vor allem in der Zuordnung der Farben auf dem Tafelbild zum Inhalt des Vortrages. Daher wird für die vorliegende neunte Auflage auf alle Hinweise, die frühere Herausgeber diesbezüglich in runden Klammern gegeben haben, verzichtet. Die Farbangaben im Text (ohne runde Klammern) sind im Typoskript sowie in allen bisherigen Auflagen vorhanden. Allein das «blau» in dem Satz «Wir haben zunächst dasjenige, was ich vorhin blau hingezeichnet habe» ist ab der zweiten Auflage hinzugekommen. – Folgende Lesevarianten sind möglich:
Erste Variante: Das grüne Geflecht auf Tafel III entspricht dem Sauerstoff und damit dem Ätherischen, das blaue Geflecht entspricht dem Kohlenstoffgerüst.
Zweite Variante: Das grüne Geflecht auf Tafel III ist das Kohlenstoffgerüst, das blaue entspricht dem Sauerstoff, dem Ätherischen.
Dritte Variante: Das grüne Geflecht auf Tafel III entspricht dem «festeren Kohlenstoffgerüst der Pflanzen», das blaue entspricht dem «fluktuierenden» Kohlenstoffgerüst der Tiere. Der Sauerstoff (und damit das Ätherische) wird nicht explizit gezeichnet, aber durch die Erläuterungen von Rudolf Steiner als unmittelbar deckungsgleich mit dem Kohlenstoffgerüst beschrieben: «Ein Ätherisches muss überall da sein, wo dieses Gerüste ist [...] Sodass Sie also dasjenige, was ich hier grün skizziert habe, sich *auch* vorstellen können, wenn Sie es als physischen Aspekt betrachten, dass das den Sauerstoff und auf dem Wege des Sauerstoffs die wallende, vibrierende, webende Wesenheit des Ätherischen darstellt.»

57 *als physischen Aspekt:* In dieser Form ab der zweiten Auflage. Im Typoskript sowie in der ersten Auflage heißt es: «physisch».

webende Wesenheit des Ätherischen darstellt: «des Ätherischen» Einfügung ab der vierten Auflage.

Kommt er durch die Atmung in uns hinein, [von draußen, wo er tot sein muss], so wird er [in uns] wiederum lebendig: Änderungen durch die Herausgeber aufgrund des Typoskriptes. In der achten Auflage von 1999 heißt es: «Kommt er durch die Atmung in uns hinein, wo er lebendig sein darf, so wird er wiederum lebendig».

58 *oder [in den] Tieren:* Einfügung durch die Herausgeber.

Denn nach den Methoden, die sie anwenden, muss immer schon der Sauerstoff herausgezogen werden aus dem Irdischen; daher haben Sie nur toten Sauerstoff vor sich: Im Typoskript sowie in der ersten Auflage hieß es: «Denn nach den Methoden, die sie anwenden, wollen sie immer schon den Sauerstoff herausgezogen haben aus dem Irdischen. Man kann nicht mit dem Sauerstoff im Irdischen experimentieren, phantasieren, dabei haben sie nur toten Sauerstoff vor sich.» Hierbei ist an den wesenhaften, lebendigen Sauerstoff zu denken, mit dem man im Irdischen *nicht* experimentieren kann.

uns zugängliche: Im Typoskript sowie in der ersten Auflage heißt es: «uns zunächst gegebene».

59 *[Da nimmt der Mensch durch den Atmungsprozess den Sauerstoff auf, in das ätherische Leben in sich auf]:* Änderungen durch die Herausgeber aufgrund des Typoskriptes. In der achten Auflage heißt es: «Da nimmt der Mensch durch den Atmungsprozess den Sauerstoff, das heißt, das ätherische Leben in sich auf.» In dieser Form ab der ersten Auflage. Den vorhergehenden Ausführungen Steiners folgend, hat der Sauerstoff in der Außenluft kein ätherisches Leben in sich und wird durch die Aufnahme ins Ätherische des Menschen lebendig.

60 *würde nicht [Pflanze sein]:* Änderungen durch die Herausgeber aufgrund des Typoskriptes. In der achten Auflage heißt es: «würde nicht blühen». In dieser Form ab der ersten Auflage.

Sie nimmt nur nicht das Astralische auf wie das Tier und der Mensch, aber sie muss von außen davon berührt werden: Vergleiche hierzu den Vortrag vom 8. Februar 1908 in: *Natur und Geistwesen – ihr Wirken in unserer sichtbaren Welt*, GA 98.

61 *[, könnte man sagen, man weiß das nicht]:* Einfügung durch die Herausgeber. In dieser Form bis zur vierten Auflage.

wie die fluktuierenden Empfindungen: Im Typoskript vor der dortigen handschriftlichen Korrektur hieß es: «wie fluktuierend empfindenden».

62 *natürlich zu dem ganzen Menschen dazu:* Redaktionelle Änderung durch die Herausgeber der achten Auflage. Vorher: «natürlich zu den ganzen Menschen dazu».

62 *das Kohlenstoffgerüst, und was Sie da grün sehen:* Redaktionelle Änderung durch die Herausgeber der achten Auflage. Vorher: «Kohlenstoffgerüst; was Sie da grün sehen».

63 *das macht der Wasserstoff, in dem eigentlich, wenn wir richtig sprechen … in das Ununterscheidbare des Weltenalls:* Im Typoskript lautet diese Stelle wie folgt: «das macht der Wasserstoff, in dem eigentlich, wenn wir richtig sprechen – trotzdem er selber das feinste Physische ist –, das Physische ganz zersplittert, vom Schwefel im Wasserstoff getragen hineinflutet in das Ununterscheidbare des Weltenalls.» – So wäre auch folgende Fassung denkbar: «das macht der Wasserstoff, in welchem eigentlich, wenn wir richtig sprechen – trotzdem er selber das Feinste ist, was physisch ist –, das Physische ganz zersplittert, in welchem das Physische vom Schwefel – im Wasserstoff getragen – hineinflutet in das Ununterscheidbare des Weltenalls.» – Vergleiche u. a. den Vortrag vom 20. Oktober 1923 in: *Mensch und Welt. Das Wirken des Geistes in der Natur. Über das Wesen der Bienen*, GA 351; sowie die Vorträge vom 12. und 15. April 1921 in: *Geisteswissenschaftliche Gesichtspunkte zur Therapie*, GA 313.

65 *Da ist denn dasjenige, was insbesondere immer so das Interesse unseres lieben Freundes Stegemann erregt hat, dieses Zusammenwirken des Seelisch-Geistigen mit demjenigen, was [da] um uns herum ist:* Ernst Stegemann hatte sich im Zusammenhang mit seinen Versuchen, die er aufgrund der Angaben Rudolf Steiners ab 1922/23 im Vorfeld des Koberwitzer Kurses auf dem Klostergut Marienstein durchgeführt hatte, auch mit der Frage der spirituell-meditativen Beziehung zur Pflanzenwelt beschäftigt. Wohl im Mai 1922 hatte er von Rudolf Steiner Angaben «esoterischen Inhaltes über die Einstellung des Menschen zu den Pflanzen» erhalten (Brief Ernst Stegemanns vom 11. Mai 1924 an Rudolf Steiner, RSA 089/2). Diese Meditation ist durch eine Erinnerungsaufzeichnung von Marie Wundt-von Grunelius (1892–1972) überliefert. Sie durfte die Meditation 1935 von Ernst Stegemann abschreiben. Siehe hierzu das *Archivmagazin* Nr. 11/2021. – In *Seelenübungen I* (GA 267, 2. Auflage, Dornach 2001 S. 447) wurde diese Meditation von den damaligen Herausgebern wohl irrtümlich (ohne weitere Angaben) auf «ca. 1907» datiert. – *[da]:* Änderung durch die Herausgeber. So im Typoskript sowie in der ersten und zweiten Auflage. Ab der dritten Auflage «das» statt «da».

Und sehen Sie, man kann ja das nicht wiederholen, was ich eben vor einer Stunde hier gesagt habe, aber ich kann es doch in einer gewissen Weise wiederum charakterisieren: Rudolf Steiner bezieht sich auf die an diesem Tag dem Vortrag vorhergehende Ansprache zur Begründung des «Landwirtschaftlichen Versuchsrings» (S. 226 im vorliegenden Band).

wo ich mit Bauern gelebt habe: Einfügung ab der zweiten Auflage.

66 *Sehen Sie, wenn irgendwie Kohlenstoff, Wasserstoff, Stickstoff:* Möglicherweise ein Hörfehler: Es könnte an dieser Stelle «Kohlenstoff, Sauerstoff, Stickstoff» geheißen haben.

und alle Besonderheit der Sache nimmt: In dieser Form ab der zweiten Auflage. Im Typoskript sowie in der ersten Auflage heißt es: «und alles absondert».

das neue Leben: In dieser Form ab der zweiten Auflage. Im Typoskript sowie in der ersten Auflage heißt es: «das Neue eben».

weil es sich eben im Innern der Natur scheinbar verbirgt: Sinnvoll wäre an dieser Stelle auch die Variante: «im Innern des Menschen».

67 *Weil [das Sauerstoffliche] durch den Kohlenstoff nur durchgeht:* Redaktionelle Änderung durch die Herausgeber. In allen vorhergehenden Auflagen: «Weil es durch den Kohlenstoff nur durchgeht».

68 *Da unten in der Erde, das Kalkige in der Erde ist tatsächlich, man möchte sagen, ebenso auf eine Art Stickstoffeinatmung angewiesen:* Vergleiche hierzu den Vortrag vom 7. Oktober 1923 in: *Das Miterleben des Jahreslaufes in vier kosmischen Imaginationen*, GA 229.

Alle anderen stehen nicht der Einatmung nahe, sondern der Ausatmung: In dieser Form in allen bisherigen Auflagen. Im Typoskript heißt es an dieser Stelle: «Alle anderen stehen wirklich so in der Natur da wie alles dasjenige, was im menschlichen Organismus ist an Gewebs-Epithelzellen und so weiter, zu demjenigen, was in den Atmungsorganen an solchem Gewebe ist.» – Siehe zu dieser Thematik auch «Notizen zu Vorträgen über Medizin» in: *Beiträge zur Rudolf Steiner Gesamtausgabe*, Nr. 16/1966–67, S. 18f. Dort heißt es u.a.: «Der Gegensatz von Gehirn- und Samenbildung – Erstere ist der Aufbau der org. Struktur – es wird der Astr.leib streng gefasst vom Ae.L. Letztere ist Loslösung des Ae.L. von dem As.L. – Gehirn: Beginnende Entzündung, die im rechten Augenblick aufgehalten wird. Samenorgan: Beginnende Geschwulst, der zugeführt wird die inspir. Kraft. – [...] Die Epithelzellen sind vom AsL. durchsetzt –. Der Astralleib kann sie willkürlich durchdringen – gehört nicht hinzu. [...] Das Epithelium ist ebenso der Vermittler der Empfindung nach Innen – wie die Sinneszellen der Vermittler nach außen.»

die die Atmung in viel geheimerem Sinne treiben und eigentlich andere Funktionen zur Aufgabe haben: In dieser Form ab der zweiten Auflage. Im Typoskript sowie in der ersten Auflage hieß es: «die nicht die Atmung, sondern eigentlich andere Funktionen zur Aufgabe haben.» Siehe hierzu auch die Notizzettel 3609 und 3612 auf S. 308 und 311 im Anhang des vorliegenden Bandes.

wo man noch mehr verlieren wird von der Tradition, in der Anwendung des Neuen auf ganz falsche Bahnen kommen wird: «verlieren» ist eine handschriftliche Einfügung im Typoskript und «von der Tradition» ist eine Einfügung ab der zweiten Auflage. Statt «verlieren» stand «erleben». So kann der Satz auch wie folgt gelautet haben: «wo man noch mehr spirituell erleben wird, in der Anwendung des neuen Spirituellen auf falsche Bahnen kommen wird.»

69 *Kalk werden:* Im Sinne der Notizzettel 3606 (S. 305) und 3612 (S. 311) sowie der Notiz aus dem Notizbuch 78 auf Seite 348 könnte hier auch «Kalkerde werden» stehen.

alle möglichen [metallischen Säuren]: So bis zur siebenten Auflage, in der achten Auflage redaktionell geändert in «mineralischen Säuren». – Siehe im Anhang des vorliegenden Bandes die Notizzettel 3606 und 3612 mit dem Eintrag «Metallsäuren». Der Begriff «metallische Säuren» war zu Lebzeiten Rudolf Steiners in der anorganischen Chemie durchaus gebräuchlich; heute ist er nicht mehr geläufig. Im Brockhaus Bilder-Conversations-Lexikon, Band 4, Leipzig 1841 finden sich auf S. 51 folgende Begriffsbestimmungen: «Man unterscheidet die Säuren in anorganische und organische. Die anorganischen Säuren sind theils Sauerstoffsäuren, und heißen dann, wenn in ihnen nichtmetallische Substanzen mit Sauerstoff verbunden sind, Mineralsäuren, und wenn Metalle mit Sauerstoff in ihnen verbunden sind, Metallsäuren, theils Wasserstoffsäuren. In jenen ist Sauerstoff, in diesen Wasserstoff mit andern Substanzen verbunden.» Es handelt sich also um Säuren, bei denen nicht wie bei den Mineralsäuren H_2SO_4 oder H_3PO_4 ein Nichtmetall zentral steht, sondern eben ein Metall, z. B. die Chromsäure H_2CrO_4, besser bekannt durch ihre Salze, die Chromate. Es sind also Metalloxide, die formal Wasser aufgenommen haben oder tatsächlich Wasser chemisch aufnehmen – evtl. auch nur in Lösung, sodass das Metall die Säure nicht freigibt – und deswegen als Protonendonator (H+), d. h. «sauer» wirken können. Bekannt sind sie von unedleren Metallen wie Eisen, Chrom, Molybdän, Mangan u. a.

dem nicht mehr mineralischen Bitumen: Im Sinne von: nicht mehr «anorganischen» Bitumen.

70 *Das Kieselige ist der allgemeine äußere Sinn im Irdischen, das Kalkige ist die allgemeine äußere Begierde im Irdischen, und der Ton vermittelt beides:* Beide «äußere» sind Einfügungen ab der zweiten Auflage.

als den Begierdenkerl: Im Typoskript sowie in der ersten Auflage heißt es: «Begierdenkern». – Vgl. die Ausführungen Rudolf Steiners im Vortrag vom 7. Oktober 1923 in: *Das Miterleben des Jahreslaufes in vier kosmischen Imaginationen*, GA 229.

was von dem Kalk entrissen wird: Redaktionelle Änderung durch die Herausgeber der achten Auflage. Vorher: «was dem Kalk entrissen wird».

71 *Und gerade so, wie unser astralischer Leib zwischen Ich und Ätherleib Ordnung schafft, so wirkt der Stickstoff, als das Astralische, dazwischen:* «Ordnung schafft» Einfügung ab der zweiten Auflage. Im Typoskript heißt es: «Geradeso, wie unser astralischer Leib zwischen Ich und Äther-

leib, so wird das alles mithilfe des Stickstoffs, das Astralische zwischen beidem wirksam».

Zum vierten Vortrag, Donnerstag, 12. Juni 1924

Textgrundlagen: Achte Auflage von 1999, des Weiteren wurden im Bedarfsfall die erste bis siebente Auflage beigezogen. Änderungen durch die Herausgeber der vorliegenden neunten Auflage gegenüber der achten Auflage sind durch eckige Klammern gekennzeichnet und in den Hinweisen nachgewiesen.

72 *[Meine lieben Freunde!]:* Einfügung durch die Herausgeber aufgrund der überlieferten Anreden im fünften bis achten Vortrag in den vorliegenden Stenogrammen von Lilly Kolisko.

74 *sieben bis acht Jahre:* «bis acht» Einfügung ab der zweiten Auflage.

75 *Während in der Tat dasjenige … der im Körper wirkt, in den Körper einführt:* Über die kosmische und irdische Ernährung sprach Rudolf Steiner in den 1920er-Jahren verschiedentlich, indem er sie auf der seit 1917 von ihm veröffentlichten Anschauung von der Dreigliederung des menschlichen Organismus aufbaute. Seine Ausführungen im vierten und im achten Vortrag des *Landwirtschaftlichen Kurses* sind dabei besonders bemerkenswert. Im rückblickenden Bericht vom 20. Juni 1924 Dornach (siehe im vorliegenden Band S. 239) geht Rudolf nochmals unter Verweis auf seine Ausführungen vom 23. August 1923 (*Initiations-Erkenntnis*, GA 227) auf dieses Thema ein. – Vgl. hierzu u. a. Vortrag vom 25. Januar 1919 in: *Der Goetheanismus – ein Umwandlungsimpuls und Auferstehungsgedanke*, GA 188, Dornach 1982, S. 174; sowie: Vortrag vom 18. Juli 1923 in: *Rhythmen im Kosmos und im Menschenwesen*, GA 350, Dornach 1991, S. 211 f.; sowie: Vortrag vom 6. September 1924 in: *Vorträge und Kurse über christlich-religiöses Wirken V*, Dornach 2001, S. 32 f.

76 *Betrachten wir da einmal, um zu einer Vorstellung zu kommen, einen Baum:* Vergleiche hierzu die Ausführungen Rudolf Steiners im Vortrag vom 25. und 26. März 1920, in: *Geisteswissenschaft und Medizin*, GA 312.

77 *Wenn nämlich für irgendeinen Ort der Erde … sich mit Ätherisch-Lebendigem zu durchdringen:* Vgl. hierzu den Bericht von Alexander von Keyserlingk: «Dr. Steiner meinte, […], jeder Baum müsse auf einem kleinen Hügel gepflanzt werden, weil da die Ätherkräfte viel stärker wirkten als in der flachen Umgebung.» (aus Alexander Graf von Keyserlingk: *Erinnerungen 1895–1939*, herausgegeben und mit Erläuterungen versehen von Peter Waltner, 2. Auflage, Hechingen 2016, S. 184).

Die Erde stülpt sich auf, umgibt die Pflanze, gibt ihr Ätherisch-Lebendiges um den Baum herum: Vergleiche hierzu die Ausführungen Rudolf Steiners in den Vorträgen vom 25. März und 26. März 1920 in: *Geistes-*

wissenschaft und Medizin, GA 312, Basel 2020. Dort heißt es u. a.: «Wenn Sie Ihre Aufmerksamkeit, sagen wir, dem Baume zuwenden, da werden Sie finden, dass in der Stammbildung des Baumes, die den Baum zu der mehrjährigen Pflanze macht, eine Fortsetzung desjenigen vorhanden ist, was sonst für die Pflanze, die unmittelbar auf der Erde aufsitzt, die ganze Erde ist. [...] Wenn aber ein Baum wächst, so stülpt sich – bitte jetzt nicht zu stark schockiert zu sein von dem, was ich sagen werde, denn es ist wirklich so – so stülpt sich in einer gewissen Weise die Erde über dasjenige, was früher von der Erde direkt in die Pflanze hineingeflossen ist; das schießt in den Stamm hinein, und alle Stämme sind im Grunde genommen Auswüchse der Erde» (25. März 1920, S. 109f.; siehe auch die dazugehörige Tafel Nr. 7 im dortigen Anhang). Sowie: «Und ich habe ja schon gestern angedeutet, dass gewissermaßen bei den baumartigen Pflanzen in dem Stamm die Erde gewissermaßen aufgestülpt ist, sodass die Blüten beim Baum mit den dazugehörigen Blättern im Stamm so wurzeln, wie sonst die bloß krautartigen Pflanzen oder gar die niederen Pflanzen in der Erde wurzeln.» (26. März 1920, S. 115)

77 *dass eine innige Verwandtschaft:* In der ersten Auflage heißt es: «innere Verwandtschaft».

und es schwer hat, aus ihrer Lebendigkeit heraus das zu vollbringen, was bis zur Fruchtbildung notwendig ist: Einfügung ab der zweiten Auflage.

80f. *Kalkiges etwa in Form von Ätzkalk:* Gebrannter, ungelöschter Kalk (CaO). Siehe hierzu auch die Notizen aus Notizbuch 78 im Anhang, S. 349, sowie Notizzettel 3619 bis 3621, S. 318f.

81 *damit auch der Sauerstoff aufgesogen:* Der Ätzkalk [CaO] reißt Sauerstoff an sich bis zur sechsfachen Menge im Calciumbikarbonat [$Ca(HCO_3)_2$] (siehe den Hinweis zu Seite 80).

einem gewissen Prozess im menschlichen Organismus, der pflanzenähnlich im menschlichen Organismus ist: Auf Seite 84 erklärt Rudolf Steiner, dass es sich um Vorgänge im Verdauungstrakt handelt: «Denn die Kräfte, die wir in unserem Verdauungstrakt erzeugen, sind von pflanzlicher Art.»

83 *Was geschieht an den Stellen, wo die Klaue, das Horn wächst?:* Vergleiche hierzu auch die Ausführungen im Vortrag vom 13. März 1920 in: *Zweiter Naturwissenschaftlicher Kurs*, GA 321.

durch die durchlässige Haut oder das Haar [verschlossen]: Redaktionelle Einfügung durch die Herausgeber.

unser Maul- und Klauenseuche-Mittel: Es handelt sich um das sog. *Coffea*-Präparat. Siehe hierzu v. a.: Eugen Kolisko: *Das Wesen und die Behandlung der Maul- und Klauenseuche. Pionierversuche 1920–25* (hrsg. durch Peter Selg), Dornach 2001.

85 *bis einhalb Meter tief:* Diese Textstelle wird im biologisch-dynamischen Umfeld unterschiedlich gedeutet. Es könnten 0,5 Meter oder 1,5 Meter gemeint sein. In einem Brief von Ehrenfried Pfeiffer vom 14. Januar 1925

(vermutlich an Guenther Wachsmuth) mit der Überschrift «Von Dr. Steiner für die Landwirtschaft auf dem Dornacher Versuchsfelde gemachte Angaben, die meines Wissens nicht im Landw. Kurs enthalten sind» heißt es hierzu: «Eingraben der Kuhhörner im Kulturboden ca. 80–100 cm tief.» (RSA IV SACH Landwirtschaft) – Siehe hierzu auch die Antwort Rudolf Steiners in der Fragenbeantwortung vom 13. Juni 1924 (S. 137): «Es ist schon besser, sie in der Kulturschichte zu belassen.»

85 f. *was belebend und astralisch ist:* Redaktionelle Änderung ab der achten Auflage, vorher hieß es «belebend und ätherisch».

86 *von dem dritten Fenster vielleicht bis zu dem ersten Quergang:* Was ca. 1200 Quadratmetern entsprach. Almar von Wistinghausen berichtet hierzu: «Es wurde gefragt: Auf einer wie großen Fläche soll der Dung-Inhalt eines Hornes ausgespritzt werden? Rudolf Steiner trat ans Fenster und wies auf eine Lichtung im Park: ‹Der Inhalt eines Hornes, eine Stunde in lauwarmem Wasser gerührt, reicht für diese Fläche, die Sie hier vor sich sehen.› Die Lichtung wurde nach der Fragenbeantwortung ausgemessen und festgestellt, dass sie die Größe von 1250 Quadratmetern, also 1/8 Hektar hatte. Dadurch entstand dann später die in den Anleitungen üblich gewordene Angabe über die Verteilung.» (aus: Almar von Wistinghausen: *Erinnerungen an den Anfang der Biologisch-Dynamischen Wirtschaftsweise*, Darmstadt 1982, S. 24). Wistinghausen verweist diesbezüglich auf das auch im Anhang des vorliegenden Bandes (S. 272) wiedergegebene Foto, das die ausgemessene Parkwiese in Koberwitz zeige. – Die Fläche von 1200 Quadratmetern für ein Kuhhorn entspricht nicht den heutigen Gepflogenheiten. Das heute Übliche ist ein Kuhhorn (ca. 100 g) Hornmist pro ha = 10 000 Quadratmeter. Bei größeren Flächen kann man – nach Rudolf Steiner – weniger Hornmist auf die Fläche nehmen, ohne dass die Wirkung leidet. Siehe in der ersten Fragenbeantwortung im vorliegenden Band, S. 100.

87 *wie es im Baedeker steht:* Mit «Baedeker» ist ein Reiseführer gemeint; erschien erstmals 1832, benannt nach dem deutschen Verleger und Reisebuchschriftsteller Karl Baedeker (1801–1859).

oder auch [Orthoklas-Feldspat]: Redaktionelle Änderung durch die Herausgeber. Ab der zweiten Auflage hieß es: «Orthoklas, Feldspat». In der ersten Auflage nur «Feldspat». – Hierzu ergänzend eine briefliche Mitteilung von Guenther Wachsmuth an Carl von Keyserlingk vom 10. Juli 1924: «Was die praktischen Angaben Herrn Dr. Steiners während des Kurses betrifft, so möchte ich gleich bei dieser Gelegenheit noch eine Ergänzung hinzufügen, die mir Herr Dr. Steiner bei nachträglicher Besprechung hier angegeben hat. Herr Doktor hatte ja seinerzeit angegeben, dass man Kuhhörner mit fein zerriebenem Orthoklas-Feldspat, Kiesel, füllen sollte. Als wir hier darüber berieten, woher wir eine größere Menge hiervon beschaffen könnten, sagte Herr Dr. Steiner, es genüge vollkommen, ein mittelgroßes Kristall dieser Art in feinzerriebenem

Zustande mit etwas von demjenigen Erdboden zu vermengen, der später mit dieser Substanz behandelt werden soll, d. h. also das fein zerriebene Kristallmehl möglichst gut in die betreffende Ackererde einzukneten und damit das Kuhorn zu füllen. Diese Hörner sollen dann am besten oben mit Pech verschlossen werden und den Sommer über im Boden eingegraben werden, wie dies seinerzeit angegeben wurde. – Ich wäre Ihnen sehr dankbar, wenn Sie die Güte hätten, dies durch die Koberwitzer Geschäftsstelle vielleicht noch den übrigen Mitgliedern des Versuchsringes mitzuteilen.» (Original: Goetheanum Archiv; Kopie: RSA IV SACH Landwirtschaft)

88 *uneben wäre:* «uneben» vermutlich im Sinne von «unsinnig, dumm»: «was also gar nicht so dumm wäre».

89 *[daher ist das Einzelne, was man sagen muss, maßgebend für das Ganze:]* Unklare Textstelle, möglicherweise sollte es heißen: «Daher ist für das Einzelne maßgebend das Ganze.»

Zur ersten Fragenbeantwortung, Donnerstag, 12. Juni 1924

Textgrundlagen: Achte Auflage von 1999, Typoskript aus dem Goetheanum Archiv (Vortragsregister-Nr. 5762 A I). Des Weiteren wurden im Bedarfsfall die erste bis siebente Auflage beigezogen. Änderungen durch die Herausgeber der vorliegenden neunten Auflage gegenüber der achten Auflage sind durch eckige Klammern gekennzeichnet und in den Hinweisen nachgewiesen. Ist bei einer Frage kein Name angegeben, so ist der Fragesteller unbekannt.

90 *Dann haben wir noch einmal angesetzt einen ganzen Eimer mit zwei Kuhhörnern:* Im Typoskript folgt hier noch der Satz: «Da haben wir mehr angesetzt».

Das wird der Mechanist natürlich nicht zugeben: Im Typoskript sowie in der ersten Auflage heißt es stattdessen: «Das wird in mechanistischer Auffassung ganz bestimmt geschehen.»

91 *Ritter'schen Heilmittel:* Marie Ritter (1847–1924). Sie verstarb am Tag der vorliegenden Fragenbeantwortung in München; die Nachricht, dass sie im Sterben lag, erhielt Rudolf Steiner durch den anthroposophischen Arzt Ludwig (Lutz) Engel (1885–1977). Malerin, Pflanzenkundige, Naturärztin und Heilmittelherstellerin («photodynamische Heilmittel») in Breslau; Theosophin und Anthroposophin. Die oft geäußerte Ansicht, dass u. a. die Krebsmittel *Iscador* und *Helixor* sowie die *Plantago-Bronchialsalbe* der WALA auf ihre Forschungen zurückzuführen seien, kann aufgrund der Verschiedenheit der Ausgangs-Substanzen (Ritter-Salbe: *Plantago major – Mono*-Präparat; WALA-Salbe: *Plantago lanceolata – Compositum* mit weiteren Pflanzen und Substanzen), der Herstellung (Ritter: manuell; Iscador: Hochgeschwindigkeits-Rotationsmaschine;

Helixor: Strömungsverfahren), der Aufbewahrung (Ritter: lichtexponiert, Raumtemperatur; Iscador: gekühlt; Helixor: lichtgeschützt, z. T. gekühlt) und der Anwendung (Rittermittel: innerlich *per os*; Iscador/Helixor: *subcutan* injiziert) nicht aufrechterhalten werden. – Siehe ihre Schrift *Anleitung zum praktischen Gebrauch von M. Ritters photodynamischen Heilmitteln*, 1. Aufl., Breslau 1912. In Rudolf Steiners nachgelassener Bibliothek findet sich die folgende Publikation von Marie Ritter: «Die neuro-dynamische Therapeutik. Im Anschluss an Studien und Erfahrungen über die photo-dynamische Wirkung von Fluorescenz- und Luminescenz-Stoffen auf Zellengebiete und Nervenendigungen», ursprünglich publiziert in *Frauenarzt* (Monatshefte für Gynäkologie und Geburtshilfe), Nr. 3–12/1903, Wiederabdruck in Buchform Leipzig 1905 (RSB: Me 185 und 185a).

91 *große Heilhymnen singen:* Im Typoskript und in der ersten Auflage: «grandiose Hymnen».

Nun werden Sie sagen, der Enthusiasmus wiegt nichts: Im Typoskript und in der ersten Auflage steht: «wirkt nicht».

den kann man nicht abwiegen. Aber er vibriert mit, und die Ärzte sind begeistert, wenn sie enthusiasmiert sind. Es wirkt Licht sehr stark auf die Heilmittel, warum soll nicht auch die Begeisterung auf sie wirken?: «den kann man nicht abwiegen» und «Es wirkt Licht sehr stark auf die Heilmittel, warum soll nicht auch die Begeisterung auf sie wirken?» Einfügungen ab der zweiten Auflage.

92 *von einem Drittel Morgen:* Ein «Morgen» war zu Steiners Zeiten ca. ein viertel Hektar (2500 Quadratmeter). Während noch bis ins 19. Jahrhundert ein Morgen ein regional sehr unterschiedliches Flächenmaß war, wurde Ende des 19. Jahrhunderts im Deutschen Reich der Morgen auf das Maß von 2500 Quadratmeter festgesetzt.

(von einem halben Eimer): Klammer in dieser Form seit der ersten Auflage sowie im Typoskript. – In einem Brief von Ehrenfried Pfeiffer vom 14. Januar 1925 (vermutlich an Guenther Wachsmuth) mit der Überschrift «Von Dr. Steiner für die Landwirtschaft auf dem Dornacher Versuchsfelde gemachte Angaben, die meines Wissens nicht im Landw. Kurs enthalten sind» heißt es: «Besonderer Hinweis auf die Verdünnung des Kuhornmistes: 1 Eimer ausreichend für 10 Ar Gemüseland.» (Original: Goetheanum Archiv; Kopie: RSA IV SACH Landwirtschaft). 10 Ar entsprechen 1000 Quadratmeter, also etwas mehr als einem Drittel Morgen.

Ich glaube, es ist für den Menschen leichter, wenn er möglichst viele halbe Eimer mit geringen Substanzen verrührt, als wenn er wieder rühren soll das aufgelöste Wasser: In dieser Form ab der zweiten Auflage. Im Typoskript sowie in der ersten Auflage heißt es: «Ich glaube, dass es für diese Menschen leichter ist, wenn sie einen halben Eimer mit weniger Substanz rühren.»

93 *dass sie ein Sieb haben vor dem Versprühen. Es wurde nicht gesagt, ob man die Masse aus dem Horn abwiegen sollte, um ein proportioniertes Verhältnis zu bekommen:* Diese ganze Passage ist eine Einfügung ab der zweiten Auflage.

den Melkeimer in der Schweiz: Der damals typische Melkeimer in der Schweiz fasste ca. 18 Liter. Er bestand aus Holz und war oben schmaler als unten.

93 f. *ob man nötig hat, da besonders sparsam vorzugehen oder nicht:* Einfügung ab der zweiten Auflage.

94 *Schindacker:* Heute ungebräuchlicher Begriff. Früher Bezeichnung für den Ort einer Gemeinde, auf dem das tote Vieh gehäutet, die Tierkadaver verscharrt oder sogar Aasfressern überlassen wurden.

[da wird man] berücksichtigen müssen: Redaktionelle Einfügung durch die Herausgeber.

wenn es nicht westliches Vieh ist: Vermutlich bezieht sich Rudolf Steiner hier auf den Rückimport von europäischen Rassen aus Amerika. Die Schwarzbunten wurden mit den Auswanderungen nach Amerika gebracht und dort weitergezüchtet. Die so entstandenen Holstein-Friesian (HF) wurden aufgrund ihrer höheren Milchleistung wieder reimportiert. 1876 wurde in Deutschland schon das erste HF-Herdbuch erstellt. Nach dem Zweiten Weltkrieg wurde die HF-Rasse im großen Stil in Deutschland etabliert, später auch die Red-Holstein und die Brown-Swiss. – In der biologisch-dynamischen Praxis spielt der Unterschied zwischen Hörnern westlicher und mitteleuropäischer Herkunft bislang noch keine Rolle.

95 *(Dr. Steiner zeichnet die Größe des Horns auf die Tafel – ca. 30 bis 40 cm lang. Danach ist die gewöhnliche Horngröße eines Allgäuer Viehs gemeint.):* Klammer in dieser Form seit der ersten Auflage sowie im Typoskript.

Allgäuer Viehs: Eine braune Kuhrasse aus der süddeutschen Region Allgäu, die nicht rein gezüchtet wurde, sondern Einkreuzungen aus der Schweiz und Österreich aufweist. Allgäuer Kühe von 1924 entsprechen am ehesten dem heutigen Original-Braunvieh. Der heutige Bestand des Allgäuer-Braunviehs ist stark mit Brown-Swiss eingekreuzt.

Kühe sind in der Regel weiblichen Geschlechts: Einfügung ab der zweiten Auflage.

96 *Maximum an Chaosbildung:* In dieser Form ab der zweiten Auflage. Im Typoskript sowie in der ersten Auflage «Maximum der Chaoswirkung».

97 *Wird es nicht auch notwendig sein, etwas zu tun für die kosmischen Kräfte, die erhalten werden sollten bis zur neuen Pflanzenbildung?:* Diese Frage war ab der zweiten Auflage mit der anschließend folgenden Frage (Größe der Versuchsflächen) kombiniert. Die Herausgeber der achten Auflage stellten diese Frage sinngemäß an die vorliegende Stelle.

97 *Das ist ganz gewiss nicht gleichgültig, wenn man aufbewahren wollte die Kuhhörner als Kuhhörner, nachdem man sie aus der Erde genommen hat:* Es könnte auf den ersten Blick scheinen, dass Rudolf Steiner hier auf die Frage nach dem Zeitpunkt mit Ausführungen zur Lagerung antwortet. Er kombiniert aber in der Antwort beide Aspekte: Wenn die Kuhhörner in der Erde verbleiben, ist es mehr oder weniger gleichgültig; verbleiben sie nicht in der Erde, so sollten sie bald nach der Entnahme ausgebracht werden, es sei denn, dass sie in der empfohlenen Weise gelagert werden. Rudolf Steiner hat darüber hinaus weitere Antworten zum Zeitpunkt des Ausbringens auf den Acker geäußert: Beim Wintergetreide soll das Hornmist-Präparat im Frühherbst (S. 98) ausgebracht werden; das Hornmist-Präparat soll möglichst vor der Aussaat ausgebracht werden (S. 101).

98 *da müsste man eine Kiste machen:* In dieser Form ab der zweiten Auflage; im Typoskript sowie in der ersten Auflage heißt es: «da müsste man eine Tiefe machen».

damit die sehr starke Konzentration erhalten bleiben kann: In dieser Form ab der zweiten Auflage; im Typoskript sowie in der ersten Auflage heißt es: «damit die sehr starke Konsistenz erhalten bleiben kann».

100 *oder Pferdedünger:* Es ist bekannt, dass Ernst Stegemann Versuche mit Pferdedung-Kuhhorn-Mist durchführte. In einer Frage von Rudolf von Koschützki vom 29. Juni 1924 an die «Koberwitzer Geschäftsstelle der Gemeinschaft der Landwirte der Anthroposophischen Gesellschaft» heißt es z. B.: «Kann der von Herrn Stegemann mit Pferdedung ohne Rosshaarumwicklung hergestellte Kuhhorndung mit Aussicht auf Erfolg angewendet werden?» (RSA IV SACH Landwirtschaft; siehe auch *Archivmagazin* Nr. 11/2021). In einem anonymen Dokument vom 23. Oktober 1924 aus Köfering wird ebenfalls von dem Einsatz von mit Pferdemist hergestelltem Kuhhorn-Mist-Präparat berichtet (Original: Goetheanum Archiv; Kopie: RSA IV SACH Landwirtschaft). – Siehe aber auch die Bemerkung vom 5. Februar 1924 im Hinweis zu S. 48 zum Stichwort «kosmisch-quantitative Analyse».

102 *bei der Besprechung im Bockschen Saale:* Zum Bockschen Saal siehe Hinweis zu Seite 16. Vermutlich handelt es sich um die im vorliegenden Band auf den S. 219f. bruchstückhaft wiedergegebene Besprechung vom vermutlich 8. Juni 1924.

dass ich unter den vielen Dingen, die ich in der diesmaligen Inkarnation machen sollte, aber wozu es nicht gekommen ist, als ganz junger Mensch die Idee gehabt habe, eine sogenannte Bauernphilosophie zu schreiben: Siehe hierzu Rudolf Steiners Brief vom 3. August 1881 an Rudolf Ronsperger (in: *Briefe, Band I*, Dornach 1985, GA 38). Dort heißt es u. a.: «Ich sprach vom Studium der Bauernphilosophie. Dies kann Sie vielleicht befremden; doch ich versichere Sie, nicht alles, was der Bauer denkt, ist eine Frucht von Predigten etc., sondern das Landvolk hat seine ureigenen Überzeugungen ethischer, theoretischer und sogar ästhetischer Natur, die gar viel Interessantes an sich haben.»

102 *[des] Grafen widerlegt worden, dass die Bauern dumm sind:* Hierzu liegt keine Mitschrift vor, wohl aber bezieht sich Rudolf Steiner in seinem Rückblick vom 20. Juni 1924 als auch im Vortrag vom 16. Juni 1924 auf diese Äußerung von Carl von Keyserlingk (beide im vorliegenden Band). – Änderung durch die Herausgeber. «vom Grafen» Einfügung ab der zweiten Auflage.

103 *Kalabresern:* Der Kalabreser, breitkrempiger spitz zulaufender Filzhut, ursprünglich aus Kalabrien, wurde u. a. 1848 von den italienischen Freiheitskämpfern getragen.

104 *[Sauerstoffbindung]:* Unsichere Textstelle. Bis inklusive der siebenten Auflage hieß es «Sauerstoffbildung. In der achten Auflage wurde «Sauerstoffbildung» durch «Säurebildung» ersetzt, möglicherweise mit dem Gedanken, dass man dem Moorboden Kalk zusetzen müsse, um die bei der Verrottung entstehenden Humussäuren auszugleichen. Kalk hat aber auch die Fähigkeit, Sauerstoff an sich zu ziehen. Wenn man dem Kompost Ätzkalk, also CaO (Verhältnis Ca zu O gleich 1 zu 1), beifügt, verbindet sich dieser mit Wasser zu Calcium-Hydroxyd (Verhältnis Ca zu O gleich 1 zu 2). Dieses bindet Kohlensäure an sich, und zwar im Bikarbonat, also $Ca(HCO_3)_2$, das wasserlöslich ist, in doppelter Menge (Ca zu O gleich 1 zu 6). Der zuletzt genannte Prozess kommt im Kompost durch Lebensprozesse (Bakterien, Bodentiere usw.) zustande. Damit wird eine Stelle aus dem vierten Vortrag im vorliegenden Band (12. Juni 1924, S. 80f.) verständlich: «Bringen Sie daher Kalkiges etwa in Form von Ätzkalk in den Komposthaufen, so entsteht das Eigentümliche, dass, ohne dass man zu stark wirkt auf das Verduften des Astralischen, das Ätherische aufgenommen wird von dem Ätzkalk, damit auch der Sauerstoff aufgesogen und das Astralische in einer schönen Weise zur Wirkung gebracht wird. Damit erreicht man etwas ganz Bestimmtes. Damit erreicht man, dass man, wenn man mit Kompost düngt, dem Boden etwas mitteilt, was die Neigung hat, sehr stark das Astralische mit dem Erdigen ohne den Umweg des Ätherischen zu durchdringen.» Aufgrund dieser Überlegungen wurde der Text in «Sauerstoffbindung» geändert.

105 *[Es ist am allerbesten, ... Auch dieser Dünger muss doch verwendet werden?]:* Einfügungen durch die Herausgeber aufgrund des Typoskriptes. Im Wechsel von Frage und Antwort wird deutlich, dass Rudolf Steiner die Frage zunächst im Sinne des Kuhhorn-Düngers verstanden hatte, während der Fragende die anfallende Menge des normalen Stallmistes meinte, offensichtlich in dem irrigen Verständnis, der Kuhhornmist solle die normale Mistdüngung ersetzen. Hierauf kommt Rudolf Steiner zu Beginn des fünften Vortrages noch einmal zu sprechen.

105 *[dass ich heute nur die Hälfte der Vorträge gehalten habe]:* Einfügung durch die Herausgeber aufgrund des Typoskriptes.

Zum fünften Vortrag, Freitag, 13. Juni 1924

Textgrundlagen: Achte Auflage von 1999, Stenogramm Lilly Kolisko (Ausschrift mit der Vortragsregister-Nr., 5765 A I). Des Weiteren wurden im Bedarfsfall die erste bis siebente Auflage beigezogen. Änderungen durch die Herausgeber der vorliegenden neunten Auflage gegenüber der achten Auflage sind durch eckige Klammern gekennzeichnet und in den Hinweisen nachgewiesen.

106 *[Meine lieben Freunde!]:* Einfügung durch die Herausgeber aufgrund des Kolisko-Stenogramms.

[durch die Behandlung]: Einfügung aufgrund des Kolisko-Stenogramms.

eine Art Fortsetzung des Wachstums in der Erde ist, das Pflanzlich-Lebendige in der Erde selber, also etwas Lebendiges ist: In dieser Form ab der zweiten Auflage. In der ersten Auflage heißt dieser Satzteil wie folgt: «eine Art Wesenhaftes, das Pflanzlich-Lebendige in der Erde selber, also etwas Lebendiges ist.»

108 *[was aber durchaus weder in seiner Pflanzung noch in seiner Züchtung, noch in seiner Bekämpfung]:* Änderung durch die Herausgeber aufgrund des Kolisko-Stenogramms; dort heißt es: «was aber durchaus weder in seiner Pflanzung noch in seiner Bekämpfung eine große Bedeutung haben kann.» In allen bisherigen Auflagen stand: *«was aber durchaus weder in seiner Pflanzung noch in seiner Züchtung, eher schon in seiner Bekämpfung.»*

109 *[– ich deutete das gestern schon an –]:* Einfügung durch die Herausgeber aufgrund des Kolisko-Stenogramms.

[durchzuorganisieren]: Änderung durch die Herausgeber. In allen bisherigen Ausgaben hieß es «zu durchorganisieren».

auf das Feste, Erdige selber: Redaktionelle Änderung durch die Herausgeber der achten Auflage. Vorher: «auf das feste Erdige selber».

110 *[wie den] Regen:* Änderung durch die Herausgeber aufgrund des Kolisko-Stenogramms. Alle Auflagen vorher: «mit dem Regen».

Nur saugen sie sie aus dem Weltenkreis auf: Quecksilber, Arsen, Kieselsäure, sie saugen sie aus dem Erdboden auf: Mit dem ersten «sie» sind die Pflanzen gemeint, mit dem zweiten «sie» die Stoffe, die in feinster Dosierung im Erdumkreis vorkommen, wie Blei, Quecksilber, Arsen, Kiesel; «Weltenkreis» im Sinne von «Weltenumkreis»; i.d.R. spricht Rudolf Steiner von «Blei, Quecksilber, Arsen», siehe hierzu auch Notizzettel Nr. 3626 (S. 326).

110 *nachdem die Stoffe selber in den Erdboden hineingestrahlt worden sind:* Im Kolisko-Stenogramm lautet dieser Nebensatz: «nachdem sie selber in den Erdboden hineingestrahlt hat» – möglichweise wurde gesagt: «nachdem sie selber der Erdboden hineingestrahlt hat» – siehe hierzu die folgenden Hinweise.

in der richtigen Weise hineinzustrahlen: In der achten Auflage stand dazu folgender Hinweis: «Sinngemäß müsste es lauten ‹hineinstrahlen zu lassen› oder ‹aufzunehmen›». Im Kolisko-Stenogramm steht aber «hineinzustrahlen». Zieht man die vorausgehenden Hinweise in Betracht, so scheint Rudolf Steiner doch eher die aktive Form «hineinzustrahlen» gewählt zu haben: Der Boden als Lebendiges soll durch die richtige Art der Düngung dazu gebracht werden, aus dem makrokosmischen Umkreis dasjenige aufzunehmen, was in den Erdenzusammenhang hineinstrahlen soll, sodass es den Pflanzen zur Verfügung stehen kann. Mit «Boden» ist hier wohl ganz allgemein der Untergrund samt Gesteinsuntergrund und Bodenauflage zu verstehen. Die irdischen Lebewesen (die Pflanzen und Tiere und auch der Mensch) benötigen nicht nur irdische, sondern auch kosmische Substanzen. Diese sind «in feinster Dosierung», das heißt in ätherischer Form vorhanden und bewegen sich wie Strahlen, sodass auch von der Erde aus gesehen ihre Aufnahme ein Hereinstrahlen ist. Vergleiche dazu in der Fragenbeantwortung vom 13. Juni die Beschreibung, wie die Wirkung der Düngerpräparate im Dunghaufen sich strahlenförmig ausbreitet (Seite 136 im vorliegenden Band).

111 *[Arsen]:* Einfügung durch die Herausgeber aufgrund des Kolisko-Stenogramms.

was in feinster Dosierung herankommt: Im Kolisko-Stenogramm heißt es: «was in feinster Dosierung hineinkommt.»

enthält an Wirkungen, auch in den eigenen Leib aufzunehmen: Im Kolisko-Stenogramm heißt es: «enthält, wirklich auch in den eigenen Leib aufzunehmen».

Untersuchungen von Frau Doktor Kolisko: Lilly Kolisko (1889–1976); Pionierin der anthroposophisch-naturwissenschaftlichen Forschung; siehe Lilly Kolisko: *Physiologischer und physikalischer Nachweis der Wirksamkeit kleinster Entitäten*, Stuttgart 1923 (RSB A 100). – Sie selbst hatte nicht promoviert, sondern wurde, wie damals üblich, aufgrund ihrer Ehe mit einem promovierten Arzt als Frau Doktor Kolisko angesprochen.

112 *dass er von selber so viel Stickstoff:* Im Kolisko-Stenogramm heißt es hier «Kohlenstoff» statt «Stickstoff».

113 *als wenn irgendwelcher Pflanzenschöpfer bei dieser Schafgarbe ein Modell gehabt hätte:* Laut Stenogramm von Lilly Kolisko ist auch folgende Variante möglich: «als wenn irgendwelche Pflanzenschöpfer bei dieser Schafgarbe ein Modell gehabt hätten».

114 *solange man will:* Im Kolisko-Stenogramm folgt hier noch: «sie wird nicht schlechter».

115 *wenn man es auch [nicht] so weit verteilt:* Redaktionelle Änderung durch die Herausgeber. In allen bisherigen Ausgaben stand «noch».

erfrischend: Im Kolisko-Stenogramm heißt es «auffrischend».

herankommt auf: In dieser Form in allen Auflagen. Im Kolisko-Stenogramm heißt es: «hereinkommt in».

116 *Das ist die Kamille, Chamomilla officinalis:* Heute *Matricaria recutita* (vormals *Matricaria chamomilla* bzw. *Chamomilla recutita).*

117 *sondern in Därme des Rindviehs:* Siehe hierzu Notizzettel-Nr. 3623 (S. 323).

sie sind wirklich kostbar: Im Kolisko-Stenogramm heißt es: «sie sind wirklich kostbarer als die gewöhnlichen Würste».

118 *[Urtica dioica]:* Einfügung durch die Herausgeber aufgrund des Kolisko-Stenogramms.

außerdem hat die Brennnessel noch eine Art Eisenstrahlungen, die fast so günstig sind dem Laufe der Natur wie unsere eigenen Eisenstrahlungen im Blute: Siehe hierzu u.a. Vortrag vom 18. April 1921 in: *Geisteswissenschaftliche Gesichtspunkte zur Therapie*, GA 313; sowie: Vortrag vom 5. Oktober 1923, in: *Das Miterleben des Jahreslaufes in vier kosmischen Imaginationen*, GA 229.

119 *[herumgibt]:* Änderung durch die Herausgeber aufgrund des Kolisko-Stenogramms. In allen bisherigen Auflagen heißt es «hinzugibt».

ungeheurer Wirkung: Im Kolisko-Stenogramm heißt es «Wirksamkeit».

121 *Aschensubstanz:* Redaktionelle Änderung durch die Herausgeber der achten Auflage. Vorher hieß es «Pflanzensubstanz».

aber in feiner [Bearbeitung]: Änderung durch die Herausgeber aufgrund des Kolisko-Stenogramms. In allen bisherigen Auflagen heißt es «Verbindung».

121 f. *Nun hat das Kalzium, ... so müssen wir das Kalzium gerade in der Struktur verwenden, in der wir es finden in der Eichenrinde:* Im Kolisko-Stenogramm lautet diese Stelle wie folgt: «Aber tot schafft es Ordnung, wenn der Ätherleib zu stark wirkt, sodass auf irgendeinen Organismus das Astralische nicht herankommen kann. Es tötet, dämpft die Wirksamkeit des Ätherleibes, sodass das Astralische hereinkommen kann. Aber wenn wir wollen, dass in sehr schöner Weise ein wuchernder Ätherleib, ein wucherndes Ätherisches sich zusammenzieht und so sich zusammenzieht, dass die Zusammenziehung eine regelmäßige ist, nicht [*unleserlich – möglicherweise «Karzinomstruktur»*] erzeugt im Organismus, so müssen wir das Kalzium gerade in der Struktur verwenden, in der wir es finden in der Eichenrinde.»

122 *Schocks:* In der ersten Auflage heißt es «Schattierungen». Möglicherweise ein Hörfehler, es könnte auch »Schwächungen», «Stockungen», «Schädigungen» o. Ä. geheißen haben. Siehe aber auch den folgenden Hinweis.

123 *denn heute spricht man von der Umwandlung der Elemente doch schon, ohne sich zu genieren:* Vermutlich bezieht sich Rudolf Steiner hier auf den radioaktiven Zerfall, bei dem sich z. B. ^{60}Co (durch Beta-Zerfall) in ^{60}Ni verwandeln kann.

Sie wissen ja, im Pflanzenwachstum sind alle vier Elemente, von denen ich gesprochen [habe], neben dem Schwefel [vorhanden]. [Es] ist also auch Wasserstoff da: Änderungen durch die Herausgeber aufgrund des Kolisko-Stenogramms. In der achten Auflage heißt es: «Sie wissen ja, im Pflanzenwachstum sind alle vier Elemente, von denen ich gesprochen; neben dem Schwefel ist also auch Wasserstoff da.»

Nun besteht ein gegenseitiges Qualitätsverhältnis zwischen dem Kalk und dem Wasserstoff, das ähnlich ist dem Qualitätsverhältnis zwischen dem Sauerstoff und dem Stickstoff in der Luft: Rudolf Steiner schildert die hier für den Makrokosmos (Landwirtschaftliche Individualität) formulierten Qualitätsverhältnisse von Kalk (Kohlenstoff) und Wasserstoff sowie von Sauerstoff und Stickstoff an anderer Stelle mit Blick auf den Mikrokosmos Mensch wie folgt: In der menschlichen Organisation stehen Ich (H) und physischer Leib (C oder Kalk) so zueinander wie Astralleib (N) und Ätherleib (O). Ich und Astralleib stehen als Bewusstseinspol dem Ätherleib und dem physischen Leib eher als abbauend gegenüber. In diesem Sinne steht das Ich (H) zum physischen Leib (C) wie der Astralleib (N) zum Ätherleib (O). Siehe hierzu u. a. den Vortrag vom 1. April 1920 in: *Geisteswissenschaft und Medizin*, GA 312; siehe auch die Ausführungen zum Vortrag vom 11. Juni 1924 auf S. 420.

Und das schon könnte auf rein äußere Weise wie in der quantitativ-chemischen Analyse verraten, dass eine Verwandtschaft besteht zwischen dem Zusammenhang von Sauerstoff und Stickstoff in der Luft und dem Zusammenhange von Kalk und Wasserstoff in den organischen Prozessen: Unter Einbezug des vorhergehenden Hinweises findet sich eine entsprechende Aussage im Vortrag vom 1. April 1920 in: *Geisteswissenschaft und Medizin*, GA 312. Dort heißt es: «Und dieses losere Verhältnis zwischen den zwei Gliedern, dem oberen Gliede des Menschen, Ich und astralischem Leib, und dem unteren Gliede, Ätherleib und physischem Leib, dieses Verhältnis im Inneren des Menschen ist ein getreues Spiegelbild des losen Verhältnisses von Sauerstoff und Stickstoff in der äußeren Luft. Beide entsprechen sich in einer ganz merkwürdig wunderbaren Weise. Die äußere Luftzusammensetzung ist ganz so eingerichtet, dass sie abgibt zu gleicher Zeit eine Verhältniszahl für das Verbundensein von astralischem Leib und Ätherleib beziehungsweise des mit ihnen verbundenen physischen Leibes und des Ich.» (Basel 2020, S. 221).

123 f. *Unter dem Einfluss des Wasserstoffs wird nämlich fortwährend Kalk und Kali umgewandelt in Stickstoffartiges und zuletzt in wirklichen Stickstoff:* Diese Stelle kann im Zusammenhang mit anderen Aussagen des Kurses so verstanden werden, dass sich die Substanzumwandlung nicht in ausschließlich physischen Prozessen vollzieht. Die Ausgangssubstanzen, also hier Kalium und Calcium, könnten unter dem Einfluss von Wasserstoff aus dem irdisch-physischen Zustand befreit und in einen kosmischen Zustand übergeführt werden. Aus diesem würde sich dann eine neue irdische Substanz verdichten. Dieser Verdichtungsvorgang könnte gemeint sein, wenn es heißt, es entstehe zuerst Stickstoffartiges und zuletzt wirklicher Stickstoff, der für das Pflanzenwachstum ungeheuer nützlich sei, und dies geschehe im organischen Prozess durch eine «geheime Alchemie», die durch die Präparate aus Schafgarbe, Kamille und Brennnessel bewirkt werden könne. – Auflösung und Verdichtung von Substanzen spielen im ganzen Kurs eine große Rolle und könnten auch die Wirkung des Löwenzahnpräparates, die anschließend beschrieben wird, verständlich machen.

124 *durch solche Methoden, wie ich sie geschildert habe:* Siehe hierzu auch den nachträglichen mündlichen Bericht von Rudolf Steiner am 20. Juni 1924 in Dornach (S. 239): Dort heißt es: «Der Stickstoff, der in der Erde ist, der mit dem Dung hineinkommen muss, der unter dem Einfluss des ganzen Himmels sich bilden muss, dieser Stickstoff muss ein lebendiger sein. – Und das sind zwei verschiedene Stickstoffe: derjenige Stickstoff, der über dem Niveau der Erde ist, und derjenige, der unter dem Niveau der Erde ist; das eine ist toter Stickstoff; das andere ist lebendiger Stickstoff.»

Das Silicium wiederum wird umgewandelt im Organismus in einen Stoff, der von einer außerordentlichen Wichtigkeit ist, der gegenwärtig unter den chemischen Elementen überhaupt nicht aufgezählt wird: Was Rudolf Steiner an dieser Stelle mit einem Stoff gemeint hat, der unter den chemischen Elementen nicht aufgezählt werde, ist bislang nicht geklärt.

durch ihr eigenes Verhältnis zwischen Kalium und Kieselsäure: Im Kolisko-Stenogramm heißt es: «durch ihr eigenes Verhältnis zu Kalium und Kieselsäure».

Rindsgekröse: Da Rudolf Steiner in der Fragenbeantwortung vom 14. Juni 1924 antwortete: «Es ist das Bauchfell gemeint. Unter Gekröse wird meines Wissens das Bauchfell verstanden.», kann davon ausgegangen werden, dass Rudolf Steiner die beiden Begriffe gleichsinnig verwendete, was durchaus dem heutigen Sprachgebrauch entspricht. – Fachsprachlich wird das Bauchfell auch als Peritoneum bezeichnet. Der Abschnitt des Peritoneums, an dem der Dünndarm aufgehängt ist, wird Mesenterium genannt. Hierfür hat sich in einschränkender Weise auch die Verwendung des Begriffes «Gekröse» etabliert. – In der *biologisch-dynamischen Praxis* werden für die Herstellung des Löwenzahnpräparates sowohl das Große Netz (*Omentum majus*) als auch das Mesenterium verwendet. Das

Große Netz ist leichter herauszulösen als das Mesenterium. (Näheres siehe u. a. Walter Stappung: *Die Düngerpräparate Rudolf Steiners – Herstellung und Anwendung*, Rüfenacht 2017, S. 113 f.; sowie: Ulrike Remer-Bielitz: *Dokumentation zum Rindsgekröse*, Amelinghausen 2001; sowie: Manfred Klett: *Von der Agrartechnologie zur Landbaukunst*, Dornach 2021, S. 415 f.; sowie: Erdmut-M. W. Hoerner: *Die biologisch-dynamischen Präparate*, Stuttgart 2018, S. 121 f.).

124 f. *gibt sie auch in die Erde den Winter hindurch:* Auf Rudolf Steiners Notizzettel Nr. 3623 (S. 323) heißt es: «In der Luft hängen.»

125 *[und selber anziehen dasjenige, was sie brauchen]:* Änderung durch die Herausgeber aufgrund des Kolisko-Stenogramms. In der achten Auflage heißt es: «und selber dann anziehen das, was sie dann brauchen».

[Wie vor einem stumpfen Kerl als Mensch alles vorbeigehen kann]: Änderung durch die Herausgeber aufgrund des Kolisko-Stenogramms. In der achten Auflage heißt es: «Wie ich als Mensch vor einem stumpfen Kerl vorbeigehen kann».

126 *indem man zum Verdünnen warmes Wasser anwendet:* Im Kolisko-Stenogramm heißt es «verdünnt man das sehr stark, indem man zum Verdünnen warmes Wasser anwendet».

beibringt: Im Kolisko-Stenogramm heißt es «besprüht mit». – Franz Lippert (1901–1949) schreibt in einem undatierten Brief vermutlich an Guenther Wachsmuth: «Bei der Durchsicht meiner Nachschrift vom landwirtschaftlichen Kurs in Koberwitz fand ich bei der Angabe über das Präp. 507 (Baldrian) nicht den Wortlaut, wie er im Kurs steht (S. 81) «so kann man, wenn man es dem Dung in einer ganz feinen Weise beibringt», sondern: «wenn man den Dung in ganz feiner Weise damit bespritzt.» (Original: Goetheanum Archiv; Kopie RSA IV SACH Landwirtschaft); Lipperts Seitenangabe bezieht sich auf die erste Auflage des Kurses.

Zur zweiten Fragenbeantwortung, Freitag, 13. Juni 1924

Textgrundlagen: Achte Auflage von 1999, Typoskript aus dem Goetheanum-Archiv (5766 B I), Stenogramm von Lilly Kolisko (Ausschrift mit der Vortragsregister-Nr. 5766 A I). Des Weiteren wurden bei Bedarf die erste bis siebente Auflage beigezogen. Ist bei einer Frage kein Name genannt, so ist der Fragesteller unbekannt. Änderungen durch die Herausgeber der vorliegenden neunten Auflage gegenüber der achten Auflage sind durch eckige Klammern gekennzeichnet und in den Hinweisen nachgewiesen.

127 *[Keyserlingk:]:* Einfügungen der Namen in eckigen Klammern durch die Herausgeber aufgrund des Kolisko-Stenogramms.

Urtica dioica: Im Gegensatz zu *Urtica dioica* ist *Urtica urens* einjährig.

127 *Ludwig von Polzer-Hoditz:* Ludwig Graf von Polzer-Hoditz und Wolframitz (1869–1945), führte ab 1906 das Gut Tannbach bei Gutau in Oberösterreich; später gehörte er auch zum Freundeskreis von Gut Marienhöhe um Erhard Bartsch. Am Kurs nahmen Gräfin und Graf Polzer-Hoditz teil. Im Kolisko-Stenogramm steht nur «Polzer».

128 *[, oder werden die Edelpflanzen so vernünftig, dass sie stärker wachsen wie die Unkräuter?]:* Einfügung durch die Herausgeber aufgrund des Kolisko-Stenogramms.

Die Pflanze bleibt aber viel fester ..., da hat man schon die Mittel dagegen: Im Typoskript sowie im Kolisko-Stenogramm ist die Reihenfolge der Sätze wie folgt: «Aber die Sache ist doch so: Gegen dasjenige, was als parasitäre Schädlinge im Pflanzenreich auftritt, da hat man schon die Mittel dagegen. Die Pflanze bleibt viel fester gegen parasitische Schädlinge, die in ihr auftreten.»

[Wir wollen über das sprechen, was vorgekommen ist.]: Einfügung durch die Herausgeber aufgrund des Kolisko-Stenogramms.

dem Verfahren des Hauptmann Krantz: Hermann Krantz (Lebensdaten unbekannt), damaliger bayerischer Hauptmann a. D., Erfinder des Heißvergärungsverfahrens, bei dem der Mist nicht einer beliebigen Selbsterhitzung unterliegt, sondern eine systematische und geregelte Behandlung erfährt. Dazu wird der frische Stalldünger in einzelnen Blöcken ca. 90 cm hoch aufgeschichtet und anschließend der Gärung überlassen, bis eine Durchschnittstemperatur von ca. 60 Grad Celsius erreicht ist. Dann wird der Dünger komprimiert, um darauf die nächste Mistschicht aufzubringen; und so fort bis eine Gesamthöhe von ca. 4 bis 6 Metern erreicht ist. Siehe hierzu z. B. F. Honcamp (Hrsg.): *Handbuch der Pflanzenernährung und Düngelehre*, Bd. 2: *Düngemittel und Düngung*, Berlin 1931, S. 202f.; sowie u. a.: Hermann Krantz: *Edelmistbereitung: Ergebnisse vergleichender vierjähriger Feldversuche*, München 1924, 12 S.

129 *[Dünger 56 Grad Temp. Unter Druck setzen Geruch verschwindet] ... [Vermutlicher Zwischenruf des Fragestellers:] [Er war geruchlos und blieb geruchlos.]:* Einfügungen durch die Herausgeber aufgrund des Kolisko-Stenogramms.

Es ist ein Verfahren, das noch nicht viele Jahre ausprobiert worden ist: Hierbei könnte es sich auch um eine weitere Wortmeldung des Fragestellers handeln.

Konradin Haußer: 1883–1973, einer der Direktoren der 1920 gegründeten Aktiengesellschaft «Der Kommende Tag»; Geschäftsführer der landwirtschaftlichen Genossenschaft Langenau; Mitorganisator des Koberwitzer Kurses, Begründer der Haußer-Stiftung.

Ernst Jacoby: 1884–1959, gilt als einer der Pioniere der biologisch-dynamischen Landwirtschaft (insbesondere auch des Weinbaus), gehörte zu den Initiatoren des Koberwitzer Kurses, führte ab 1924 den Familienhof Auggen im badischen Rheintal nach biologisch-dynamischen Grundsätzen. Von 1912 bis 1924 führte er einen Hof in Schopfheim. Auf seinen Bruder Emil Jacoby und dessen gleichnamigen Sohn geht der Fruchtsäfte-Hersteller Jacoby zurück.

129 *Kann bei dem Weinstock, der viel zu leiden hat, beim Kompost dasselbe angewendet werden?:* Kolisko notierte hier: «Ob der Dünger eine gute Wirkung gegen Parasiten hat, kann man das auch anwenden auf den Weinstock, der sehr unter den Parasiten zu leiden hat?»

130 *Wie man nun spezifizieren kann für Wiese und Weide, für das Saatkorn, für den Obst- und Weinbau, das wollen wir noch behandeln:* Siehe hierzu den siebenten und achten Vortrag im vorliegenden Band. Siehe weitere überlieferte Angaben im *Archivmagazin* Nr. 11/2021.

Warum sollte man den Dung [auch] dadurch verschlechtern [wollen], dass man ihn von der Erde absondert? [Dann sind die meisten Dungstätten falsch.]: Einfügungen durch die Herausgeber : «auch» und «wollen» sinngemäß; «dann sind die meisten Dungstätten falsch» aufgrund des Kolisko-Stenogramms.

Walter Ritter: Dr. Walter Ritter (1892–1960), Güterdirektor bei Otto von Lerchenfeld, Köfering, für die biologisch-dynamische Wirtschaftsweise.

131 *aber nicht auf den Wiesen und Weiden*: Im Kolisko-Stenogramm heißt es hier: «Und es ist uns gelehrt worden in der Gründlandgesellschaft, dass man diese Pflanzen möglichst ausstechen soll, ebenso die Distel. Wir sind jetzt eben bei der Entfernung derselben. Wir müssten sie also wieder ansähen, das könnte man natürlich sofort machen.»

Lerchenfeld: Otto Graf von und zu Lerchenfeld auf Köfering und Schönberg (1868–1938), Gutsbesitzer auf Köfering und Gebelkofen, Mitbegründer des Johannesbauvereins (siehe hierzu: *Zur Geschichte des Johannesbau-Vereins und des Goetheanum-Vereins*, GA 252), setzte sich für die soziale Dreigliederung ein, war Mitinitiator des Koberwitzer Kurses, stellte anschließend seine Ländereien auf biologisch-dynamische Wirtschaftsweise um.

132 *[, es ist sicher ein Zeitpunkt, wo man ihn als Salat schätzt]:* Einfügung durch die Herausgeber aufgrund des Kolisko-Stenogramms.

sind ja meistens giftig: Im Kolisko-Stenogramm heißt es hier: «sind ja meistens Gifte, und wo dann, wo die Leute glauben, es sind keine Gifte, sind es doch Gifte».

auf veterinäre Ansichten: Im Kolisko-Stenogramm folgt hier: «dass der Löwenzahn dem Rindvieh schadet. Übernommen worden ist es von der OR *[?]* der Grünlandbewirtschaftung, die wir angenommen haben. Bei dieser Grünlandgesellschaft sind diese beiden Pflanzen als schädlich angesehen. Das ist schon wie Unterricht.»

133 *Bartsch:* Im Kolisko-Stenogramm steht nur «Bartsch», ohne Angabe des Vornamens. Da am Kurs Erhard Bartsch (1895–1960), Hellmut Bartsch (1898–1982) und Moritz Bartsch (1869–1944) teilnahmen, ist unklar, wer von ihnen die Frage gestellt hat. Moritz Bartsch galt als zentrale Figur der anthroposophischen Arbeit in Schlesien. Damaliger Zweigleiter in Breslau. Er und sein Sohn Erhard trugen maßgeblich zur Dreigliederungskampagne für Schlesien im Jahr 1921 sowie zum Zustandekommen des Koberwitzer Kurses bei. Moritz Bartsch verbrachte seine letzten Jahre in Bad Saarow in der Nähe des Gutes Marienhöhe, das sein Sohn Erhard als biologisch-dynamischen Musterbetrieb aufbaute. Auf Erhard Bartsch und Ernst Stegemann geht die Begriffsprägung «biologisch-dynamisch» zurück. Hellmut Bartsch war der jüngste Sohn von Rektor Moritz Bartsch, nahm als Wächter und Ordner am Koberwitzer Kurs teil und wurde bald einer der anerkanntesten Berater für die biologisch-dynamische Landwirtschaft.

[Frage: Ob dasjenige, was mikroskopisch ... Dadurch ist ein gewaltiger Unterschied gegeben.]: Einfügung einer längeren Passage von vier Fragen, die durch das Typoskript sowie durch das Kolisko-Stenogramm überliefert ist. Sie wurde von den Herausgebern eingefügt und fehlt in allen vorhergehenden Auflagen. Der Text wird hier in der Fassung des Typoskriptes wiedergegeben. Das Kolisko-Stenogramm ist an dieser Stelle bruchstückhaft.

nicht so sehr die Einstein'sche Relativitätstheorie: Albert Einstein (1879–1955), deutscher Physiker mit schweizerischer und amerikanischer Staatsbürgerschaft. 1905 publizierte er die Arbeit *Zur Elektrodynamik bewegter Körper*, deren Inhalt heute als Spezielle Relativitätstheorie bekannt ist; 1915 folgte seine Publikation zur Allgemeinen Relativitätstheorie (siehe hierzu u. a.: Rudolf Steiner: *Die vierte Dimension – Mathematik und Wirklichkeit*, GA 324a; sowie: *Beiträge zur Rudolf Steiner Gesamtausgabe* Nr. 114-115/1995).

Vielleicht spricht man heute [davon]: Redaktionelle Einfügung durch die Herausgeber.

134 *in der Biologie:* Im Kolisko-Stenogramm steht: «in der Lit.».

Alfred Usteri: Dr. Alfred Usteri (1869–1948), schweizerischer Botaniker, Maler, ab den 1920er-Jahren übernahm er die Organisation der Heilpflanzenbeschaffung für die Forschung der Weleda.

Das ist es nicht. ... da redet man nicht von einem Eizustand: Im Kolisko-Stenogramm lautet die Antwort von Rudolf Steiner: «So ist es, bei der Pflanze redet man von Samen (Ovulum), da redet man nicht vom Eizustand. (Das Eichen muss doch befruchtet werden.)»

135 *miteinander verwässert wird:* Im Kolisko-Stenogramm steht «verwuselt» statt «verwässert», was so viel wie «durcheinandergebracht» bedeutet.

135 *[Frage: Ob dasjenige, was mikroskopisch als Zerstörung der Chromosomenstruktur … Dadurch ist ein gewaltiger Unterschied gegeben.]:* Bis hierhin geht die längere Einfügung durch die Herausgeber aufgrund des Typoskripts (siehe Hinweis zu S. 133), die in den bisherigen Auflagen fehlte. – Inhaltlich vergleiche hierzu u.a. die Privatstunde vom 22. August 1904: «Form, Leben, Bewusstsein» in: *Kosmologie und menschliche Evolution. Farbenlehre*, GA 91; sowie Vortrag vom 4. Juni 1909 in: *Das Prinzip der spirituellen Ökonomie im Zusammenhang mit Wiederverkörperungsfragen*, GA 109.

Wenn sie dem Dünger beigemischt werden, hat es keine Bedeutung, wie lange sie da drin sind: An dieser Stelle folgt im Typoskript der Satz: «Man wird sie am besten sogar dann beimischen, wenn man den Dung aufs Feld bringt.» Damit könnte gemeint sein, dass der Dung zuerst aufs Feld transportiert und dort zu Haufen aufgesetzt wird. Diese Haufen wären mit den Präparaten zu versehen.

137 *[Könnte man da, … man verwendet die Rinde direkt.]:* Einfügung durch die Herausgeber aufgrund des Typoskriptes; fehlte in allen bisherigen Auflagen.

138 *Denn es muss ganz feines Mehl sein, und das ist beim Quarz sehr schwer zu erreichen:* Siehe hierzu Vortrag vom 21. April 1924 in: *Meditative Betrachtungen und Anleitungen zur Vertiefung der Heilkunst*, GA 316, Dornach 2003, S. 155.

Zum sechsten Vortrag, Samstag, 14. Juni 1924

Textgrundlagen: Achte Auflage von 1999, Stenogramm von Lilly Kolisko (Ausschrift mit der Vortragsregister-Nr. 5769 A I) sowie ein Typoskript (Vortragsregister-Nr. 5769 B I) mit der handschriftlichen Notiz: «Abschrift aus dem gedruckten Exemplar». Des Weiteren wurden bei Bedarf die erste bis siebente Auflage hinzugezogen. Änderungen durch die Herausgeber der vorliegenden neunten Auflage gegenüber der achten Auflage sind durch eckige Klammern gekennzeichnet und in den Hinweisen nachgewiesen.

140 *[Meine lieben Freunde!]:* Einfügung durch die Herausgeber aufgrund des Kolisko-Stenogramms.

«Unkraut ist alles dasjenige, was an dem Orte, wo man es nicht haben will, wächst.»: Vgl. hierzu Albrecht Conrad Thaer (RSB N 543): *Die landwirtschaftlichen Unkräuter.* Der erste Satz in diesem Buch lautet: «Unkraut ist jede Pflanze, die an einem Orte steht, an den sie nicht gehört.», Berlin 1923, S. 3.

141 *Diese Kräfte, die also im Wesentlichen herstammen aus den kosmischen Einflüssen, wie ich gesagt habe, von Merkur, Venus und dem Monde, aber die nicht direkt von diesen Planeten wirken, sondern auf dem Umwege*

durch die Erde wirken: Rudolf Steiner bezieht sich hier offenbar auf seine Ausführungen im ersten und zweiten Vortrag. Im zweiten Vortrag hatte er allerdings von den fernen Planeten gesagt, dass sie indirekt auf dem Umweg durch die Erde als Unterstützung und Nuancierung der Sonne wirken. An dieser Stelle sagt er es nun von den nahen Planeten. Insbesondere der Einschub «wie ich es gesagt habe» ist irritierend. – Es ist durchaus möglich, dass sowohl die nahen als auch die fernen Planeten auf zwei Arten wirken, durch direkte oberirdische Strahlung und auch indirekt auf dem Umweg über die Erde. – Möglicherweise liegt hier aber auch eine mangelhafte Überlieferung des Vortrages vor. – Siehe auch Vortrag vom 26. März 1920 in *Geisteswissenschaft und Medizin,* GA 312, und Vortrag vom 15. September 1924 in *Das Zusammenwirken von Ärzten und Seelsorgern. Pastoral-Medizinischer Kurs,* GA 318.

142 *wie auch [des kosmischen Einflusses] insofern er durch Vermittlung der Erde von unten [hinauf]wirkt:* Einfügungen durch die Herausgeber aufgrund des Kolisko-Stenogramms.

Ich weiß noch vieles zu erzählen von einer Redaktion: Vermutlich nimmt Rudolf Steiner hier Bezug auf den Landwirt Hugo Hitschmann (1838–1904), den Begründer des modernen land- und forstwirtschaftlichen Zeitungswesens in Österreich. Er war Mitgründer der land- und forstwirtschaftlichen Zentralorganisationen Österreichs, seit 1870 Inhaber der *Wiener Landwirtschaftlichen Zeitung*, gründete 1883 die *Österreichische Forst- und Jagdzeitung*, 1884 die *Allgemeine Weinzeitung*, 1867 den *Praktischen Landwirt*, 1878 den *Ökonom* und war Herausgeber des *Taschenkalenders für den Landwirt* (seit 1879), des *Archivs für Landwirtschaft* und des *Vademekums für den Landwirt* (1882). Vgl. hierzu Rudolf Steiner: *Mensch und Welt. Das Wirken des Geistes in der Natur. Über das Wesen der Bienen*, GA 351, Dornach 1999, Vortrag vom 10. Dezember 1923, S. 201 sowie die Sonderausgabe *Über das Wesen der Bienen*, Dornach 1988, S. 101 u. 183.

Reblausplage: Die Reblaus (*Phylloxera vitifolia*) wurde im 19. Jahrhundert aus Nordamerika eingeschleppt und gilt bis heute als eine erhebliche Gefährdung für die europäischen Weinpflanzen. Folge der damaligen Reblausplage war, dass große Flächen der bestehenden Weinberge gerodet werden mussten; schließlich setzte sich als «Lösung» der Problematik durch, dass sämtliche europäische Weinpflanzen auf reblausresistente amerikanische Unterlagen gepfropft werden müssen (siehe hierzu u.a. Jean-Michel Florin (Hrsg.): *Biologisch-Dynamischer Weinbau*, Dornach 2020, S. 81f).

Es geht das alles in die Reproduktionskraft, in die Generationenfolge hinein, was auf diesem Wege kommt: Zu diesen Ausführungen zeichnete Rudolf Steiner das, was in der Tafelzeichnung 6 gelb ist und die Generationen von Jahr zu Jahr symbolisiert (aufsteigend von «Knoten» zu «Knoten»).

144 *ein schwächeres Fortpflanzen, ein Fortpflanzen, das innerhalb des Wesens stehen bleibt:* Änderung durch die Herausgeber der achten Auflage entsprechend Typoskript, Kolisko-Stenogramm und erster Auflage. Alle anderen Auflagen: «schwächeres Fortpflanzen, und das Fortpflanzen».

145 *das heißt die die [Befruchtung] befördernden [Vollmond-]Kräfte:* Redaktionelle Änderung durch die Herausgeber aufgrund des Kolisko-Stenogramms. Bisher in allen Auflagen: «das heißt die die Fruchtbildung befördernden Kräfte».

147 *Sie haben das auch gemacht innerhalb der Anthroposophischen Gesellschaft. Da hätten die Leute aber wissen sollen, dass die Dinge durch sich wahr sein können:* Diese Stelle lautet im Kolisko-Stenogramm: «Das braucht man nicht innerhalb unserer Anthroposophischen Gesellschaft. Da mussten die Leute einsehen, dass die Dinge durch sich wahr sind.»

148 *das Strychnin-Sacharin-Präparat ... Typhus:* Siehe hierzu den Notizzettel 3629, S. 329.

149 *Es muss alles uniformiert werden – die Uniform ist ja das Ideal des Staates:* Einfügung ab der achten Auflage aufgrund des Kolisko-Stenogramms sowie aufgrund der ersten Auflage.

der Feldmaus: Im Kolisko-Stenogramm heißt es stattdessen: «im Feld draußen».

150 *Wir verschaffen uns zur Zeit des Stehens der Venus im Zeichen des Skorpions:* In der Diskussion vom 14. Juni 1924 (S. 165) erläutert Rudolf Steiner: «wo die Venus am Himmel zu sehen ist und hinter ihr das Sternbild des Skorpion». Im vorliegenden Fall wäre das etwa einen Monat später als Venus im astrologischen Tierkreiszeichen Skorpion steht.

durch das Verbrennen [an] Asche: Änderung durch die Herausgeber aufgrund des Kolisko-Stenogramms. In dieser Form in der ersten und zweiten Auflage. Ab der dritten Auflage «der» statt «an».

Hochkonjunktion von Venus und Skorpion: In der dritten und vierten Auflage stand «Hochkonjuktur». Sowohl Hochkonjunktion als auch Hochkonjunktur sind keine astronomischen Begriffe. – Gemeint ist wohl der Zeitraum um die obere Konjunktion herum, dann also, wenn die Venus im Zentrum des Tierkreisbildes vom Skorpion steht (siehe auch Hinweis zu S. 165, Stichwort «*Die Venus muss hinter der Sonne stehen*»). Der Skorpion vertritt mit Bezug auf den menschlichen Organismus die Fortpflanzungsorgane. Wenn Venus (der Planet der Liebe) im Zentrum von «Skorpion» steht, dann ist damit die Hochphase der Reproduktionstätigkeit gemeint.

151 *Und sehen Sie, es handelt sich darum, ... mit den Sternenwirkungen zu rechnen.* Im Kolisko-Stenogramm folgt hier die folgende Mitschrift: «Denn worin besteht der Unterschied zwischen eines anderen Wissens *[sic]* und wissenschaftlichen Wissens *[sic]*? Wenn man es nicht anwendet, weiß man es eben nicht.»

151 *Rübennematode:* Oder auch Rübenzystennematode (*Heterodera schachtii*), ein endoparasitischer Fadenwurm in den Rübenwurzeln; wurde 1859 erstmals beschrieben; führt u. a. zu einer vermehrten Bildung von Seitenwurzeln («Bart») und verringertem Wachstum der Rüben sowie zu der von Rudolf Steiner genannten Schlaffheit der Blätter. – Die Zuckerrübe war die Hauptanbaufrucht in Koberwitz. Die Nematode führte im 19. Jahrhundert in Europa zu erheblichen Ernteeinbußen. – Unter Drahtwurm wird das Larvenstadium des Saatschnellkäfers (*Agriotes lineatus*) verstanden. Auch dieser ist ein typischer Zuckerrübenschädling und war offenbar 1924 ein Problem auf den Koberwitzer Zuckerrüben-Äckern. Siehe auch den Eintrag im Notizbuch 617 auf S. 353 und 357 im Anhang.

[Ich will nicht sagen der Nematode, aber der Rübe]: Einfügung durch die Herausgeber aufgrund des Kolisko-Stenogramms. Naheliegend für den damaligen Anbau in Koberwitz sind die Rüben, nicht die Nematoden.

152 *zu gleicher Zeit [nicht auch] kosmische Kräfte da sind:* Redaktionelle Änderung durch die Herausgeber. In allen bisherigen Auflagen sowie im Typoskript heißt es: «zu gleicher Zeit auch nicht kosmische Kräfte da sind». Im Stenogramm von Lilly Kolisko heißt es: «wenn Erde da ist und nicht kosmische Kräfte.»

Engerlingslarven: Käferlarven der Scarabaeoidea (Blatthornkäfer), z. B. von Mai- und Junikäfer, vom Gartenlaub- und vom Rosenkäfer sowie vom Nashornkäfer. – Zum Zusammenhang des Lebenszyklus des Maikäfers mit dem Mars-Rhythmus siehe: Vortrag vom 13. Januar 1918 (nachmittags) in: *Mysterienwahrheiten und Weihnachtsimpuls*, GA 180; Vortrag vom 9. und 13. September 1924 in: *Die Schöpfung der Welt und des Menschen*, GA 354.

153 *wenn die Sonne im Zeichen des Stieres steht:* Gemeint ist wohl, dass die Sonne mitten im Sternbild des Stieres stehe.

wo die Venus stehen muss [im Skorpion]: Einfügung durch die Herausgeber aufgrund des Kolisko-Stenogramms.

[Stier]: Einfügung durch die Herausgeber aufgrund des Kolisko-Stenogramms.

154 *[der] bestimmt [wird]:* Änderung durch die Herausgeber aufgrund des Kolisko-Stenogramms. In allen bisherigen Auflagen steht: «die bestimmt werden».

ganz und gar ein Erfordernis: Im Kolisko-Stenogramm heißt es hier «Befördern» statt «Erfordernis»

das monddurchtränkte Wasser … durch das sonnendurchtränkte Feuer: In dieser Form ab der achten Auflage. Davor hieß es: «das monddurchtränkte Wasser … durch das monddurchtränkte Feuer». Der dazugehörige Hinweis in der achten Auflage lautet: «Man könnte es auch als sonnendurchtränktes Feuer verstehen im Hinblick auf die nachfolgenden Ausführungen Rudolf Steiners.»

155 *Denn die [Samenausbreitung] wirkt ja nach der [Zeit] hin:* Änderung durch die Herausgeber aufgrund des Kolisko-Stenogramms. In allen bisherigen Auflagen heißt es: «Die Samenkraft wirkt ja nach der Ausbreitung hin». – Siehe auch die folgende Erzählung über das Huhn und das Ei.

[Es gibt ja schon eine solche Erzählung, dass einer, der ein besonderer Eier ... Das würde schon eine ganz ...]: Einfügung durch die Herausgeber aufgrund des Kolisko-Stenogramms. – Diese Geschichte ist als Märchenmotiv aus verschiedenen Ländern bekannt; siehe z. B. Lisa Tetzner: *Die schönsten Märchen der Welt für 365 und einen Tag* (Frankfurt, Wien, Zürich 1962), dort das Märchen zum 22. August.

156 *wenn eine zu stark vom Monde belebte Erde da ist:* Im Kolisko-Stenogramm heißt es hier: «Ich will das andeuten dadurch, dass ich hier rote Pünktchen mache, wenn eine zu stark vom Mond belebte Erde da ist. Nehmen wir an, wir haben eine solche Erde, was geschieht dann?»

158 *auf dem Umwege durch die Nierenfunktion:* In der ersten Auflage heißt es: «auf dem Umwege durch die Verdauungs- und Ernährungsfunktion.» – Vgl. hierzu: Vortrag vom 30. März 1920 in: *Geisteswissenschaft und Medizin*, GA 312; sowie Ansprache vom 21. April 1924 in: *Physiologisch-Therapeutisches auf Grundlage der Geisteswissenschaft. Zur Therapie und Hygiene*, GA 314; sowie die Vorträge vom 15. November 1923 und vom 21. Juli 1924 in: *Anthroposophische Menschenerkenntnis und Medizin*, GA 319.

es ist der entgegengesetzte Prozess von dem, den ich vorhin beschrieben habe: Für die Frage, welcher entgegengesetzte Prozess, den Rudolf Steiner «vorhin« beschrieben habe, hier gemeint ist, können zwei Gegensatzpaare infrage kommen. Erstens: Der Überschuss von Mondenkräften im Boden und die ausgleichende Gegenwirkung durch den Schachtelhalm. Zweitens: die Veraschung von Pflanzensamen und das Ausbringen von Schachtelhalmtee; Rudolf Steiner schlägt zwei Wege vor, einen Überschuss an Mondenkräften einzudämmen; der eine Weg ist die Veraschung von Pflanzensamen, der andere ist das Ausbringen von Equisetum-Tee auf den Boden; das eine Mal wird das Feuer beim Pflanzensamen eingesetzt, um zu viel Wässriges einzudämmen, das andere Mal wird der Boden mit einer Pflanze behandelt, die den Boden fähig macht, mit dem Mondig-Wässrigen besser umgehen zu können. – Siehe auch den Vortrag vom 15. November 1923 sowie den Vortrag vom 21. Juli 1924 in: *Anthroposophische Menschenerkenntnis und Medizin*, GA 319. Im oben beschriebenen ersten Fall würde es sich bei dem «vorhin beschriebenen Prozess» um die im Überschuss vorhandenen belebenden Mondenkräfte in der Erde handeln, die so stark sind, dass in den Pflanzen über dem Boden ein zweites Niveau geschaffen wird, wo Pilze sich als Parasiten entwickeln. *Equisetum arvense* kann (wie in den genannten medizinischen Vorträgen beschrieben) astralische Prozesse hervorrufen. Diese vermögen im Boden dem Überschuss an ätherischen Kräften entgegenzuwirken.

158 *Nun sind aber tatsächlich die Pflanzen, die Tiere, die da leben, auch alle Parasiten in den Pflanzen, sie sind durch sich selber nicht zu begreifen:* Im Kolisko-Stenogramm heißt es hier: «Nun sind tatsächlich die Pflanzen, die Tiere, die da leben als Parasiten in den Pflanzen, sie sind nicht durch sich selber zu begreifen durch das, was auf der Erde ist.»

159 *[derjenige redet natürlich einen Unsinn, der die Magnetnadel betrachten will – weil sie immer nach Norden sich stellen will –, und in der Magnetnadel einen Eigensinn sieht]:* Änderung durch die Herausgeber aufgrund des Kolisko-Stenogramms. In den vorhergehenden Auflagen hieß es: «derjenige redet natürlich einen Unsinn, der die Magnetnadel betrachten will und für den Umstand, dass sie sich immer nach Norden bewegt, in der Magnetnadel selber die Ursache sieht.»

[Wenn man von den ganz gewöhnlichen alltäglichen, nicht mal allen alltäglichen, allen gewöhnlichen Naturwirkungen absieht und zu den etwas höheren Naturwirkungen ausgeht, kommt man schon in größeres Gebiet hinaus]: Einfügung durch die Herausgeber aufgrund des Kolisko-Stenogramms.

sondert sorgfältig [in einer Röhre]: Einfügung durch die Herausgeber aufgrund des Kolisko-Stenogramms.

Zur dritten Fragenbeantwortung, Samstag, 14. Juni 1924

Textgrundlagen: Achte Auflage von 1999, Stenogramm von Lilly Kolisko (Ausschrift mit der Vortragsregister-Nr. 5770 A I), Typoskript (Vortragsregister-Nr. 5770 B I). Im Bedarfsfall wurden auch die erste bis siebente Auflage hinzugezogen. Änderungen durch die Herausgeber der vorliegenden neunten Auflage gegenüber der achten Auflage sind durch eckige Klammern gekennzeichnet und in den Hinweisen nachgewiesen. Ist kein Name bei der Frage genannt, so ist der Fragesteller unbekannt.

161 *Das war in gewissen Spätperioden der atlantischen Entwicklung der Fall … was zu großen Katastrophen geführt hat:* Siehe hierzu: *Aus der Akasha-Chronik*, GA 11, Kap. I und II, Basel 2018, sowie *Die Geheimwissenschaft im Umriss*, Kap. «Die Weltentwicklung und der Mensch», GA 13.

nicht die Person: Im Typoskript folgt hier: «Nun sehen Sie, die anderen, die schreiben auch».

Panazee: Allheilmittel, nach der Tochter des Asklepios Panakeia (alles heilend) in der griechischen Mythologie.

sollte eigentlich alles niemals […] zu einer bloßen Betrachtung führen: Änderung durch die Herausgeber. In dieser Form im Typoskript und im Kolisko-Stenogramm. In allen bisherigen Auflagen hieß es: «Sollte eigentlich alles niemals nur zu einer bloßen Betrachtung führen.»

162 *Das, was ahrimanisch in der Erdensphäre ist:* Mit dem aus der persischen Kultur stammenden Begriff «Ahriman» wird in der Anthroposophie eine Kraft des Bösen beschrieben, die den Menschen zu stark an die Erdenkräfte bindet. Eine zweite Kraft des Bösen, die den Menschen eher erdenflüchtig machen will, wird als Luzifer bezeichnet. Zu Ahrimans Beziehung zu den Mondenkräften siehe den Vortrag vom 1. April 1923 in: *Der Jahreskreislauf der Erde als Atmungsvorgang und die vier großen Festeszeiten*, GA 223. Zu Ahrimans Beziehung zum Kalk siehe den Vortrag vom 7. Oktober 1923 in: *Das Miterleben des Jahreslaufes in vier kosmischen Imaginationen*, GA 229.

Geschieht es in der Sphäre, die nur um ein Stückchen höher ist, so hat es eine durchaus gute Wirkung: Vergleiche hierzu z.B. den Vortrag vom 25. August 1913 in *Die Geheimnisse der Schwelle* (GA 147, Dornach 1997, S. 33f.): Dort heißt es: «Ahriman ist im weitesten Umkreis der Herr des Todes, der Beherrscher all der Mächte, welche innerhalb der physisch-sinnlichen Welt dasjenige herbeiführen sollen, was notwendig in dieser physisch-sinnlichen Welt da sein muss als Vernichtung, als Tod der Wesenheiten. Der Tod innerhalb der Sinneswelt gehört zu den notwendigen Einrichtungen, da die Wesenheiten die Sinneswelt überwuchern würden, wenn innerhalb der Sinneswelt nicht Vernichtung und Tod vorhanden wären. Die Aufgabe, diesen Tod in der entsprechenden Weise aus der geistigen Welt heraus gesetzmäßig zu regeln, fiel Ahriman zu; er ist der Herr der Regulierung des Todes. Sein ihm im eminentesten Sinn zukommendes Reich ist die mineralische Welt. Die mineralische Welt ist immer tot; der Tod ist sozusagen ausgegossen über die ganze mineralische Welt. Aber so, wie unsere Erdenwelt ist, ist das mineralische Reich, die mineralische Gesetzmäßigkeit auch in alle anderen Naturreiche hineinergossen. Die Pflanzen, die Tiere, die Menschen, insofern sie den Naturreichen angehören, sind alle durchsetzt von dem Mineralischen, nehmen die mineralischen Stoffe, damit auch die mineralischen Kräfte und Gesetzmäßigkeiten auf, und unterliegen den Gesetzen des Mineralreiches, insofern dieses dem Erdenwesen angehört. Damit erstreckt sich das, was zum berechtigten Tod gehört, auch in diese höheren Reiche der rechtmäßigen Herrschaft des Ahriman. In dem, was als äußere Natur uns umgibt, ist Ahriman der rechtmäßige Herr des Todes, und insoferne er dieses ist, ist er nicht als eine böse, sondern als eine durchaus in der allgemeinen Weltenordnung begründete Macht anzuerkennen.»

[...]: Im Kolisko-Stenogramm folgen hier sehr bruchstückhafte Notizen: «Keyserlingk: Ob der Versuchsring am Montag noch einmal in Koberwitz verkehren könnte. Die von einem Mitglied dieser Arbeitsgruppe gestellte Frage erschien mir so merkwürdig, dass wir diese Frage doch einmal in der Arbeitsgruppe besprechen müssen. Die Frage schien mir

merkwürdig und könnte unsere ganze Arbeitsgruppe stören. Ohne Herrn Dr. Genehmigung nicht durchgeführt werden, kann sie von den Anthroposophen mit Geldern weitergetragen werden, es bestätigt die Absicht dass [*unleserlich*], die hier zugelassen worden sind. Schon im Freundeskreis [*unleserlich*] manchmal möglich, das ist nicht, glaube ich, die Rede nicht der Landwirtschaft, wir würden es nicht hören, sogar wenn von den ganzen Mitteilungen jeder, der hier beiwohnen durfte, gleich in/ist die Freundeskreis hegt und die Mitteilung kolportiert. Er würde die Handlung begehen, die Handlung ist eine leichte, aber sie hat eine vierjährige Dauer. Ich erinnere wie [*unleserlich*] gerade mit den Mitteilungen die Herr Dr. mit den Medizinern gemacht hat, oder den Astronomen. Wenn man etwas gefragt hat, hieß es, [*unleserlich*] ja Nichtmedizinern deshalb möglich, dass nicht auch bei der Landwirtschaft gelten.»

162 *[So sieht sie aus.]:* Einfügung durch die Herausgeber aufgrund des Typoskriptes.

Chamomilla officinalis: Heute *Matricaria recutita* (vormals *Matricaria chamomilla* bzw. *Chamomilla recutita*).

Kann man die auf dem Felde vorkommende Hundskamille nehmen? ... Die kann man schon verwenden: Unklare Textstelle. Wahrscheinlich ist mit der «Gartenkamille» die Römische Kamille (*Chamaemelum nobile*) gemeint, die wesentlich unwirksamer als die Echte oder Feld-Kamille (*Matricaria recutita*) ist, die aber auch für die Zubereitung von Tee verwendet wird. Für die «Hundskamille» kommen infrage die Stinkende Hundskamille (*Anthemis cotula*) und die Acker-Hundskamille (*Anthemis arvensis*). *Anthemis cotula* wurde in der Volksmedizin verwendet (brechreizverursachende, menstruationsfördernde und spasmolytische Wirkung).

163 *Wasserpest:* Gattung *Elodea.*

Ich habe einen guten anthroposophischen Freund gekannt, der hatte große Weinberge: Um wen es sich hierbei handelte, konnte bislang nicht festgestellt werden.

164 *Auf der anderen Seite hatte ich einen Freund:* Um wen es sich hierbei handelte, konnte bislang nicht festgestellt werden.

[Steinberger] Kabinett: Redaktionelle Änderung durch die Herausgeber. In allen bisherigen Auflagen, im Kolisko-Stenogramm sowie im Typoskript: «Sternberger»; hierbei dürfte es sich sehr wahrscheinlich um einen Hörfehler handeln. Der «Steinberger Kabinett» ist ein traditionsreicher Riesling, der auf dem Weinberg des ehemaligen Zisterzienserklosters Eberbach angebaut wird, das heute im Besitz des Landes Hessen ist. Die Bezeichnung «Cabinet» geht auf dieses Kloster zurück: Die dortigen Mönche legten im 16. Jahrhundert eine Art Schatzkammer für besonders gute Weine an, die sie mit «Cabinet» bezeichneten. Erst seit 1971 nutzen deutsche Weingüter das Wort «Kabinett» auf dem Etikett als Zusatz für höherwertige, nicht aufgezuckerte Weine.

165 *Konstellation der Venus mit dem Skorpion:* Im Sinne von: «Wie ist die Konstellation der Venus im Skorpion gemeint?»

Die Venus muss hinter der Sonne stehen: Im Typoskript lautet diese Stelle: «Im Winter, wo die Venus zu sehen ist, im Sternbild des Skorpions. Die von der Sonne beschienene Venus, die Vollvenus, sodass man die Vollvenus hat im Sternbilde des Skorpions. [Wortmeldung]: Eine Vollvenus kann nur sein, wenn die Venus hinter der Sonne steht! [Antwort:] Das macht gar nichts.» – Folgt man diesen Angaben, so braucht es für das Veraschen des Tierbalges die hinter der Sonne stehende, von der Sonne beschienene Venus zwischen den Sternen des Skorpions; sie darf nicht vor der Sonne stehen. – Wenn die Venus zwischen Erde und Sonne steht, wird sie «Neuvenus» genannt. Diese dunkle, vor der Sonne stehende, erdennahe Venus ist nach Rudolf Steiner nicht wirksam. Was Rudolf Steiner hier als «Vollvenus» bezeichnet, ist nicht allein der Moment der oberen Konjunktion, sondern der ganze Zeitraum vor und nach ihrer unteren Konjunktion mit der Sonne. Venus zieht in acht Jahren acht Mal durch den Skorpion, vier Mal am Morgenhimmel, vier Mal am Abendhimmel. – Die Mathematisch-Astronomische Sektion gab im September 1924 für die Mäusevertilgung an: «Venus steht im Skorpion: 1. vom 21. Dezember 1924 – 12. Januar 1925 als Morgenstern. 2. vom 11. Oktober 1925 – 3. November 1925 als Abendstern.» (RSA IV SACH Landwirtschaft)

Was wird unter Rindergekröse verstanden: Siehe Hinweis zu S. 124.

Wirken die Präparate auch in derselben Weise auf die Obstbäume: Im Typoskript heißt es: «in denselben Zeiträumen auch auf die Obstbäume».

166 *Wenn man nun unorganischen Dünger verwendet, wie ist es da:* Laut Hans Heinze (1899–1997) wurde diese Frage von Immanuel Voegele gestellt. Heinze schreibt auf S. 160 seines Buches *Mensch und Erde* (Dornach, 1983) Immanuel Voegele habe in den Fragebeantwortungen gefragt, «ob man für die Nachfrucht von mit Stalldünger angebauten Kartoffeln nach der Umstellung Mineraldünger geben müsse, wofür damals üblicherweise eine N, P und K enthaltende Mineraldünger-Mischung Anwendung fand.»

Der Kunstdünger ist dasjenige, was man dann nicht mehr braucht, was wieder verschwinden wird: Siehe hierzu den Vortrag vom 2. August 1924 in: *Die Schöpfung der Welt und des Menschen. Erdenleben und Sternenwirken*, GA 354, Dornach 2000, S. 115.

Gelegentlich einer Auseinandersetzung über die Bienenzucht legte sich ein heutiger Bienenvater besonders ins Zeug dafür, dass die industrielle Weiselzucht betrieben werde: Vermutlich handelt es sich hierbei um Herrn Müller, einen Arbeiter am Goetheanum (nähere Angaben unbekannt), auf dessen Vortrag hin Rudolf Steiner seinen «Bienenkurs» (*Über das Wesen der Bienen*, GA 351) hielt. Rudolf Steiner ist gleich zu Beginn des Kurses im November 1923 auf die Ausführungen von Herrn Müller über die Königinnenzucht eingegangen.

167 *der einzelnen Bienenzucht selbst fortgewirtschaftet wird:* So lautet diese Stelle im Typoskript mit einer handschriftlich eingefügten Korrektur. Vor dieser Korrektur stand dort: «was in der gegenwärtigen Bienenzucht zur Selbstverständlichkeit wird».

gegen den Wassermann hin die Konstellation haben: Im Kolisko-Stenogramm folgen hier folgende bruchstückhafte Notizen: «Bienenzucht: Alle Vorträge der [*unleserlich*] Arbeiter ganz mitgeschrieben. Leider werden auch diese Vorträge nachgeschrieben. Sie können sie haben.» Vermutlich verweist Rudolf Steiner in dieser bruchstückhaften Passage des Kolisko-Stenogramms auf seine Vorträge über das Wesen der Bienen für die Arbeiter am Goetheanumbau, die er im November/Dezember 1923 in Dornach gehalten hatte (siehe: *Mensch und Welt. Das Wirken des Geistes in der Natur. Über das Wesen der Bienen*, GA 351). Das wird bestätigt durch einen Brief vom 7. Juni 1926 von Carl von Keyserlingk an Marie Steiner, in dem er diese Szene ausführlich schildert: «Wie Ihnen, meine sehr verehrte, gnädige Frau, sicherlich noch in Erinnerung sein dürfte, kam in einer der in Gegenwart unseres hochverehrten Herrn Dr. Steiner stattfindenden Diskussionen während des Landwirtschaftlichen Kursus in Koberwitz die Rede auf die mir und vielen anderen Kursteilnehmern bis dahin völlig unbekannten Arbeitervorträge des Herrn Doktor in Dornach, in denen Herr Dr. Steiner den Arbeitern am Goetheanum viele und für uns wichtige geisteswissenschaftliche Mitteilungen und Anregungen aller Art über Bienen und viele andere die Landwirtschaft und ihrer einzelnen Nebenbetriebe betreffenden Fragen gemacht hat. Dies veranlasste mich, wie Ihnen wohl ebenfalls noch erinnerlich sein dürfte, Herrn Dr. Steiner gleich in dieser Diskussion die Bitte zu unterbreiten, dass dem Landwirtschaftlichen Versuchsringe diese Bienenvorträge ebenso wie alle anderen die Landwirtschaft betreffenden Mitteilungen und Anregungen des Herrn Doktor zur weiteren Bearbeitung und Auswertung innerhalb unseres Versuchsringes zur Verfügung gestellt werden sollten.» (RSA IV SACH Landwirtschaft)

Zum siebenten Vortrag, Sonntag, 15. Juni 1924

Textgrundlagen: Achte Auflage von 1999, Stenogramm von Lilly Kolisko (Ausschrift mit der Vortragsregister-Nr. 5773 A I), Typoskript (Vortragsregister-Nr. 5773 B I). Im Bedarfsfall wurden auch die erste bis siebente Auflage hinzugezogen. Änderungen durch die Herausgeber der vorliegenden neunten Auflage gegenüber der achten Auflage sind durch eckige Klammern gekennzeichnet und in den Hinweisen nachgewiesen.

168 *[Meine lieben Freunde!]:* Einfügung durch die Herausgeber aufgrund des Kolisko-Stenogramms.

170 *Der Baum ist nämlich wirklich für dasjenige, was da an den Zweigen wächst, die Erde. Er ist die hügelig gewordene Erde:* Im Typoskript heißt es: «was da an den Zweigen wächst, die hunderterlei Dinge, Erde. Er ist die Erde». – «hügelig gewordene» ab der zweiten Auflage und gemäß Kolisko-Stenogramm (siehe auch Hinweis zu S. 171). Vgl. hierzu die Fußnote Rudolf Steiners auf S. 150 von *Goethes Werke. Naturwissenschaftliche Schriften*, hrsg. v. Rudolf Steiner, Erster Band, in: *Kürschners Deutsche National-Litteratur,* Berlin und Stuttgart 1883 (Reprint GA 1a, Dornach 1982).

171 *wie im Baum ... tatsächlich das Erdige sich aufgestülpt hat:* Vgl. hierzu Rudolf Steiner: *Geisteswissenschaft und Medizin*, GA 312, Basel 2020, Vorträge vom 24. und 25. März 1920. Dort heißt es: «Wenn Sie Ihre Aufmerksamkeit, sagen wir, dem Baume zuwenden, da werden Sie finden, dass in der Stammbildung des Baumes, die den Baum zu der mehrjährigen Pflanze macht, eine Fortsetzung desjenigen vorhanden ist, was sonst für die Pflanze, die unmittelbar auf der Erde aufsitzt, die ganze Erde ist. [...] Wenn aber ein Baum wächst, so stülpt sich – bitte jetzt nicht zu stark schockiert zu sein von dem, was ich sagen werde, denn es ist wirklich so – so stülpt sich in einer gewissen Weise die Erde über dasjenige, was früher von der Erde direkt in die Pflanze hineingeflossen ist; das schießt in den Stamm hinein, und alle Stämme sind im Grunde genommen Auswüchse der Erde.» (S. 109) und: «Und ich habe ja schon gestern angedeutet, dass gewissermaßen bei den baumartigen Pflanzen in dem Stamm die Erde gewissermaßen aufgestülpt ist, sodass die Blüten beim Baum mit den dazugehörigen Blättern im Stamm so wurzeln, wie sonst die bloß krautartigen Pflanzen oder gar die niederen Pflanzen in der Erde wurzeln.» (S. 115)

das Luftartige [und] dadurch: Redaktionelle Änderung durch die Herausgeber: Das «und» tritt an die Stelle eines Kommas.

172 *Dasjenige, was da oben an dem Baum wächst, das ist in der Luft und in der äußeren Wärme ein anderes Pflanzenhaftes als dasjenige, was unmittelbar auf dem Erdboden in Luft und Wärme aufwächst und dann ausbildet die aus dem Erdboden herauswachsende krautartige Pflanze:* Im Kolisko-Stenogramm heißt es hier: «Dasjenige, was da oben um den Baum herum ist, das ist in der Luft und in der äußeren Wärme ein anderes Pflanzenhaftes als dasjenige, was auf dem Erdboden an Luft und Wärme aufliegt und in sich empfindet die aus dem Erdboden herauswachsende krautartige Pflanze.» Im Typoskript heißt es am Ende dieses Satzes: «aufliegt und in sich empfängt die aus dem Erdboden herauswachsende krautartige Pflanze.»

173 *Sehen Sie, weit um sich herum macht der Baum:* Zum Kambiumprozess siehe auch den Vortrag vom 31. Oktober 1923 in: *Mensch und Welt. Das Wirken des Geistes in der Natur. Über das Wesen der Bienen*, GA 351.

173 *[Dann hat er eine bestimmte innere Vitalität, Ätherizität, ein gewisses starkes Leben in sich.]:* In dieser Form in allen bisherigen Auflagen. Im Kolisko-Stenogramm heißt es: «Um sich herum macht der Baum die geistige Atmosphäre astralreicher in sich. Was tut er da? Wenn man eine krautartige, auf der Erde wachsende Pflanze hat, hat sie eine gewisse Ätherizität, eine gewisse Vital-, eine Lebenskraft in sich. Das Kambium dämpft das Leben mehr herunter, sodass es mineralähnlich wird.»

durch die Bäume hindurchgeht: Im Kolisko-Stenogramm heißt es «um die Bäume herumschwebt».

174 *wie ich gestern in Bezug auf das Karma beim Menschen ausgeführt habe:* Siehe Vortrag vom 14. Juni 1924 in: *Esoterische Betrachtungen karmischer Zusammenhänge*, Bd. V, GA 239.

175 *was an Astralität die Bäume [umflattert]:* Änderung durch die Herausgeber aufgrund des Typoskripts sowie aufgrund des Kolisko-Stenogramms. In allen bisherigen Auflagen heißt es: «was an Astralität die Bäume umgibt».

176 *Durch die fliegende Insektenwelt:* Im Typoskript sowie im Kolisko-Stenogramm heißt es: «In der fliegenden Insektenwelt».

177 *was ich Ihnen von einem anderen Gesichtspunkte vor ein paar Tagen gesagt habe:* Siehe den vierten Vortrag vom 12. Juni 1924 im vorliegenden Band, S. 77.

Larven- und Würmerwelt: Redaktionelle Änderung durch die Herausgeber der achten Auflage. Vorher: «Larven- und Insektenwelt».

178 *wirklich hellsichtig wird:* In dieser Form in allen Auflagen und im Typoskript. Im Kolisko-Stenogramm steht «hellriechend».

Hat man diese merkwürdige Verwandtschaft: Im Kolisko-Stenogramm heißt es: «Hat man diese merkwürdige intime Verwandtschaft».

zum Beispiel Haselnusssträuchern: Im Kolisko-Stenogramm heißt es: «was so ist, wie Haselnusssträucher».

180 *durch sein Nerven-Sinnes-System [und durch sein Atmungssystem]:* Einfügung durch die Herausgeber aufgrund des Kolisko-Stenogramms und aufgrund des Typoskripts.

181 So *lebt das Tier im Bereiche:* Kursivsetzung durch die Herausgeber. «So» ist hier wohl im Sinne von «in dieser Art und Weise» gemeint.

so wie ich es angedeutet [habe]: Einfügung durch die Herausgeber.

182 *«In der Natur lebt alles durch Geben und Nehmen»:* Möglicherweise ist gemeint: «Metamorphose im höhern Sinn durch Nehmen und Geben, Gewinnen und Verlieren hat schon Dante trefflich geschildert», aus: «Sprüche in Prosa», Band V von *Goethes Naturwissenschaftliche Schriften*, S. 438, herausgegeben und kommentiert von Rudolf Steiner in *Kürschners Deutsche National-Litteratur*, 1884–1897, 5 Bände, Nach-

druck Dornach 1975, GA 1a–e; möglicherweise auch: «Um nun jene Idee eines haushälterischen Gebens und Nehmens anschaulich zu machen, führen wir einige Beispiele an. Die Schlange steht in der Organisation weit oben. Sie hat ein entschiedenes Haupt, mit einem vollkommenen Hilfsorgan, einer vorne verbundenen unteren Kinnlade. Allein ihr Körper ist gleichsam unendlich, und er kann es deswegen sein, weil er weder Materie noch Kraft auf Hilfsorgane zu verwenden hat. Sobald nun diese in einer andern Bildung hervortreten, wie zum Beispiel bei der Eidechse nur kurze Arme und Füße hervorgebracht werden, so muss die unbedingte Länge sogleich sich zusammenziehen und ein kürzerer Körper stattfinden. Die langen Beine des Frosches nötigen den Körper dieser Kreatur in eine sehr kurze Form, und die ungestaltete Kröte ist nach ebendiesem Gesetze in die Breite gezogen.» aus: «Erster Entwurf einer allgemeinen Einleitung in die vergleichende Anatomie, ausgehend von der Osteologie» Band 1, S. 249, von *Goethes Naturwissenschaftliche Schriften*, herausgegeben und kommentiert von Rudolf Steiner in *Kürschners Deutsche National-Litteratur*, 1884–1897, 5 Bände, Nachdruck Dornach 1975, GA 1a–e.

183 *Versuchsring:* Im Typoskript sowie im Kolisko-Stenogramm steht «Ring» statt «Versuchsring».

Zum achten Vortrag, Montag, 16. Juni 1924

Textgrundlagen: Achte Auflage von 1999, Stenogramm von Lilly Kolisko (Ausschrift mit der Vortragsregister-Nr. 5775 A I), Typoskript (Vortragsregister-Nr. 5775 B I). Im Bedarfsfall wurden auch die erste bis siebente Auflage hinzugezogen. Änderungen durch die Herausgeber der vorliegenden neunten Auflage gegenüber der achten Auflage sind durch eckige Klammern gekennzeichnet und in den Hinweisen nachgewiesen.

184 *[Meine lieben Freunde!]:* Einfügung durch die Herausgeber aufgrund des Kolisko-Stenogramms.

manches Ergänzende vorbringen und noch einige praktische Winke: So in allen bisherigen Auflagen. Im Typoskript sowie im Kolisko-Stenogramm heißt es: «manches Ergänzende vorbringen an noch einigen praktischen Winken».

185 *da draußen sind die Nahrungsmittel:* Im Typoskript sowie in der ersten Auflage steht «drinnen» statt «draußen» wie in allen anderen Auflagen sowie im Kolisko-Stenogramm.

186 *was in den Pflanzen und Tieren vorkommt:* Im Kolisko-Stenogramm heißt es: «was in den Pflanzen und Tieren vorgeht»; im Typoskript sowie in der ersten Auflage heißt es: «in der Pflege der Tiere vorkommt».

187 *die [gesamte] tierische Organisation:* Änderung durch die Herausgeber aufgrund des Kolisko-Stenogramms. Im Typoskript und allen bisherigen Auflagen heißt es: «die sogenannte tierische Organisation».

Nun, alles dasjenige, was an Substanzen in der Kopforganisation ist: Vergleiche hierzu auch den Vortrag vom 23. August 1923, in: *Initiations-Erkenntnis*, GA 227.

und so weiter durchsetzt: Im Kolisko-Stenogramm heißt es «zusammensetzt». – Über irdische und kosmische Ernährung siehe auch Seite 253f.

188 *Es ist wirklich nicht gleichgültig, [ob man weiß]:* Einfügung durch die Herausgeber aufgrund des Kolisko-Stenogramms.

[wenn] man also die Tiere nicht einfach in dumpfen Ställen abschließt, wo keine kosmischen Kräfte zu ihnen fließen können, sondern, [wenn] man sie über die Weide führt und überhaupt ihnen Gelegenheit gibt: Änderungen durch die Herausgeber aufgrund des Typoskriptes sowie aufgrund der ersten Auflage. In allen anderen Auflagen steht «dass» statt «wenn».

189 *[es] ist erst auf dem Wege zur Ich-Bildung:* Änderung durch die Herausgeber aufgrund des Kolisko-Stenogramms. In allen anderen Auflagen heißt es «sein Gehirn».

190 *Der Darminhalt ist seinen Prozessen nach durchaus verwandt dem Hirninhalt*: Siehe hierzu den Vortrag vom 24. März 1920, in: *Geisteswissenschaft und Medizin*, GA 312; sowie Vortrag vom 3. September 1923 in: *Anthroposophische Menschenerkenntnis und Medizin*, GA 319; sowie Vortrag vom 31. Dezember 1923 in: *Physiologisch-Therapeutisches auf Grundlage der Geisteswissenschaft*; sowie Vortrag vom 23. Februar 1924 in: *Natur und Mensch in geisteswissenschaftlicher Beleuchtung*, GA 352. Siehe auch die Jugendansprache vom 17. Juni 1924 in Koberwitz im Anhang des vorliegenden Bandes (S. 262).

Es ist wirklich solch eine Landwirtschaft ein Organismus: Zu Rudolf Steiners Zeit war der Bezug des Begriffes «Organismus» auf einen landwirtschaftlichen Betrieb durchaus geläufig. Von 1922 bis 1936 lehrte an der Universität Breslau Richard Krzymowski (1875–1960) landwirtschaftliche Betriebslehre. In Breslau studierten auch einige Teilnehmende des Koberwitzer Kurses, so z.B. Erhard und Hellmut Bartsch und Almar von Wistinghausen. Krzymowski schreibt in seinem Buch *Philosophie der Landwirtschaftslehre*: «Der landwirtschaftlichen Betriebslehre ist der Vergleich des Landgutes mit einem Organismus sehr geläufig. (Vergleiche auch unsere oben angedeutete Auffassung des Gutes als Mikrokosmos.) Man spricht demgemäß öfters von einem Guts- oder Wirtschaftsorganismus. Wie sich ein Organismus aus verschiedenen wohlgegliederten Organsystemen zusammensetzt [...], so besteht auch ein Gutsbetrieb aus einer Reihe verschiedener Betriebszweige [...]. Alle Systeme zusammen bilden aber einen sehr zweckmäßig funktionierenden Organismus, bei welchem ein Betriebszweig mit dem andern in passender Weise verbunden ist. Jeder Betriebszweig steht mit dem andern in Wechselbeziehung, in Korrelation.» (Stuttgart 1919, S. 94). – Rudolf Steiner wendet den Begriff des landwirtschaftlichen Organismus darüber hinausgehend so an, dass dieser auch Astralisches und Ich-Kräfte umfasst. Siehe hierzu u. a.: Rudolf Steiner: *Organisches Denken*, Basel 2021.

191 *und von Chile den Dunginhalt bezieht:* Chilesalpeter (Natriumsalpeter) wurde in der Atacama-Wüste, einem extrem trockenen Hochtal in Chile, abgebaut. Guano, ein stickstoff- und phosphorreicher Dünger, ist abgesetzter Vogelkot auf Inseln vor der peruanischen Küste. Guano und Chilesalpeter wurden Anfang des 19. Jahrhundert von Südamerika nach Europa gebracht und entwickelten sich dann aufgrund des hohen Gehaltes an Stickstoff und Phosphat schnell zu einem viel verwendeten Import-Dünger.

192 *und wird unterstützt im Absorbieren dieser Ich-Kraft, wenn die richtige Salzmenge von ihr gefunden werden kann in der Erde:* In dieser Form in allen bisherigen Auflagen und auch im Stenogramm von Lilly Kolisko. Im Typoskript heißt es: «und unterstützt im Absorbieren dieser Ich-Kraft, wenn die richtige Salzmenge von ihr gefunden werden kann in der Erde». Vor «unterstützt» wurde im Typoskript von Hand das Wort «wird» eingefügt. – Diese Stelle kann zu der Frage anregen: Unter welchen Bedingungen findet die Wurzel die richtige Salzmenge? Im Sinne dieses Kurses kann es sich nicht darum handeln, dass durch Mineraldünger den Wurzeln diese Salze zur Verfügung gestellt werden müssen. Im fünften Vortrag (12. Juni 1924) wurde dargestellt, dass die Pflanze die Substanzen, die sie braucht, in größerer Entfernung finden kann, sofern die Düngerpräparate, insbesondere das Löwenzahn-Präparat dazu die Voraussetzungen schaffen. Diese kosmisch-irdischen Prozesse bilden die Voraussetzung dafür, dass in einer Landwirtschaft ein geschlossener Substanzkreislauf erreicht werden kann, wie er ja auch hier im achten Vortrag gefordert wird. Dadurch wird das Absorbieren der Ich-Kraft durch die Wurzeln unterstützt. – Siehe auch Vortrag vom 9. Oktober 1920 in: *Physiologisch-Therapeutisches auf Grundlage der Geisteswissenschaft*, GA 314; Vortrag vom 5. Oktober 1921, vormittags, in: *Vorträge und Kurse über christlich-religiöses Wirken*, GA 343-1; Vortrag vom 16. September 1922, in: *Die Erkenntnis des Menschenwesens nach Leib, Seele und Geist*, GA 347; Vortrag vom 22. September 1923, in: *Rhythmen im Kosmos und im Menschenwesen. Wie kommt man zum Schauen der geistigen Welt?*, GA 350; Vortrag vom 13. Januar 1923, in: *Lebendiges Naturerkennen, intellektueller Sündenfall und spirituelle Sündenerhebung*, GA 220; Vortrag vom 6. Oktober 1923, in: *Das Miterleben des Jahreslaufes in vier kosmischen Imaginationen*, GA 229; Vorträge vom 9. und 10. Oktober 1923, in: *Der Mensch als Zusammenklang des schaffenden, bildenden und gestaltenden Weltenwortes*; Vortrag vom 31. Juli 1924, in:

Die Schöpfung der Welt und des Menschen, GA 354. – Vergleiche hierzu auch die Meditation für Ärzte vom 5. Januar 1924: «Ich will mein Seelenwissen / Verbinden mit dem Feuer / Des Blütenduftes; // Ich will mein Seelenleben / Erregen am glitzernden Tropfen / Des Blättermorgens; // Ich will mein Seelensein / Erstarken an dem / Salzerhärtenden, / Mit dem die Erde / Sorgsam die Wurzel pflegt.» (Im Rahmen der Gesamtausgabe publiziert u.a. in: *Meditative Betrachtungen und Anleitungen zur Vertiefung der Heilkunst*, Dornach 2008, GA 316, S. 71)

192 *eben den richtigen Stoff zu ihrer plastischen Tätigkeit:* In dieser Form ab der zweiten Auflage. Im Typoskript sowie in der ersten Auflage heißt es: «praktischen» statt «plastischen».

193 *Und wenn Sie das zu[sammen]füttern bei Jungvieh:* Änderung durch die Herausgeber aufgrund des Kolisko-Stenogramms. In allen anderen Auflagen: «zufüttern».

Stoffwechsel-[Gliedmaßen-]Organisation: Einfügung durch die Herausgeber aufgrund des Kolisko-Stenogramms.

194 *die vorzugsweise eine Stoffströmung ist:* Im Kolisko-Stenogramm folgt hier: «dass irdische Stoffe nach dem Kopf hin».

[Sexualprozess]: Änderung durch die Herausgeber aufgrund des Kolisko-Stenogramms. In allen bisherigen Auflagen: «Sexualverdauungsprozess».

die Milch ist einfach umgewandeltes Sexualdrüsensekret: Siehe hierzu auch den Vortrag vom 7. Juli 1924 in: *Heilpädagogischer Kurs*, GA 317.

195 *Im Stofflichen:* Im Kolisko-Stenogramm heißt es «im Köpfchen».

196 *sondern für [die] Vereinfachung:* Einfügung durch die Herausgeber.

197 *fruchtend wirkt:* In der ersten Auflage und im Typoskript heißt es: «Fruchtendes wird».

200 *Man versteht diese Dinge nur, wenn man in die Sache hineinsieht:* Bezüglich der verschiedenen Fütterungsarten bzw. Ernährungsweisen siehe auch den Vortrag vom 13. Januar 1923 in: *Über Gesundheit und Krankheit. Grundlagen einer geisteswissenschaftlichen Sinneslehre*, GA 348; sowie Vortrag vom 31. Juli 1924 und Vortrag vom 2. August 1924 in: *Die Schöpfung der Welt und des Menschen*, GA 354.

was muss man also zum Beispiel einem Masttier geben: Siehe hierzu auch den Vortrag vom 22. September 1922 in: *Rhythmen im Kosmos und im Menschenwesen. Wie kommt man zum Schauen der geistigen Welt?*, GA 350.

201 *die keine spezielle Aufgabe hat:* Im Typoskript steht vor der handschriftlichen Korrektur: «die ganz spezielle Aufgaben hat». Lilly Kolisko hat notiert: «die keine spezielle Aufgabe hat».

sondern die richtige [Qualität], dass es sich darum handelt, dass auch die kleinen Mengen in der richtigen *[Quantität]:* Änderungen und Kursivsetzung durch die Herausgeber aufgrund des Kolisko-Stenogrammes.

Dort heißt es: «Und da die Nahrung zum wenigsten aus Salz besteht, sehen Sie daraus gerade an dem Zusatz von Salz, dass es nicht immer die Menge ausmacht, sondern die Qualität. Es kann sich darum handeln, dass auch die kleinen Mengen durchaus ihren Zweck erfüllen.» – In allen bisherigen Auflagen steht beidesmal «Qualität». Der Begriff «Quantität» bezieht sich auf die Menge, der Begriff «Qualität» auf das «Was» oder das «Wesen» einer Substanz. An dieser Stelle geht es darum, darauf hinzuweisen, dass Kochsalz (NaCl) bereits in geringer Menge wirksam ist. Es kommt hier nicht auf die Qualität, sondern auf die geringe, notwendige Quantität an. Daher die Kursivsetzung durch die Herausgeber von «richtigen» vor «[Quantität]».

203 *seit der Erfindung des Kartoffelbaus in Europa materialistisch gemacht hat:* Die Kartoffel kam im 16. Jahrhundert vor allem über spanische und englische Seefahrer von Südamerika nach Europa. Die richtige Verwendung musste aber auch in Europa noch entdeckt werden, was aus verschiedenen Anekdoten hervorgeht: So seien in England zuerst die Früchte verwendet worden. Als man aber das Kraut verbrannt habe, habe man wahrgenommen, dass die Knollen dasjenige gewesen seien, was so appetitlich geduftet habe. Und in Preußen sollen die Menschen die neue Pflanze zunächst nicht akzeptiert haben. Friedrich der Große habe daher die königlichen Kartoffelfelder absichtlich schlecht bewachen lassen, sodass die Leute, wenn sie Kartoffeln stibitzen wollten, daran nicht gehindert worden seien.

ist gerade der übertriebene Kartoffelgenuss: Siehe hierzu auch den Vortrag vom 22. September 1922 in: *Rhythmen im Kosmos und im Menschenwesen. Wie kommt man zum Schauen der geistigen Welt?*, GA 350; sowie den Vortrag vom 23. Januar 1924 in: *Natur und Mensch in geisteswissenschaftlicher Betrachtung*, GA 352.

204 *Aus der so anerkennenswerten Toleranz [...], haben ja eine Anzahl von Interessenten, die nicht direkt Landwirte sind, teilnehmen können an diesem Kurse:* Siehe *Zu dieser Ausgabe* im vorliegenden Band, S. 385.

an die bekannte Oper erinnern: Gemeint ist «Die Zauberflöte» von Wolfgang Amadeus Mozart (1756–1791), in der einem der beiden Protagonisten (Papageno) ein Schloss vor den Mund gehängt wird, weil er sich nicht an das Gebot des Schweigens halten kann.

Denn gerade durch das ist uns oft so vielfach geschadet worden: Hier bricht das Kolisko-Stenogramm ab.

Zur vierten Fragenbeantwortung, Montag, 16. Juni 1924

Textgrundlagen: Achte Auflage von 1999, Typoskript (Vortragsregister-Nr. 5776 B I), Stenogramm von Lilly Kolisko (Ausschrift mit der Vortragsregister-Nr. 5776 A I). Des Weiteren wurden im Bedarfsfall die erste bis siebente Auflage beigezogen. Änderungen durch die Herausgeber der vorliegenden neunten Auflage gegenüber der achten Auflage sind durch eckige Klammern gekennzeichnet und in den Hinweisen nachgewiesen.

206 *[Aber nicht im Allgemeinen gilt das für den Dünger]:* Änderung durch die Herausgeber aufgrund des Typoskriptes. – Der Zusammenhang mit dem Ich gilt nicht für jede Art von betriebseigenem Dünger (wie z. B. Kompost, Jauche ohne Dung). In allen bisherigen Auflagen: «Im Allgemeinen gilt das nicht für die Jauche.»

[Elisabeth]: Redaktionelle Einfügung durch die Herausgeber. – Elisabeth Vreede (1879–1943) war (neben Marie Steiner, Guenther Wachsmuth und Rudolf Steiner) eines der vier nach Koberwitz gereisten Vorstandsmitglieder. Sie war die Leiterin der Mathematisch-Astronomischen Sektion. Zwar hatte sie nicht promoviert, sie hatte aber den Doktorandus-Status, was in den Niederlanden mit «Drs.» abgekürzt wurde und im niederländischen Sprachgebrauch als «Doktor» gehandhabt wurde. Auch Rudolf Steiner sprach sie mit «Fräulein Dr. Vreede» an. Sie selbst unterschrieb ihre Briefe u. a. mit «E. Vreede, phil. doct.».

würde in diesem Jahre: D. h. im Jahr 1924; in der zweiten November-Hälfte von 1924 stand die Venus allein im Zeichen des Skorpions. Das Stehen der Venus im Bild des Skorpions ist für die Feldmausvertilgung Voraussetzung (siehe S. 150 und 165).

Die Prinzipien des anthroposophischen Kalenders, wie er dazumal veranlagt war: Im Jahr 1912/13 brachte Rudolf Steiner zusammen mit Imme von Eckardtstein (1871–1930) einmalig den sogenannten *Kalender* heraus, der aus einem Kalendarium mit astronomischen Angaben und Gedenktagen zu bedeutenden Persönlichkeiten bestand, dem als eigenständiger Teil die 53 Wochensprüche angehängt waren, die sich fortdauernd als «Anthroposophischer Seelenkalender» erhalten haben. Siehe auch «Der Anthroposophische Seelenkalender und der Kalender 1912/13» in: *Beiträge zur Rudolf Steiner Gesamtausgabe,* Nr. 37–38/1972.

207 *[Wo der Mond nur als schmale Sichel da ist und dann verschwindet. Vollmond rechnet man von der Zeit ab, wo dieses Bild auftritt.]:* Redaktionelle Änderung durch die Herausgeber. In allen bisherigen Auflagen hieß es: «Vollmond rechnet man von der Zeit ab, wo dieses Bild auftritt. Wo der Mond nur als schmale Sichel da ist und dann verschwindet.» – Erst durch die nun vorgenommene Umstellung der Sätze wird die Antwort Rudolf Steiners verständlich.

Da rechnet man den Neumond ... zwölf bis vierzehn Tage immer: Im Kolisko-Stenogramm heißt es: «Neumond rechnet man von dem Momente ab, wo dieses Bild auftritt [abnehmende Sichel ☾; Anm. der Herausgeber]; Vollmond, wo dieses Bild auftritt [zunehmende Sichel ☽; Anm. der Herausgeber].»

207 *Insekten stammt:* Im Kolisko-Stenogramm wird hier die «Roggenmotte» genannt, wobei es sich vermutlich um einen Hörfehler gehandelt hat. Gemeint ist vermutlich die «Rübenmotte» (*Scrobipalpa ocellatella*), die ihren gesamten Lebenszyklus auf (bzw. im Falterstadium «über») der Rübenpflanze verbringt.

208 *Quecke:* Gemeint ist das Süßgras *Elymus repens* (früher: *Agropyron repens*).

209 *Futtermassen durch den elektrischen Strom zu konservieren:* Die Konservierung von Futter durch elektrischen Strom war damals Thema. Siehe u. a.: Willibald Fuhrmann: *Die Elektrizität in der Landwirtschaft*, Leipzig 1922 (RSB N 163); sowie: Arthur Vietze: *Die elektrische Futterkonservierung*, Berlin 1923, 143 S.

210 *man wird es allem möglichen zuschreiben:* Im Kolisko-Stenogramm heißt es hier: «Man wird es allem Möglichen zuschreiben, nur nicht dem, dass man Elektrizität den Nahrungsmitteln zuführt.»

Elektrizität ist aber doch einmal nichts, was in das Lebendige hereinwirken sollte: Siehe hierzu u. a. den Vortrag vom 11. Juli 1923 in: *Die menschliche Seele in ihrem Zusammenhang mit göttlich-geistigen Individualitäten. Die Verinnerlichung der Jahresfeste*, GA 224, Dornach 1992, S. 109; sowie: «Von der Natur zur Unter-Natur» in: *Anthroposophische Leitsätze*, GA 26, Dornach 1998.

Säuerungsverfahren im Allgemeinen: Die Frage zielte auf eine Erläuterung der Säuerungsverfahren ab. Rudolf Steiner gibt eine Antwort, die sich auf das Salzen bezieht. Möglicherweise ist die Frage falsch verstanden worden. Die folgende Frage wiederholt die Thematik der Säuerung, und Rudolf Steiner geht dann auch auf diese Frage ein.

212 *Schlämmkreide:* Durch Schlämmverfahren gereinigtes Calciumcarbonat; u. a. für seine bakterizide Wirkung bekannt.

[Sie werden nicht verdauen.]: Einfügung durch die Herausgeber aufgrund des Kolisko-Stenogramms.

213 *hat das nicht eine ungeheuer größere Wirkung für das Karma:* In einem Brief von Alois Riehl (Lebensdaten unbekannt) an Berta von Polzer-Hoditz (1879–1945) vom 19. Februar 1934 heißt es: «Hier machen die Mäuse oft großen Schaden und ich habe dieselben voriges Jahr energisch bekämpft, obwohl ich schon gelesen habe, dass man sie auch schonen soll; ich habe deshalb schon vor 22 Jahren Herrn Doktor Steiner gefragt, ob man schonungslos die Schädlinge vernichten darf, worauf er mir erwiderte: ‹Sie müssen doch leben und etwas tun gegen die Schädlinge.›» (Original Goetheanum Archiv; Abschrift: RSA IV SACH Landwirtschaft).

214 *Ich meinte, ob die Art, wie man zerstört:* Vgl. hierzu die folgenden Ausführungen Rudolf Steiners im Vortrag vom 26. Juni 1924 in: *Heilpädagogischer Kurs*, GA 317, Dornach 1995: «Ich habe auf dem Landwirtschaftli-

chen Kursus in Breslau Richtlinien angegeben, um die Landwirtschaft in der richtigen Weise zu behandeln. Nun saß bei diesem Breslauer Kursus auch ein älterer Landwirt, der auch ein altes Mitglied der Gesellschaft ist. Er kam bei dem ganzen Kursus nicht hinaus über eine gewisse Empfindung, und immer in der Diskussion trat diese Empfindung wieder hervor. Er sagte fortwährend: Ja, wenn man aber das tut, da benützt man ja okkulte Mittel, um praktische Dinge auszuführen. Berührt das nicht die menschliche Moralität in einem zu intensiven Sinne? Kann das nicht auch in unmoralischem Sinne ausgenutzt werden? – Er kam gar nicht hinaus über diesen Skrupel, er witterte in Anwendung solcher Dinge schwarze Magie. Natürlich wird diese Sache schwarze Magie, wenn man sie nicht so behandelt, wie sie behandelt werden muss. Deshalb habe ich einmal ganz klar gesagt: Ja, Moralität muss bei allen diesen Dingen sein. Deshalb setze ich voraus, dass die, welche teilgenommen haben, in voller Moralität der Menschheit zu dienen, der Landwirtschaft zu helfen, an diesem Kursus teilgenommen haben. Deshalb soll man nehmen den Landwirtschaftlichen Ring auch als einen moralischen Ring, der sich zur Aufgabe setzt, dass diese Dinge richtig angewendet werden. Die Magie, die Götter wenden sie an, aber der Unterschied zwischen weißer und schwarzer Magie besteht lediglich darin, dass man in der weißen Magie eingreift in moralischer Art, in selbstloser Art, bei der schwarzen Magie auf unmoralische, auf selbstische Art. Einen andern Unterschied gibt es nicht.» Um welchen Landwirt es sich hierbei handelte, konnte nicht ausfindig gemacht werden.

215 *[Friedrich Schyre:]:* Redaktionelle Einfügung durch die Herausgeber. Friedrich Schyre (Lebensdaten unbekannt) offenbart sich als Fragesteller in seinem Aufsatz: «Über die Fäkaliendüngung» in: *Gäa Sophia,* 1927 (Bd. 2), S. 384–390.

Können menschliche Fäkalien verwendet werden: In einem Schreiben vom 24. März 1928 antwortet Emil Leinhas (1878–1967) auf eine Anfrage von Franz Dreidax (1892–1964): «Leider muss ich Ihnen mitteilen, dass mir Dr. Steiner in dem betreffenden Gespräch keinerlei nähere Angaben über die Durchführung der Fäkalienverbrennung gemacht hat. Mir ist nur in Erinnerung, dass Dr. Steiner ganz allgemein die Verbrennung der Fäkalien als eine Notwendigkeit oder als ein Bedürfnis für die Zukunft bezeichnet hat.» (Original: Goetheanum Archiv; Kopie: RSA IV SACH Landwirtschaft)

216 *Hederich, der ein Bastard ist:* Unter Hederich wird im Allgemeinen *Raphanus raphanistrum* verstanden, der aber gewöhnlich keine Hybridpflanze ist.

Teil II: Gründung des Landwirtschaftlichen Versuchsrings

217 *Landwirtschaftlicher Versuchsring:* Noch während der Koberwitzer Tagung wurde der sogenannte «Landwirtschaftliche Versuchsring der Anthroposophischen Gesellschaft» gegründet, wovon die hier vorgelegten Dokumente zeugen. Von 1924 bis 1926 hatte Carl von Keyserlingk den Vorsitz, auf ihn folgten dann Guenther Wachsmuth und Ernst Stegemann. Der Versuchsring koordinierte die Versuche auf den angeschlossenen Betrieben und beteiligte sich auch an der Ergebnis-Auswertung. Wie alle biologisch-dynamischen Initiativen wurde auch der Versuchsring 1941 verboten. Die Höfe durften weitermachen, sofern sie das Ablieferungssoll erfüllten. 1946 wurde der als Nachfolgeorganisation gedachte «Forschungsring für Biologisch-Dynamische Wirtschaftsweise» gegründet. Der Forschungsring wurde Eigentümer des Verbandszeichens «Demeter» und übertrug das Zertifizierungsrecht 1953 an den im gleichen Jahr begründeten Demeterbund. Dem Forschungsring kam die Aufgabe zu, die Richtlinien für die Demeter-Zertifizierung auszuarbeiten. Seit 2007 widmet sich der Forschungsring ganz der Forschung im biologisch-dynamischen Lebensumfeld.

Zu «Auf dem Weg zur Resolution», Gesprächsnotizen

Textgrundlage: Stenogramm von Lilly Kolisko (Heft 14, RSA 062/6, Ausschrift mit der Vortragregister-Nr. 5756 a). – Der Text wird hier nach der neu angefertigten Transkription des Stenogramms von Lilly Kolisko zum ersten Mal abgedruckt. Er war in den bisherigen Buchausgaben des *Landwirtschaftlichen Kurses* nicht enthalten. Der Text dokumentiert einen Disput zwischen dem Praktiker und Wirtschafter Carl von Keyserlingk und dem mehr esoterisch orientierten Ernst Stegemann (siehe auch Hinweise zu S. 15 und S. 47). Der Bericht enthält gleich zu Beginn und auch im weiteren Verlauf Lücken und Unklarheiten. Der Titel stammt von den Herausgebern. Die vorliegende Fassung ist ein Versuch der Herausgeber, aus den teils nur bruchstückhaften Notizen den Gesprächsablauf zu rekonstruieren. Zuordnung der Namen zu den Wortbeiträgen unsicher. Eingriffe der Herausgeber in eckigen Klammern. – Im Kolisko-Stenogramm sind weder Angaben zu Zeit und Ort dieser Unterredung notiert. Im Bericht von Johanna von Keyserlingk in *Koberwitz 1924 – Geburtsstunde einer neuen Landwirtschaft* (Hrsg. Adalbert Graf von Keyserlingk) heißt es zum 8. Juni 1924: «Um 5 Uhr [i. e. 17 Uhr] wurde im Auto zur Stadt gefahren. Die Landwirte hatten dort eine Zusammenkunft, in welcher Herr Stegemann über seine Erfahrungen berichten wollte. Der Priester Rudolf Meyer erzählte mir, Carl [von Keyserlingk] sei dort mit Herrn Stegemann aneinandergeraten.» (Stuttgart 1974, S. 61; in eckigen Klammern Anmerkungen der

Herausgeber). Siehe hierzu auch die Notizbucheinträge (Notizbuch 617) im Anhang auf S. 351 f.

219 *ohne Datum:* Im Stenogramm von Lilly Kolisko findet sich keine Datumsangabe. – Siehe vorhergehende Erläuterungen zur Textgrundlage. Sehr wahrscheinlich der 8. Juni 1924, sicher vor dem 11. Juni 1924.

Referat von Herrn Stegemann: Siehe hierzu den schriftlichen Bericht Rudolf Steiners im Anhang des vorliegenden Bandes auf S. 255.

schließt mit folgenden Worten an Doktor Steiner: «schließt» im Sinne von «endet»: Das Referat endet mit den folgenden Worten an Rudolf Steiner.

Ich bin zu dämlich, um es zu verstehen: Zu diesem Zeitpunkt hatte sehr wahrscheinlich nur der Vortrag vom 7. Juni stattgefunden; maximal könnten es zwei Vorträge gewesen sein, wenn man von der in den vorhergehenden Hinweisen geschilderten Datumsunsicherheit ausgeht und deshalb «vor dem 11. Juni 1924» angeben wollte. – Carl von Keyserlingk äußerte sich in diesem Sinne offenbar ein weiteres Mal. Almar von Wistinghausen überliefert die folgende (weitere?) Gesprächssituation von Carl von Keyserlingk und Rudolf Steiner. Rudolf Steiner habe Carl von Keyserlingk gefragt, ob er in seinen Ausführungen verständlich gewesen sei, worauf Carl von Keyserlingk geantwortet habe: «Nein, Herr Doktor, ich habe nichts verstanden.» «Dann muss ich wohl noch einfacher sprechen.», habe Rudolf Steiner entgegnet. (Almar von Wistinghausen: *Erinnerungen an den Anfang der biologisch-dynamischen Wirtschaftsweise*, Darmstadt 1982, S. 23)

Wir müssen dasselbe tun, was die Landwirte tun, die in der Not sind, das, was man in all unseren landwirtschaftlichen Fachzeitschriften immerfort liest: Jeder Landwirt wird aufgefordert, sich zu Versuchsringen zusammenzuschließen: Mit Beginn des 20. Jahrhunderts wurden in der konventionellen Landwirtschaft anfänglich Versuchsringe gegründet, um die neuen Methoden zunächst im Kleinen zu testen und dem betrieblichen Geschehen vor Ort anzupassen (siehe hierzu: H. Koepf, B. v. Plato: *Die biologisch-dynamische Wirtschaftsweise im 20. Jahrhundert*, Dornach 2001, S. 38).

221 *(absteckend):* So in der Textgrundlage.

Ich lade [Graf] Keyserlingk ein, das zu betrachten [...]: Im Stenogramm folgt an dieser Stelle die Notiz «Malnistorfer Winterweizen». – Hierbei scheint es sich um eine der zahlreichen, damals noch existierenden Landsorten gehandelt zu haben.

222 *[Wahrscheinlich Moritz] Bartsch:* In den Erinnerungen von Johanna von Keyserlingk heißt es: «Ich hörte dann, die beiden Herren [Ernst Stegemann und Carl von Keyserlingk] wären sich mit kräftigen landwirtschaftlichen Ausdrücken entgegengefahren. Rektor Bartsch [also Moritz Bartsch] habe vermitteln wollen, doch Carl habe das abgelehnt

mit der Bemerkung, Landwirte kämen schon allein miteinander zurecht, sie verstünden schon ihre Sprache.» (Adalbert von Keyserlingk (Hrsg.): *Koberwitz 1924 – Geburtsstunde einer neuen Landwirtschaft*, Stuttgart 1974, S. 61).

Zur Verlesung der Resolution, Mittwoch, 11. Juni 1924, morgens

Textgrundlage: Stenogramm von Lilly Kolisko (Ausschrift mit der Vortragregister-Nr. 5759 C I). – Der Titel stammt von den Herausgebern. Eingriffe der Herausgeber in eckigen Klammern. Der angegebene Zeitpunkt folgt aus Rudolf Steiners eigener Aussage im Vortrag vom 11. Juni 1924. Dort bezieht er sich unmittelbar auf seine vorhergehende Ansprache: «Und sehen Sie, man kann ja das nicht wiederholen, was ich eben vor einer Stunde hier gesagt habe, aber ich kann es doch in einer gewissen Weise wiederum charakterisieren.» (S. 65 im vorliegenden Band) So dürfte der Ablauf des Morgens vom 11. Juni wie folgt ausgesehen haben: Ansprache und Verlesung der Resolution durch Carl von Keyserlingk, Ansprache von Rudolf Steiner, Vortrag im Rahmen des Landwirtschaftlichen Kurses von Rudolf Steiner. Dieser fand laut Tagungsplan (siehe Anhang S. 270 und 271) um 11.30 Uhr statt. Die beiden genannten Ansprachen müssen also vorher stattgefunden haben. – H. Koepf und B. v. Plato schreiben indes: «Am Nachmittag des 11. Juni 1924, nach dem dritten landwirtschaftlichen Vortrag, wurde der «Landwirtschaftliche Versuchsring der Anthroposophischen Gesellschaft» begründet. Die am 7. Juni verfasste Resolution wurde verlesen und Rudolf Steiner hielt eine Ansprache.» (*Die biologisch-dynamische Wirtschaftsweise im 20. Jahrhundert*, Dornach 2001, S. 38.) – In seinen Statuten wurde der Verein «Allgemeiner Versuchsring anthroposophischer Landwirte und Gärtner» (RSA IV SACH Landwirtschaft) genannt.

223 *[Die] Resolution lautete:* Redaktionelle Einfügung durch die Herausgeber.

[durch die]: Redaktionelle Änderung durch die Herausgeber. In der Textgrundlage steht: «an die».

[wer dies]: Redaktionelle Einfügung durch die Herausgeber.

Zu dieser Resolution wird Herr Doktor Steiner selbst sprechen: Siehe die folgende Ansprache Rudolf Steiners vom 11. Juni 2020.

Doktor Wachsmuth: Dr. jur. Guenther Wachsmuth (1893–1963), damaliger Leiter der Naturwissenschaftlichen Sektion, Teilnehmer am Koberwitzer Kurs und Herausgeber der ersten drei Auflagen des *Landwirtschaftlichen Kurses.*

Arbeit geleistet [werden] sollte: Redaktionelle Einfügung durch die Herausgeber.

224 *bei den wissenschaftlich katastrophalen Verhältnissen:* Möglicherweise ein Hörfehler, es könnte auch «wirtschaftlich» statt «wissenschaftlich» gesagt worden sein.

224 *[in] Herr[n] Doktors:* Einfügungen durch die Herausgeber.

Fideikommiss: Eine damalige Rechtsfigur des Erbrechts, bei der ein Vermögenskomplex nach vorgegebener Erbfolge unveräußerlich mit einer Familie verbunden wird, um die Besitzzersplitterung durch Erbteilung zu verhindern.

Koschützki: Rudolf von Koschützki (1866–1954), wuchs im landwirtschaftlichen Milieu in Oberschlesien auf. Mitbegründer der Christengemeinschaft; gründete mit Rudolf Meyer und Kurt von Wistinghausen die Breslauer Gemeinde.

Georg Zimmer: Möglicherweise Georg Zimmermann, Lebensdaten unbekannt, siehe S. 286.

Kayser: Paul Carl Kayser (1890–1963); 1925 Begründung eines eigenen landwirtschaftlichen Betriebes; dann aber bald Papierhandelskaufmann in Dresden; dort tragende Säule der anthroposophischen Arbeit.

Weinmann: Erwin Weinmann (1895–1949), laut Liste der Teilnehmenden (S. 286) Gutsverwalter und Mitarbeiter der Versuchsstelle von Marie Becker in Feldershof (Kreis Hattingen/Ruhr).

Förster: Albert Förster (1892–1986), laut Liste der Teilnehmenden (S. 281) Gutsverwalter in Dorenweit.

Schenker: Dr. Dipl.-Ing., Forstrat h. c. Ulrich Schenker (1905–1983), laut Liste der Teilnehmenden (S. 284) damaliger Student in Wien; Sohn von Dora Schenker, geb. Hamburger, der anthroposophischen Freundin von Ludwig Polzer-Hoditz in Mariensee.

Schmidt: Martin Schmidt (1892–1964), Ingenieur, Getreidezüchter.

Kipple: Friedrich Kipple (1897–1983); auf der Liste der Teilnehmenden (S. 281 f.) nicht erwähnt.

Lumporsky: Keine näheren Angaben bekannt; auf der Liste der Teilnehmenden (S. 281 f.) nicht erwähnt.

Sch[ü]mann: Adolf Schümann (1893–1936), Änderung durch die Herausgeber aufgrund der Liste der Teilnehmenden (S. 285). In der Textgrundlage stand «Schimann».

Schwarz: Max Karl Schwarz (1895–1963); Garten- und Landschaftsarchitekt.

[Gerwig]: Änderung durch die Herausgeber aufgrund der Liste der Teilnehmenden (S. 281). In der Textgrundlage steht «Gerriet»; Adolf Gerwig († 1970).

Becker: Vermutlich Marie Becker (Lebensdaten unbekannt; laut der Liste der Teilnehmenden (S. 281) damals Gutsbesitzerin in Elberfeld).

[Frage zur] Organisation: «Ist [es] so gedacht, dass [Graf] Keyserlingk sich gedacht hat, wie er den Zusammenschluss finden wollte, [vielleicht ist das von mir auch]: Redaktionelle Einfügungen durch die Herausgeber.

224 *Dass [der Dornacher Kopf]:* Redaktionelle Einfügung durch die Herausgeber.

225 *wie Herr Stegemann, der wird seine Richtlinie auch bekommen, der ist viel weiter wie wir, der hat schon ein bis zwei Jahre gearbeitet:* Siehe Hinweis zu S. 47.

Zur Ansprache vom Mittwoch, 11. Juni 1924

Textgrundlage: Achte Auflage von 1999, Stenogramm von Lilly Kolisko (Ausschrift mit der Vortragsregister-Nr. 5759 A I) und Typoskript (Vortragsregister-Nr. 5759 B I). Im Bedarfsfall wurden die erste bis siebente Auflage hinzugezogen. Änderungen durch die Herausgeber der vorliegenden neunten Auflage gegenüber der achten Auflage sind durch eckige Klammern gekennzeichnet und in den Hinweisen nachgewiesen. – Der Text dieser Ansprache ist bereits in allen bisherigen Auflagen im Anhang erschienen. Er ist sowohl im Stenogramm von Lilly Kolisko als auch im Typoskript überliefert.

226 *Daraus ging dann die Diskussion hervor zwischen unserem hochverdienten Grafen Keyserlingk und Herrn Stegemann:* Siehe hierzu die vorhergehenden Gesprächsnotizen vermutlich vom 8. Juni 1924, S. 219.

dass zunächst ein Gespräch: Im Kolisko-Stenogramm heißt es: «ein engeres Gespräch», und im Typoskript: «ein eigenes Gespräch».

wie sie sich praktisch ausnützen lassen: Im Typoskript folgt hier: «dass eine solche Gemeinschaft sich findet.» Im Kolisko-Stenogramm heißt es: «dass sich eine solche Eigenschaft findet.»

227 *welche sich ausleben:* Im Kolisko-Stenogramm heißt es: «welche sich einleben».

Solche Anthroposophen in ihrer Gutherzigkeit: Im Kolisko-Stenogramm heißt es: «in ihrer Naivität, Güte und Liebe»; im Typoskript heißt es «in ihrer Guthaftigkeit».

228 *Frau Doktor Wegman:* Ita Wegman (1876–1943), erste anthroposophische Ärztin; damalige Leiterin der Medizinischen Sektion, u. a. Gründerin des *Klinisch-Therapeutischen Institutes* (später *Ita-Wegman-Klinik;* heute *Klinik Arlesheim*) und des heilpädagogischen Heimes *Sonnenhof,* beides in Arlesheim (CH), der *Casa di Cura* in Ascona (CH), von *La Motta* in Brissago (CH).

[die für die anthroposophische Medizin besteht]: Einfügung durch die Herausgeber aufgrund des Kolisko-Stenogramms.

[innerhalb der Gesellschaft]: Einfügung durch die Herausgeber aufgrund des Kolisko-Stenogramms.

229 *aber was [die] da bringen:* Änderung durch die Herausgeber aufgrund des Kolisko-Stenogramms und aufgrund des Typoskriptes. In der ersten und zweiten Auflage «sie», ab der dritten Auflage «Sie».

229 *was wir mit unseren Methoden:* Im Kolisko-Stenogramm heißt es: «was wir mit ihren Methoden».

dass die es besser anwenden können: Im Kolisko-Stenogramm heißt es «die Methoden» statt «es».

aber es ist nichts mehr [Substanzielles] drinnen: Einfügung durch die Herausgeber aufgrund des Kolisko-Stenogramms.

wenn die Anthroposophen kamen und nichts anderes taten, als dieselben Methoden handhaben: Im Kolisko-Stenogramm folgt hier: «und etwas beweisen wollen, was außerhalb des Bereichs der menschlichen Möglichkeit liegt *[Lücke im Stenogramm]* kommt nichts dabei heraus.»

die in dem Biologischen Institut [am Goetheanum]: Einfügung durch die Herausgeber aufgrund des Kolisko-Stenogramms. – Das Institut wurde mit den Forschungen Lilly Koliskos ca. 1922 in Stuttgart begründet. Der Zusatz «am Goetheanum» war auf Wunsch von Rudolf Steiner angefügt worden, da die Forschungen im Sinne des Goetheanum gewesen seien. Im März wurde das Institut von der «Kommenden Tag A.G.» durch das Goetheanum übernommen. Das Institut musste schließlich doch im Zusammenhang mit der Liquidation der Aktiengesellschaft der «Kommende Tag» noch im Juli 1924 aufgelöst werden. Siehe hierzu insbesondere: *Zu sozialen und wirtschaftlichen Fragen der Gegenwart*, GA 332b, Vortrag von 15. Juli 1924, Basel 2020, S. 438–440.

als dass die Leute wütend waren, wenn unsere Wissenschafter in ihren Vorträgen über dieselben Methoden sprachen: Im Kolisko-Stenogramm heißt es: «wenn unserer Wissenschafter kommen und wollen mit der Methodik des gewöhnlichen Wissenschaftlichen etwas an den Kopf werfen».

Was pfuscht man uns in unsere Sache hinein, was heißt das?: Hier endet das Kolisko-Stenogramm.

230 *Mixtum compositum:* Lateinisch; bildungssprachlich für «Durcheinander, Gemisch».

Berufsgemeinschaft: Im Typoskript heißt es «Berufsgenossenschaft».

Weihnachtstagung: Gemeint ist die Weihnachtstagung im Jahr 1923/24, in der die «Anthroposophische Gesellschaft» als «Allgemeine Anthroposophische Gesellschaft» neu gegründet worden ist. Näheres hierzu siehe z.B.: *Die Weihnachtstagung zur Begründung der Allgemeinen Anthroposophischen Gesellschaft 1923/1924*, GA 260, sowie: *Die Konstitution der Allgemeinen Anthroposophischen Gesellschaft und der Freien Hochschule für Geisteswissenschaft. Der Wiederaufbau des Goetheanum 1924–1925*, GA 260a. – Im Typoskript folgt an dieser Stelle: «und zwar aus dem Grunde schon sind diese Dinge Erkenntnisse zugleich im Weiteren dieses Wirtschaftlichen».

ich werde ja die ersten Richtlinien am Ende des Vortrags zu geben haben: Gemeint sind die im Laufe des Kurses gemachten Angaben z. B. auch zu den biologisch-dynamischen Präparaten (siehe insbesondere den Vortrag vom 12. Juni 1924).

231 *der sechzig Mitarbeiter:* Vermutlich hatten sich bereits sechzig Teilnehmende bereit erklärt, in dem frisch begründeten Versuchsring mitzuarbeiten.

so ist das eben ein Irrtum: Dieser Satz ist im Typoskript nicht vorhanden.

232 *über die Differenz bei der ersten Versammlung zwischen dem Grafen Keyserlingk und Herrn Stegemann gesprochen:* Siehe im vorliegenden Band S. 219 f.

dass wir von vornherein richtig anfangen: Im Typoskript folgt hier: «Was sonst noch an Vorschlägen geäußert worden ist, dass die Leitung ernannt werden soll, das kann ja am besten am Schluss meiner Vorträge geschehen. Da wird sich auch ergeben können, wie solch eine Leitungsanschauung gemeint ist und so weiter und so weiter.»

233 *und seinen Vertreter nach Dornach geschickt:* Siehe Hinweis zu Seite 240.

in diese äußerste Ostecke verlegte Kursus: Gemeint ist Niederschlesien, das für jemanden, der aus der Schweiz anreist, schon recht weit östlich liegt, auch wenn das damals zum Deutschen Reich zugehörige Ostpreußen noch weiter östlich lag.

234 *diese Einstellung:* Im Typoskript heißt es: «diese Einteilung».

235 *er versteht mich nicht:* Siehe im vorliegenden Band Seite 219 f.

es ist dies in meinem Lebensgang angedeutet: Siehe: *Mein Lebensgang*, Kap. II, GA 28, Dornach 2000, S. 41. Siehe auch den autobiografischen Vortrag vom 4. Februar 1913 in: *Zur Geschichte der Deutschen Sektion der Theosophischen Gesellschaft*, GA 250.

236 *dass diese Dummheit – Torheit, sagte ich – dann Weisheit vor Gott, vor dem Geist ist:* Vgl. 1 Kor 3,18–20: «Niemand betrüge sich selbst. Welcher sich unter euch dünkt weise zu sein, der werde ein Narr in dieser Welt, dass er möge weise sein. Denn dieser Welt Weisheit ist Torheit bei Gott. Denn es steht geschrieben: ‹Die Weisen erhascht er in ihrer Klugheit.› Und abermals: ‹Der Herr weiß der Weisen Gedanken, dass sie eitel sind.› Darum rühme sich niemand eines Menschen.» (Luther 1912)

und Doktor Wachsmuth hat ja auch abgewiesen diese Wissenschaft … die erst durch die Bauernweisheit befruchtet werden soll, gewünscht: Im Typoskript steht an dieser Stelle «und Doktor Wachsmuth wollte ja auch nur abweisen diese Wissenschaft, die eigentlich tot geworden ist. Nein, da scheine ich mich doch zu irren. Er scheint die lebendige Wissenschaft, die erst durch Bauernweisheit befruchtet werden soll, gemeint zu haben.»

Zum nachträglichen Bericht in Dornach, 20. Juni 1924

Textgrundlage: Achte Auflage, Typoskript, bei Bedarf wurden das Stenogramm von Helene Finckh sowie die vierte bis siebente Auflage beigezogen. Vortragsregister-Nr. 5781. Änderungen durch die Herausgeber der vorliegenden neunten Auflage gegenüber der achten Auflage sind durch eckige Klammern gekennzeichnet und in den Hinweisen nachgewiesen. – Der Titel stammt von den Herausgebern. Im Rahmen der Rudolf Steiner Gesamtausgabe bereits publiziert in: *Die Konstitution der Allgemeinen Anthroposophischen Gesellschaft und der Freien Hochschule für Geisteswissenschaft. Der Wiederaufbau des Goetheanum 1924–1925*, GA 260a, Dornach 1987, S. 300f. – Dieser Text wurde ab der vierten Auflage den Koberwitzer Vorträgen Rudolf Steiners vorangestellt.

239 *[Meine lieben Freunde!]:* Einfügung gemäß Stenogramm Finckh.

Zunächst handelt es sich ja darum …: Zu den näheren Umständen des Koberwitzer Kurses siehe: *Zu dieser Ausgabe*, S. 385 im vorliegenden Band.

dass eine Anzahl von Landwirten, die innerhalb der Anthroposophischen Gesellschaft stehen, gewünscht haben, dass für sie ein Kursus gehalten werde mit besonderen landwirtschaftlichen Gesichtspunkten: Beispielsweise sandten Immanuel Voegele (1897–1959) und Erhard Bartsch im August 1922 einen Brief an Rudolf Steiner, in dem es heißt: «Der anthroposophischen Bewegung angehörende Landwirte haben aus der Erkenntnis der Lebensnotwendigkeiten ihres Berufs und dessen, was Anthroposophie für deren Erfüllung bedeutet, den lebhaften Wunsch, zeitgemäß in geisteswissenschaftlichem Sinne auf ihrem Gebiet zu arbeiten. Der erste Schritt zur Verwirklichung dieses Zieles wäre wohl getan, wenn Sie, hochverehrter Herr Dr. Steiner, in einem Kurs oder einer Reihe von Vorträgen die für die Behandlung landwirtschaftlicher Fragen erforderlichen allgemeinen geisteswissenschaftlichen Grundlagen und spezielle Hinweise geben würden.» (RSA 086/1)

240 *der Neffe des Grafen Keyserlingk:* Alexander Graf von Keyserlingk (1895–1995), Sohn von Alfred Karl von Keyserlingk (1861–1937), wohnte auf Schloss Koberwitz, Neffe von Carl von Keyserlingk, hatte auf baltischen Gütern gearbeitet. Führte zusammen mit Wolfgang von Keyserlingk (1899–1962; erster Sohn von Carl von Keyserlingk) in Koberwitz die Herdbuch-Viehhaltung ein. Ornithologe, Arbeitsaustausch mit Johannes Thienemann (1863–1938) und Jakob von Uexküll (1864–1944).

dreißigtausend Morgen: 7500 ha

Deshalb war ja schon bei der Weihnachtstagung der Neffe des Grafen Keyserlingk hier in Dornach, … Es gehört ja zum Gut Koberwitz eine Landwirtschaft von dreißigtausend Morgen. Es ist eines der größten Güter: Alexander von Keyserlingk schrieb in seinen Erinnerungen dazu:

«Übrigens, im Bericht von Dr. Steiner in Dornach am 20. Juni 1924 sind zwei Mitteilungen nicht ganz richtig, wohl durch falsche Orientierung hervorgerufen: Erstens: Das Gut Koberwitz war nicht 30000 Morgen groß, sondern nur 3000 Morgen und nur eines von den 18 großen Gütern der Firma Vom Rath, Schoeller & Skene. Alle Güter der Firma zusammen waren 30000 Morgen. Zweitens bin ich nicht nach Dornach geschickt worden, sondern Wolfgang [von Keyserlingk] und ich wollten die Weihnachtstagung mitmachen. [...] Da wurde ich gebeten, *wenn ich in Dornach bin,* Dr. Steiner zu bitten, den genauen Termin für die Tagung zu nennen, was er auch tat. Er sagte mir nicht ‹sobald es nur sein könnte›, sondern er sagte mir genau: ‹zu Pfingsten in diesem Jahr, am 6. Juni›. Mir wurde nie gesagt: ‹Entweder bringst Du mir das ganz bestimmte Versprechen usw. oder du kommst mir überhaupt nicht nach Hause.› So eine Redensart würde überhaupt nicht zu Onkel Carl passen, das hat eher Tante Johanna [von Keyserlingk] Dr. Steiner so dramatisch vorgeschwindelt.» (aus: Alexander Graf von Keyserlingk: *Erinnerungen 1895–1939,* herausgegeben und mit Erläuterungen versehen von Peter Waltner, 2. Auflage, Hechingen 2016, S. 187 f.)

241 *zu dem lichten Zeitalter:* Das lichte Zeitalter beginnt mit dem Erlöschen des Kali Yuga (dem sog. finsteren Zeitalter) im Jahr 1899 (siehe Hinweis zu Seite 47). Es gilt als das Zeitalter, in dem die Menschheit wieder eine neue, bewusste Art des Hellsehens erwerben kann. Siehe z. B. *Das Ereignis der Christus-Erscheinung in der ätherischen Welt*, GA 118.

244 *eine Eurythmie-Vorstellung ... die am Pfingstsonntag morgens war:* Die Aufführung fand am Pfingstmontag statt (siehe auch Programm S. 270). «Pfingstsonntag» auch im Finckh-Stenogramm.

in neun Vorträgen: «Karma als Schicksalsgestaltung des menschlichen Lebens», Vorträge vom 7. Juni bis 15. Juni 1924 in Breslau, in: *Esoterische Betrachtungen karmischer Zusammenhänge*, Band V, GA 239.

Ich habe einen kurzen Bericht über die ganze Sache ja schon gegeben in dem Mitteilungsblatte: Siehe im Anhang des vorliegenden Bandes, S. 255.

245 *lange Zeit hatten die Mitglieder der deutschen Gegenden nicht so etwas gehabt:* Nachdem es im Mai 1922 während der zweiten sog. Wolff & Sachs-Tournee teilweise zu Störungen und Tumulten gekommen war, stellte Rudolf Steiner seine öffentliche Vortragstätigkeit in Deutschland weitgehend ein. Siehe hierzu *Archivmagazin* Nr. 8/2018.

246 *[– und alles das eben dazwischen drinnen.]:* Einfügung durch die Herausgeber aufgrund des Finckh-Stenogramms. – Zu den Klassenstunden siehe: *Esoterische Unterweisungen für die erste Klasse der Freien Hochschule für Geisteswissenschaft am Goetheanum*, GA 270. Die beiden durch Stenogramme von Lilly Kolisko überlieferten Breslauer Klassenstunden sind publiziert in: *Der Meditationsweg der Michaelschule – Die Wiederholungsstunden in Breslau vom 12. und 13. Juni 1924*, Basel 2016.

246 *Herr Kugelmann:* Georg Kugelmann (1892–1959), seine Schauspielertruppe gliederte sich später größtenteils dem Goetheanum-Ensemble ein; gilt neben Gottfried Haaß-Berkow (1888–1957) als maßgeblicher Anreger für die Ausführungen Rudolf Steiners im sog. «Dramatischen Kurs» (*Sprachgestaltung und dramatische Kunst,* GA 282).

Iphigenie: Das Drama *Iphigenie auf Tauris* von Johann Wolfgang von Goethe.

[So schloss die ganze Veranstaltung dann in Breslau-Koberwitz]: Einfügung durch die Herausgeber aufgrund des Finckh-Stenogramms.

aber das Wirtschaftsleben ist schon in einem furchtbaren Zustande in Deutschland: Deutschland litt noch immer an den Folgen der Kriegs- und Nachkriegsinflation von 1914 bis 1923.

247 *Ilse Knauer:* 1893–1981; war 1924 Mitbegründerin des Heilpädagogischen Instituts Lauenstein bei Jena, später Augenärztin in Freiburg i. Br.

Dann bin ich eben über Stuttgart hierhergekommen: Der Besuch in Lauenstein erfolgte am 18. Juni 1924 von Jena aus, wo Rudolf Steiner noch am Abend des 17. Juni ein Treffen mit den Mitgliedern des heilpädagogischen Instituts Lauenstein hatte. Von Jena oder Weimar reiste er am 19. Juni nach Stuttgart, wo er abends eine Konferenz mit dem Lehrerkollegium der Waldorfschule durchführte. Am 20. Juni reiste er nach Dornach zurück.

248 *wie ich bei einer Versammlung des Waldorfschulvereins kürzlich sagte:* Versammlung vom 1. Juni 1924 in Stuttgart; im Rahmen der Rudolf Steiner Gesamtausgabe bislang unpubliziertes Protokoll (RSA 058/1).

249 *[Und durch Übernahme von solchen Patenschaften ist ja von schweizerischer Seite ein Beträchtliches geleistet worden.]:* Einfügung durch die Herausgeber aufgrund des Finckh-Stenogramms.

251 *[zwischen diesem toten Stickstoff und dem lebendigen Stickstoff in der Erde] ein großer Unterschied ist:* Redaktionelle Änderung durch die Herausgeber. In der vierten bis achten Auflage hieß es: «zwischen diesem toten Stickstoff und dem anderen Stickstoff ein großer Unterschied ist.» Die Konsultierung des Finckh-Stenogramms zeigte an dieser Stelle Unsicherheiten. Die Stelle wurde per Bleistift nachkorrigiert, wodurch sich folgende Fassung ergäbe: «zwischen diesem Stickstoff und dem toten Stickstoff ein großer Unterschied ist», was aber im Widerspruch zum Vortrag vom 11. Juni 1924 sowie zur – der Änderung entsprechenden – Aussage stehen würde, die wenige Absätze später folgt: «Und das sind zwei verschiedene Stickstoffe: derjenige Stickstoff, der über dem Niveau der Erde ist, und derjenige, der unter dem Niveau der Erde ist; das eine ist toter Stickstoff; das andere ist lebendiger Stickstoff.»

253 *Dasjenige, was ich in Penmaenmawr zum allerersten Mal angedeutet habe im vorigen Jahre:* Siehe insbesondere den Vortrag vom 23. August

1923 in: *Initiations-Erkenntnis*, GA 227. – *Penmaenmawr*: Ort an der Küste im Norden von Wales (GB). Siehe Hinweis zu Seite 187.

253 *So ist es aber nicht, [so nämlich,]:* Einfügung durch die Herausgeber aufgrund des Finckh-Stenogramms.

oder [um] Därme: Im Finckh-Stenogramm hieß es an dieser Stelle «um Wärme». Siehe auch die folgenden Erläuterungen zur Wärme, die aus der aufgenommenen Nahrung und nicht durch die Atmung und Sinne gebildet wird. Siehe ebenso die folgende Bemerkung über die Wärme in der großen Zehe, die aus der physischen Nahrung, die wir dem Magen zuführen, gebildet wird. Änderung durch die Herausgeber aufgrund des Finckh-Stenogrammes. Von der fünften bis achten Auflage «für» statt «um».

254 *dass [überhaupt das Leben,]:* Einfügung durch die Herausgeber aufgrund des Finckh-Stenogramms.

[Die heutige Theorie ist theoretisch und unpraktisch.]: Einfügung durch die Herausgeber aufgrund des Finckh-Stenogramms.

[Morgen wird um halb neun abends ... wird hier eine Eurythmieaufführung sein.]: Einfügung durch die Herausgeber aufgrund des Finckh-Stenogramms.

Zum schriftlichen Bericht im Nachrichtenblatt vom 22. Juni 1924

Textgrundlage: Bericht in *Was in der Anthroposophischen Gesellschaft vorgeht*, Nr. 24/1924: S. 93–94. Im Rahmen der Rudolf Steiner Gesamtausgabe bereits publiziert in: *Die Konstitution der Allgemeinen Anthroposophischen Gesellschaft und der Freien Hochschule für Geisteswissenschaft. Der Wiederaufbau des Goetheanum 1924–1925*, GA 260a, Dornach 1987, S. 315 f. – Kürzung durch die Herausgeber, im Text gekennzeichnet durch «[...]».

255 *Seit längerer Zeit war es der Wunsch:* Siehe Hinweis zu Seite 239 und *Zu dieser Ausgabe* im vorliegenden Band, S. 385.

256 *Er hat ja aufgrund des so Gesagten bereits praktische Versuche auf dem von ihm bewirtschafteten Gute gemacht:* Ernst Stegemann gab in einem Brief vom 5. März 1924 an den Vorstand am Goetheanum detaillierte Auskunft über seine Feldversuche (RSA IV SACH Landwirtschaft; siehe *Archivmagazin* Nr. 11/2021).

257 *Max Schuurman:* 1889–1955, Dirigent, Violinist, Komponist; u. a. ab 1929 im Vorstand des Basler Kammerorchesters. Rudolf Steiner entwarf Ende 1924 für ihn das «Haus Schuurman», das im Norden des Goetheanumgeländes in Dornach erbaut wurde und in das Max Schuurman noch im März 1925 einziehen konnte.

Lobe-Theater: Das Breslauer Lobe-Theater war eine Gründung des Schauspielers Theodor Lobe (1833–1905) in der Ohlauer Vorstadt Breslaus im Jahr 1869. Es wurde 1935 geschlossen und im Zweiten Weltkrieg zerstört. Seine beste Zeit hatte das Lobe-Theater von 1921 bis 1933 unter der Intendanz des Österreichers Paul Barnay (1884–1960).

257 *Zwei Klassenvorträge der Freien Hochschule des Goetheanums:* Siehe Hinweis zu Seite 246.

Zwei Versammlungen der in Breslau bestehenden Jugendgruppe der Anthroposophischen Gesellschaft konnten abgehalten werden: Es gab drei Treffen mit jungen Menschen, am 9. Juni 1924, am 14. Juni und am 17. Juni 1924. Die beiden Ansprachen vom 9. und 17. Juni 1924 sind im Rahmen der Rudolf Steiner Gesamtausgabe publiziert in: *Die Erkenntnis-Aufgabe der Jugend*, GA 217a. Das Stenogramm von Lilly Kolisko zum Treffen vom 14. Juni 1924 wurde jüngst neu transkribiert. Im Rahmen der Rudolf Steiner Gesamtausgabe wird es im Band *Fragenbeantwortungen und Interviews*, GA 244, abgedruckt werden. Vorab ist diese Neu-Transkription im *Archivmagazin* Nr. 11/2021 veröffentlicht worden (eine vorhergehende Transkription wurde bereits in den *Beiträgen zur Rudolf Steiner Gesamtausgabe* Nr. 106/1991: S. 16–21 abgedruckt). Dieses Dokument sowie die Ansprache vom 9. Juni 1924 enthalten im Gegensatz zur Ansprache vom 17. Juni 1924 keinen Bezug zur Landwirtschaft. Die Ansprache vom 17. Juni ist im Anhang des vorliegenden Bandes in Auszügen wiedergeben (S. 262). Laut einem Bericht von Wilhelm Koschützki war der Kreis der jungen Menschen am 17. Juni bereits ab 7 Uhr mit Rudolf Steiner verabredet (RSA IV SACH Landwirtschaft).

Den Abschluss der Tage bildete immer der Mitgliedervortrag: In: *Esoterische Betrachtungen karmischer Zusammenhänge*, Band V, GA 239.

258 *Kugelmann:* Siehe Hinweis zu S. 246 sowie *Zu dieser Ausgabe*, S. 389.

nach dem letzten Mitglieder-Vortrag: D. h. am späten Abend des 15. Juni 1924.

Zum schriftlichen Bericht im Nachrichtenblatt vom 29. Juni 1924

Textgrundlage: Bericht in *Was in der Anthroposophischen Gesellschaft vorgeht*, Nr. 25/1924, S. 97–98. Im Rahmen der Rudolf Steiner Gesamtausgabe bereits publiziert in: *Die Konstitution der Allgemeinen Anthroposophischen Gesellschaft und der Freien Hochschule für Geisteswissenschaft. Der Wiederaufbau des Goetheanum 1924–1925*, GA 260a, Dornach 1987, S. 320 f. – Kürzung durch die Herausgeber, im Text gekennzeichnet durch «[...]».

260 *Das geschah in den frühen Morgenstunden des 17. Juni:* Siehe den Hinweis zu S. 257.

Zur Jugendansprache vom Dienstag, 17. Juni 1924, Koberwitz

Textgrundlage: Die in *Die Erkenntnis-Aufgabe der Jugend* (GA 217a, Dornach 1981) wiedergegebene Fassung, die auf den Typoskripten mit der Vortragsregister-Nummer 5779 I–VI beruht. Ein Stenogramm liegt nicht vor. Die Ansprache wurde im Rahmen der Rudolf Steiner Gesamtausgabe auch in *Die Konstitution der Allgemeinen Anthroposophischen Gesellschaft und der Freien Hochschule für Geisteswissenschaft – Der Wiederaufbau des Goetheanum 1924–1925* (GA 260a) wiedergegeben. – Kürzung durch die Herausgeber, im Text gekennzeichnet durch «[...]». – Siehe auch Hinweis zu S. 257.

262 *«In sale sit sapientia.» Die sapientia ruht in dem Salz:* Das lateinische «sapientia» bedeutet so viel wie Weisheit, Verstand, Vernunft, Klugheit. – Im Ritualtext für die Logenschließung von freimaurerischen (erkenntniskultischen) Zusammenkünften lautet ein Satz «In isto sale sit sapientia», übersetzt: In diesem Salz sei Weisheit (siehe: *Zur Geschichte und aus den Inhalten der erkenntniskultischen Abteilung der esoterischen Schule 1904–1914*, GA 264, Basel 2018, S. 161).

264 *dass an dieser Tierheit mannigfaches zu heilen ist:* Siehe hierzu: Rudolf Steiner: *Die Welt der Tiere*, Basel 2015.

264 f. *dazu ist notwendig, dass wir in aller Natur die einzelnen geistigen Wesen fühlen, empfinden und zuletzt auch erkennen:* Siehe hierzu auch weitere Angaben Rudolf Steiners im *Archivmagazin* Nr. 11/2021, S. 56.

266 *Und es ist ja ein merkwürdiger Weg, der sich gerade zum Beispiel in Köfering vollzog, ... als den Weg von der anthroposophischen Wesensgestaltung des Gutsherrn zu der anthroposophischen Gestaltung des Gutes:* Siehe Hinweis zu S. 131.

Sachwortregister

Die Zahlenangaben in runden Klammern hinter den Präparaten stammen aus den Anfangszeiten der biologisch-dynamischen Arbeit. Sie dienen u.a. der schnelleren internationalen Verständigung. Die Seitenzahlen in der 9. Auflage stimmen nicht mit den Seitenzahlen früherer Ausgaben überein.

Personenregister

( ) Im Haupttext namentlich nicht erwähnt.
Siehe ergänzend auch die Liste der Teilnehmenden auf S. 281 f. im Anhang des vorliegenden Bandes.

DIE KOBERWITZER UND DORNACHER TAFELZEICHNUNGEN IN FAKSIMILE-WIEDERGABE

Die Original-Wandtafelzeichnungen und -anschriften Rudolf Steiners der Koberwitzer Vorträge sind erhalten geblieben, da die Tafeln damals mit schwarzem Papier bespannt waren und später von Carl von Keyserlingk nach Dornach geschickt wurden (siehe S. 393).

Die in den früheren Auflagen in den Text eingefügten zeichnerischen Übertragungen sind für diese Neuauflage nicht mehr beibehalten worden.

Randvermerke an den betreffenden Textstellen machen auf die entsprechenden Tafelskizzen im Anhang aufmerksam. Ergänzend sind die Wandtafelzeichnungen zum Koberwitzer Kurs auch in den Bänden XXIV und XXVII der Reihe «Rudolf Steiner, Wandtafelzeichnungen zum Vortragswerk» wiedergegeben.

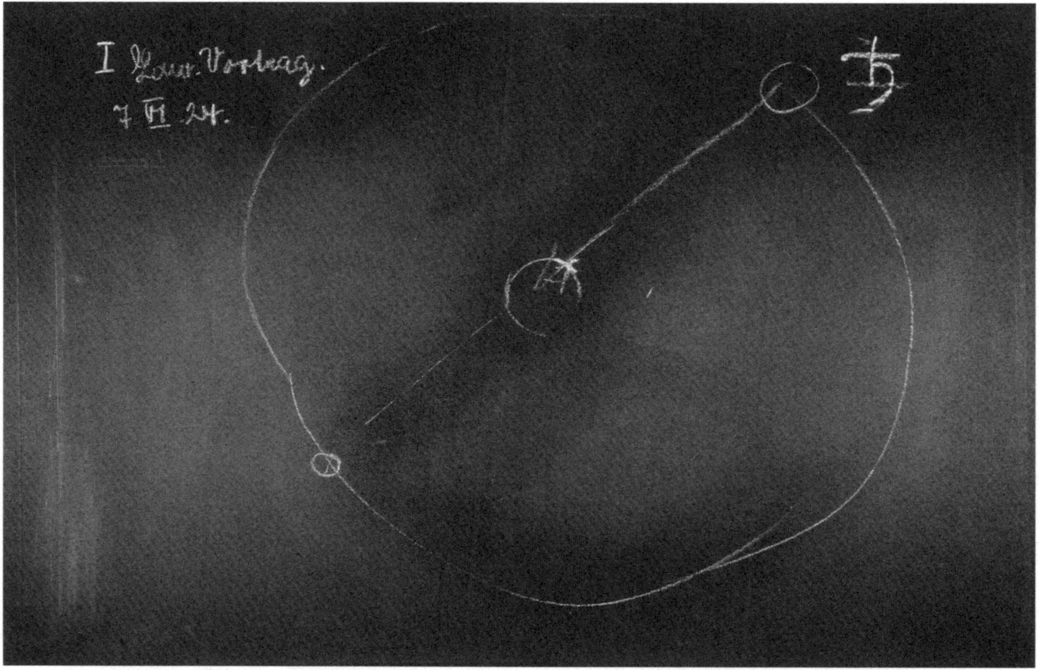

Tafel 1 7. Juni 1924

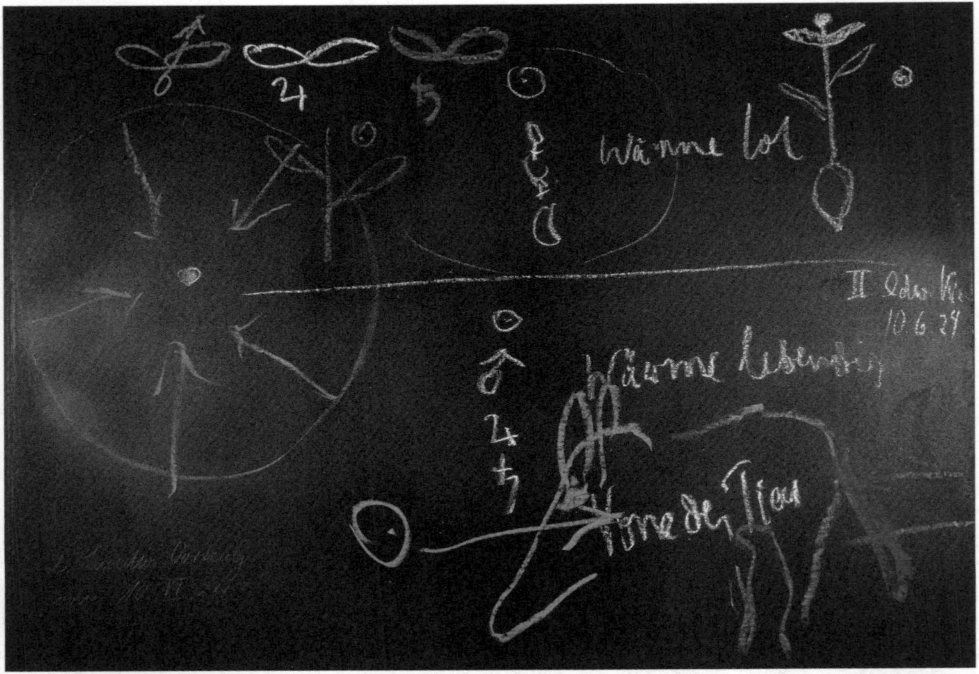

TAFEL 2 10. JUNI 1924
Wärme tot / Wärme lebendig / Vorne des Tieres

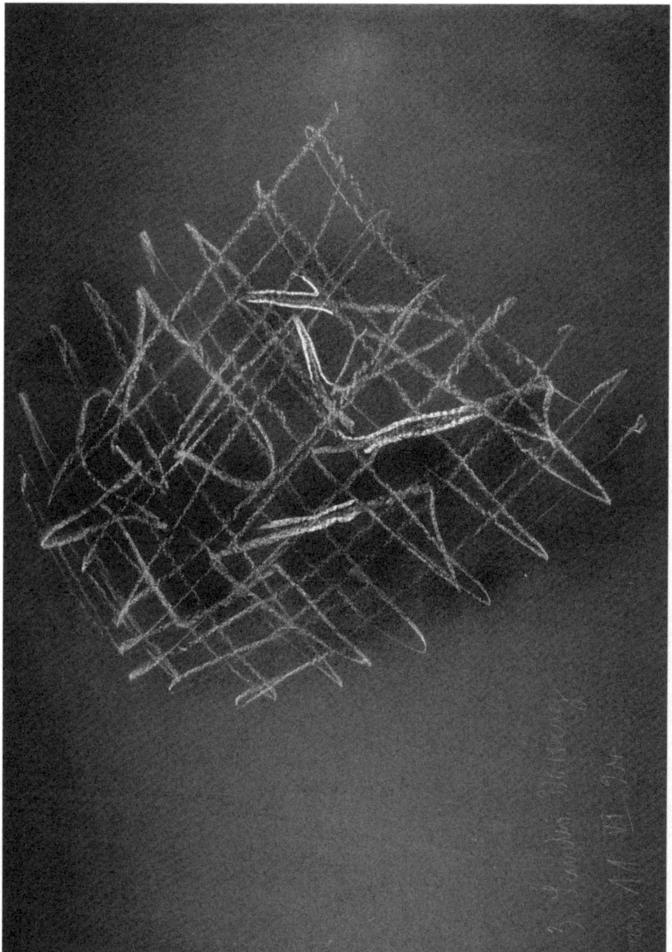

Tafel 3 11. Juni 1924

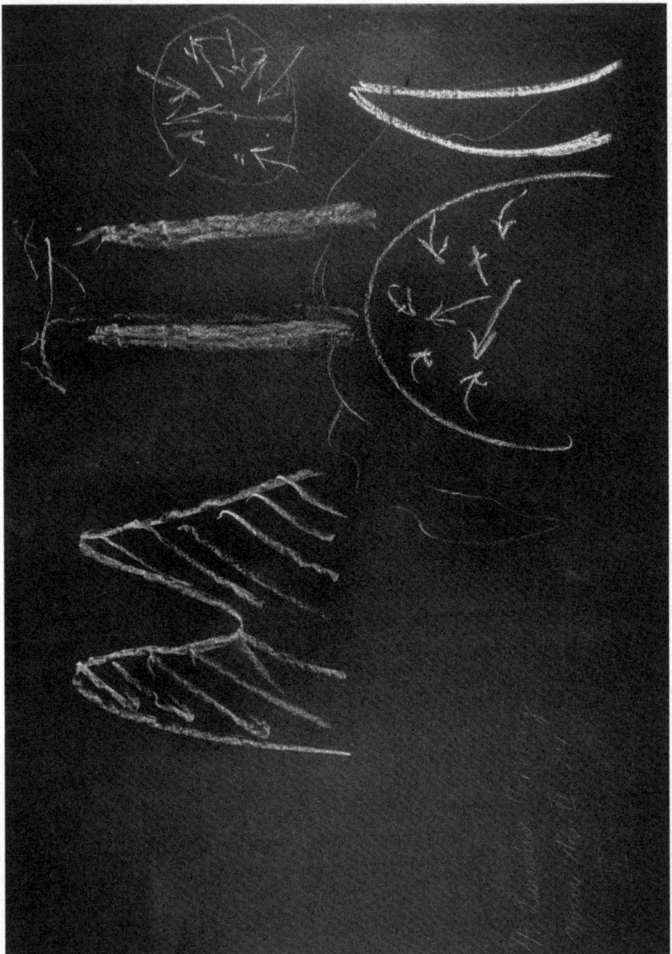

Tafel 4 12. Juni 1924

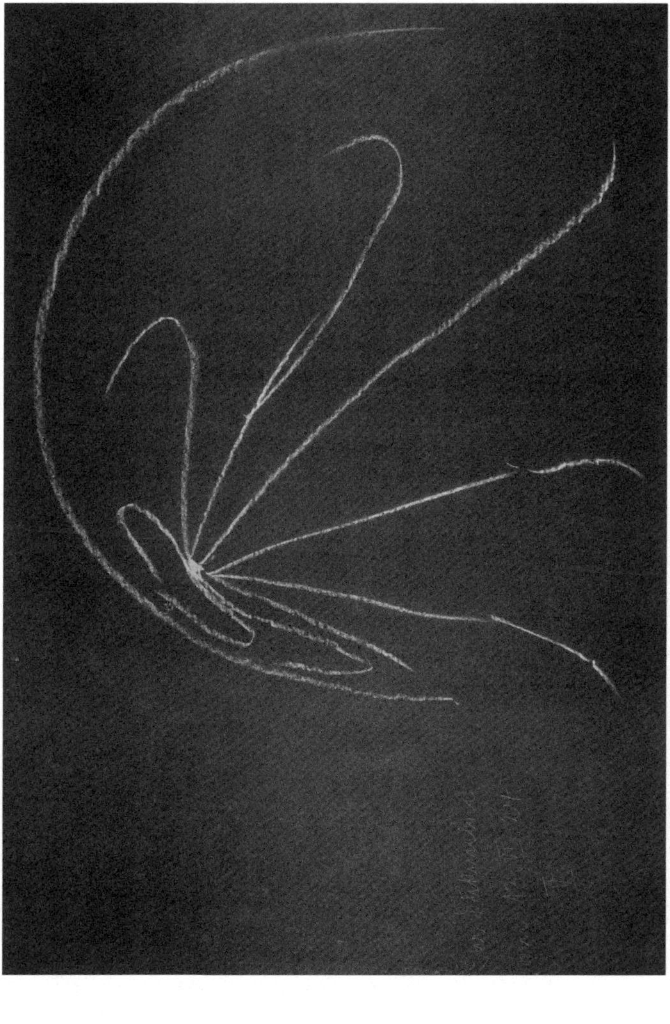

Tafel 5 13. Juni 1924

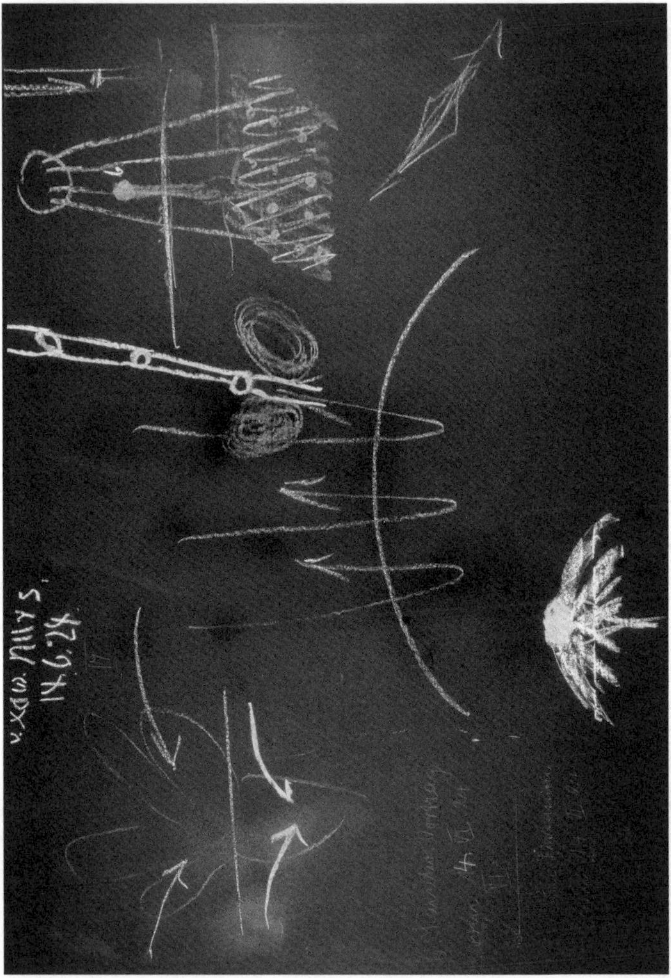

Tafel 6 14. Juni 1924

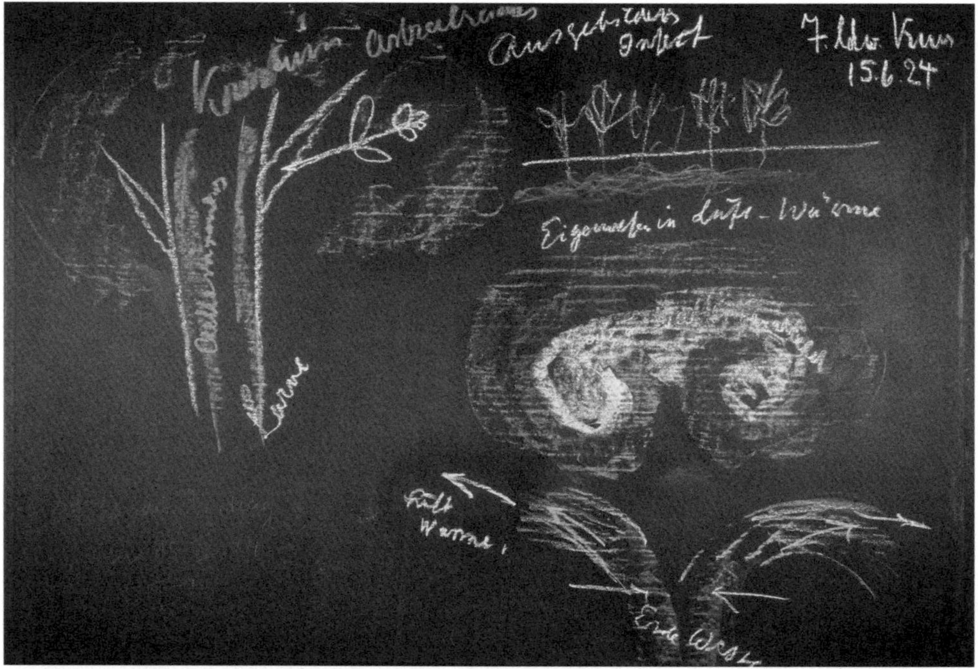

Tafel 7 15. Juni 1924
Kambium Astralreiches Ausgebildetes Insect / Eigenwesen in Luft – Wärme / Larve/ Luft Wärme / Erde Wasser

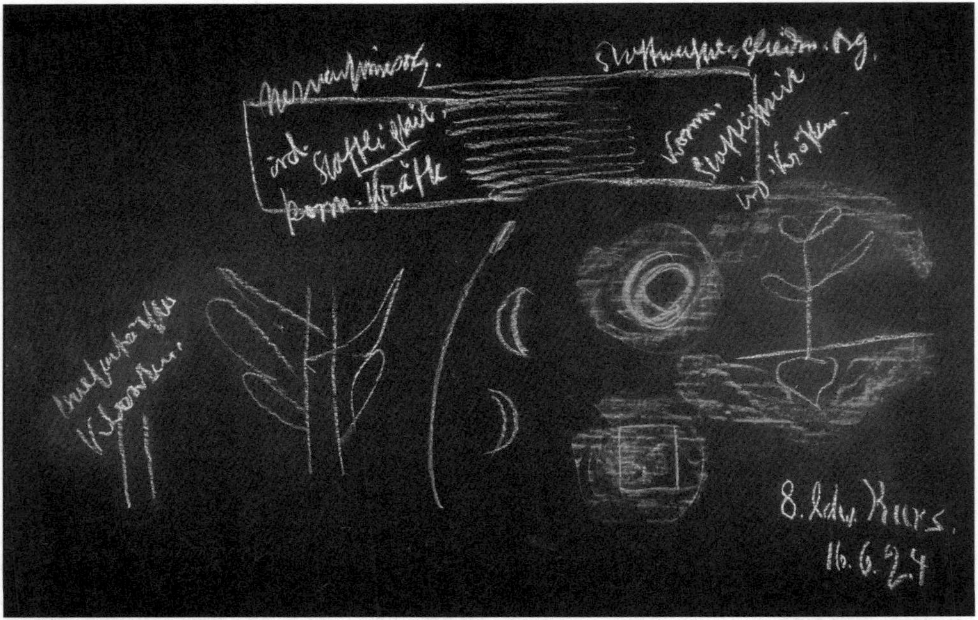

Tafel 8 16. Juni 1924
Nervensinnesorg. | Stoffwechselgliedm. Org.
ird. Stofflichkeit, kosm. Kräfte | kosm. Stofflichkeit, ird. Kräften
Hülsenfrüchte, Kleesorten

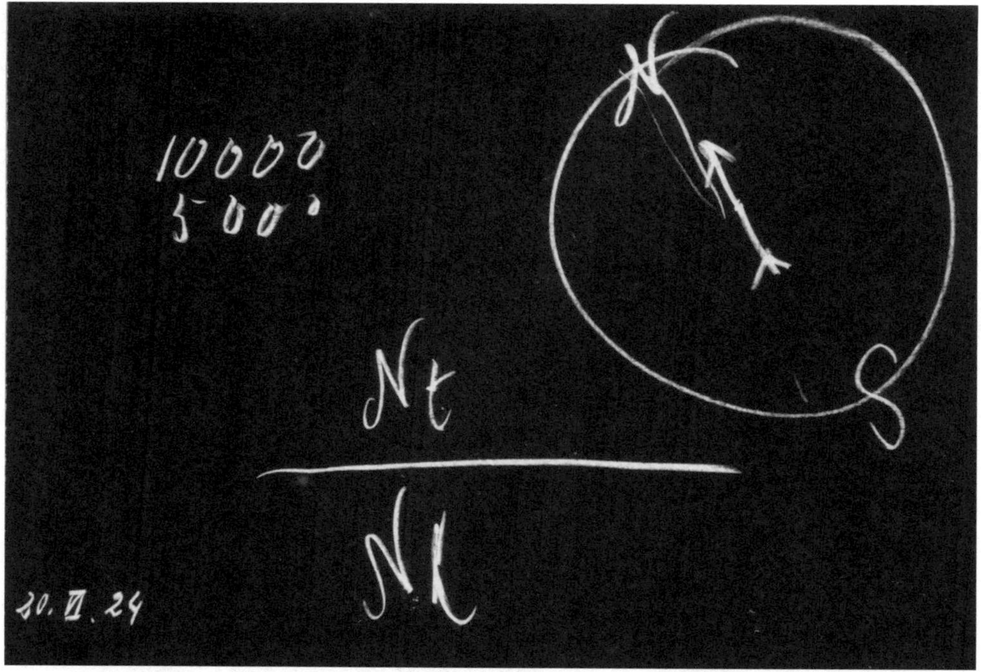

TAFEL 9 20. JUNI 1924

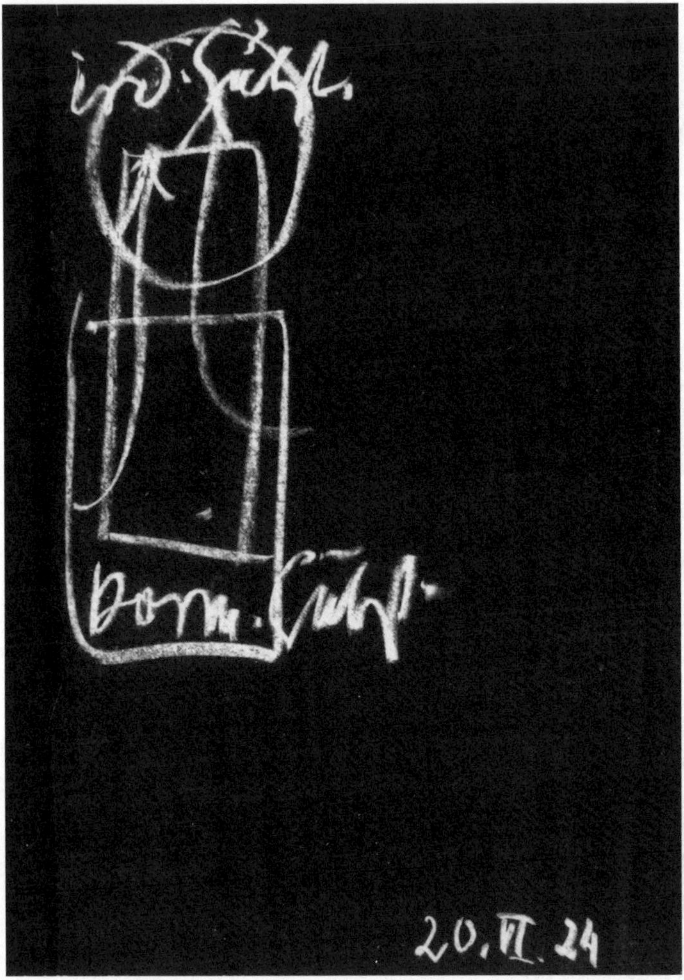

Tafel 10 20. Juni 1924
ird. Subst. / kosm. Subst.

Rudolf Steiner Gesamtausgabe

Gliederung nach: Rudolf Steiner – Das literarische
und künstlerische Werk. Eine bibliografische Übersicht
(Bibliografie-Nrn. *kursiv* in Klammern)

A. SCHRIFTEN

I. Werke

Goethes Naturwissenschaftliche Schriften, eingeleitet und kommentiert von R. Steiner, 5 Bände, 1884–97, Nachdruck 1975, *(1a–e)*; sep. Ausgabe der Einleitungen, 1925 *(1)*

Editorische Nachworte zu Goethes naturwissenschaftlichen Schriften in der Weimarer Ausgabe (1891–1896) *(1f)*

Grundlinien einer Erkenntnistheorie der Goetheschen Weltanschauung, 1886 *(2)*

Wahrheit und Wissenschaft. Vorspiel einer «Philosophie der Freiheit», 1892 *(3)*

Die Philosophie der Freiheit. Grundzüge einer modernen Weltanschauung, 1894 *(4)*

Friedrich Nietzsche, ein Kämpfer gegen seine Zeit, 1895 *(5)*

Goethes Weltanschauung, 1897 *(6)*

Die Mystik im Aufgange des neuzeitlichen Geisteslebens und ihr Verhältnis zur modernen Weltanschauung, 1901 *(7)*

Das Christentum als mystische Tatsache und die Mysterien des Altertums, 1902 *(8)*

Theosophie. Einführung in übersinnliche Welterkenntnis und Menschenbestimmung, 1904 *(9)*

Wie erlangt man Erkenntnisse der höheren Welten?, 1904/05 *(10)*

Aus der Akasha-Chronik, 1904–08 *(11)*

Die Stufen der höheren Erkenntnis, 1905–08 *(12)*

Die Geheimwissenschaft im Umriss, 1910 *(13)*

Vier Mysteriendramen: Die Pforte der Einweihung – Die Prüfung der Seele – Der Hüter der Schwelle – Der Seelen Erwachen, 1910–13 *(14)*

Die geistige Führung des Menschen und der Menschheit, 1911 *(15)*

Anthroposophischer Seelenkalender, 1912 *(in 40)*

Ein Weg zur Selbsterkenntnis des Menschen, 1912 *(16)*

Die Schwelle der geistigen Welt, 1913 *(17)*

Die Rätsel der Philosophie in ihrer Geschichte als Umriss dargestellt, 1914 *(18)*

Vom Menschenrätsel, 1916 *(20)*

Von Seelenrätseln, 1917 *(21)*

Goethes Geistesart in ihrer Offenbarung durch seinen Faust und durch das Märchen von der Schlange und der Lilie, 1918 *(22)*

Die Kernpunkte der sozialen Frage in den Lebensnotwendigkeiten der Gegenwart und Zukunft, 1919 *(23)*

Aufsätze über die Dreigliederung des sozialen Organismus und zur Zeitlage, 1915–21 *(24)*

Drei Schritte der Anthroposophie: Philosophie, Kosmologie, Religion 1922 *(25)*

Anthroposophische Leitsätze, 1924/25 *(26)*

Grundlegendes für eine Erweiterung der Heilkunst nach geisteswissenschaftlichen Erkenntnissen, 1925. Von Dr. R. Steiner und Dr. I. Wegman *(27)*

Mein Lebensgang, 1923–25 *(28)*

II. Gesammelte Aufsätze

Aufsätze zur Dramaturgie, 1889–1901 *(29)* – Methodische Grundlagen der Anthroposophie, 1884–1901 *(30)* – Aufsätze zur Kultur- und Zeitgeschichte, 1887–1901 *(31)* – Aufsätze zur Literatur, 1886–1902 *(32)* – Biografien und biografische Skizzen, 1894–1905 *(33)* – Aufsätze aus «Lucifer-Gnosis», 1903–1908 *(34)* – Philosophie und Anthroposophie, 1904–1918 *(35)* – Aufsätze aus «Das Goetheanum», 1921–1925 *(36)*

III. Veröffentlichungen aus dem Nachlass

Briefe – Wahrspruchworte – Bühnenbearbeitungen – Entwürfe zu den vier Mysteriendramen, 1910–1913 – Anthroposophie. Ein Fragment – Gesammelte Skizzen und Fragmente – Aus Notizbüchern und -blättern *(38–47)*

B. DAS VORTRAGSWERK

I. Öffentliche Vorträge

Die Berliner öffentlichen Vortragsreihen, 1903/04 bis 1917/18 *(51–67)* – Öffentliche Vorträge, Vortragsreihen und Hochschulkurse an anderen Orten Europas, 1906–1924 *(68–84)*

II. Vorträge vor Mitgliedern der Anthroposophischen Gesellschaft

Vorträge und Vortragszyklen allgemein-anthroposophischen Inhalts – Christologie und Evangelien-Betrachtungen – Geisteswissenschaftliche Menschenkunde – Kosmische und menschliche Geschichte – Die geistigen Hintergründe der sozialen Frage – Der Mensch in seinem Zusammenhang mit dem Kosmos – Karma-Betrachtungen *(88–244)* – Vorträge und Schriften zur Geschichte der anthroposophischen Bewegung und der Anthroposophischen Gesellschaft – Veröffentlichungen zur Geschichte und aus den Inhalten der esoterischen Lehrtätigkeit *(250–270)*

III. Vorträge und Kurse zu einzelnen Lebensgebieten

Vorträge über Kunst: Allgemein-Künstlerisches – Eurythmie – Sprachgestaltung und Dramatische Kunst – Musik – Bildende Künste – Kunstgeschichte *(271–292)* – Vorträge über Erziehung *(293–311)* – Vorträge über Medizin *(312–319)* – Vorträge über Naturwissenschaft *(320–327)* – Vorträge über das soziale Leben und die Dreigliederung des sozialen Organismus *(328–341)* – Vorträge und Kurse über christlich-religiöses Wirken *(342–346)* – Vorträge für die Arbeiter am Goetheanumbau *(347–354)*

C. DAS KÜNSTLERISCHE WERK

Originalgetreue Wiedergaben von malerischen und grafischen Entwürfen und Skizzen Rudolf Steiners in Kunstmappen oder als Einzelblätter. Entwürfe für die Malerei des Ersten Goetheanum – Schulungsskizzen für Maler – Programmbilder für Eurythmie-Aufführungen – Eurythmieformen – Entwürfe zu den Eurythmiefiguren – Wandtafelzeichnungen zum Vortragswerk, u. a.

Die Bände der Rudolf Steiner Gesamtausgabe
sind innerhalb einzelner Gruppen einheitlich ausgestattet.
Jeder Band ist einzeln erhältlich.

Zum Werk Rudolf Steiners

Rudolf Steiner (1861–1925), der zunächst als Philosoph, Publizist und Pädagoge tätig war, entfaltete ab Beginn des 20. Jahrhunderts eine umfassende kulturelle und soziale Aktivität und begründete eine moderne Wissenschaft des Geistes, die Anthroposophie. Sein umfangreiches Werk umfasst Schriften und Abhandlungen, Aufzeichnungen und Briefe, künstlerische Entwürfe und Modelle sowie Textunterlagen von etlichen tausend Vorträgen in Form von Hörermitschriften.

Seit dem Tod von Marie Steiner-von Sivers (1867–1948), der Lebensgefährtin Rudolf Steiners, wird sein literarischer und künstlerischer Nachlass durch die von ihr begründete *Rudolf Steiner Nachlassverwaltung* betreut. In dem dafür aufgebauten *Rudolf Steiner Archiv* wird seither an der Erhaltung, Erschließung und Herausgabe der vorhandenen Unterlagen gearbeitet. Die Buchausgaben erscheinen im *Rudolf Steiner Verlag.*

Schwerpunkt der Herausgabetätigkeit ist die seit 1955/56 erscheinende Rudolf Steiner Gesamtausgabe (GA). Sie umfasst inzwischen über 350 Bände und zusätzlich Veröffentlichungen aus dem künstlerischen Werk. Dazu kommen zahlreiche Einzel-, Sonder- und Taschenbuchausgaben und andere begleitende Veröffentlichungen. Die Ausgaben werden durch fachlich kompetente Herausgeber anhand der im Archiv vorhandenen Unterlagen ediert und durch Hinweise, Register usw. ergänzt. Vielfach werden bei Neuauflagen die Texte nochmals anhand der Quellen überprüft.

Noch liegt die Gesamtausgabe nicht vollständig vor; viele Archivunterlagen bedürfen zudem der editionsgerechten Aufbereitung. Dies ist mit einem hohen zeitlichen und finanziellen Aufwand verbunden, der durch den Absatz der Bücher nicht finanziert werden kann, sondern durch Unterstützungsbeiträge gedeckt werden muss. Dies gilt ebenso für die vielen anderen Arbeitsbereiche des Archivs, das keinerlei öffentliche Zuschüsse erhält. Damit das Archiv seine Aufgaben als Zentrum für die Erhaltung, Erschließung, Edition und Präsentation des Werkes von Rudolf Steiner auch in Zukunft erfüllen kann, wurde 1996 die *Internationale Fördergemeinschaft Rudolf Steiner Archiv* begründet.

Für weitere Informationen oder kostenlose Verzeichnisse wenden Sie sich bitte an:

Rudolf Steiner Verlag
St. Johanns-Vorstadt 19–21
CH–4056 Basel
verlag@steinerverlag.com
www.steinerverlag.com

Rudolf Steiner Archiv
Postfach 348
CH–4143 Dornach 1
www.rudolf-steiner.com